博碩文化

博碩文化

SolidWorks

專業工程師訓練手冊 [2]

進階零件與模組設計

曹文昌、吳邦彥、鍾延勝、鍾昌睿、邱莠茹
羅開迪、林奕宸、吳郁婷、武大郎　著

多年教學
經驗與課程精進
專業引導快速上手

提供精準零件繪製圖
將所學與業界接軌

更多CAD模型範例
盡在SolidWorks
論壇分享

步驟式的圖文解說方式
完全自修，課程紮實深入，持續精進維持競爭力
強調教學品質與效率，訓練課程強效且專業
加強廣度與深度，讓你成為懂CAD的工程師

作　　者：曹文昌、吳邦彥、鍾延勝、鍾昌睿、邱莠茹、
　　　　　羅開迪、林奕宸、吳郁婷、武大郎
責任編輯：Cathy

董 事 長：陳來勝
總 編 輯：陳錦輝

出　　版：博碩文化股份有限公司
地　　址：221 新北市汐止區新台五路一段 112 號 10 樓 A 棟
　　　　　電話 (02) 2696-2869　傳真 (02) 2696-2867

發　　行：博碩文化股份有限公司
郵撥帳號：17484299　戶名：博碩文化股份有限公司
博碩網站：http://www.drmaster.com.tw
讀者服務信箱：dr26962869@gmail.com
訂購服務專線：(02) 2696-2869 分機 238、519
（週一至週五 09:30 ～ 12:00；13:30 ～ 17:00）

版　　次：2022 年 7 月初版

建議零售價：新台幣 880 元
I S B N：978-626-333-156-3
律師顧問：鳴權法律事務所 陳曉鳴律師

本書如有破損或裝訂錯誤，請寄回本公司更換

國家圖書館出版品預行編目資料

SolidWorks 專業工程師訓練手冊. 2, 進階零件
與模組設計 / 曹文昌, 吳邦彥, 鍾延勝, 鍾昌睿,
邱莠茹, 羅開迪, 林奕宸, 吳郁婷, 武大郎作.
-- 初版. -- 新北市：博碩文化股份有限公司,
2022.07
　　面；　公分
　　ISBN 978-626-333-156-3(平裝)
　　1.CST: SolidWorks(電腦程式) 2.CST: 電腦繪圖
312.49S678　　　　　　　　　　　111008963

Printed in Taiwan

博碩粉絲團　歡迎團體訂購，另有優惠，請洽服務專線
　　　　　　(02) 2696-2869 分機 238、519

編者序

本來 2021 年要先出進階零件，後來出版社通知基礎零件賣完，只好先將基礎零件改版再回來趕緊把進階書推出，本書以 SolidWorks 2022、Windows10 編排。

A 進階零件的由來

這本有一半內容 2015 年早已寫好，當初想放在基礎一起推出，因為近 1500 頁太厚必須拆成 2 本，所以先出第 1 本基礎，接下來轉換目標先寫已經有講義的內容：1. 鈑金/曲面/熔接/模具、2. 組合件/工程圖。

B 設計模組化

2015 年至今變化太大，人工時代已經過去，朝向 1. 設計模組化、2. 圖面 PDM+ERP 製程管理，把設計資訊輸入到模型中將模型價值提升，才可以因應需求。

C 翻身機會來了

設計靠天分也需要長時間培養，對於設計不在行也有翻身機會，只要把模型價值提升為模組，把設計參數與知識輸入到模型中。模型導入製程管理與 PDM 和 ERP 結合，只要把圖畫好，對加工製程有興趣了解，這些都是業界要的嵌金的作業。

D 經驗傳承，有效率指導

坊間書籍很少追根究底指導問題解決方式，職場問題千奇百怪都靠經驗解決，這些經驗由於沒有記錄，形成沒有效率指導與傳承，有記錄和有效率指導就要靠書籍了。

E 電腦硬體、軟體與行為發展

常問同學以後的電腦越來越快，還是越來越慢？以後軟體操作越來越簡單，還是越來越難？軟體功能越來越強，還是越來越弱？

電腦快、軟體操作簡單且功能只會強大造成：不用草圖的特徵、自動展圖不用人工作業、1 個特徵能完成為何用 2 個特徵、能用新版為何用舊版…等都是顯學很吸引人。

隨著網路和 3D 民氣以開，使用程度可以在最短時間提升，早期進階主題絕大部分基礎課程就會提到。

🇫 榮譽出品

本書截稿順便迎接 SolidWorks 2022 到來，有這本書打底，對各位來說只要看 2022 新增功能介紹，立即升級世界最新技術。

我們知道戰士期待什麼，很榮幸和各位介紹—SolidWorks 專業工程師訓練手冊[2]－進階零件與模組設計上市。

書籍特色

- 力求整潔大方、內容豐富、雲端互動

- 超大版面：大本 16K（19×26cm）增加閱讀版面，方便筆記和段落分明

- 清晰圖片：用心截圖，讓同學享用更清晰圖片和立即看到重點

- 章節排序：由上到下為閱讀順序，層次解說和豐富內容

- 步驟顯明：費心拆解步驟、口訣更貼近人心、SOP 更成為順口溜

- 特性與靈魂：強調指令特性與靈魂=非他不可，傳承作者面對指令的角度

- 世代合作：改變教學和寫法，貼近年輕人想法並協助傳承

- 論壇平台：全年無休論壇互動發問，萬象連結所有資訊

- 雲端資料：無私讓大家免費下載課題資料，包含書籍訓練檔案

- 雲端影音：結合 1. 幾何 SolidWorks 線上課程網站、2. 多元的直播課程

出版紀事

本節說明出版心得，詳盡請到論壇點閱：出版紀事。

2021 年 6 月 疫情到達三級警戒

疫情大爆發，升級警戒與長警戒時間。

2021 年 7 月 旱象解除

台灣面臨最大的旱災，所幸 7 月連續下雨獲得解除。

2021 年 8 月 阿富汗變天

感覺電影才會上演的情節發生在世界眼前，未來的走向變化更是令人難以預測。

2021 年 9 月 降級：第 2 級

終於由 3 級警戒降為 2 級，大家開始回到正常生活內心也比較快樂。

2021 年 10 月 入侵美國國會

川普支持者入侵美國國會，美國第一次這麼嚴重的暴力衝突事件。

2021 年 11 月 疫情比想像中嚴重

WHO 宣布 COVID-19 疫情進入全球大流行疫情，對全球影響比 2 次大戰、1930 年代大蕭條以來最嚴重的經濟衰退。

2021 年 12 月 聯合國氣候會議 COP26

各國承諾在明年會面，進一步大幅削減碳排放，以實現 1.5 攝氏度的目標。如果能兌現目前的承諾，也只是將全球變暖限制在 2.4 攝氏度以內。

2022 年 1 月 台灣 Omicron 疫情本土確診

WHO 宣布 COVID-19 疫情進入全球大流行疫情，對全球影響比 2 次大戰、1930 年代經濟大蕭條。

2022 年 2 月 俄國入侵烏克蘭

2/24 俄國入侵烏克蘭，想都沒想到真的會發生這件事，至今還在打戰。

2022 年 3 月 上海因疫情封城俄國入侵烏克蘭

3/26 經濟規模比俄羅斯大 10 倍的中國清零封城，好不容易即將復甦的景氣在上海封城+烏克蘭戰爭對全球經濟帶來強大的衝擊。

2022 年 4 月 台灣 Omicron 疫情本土確診攀升

至今每天 500 例，還有可能上探千例，預計 6 月出現轉機，我們拭目以待。

2022 年 5 月 台灣 Omicron 疫情本土確診攀升

至今每天萬例取消實名制，確診人數還有可能上探百萬，未來與病毒共存並回到正常生活。

感謝有你

感謝博碩出版社支持專業書籍，即使不如教科書暢銷，不拿銷售量使命感與精神，可說是用心經營出版社，讓同學有機會習得 SolidWorks，更讓大郎可以將經驗傳承。

疫情當道全家聚在一起不能外出，小兒在家學習，坦白說蠻吵的，大兒上專科 1 年級、小兒子國小 6 年級。

作者群

協助本書成員：屏東科技大學機械工程系**曹文昌**，tsaowc@mail.npust.edu.tw。

助教**邱莠茹**、**吳郁婷**、**鍾昌睿**、**羅開迪**以及**論壇會員**提供寶貴測試與意見。

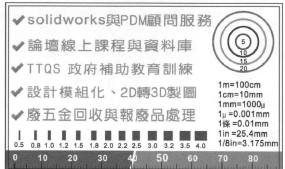

參考文獻

書中引用圖示僅供參考與軟體推廣，圖示與商標為所屬軟體公司所有。

- SolidWorks 專門論壇：www.solidworks.org.tw

- 幾何 SolidWorks 原廠訓練中心 FB：www.facebook.com/geometry.sw

- 幾何 SolidWorks 線上課程：online.solidworks.org.tw/

- 百度百科：baike.baidu.com/view/31530.htm

- 宏岳實業：www.woodcharcoal.com.tw，台中市南屯區寶山一街 152 號 10F-1

- 台灣三住（市購件商）：www.tw.misumi-ec.com/

- 伍全企業（市購件商）：www.tohatsu.com.tw/

- 禾緯企業有限公司：www.herwere.com.tw/

- 東明昇有限公司：www.facebook.com/hardware.tw

- 乾佑工業股份有限公司：www.facebook.com/chienyoucorp/

- 艾德生的瘋狂實驗室：www.facebook.com/edsonsmadnesslab/

目錄

4 3D 草圖與管路

5 進階曲線

6 常見的螺紋製作

7 螺紋特徵

8 常見鑽孔特徵

9 異型孔精靈

25 數學關係式

26 設計表格

27 特徵庫

28 屬性標籤產生器

29 曲線導出複製排列

00

課前說明

這本專門設計給有基礎與非本科系養成參考書，依學習角度與心理編寫，強調指令應用，很多用系統面解釋，會有強烈感觸：點選指令的時間比畫圖還多。

A 經驗分享

這是本班訓練教材，將上課內容毫無保留收錄，依多年教學與企業輔導經驗知道大家要什麼，協助同學了解技術用在哪裡，創造指令價值，指令都是業界的解決方案。

B 草圖和特徵分開思考

把畫草圖和建立特徵分開思考，這就是觀念提升，如此有辦法量化並提升自己，例如：開始聽得懂，點指令時間比畫圖還多。

C 特徵處理時間比畫草圖時間長

特徵只是按按鈕會比較快，畫草圖很耗時間，草圖比特徵時間長是剛開始的現象。SW用了1年以上就不能如此，想辦法縮短畫草圖時間，把時間挪給點特徵。

常遇到現場實務經驗很足，電腦使用很弱，現場是武、電腦是文，只是不熟悉文的作業很好克服，協助知道問題在哪和更有效率。

D 特徵時間的認知

特徵=按鈕=術語，沒要你畫圖為何會花這麼久時間，因為不了解術語。

0-1 本書使用

專門介紹進階零件：掃出、疊層、螺紋、鑽孔、材質、數學關係式...等，絕對沒見過這麼豐富的書，會這些除了提高程度，很容易就第一名，甚至有點心虛，因為絕大部分 SW 使用程度不高。

0-1-1 閱讀身分

適合學術單位和在職人士。將多年教學、研究心得，加上業界需求歸納，期望對學術研究帶來效益，替業界解決問題。

0-1-2 分享權利

所有文字、圖片、模型、PowerPoint...等歡迎轉載或研究引用，只要說明出處即可。不必寫信尋求授權，也不用花時間怕侵權修改文章，更不必費心準備教材。

0-1-3 訓練檔案

連結雲端將下載流程簡化：1. 論壇左上角點選下載→2. SolidWorks 書籍範例下載→3. 進入 Google 雲端硬碟，點選 02. SolidWorks 工程師訓練手冊[2]-進階零件。

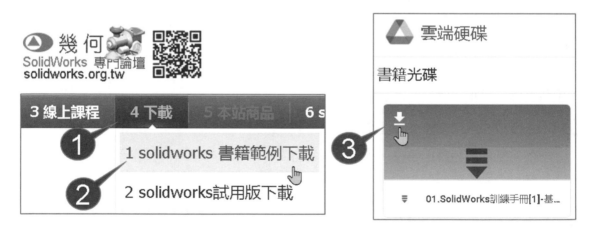

0-2 閱讀階段性

本書分 5 大階段，階段閱讀可快速進入狀況，依號碼順序為閱讀步驟。章節安排有階段性、順序性、口訣性以及專業課題，並透過範例加深觀念和印象。

0-2-1 第一階段：掃出、螺紋、鑽孔

1～10 章，先認識 4 大天王之 3：掃出。螺紋主題為掃出延伸，螺紋又和鑽孔有關，3D 草圖是重頭戲，一氣呵成把軟管和硬管完整學到。

開始讓同學感到系統面、指令靈魂、建模層次、多本體以及由下而上的設計。

0-2-2 第二階段：疊層拉伸、基準面、草圖文字、工具

11～23 章，認識 4 大天王之 4：疊層拉伸，算是最後一個體驗建模，更能理解畫草圖只是過程，只想趕緊畫完。基準面、模型上刻字、包覆算是特徵應用，還是有一點和草圖相同，重點會在系統面與環境上的認知。

工具類：1. 量測、2. 材質、3. 物質特性，這 3 大工具天王常用也好上手，重點在認識業界需求。

0-2-3 第三階段：模組製作

24～28 章，，讓同學看見未來，這些都是業界要的核心技術。模型組態、數學關係式、設計表格、特徵庫、屬性標籤產生器：屬於一連串的模型關聯性處理。

0-2-4 第四階段：複製排列與導角

29～39 章，說明曲線、草圖、表格、填入、變化複製排列。導圓角完整解析，圓角特徵項目相當多，也花了大郎很多時間研究出來。

0-2-5 第五階段：進階模組化與介面製作

40～48 章，算是好酒陳甕底，不過你會感到冷門，就是因為冷門才是機會，例如：扣接特徵、Costing 成本分析、Sustainability...等。

0-3 本書教學應用

由本班基礎課程 4-6 週（48HR）編輯而來，加入教科書元素來寫，並保有工程師參考手冊精神，讓教師作為教學或備課參考。

對有經驗者更紮實繪製能力，效率加倍減少自行摸索損失，下圖是大郎建議的課程大綱，給各位參考。

0-3-1 章節圖示

每章 1 個主題，會將指令內容貼在首頁，讓同學知道指令全貌。這源自大郎看其他軟體書籍也想用最短時間知道 有哪些功能，我想很多人都有一樣想法。

0-3-2 課程表

第 4 週 掃出	掃出、鑽孔、3D 草圖管路與設計規劃
第 5 週 疊層拉伸	模型組態、設計工具與驗證
第 6 週 關聯性建模	快速鍵、複製設定精靈、基準面、材質庫、物質特性、量測、扣接、進階圓角技術

0-4 系列叢書

連貫出版保證對 SolidWorks 出神入化、功力大增、天下無敵值得收藏。

■ SolidWorks 專業工程師訓練手冊[1]-基礎零件

■ SolidWorks 專業工程師訓練手冊[2]-進階零件與模組設計

■ SolidWorks 專業工程師訓練手冊[3]-組合件

■ SolidWorks 專業工程師訓練手冊[4]-工程圖

■ SolidWorks 專業工程師訓練手冊[5]-集錦 1：組合件、工程圖

■ SolidWorks 專業工程師訓練手冊[6]-集錦 2：熔接、鈑金、曲面、模具

■ SolidWorks 專業工程師訓練手冊[7]-Motion 機構模擬運動

■ SolidWorks 專業工程師訓練手冊[8]-系統選項與文件屬性

■ SolidWorks 專業工程師訓練手冊[9]-模型轉檔與修復策略

■ SolidWorks 專業工程師訓練手冊[10]-eDrawings 模型溝通+檔案管理+逆向工程

■ 輕鬆學習 DraftSight 2D CAD 工業製圖

01

掃出原理

掃出（Sweep）🐾就像掃地，掃把=輪廓，地=路徑，輪廓沿路徑成型。本章介紹原理和指令項目就是字典，🐾填料和🐾除料觀念相同，本章同時介紹。

A 翻譯=習慣唸法=學習順序

掃出翻譯很在地，有些翻譯成掃掉或掃描，反而要想一下甚至和其他名詞混淆。🐾→🐚也是學習順序。經教學驗證學習效果最好，換句話說先學🐌→再學🐚，也是這樣的模式。

B 擁有無法取代

應用相當廣：螺旋、彎曲、曲面…等，進一步學習深度與廣度，它更擁有無法取代特性非他不可，例如：S 管無法用🐌與🐚完成。

C 建模 4 大天王

建模 4 大天王：1. 🐌、2. 🐚、3. 🐾、4. 🐚，順口溜也是學習能力指標，🐚=第 1 階段，🐾🐚=第 2 階段。🐾與🐚業界一定要會，不能說沒什麼在用或沒用到，這樣代表使用程度不高，要有相對基礎才可理解，訓練單位常將它們列為進階課程。

D 教學方法

本章適合自行研讀，課堂 1. 只要 10 分鐘簡單介紹介面和特性→2. 進入第 2 章讓同學畫模型，否則這章講太久讓同學感覺很亂一下這樣一下哪樣，無法理解掃出強大特性。

1-0 指令位置與介面

介紹掃出指令位置與介面項目，先認識欄位→再認識項目。輪廓及路徑是指令大方向，比較難的是下方選項設定，先輕鬆認識功能看看就好。

1-0-1 指令位置

有 3 個地方依序：1. 特徵工具列→🐛、2. 插入→填料/基材→🐛、3. 插入→除料→🐛。

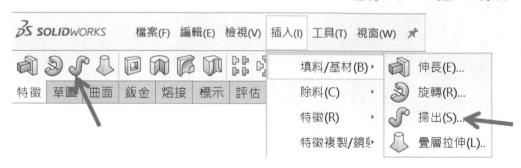

1-0-2 介面項目

掃出介面由上而下分 6 大段：1. 輪廓及路徑、2. 導引曲線、3. 選項、4. 起始/終止相切、5. 薄件特徵、6. 曲率顯示。

A 掃出除料

輪廓與路徑是基本原則，越下面越進階，甚至稍微調整完成另一種樣貌。🐛與掃出除料🐛介面大致上相同，🐛多了實體輪廓又稱實體掃出，為多本體應用（箭頭所示）。

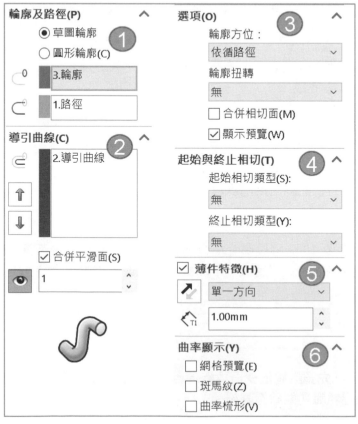

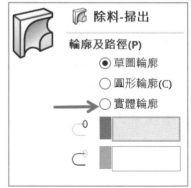

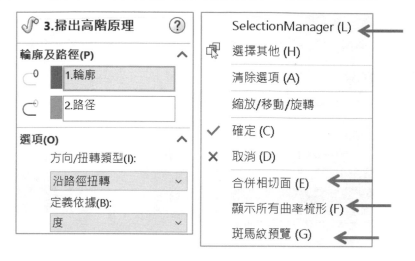

1-0-3 右鍵選擇

特徵成形過程右鍵→快顯功能表設定項目，功能像雞肋用處不大，且能用的指令太少（箭頭所示）。目前快速鍵不支援指令內的設定項目，希望 SW 能改進。

1-0-4 新舊版本掃出差異

2016 核心升級，掃出有新的計算方式，例如：選項和順序有變化。同 1 個模型可以保留新舊✎，例如：2015 的舊掃出檔案，以新版本開啟該檔案產生第 2 個新✎。

🅐 新舊介面差異

選項和**導引曲線**欄位功能和位置不一樣，選項一定要在導引曲線下方才對，因為選項=條件給定後→細部設定，所以新版介面這樣排列是對的。

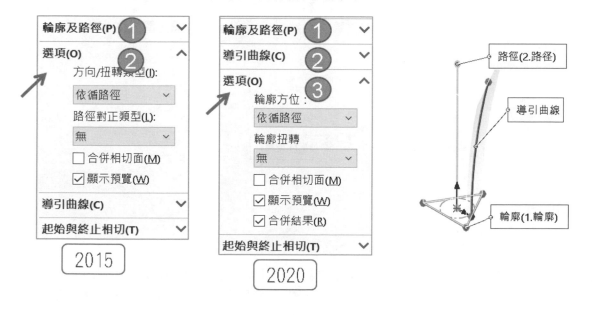

B 選項介面差異

新版更名**輪廓方位**和**輪廓扭轉**，整合舊版**方向/扭轉類型**和**路徑對正類型**。

C 選項清單項目改變

看起來早期的清單很多，新版比較少。其實新版還保有這些項目，只是條件不足不呈現罷了，類似隱藏版項目。除非模型很刁鑽（外型複雜），否則不會出現細膩項目。

D 隱藏版項目的好處

早期清單項目很多，在條件不足和不懂觀念情況下，當下在那裏亂試，會比較難。

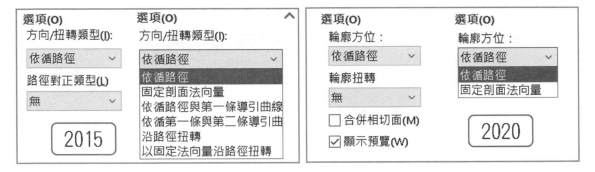

1-0-5 掃出基礎原理

掃出基本條件：1. 輪廓＋2. 路徑。至少要 2 個草圖才可完成掃出，初學者剛開始不能理解，因為習慣 1 個特徵 1 個草圖。

A 口語唸法

習慣由上到下 1. 輪廓→2. 路徑，因為自指令由上到下排列。但操作上倒過來做比較好，1. 路徑→2. 輪廓（輪廓最後做）唸法雖然拗口，卻是解決掃出問題的根本。

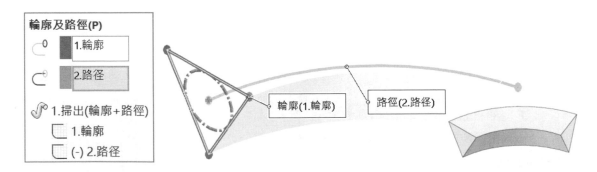

1-0-6 掃出進階原理

2 大基本條件＋3. 導引曲線，**導引曲線**控制外型變化（造型靈魂），例如：圓沿導引曲線產生直徑不相等。早期只要講到導引曲線都算進階課程，現今這是基本要會的。

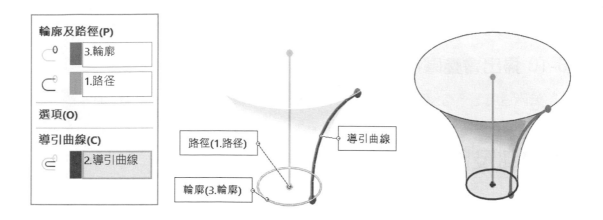

1-0-7 掃出高階原理

　　沒有導引曲線下，利用選項完成複雜外型，例如：三角輪廓直向上呈現，卻可以在成型過程同時扭轉 90 度（就像扭毛巾）。由三角形小圓和側邊曲線看出變化，不必憂慮側邊如何製作（反正也做不出來）。

　　時代不同了，現在學習風向不再學會建立螺旋條件或草圖，而是能夠用學會用按鈕按一按就完成，不必建立條件為導向。

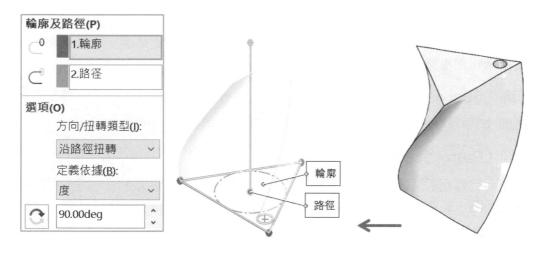

1-0-8 掃出和疊層拉伸是兄弟

　　🖊和🥄觀念和介面很像，課堂上我們會掃出和疊層拉伸介面一起認識，可以加速學會這2 特徵。🖊一開始很難教，學習過程草圖基準面常放錯，很多人空間轉不過來。

1-0-9 學習心理扶持

　　掃出和疊拉已經不是 1 個草圖 1 特徵，邁向多個草圖 1 個特徵。不像先前的🔲，1 個草圖 1 個特徵，只要學會拆特徵即可。

剛開始會不知所措，要詳盡了解到時再翻字典即可。你會覺得🐀和🐌的輪廓、路徑或導引曲線都很簡單，不像先前建模的草圖這麼複雜。

1-0-10 掃出會疊層拉伸也會

對進階者而言，有沒有覺得🐀會🐌一定也會，大郎還沒遇到會🐀，不會🐌的。

1-1 輪廓及路徑

本節為掃出基本 2 大條件：1. 輪廓、2. 路徑，分別不同基準面，理論為垂直關係。對初學者說是新體驗，先前習慣 1 個草圖 1 特徵，現在要 2 個草圖完成 1 個特徵。

Ａ 先教圓形輪廓

先教**圓形輪廓**引發同學對掃出興趣，當下完成掃出，果然感覺是誠實的。

Ｂ 降低草圖作業

後面會遇到模型面和模型邊線都可成為掃出條件，未來一定會降低草圖作業為方向。

1-1-1 草圖輪廓

承上節，分別完成掃出 2 大條件：1. 輪廓、2. 路徑，且這 2 草圖在不同空間，教學只要在上基準面加畫圓。

Ａ 輪廓（Section，俗稱斷面）↻⁰

輪廓=指令核心，草圖名稱習慣以 S 代表，輪廓原則封閉，例如：Ø10。

Ｂ 路徑（Path，又稱引線）↻

常用來定義範圍讓輪廓跟隨，算是簡單圖形。路徑原則在輪廓中間，路徑可以直線或曲線定義範圍，範圍通常是模型大小，如同人體脊椎，就知道路徑多重要了吧。

1-1-2 圓形輪廓（Circular Profile）

2016 自動加入圓完成掃出，僅支援 Ø 直徑呦。圓使用率最高常用在管路，不必為了繪製草圖或製作草圖基準面而增加建模時間，利用掃出完成管路已成為顯學。

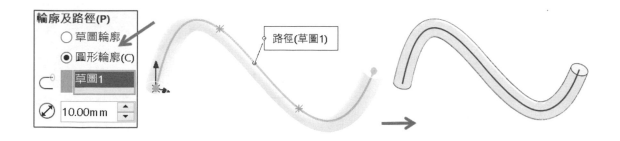

1-1-3 雙向掃出

　　草圖輪廓位於路徑之間，點選輪廓和路徑後，於下方顯示成形方向。控制輪廓在單向、雙向，關注度極高的選項。本節算隱藏版，適用草圖輪廓，下圖左（箭頭所示）。

　　很可惜圓形輪廓看不到雙向掃出項目，希望 SW 能更彈性。

A 雙向（Bidirectional）＋（預設）

　　草圖同時往 2 方向成形。

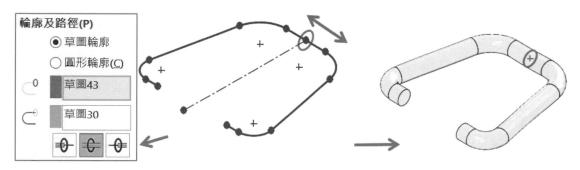

B 方向 1＋、方向 2＋

　　特徵往草圖其中一方向成形。

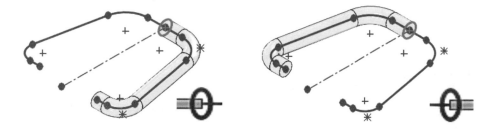

C 早期作法

　　早期為了要完整掃出，必須採取 2 種方式：1. 一半路徑→鏡射特徵，下圖左。2. 完整路徑，想辦法讓草圖在路徑 2 端，採取原點在單邊或製作新基準面在路徑端，下圖右。

　　現在不必這麼麻煩，讓輪廓以最理想的中間位置，進行**單向**或**雙向**＋成形，節省不少時間與增加設計彈性。

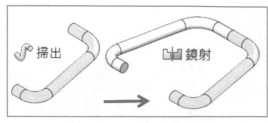 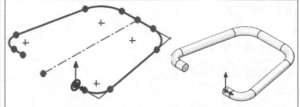

1-1-4 掃出除料-實體輪廓（Solid Profile）

運用多本體模擬刀具路徑，甚至能解決複雜特徵幾何之間的衝突或草圖輪廓無法達到的外型，適合掃出除料。

製作過程運算比較久，多半會由預覽查看成形狀態，例如：圓棒上製作圓盤沿螺旋線除料，完成螺紋溝槽→，第 2 螺紋。

步驟 1 ☑實體輪廓

步驟 2 輪廓

點選圓盤本體。

步驟 3 路徑

點選螺旋線，完成後看到螺紋溝，重點在後方收刀輪廓的真實性，下圖右（箭頭所示）。如果不用此手段，必須用 2 特徵收尾。專業的講法，要畫出一模一樣和能夠用的模型。

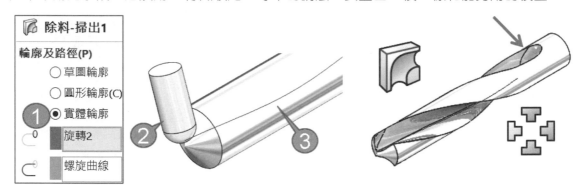

1-1-5 模型輪廓與草圖路徑

引用模型面和模型邊線作為掃出條件，可以看出軟體發展已經朝向點選模型資訊，不需草圖就能完成特徵。本觀念適用第 2 特徵，本節和觀念一樣。

A 模型輪廓與模型路徑

只要點選模型面和模型邊線，簡單、迅速、直覺點選完成掃出。早期這部分要 1. 選面→2. 進入草圖→3. 參考圖元→4. 退出草圖，完成輪廓草圖。

雖然步驟多，至少這手段已經做到不必畫草圖，我們也心滿意足。

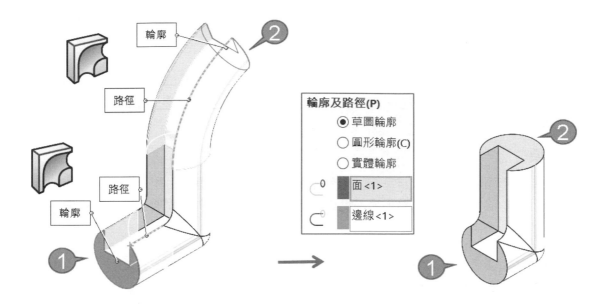

B 圓形輪廓與模型路徑

以模型邊線作為路徑進行圓除料,製作過程要☑沿相切面進行呦,常用在溝槽。

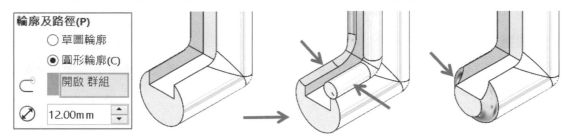

C 模型輪廓與草圖路徑

引用 1. 模型面和 2. 草圖路徑,進行掃出。

D 草圖輪廓與模型路徑

承上節,也可以引用 1. 草圖輪廓與 2. 模型路徑,進行掃出,就是要強調靈活性。

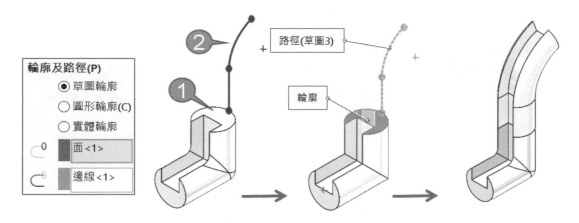

1-2 選項

　　控制輪廓沿路徑或導引曲線成形過程讓位置變化。本節說明選項所有設定，名詞照字面可理解 90％以上，選項很多名詞不容易理解甚至項目相乘多重變化如迷宮，所以特別整理讓同學成為字典翻閱。

A 選項位置

　　選項在導引曲線下方，避免誤以為有**導引曲線**才可以用選項，所以本節先說明選項。絕大部分選項設定都是輪廓看路徑的變化。不過，有些項目要搭配導引曲線才可使用。

B 選項價值

　　選項最大價值在輪廓沿路徑控制，例如：沿路徑扭轉控制（類似螺旋），不用複雜輪廓就可達到彎曲、螺旋、擺動造型。

C 選項介面

　　選項分 3 大項：1. 輪廓方位、2. 輪廓扭轉、3. 設定，這些會交叉多項結果。設計過程絕大部分使用系統預設的：1. **依循路徑**、2. 無（箭頭所示）。

D 隱藏選項

　　點選路徑才會出現選項欄位（箭頭所示），這部分難為初學者，希望不要再有隱藏設定，現在的人不會有耐心面對這些。

E 圓形輪廓選項限制

　　圓形輪廓的選項功能比較陽春，下圖右。

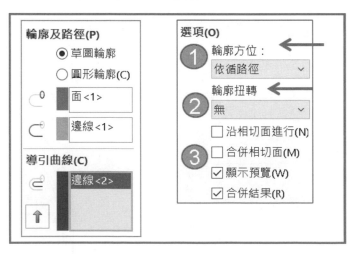
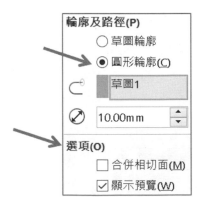

1-2-1 輪廓方位（Profile Orientation）

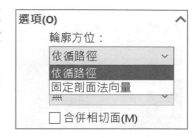

　　控制輪廓沿路徑掃出方向和扭轉情形，由清單會發現項目不多：1. 依循路徑、2. 固定剖面法向量，常用在多本體設計的分割需求。

　　這 2 項不必很熟沒關係，只要來回切換得到你要的外型即可。

A 依循路徑（Follow Path，預設）

　　輪廓與路徑維持垂直關係，例如：下方紅色輪廓遇到路徑轉角，仍維持與路徑垂直關係，下圖左（箭頭所示）。下方紅色輪廓與路徑平行關係，下圖右（箭頭所示）。

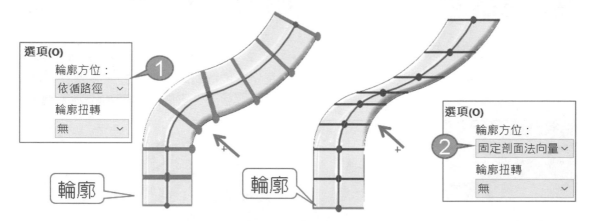

B 固定剖面法向量（Keep normal constant）

　　掃出剖面與起始輪廓平行，路徑要有彎折才有效果，例如：多本體拆件與工法連結，方便裁切加工或組裝。

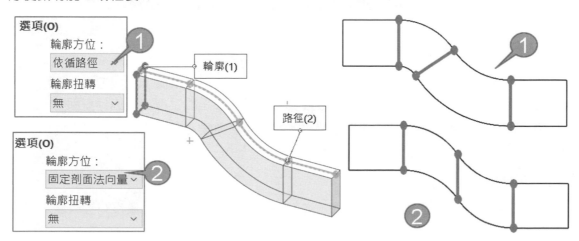

C 案例 1：電扶梯鈑金

電扶梯外面鈑金不可能一體成形，必須靠一片片組裝，由接縫可見直線切割。在 SW 作業中：1. 一體成形→分割拆件，還是 2. 畫 1 片片零件→到組合件組裝。

D 案例 2：電扶梯玻璃

承上節，由接縫可見玻璃為長方形切割，只是組裝位置看起來是斜的，下圖右。其實手扶梯玻璃也有和鈑金一樣的垂直切割，這部分不必太擔心，去問就知道為什麼了。

1-2-2 輪廓扭轉（Profile Twist）

設定輪廓與路徑對正方式，由清單設定：1. 無、2. 指定扭轉值、3. 指定方向向量、4. 與相鄰的面相切、5. 自然，實務上不會了解到這麼細，都是亂壓得到要的外型即可。

輪廓沿路徑產生微小波動時可穩定輪廓，例如：環形物必須設定沿路徑才能成形。本節項目必須配合依循路徑，下圖中（箭頭所示）。

A 無（預設）

輪廓與路徑垂直才會出現**無**，輪廓不進行扭轉，多邊形缺口的位置沒有被改變。

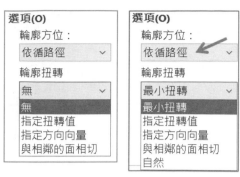
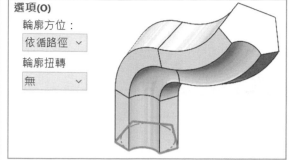

B 最小扭轉（Minimum Twist）

輪廓沿路徑相切擺動，適合 3D 路徑（路徑不在平面上），但無法參與控制也只能以軟體定義成型，例如：輪廓 A 起始位置為水平狀態，由中間剖切可見輪廓 B 沿相切轉動。

說到這常遇到同學問：要看這麼細呦？沒錯要滿足客戶需求，成形不到位的時候就要看這麼細，重點是能找出項目並解決就好，就會希望 SW 功能多一點的境界。

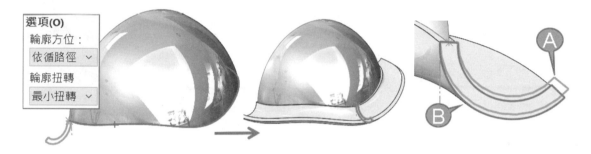

C 指定扭轉值

輪廓沿路徑進行扭轉並進行下方的扭轉控制（箭頭所示），常用在螺旋。學到這會訝異，原來螺旋體可以不必畫螺旋曲線，如此增加同學對軟體的認知層次。

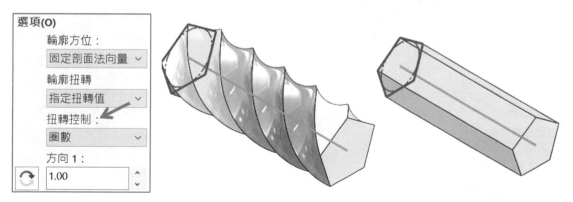

D 指定方向向量（Direction Vector）

將輪廓與所選面或邊線做為垂直對正基準，可以 1. 參與控制和 2. 維持模型穩定度。推薦選基準面因為最穩定，例如：上基準面進行帽緣控制，讓帽緣穩定不波動。

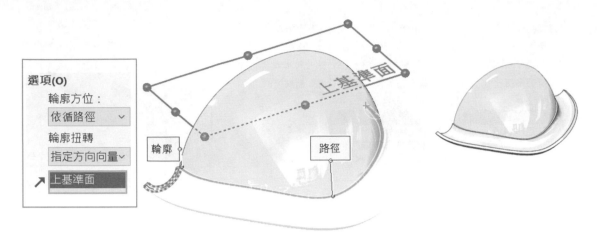

D1 起始和終止輪廓平行

1. 固定剖面法向量或 2. 方向向量，都可讓起始和終止輪廓平行，不過尾端會變形。

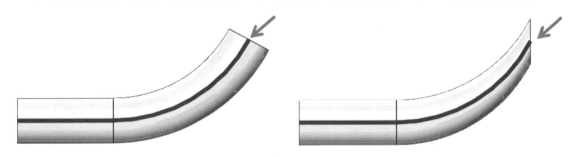

E 與相鄰的面相切（Tangent to adjacent Face）

輪廓沿相切路徑成形時，依相鄰面相切並產生平滑掃出，適合第 2 特徵，下圖左。另一個為最小扭轉，完成類似防水濺出的外緣，下圖右。

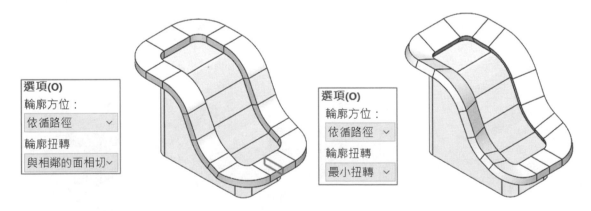

E1 無法找到相配的面

第 1 個特徵沒有相鄰面，系統出現：無法找到相配面視窗，因為拓樸變更=模型被設變，造成路徑沒有相鄰面。

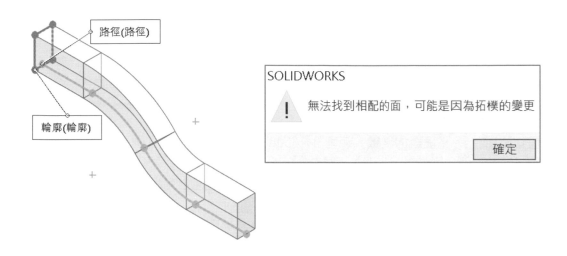

F 自然（Nature，早期版本稱無）

輪廓沿路徑掃出過程，輪廓會維持路徑曲率相同角度，簡單的說輪廓與路徑垂直。路徑幅度越大，輪廓擺動更明顯，適用 3D 草圖的路徑。

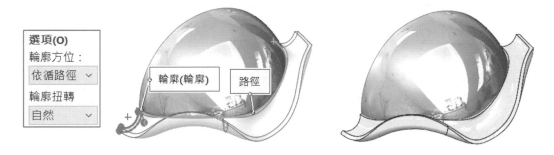

G 輪廓扭轉之間差異

以方形環繞橢圓形，設定 1. 最小扭轉或相鄰面相切，下圖左。2. 自然，下圖中。設計配合網格查看細節變化，並來回切換清單查看差異。

如果都沒你要的就累了，要建立額外的草圖成為掃出條件，這時又會希望 SW 的項目能多一點讓我們條一條、按一按，因為不想建立額外的草圖了。

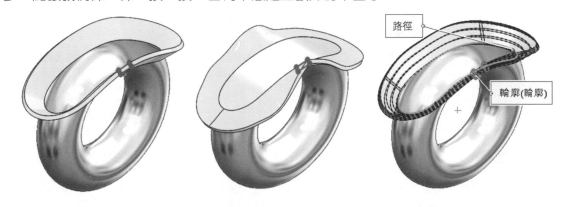

1-2-3 指定扭轉值→扭轉控制

指定扭轉值並進行扭轉控制，清單切換：1. 度、2. 徑度、3. 圈數，這 3 項皆為互補關係結果相同，例如：圈數 2→改為度，會呈現 720 度，實務上圈數比較直覺。

A 度（Twist Angle）

設定輪廓沿路徑扭轉的度數，範圍 0～36000（360 度=1 圈），例如：輪廓小圓，沿大圓路徑，設定 1800 度轉圈（5 圈）。試想，不利用掃出還真不知要用哪種指令完成，甚至體會輪廓不見得要在路徑上，學習過程都要同學輪廓在路徑上對吧。

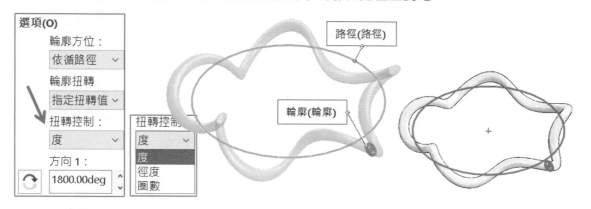

B 徑度（Radians，Rad）

徑度又稱弧度，是平面角的單位，設定輪廓沿路徑扭轉的徑度，範圍 0～628.318 徑度（10 圈，1 圈=6.283Rad）。

C 轉圈（Turns）

設定輪廓沿路徑扭轉圈數，範圍 0～100。

D 完整旋轉的倍數

封閉路徑扭轉角必須 1 圈（360 度），否則無法成形，下圖右。非圈數的倍數會造成拓樸扭轉（擠壓），系統無法呈現這型態，世界上也沒這東西，下圖右。

E 路徑螺旋

透過轉圈完成螺旋模型，L 草圖=路徑，輪廓不在路徑上（箭頭所示）。一開始會想到螺旋曲線，沒想到能這麼簡單完成螺旋造型，且這麼簡單的路徑竟然成為模型靈魂。

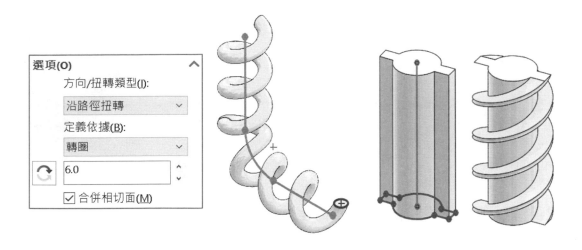

1-2-4 沿相切面進行（Tangent Face）

　　輪廓依模型的相切面掃出，不須一條條點選，適用第 2 特徵，例如：選擇模型邊線其中一段，自動延模型相切邊線掃出。由模型上的幾何成為指令條件，是未來的操作方向。

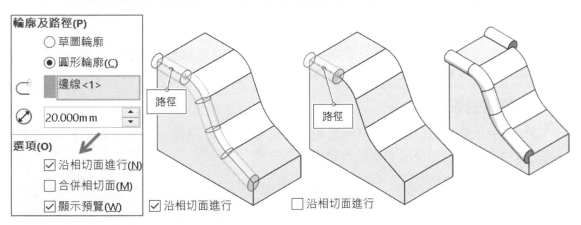

1-2-5 合併相切面（Merge tangent face）

　　掃出路徑具有相切線段時，是否要合併相切面，通常會忘記這設定。相切來自圓弧與其他圖元，特徵成形時會產生分割面。

A ☑合併相切面

　　連續一片面看起來比較順的面連續，例如：螺旋成形。很多情況會忘記☑合併相切面，模型不連續而進行下一特徵，造成後續點選有點麻煩，更嚴重造成特徵無法成型。

B □合併相切面（預設）

　　由外觀線條得到大小和位置，這些線段是重要參考，適用製程拆件或查看拼接位置。

1-2-6 顯示預覽（Show preview）

掃出過程是否顯示塗彩預覽。

A ☑顯示預覽（預設）

滿足掃出條件與設定由塗彩可以看出，使用率極高。即時查看是否能成形或進行豐富設定，**無預覽**就知道設定有問題及時調整。

B □顯示預覽

常用在複雜模型的效能考量，進階者常用這招，因為進階者要的是執行效率。曾遇同學掃出做不出來，草圖沒問題，原來□顯示預覽。

C 不要預覽的效率

進階者對比較複雜的模型不要預覽取得更高運算效率，例如：沒預覽進入掃出速度比較快或進行選項的計算時間會縮短，更快得到結果。

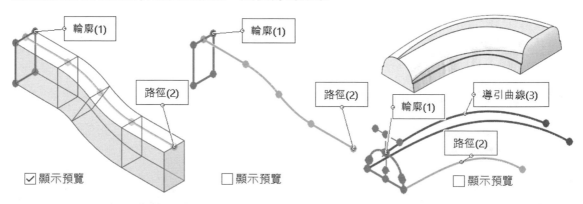

1-2-7 合併結果（Merge result，預設開啟）

掃出為第 2 個特徵時，是否要和現有本體合併為單一本體，適用🪱。由箭頭看出掃出與圓柱是否融合和合併相切面類似，適用多本體。

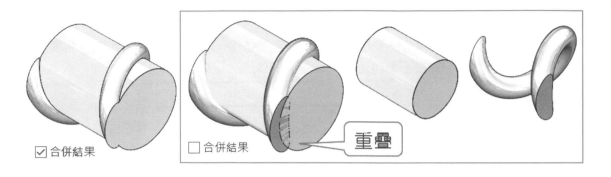

☑ 合併結果　　　　☐ 合併結果　　重疊

1-2-8 與結束面對正（Align with end face）

產生第 2 掃出時，輪廓是否與端面切除對齊，常與螺旋線一起使用。如果為第 1 特徵無論設定為何，沒有結束端面對正效果。

A ☑與結束面對正

箭頭所示前後 2 端面都會被切除，就不必費心製作第 2 特徵來切除。

B ☐與結束面對正

起始與終止端面與路徑垂直，常用在後續特徵還要應用。

C 指令名稱

與結束面對正應該為**與端面對齊**，因為輪廓端=起始，結束端=中止位置，本節指令 2 端都會端面對齊，不是只有結束端。

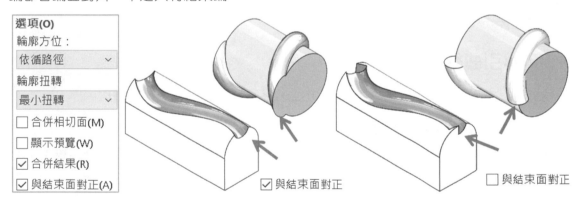

選項(O)
輪廓方位：
依循路徑 ∨
輪廓扭轉
最小扭轉 ∨
☐ 合併相切面(M)
☐ 顯示預覽(W)
☑ 合併結果(R)
☑ 與結束面對正(A)

☑ 與結束面對正　　　　☐ 與結束面對正

1-3 導引曲線（Guide Curve）

導引曲線（簡稱曲線）控制側邊變化，例如：圓棒側邊加大圓弧，可見輪廓被引導，特徵管理員的草圖名稱常以 G 代表。

特別留意圓形輪廓不支援導引曲線。

A 次要條件

導引曲線又稱次要條件非必要項目，掃出只要輪廓+路徑，有需要才增加導引曲線。原則 1 條導引曲線就夠，實在不夠再加第 2 或第 3 條以上，讓造型更細膩。

B 進階操作

導引曲線為進階操作，它是掃出靈魂（眾人驚呼原來如此）。🎵的導引曲線比較陽春，不像👃這麼多變化。

C 掃出條件順序性

對初學者：1. 草圖不容易建立、2. 草圖順序性和關聯性、3. 不習慣 2 個以上的草圖，通常要 2-3 次才能體會導引曲線精神。仔細想想導引曲線比先前的草圖作業還簡單。

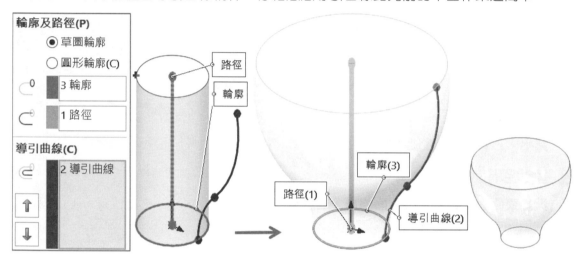

1-3-0 導引曲線欄位

展開欄位加入導引曲線後，由清單看出曲線名稱（草圖名稱）、數量與順序。

A 導引曲線和選項有相依關係

開始要關心選項設定，先前只是輪廓對路徑變化，這回加上輪廓對導引曲線變化。

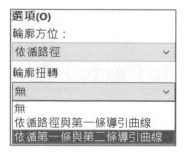
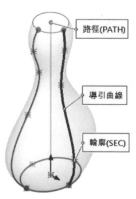

1-3-1 上移↑、下移↓

導引曲線為 2 條以上時，點選其中 1 條導引曲線，點選上、下按鈕調整順序，查看之間細部影響，比較極端的例子甚至影響掃出成功或失敗。

A 網格與斑馬紋協助

網格和斑馬紋比較看得出成形差異性也更具體（箭頭所示），例如：水龍頭側邊有 2 條導引曲線，曲線對調可看出些微差異。

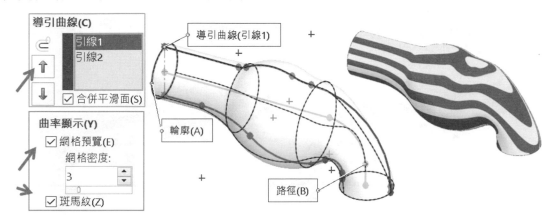

1-3-2 合併平滑面（Merge smooth face）

導引曲線的直線和圓弧是否更精確相配，功能類似合併相切面。比較極端的例子，合併平滑面要達到精確掃出，會犧牲導引曲線與其他圖元的限制條件來滿足模型結果。

A ☑合併平滑面

提高系統運算精度，改善導引曲線掃出品質，例如：模型相切面交線為合併狀態，得到不正確模型，但得到精確面連續。

B □合併平滑面

降低系統運算精度，改善導引曲線掃出結果，例如：模型有相切面交線且每面獨立，得到較正確模型，但不精確面連續。

C 變更合併平滑面選項

當掃出特徵下還有其他特徵時，變更**合併平滑面**造成下游特徵失敗，出現訊息：是否要接受變更→是，薄殼特徵錯誤。

合併平滑面
❌ 薄殼1

SOLIDWORKS

⚠ 由於變更合併平滑面的選項，下游的特徵可能會失敗
您是否要接受變更？

☐ 不要再為此操作顯示訊息　　是(Y)　　否(N)

D 曲面品質

☐合併平滑面，**斑馬紋**沒連續面品質不理想，即使水龍頭得到正確外型，品質不佳也是失敗模型，更無法生產。模型精度高不見得好，反而先求有再求好，若要兩全其美就要調整其他設定或草圖，通常會對草圖的**導引曲線**下手。

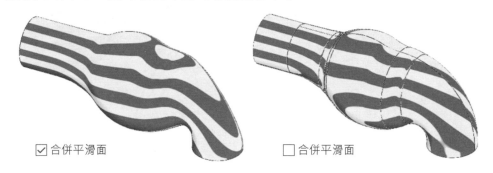

☑ 合併平滑面　　　　　　　　☐ 合併平滑面

1-3-3 顯示剖面（Show Section）👁

於繪圖區域動態顯示居間輪廓看出成形過程或失敗位置，重點在可以參與成型過程，試想，那些指令可以參與成形過程，最多只能調整指令設定。

A 輪廓數量

居間輪廓形狀由**路徑**和**導引曲線**決定，點選增量方塊查看剖面數量和位置。但無法自行增加或減少剖面數量，這些由系統而定，例如：☑合併平滑面，剖面數量會增加。

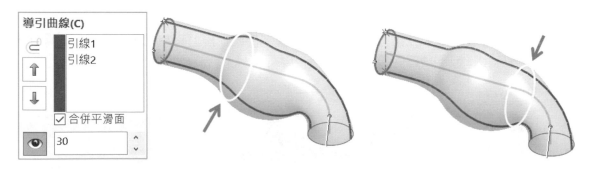

導引曲線(C)
引線1
引線2
↑
↓
☑ 合併平滑面
👁 30

1-3-4 合併平滑面 VS 合併相切面

合併平滑面和**合併相切面**，字面看起來很像，通常是亂調查看哪種是你要的。

A ☑合併平滑面

導引曲線成形控制，會影響模型體積。

B ☑合併相切面

路徑成形控制，模型面的計算合併，不影響模型體積。

C □合併平滑面、☑合併相切面

模型會怪怪的。

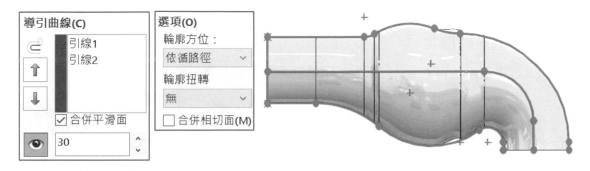

1-3-5 路徑與導引曲線長度

導引曲線和路徑可以不同長度，只會成形到最短的條件。

A 路徑短，導引曲線長

掃出到路徑位置停止，下圖左。

B 路徑長，導引曲線短

很明顯導引曲線比路徑短，可見模型成形到導引曲線，下圖右。

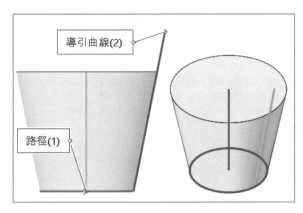

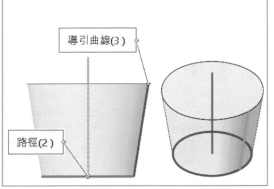

1-3-6 路徑和導引曲線對調

嘗試路徑和導引曲線對調，說不定就有你要的結果，這是比較高階作法，下圖左。

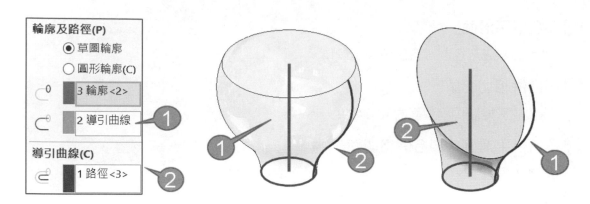

A 固定剖面法向量

在選項中設定固定剖面法向量，可以將結束面與剖面輪廓平行。

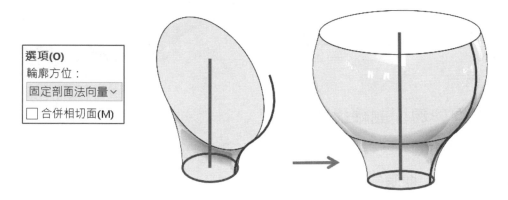

1-3-7 一定要有輪廓及路徑

少了路徑（箭頭所示），當你想完成掃出，系統會出現訊息。

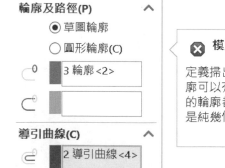

> ⊗ **模型重新計算錯誤**
>
> 定義掃出必須提供一個輪廓與一條路徑。對實體掃出，輪廓可以有多於一個的外形輪廓線。要產生實體掃出，所有的輪廓都必須是封閉的。供輪廓及路徑使用的草圖不能僅是純幾何建構。

1-4 導引曲線：輪廓扭轉

　　導引曲線下方的選項控制輪廓扭轉，由清單可見：1. 無、2. 第一條導引曲線、3. 依循第一條與第二條導引曲線、4. 自然，要看到清單差異，要有 2 條導引曲線。

　　實務上不會了解到這麼細，都是亂壓得到要的外型即可。

A 輪廓扭轉的選單差異

　　導引曲線已經限制輪廓成形，就會影響路徑對正類型的項目，例如：預設 4 項，指定導引曲線後，選項僅有 2 項。

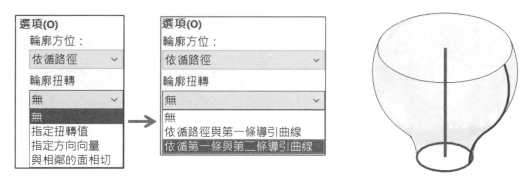

1-4-1 依循路徑與第 1 條導引曲線（Follow path first guide）

　　掃出有 2 條導引曲線時，輪廓扭轉由：路徑和第 1 條導引曲線決定，下圖左。只有 1 條曲線看不出效果，下圖右。

A 第 1 條導引曲線

　　導引曲線清單中，最上方線段=第 1 條導引曲線，下圖左（箭頭所示）。

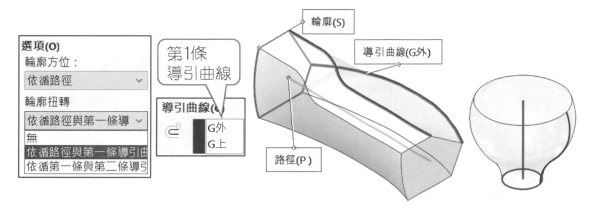

1-4-2 依循第一條與第二條導引曲線

輪廓扭轉由路徑和第 2 條導引曲線同時決定。

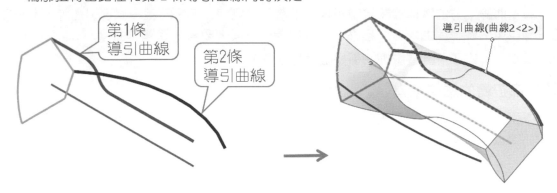

1-4-3 三條導引曲線

模型有 3 條導引曲線，只能以清單順序進行扭轉控制，很容易讓輪廓失控，因為選項沒有針對多條曲線控制。

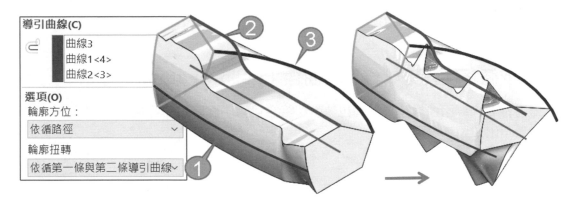

1-4-4 輪廓圓形或規則型

輪廓為圓形很難顯示旋轉變化（甚至不會有變化），因為怎麼轉都是圓，必須由斑馬紋看細節。

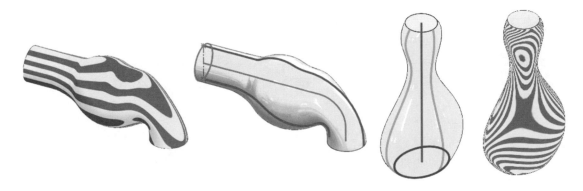

1-4-5 自然（Natural）

選擇導引曲線後，輪廓扭轉項目對特徵影響極大，例如：1. 最小扭轉、2. 依循路徑與第 1 條導引曲線、3. 自然。

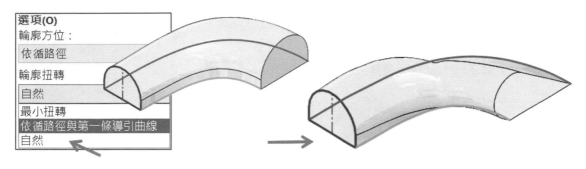

1-5 起始/終止相切（Start/End Tangency）

以輪廓為基礎產生起始或終止處與路徑垂直的掃出，類似虛擬線與弧產生相切，讓外型更有流暢感。

以前只有🔩才有相切類型，現在掃出終於也有，不過無法控制相切參數。

1-5-1 起始/終止相切類型

清單切換：1. 無、2. 路徑相切，讓輪廓起始或最終面的相切控制（箭頭所示），配合 1. 導引曲線、2. □合併平滑面效果更明顯。

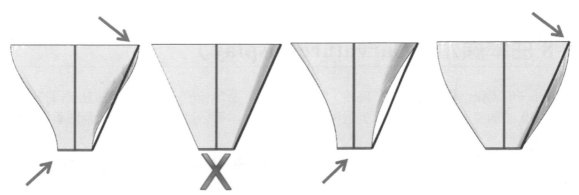

1-6 薄件特徵（Thin Feature）

掃出過程啟用殼厚是否影響掃出，避免特徵完成後，執行薄殼🔲才知道無法成功，一來一回編輯特徵很耗時。

A 薄件特徵項目差異

🔗薄件和🔲不同，🔲為開放輪廓形成厚度。

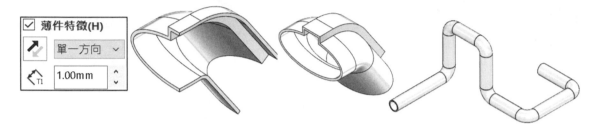

1-7 特徵加工範圍（Feature Scope）

決定第 2 特徵所影響的本體，適用分離的本體，與🔲加工範圍相同不贅述。

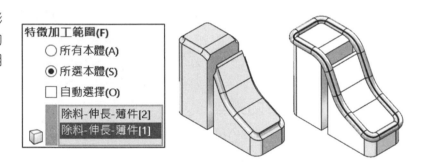

1-8 曲率顯示（Curvature Display）

進一步視覺化檢視過程：1. 網格、2. 斑馬紋、3. 曲率梳形。這 3 項可獨立或同時查看成形變化並調整上方選項，讓成型過程擁有參與性，本節只能看成形效果，無法看與其他面連續情形。

全開這些項目只會感覺髒髒的，影響顯示效能更讓視覺更亂，一開始讓同學體驗一下，除非看懂用意否則不建議開啟，這部分在曲面書完整介紹。

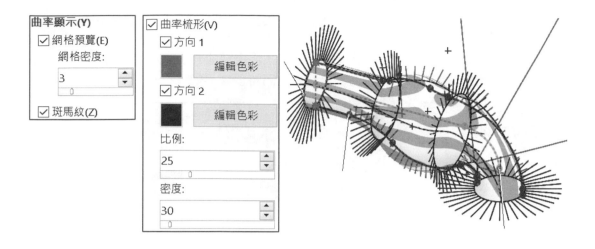

1-8-1 網格預覽（Mesh Preview）

　　預覽+網格，調整網格密度查看成形品質，成形不理想時可查看問題原因。網格以黑色線條平均分布在模型表面（UV 曲線），屬於虛擬線快速看出面分佈，但無法點選它們。

A 網格密度（Density）

　　平均調整水平和垂直網格行數，定義 1～20 範圍，數字低=疏，數字高=密。密度 1 可見模型線架構，這部分疊層拉伸比較看得出效果。有些軟體可以單獨設定 U3V4 的線條數。

B 顯示剖面搭配使用

　　導引曲線的顯示剖面（鵝黃色），動態產生類似網格效果。

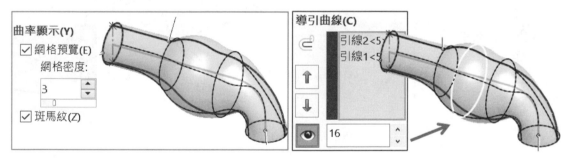

C 實務應用

　　密度數值為了成形過程能清楚交線，分別為：1、2、6（箭頭所示）。

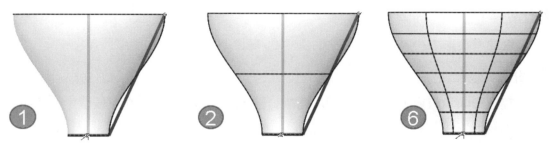

1-8-2 斑馬紋（Zebra stripes）

查看模型表面平滑度和曲面相接情形。透過紋路檢視曲面小縐褶或瑕疵並檢查 2 相鄰面是否接觸、相切或連續曲率。斑馬紋可與網格同時預覽，如果不覺得亂了話。

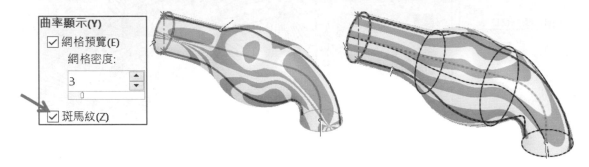

1-8-3 曲率梳形（Curvature comb）

直線從曲線法向量向外放射，查看曲線平滑度，長梳形=大曲率，反之亦然。曲率梳形必須配合☑網格預覽，否則無法使用。

A 方向 1、方向 2

顯示 UV 方向，U=水平（X 軸）、V=垂直（Y 軸），可分別開啟或關閉方向 1、方向 2。

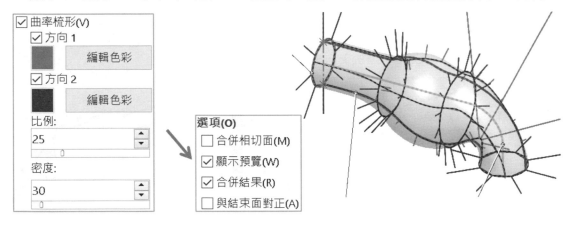

B 編輯色彩

修改梳形色彩，形成對比色讓你更清楚辨識。方向 1 預設紅色、方向 2 預設藍色。

C 比例

調整曲率梳形大小。梳形長度比例 1～100 範圍，數字越大長度越長。

D 密度

調整梳形顯示數量，定義 2～400 範圍，數字越大越密。該調整與模型大小有關，模型越大，越需要密一點的梳形顯示。

1-8-4 曲率顯示的選項

要完整看出曲率顯示，必須 1. ☑顯示預覽、2. 選項→效能→☑顯示塗彩預覽。

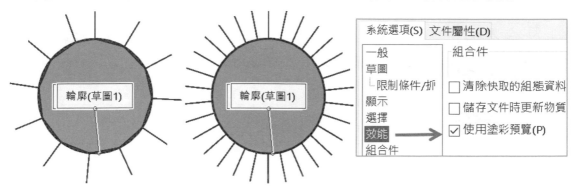

筆記頁

02

掃出應用

開始進入掃出建模：1. 驗證掃出特性、2. 掃出常見題型、3. 進階作業。基礎建模只要顧慮草圖或特徵環境，進階題型要留意系統原理和錯誤判斷與解決能力。

A 要顧的地方很多

🔩難學在於要顧的地方很多，例如：2 個以上草圖、草圖空間位置、草圖順序、指令選項設定、問題解決能力...等，有很多衍生題材，例如：螺旋和框架都可以教很久。

B 要會🔩或🥄

學 SW 卻不會🔩或🥄，這說法行不通，很多模型非🔩完成不可。常聽到我這行業用不到這些所以不需要學習，這代表 SW 使用程度不深，現在要 SW 使用程度高的工程師。

C 限制工程師建模彈性

別要求工程師不能用🔩和🥄，只因為特徵過於複雜很難修改，這部分要用教育訓練來提升使用程度，而非限制工程師建模彈性。

2-1 管路製作

本節分別使用 2 種方式完成管路：1. 圓形輪廓、2. 輪廓與路徑。

2-1-1 1 條件的管路（圓形輪廓）

只要繪製路徑完成軟管，常用在電線、電纜管路。

步驟 1 路徑

前基準面繪製 4 點不規則曲線∿，繪製過程大方。

步驟 2 ✏

1. ☑圓形輪廓→2. 點選曲線→3. 輸入 10。

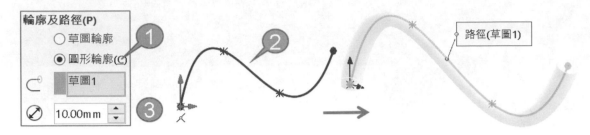

步驟 3 查看

起始位置外型與路徑為垂直狀態（箭頭所示）。

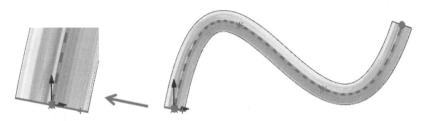

A 圓形輪廓點選手法

實務最好 1. ☑圓形輪廓→2. 輸入直徑→3. 點選路徑，成形速度更快，算解決手法。

B 練習：彎管

彎管是最典型代表產生多樣形式，以下題型在於練習，尺寸無須完全定義。1. 弧彎管、2. N 型彎管、3. 導角型彎管、4. O 型環。

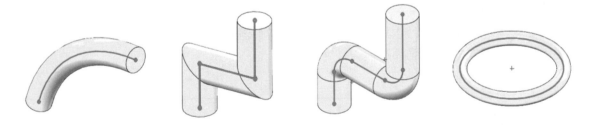

2-1-2 兩條件管路

本節用改的分別完成輪廓和路徑 2 草圖，並學習草圖命名，多半為了方便而輸入英文，因為英文輸入比中文快，順便學習專業術語，草圖環境下可直接命名。

步驟 1 刪除掃出

步驟 2 草圖命名 Path

點選草圖 1 按 F2→輸入 Path，可強迫體會獨立草圖，這部分算技術內化。

步驟 3 繪製輪廓

在等角視可見輪廓放置哪個空間，例如：在上基準面畫圓，草圖命名 Section。

步驟 4 🔧，☑草圖輪廓

分別於繪圖區域點選 2 草圖，可見成形預覽→↵，完成掃出。

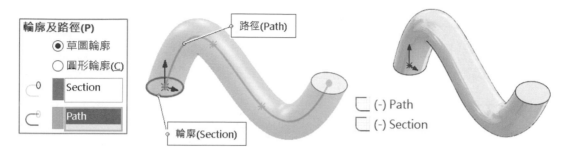

步驟 5 查看

預設外型與路徑為垂直狀態（箭頭所示）。

2-1-3 不必退出草圖

2016 以後可在草圖環境中直接使用🔧，比以往靈活許多。

Ⓐ 程序

早期要**退出草圖**📄才能使用🔧，代表草圖程序結束後，才可進行下一個🔧程序。

還記得草圖畫完可直接使用🔩和🔧特徵，只是🔧已經提升為一致性作業。目前無法每個指令在草圖環境下直接點特徵，看來需要時間來改善這點。

2-2 掃出控制與成形探討

Instant 3D🔧控制路徑直覺且快速變更，並說明常見的成形不良原因。

2-2-1 調整草圖路徑

第一次遇到半預覽狀態，本節重點不用編輯草圖和退出草圖就能即時看變化。

步驟 1 確認✎是否開啟，以及和草圖是否顯示

於特徵工具列尾端點選✎，顯示路徑草圖。

步驟 2 啟用路徑控制

點選不規則曲線→拖曳控制點，鵝黃色半預覽拖曳後與拖曳前狀態對照。

步驟 3 更新特徵

在繪圖區域點一下，更新並完成拖曳結果，要完全清除鵝黃色預覽→⛃。

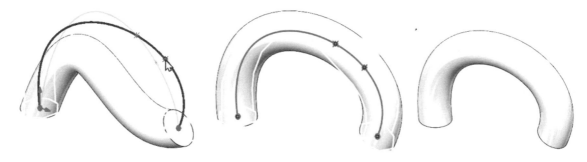

2-2-2 曲線半徑與輪廓半徑

兩者為相對關係，彎曲成形時造成路徑扭轉或過度彎折，違反拓樸（Toplogy）將無法呈現特徵，由於核心提升，掃出可完成奇形怪狀會看到皺褶。

Ⓐ 3D 模型驗證設計是否能夠被製造

利用 SW 畫面將矛盾現象告訴客戶，當場驗證並建議修改輪廓半徑或曲線半徑，客戶比較理解，否則沒畫面解釋，客戶不能接受甚至會懷疑能力（是否畫不出來）。

Ⓑ 曲線半徑與輪廓半徑必須取得平衡

曲線半徑大會比較好成形。曲線半徑小，輪廓到轉折處會過不去利用曲率，由顏色看出在彎折處有皺褶。

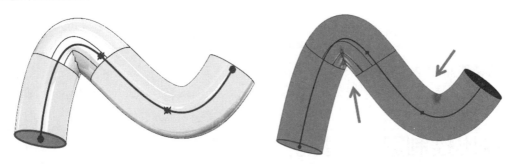

2-2-3 掃出常見問題

掃不出來 2 大原因：1. 空間感、2. 不習慣 2 個草圖完成 1 個特徵。一開始不習慣空間，甚至學習過程為何其他同學畫得出來，都會告訴你以前學過。現在比較沒這類問題了，因為學習程度提升，從小就接觸 3D 訊息，空間感早已建立。

A 學習靈魂

大郎常問學過的同學，記得當初做不出來怎麼解決的嗎，或是知道為何做不出來嗎？多半回答忘記了，反正久了就習慣知道要這樣改，這就是沒學到靈魂。

B 相同基準面

輪廓與路徑雖然 2 個獨立草圖，但不能為同一基準面，通常將 2 個草圖畫在前基準面，同一平面無法形成立體，旋轉模型見到紙片，這是空間感還未成熟，下圖左。

C 草圖 2 合 1

在同 1 個草圖繪製輪廓與路徑，下圖右。草圖命名可有效解決，當第 1 個草圖完成後更改草圖名稱，可強迫使用 2 個草圖，沒有第 2 個草圖，名稱命不下去。

D 草圖命名

大郎以前沒教學經驗，老是在課堂滅火好像很認真，讓這堂課沒啥效率，上不到什麼。苦思要如何一勞永逸解決這困境，後來想到草圖命名。

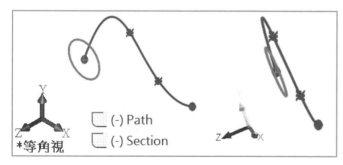

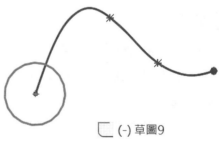

E 輪廓與路徑相交

輪廓與路徑原則要相交（相接），否則無法成型。

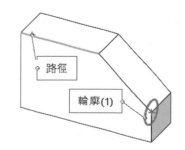

2-3 導引曲線之外型控制

掃出草圖有順序性？有順序性但不要背，簡單的說**輪廓最後畫**。常遇到只要有導引曲線題型就做不出來，幾乎沒有書這樣告訴你。

A 掃出順序

1. 路徑、導引曲線、3. 輪廓。長期下來對掃出惶恐，因為失敗率太高也不得其解，主要沒掌握輪廓最後畫原則。

B 順口難做

指令由上到下又順口：1. 輪廓→2. 路徑→3. 導引曲線，由上往下唸，反而做不出來，就算做出來不能加工，這就是為難的說法。

C 路徑=範圍=簡單

到底要先畫輪廓還是路徑？先畫路徑比較好，最主要是心理。路徑草圖簡單表達特徵大小，路徑畫完再畫輪廓，心理比較不會有壓力。如果先畫導引曲線，心理壓力莫名上來。

2-3-1 簡易花瓶建構

本節的導引曲線比較簡單，讓同學體驗有曲線的花瓶掃出，不用背就可解決所有掃出成形問題以及掃出順序性。

A 路徑

除了繪製直線，還有顯示草圖，下圖左。

步驟 1 前基準面畫 50 線段→退出草圖

步驟 2 顯示草圖

由於導引曲線要參考路徑進行限制條件，所以顯示草圖。

B 導引曲線

利用弧線完成導引曲線，下圖中。

步驟 1 繪製弧

步驟 2 加入上下 2 組水平放置

步驟 3 標註 R65

C 輪廓

重點在將輪廓與導引曲線進行限制條件，下圖右。

步驟 1 上基準面畫圓

等角點選上基準面畫圓，這樣比較好判斷空間。

步驟 2 點選圓+弧端點→重合

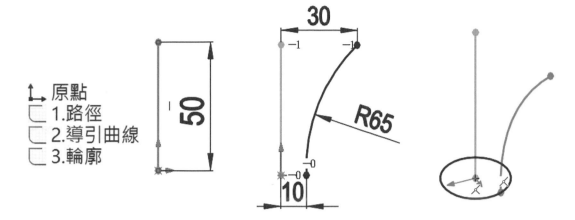

2-3-2 基本成形

選擇過程，先看到輪廓與路徑已經成型，代表這 2 項條件是正確的。

Ａ 點選（啟用）導引曲線欄位

同學第一次人工點選來啟用欄位，點到導引曲線條件時也見到全部預覽代表掃出沒問題。導引曲線無預覽，代表曲線有問題。

2-3-3 預選成形（用拋的）

先選條件再選指令，系統自動將條件加到指令中，感覺用拋得比較快這是俐落。設計過程來回嘗試指令結果，不必繪圖區域一樣一樣把條件選到掃出。

Ａ 點選草圖的順序

理論上依指令由上到下點選：1. 輪廓→2. 路徑→3. 導引曲線，但不成功。先選 1. 輪廓→2 導引曲線→3. 路徑→🐛，直接見到掃出成型算是技巧。

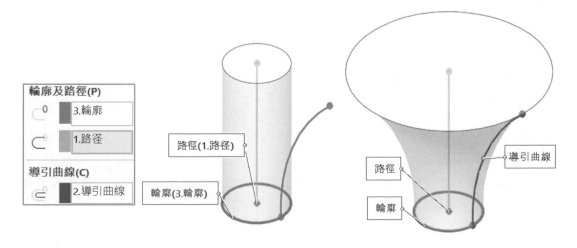

2-3-4 更改輪廓

將圓輪廓改為方形，可見掃出彈性調整斷面。

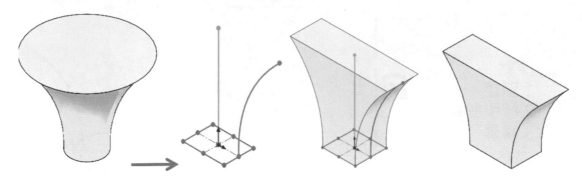

2-3-5 進階練習：花瓶建構

重點在導引曲線，很多同學在這裡把草圖還老師，路徑以幾何建構線繪製與導引曲線搞混，這一題會保證所有掃出都會。

Ⓐ 路徑

前基準面畫 100 線段，下圖左。

Ⓑ 導引曲線

本節繪製 2 圖元，1. 中心線+2. ∩，步驟比較多。常遇到：1. 導引曲線的草圖沒會畫到幾何建構線，因為和先前路徑重疊了、2. 路徑沒畫，先畫導引曲線。

步驟 1 前基準面進入草圖，幾何建構線

點選先前畫過的路徑→參考圖元→☑幾何建構線。

步驟 2 關閉檢視草圖

這樣比較容易先前畫的是導引曲線的幾何建構線。

步驟 3 繪製 4 點不規則曲線

於前基準面 4 點不規則曲線。

步驟 4 限制條件

分別將曲線頭端與尾端水平放置，避免成形過程不超出路徑範圍，下圖中。

步驟 5 垂直標註

先標垂直尺寸（Y軸），因為比較簡單標。

步驟 6 水平對稱標註

花瓶斷面=圓，必須對稱標註，很多同學在這裡還老師，因為沒有畫幾何建構線，無法對稱標註或忘記對稱標註如何標，下圖右。

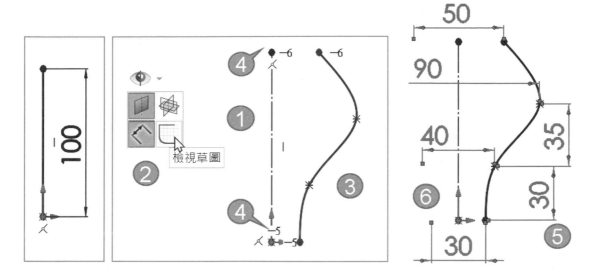

C 輪廓

將輪廓與導引曲線進行關聯，會發現輪廓沒尺寸，因為輪廓由路徑與導引曲線成形，輪廓與導引曲線的關聯是初學者最難理解，卻是最簡單繪製。

步驟 1 上基準面繪製圓

在等角中，點選上基準面畫圓，這樣比較好判斷空間。

步驟 2 限制條件

點選圓＋曲線點➔加入重合或貫穿限制條件，下圖左。

D 掃出成形

完成掃出會很有成就感。

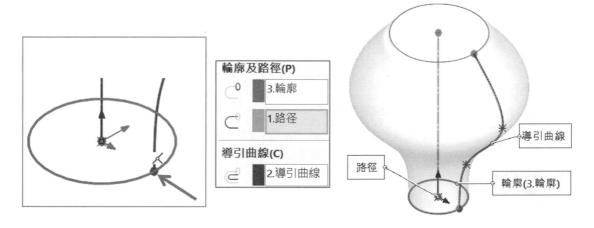

E 更改輪廓

將圓輪廓改為多邊形，可見掃出彈性調整斷面，下圖左。

2-3-6 掃出與旋轉填料不同處

每次這時刻同學會問和 🍥 有何差別，下圖右。🍥 只有 1 個輪廓繞基準軸成形製作容易，僅適用圓形斷面。掃出輪廓可以多樣性，比 🍥 多了設計彈性也無可替代。

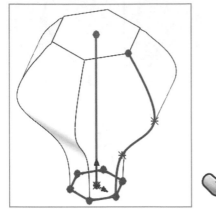
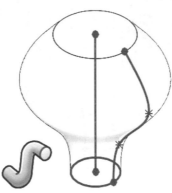
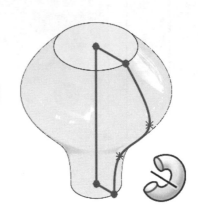

2-4 掃出順序與關聯性

第 1 次接觸導引曲線常遇到掃出做不出來，主要是草圖順序違背，1. 輪廓完全定義，掃出做不出來、2. 掃出做得出來，輪廓不足定義。

掃出草圖順序性：1. 路徑→2. 導引曲線→3. 輪廓，本節證明為何有差。

2-4-1 先畫輪廓=完全定義

將輪廓標尺寸完全定義看似沒錯，但出現錯誤訊息：此區間輪廓無法得解，請考慮原始剖面草圖的限制條件或尺寸。

訊息說得很準，就是草圖限制條件或尺寸出問題，教學過程常要同學面對訊息。有尺寸的輪廓已經定型，無法由導引曲線變化造成掃出錯誤。

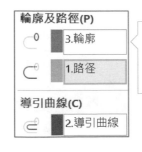

輪廓及路徑(P)	
⌒0	3.輪廓
⌒	1.路徑
導引曲線(C)	
⌒	2.導引曲線

❌ **模型重新計算錯誤**

此居間輪廓 #2 無法得解，請考慮編輯原始剖面草圖的限制關係或是尺寸

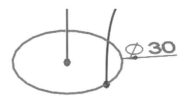

2-4-2 輪廓不足定義

承上節，刪除輪廓尺寸雖然可成功掃出，輪廓卻不足定義無法兩全其美，下圖左。

2-4-3 輪廓最後畫

利用限制條件讓輪廓依循路徑和導引曲線成形,將掃出特徵展開,可見這 3 個草圖皆完全定義達到兩全其美,應證**輪廓**最後畫以及掃出順序性,下圖右。

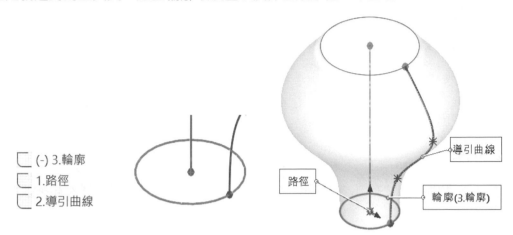

2-4-4 草圖排序

先前的草圖建構順序:1. 路徑→2. 導引曲線→3. 輪廓,不過掃出完成後,草圖位置會重新排序:3. 輪廓→2. 路徑→1. 導引曲線,因為指令順序由上而下依序如此,下圖左。

A 無法調整指令內的順序

不能調整草圖順序呦,例如:輪廓拖曳到導引曲線下,下圖右。

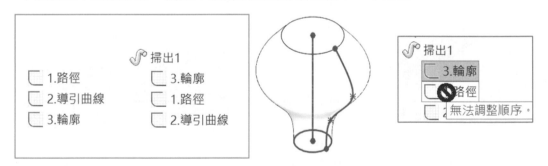

2-5 掃出練習

分別完成以下模型,有些是鈑金,有些是造型體,草圖就不必同學畫了,因為這些草圖都是基礎作業,通常到掃出課題不太讓同學畫草圖。

先前要同學畫草圖是因為要理解:1. 不習慣多草圖完成 1 個特徵、2. 草圖空間、3. 草圖關聯性、4. 草圖順序。

2-5-1 框架

掃出不支援開放輪廓，所以要把輪廓封閉起來。

2-5-2 圓錐

這題有點智力測驗，下方為路徑。

2-5-3 梯形

路徑有點類似導引曲線。

2-5-4 把手

看起來是曲面指令才有可能的造型，其實掃出就可以。重點在於路徑看起來很曲面，它是不規則曲線完成的。

2-5-5 洗潔精

本節有 2 條導引曲線，可以讓造型更具變化與彈性。

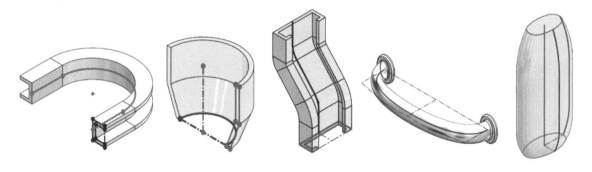

2-6 鎖棒

Ø15 旋轉體是基準，把手由掃出完成，無法用其他特徵取代，體積 7502.6 立方毫米。

2-6-0 鎖棒繪圖流程

旋轉→掃出→旋轉。

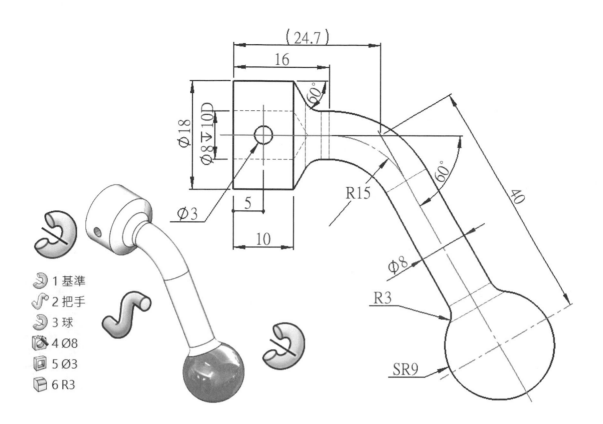

2-6-1 旋轉主體

利用前基準面繪製旋轉主體，尤其是右端的直徑先畫一節，因為它為把手的直線段。

2-6-2 把手掃出

繪製路徑，圓形輪廓 Ø8，下圖右。

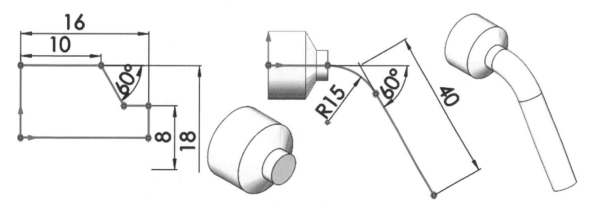

2-6-3 球體

利用前基準面完成球體草圖和旋轉填料，下圖左。

2-6-4 鑽孔 Ø8 深度 18

由於該孔有鑽角，必須用異型孔精靈。

2-6-5 鑽孔 Ø3、導圓角 R3

前基準面 Ø3 草圖→◙，就不必在圓柱面鑽孔。在 2 端圓角 R3，下圖右（箭頭所示）。

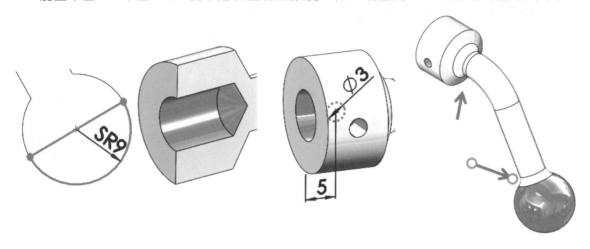

2-7 彎管+法蘭

管路很常使用的彎管+法蘭（Frange）並說明多本體焊接，體積 44041.3 立方毫米。

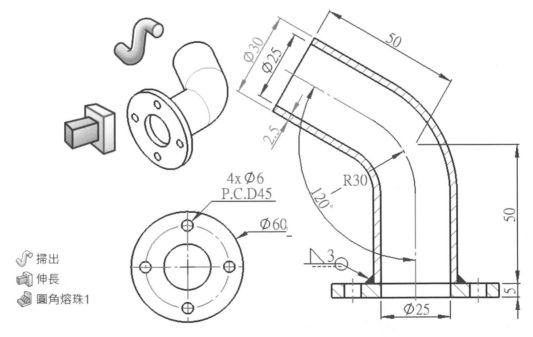

2-7-1 空心管繪製

利用圓型輪廓完成掃出，會覺得速度相當快。

步驟 1 路徑繪製

上基準面畫 2 條直線→導角→尺寸標註。

步驟 2 ☑圓形輪廓

直徑由圖面得知 Ø25。

步驟 3 薄件特徵

利用薄件特徵完成殼厚 2.5，要留意這是包內尺寸。

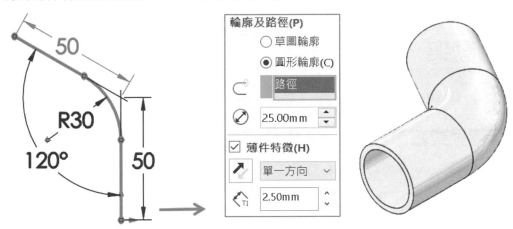

2-7-2 法蘭特徵繪製

將法蘭和鑽孔分別由 2 個特徵完成。

步驟 1 同心圓

在空心管下面畫 Ø60，利用參考圖元將孔產生。

步驟 2 🗇，□合併結果

深度 5，要留意 5 的位置沒有包含管子，□合併結果，因為它們為多本體焊接。

步驟 3 鑽孔

利用簡易直孔🗐，自行完成 4xØ6，PCD45。

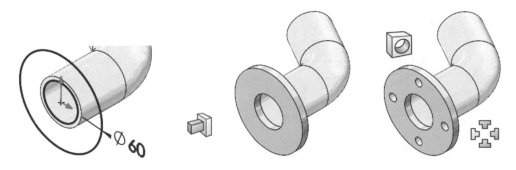

2-7-3 加入焊接特徵

圓角熔珠（插入→熔接）🎐，1. 完全長度→2. 圓角尺寸=3→3. 面組 1→4. 面組 2。

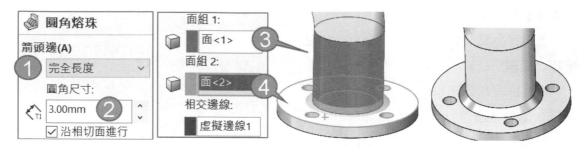

2-8 活動架

導引曲線如何引導輪廓完成掃出，重點在多本體連接，體積 329441 立方毫米。

2-8-0 活動架繪圖流程

1. 圓柱→2. 掃出→3. 刪除面。

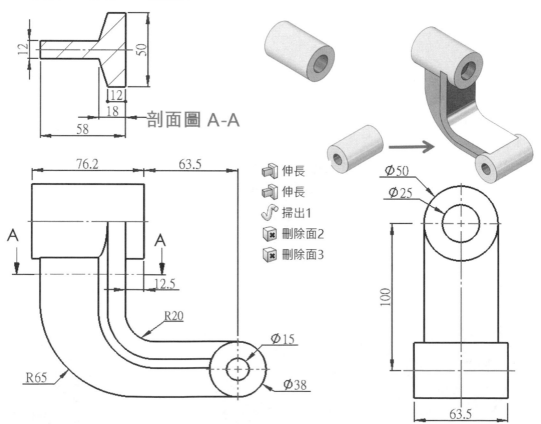

剖面圖 A-A

伸長
伸長
掃出1
刪除面2
刪除面3

2-8-1 上方圓柱體

　　原則會先畫下方，不過本題要將原點擺在上方，為了掃出路徑的基準面，1. 右基準面繪 Ø25 和 Ø50 圓→2. ⬚，深度 72.6，下圖左。

2-8-2 下方圓柱體

　　完成上下 2 個分離圓柱體，沒辦法一次完成，因為 2 個特徵成形方向不同。1. 前基準面繪 Ø15 和 Ø38 圓→2. ⬚，兩側對稱，深度 63.5→，下圖右。

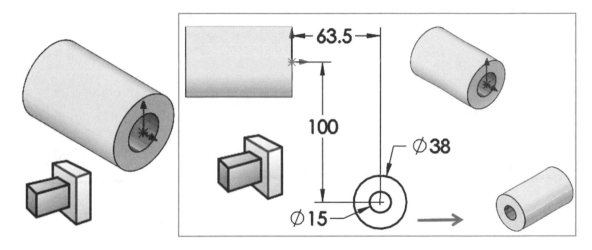

2-8-3 L 主體

　　由工程圖判斷 L 型主體掃出特徵有變化，所以要加導引曲線，難度就在這。

步驟 1 前基準面完成上方路徑

步驟 2 前基準面完成下方導引曲線

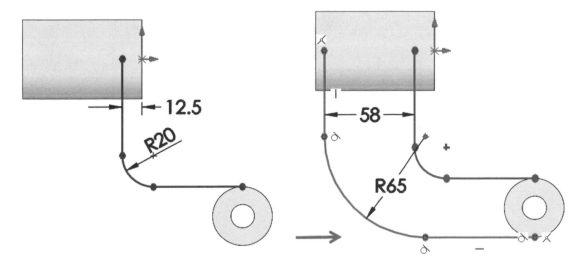

步驟 3 輪廓

選上基準面完成 A-A 剖視圖輪廓。58 尺寸不能定義在輪廓，這樣會把輪廓定義死。

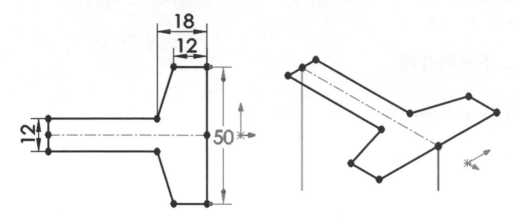

步驟 4 L 型主體成形

把 2 個草圖加進來完成掃出，下圖左。

2-8-4 圓柱孔

由於 L 型主體有吃到孔，利用刪除面 來清孔。

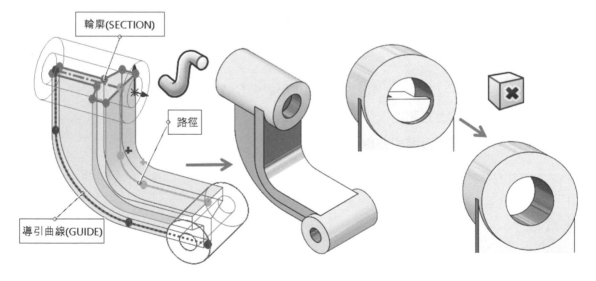

螺旋曲線

　　螺旋曲線（Spiral 又稱空間曲線，簡稱螺旋線）🎱，常用在掃出路徑，完成最常見的彈簧，理解螺旋 4 大依據，本章是🎵應用。

A 螺旋曲線應用範圍廣

　　螺旋線和螺紋有關，應用範圍廣：彈簧、螺牙、進階曲線都少不了它。彈簧有多種型式生活都看過，只是沒留意長相和動作原理，繪製過程可順便學這些，所謂一舉數得。

B 螺紋隨便做都有

　　任何軟體螺紋基本功能都一樣，沒有適應問題。早期螺紋難成形，還要了解每個步驟技巧，畫得出來算很強。隨著軟體進步隨便做都有，只是有沒有這麼漂亮或精準。

C 普世認知

　　說明機械元件的螺絲、螺帽、彈簧原理=學科，術科=指令操作，學 3D 一定要會畫彈簧和螺牙，這是普世認知不能不會。圖片來源：橋大彈簧，chiaota.com.tw。

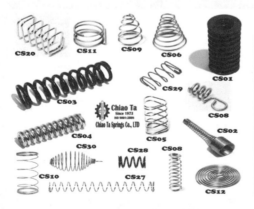

記號	記號之意義	單位	記號	記號之意義	單位
D	材料直徑	mm	P	彈簧之所負載	kg
D1	螺旋內徑	mm	δ	彈簧之橈度	mm
D2	螺旋外徑	mm	k	彈簧常數	kg/mm
D	螺旋平均徑 (D1+D2)/2	mm	$\tau 0$	扭轉應力	kg/mm^2
			τ	扭轉修正應力	kg/mm^2
Nt	總圈數	——	τi	由初張力所產生之扭轉應力	kg/mm^2
Na	有效圈數	——	k	應力修正係數	——
Nf	自由圈數	——	f	振動數	Hz
Hs	壓實高度	mm	u	儲蓄於彈簧之能	kg-m
P	等距	mm	γ	材料每單位體積之重量	kg/mm^3
Pi	初張力	kg	W	彈簧運動部份之重量	kg
C=D/d	彈簧指數	——	g*	重力之加速度=9800mm/s^2	mm/s^2
G	橫向彈性係數	kg/mm^2	計量法規定為，g=9.80665 m/s2，但是在彈簧之設計則進整為，9800mm/s^2		

3-0 指令位置與介面

介紹螺旋指令位置與介面項目，先認識欄位→再認識項目。定義依據是指令大方向，接下來欄位都一樣很快就看完了，指令名稱很多是螺旋術語。

3-0-1 指令位置

有 2 個地方取得指令：1. 特徵工具列→⊃→⊗、2. 插入→曲線→⊗。⊗於特徵工具列後面曲線群組⊃中，很多人忘記在特徵工具列，以為在草圖或評估工具列。

由曲線指令清單得知⊗只是眾多曲線之一，⊗使用率最高，其他曲線為進階課題。

3-0-2 介面項目

進入指令可見**螺旋曲線/渦捲線**屬性管理員 3 大欄位：1. 定義依據、2. 參數、3. 錐形螺線，主要設定 1 和 2，3. 類似拔模角。

A 完成螺旋基本造型

1. 固定螺距、2. 變化螺距：3. 渦捲線、4. 錐形螺線。

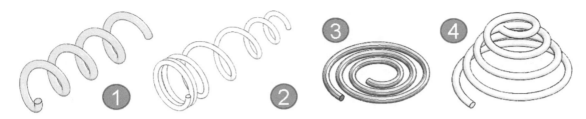

3-0-3 螺旋曲線原理

螺旋線必須由圓構成，原理有 2：1. 點呈圓周運動，2. 朝 1 方向形成軌跡。圓心到邊線距離相等=半徑。

A 非圓形的的螺旋造型

矩形或三角形草圖無法直接使用⅍，因為圓心到任一邊距離不相等（就不是圓周）。至於三角、多邊或非圓形的螺旋模型，建模過程必定搭配螺旋曲線，下圖右。

3-0-4 先睹為快：螺旋曲線

螺旋曲線是指令名稱，螺旋=共通術語，彈簧=應用結果，不要搞混呦！

步驟 1 前基準面畫 Ø10

步驟 2 等角視→⅍

1. 螺距 10、2. 圈數 4→↵，可看出曲線成形。

步驟 3 ℰ

1. 路徑：螺旋線、2. ☑圓形輪廓、3. 直徑 Ø2，完成彈簧。

3-0-5 查看螺旋曲線結構

於特徵管理員查看指令，特徵名稱為螺旋曲線，展開曲線特徵包含草圖圓，不過螺旋線特徵不在掃出特徵裡面，這點 SW 就不應該。

A 顯示螺旋曲線

有多情況下需要顯示**螺紋線** 😈，預設 😈 不顯示，或過多螺紋線會讓顯示效能降低，就要顯示**螺紋線** ♂，下圖右。

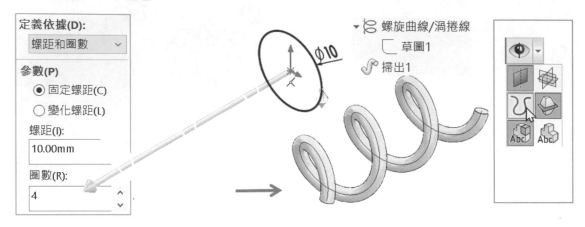

3-1 定義依據（Defined By）

由清單切換螺旋 4 大依據，預設 2 組：1. 螺距、圈數、高度，2. 渦捲線獨立 1 組，調整彈簧參數達到螺旋曲線認知。

指令操作都在套術語，重點在 1. 螺距、2. 圈數、3. 高度。接下來由預覽查看指令設定過程，邊看邊學。

3-1-1 曲線類型（預設螺距和圈數）

螺旋 4 大依據每個依據影響下列參數設定，例如：切換到**螺距和圈數**，進行螺距和圈數設定，說到這同學對依據會感到很強烈。

3-1-2 王不見王

依彈簧公式：螺距 X 圈數=高度，這 3 項不會同時呈現，例如：定義螺距和圈數後，於下方參數出現螺距和圈數，絕對看不到高度參數，該參數是運算結果。

3-1-3 直覺設計：高度

實務上判斷哪一個已知，再決定要哪個依據，例如:原子筆桿孔徑和彈簧高度是已知，這時思考 1. 高度/螺距或 2. 高度/圈數。

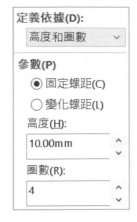
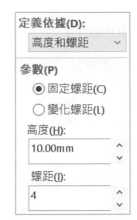
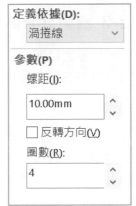

3-2 參數

依定義依據進行調整參數，參數又分：1. 固定螺距、2. 變化螺距，本節先說明固定螺距。課堂為了教學習效率，**渦捲線**和**錐形螺線**一同介紹。

3-2-1 固定螺距（Constant Pitch 預設 10）

螺旋每圈距離且距離相等，可輸入 0.001~20000 範圍，螺距又稱行程，下圖左。圈數 1，調高螺距越長趨近直線，常用在螺旋齒輪，下圖右。

🅰 旋轉轉直線

螺旋不見得只用在彈簧，常用在旋轉轉直線運動，例如：鋼珠在高速旋轉的螺桿上，希望隨著離心力不會掉落並前進，這樣的概念發想就對了。

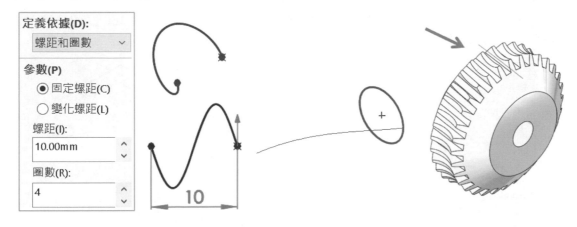

3-2-2 反轉方向（預設 Z 軸正向）

定義螺旋成形方向，適用第 2 特徵，例如：想要在圓柱上產生螺旋，預設方向不在圓柱上，就會☑反轉方向，下圖左。

3-2-3 圈數（Revolution）

螺旋圈數以圈為單位，圈數越多螺旋越長，螺距 X 圈數=高度（長度），好理解對吧。常用增量方塊調整圈數，以 0.25（1/4 圈）為增量，也可自行輸入 3.175。

A 圈數不宜過多

因為教學的關係定義 4 圈代表就好，圈數越多運算越久。這裡指的運算不是螺旋線，而是螺旋掃出過程。早期上課要求圈數 8 圈以下，不然掃出會算很久。很妙的是，當時同學就愛多圈讓它運算破表（SW 終止運算）。

自 2008 核心提升，課堂不再宣導圈數 8 以下，同學反而很聽話給 4 圈就好，因為 4 圈和多圈一樣結果，不同時空背景不同學習樣貌，現在回想起來故事一場。

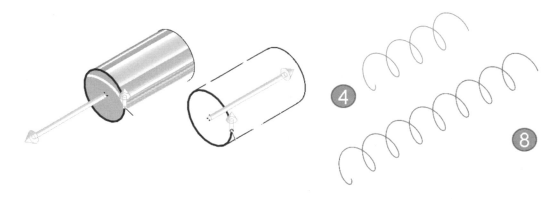

3-2-4 起始角度（Start angle）

定義由何處產生曲線，通常以 0、90、180、270 為基準，對後續掃出輪廓的基準面位置比較好找，建議起始角度 0，0 比其他數值好輸入。

起點角度確定後，自行決定基準面繪製 Ø3 圓，例如：起點角 0 或 180 度=上基準面、90 或 270 度=右基準面。

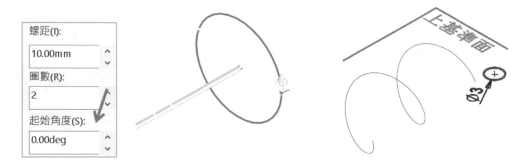

A 135 度

　　某些版本預設 135 度，輪廓無法在 3 大基準面產生很多步驟完成螺旋掃出，這是不必要的，這就是為何要同學輸入 0 度的原因。

B 基準面就要跟螺旋線尾端

　　如果螺旋線要產生變化，基準面就要跟螺旋線尾端走。1. 進入基準面 →2. 點選螺旋線+點，產生在曲線上垂直的面，下圖左。

3-2-5 順時針（Clockwise，預設，右螺旋）

　　順時針=右螺旋=螺旋前進方向=鎖螺絲，例如：時鐘、風扇、腳踏車，下圖左。由於業界常以右螺旋稱呼，希望 SW 改進。

3-2-6 逆時針（Counterclockwise 左螺旋）

　　逆時針=左螺旋=左轉螺旋前進方向，固鎖件一定要相反才不會鬆脫，口訣：左緊右鬆。例如：鎖風扇葉片蓋子，風扇右轉蓋子就會順勢往左旋緊，否則蓋子右螺旋會被轉開，葉片會鬆脫，下圖右，腳踏車踏板越騎越緊，也是這道理。

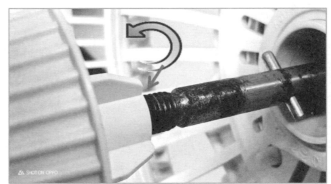

3-2-7 雙頭螺桿

　　左端左螺旋，另一端右螺旋，螺桿運動時，2 端物件會同步鎖緊或放鬆，這是常見的利用旋向的設計，讓同學體會做有螺旋的用處。

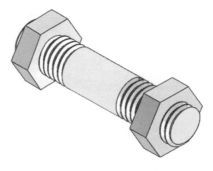

A 圖面表達

常見工程圖的彈簧數據表或螺桿旋向和模型對不起來，明明工程圖標示左螺旋，但模型和指令項目為右螺旋。在組合件會以為這是右螺旋設計，不會有時間每個零件確認工程圖正確性，甚至對公司模型正確性沒信心，讓模型參考價值降低。

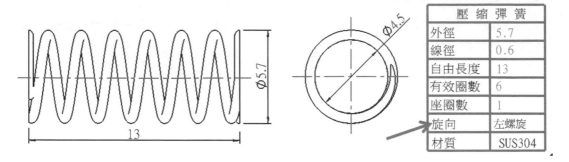

壓　縮　彈　簧	
外徑	5.7
線徑	0.6
自由長度	13
有效圈數	6
座圈數	1
旋向	左螺旋
材質	SUS304

3-2-8 彈簧墊圈

利用螺旋線配合機件原理，完成常見的彈簧墊圈（Spring Washer），輪廓為矩形。

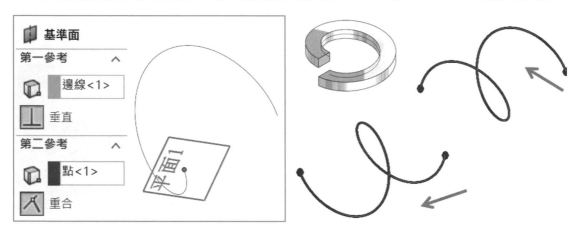

3-2-9 鏡射左螺旋

將已經完成右螺旋→⫞，成為左螺旋，就不必額外建構左螺紋，換句話說⫞是指令的靈魂。1. 見山是山=用ⵎ完成左螺紋、2. 見山不是山=完成左螺紋可用來成為高速旋轉的鑽頭、離心力裝置…等、3. 見山還是山=用⫞完成左螺紋。

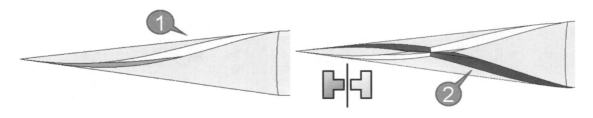

3-3 錐形螺線（Tape Helix）

設定錐形角度（又稱拔模角），產生錐狀螺旋曲線。受壓縮時，線圈會縮進平面內，最大特性可節省空間，例如：電池盒負極。

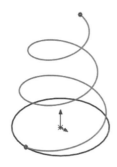  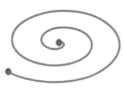

3-3-1 錐形螺線

☑錐形螺線並設定角度，預覽輸入的角度是否成形，預設螺旋以 A 型發展。常問同學不要錐形，是☐**錐形螺線**，還是改 0 度，哪個比較方便。

Ａ ☐錐形螺線

開關是最輕鬆做法，能保留先前角度設定，不過後面 SW，角度自動 0。

Ｂ 0 度

輸入 0 可暫時關閉錐型螺線，好處用來維持設變彈性。

Ｃ 有限/無效角度

調整角度過程讓螺旋發展到原點上方=極限位置無法繼續=無效角度。另一個視角來看就是渦捲線，下圖右。這部分是業界常要的圖示，這部分是我們遇過的解決方案。

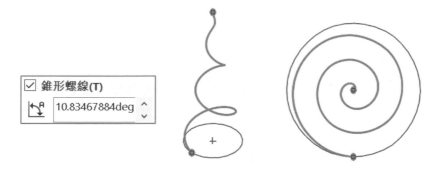

3-3-2 錐度外張（CounterClockwise）

反轉錐度，預設螺旋以 V 型發展，通常比較不會成行不出來，下圖右。

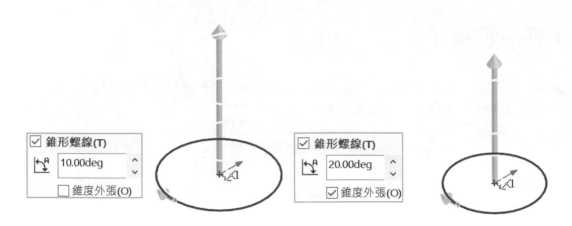

3-4 渦捲線（Spiral）

渦捲線，又稱阿基米德，只能定義螺距和圈數，屬於另一種彈簧形式，獨立開來的依據，渦捲線能儲存能量，**渦捲線**不是**漸開線**呦，下圖右。

螺距在同一平面能儲存能量，例如：電池盒正極、蚊香（大家都會這樣說）、發條。

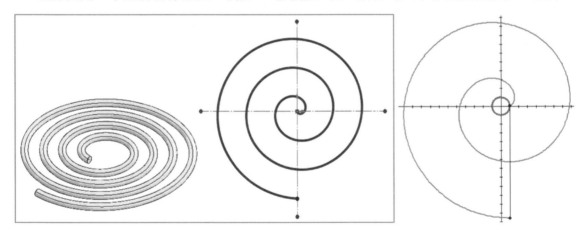

3-4-1 定義依據

繪製 Ø10 圓，在定義依據清單中選擇→渦捲線，重點在產生螺旋線的草圖圓（）。

3-4-2 參數

定義螺距 10 和圈數 4，得到成形預覽。

A 螺距＞線徑

否則無法成形完成掃出，例如：螺距 10，圓直徑不能>10。

B 反轉方向

以螺旋基圓為主，讓螺旋在外圈或內圈成形。

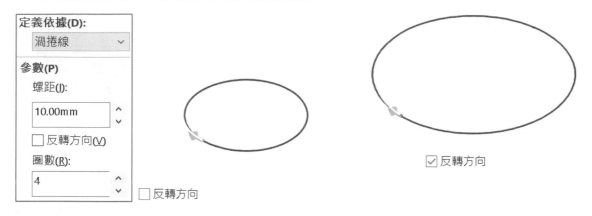

3-5 渦捲線之借位建模

由於螺旋線不是真實圖元，無法直接產生特徵，利用參考圖元▢把曲線提出來成為實際圖元並產生特徵，是業界常用手法。

A 約定成俗

借位建模是玩家們約定成俗說法，只要不能直接使用，用借的方式完成要的結果，這手法的應用只要說得通就會廣為流傳。

B 有限度的特徵條件

還記得掃出可以用螺旋線作為路徑，但有些特徵無法直接使用螺旋線，本節讓同學體會螺旋線屬於有限度的特徵條件。

3-5-1 繪製渦捲線

步驟 1 上基準面繪製 Ø20 圓

步驟 2 渦捲線

螺距 10、圈數 1、起始角度 0，下圖左。

3-5-2 渦捲線變化

渦捲線產生草圖並完成特徵，這時會問同學為何無法使用▢。

步驟 1 上基準面進入草圖

步驟 2 點選渦捲線→參考圖元

步驟 3 直線將線段封閉

步驟 4 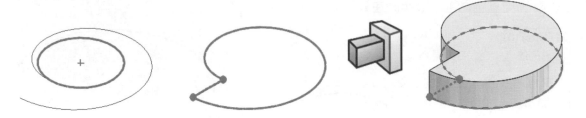，深度 10

步驟 5 導圓角：變化大小圓角

屬於大小圓角，利用小方塊修改半徑，一端 R2、另一端 R5。

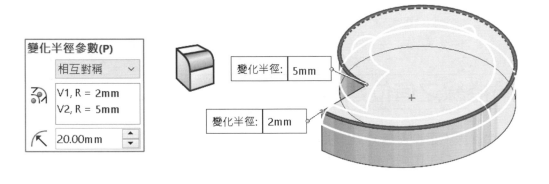

3-6 變化螺距（Variable Pitch）

固定螺距為等距，每圈直徑、螺距皆相同。變化螺距透過區域參數可讓每圈直徑、螺距不同讓螺旋產生變化，不過渦捲線無法使用變化螺距呦。

3-6-0 前置作業

使用變化螺距需進行前置作業，1. 繪製 Ø10→2. 產生螺旋線並定義螺距和圈數→3. ☑變化螺距，會見到區域參數。

A 表格術語

直=欄，橫=行（列），方框=儲存格，這是 Office 操作。

3-6-1 區域參數（Region Parameter）

區域參數由 4 欄表格構成，以上方的定義依據出現可控制的參數。1. 螺距、2. 圈數、3. 高度（換算值）、4. 直徑（構成螺旋線的圓直徑）。

3-6-2 表格輸入

接下來定義螺距、圈數、直徑，共 6 圈，每圈螺距和直徑+10mm。

A 下一格

輸入過程可以↵、TAB 或滑鼠點選儲存格到下一格。

B 參數輸入

步驟 1 第 1 行，第 0 圈

螺距 10、圈數 0（灰色不能改）、直徑 10（灰色不能改）。直徑不能被更改，是 Ø10 草圖圓，因為編輯特徵過程，不能更改草圖尺寸。

步驟 2 第 2 行，第 1 圈

螺距 20、圈數 1、直徑 20。

步驟 3 第 3 行，第 2 圈

螺距 30、圈數 2、直徑 30。

步驟 4 第 4 行，第 3 圈

螺距 40、圈數 3、直徑 40。

步驟 5 第 5 行，多圈

若有多圈是相同參數，輸入過程不必每一圈都輸入。螺距 50、圈數 5、直徑 50。

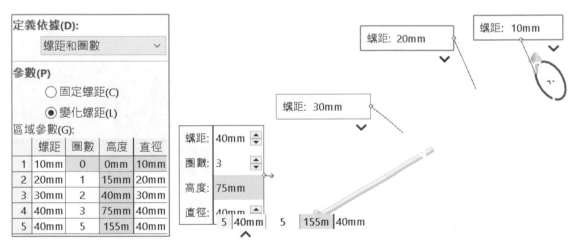

3-6-3 自動換算數值

依定義依據呈現可以被更改參數，灰色背景是換算值，不能被更改。例如：定義螺距和圈數，高度（灰色背景）被換算出來，換句話說就不必人工算高度了。

3-6-4 小方塊參數預覽

由小方塊直覺更改參數，可即時預覽，不必回到左邊細小表格輸入參數。由於表格不夠直覺，經常在小方塊上改數值。將方塊欄位收摺，繪圖區域比較不會亂（箭頭所示）。

3-6-5 插入記錄

在行之間增加行，就不用更改第 5 行數值。1. 第 5 行右鍵➜2. 插入記錄（進階者會右鍵按 A），插入記錄後圈數 4.5，系統計算中間值不影響螺旋線大小。

可見第 5 行有第 4 圈（3+5/2=4），高度（155＋75）/2=115，螺距和直徑相同 40。

3-6-6 刪除記錄

欄位上右鍵➜刪除記錄，常遇到一一刪除儲存格，這樣太慢囉。可在最下方按鍵盤 DEL 刪除行，目前不支援上方或中間刪除行，希望 SW 改進。

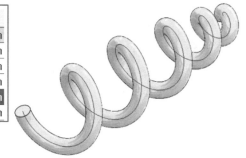

3-6-7 彈簧轉折

如果參數隨便給，特別不是等量時，彈簧會有轉折，這彈簧實際製作不出來，甚至壓縮時會從轉折處變形（箭頭所示）。

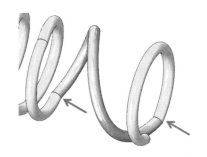

3-7 座圈數

彈簧會有 1～2 圈座圈數在彈簧 2 端，確保彈簧放置或運動穩定性。螺旋為漸變，不能一下到位，座圈數要 2 行來完成。本節重點線徑=螺距，例如：線徑 Ø2=螺距 2。

A 彈簧表格

表格呈現基本參數缺一不可。有效圈數+座圈數 x2=總圈數，例如：有效圈數 6+座圈數 2x2=總圈數 10。

B 座圈彈簧 3 步曲

1. 基礎、2. 收線、3. 座圈，技巧：1. 螺距和線徑關係、2. 至少 2 行螺距相同。

壓 縮 彈 簧	
外徑	10
線徑	1.2
自由長度	30
有效圈數	6
座圈數	2
總圈數	10
旋向	左螺旋

3-7-1 步驟 1 基礎螺距（第 1-2 行）

固定螺距或變化螺距皆可，通常是固定螺距。早期 1. ☑固定螺距➜2. ☑變化螺距，固定螺距的參數會轉移到變化螺距，減少變化螺距輸入，例如：螺距 10、圈數 3 的固定螺距。

3-7-2 步驟 2 收線（第 3 行）

以 1 圈作為螺旋的座圈變化，螺距=線徑，例如：螺距 5、圈數 4，因為線徑=5。

3-7-3 步驟 3 座圈數（第 4 行）

設定圈數=座圈數，螺距=線徑，例如：螺距 5、圈數 5，因為線徑=5。

3-7-4 步驟 4 掃出成型

得知座圈數精華，就知道收線重要性。

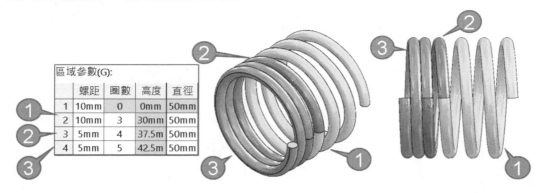

區域參數(G):	螺距	圈數	高度	直徑
1	10mm	0	0mm	50mm
2	10mm	3	30mm	50mm
3	5mm	4	37.5m	50mm
4	5mm	5	42.5m	50mm

3-8 螺旋曲線長度

常遇到設計過程要得到螺旋長度，本節說明這 2 大手法：1. 公式計算、2. 量測反堆，重點在量測反堆並依序說明直覺且同步的螺紋長度設計作業，手法適用所有設計手段。

3-8-1 公式螺旋長度

$L=\sqrt{((D\pi)^2+P\char`^2))}$ ，L=周長、D=中心距、P=螺距。假設 D=10、P=10 我們來驗算

一下，L=$\sqrt{((10\pi)^2+10\char`^2))}$ =32.968（長/圈），1 圈=32.968，是否和量測結果一樣。

時代不一樣了，現在的人不會想學習計算且只會越來越少，但這不代表退步，代表方法改變。

3-8-2 量測與狀態列

1. 由量測得知螺旋長度（弧長）→2. ESC 結束量測→3. 修改圈數→4. 量測，就是抓尺寸啦，例如：需要 100 螺旋長，不斷使用上述 4 大循環。

A 不關閉量測修改螺旋參數

試想，不關閉量測可以修改螺旋參數嗎？在空白區域右鍵→選擇有些版本可以在量測下執行作業，但還是有點不順手對吧，除非使用程度很高，否則會不習慣這作業。

B 狀態列

常說沒事不用量測，只要點選螺旋線，由下方狀態列就能見到弧長。

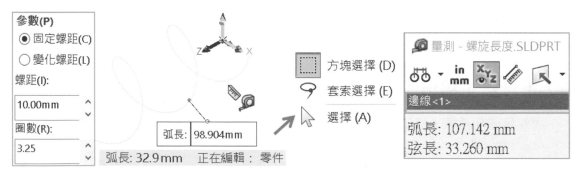

3-8-3 3D 草圖的長度

在 3D 草圖上標尺寸是最直覺做法，這屬於靈魂是認知與理解，本節和各位分享多層次設計手段，越到後面手法越高竿也越簡單。

這些核心來自直覺式，以及想辦法越來越簡化的想法，徹底發揮 RD 精神。

A 標註螺旋線

常問同學是否可直接標註螺旋線，會發現不行，但可以標註曲線呦，重點有沒有在草圖環境。

步驟 1 進入 3D 草圖

因為草圖工具要在草圖環境下作業。

步驟 2 參考圖元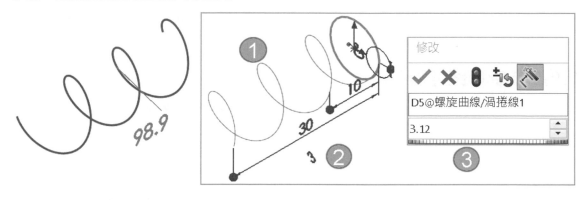

點選螺旋線→，可現曲線被投影出來。

步驟 3 退出草圖

理論上不必退出草圖，因為 3D 草圖的支援度不足，無法在草圖環境下標註。

步驟 4 尺寸標註

當螺紋改變，尺寸會直接變化，該尺寸標註為參考尺寸，下圖左。

B 修改圈數調整長度

本節利用不起眼的修正視窗，直覺進行設計變更。

步驟 1 點選螺旋線，出現圈數的數值
步驟 2 快點 2 下數值，出現修正視窗
步驟 3 修改數值→重新計算
步驟 4 直覺查看曲線上的尺寸變化

C 顯示的數值

換算的數值無法修改，雖然看起來可以改數字，但無法驅動。例如：定義依據：螺距、圈數，在繪圖區域會出現高度，高度就是參考尺寸無法改變。

3-8-4 感測器長度

承上節，還有更威的，用感測器監測周長。本節簡單說明步驟，1. 量測→2. 點選螺旋線→3. 產生感測器→4. ☑弧長→5. ↵，見到感測器顯示弧長。

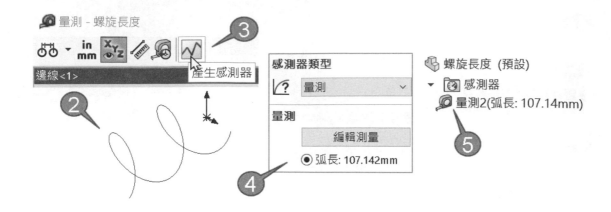

3-9 輪廓與螺旋曲線定義

本節說明掃出的輪廓與螺旋線限制條件的進階給法，以 Ø10 圓產生螺旋線、圈數 4、本節的螺旋起點 0 度進行以下說明。

3-9-1 輪廓空間

在等角視 1. 判斷螺旋線起點，2. 查看哪個基準面比較適合放置 Ø2 輪廓。

A 螺旋線起點

把掃出輪廓定義在原點方向＝起點位置，因為草圖圓＝螺旋起始位置，下圖左。輪廓不受未來螺旋線圈數的數量變化，讓輪廓關聯不穩定。

3-9-2 輪廓與路徑限制條件

讓圓心和曲線形成貫穿條件：1. 點選圓心➔2. 點選曲線➔3. 貫穿，下圖右。

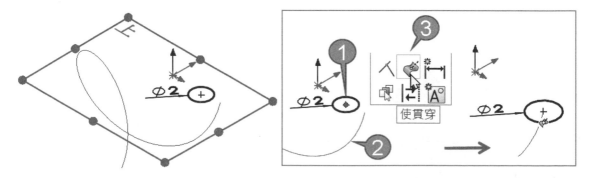

A 相切

很多人會點選圓和曲線，但只有相切可以選，因為 2 圓弧只有相切。

3-9-3 貫穿與重合有何不同

🖱️屬於穿透，穩定度比重合✓好，能🖱️就用🖱️。早期掃出一定要用🖱️，否則做不出來，由於軟體核心提升就算給✓也可以掃出，比較容易學習。

A 貫穿是原理也是觀念

常遇到比較極端例子✓會掃不出，🖱️是解決方案，有了觀念就不會覺得亂。

B 圓停留在原地

本例使用重合，會發現圓停留在原地也不足定義，下圖左。

3-9-4 為何有時沒有貫穿

貫穿來自 2 個不同空間，例如：前基準面圖元和右基準面圖元間，才會形成貫穿條件。否則 2 個不同草圖，皆為前基準面，只有重合不會有貫穿。

3-9-5 輪廓在曲線附近

系統以最接近位置加入限制條件。輪廓必須要在曲線起始位置，再給限制條件，否則圓在曲線中間→加入🖱️，圓會在曲線中間，下圖中。

3-9-6 圓心點+曲線點

點選圓心+曲線點，會發現沒有限制條件可供加入，下圖右。理論上點對點可以，系統不認為曲線端點是實際圖元，原廠這樣認定沒錯，現在人不太重視原理也希望 SW 能改進。

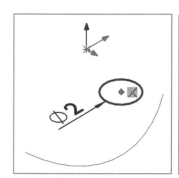 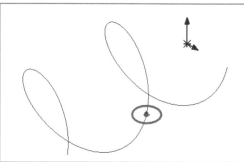 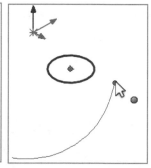

A 製作草圖點與曲線端點重合

讓草圖點與圓心進行點+點→✓，學習這手法，缺點就是太麻煩，這是 15 年前做法。早期同學最喜歡這一題，不斷研究本節結果，反倒是圓心＋曲線→貫穿，乏人問津，好家在現今同學不喜歡太麻煩，因為 1 個步驟可以完成為何要 3 個步驟。

步驟 1 上基準面繪製草圖點

步驟 2 草圖點與曲線加入限制條件

點選草圖點+曲線→✍→退出草圖。

步驟 3 草圖點和輪廓限制條件

點選圓心+草圖點→重合。

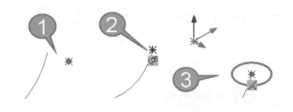

3-10 兩端磨平

彈簧實際有磨平型態，功能類似座圈數，避免不良放置與移動，例如：彈簧運動過程會傷內壁或不良放置產生變形。本節加強限制條件應用不需尺寸就能完全定義，為模組製作前哨站。

3-10-1 繪製矩形草圖

點選與彈簧平端面的 3 大基準面，繪製矩形草圖。至於哪個基準面自行判斷，不能選彈簧端面，因為基準面穩定度比模型面高。

3-10-2 矩形限制條件

將矩形牢牢定義在彈簧上，共 3 個限制條件。

步驟 1 置於線段中點

直線與原點→置於線段中點，因為圓為對稱。

步驟 2 拖曳矩形端點到圓 4 分點→重合

拖曳矩形端點到圓邊線上，喚醒 4 分點後，將端點放置在 4 分點上，系統自動重合。

步驟 3 矩形另一端點

自行完成另一端點的重合，這時可見草圖完全定義，下圖右。

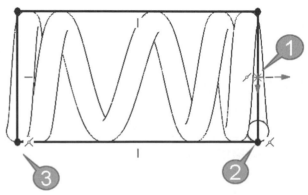

3-10-3 伸長除料

1. 方向 1：完全貫穿-兩者、2. ☑反轉除料邊，輪廓內保留其他不要，感覺很簡單吧。

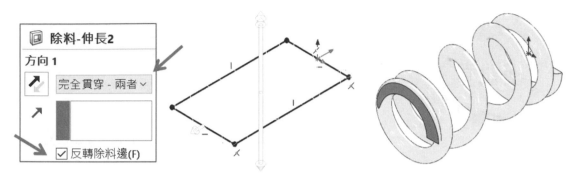

筆記頁

3D 草圖與管路

A 3D 草圖空間

草圖有分 2D 和 3D，通常不會說這是 2D 草圖，都會說這是草圖，而 3D 草圖強調空間運用，可迅速學會空間感，如同地上車子和天上飛機，空間感不同，算組合件學習的前哨站。初學者一開始聽到這名詞覺得很難學，因為還不習慣草圖 3 度空間。

B 文獻少

3D 草圖應用廣，但坊間不太說明這用法，因為很難系統性講解，可參考的文獻相當少，所以在網路很少見到 3D 草圖應用。有很多只有 3D 草圖環境下才會有的術語，例如：限制條件：曲面上✎、在平面上◻、沿 X 軸、平行 XY 面... 等。

C 3D 草圖價值

3D 草圖與 2D 草圖不同，2D 草圖為平行投影的平坦圖元，3D 草圖可將圖元跨 3 度空間形成立體框架。破除以往認為難畫或畫不出來，甚至有些手法就是利用 3D 草圖完成。

D 常用 3D 草圖

常聽到很少用 3D 草圖，我們會說很常用 3D 草圖，用 3D 草圖是另一種手段，和不同角度的建模思維。

4-1 先睹為快

本節運用 3D 草圖為框架路徑,將原本需要多個草圖才可以完成的框架路徑,現在只要 1 個草圖建立業界常提到的管路,讓隨手可得的掃出成為管路解決方案。

同學第一次面對這會不習慣,本節加強對空間認知,通常到這就能接受學 3D 首要 1. 空間感→2. 識圖能力。

A 3D 草圖製作重點

1. 等角視 ⬡、2. 共用面、3. TAB 切換基準面。

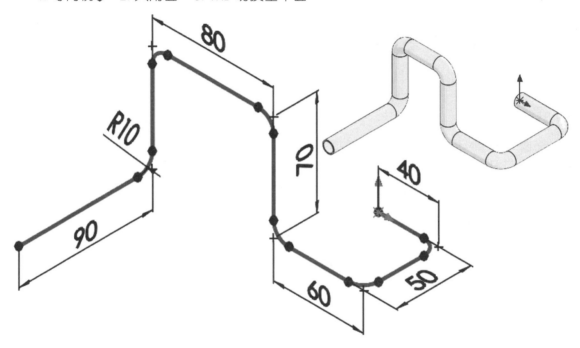

4-1-1 等角視+原點打開

3D 草圖要在等角視作業,原點要打開,本節學習過程同學經常忘記,我們都要再提醒一下同學要做這些,下圖 A。

4-1-2 進入 3D 草圖

1. 展開草圖群組→2. 3D 草圖 ⯑,進階者用快速鍵或把指令移出來(下圖 B 箭頭)。

A 不須選擇基準面

3D 草圖不須點選基準面,要先選基準面→⯑也可以,適合進階者。

4-1-3 查看 3D 草圖環境與草圖直線

目前看不出 3D 和 2D 草圖差異。點選草圖直線繪製框架可見：1. 座標提示、2. 大的座標系統、3. 滑鼠游標變圖筆✎，圖筆下方顯示 XY 平面。

4-1-4 切換平面（TAB）

按 Tab 鍵切換座標平面。切換過程可見到 XY、YZ 和 ZX 平面循環切換，所以不必擔心切錯座標平面，循環切換回來即可，下圖 C。可以在畫圖過程切換基準面呦。

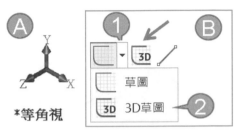

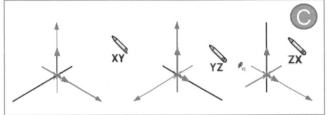

4-1-5 判斷共用平面

利用左下方空間參考座標協助判斷，找出共用平面線段，例如：下方ㄈ=ZX 平面、前方ㄇ=XY 平面，左直線=右 YZ 或上 ZX 皆可。3D 草圖忌諱平面過多，平面越多越難控制。

班上很多有 3D DWG 經驗，利用 F5 切換座標也採共用平面觀念，所以大郎並沒有要同學拋棄先前經驗，只是把它用在 SW，下圖左。

4-1-6 ZX 基準面繪製 3 條線

ZX 基準面繪製下方線段 40、50、60。

步驟 1 Tab 轉換平面至 ZX

步驟 2 由原點開始繪製下方ㄈ型

繪製過程可見系統提示，跟著提示線走，下圖右。

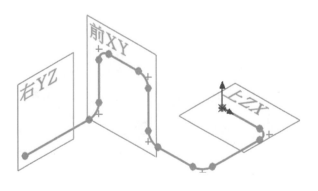

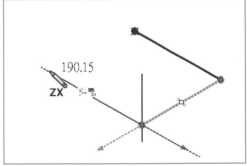

4-1-7 XY 基準面繪製 3 條線

Tab 轉換平面至 XY 繪製前方ㄇ線段 70、80、70，下圖左。

4-1-8 繪製 75 線段

Tab 轉換平面至 YZ 繪製下方線段 90 為 Z 軸線段，下圖右。

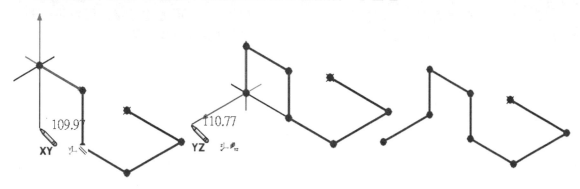

4-1-9 判斷是否正確繪製

旋轉判斷框架 3D 還是紙片呈現，如果為紙片代表基準面切錯，多畫幾遍熟練空間。

4-1-10 3D 草圖限制條件比較特殊

點選線段可見：沿 X、沿 Y、沿 Z 軸，類似共線對齊，這部分第一次見到。

A 繪製過程已加入

直線繪製過程有跟著提示線走，系統會自動加入限制條件，下圖左。

B 等長等徑

只有ㄇ型要加入等長等徑限制條件，其餘線段已沿 X、沿 Y、沿 Z 放置，下圖右。

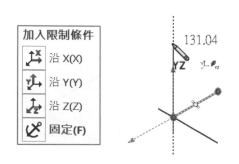

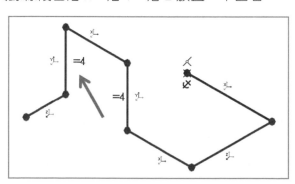

4-1-11 尺寸標註

3D 草圖標註分平行或垂直放置,和選擇 1 條線或 2 條線有關。

A 選擇直線=平行放置

選擇 1 條線定義線長,該尺寸為平行放置,標註比較快,下圖左 1。

B 選擇範圍=垂直放置

選擇 2 條線定義範圍,該尺寸為垂直放置,標註比較慢,下圖左 2。

C 標註軸向尺寸 TAB

點選空間 2 點,放置尺寸過程按 TAB,分別為:絕對 X、Y、Z 軸向尺寸,下圖中。

4-1-12 導圓角

Ctrl+A→導 R10 速度比較快,通常管路彎折處會導圓角,圓角也只能在草圖做。

4-1-13 掃出成形

1. 圓形輪廓直徑 Ø10+2. ☑薄件特徵厚度 2,產生中空 3D 框架,下圖右。

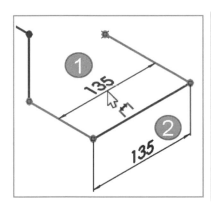 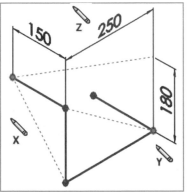 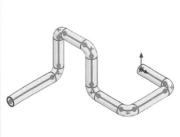

4-2 3D 管路製作

於多本體繪製路徑使用掃出管路,屬於由下而上設計,現在很流行 3D 管路,管路需求越來越高已成為顯學,甚至很多人利用 SW 低調靠管路這發財。

A 管路分:軟管和硬管

硬管易軟管難,管路最難是路徑位置,本節說明:1. 硬管、2. 軟管、3. 結構成員,一次體驗管路畫法與學習層次。

B 管路製作 3 部曲

1. 掃出 ⟋→2. 結構成員 📦→3. Routing 模組，其中 1、2 最容易取得，是標準版就有的功能，導入管路絕對成功。

C 管路技術

無論軟管或硬管 1. 常以 3D 草圖完成路徑，2. 管路一定有接頭，管子頭尾端必定直線，讓連接線方便對應，就像水管套在水龍頭上，或是管路會有接頭（箭頭所示）。

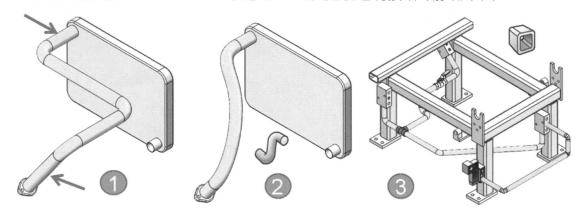

4-2-1 硬管製作

常以直線完成路徑，上方為共用平面。重點：分別繪製起始和終止端直線，比較快學會空間認知，進階同學可以從頭到尾一次畫到底。

步驟 1 進入 3D 草圖

步驟 2 製作上方起始端直線

1. TAB 切換 ZX 平面→2. 游標在接口圓邊線上抓取圓心→3. 畫直線，下圖左。

步驟 3 繪製結束端直線

TAB 切換 XY 平面，重複步驟 2，下圖右。

步驟 4 將線加入結束端 2 個限制條件

1. 點選直線+圓柱面→◎、2. 直線端點+模型平面→在平面上 ▣。

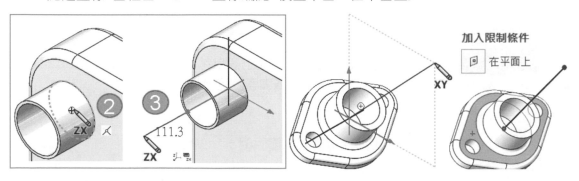

步驟 5 上方管線

於 ZX 平面完成上方 2 條線，目前線段為分離狀態，下圖左。

步驟 6 點選 2 端點→重合

早期版本只能使用合併✓，下圖中。這 2 種限制暫時不必刻意理解，只要能用就好。

步驟 7 導角 R80

管路會由彎折處，草圖 R 角可以讓管路看起來自然，R 角大小同學自行設計。

步驟 8 自行完成掃出

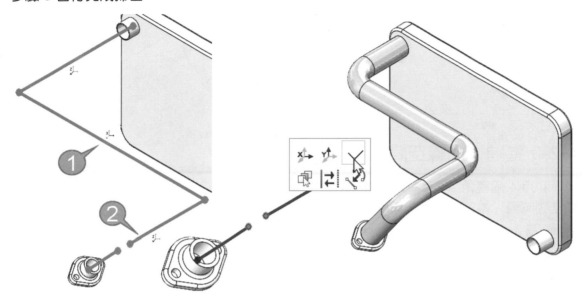

4-2-2 軟管製作

軟管常以∿完成路徑，繪製曲線過程學習切換基準面讓軟管看起來比較自然，教學過程會要同學用改的，不重覆繪製頭尾 2 端來節省時間。

步驟 1 刪除上方 2 條直線

步驟 2 繪製 4 點∿

步驟 3 TAB 切換 ZX 面

1. 點選起始端點→2. 點選中間空間 2 點→3. 點選結束端點，下圖左。

步驟 4 將曲線與直線相切

分別在頭尾 2 端直線與曲線→相切，下圖左。相切以最近圖元進行圖元限制，要避免過切，拖曳曲線點讓曲線接近相切位置，下圖中。

步驟 5 🐍、☑圓形輪廓+☑薄件特徵厚度 5

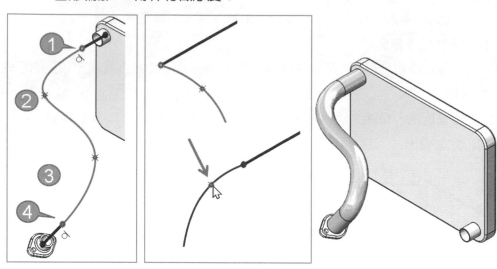

4-2-3 進階：曲線空間

　　利用 **4 個視角**▦製作軟管，直覺對照空間，不需 TAB 切換空間，避免切錯空間和減少切空間時間，本節適用大量使用 3D 草圖並簡易說明畫法，本節適用進階者。

步驟 1 4 個視角▦

　　有 2 種方式進入方位視窗：1. 空白鍵➔4 個視角、2. 視窗➔視埠➔4 個視角▦。

步驟 2 進入 3D 草圖

步驟 3 感受視窗空間

　　點選直線，游標在 4 個視角滑動自動空間提示：游標在前視 XY、右視 YZ、上視 ZX。

步驟 4 繪製上視直線

　　游標移動到上視，於圓柱開始繪製直線。

步驟 5 繪製起始管線

　　由上到下繪製 3 點曲線（起點+終點），點選上視直線端點，往法蘭方向繪製管線。

步驟 6 繪製終點管線

　　游標到前視，往法蘭方向繪製管線位置，自行完成掃出。

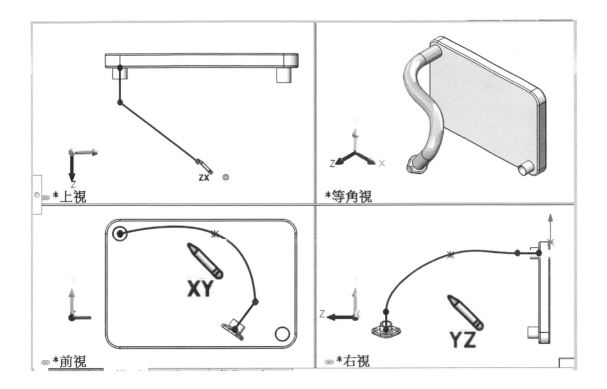

4-2-4 硬管：結構成員📦

　　利用熔接的**結構成員**📦完成管路，會覺得更快早知道用這就好，因為她有**保持顯示**📌，第一次面對指令有📌帶來的便利性。

A 刪除 VS 回溯

　　用改的完成本節作業，常問同學：刪除還是回溯那個比較快？1. 刪除不用學也沒人想學、2. 刪除不是技術、3. 善用回溯技術、4. 體會回溯帶來的程度提升。

步驟 1 點選熔接工具列→結構成員📦

步驟 2 管路規格

　　1. 保持顯示→2. ISO→3. 管路→4. 21.3x2.3。

步驟 3 點選線段 1

　　可見管路成形→↵，完成本段管路，下圖左。

步驟 4 重複步驟 3

　　完成所有管路，下圖右。

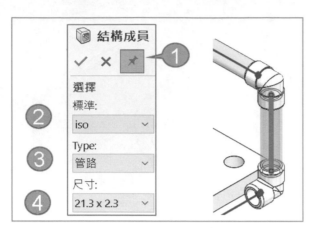

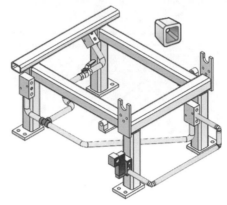

4-2-5 進階硬管：掃出

將在已經繪製好的路徑，自行以掃出完成 8 條硬管，面對指令過程的變化，對指令作業建立靈魂度。

步驟 1 顯示草圖

步驟 2 掃出

☑圓形輪廓、直徑 20。

步驟 3 SelectionManager，保持顯示

執行下一個掃出會自動開啟，更能體會指令有📌的好處。1. 在空白處右鍵 SelectionManager→2. 保持顯示→3. 開放迴圈↲、4. ☑自動確定選擇，下圖右。

步驟 4

點選線段可見管路成形→按 1 次↲，完成 SelectionManager→按第 2 次↲=結束掃出。

步驟 5 ↲，重複上一個指令（掃出）

按第 3 次↲重複掃出指令，體會重複上一個指令好用之處，熟練本節作業，更能體會大量使用指令要有📌，特徵管理員可見 8 個。

4-3 3D 草圖框架

以模型邊線做為框架路徑，用最簡單的方式，迅速完成 3D 框架，不是用 3D 草圖 1 條線 1 條線畫且不容易定義。

常見框架會用 3D 草圖或用拼湊方式完成，這樣會讓框架不容易修改，或是特徵太多運算很慢...等。本節手段保證讓同學大開眼界，更提升 3D 草圖廣度認知和多本體應用。

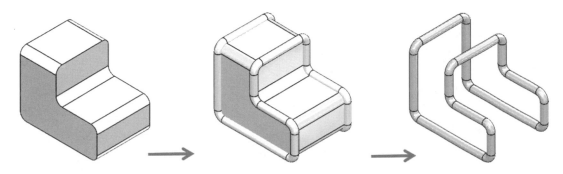

4-3-1 選擇相切法

利用 3D 草圖將模型外圍邊線，以參考圖元成為掃出路徑，又稱反向成形法。

步驟 1 畫出基礎模型：方塊

將心中想要的框架，利用方塊體完成。

步驟 2 導圓角

由於框架有圓角，要自行斟酌那些邊要導圓角共 6 邊，類似智力測驗。

步驟 3 進入 3D 草圖

步驟 4 產生路徑

1. 游標在模型邊線右鍵選擇相切（可見所有邊線被選起）→2. 參考圖元，草圖線段貼在模型邊上，更能理解只有 3D 草圖做到這一點。

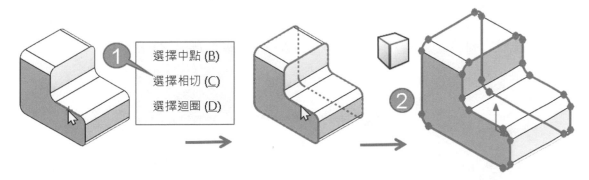

步驟 5 掃出：□合併結果

以圓形輪廓自行定義直徑，記得要□**合併結果**，將框架和基礎模型分離，這就是多本體應用，下圖左。

步驟 6 隱藏本體

游標在基礎模型面上→隱藏，可見框架，可以順便確認是否□**合併結果**。

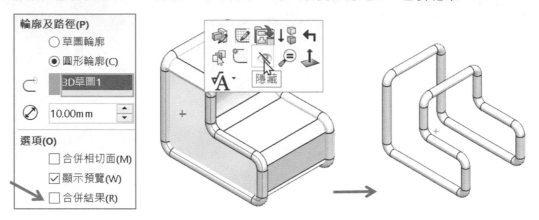

4-3-2 選擇管理員法

不需要草圖直接引用模型邊線作為掃出路徑，適用進階者。

A 模型邊線上右鍵→相切

常問同學可以在模型上右鍵選擇相切嗎？雖然可以選擇，但進入掃出無法將它成為路徑，可以說 SW 支援度不足也希望 SW 改進。

B SelectionManager 選擇管理員

步驟 1 進入掃出，☑圓形輪廓

步驟 2 SelectionManager→選擇群組

步驟 3 選擇邊線

1. 點選模型邊線→2. 點選衍伸，可見到所有邊線被選擇→3. ↵，完成掃出。會發現步驟 2、步驟 3 對調無法將路徑選到，不應該這樣，同學自行理解選擇順序差異。

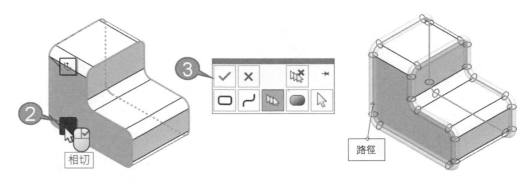

🅐 練習正方形

看起來很難的正方形+圓角，利用正方形產生邊線後，自行導圓角完成的。

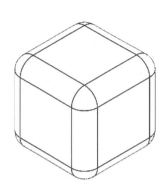 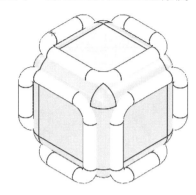 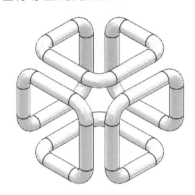

4-3-3 快速選擇法

全選完成所有邊線的選擇，這手法常用在鋼構或管路牽線技術，適用在無法使用沿相切面進行的模型，可學到是否在草圖環境來選模型邊線。

🅐 進入草圖→選擇邊線 VS 選擇邊線→進入草圖

理論上，先進入草圖才選擇邊線，本節剛好相反。不要記這些，只要留意（學會判斷）要不要進入草圖即可。

這麼說是讓同學不要鑽牛角尖，因為還有很多重要的要學習，降低學習壓力。

步驟 1 選擇模型邊線

Ctrl+A 全選，可見模型所有邊線被選擇。

步驟 2 進入 3D 草圖 🔟→參考圖元

可見草圖被參考出來。

步驟 3 結構成員 📦

本節使用熔接的 📦 完成一段段的鋼構體，共 8 個群組。

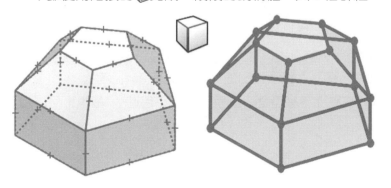 

A 快速選擇手法+剖面視角法

多本體作業會有很多模型，就不能 Ctrl+A，可用 🔲 的基準面+距離，隔離不要的本體。

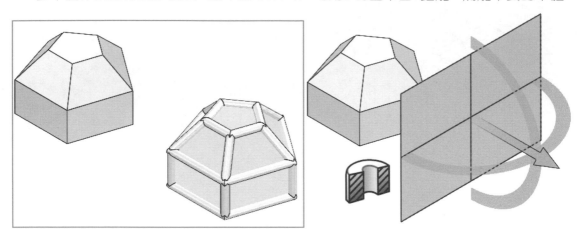

4-4 3D 草圖基準面

將圖元定義在基準面上，可省去限制條件和維持草圖穩定度，以後會很喜歡這用法。

步驟 1 進入 3D 草圖

步驟 2 啟用 3D 草圖基準面

快點 2 下前基準面，可見有網格的基準面被啟用 📖。

步驟 3 繪製斜線

該斜線草圖在基準面上並標註水平和垂直尺寸，也可在 3D 草圖 ✏ 畫圖，下圖左。

4-4-1 草圖平面 ▦

草圖工具列中，應該為 3D 草圖平面，操作上和參考幾何的**基準面**▦相同，下圖右。

A 最大好處

可將草圖基準面記錄在 3D 草圖中，適合複雜 3D 草圖，擁有線段穩定好維護的價值，例如：結構成員的路徑、管路、曲面鑽孔、整廠輸出的鋼構配置。

可快點 2 下 3 大基準面，不能快點 2 下模型面，當模型面不夠用時，▦基本上可以邊畫路徑邊建立基準面。

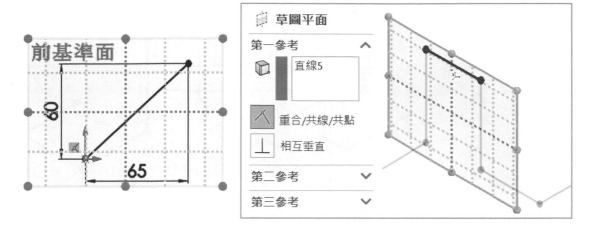

步驟 1 進入 3D 草圖

步驟 2 快點 2 下上基準面

在面上繪製 3 條線,可以體會不用切換到 ZX 平面。

步驟 3 建立草圖平面

第一參考點選線段,會產生重合的基準面。

步驟 4 在面上繪製 3 條線

畫的過程會發現相當順暢,下圖左。

步驟 5 建立草圖平面

於草圖平面指令中,於第一參考點選線段,會產生重合的基準面,下圖右。

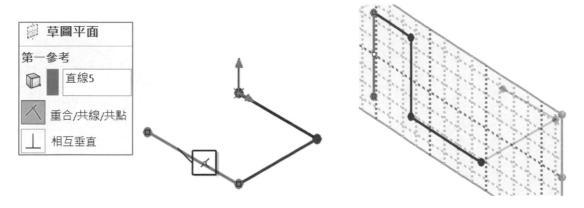

步驟 6 快點 2 下上基準面

在面上繪製 1 條線,基本上以 3 大基準面繪圖圖元最穩定,下圖右。

步驟 7 查看 3D 草圖

可見草圖上有平面,樹狀結構沒有基準面的記錄,下圖右。

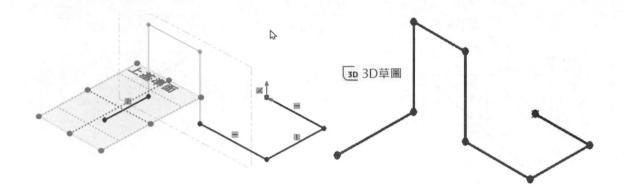

4-4-2 曲面鑽孔的草圖平面

利用完成有角度的鑽孔定位。

步驟 1 ，Ø20 鑽孔

點選位置標籤，點選 3D 草圖按鈕，點選圓柱面並完成指令。

步驟 2 編輯異型孔精靈的 3D 草圖

步驟 3 點選

第 1 參考，重合：點選預先定義的草圖點、第 2 參考，垂直：點選路徑線。

步驟 4 繪製 2 條線與標註角度

正視於該平面會比較好畫，在上方建立 2 條線，標註角度 35 度。

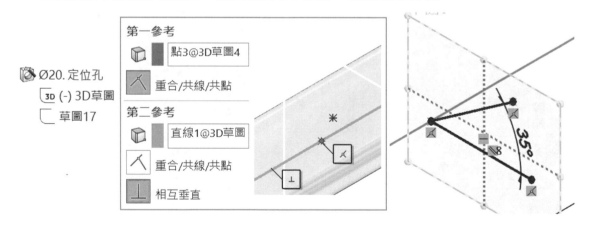

4-5 3D 草圖支援度

3D 草圖有許多指令無法使用，課堂常講：沒事不用 3D 草圖，因為 3D 草圖不好定義。不必過於理解 3D 草圖有哪些不支援，只要由草圖工具列的灰階指令就能得知。

A 沒事不用 3D 草圖

這部分就靠未來版本解決，按照我們對 SW 認知 3D 草圖的支援度會增加。

4-5-1 驗證 3D 草圖線段定義

進入 3D 草圖後，分別繪製線段並進行尺寸標註，驗證 3D 草圖線段定義。

A 繪製與標註斜線

在 XY 平面繪製斜線。只能標斜線，無法標水平和垂直距離對吧，下圖左。

B 曲面鑽孔

有角度的孔無法以 1 條線完全定義，就是這道理，下圖右。

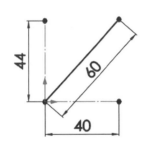

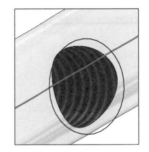

4-5-2 指定 XYZ 空間點

利用 3D 草圖 XYZ 數值建立空間點。

A 查詢座標位置

點選要查詢的模型位置，利用狀態列得知。

B 直接在模型上產生點

點與模型頂點重合或加入其他限制條件，完成後把模型隱藏，這部分是業界常見手法，例如：1. 在方塊上利用 3D 草圖產生點 → 2. 把方塊隱藏。

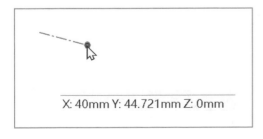

X: 40mm Y: 44.721mm Z: 0mm

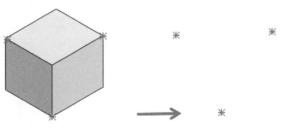

筆記頁

05

進階曲線

本章說明曲線工具 6 大指令：1. 分割線⬡、2. 投影曲線⬜、3. 合成曲線⟋、4. 穿越 XYZ 點⟳、5. 穿越參考點曲線⬡、6. 數學關係式驅動曲線。有些曲線比較單純甚至可以 2 合 1。

🅐 進階課程

使用曲線 2 大需求：1. 曲面上圖元、2. 3D 空間曲線。理論上這是進階課程主題，現在民氣已開，基礎課程會說明**螺旋線**⧈、**分割線**⬡和**投影曲線**⬜。

🅑 指令位置

有 2 個地方取得指令：1. 特徵工具列→參考幾何，2. 插入工具列→曲線。

🅒 隱藏與顯示曲線

曲線如同草圖為獨立圖元，可以顯示/隱藏曲線。

5-1 分割線（Split Line）

將基準面或草圖投影到模型的平面或曲面上，使得模型面分割為多個獨立面，類似刀片在模型上割，例如：在平面繪製蝙蝠俠，把蝙蝠俠投影到曲面上。

實際產品看不到這樣的分割，但電腦看得到，這是電腦圖學，例如：相切面交線。

A 常用在曲面特徵

🔳最大價值在曲面上完成的輪廓，因為無法點選曲面進入草圖，例如：刻圖案、文字。將分割面作其他用途，例如：上顏色。理論上曲面特徵要靠投影，🔳功能和**刪除曲面**◈類似，◈**多了刪除面**，希望指令合併。

B 指令項目

有 3 種分割類型：1. 側影輪廓、2. 投影（最常用）、3. 相交，介面很類似。

C 無法事後更改類型

很可惜完成指令後，無法事後更改分割類型，只能刪除重新製作，下圖右。

5-1-1 分割類型：側影輪廓（Silhouette）

側影輪廓（又稱側投影輪廓線），選擇基準面穿透模型產生分割線，口訣：1. 點選基準面→2. 點選模型面。常用在產生模型側邊輪廓線，需要該線進行限制條件或其他作業。

當側邊輪廓為圓弧面時，該面的邊線不容易選擇，往往要：1. 調高影像解析度、2. 顯示卡等級、3. 匹配的顯卡 DRIVER，4. 甚至還要手感，本節可以解決以上情形。

A 起模方向（Direct of Pull）⬙

選擇基準面、模型面作為投影輪廓，本節所選面要超過模型面，才可讓系統計算。

B 分割面🔲

　　選擇模型面作為被分割的面，完成後可見所選面被分割為 2。所選面不能平面，例如：不能點選上方平面，下圖右 B。

C 反轉方向

　　反轉拔模角的方向。

D 角度

　　設定拔模角，例如：30 度，下圖右。

E 查看特徵

　　目前不支援預覽，完成指令後才看得到分割面結果，下圖右下。

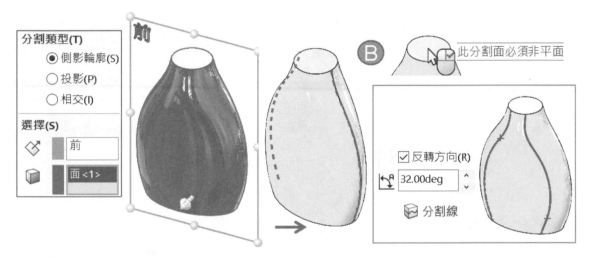

5-1-2 分割類型：投影（Projection）

　　將草圖投影到曲面上，口訣：1. 點選草圖➜2. 點選面。

A 草圖

　　點選已繪製的封閉草圖，例如：圓。

B 面

　　點選模型面。

C 單一方向、反轉方向

　　以草圖為基準，投影至面也可以 2 面，或反轉投影方向，下圖左（箭頭所示）。

D 練習：橢圓投影在方框上

　　自行完成橢圓草圖投影到方框多面上，下圖右。

SolidWorks

專業工程師訓練手冊[2]－進階零件與模組設計

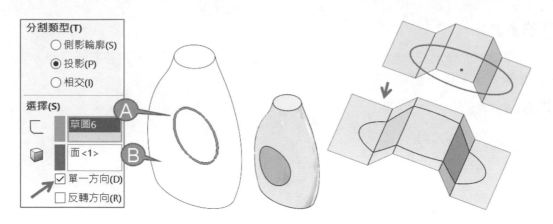

E 無法單方向分割

草圖圓在模型外面時，只能全部分割。

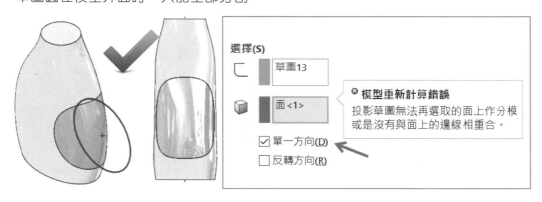

模型重新計算錯誤
投影草圖無法再選取的面上作分模
或是沒有與面上的邊線相重合。

F 練習：包膠輪

點選前後 2 方向的模型面進行膠輪面的分割，達到膠輪面的視覺呈現。

步驟 1 點選草圖

步驟 2 分割面

點選膠輪前後面。

步驟 3 模型面上加入顏色

產生不同材質的模型視覺效果，為了表達以方塊呈現膠輪面。1. 點選模型面
Ctrl+Shift+C→2.Ctrl+Shift+V，大量把外觀顏色複製到另一模型面上，下圖右。

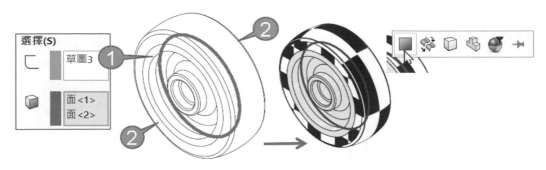

G 練習：鳥嘴

利用草圖投影到曲面產生分割輪廓面，成為疊層拉伸的條件。1. 點選草圖輪廓和面→2. 草圖投影到曲面上分割為獨立面→3. 點選面和草圖輪廓→4. 🖱。

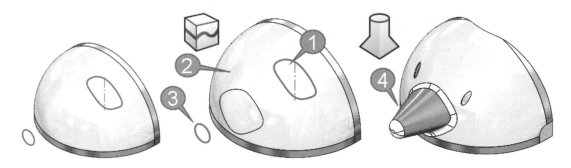

5-1-3 分割類型：相交（Intersection）

使用實體、曲面、面、基準面、或曲面不規則曲線來分割面。

A 分模本體

點選參考的本體，例如：瓶子。

B 分割面/本體

點選被分割的本體，例如：圓盤，可見分割預覽，進行以下分割設定。

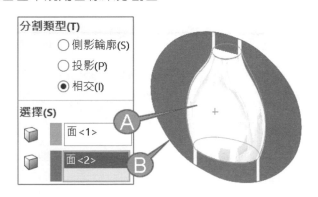

5-1-4 曲面分割選項（Surface Split Option）

分別說明分割選項呈現項目，最大的特性不必額外畫圖，節省建模時間。本節第一次聽到這術語，屬於進階課題。

一開始不要嘗試理解，通常區分不出來就亂壓，由電腦判斷看結果就好，學 SW 到另一個境界就是先有感覺並把時間空出來，靠時間醞釀就會理解。

A 全部分割（Split All）

在分割預覽中，是否全部（完整）列出被分割的曲面，標示 A。

B 自然性（Natural）

以曲線相切延伸切割，就不必自行繪製直線與模型曲線相切，下圖左。

C 直線性（Linear）

以直線延伸切割，下圖右。

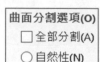
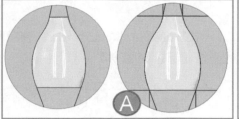

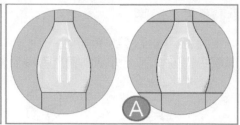

5-2 投影曲線（Project Curve）

將草圖投影：1. 指定面、2. 曲線之間的投影，這些曲線無法由 3D 草圖完成，因為無法得知空間位置。本節業界使用率最高，曲面造型常用這手法，更是讓人意想不到的技術。

A 投影曲線 2 項作業

1. 投影草圖至面、2. 投影草圖至草圖，最簡單就是 1. 投影草圖至面。

5-2-1 投影草圖至面（Sketch on face）

草圖投影到曲面上，由上到下顧名思義 1. 點選草圖➜2. 模型面。由於無法點選曲面進入草圖，反正曲面上的特徵都由投影而來，這樣想就對了。

A 投影草圖

點選要投影的草圖，例如：點選圓內的草圖。

B 投影面

點選球面，這時可見預覽成形。

C 投影方向

自訂投影方向，選擇平面、邊線、草圖，例如：點選圓外的邊線。

D 反轉投影方向

進行另一方向投影，也可以點選箭頭。

E 雙向

往兩側延伸投影。

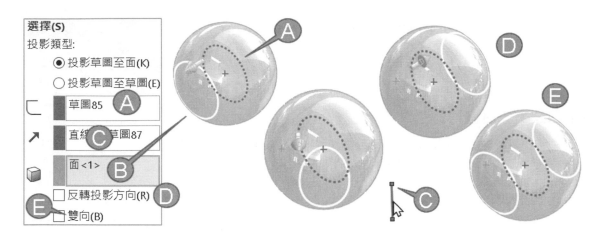

F 練習：曲面上的曲線，溝槽

讓已繪製的曲線草圖投影至所選面，在進行掃出除料，讓溝槽成形。

步驟 1 投影曲線

1. 點選下方的曲線→2. 點選上方模型面，可見曲線投影到曲面上。

步驟 2 掃出除料

☑圓形輪廓，與結束端面對正（對齊），路徑與模型面之間的成形過程，是否與端面切齊，由預覽查看之間差異，下圖右。

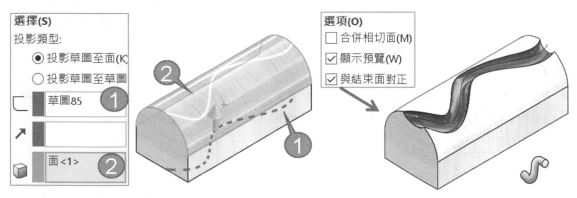

G 練習：雙向投影

本節體會投影曲線的單向和雙向投影，目前分割線做不到這點，希望 SW 改進。

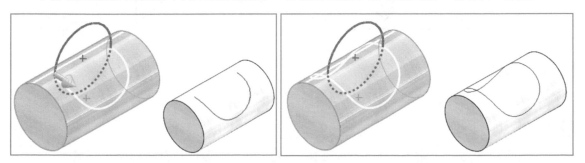

5-2-2 投影草圖至草圖（Sketch on Sketch）

由 2 個草圖交互投影成新空間曲線，常用在框架，可減少 3D 草圖製作時間或得到解決方案，本節產生題型相當多。

A 口訣：先基礎再導引

對初學者來說第一次面對很不習慣，類似變魔術，只要掌握口訣就會了，例如：U 形框架=基礎（變化）、L 形=導引（不動）。

B 先睹為快

將 2 個草圖交互投影成為框架。1. ☑投影草圖至草圖→2. 點選 2 草圖，可見曲線預覽。點選 2 草圖沒順序之分，自行完成雙向掃出。

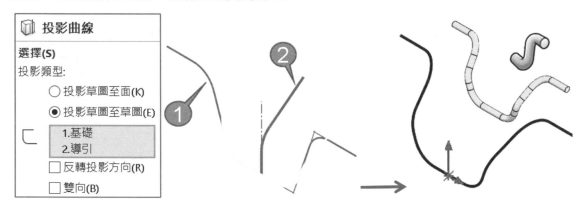

C 驗證

1. 前基準面、2. 右基準面看出它們是很普通草圖、3. 投影曲線完整投影在這 2 草圖之間並沒有溢出或短少，一開始同學思考轉不過來，為何不是 L 草圖變化。

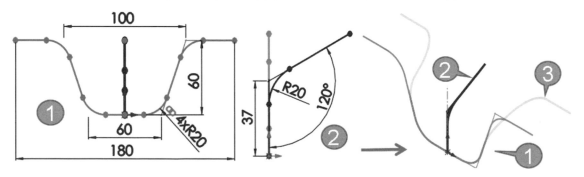

D 反轉投影方向

進行另一方向投影，但是本節沒箭頭可選，下圖左。

E 雙向

往兩側延伸投影，常用在對稱的輪廓，例如：2 個橢圓輪廓進行投影，下圖右。

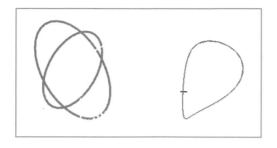
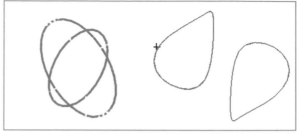

5-2-3 方框曲線與實體建構

框架是常見的例子，🗋框架→〰，讓框架繪製工作簡單化。

業界很多人用 3D 草圖 1 條線 1 條線畫，看到什麼就畫什麼，浪費時間也不穩定。

A 投影曲線法（又稱投影法）

步驟 1 前基準面畫 L 草圖

步驟 2 上基準面畫方型草圖

步驟 3 幾何建構線

因為方框有開口，所以要將直線轉幾何建構線，下圖右（箭頭所示）。

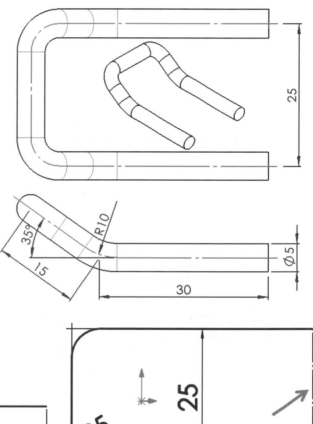

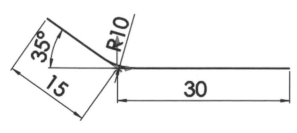
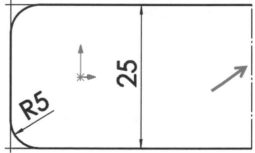

步驟 4 重點在限制條件

正視於無法點選 L 端點，必須等角視才可點選線和端點→重合。

步驟 5 投影曲線🗋

點選 2 草圖將框架路徑投影出來，看得出來方框=基礎，L=導引。

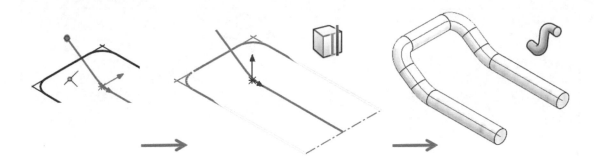

B 模型邊線參考法

　　承上節，還有更快的方式，利用多本體技術，不需曲線就能完成框架甚至更穩定。這裡頭技術也就是靈魂，畢竟⬚還是要畫 2 個草圖。

步驟 1 ⬚，L 草圖

　　將前視圖的草圖進行⬚伸長的薄件特徵，薄件就用預設厚度不要改，來節省時間。

步驟 2 ⬚，於轉角處加入 R10

步驟 3 ⬚，☑圓形輪廓、Ø10、☐合併結果

步驟 4 選擇路徑

　　理論可在模型上右鍵→選擇相切，但目前不支援。1. 空白處右鍵 SelectionManager→2. 選擇群組→3. 點選模型邊線→4. 衍生⬚→5. ↵，路徑被加入完成掃出。

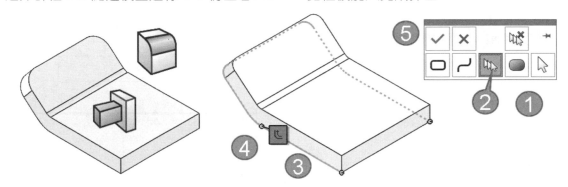

步驟 5 隱藏伸長本體

　　點選伸長本體→隱藏⬚，可見框架，順帶說明多本體資料夾。

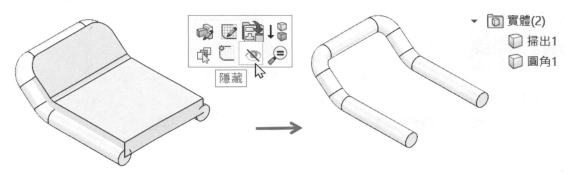

C 投影曲線法 VS 模型邊線法

想像哪個方法比較簡單，更體會伸長法 🔩 簡單又穩定，這就是業界要的趨勢，要強人一等就要 2 種都會。大郎年代會以投影曲線法 🔩 為大宗，當年 3D 曲線是專業的表現。

5-2-4 L 框架曲線與實體建構

本節說明曲線與實體，讓同學體驗投影曲線斷掉，以 3D 草圖接起來，不見得一定要很完整把曲線投影出來，很多技術是用補的，堪稱一絕。

A 投影曲線法

步驟 1 上基準面畫方型基礎草圖

重點在矩形有 1 條幾何建構線，因為該處空心。這時會不習慣何時空心？何時連接？反正嘗試把建構線轉換為實線，就能看出差異。

步驟 2 右基準面繪製 L 草圖

步驟 3 投影曲線

會發現曲線上方無法接起來，這是正常的。如果用矩形+L 線產生不是你要的框架，更能體會為何要轉幾何建構線了。

步驟 4 完成 3D 草圖的曲線

進入 3D 草圖→點選曲線→參考圖元 🗊 →直線→導圓角 ↰。更能體會投影曲線只是過程，並提升 3D 草圖的認知。

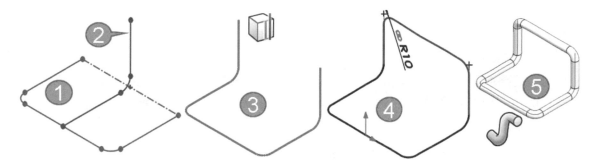

B 模型邊線參考法

承上節，利用先前說過的多本體技術一樣也可以產生框架完成。

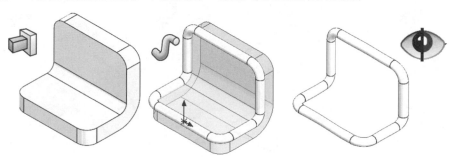

5-2-5 練習：ㄈ架實體建構

本節說明 3 種框架成型手法，最讓同學印象深刻的曲面邊線參考法。

A 投影曲線法

1. 下方基礎的開放草圖+2. 上方引導草圖➔3. 投影曲線➔4. ∿。

B 模型邊線參考法

1. 梯形草圖伸長➔2. 以特徵邊線為掃出路徑，完成掃出。

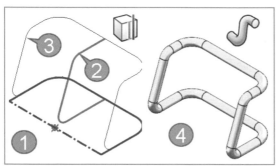

C 曲面邊線參考法

本節為模型邊線參考法延伸，用曲面完成框架速度更快，因為你會 3D 草圖。1. 先進入草圖➔2. 再；還是 1. 先➔2. 再進入草圖。實務不管這些順序，只要做出來就好，要認識的東西太多，希望未來版本更靈活，這就是許願。

步驟 1 梯形草圖伸長曲面

步驟 2 3D 草圖基礎框架

想辦法將曲面外圍的草圖做出來。1. 進入 3D 草圖➔2. 模型面上右鍵選擇相切➔3. 。選擇相切可把模型面全選，指令特性就是把面外圍邊線，利用草圖參考出來。

步驟 3 導圓角

將角落 4 周導圓角 R20，課堂常問要如何用最簡單的方式把圓角做出來。

步驟 4 ∿

希望未來掃出可自動圓角，伸長特徵就有，這裡也讓同學有指令功能的思考能力。

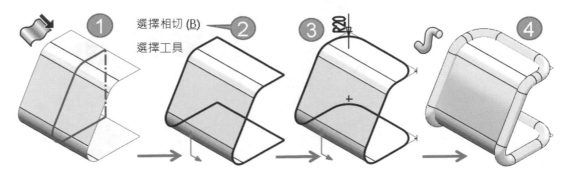

5-2-6 進階：實務判斷

本節解說常見的投影曲線，讓進階同學自行研究。

A 實務：斷差導熱管

大郎以前在製作熱導管公司上班，專職成形模具，製作壓模和成形模，將原本是平的壓下去管子會翹起來。1=平板段、2=段差段，3. 疊層拉伸完成段差特徵，下圖 A。

希望在 45 度開始斷差，下圖 B。1. 下方弧形=基礎、2. 後方直線+斜線 3.5=引導、3. 產生投影曲線，下圖 C。

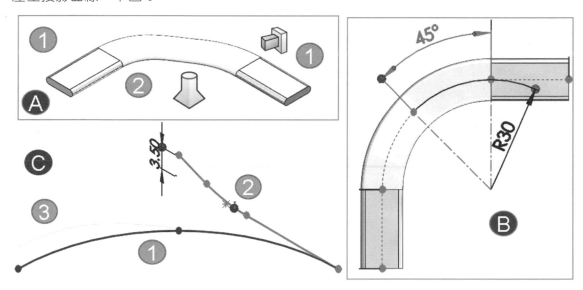

B 螺旋連接

本節算是空間連接，就像空中加油機，讓 2 個不同空間草圖交互投影為連接曲線。2 個相同草圖，誰基礎誰引導？理論上 A. 中間基礎螺旋線→B. 頭端圓溝→C. 中間脖子。

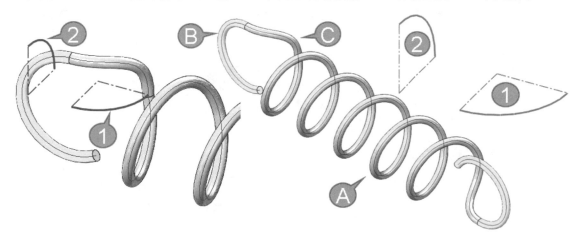

5-3 合成曲線（Composite Curve）⌒

　　將多段曲線或草圖和曲線之間整合為一，1. 方便曲線管理、2. 滿足指令只能選擇 1 個條件的限制，例如：掃出輪廓只能選擇 1 條，這就是指令特性。

A 沒用過這指令

　　指令很陽春看了就會，早期因為沒有 SelectionManager 可以使用，所以會用⌒的人算是有人帶或有一定的年紀至少 35 歲以上。換句話說，新的工程師 10 個有 8 個沒用過⌒，就要靠你來教。

B 解決指令只能選擇 1 個條件的限制

　　多段彈簧由 2 個草圖+1 螺旋線，由於路徑只能選其中 1 條件，除非使用 3 個掃出特徵，這樣只會讓模型更複雜。

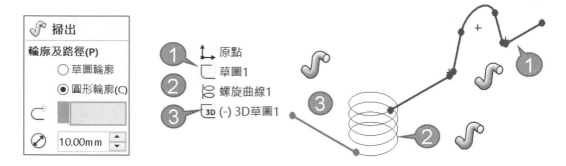

C 1 個條件的指令的應用

　　把 3 個草圖合為路徑：1. ⌒將這 3 物件合成起來成為一條件➔2. 就能 1 個掃出完成。

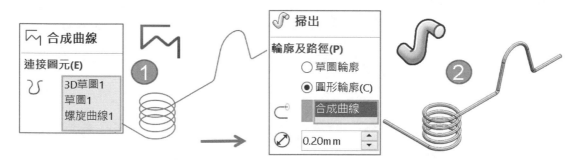

D 方便曲線管理

　　對於多個條件的特徵管理員感覺很雜亂，使用⌒後感覺差很多。

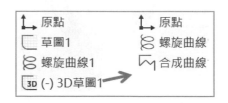

5-3-1 連結圖元

指令操作很容易，沒有選擇順序之分。將螺旋曲線和草圖 2 段獨立物件→↵，可見 1 整段曲線，於特徵管理員可見合成曲線特徵，展開後還是可見 2 草圖。

A 刪除合成曲線

直接刪除該指令，草圖會還原到特徵管理員中。

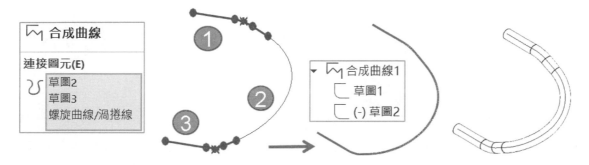

5-3-2 3D 草圖→參考圖元

早期沒有↖，用 3D 草圖將 2 草圖+1 曲線→參考圖元，一樣也可使用掃出，只是多 1 個 3D 草圖作業，這手法本章前面說明很多，不贅述。

5-4 穿越 XYZ 點曲線（Curve Through Point）ʊ

不必進入草圖，輸入 3 度空間點座標（X、Y、Z），系統會將每點連接形成空間曲線。常用在曲線位置精度有要求，例如：風扇葉片、飛彈運動路徑。

5-4-0 先睹為快

開啟建立好的輪廓和路徑模型，載入 2 條導引曲線（前曲線和側曲線）→𝒫。

步驟 1 開啟瓶子檔案

步驟 2 ʊ

步驟 3 瀏覽並開啟前曲線

1. 開啟前曲線→2. 確定，可見前曲線被加入到模型中。

步驟 4 瀏覽並開啟側曲線

步驟 5 𝒫

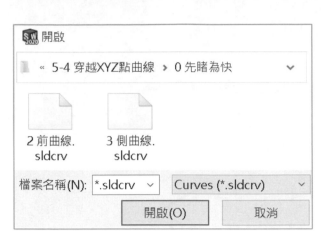

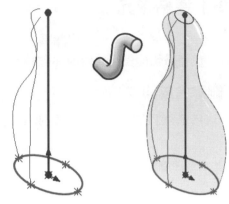

5-4-1 輸入點座標

進入曲線檔案視窗後，快點 2 下空白欄位，在第一行輸入點座標，第 2 行輸入後預覽曲線，因為 2 點才能成 1 線。

5-4-2 瀏覽

點選瀏覽進入開啟視窗，載入已有座標點的檔案，支援：1. SLDCRV、2. TXT 檔。選擇檔案後，繪圖區域顯示預覽並於曲線檔案視窗加入數值。

A SLDCRV

SW 曲線點座標檔。

B TXT

1. 在 EXCEL 輸入數值→2. 另存*. TXT→3. 記事本開起來修改，不必輸入任何欄位表頭及單位，例如：mm。每行表示 1 個座標點，每點位置以 X→Y→Z 順序輸入並以空格區分。

C 2 種方法輸入空格

1. 空白鍵、2. Tab 鍵，推薦使用 TAB 鍵，當數值位數不同或有負號時，中間分段清楚不會看錯，下圖左。若使用空白鍵整串數值會歪歪斜斜的。

5-4-3 儲存

將曲線點資料儲存至外部檔案保存，避免被誤刪或更改，只能儲存*. SLDCRV。

5-4-4 另存新檔

將曲線點檔另存為不同檔案，常用來保留不同版本並比較差異。

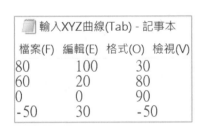

5-4-5 插入、刪除列

點選一整行插入新欄位。點選任一數字，讓系統選取整欄，Delete。

5-4-6 確定

將外部載入的曲線檔案或 SW 內輸入的點曲線輸入至模型內。

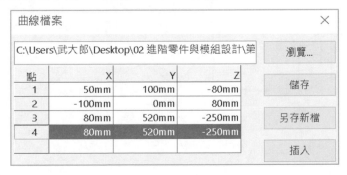

5-5 穿越參考點曲線（Reference Point）

選取草圖或模型上的點連成空間曲線，算是直覺操作。有很多臨時曲線用這來完成，可以不用 3D 草圖來完成。業界其實很多問題很簡單，只是我們想得很複雜，總想看到什麼就畫什麼，本節可以實現這願望。

5-5-1 穿越點

系統依選擇點產生曲線，並將它記錄在欄位裡，下圖左。

5-5-2 封閉曲線

是否要將曲線封閉，下圖中。

5-5-3 3D 草圖

3D 草圖中，使用不規則曲線∿可以做出此效果，下圖右。

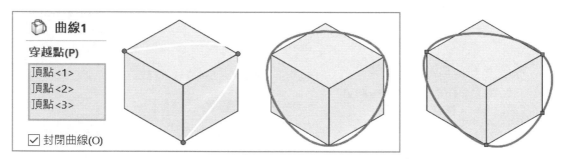

5-5-4 3D 草圖

點選草圖或模型邊線，作為曲線路徑，下圖右。

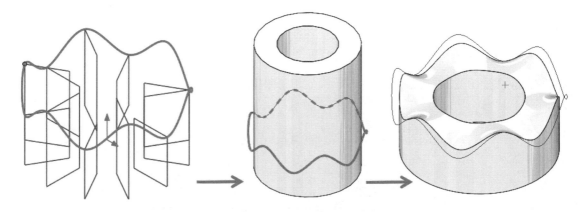

5-6 數學關係式驅動曲線（Equation Driven）𝑓x

以數學函數產生關係式製作曲線，常用在 SW 無法建立的曲線或需要計算產生的線段。單位為徑度（弧度），徑度是弧長與半徑比值，若語法錯誤，方程式為紅色。

指令位置：工具➜草圖圖元➜**數學關係式驅動曲線**𝑓x。

5-6-1 數學關係式類型：顯性

輸入數學式並設定起點 X1 與終點 X2 範圍，Y 沿 X 值範圍計算，y=sinx。數學關係式輸入 sin（X），起點與終點範圍分別設定：0、2*Pi，僅適用 2D 草圖。

A SIN 正弦公式

數學關係式	參數
sin（x）	X1：0 X2：2*Pi

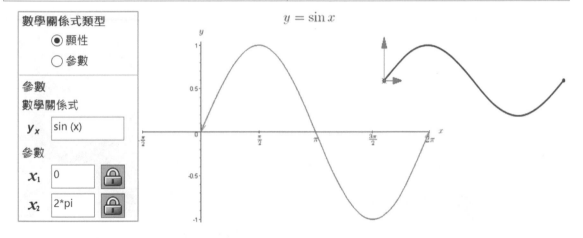

5-6-2 數學關係式類型：參數

輸入 XYZ 數學式並設定起點終點 t1、t2 範圍，僅支援 3D 草圖，例如：波浪華司曲線。

A 波型墊圈公式

數學關係式	參數
X（t）：1.25*sin(t)、-1.25*sin(t) Y（t）：1.25*cos(t)、-1.25*cos(t) Z（t）：0.063*sin(5*t)、-0.063*sin(5*t)	t1：0、0 t2：pi、pi。

參數
數學關係式

x_t 1.25*sin(t)

y_t 1.25*cos(t)

z_t .063*sin(5*t)

參數

t_1 0 🔒

t_2 pi 🔒

參數
數學關係式

x_t -1.25*sin(t)

y_t -1.25*cos(t)

z_t -.063*sin(5*t)

參數

t_1 0 🔒

t_2 pi 🔒

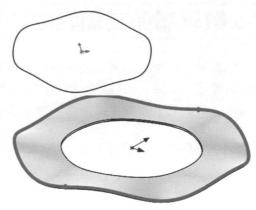

B 彈簧公式

數學關係式	參數
X (t) : 2*sin(t) Y (t) : 2*cos(t) Z (t) : t	t1 : 0 t2 : 20

參數
數學關係式

x_t 2*sin(t)

y_t 2*cos(t)

z_t t

參數

t_1 0 🔒

t_2 20 🔒

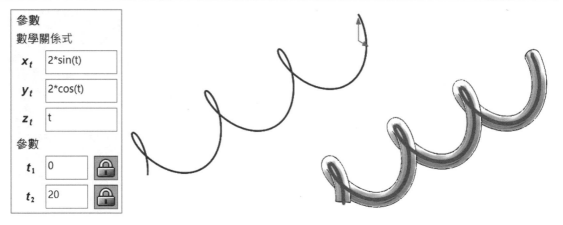

5-6-3 支援的數學函數

可以支援三角函數、反三角函數、絕對值。

sin (x)	csc (x)	Arcsin (x)	
cos (x)	sec (x)	Arccos (x)	Arcsec (x)
tan (x)	cot (x)	Atn (x)	Arccot (x)
abs (x)	sqrt (x)	Log (x)	Exp (x)

常見的螺紋製作方式

完整介紹業界螺紋（螺牙）製作方式與螺紋特性，常遇到對螺紋一知半解也用了很多年，是該好好面對一次學會不再惆悵。早期掃出不容易完成螺紋特徵，因為條件要求嚴謹，隨著軟體演進隨便畫都畫得出來，只剩下好不好看的細節處理。

A 螺紋製作 4 種

以難易度分別為：1. **塗彩裝飾螺紋**、2. **裝飾螺紋**、3. **虛擬螺紋**、4. **真實螺紋**，這部分和工程圖表現有很大的關係，下圖 1、2、3、4。

B 內、外螺紋認知

螺紋分：外螺紋、內螺紋，廣義來說，圓柱上的螺紋=外螺紋、鑽孔=內螺紋。狹義來說，以圓柱為基準，圓柱內=內螺紋，下圖 3。圓柱外=外螺紋，下圖 5。

螺紋製作要懂一點加工原理以及術語：螺距、圈數，才可勝任更複雜的異型孔精靈或螺紋特徵，下圖 7。

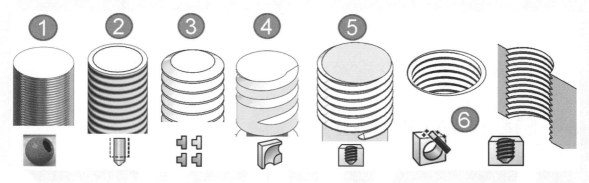

6-0 螺紋近代史

　　大郎算中生代，對 CAD 系統和歷史有幸能參與，長年到圖書館閱讀前輩 CAD 文獻，算是看見車尾燈，感念老中青 3 代一定要中生代承先啟後，否則前輩打下來的技術無法累積與傳承，新生代重新學習與試誤。

6-0-1 2000，螺紋不容易成型

　　我們很醉心研究螺紋與螺牙畫法，因為掃出螺紋不容易成型，例如：避免零厚度幾何、輪廓要和路徑有很嚴格的定義。

6-0-2 2010，螺紋隨便畫都畫得出來

　　時代演變沒人想要討論螺紋，也不能接受上班畫螺絲螺帽，普世認知螺紋不重要，不過螺紋畫法用在螺桿就會被公司支持。現今人們對螺紋的感受覺得很無聊，上課過程不能說太仔細，只要大約說明螺紋做法，能畫出來就好。

A 螺紋加工

　　車削（外牙）或攻牙（內牙）都是除料作業，建模也用除料特徵並順勢理解加工製程，並產生建模靈魂。早期學習 SW 要求要有加工經驗，現在主打只要有興趣即可。軟體的走向會越來越好上手，一定不用很深的背景，剩下的就靠要不要深入學習。

6-0-3 2015，3D 列印蓬勃發展

　　將繪製好的螺絲、螺帽列印出來並組裝看看，驗證機器列印品質，螺紋特徵建構技術又起死回生算冷飯熱炒，所以專業會隨著時期消長。

6-0-4 2016，螺紋特徵📖

　　2016 新增 1. 螺紋特徵和 2. 掃出的**圓形輪廓**成為最大亮點，不需繪製螺旋線以及螺紋輪廓，以指令用按的方式完成螺紋，從此螺紋又回到不需太多時間講解，時代進步了。

　　指令一定會走向整合型，以及不必畫草圖就能完成特徵。

6-1 圖案螺紋（Pattern）

　　以外觀貼圖在模型呈現螺紋效果，以先前介紹外觀都是上顏色，本節介紹圖片貼法。

A 優點、缺點

　　優點：在模型表達螺紋外觀，運算速度快，檔案容量小。缺點：非塗彩無法表達圖片。

6-1-1 圖案位置與上圖案

　　1. 外觀/全景/移畫印花➔2. 外觀➔3. 雜項➔4. 圖案➔5. 螺釘螺紋➔6. 拖曳螺釘螺紋到圓柱面上➔7. 指定面。

　　會發現圓柱面都是螺紋圖片，若要表現牙深除非用分割面，但不建議這樣處理太耗時間，利用比較理想，下圖左。

6-1-2 螺紋圖貼位置

　　色彩和圖片都在外觀管理員中，下圖右。

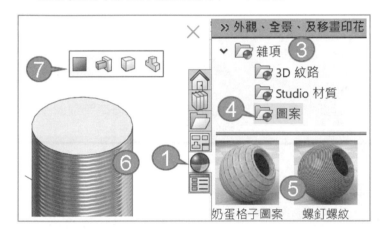

6-2 裝飾螺紋線（Cosmetic Thread）

　　圓柱或孔加入 1. **裝飾螺紋線**與 2. **塗彩螺紋**，完成指令後出現螺紋線外觀（裝飾=不是真的）。常見螺紋線在工程圖以直線繪製，學會了本節可以理解工程圖不用畫螺紋線。

A 特色

　　是常用作業：1. 直接看出螺紋，避免與圓柱混淆、2. 工程圖不必製作螺紋線、3. 塗彩或未塗彩皆可見螺紋線、4. 與真實螺紋比起來可提升效能。

B 指令位置

　　1. 插入➔2. 註記➔3. ，註記不只還有相關指令，這是未來趨勢，特別是焊接，下圖左。第一次在模型上加註記，只能說還不習慣，未來在模型標尺寸甚至其他註記會成為常態，這是 2015 推出的 MBD 精神，就不必利用工程圖呈現模型資訊。

C MDB 以模型為基礎的定義

　　目前鋼構和管路大發，模型上要繪製熔接（焊道）。熔接符號算鹹魚翻身，早期熔接符號多半以文字的方式輸入，現在要求要正式的標註。

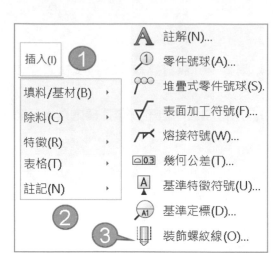

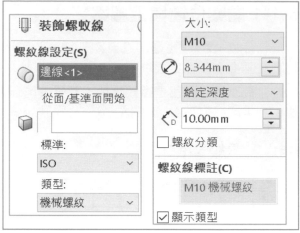

6-2-0 先睹為快

選擇圓柱邊線並定義大小，操作上很像👓，但比👓還簡單。1. 點選模型圓邊線→2. 標準：ISO→3. 大小：M10→4. 牙深：給定深度 10（可見立即更新），下圖左。

A 查看裝飾螺紋線

圓柱特徵或特徵管理員皆可見🗓️，使用圖學標準呈現，下圖右。

1. 塗彩裝飾螺紋	2. 圓形視圖	3. 非圓形視圖	4. 尺寸	5. 特徵管理
圓柱表面有螺紋的貼圖。	圓柱可見內圈。3/4 圓=工程圖。	見到牙深，非塗彩=工程圖。	點選圓圈可見：直徑和牙深。	裝飾螺紋線在圓柱特徵下。

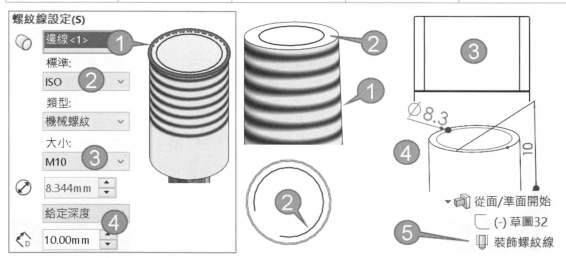

6-2-1 螺紋線設定👓

點選圓邊線，做為螺紋線起始位置，這時可以見到預覽。

6-2-2 從面/準面開始（非必要）

指定螺紋線的起始位置面或基準面，非必要項目，常用在起始位置不是圓邊線，剛開始不要先學本節。

1. 點選上方圓邊線→2. 點選左邊模型面作為螺紋起始位置，下圖左。完成後可見**裝飾螺紋線**在圓柱中央開始長深度。

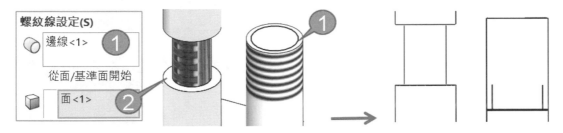

6-2-3 標準（預設無）

清單切換國家標準：常用公制 ISO 或英制 ANSI Inch。無=簡易版、國家標準=完整版。早期 SW 只有無，後來多了國家標準功能就提升了，下圖左。

A 無

早期指令樣貌，必須人工輸入：1. 螺紋直徑、2. 深度。後來指令提升，點選圓邊線自動配合螺紋直徑，輸入深度就好，少了很多步驟，下圖左。

6-2-4 類型（預設機械螺紋）

清單切換：1. 機械螺紋、2. 直管用螺紋（應該稱管用螺紋），兩者差在**直螺紋**和**斜螺紋**，下圖右。

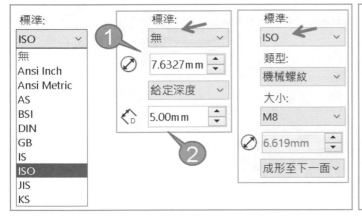

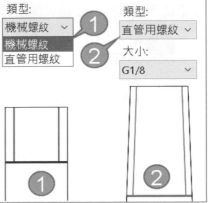

6-2-5 大小

設定螺紋規格，系統依 2 個要素來定義大小。1. 上方標準自動分類公制或英制、2. 所選的圓邊線自動配螺紋線直徑。

A 標準

ANSI 出現英制，例如：1/4-28 牙。ISO 出現公制，例如：M8，下圖左。

B 圓邊線

依所選圓邊線套用大小，不必清單選擇，例如：點選 Ø8 圓邊線，系統自動判斷 M8，下圖左。

6-2-6 次要直徑⌀

顯示螺紋線直徑，套用預設就好不用改，沒人會介意螺紋線直徑，只要看得到螺紋線就好。任何國家標準無法設定螺紋線直徑，下圖左 A，標準=無，才可指定直徑，下圖 B。

A 外螺紋 M10

螺紋線直徑比圓柱小，例如：Ø10 圓柱，螺紋線直徑 8.6，下圖右 C。

B 內螺紋 M10

螺紋線直徑比孔徑大，例如：M10 攻牙，螺紋線直徑 10，下圖右 D。

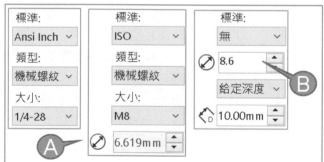
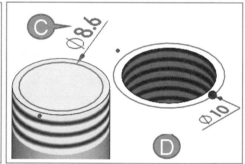

6-2-7 深度

由選擇邊線定義起始深度=牙深=給定深度。由清單切換：1. 給定深度、2. 盲孔（2*直徑）、3. 成形至下一面、4. 貫穿。

這部分和🔩操作相同，例如：深度 15，調整深度過程可見即時顯示牙深。

A 盲孔（Blind hole）（2*直徑）

牙深=直徑 2 倍，例如：M12，牙深 24，下圖右。實務上標註螺牙大小不標牙深=大小的 2 倍，算是簡化標註的潛規則，例如：標註 M12，就能知道牙深 24。

B 貫穿（Thru hole）

貫穿又稱**完全貫穿**或**通孔**。貫穿比盲孔更好加工，因為不必留意牙深，也可把切削屑排出。

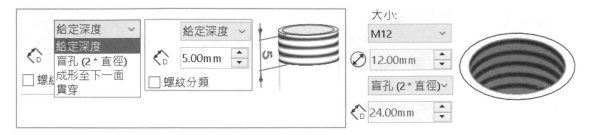

6-2-8 螺紋分類

由清單指定螺紋分類，用於螺紋緊度，例如：1A～3A。螺紋分類會顯示在下方的螺紋線標註，例如：M10-2A。螺紋分 A、B 兩級，A=外螺紋、B=內螺紋，通用 2A 或 2B。

6-2-9 螺紋線標註

顯示螺紋線的大小和類型，目前無法修改，必須由記事本設定 calloutformat.txt。萬一標註不是 SW 預設的文字，就要自行規劃它。

A 顯示類型

是否在螺紋大小右方呈現螺紋類型。

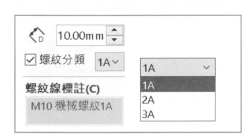
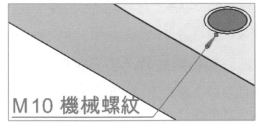

6-2-10 查看裝飾螺紋線

分別由 1. 塗彩+等角、2. 非塗彩+正視於狀態下查看螺紋線。

A 塗彩+等角

可以圓柱上有螺紋圖片，圓柱平面上有圓圈螺紋，它代表圓形視圖。

B 非塗彩+正視於

切換非塗彩狀態，模擬工程視圖的樣子。點選平面➔正視於↥，可以見到螺紋線和牙深，更能體會不需工程圖製作螺紋線。

C 事後修改

無論設定哪個標準，螺紋線直徑於事後修改，下圖左，Ø8.6。

6-2-11 裝飾螺紋線結構

裝飾螺紋線附加在特徵上，點選模型上的螺紋線，在特徵管理員展開被附加的特徵，可見裝飾螺紋線圖示，用來編輯或刪除它，第一次見到特徵之下除了草圖還有別的。

6-2-12 異型孔精靈的螺紋線

還記得嗎，異型孔精靈擁有螺絲攻，完成後會自動加入，下圖右。

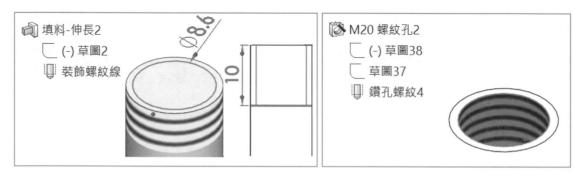

6-2-13 註記屬性：塗彩裝飾螺紋線

裝飾螺紋線的顯示，必須進入**註記屬性**視窗開啟：1. 特徵管理員上方的**註記**右鍵**細目**→2. 裝飾螺紋線→3. 塗彩裝飾螺紋線。

剛開始學習會很積極想打開，進階者不會想看這些，有需要才開。

A ☑塗彩裝飾螺紋線（預設開啟)

詢問度最高的表達。早期預設關閉，同學常問為何沒有？後來預設☑**塗彩裝飾螺紋線**，就沒遇到這問題了。

B □塗彩裝飾螺紋線

組合件會呈現很多孔，建議關閉提高顯示效能，這是大型組件的議題。

C 隱藏所有類型

要臨時關閉以上 2 項目，點選**隱藏所有類型**，下圖右。

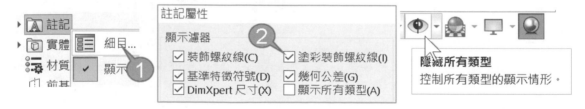

6-3 虛擬螺紋

螺紋通常用除料🗐呈現接近螺紋型態，內、外螺紋皆適用。常用於五金螺紋表達，模型較容易建構，**虛擬螺紋**重點在三角形輪廓如何定義和特徵複製排列數量和距離。

Ａ 優缺點

優點：容易建構，運算速度快，數據資料和檔案容量小。缺點：無法表達真實螺紋。

6-3-1 螺牙輪廓

依螺牙形狀完成，常見三角螺紋，用多邊形完成三角形，問題是三角形長度多少？長度=螺距，例如：M12XP1.75，三角形長度=1.75。

6-3-2 基礎螺距

螺距=複製排列距離，例如：M12XP1.75，螺距=1.75。這樣比較容易學，省得還要記有的沒的，雖然螺紋看起來很密，不過別在乎這些，不仔細看不出來。

6-3-3 進階螺距

進階者不希望螺牙重疊或看起來螺牙很尖，會螺距＋0.1進行補正，例如：螺距1.5，複製距離=1.6。不一定＋0.1，＋0.2也行，因為虛擬螺紋只是示意。

6-3-4 牙深

複製數量=牙深/螺距，例如：牙深20/1.5P=13或14，複製數量=10。不會這麼細算，常由預覽看大概位置，來決定複製數量。

6-3-5 旋轉＋直線複製排列

2個特徵完成，優點草圖不必太複雜，容易調整牙深，現在都推這樣的畫法，下圖左。

6-3-6 草圖直線複製排列＋旋轉除料

1個特徵完成，好處速度快，下圖右。

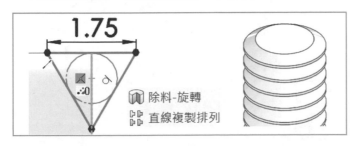
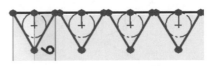

6-4 真實螺紋

輪廓以螺旋線⅏為路徑→⅊，模擬車床在圓棒加工實際螺紋，常用在機構模擬或表達專業度，例如：導螺桿螺紋是重點。

A 優點

真實表達螺紋型態，可讓數值加工機（CNC），3D 列印。

B 缺點

模型較難建構，由於螺旋線為 3 度空間曲線，幾何資料和檔案過於龐大，消耗系統資源，工程圖中的 3 視圖並不希望呈現有螺紋的視圖，除非立體圖才會呈現螺紋特徵。

6-4-1 真實螺紋製作

畫法和彈簧一樣，不過螺紋會以掃出除料⅊完成，因為機械加工是除料作業。

步驟 1 完成螺旋曲線

M10 的螺絲=Ø10 直徑，產生螺旋曲線。

步驟 2 三角形螺牙輪廓與螺紋線→貫穿

輪廓加畫建構線（核心），讓直線端點與螺旋線⅏→貫穿⅊。早期要同學加上點，點不穩定也不好識別，直線比較理想。

步驟 3 側投影輪廓線⅊

游標在圓柱上會出現⅊，圓柱左右兩側實際沒有這邊線，但圖學要呈現出來，點選 1. 圓柱邊線與 2. 螺牙輪廓→共線對齊。

步驟 4 掃出⅊

可見螺紋成形，不過好像少了什麼，頭尾端收刀製作，下圖左。進階者會覺得沒差，只是多手續也知道怎麼做，只是有沒有必要，如果要學習或 3D 列印就要這些。

6-4-2 頭端收刀

掃出選項中☑與結束端面對正，可見收牙形態，下圖右（箭頭所示）。

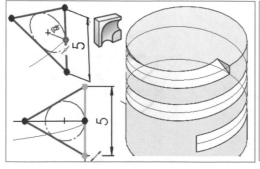
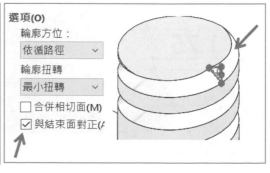

6-4-3 尾端收刀製作－基礎

如果偷懶一點利用**旋轉除料**🔩，要畫到這麼像嗎？真實模型會有刀具的外型在模型上，不會是特徵成形的停止狀態，這手法在蠻多地方很常見。

步驟 1 點選面進入草圖→參考圖元🗍

把所選的 3 角面投影出來，完成輪廓就不用畫了。

步驟 2 🔩

旋轉過程點選草圖直線為旋轉軸。

步驟 3 查看

不仔細看還真的很像，像就好別介意細節，因為遠遠看不出來。初學者會想做到很好，SW 用久了會明白不需堅持做到完美，因為後面還有很多重要的事情要做。

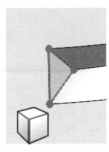
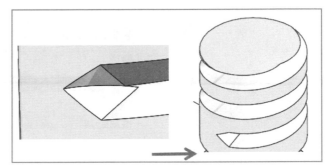

6-4-4 尾端收刀製作－進階

目前的螺距→利用變化螺距，將最後 0.25 圈直徑變大 1.5 倍即可，本節有點難度。

步驟 1 螺旋曲線，☑變化螺距

目前區域參數為 2 行。

步驟 2 增加一行區域參數

在最後一行增加 0.25 圈（1/4 圈），例如：目前 2 圈，第 3 行為 2.25 圈。

步驟 3 修改直徑

將最後一行直徑 X1.5 倍（這是大概），在直徑欄位*1.5，由系統計算直徑。1.5 的係數由同學自行在工作上抓參數，例如：直徑 X1.6 會比較好。

步驟 4 查看結果

會見到收刀的樣貌。

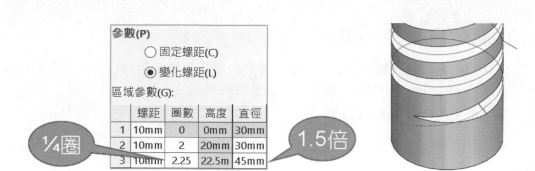

6-4-5 收刀技巧

分別利用 2 個刪除面🗊，☑刪除及填補（箭頭所示），完成立即見效，分別完成頭端與尾端收刀型態，學完以後會覺得以上不用學了，這手法又快又好。

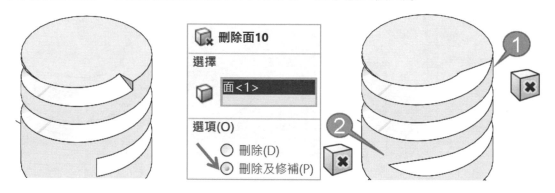

07

螺紋特徵

螺紋特徵（Thread）⬜，不須草圖與🔩，直接完成螺紋。於 2016 推出以來滿意度最高的指令，可感受指令整合是軟體方向。⬜不見得只用在螺紋，銅線繞圓柱可用這指令完成。

🅰 學習心理

有很多是螺旋術語，⬜操作類似🐚，本節用習慣速度會很快，接下來就不會想用🔩完成螺紋。本節有人教比較快，練習 2 次以後理解指令名稱就能更熟練指令運用。

7-0 指令位置與介面

介紹指令位置與介面項目，先認識欄位→再認識項目，由功能表可得知指令靈魂。

7-0-1 指令位置

2 個地方執行指令：1. 插入→特徵→⬜、2. 鑽孔指令群組→3. 進入指令大項目。

7-0-2 介面項目

由上到下常用 5 大項：1. 螺紋位置、2. 終止條件、3. 規格資料、4. 螺紋方法、5. 螺紋選項、6. 預覽選項，很多項目先前學過，可以很輕鬆學習，一開始會不習慣 3、4。

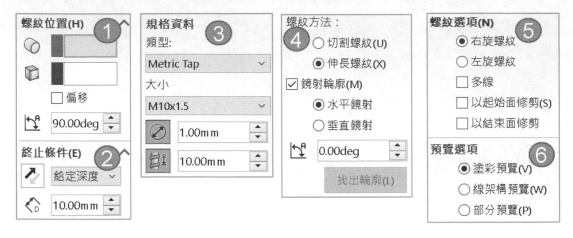

7-0-3 先睹為快：外螺紋

由於指令項目有很多要講解，先用簡單的步驟讓同學完成指令。

步驟 1 點選圓邊線→圖

進入指令會先遇到訊息，大意如下：螺紋不適合生產用，生產用要自行定義螺紋輪廓。使用者絕大部分不是螺絲製造商，螺紋僅用來示意或 3D 列印，所以這訊息不必理會，專門製造螺絲的廠商螺紋會自己畫。

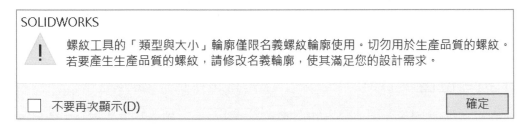

步驟 2 預覽選項：☑塗彩預覽

為了運算效率或顯示明確，先設定下方預覽選項，☑塗彩預覽。

步驟 3 終止條件

設定牙深，給定深度 10。

步驟 4 規格資料

1. 類型：Metric Die→2. 大小：M10→3. ☑切割螺紋，選擇過程可見螺紋內或外。

7-0-4 查看螺紋特徵結構

於特徵管理員展開螺紋特徵，1. 只有草圖沒路徑、2. 該草圖為螺紋檔案產生關聯，無法編輯草圖修改。

A 看得到改不到

常遇到要臨時修改輪廓卻看得到改不到，例如：點選輪廓卻無法編輯草圖，下圖左。要修改草圖必須回到檔案總管的輪廓檔案位置並開起來改，這部份說來複雜。

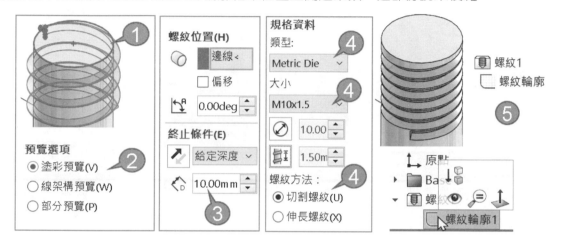

7-0-5 外螺紋唇口修飾

螺紋端面不理想，可以利用圓角進行修飾，有沒有發現圓角特徵一定是相切。常遇到要有相切需求，圓角就是解決方案。

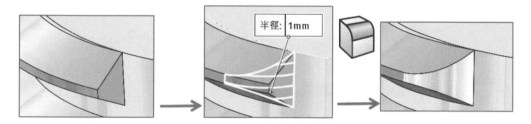

7-1 螺紋位置

先到下方☑塗彩預覽，先看到螺紋預覽會比較知道接下來的點選在做什麼。

7-1-1 圓柱的邊線⊘

指定螺旋線的起始位置。點選圓柱的圓邊線，所選位置=基準，因為螺旋以圓成形，所以一定要圓邊線，下圖左（箭頭所示）。

7-1-2 選用的開始位置（非必要）

指定螺紋線起始位置面，常用在起始位置不是圓邊線，本節與相同，不贅述。

7-1-3 偏移（非必要）

以所選邊線為基準偏移指定距離，增加或減少螺紋位置，常用在定義進刀位置。偏移會常與終止條件的**維持螺紋長度**配合，下圖右（箭頭所示）。

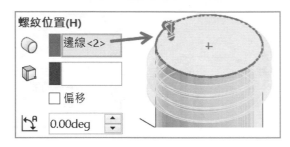 

A ☑偏移

以上方圓邊線為基準，螺紋向下偏移 5，常用在前端不加工，下圖左（箭頭所示）。

B 反轉方向

改變偏移方向，該方向要有材料可以加工才有意義，下圖右（箭頭所示）。

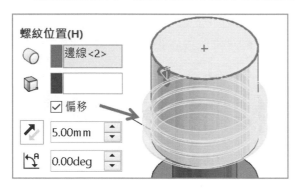 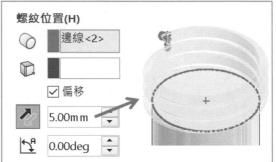

7-1-4 角度

定義螺旋線的起始角度（開始位置），本節和的起始角度說明相同，不贅述。

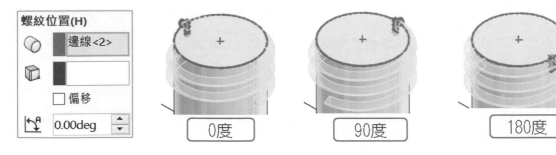

7-2 終止條件

定義給牙深、圈數，由清單切換：1. 給定深度、2. 圈數、3. 直到所選項目。

7-2-1 定義依據：給定深度

定義牙深與**偏移**搭配使用，1. 給定深度 10，2. ☑偏移 5，這時有效牙深 5，下圖左。

A 維持螺紋長度（預設關閉）

無論偏移多少維持牙深 10，常用在上方沒材料或模擬進刀，讓端面切齊，下圖右。牙深一定由所選的圓邊線開始起算。

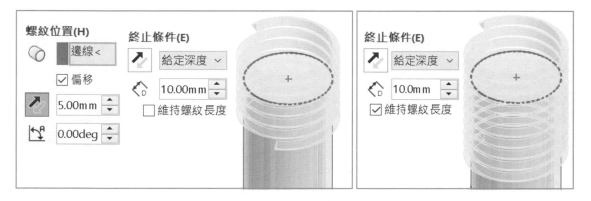

7-2-2 定義依據：圈數

定義螺旋圈數，而非螺紋深度，可以反轉方向定義螺旋位置，下圖左。

7-2-3 定義依據：直到所選項目

指定螺紋成形位置，類似成形至某一面，下圖右 2。

A 偏移

所選面為基準，指定螺紋深度的位置，下圖右 3。

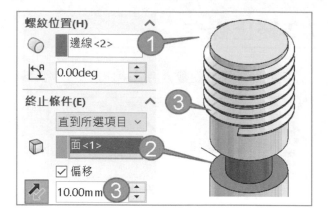

7-3 規格資料

設定螺紋規格、大小和螺紋方法，下圖左。本節為了教學活潑性定義 Metric Tap（公制外牙），通常外牙比較少講解，以及外牙看起來比較清楚。

7-3-1 類型

清單分 3 大項：1.Metric(公制)，Inch(英制)、2.Tap(外牙-填料)，DIE(內牙-除料)、3.Bottle。這些項目是實際的草圖輪廓，變更它們有預覽可看，切換 Tap 或 DIE 可見草圖向外或向內，下圖右。

A 螺紋斷面檔案

清單顯示螺牙的草圖，該草圖為實際檔案和熔接輪廓觀念相同，這就是一開始使用指令時，出現提示的訊息，如果指令要為生產備，就修改草圖輪廓。

檔案位置 C:\ProgramData\SolidWorks\SolidWorks 2020\Thread Profiles。

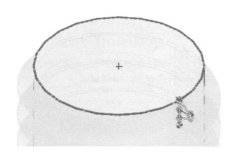

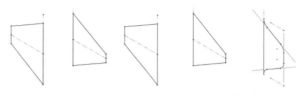

Inch Die　Inch Tap　Metric Die　Metric Tap　SP4xx Bottle

7-3-2 大小

定義螺紋規格也可自訂螺紋直徑和螺距，本節 M12X1.75，看起來比較大容易識別。

A 切換螺紋規格

清單切換螺紋規格，排序怪怪的因為沒有補 0，例如：M2.2 會在 M12 下方。

B 覆寫直徑 ⊘

直徑預設與所選圓柱邊線相同，通常不用設定，預設的就好。手動更新螺旋線直徑，常用在補正讓螺紋吃進圓柱一點，例如：目前 Ø10→設定 9.5。

過大直徑會出現：螺紋本體與圓柱表面不相連訊息，下圖左。

C 覆寫螺距

手動更新螺距，常用在加大螺距讓螺紋看起來比較清楚，下圖右。

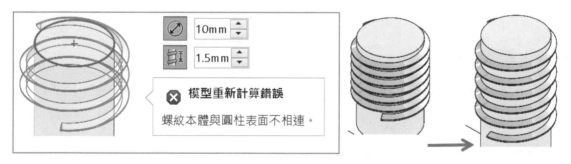

7-4 螺紋方法

設定 1. 切割螺紋=除料=Die、2. 伸長螺紋=填料=Tap，本節必須與上方類型配合，否則出現錯誤訊息，我們也不希望這樣教，希望 SW 改進，下圖右。

切換螺紋方法過程，正確以綠色預覽，錯誤以紫色預覽。

7-4-1 切割螺紋（Die）

切割螺紋=除料，要配合Die(內牙-除料)，例如：Metric Die 或 Inch Die。

7-4-2 伸長螺紋（Tap）

伸長螺紋=填料，要配合Tap(外牙-填料)，例如：Metric Tap 或 Inch Tap。

7-4-3 鏡射輪廓

定義螺紋草圖輪廓擺放。切換水平或垂直由預覽草圖在外=外螺紋，在內=內螺紋。

A 鏡射輪廓 VS 螺紋方法

鏡射輪廓顯得螺紋方法多餘，無論螺紋方法為何，使用鏡射輪廓完成螺紋特徵不會出現錯誤訊息，例如：1.Metric Die→2.☑伸長螺紋→3.☑鏡射螺紋，水平鏡射，下圖左。

7-4-4 角度

設定草圖輪廓螺紋角，常用在斜螺紋，下圖右。

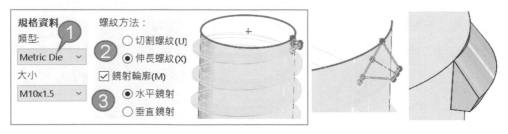

7-4-5 找出輪廓（定位輪廓）

變更輪廓位置。由游標定義草圖頂點與圓邊線重合位置。找出輪廓應該為定位輪廓，因為這觀念和做法和結構成員⬚的定位輪廓相同。

A 作法

1. 點選找出輪廓，自動放大草圖輪廓➜2. 點選草圖中間端點，可見端點與圓邊線重合。

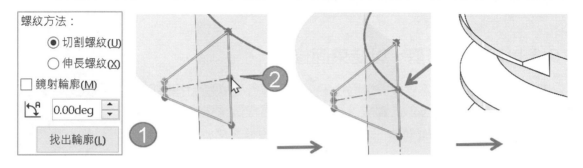

7-5 螺紋選項

設定螺紋方向、多線和端面修剪，多半由預覽查看變化。

7-5-1 右旋螺紋、左旋螺紋

切換螺紋方向，說明與螺旋曲線⬚相同，不贅述。

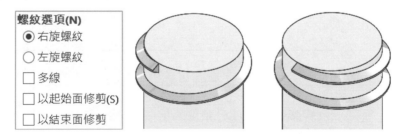

7-5-2 多線

設定螺紋線數量，最大特色：1. 增加旋進行程、2. 旋緊速度快，例如：螺距 10，☑多線 2（又稱雙線螺紋 two starts），螺旋轉 1 圈走 20，在有限空間增加旋進的行程。

教學一開始不設定這些，每次上課大家最喜歡研究這裡。有空間讓多線螺距成形，☑多線 2，螺距 X2，例如：M10 螺距 1.5，這時螺距 1.5X2=3，下圖左（箭頭所示）。

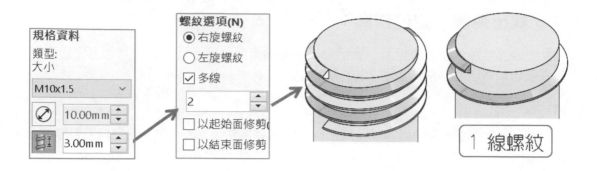

7-5-3 以起始面修剪、以結束面修剪

將延伸螺紋切割，讓螺紋與端面切平，不必進行 2 次特徵把端面切平，很多人沒注意有這項目，都用矩形把多餘的螺紋除料，千萬別這樣做，這做法沒人要。

這部分會配合 1. 螺紋位置：☑偏移、2. 終止條件：☑維持螺紋長度。

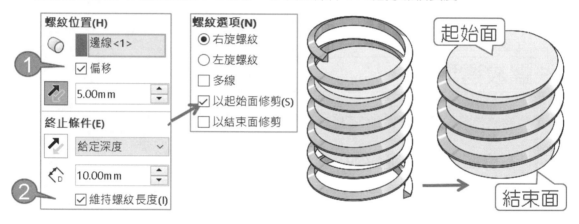

7-6 預覽

分別設定：1. 塗彩、2. 線架構、3. 部分預覽，這些和效能有關。

7-6-1 塗彩

塗彩又稱完全預覽。

7-6-2 線架構

顯示模型外框線，沒有特徵面，類似線架構。還可以調整多條螺紋線架構的數量，比較適合大建模型。

7-6-3 部分預覽

僅顯示螺紋線和草圖輪廓。

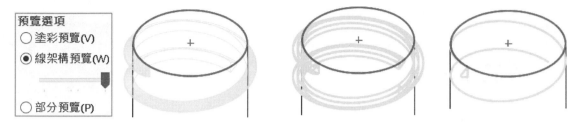

筆記頁

常見鑽孔特徵

本章把其他鑽孔獨立介紹，說明 1. 簡易直孔▣、2. 伸長▣、3. 旋轉🗘製作鑽孔，對於內牙或外牙就會以▯完成。

A 本章重點▣

坊間很少運用▣，本章強力推薦用法，提升不同指令的運用，常遇到上完課回歸到⊙→▣，我們會提醒用▣。

8-1 簡易直孔（Simple Hole）▣

進行圓除料鑽孔，最大特色不需草圖直接鑽孔，算▣簡易版，可減少模型資料。實務中訓練自己用不同指令完成，甚至會到了拋掉草圖圓→▣，且▣會越做越快，本節可學到 SW 系統面。

A 使用時機

確定孔只會對圓大小和深度變化時，可以降低維護成本。

B ▣VS▣差異

指令內容差不多，1. ▣只多了鑽孔直徑、2. ▣功能比較陽春、3. ▣沒有反轉方向。

C 支援度

▣不支援曲面鑽孔，因為指令內建草圖，且草圖只能在平面。

D 指令位置

1. 插入→特徵→簡易直孔▣，建議同學用快速鍵，下圖左。

8-1-1 先睹為快

以所選面插入直孔，設定 1. 深度→2. 直徑→3. 編輯草圖來定位鑽孔位置。

步驟 1 點選模型面→◎

見到和◎相同介面，模型面可見草圖圓標註 Ø10，下圖右。

步驟 2 給定深度=10

步驟 3 鑽孔直徑=15

可見草圖圓變大變小（箭頭所示），這是其他指令沒有的，但無法直接修改草圖。

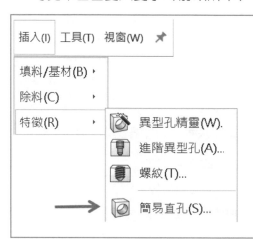

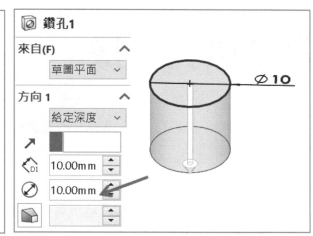

步驟 4 定義圖元位置查看目前草圖

目前只能拖曳圓心→利用喚醒完成與模型與圓心的重合，無法用其他方式加入限制條件，下圖左。這部分很多特徵做不到，因為特徵過程不能對草圖作業。

步驟 5 完成特徵

展開特徵會發現有草圖，通常會事後編輯草圖修改尺寸或限制條件。

8-1-2 修改草圖輪廓

修改草圖讓鑽孔數量或孔形狀多種變化。

A 增加孔數量

可以修改草圖，完成一個特徵多個鑽孔。

B 非圓形草圖

將圓改為矩形，特徵會改為◎資料庫，只是◎特徵圖示沒變，下圖右。

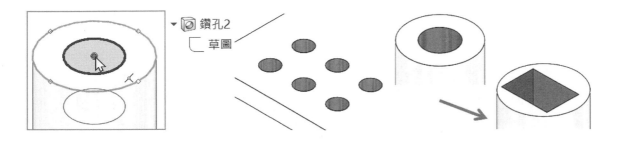

8-1-3 業界實務：O 型環、溝槽

於大量圓除料建議用⬚，成形速度快，特徵結構單純，例如：1. 扣環、2. 軸承座、3. 溝槽…等。成形過程會用來自的平移，以推進方式完成多段溝槽特徵（箭頭所示）。

Ａ 推進法

大量使用⬚進行多層鑽孔，體驗指令樂趣，還用⬚多層鑽孔會覺得膩，這就是不同指令中找到樂趣用意。

步驟 1 剖面視角⬚

目前流行剖面法建模，成形過程同步見到物體內部。

步驟 2 ⬚

拖曳草圖圓心與模型圓邊線重合。

步驟 3 指令設定

2. 來自：平移➔3. 深度 50➔4. 直徑 120。

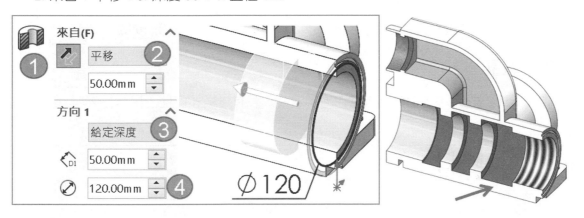

8-1-4 業界實務：網版

網版孔很多資料量很大，就要辦法降低資料量，這樣在設計過程效能才有辦法提高。⬚比⬚和⬚的資料量小，將⬚複製排列 VS⬚複製排列，可想而之必定差異很大。

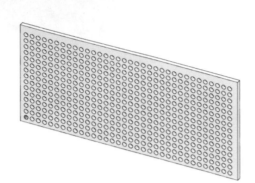 

8-2 伸長除料

聽起來鑽孔好像沒什麼，卻是使用率最高特徵，因為不需學習和直孔應用最廣。以下說明進行各類鑽孔作業，有些類型鑽孔用沒效率，還是有少數人用這招，下圖左。

8-2-1 柱孔

由 2 個完成建構一大一小孔，因為無法用 1 個特徵完成不同深度與不同大小孔。實際加工先鑽小再鑽大孔，因為好加工與定位。

如此進行可同時學會加工製程與建模，例如：分別製作 Ø10 小孔貫穿➜Ø20 深 10。

8-2-2 錐孔（皿頭孔）

承上節，1. Ø10 小孔，完全貫穿➜2. Ø20 大孔，深度 5，拔模 45 度。

8-2-3 直孔

以草圖圓進行，這類鑽孔考驗你繪圖速度，沒有建模技術性。

8-3 旋轉除料：鑽孔

承上節，同樣以草圖輪廓➜，進行鑽孔作業。實務應用於多段式鑽孔，可以 1 個特徵完成，在還沒有進階異型孔指令前，這作法很常用，下圖右。

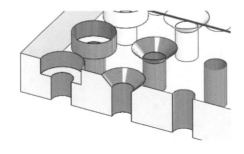 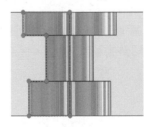

異型孔精靈

異型孔精靈（Hole WIzard，簡稱異型孔或鑽孔）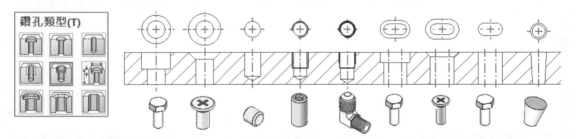，擁有多孔類型和參數控制，讓設計具修改彈性，更可規劃鑽孔資料庫，達到 1. 建模效率→2. 製程導入→3. 模組規劃。

絕大部分對一知半解，常用就是這幾項，沒有對每項去認識，想深度認識也沒管道可以了解。本章協助同學認真面對所有設定，每項解釋給同學聽，把指令操作融入靈魂，更能明白那些項目知道就好不必太了解。

A 異型孔精靈優點

- 不用畫草圖。

- 整合型介面，直接定義鑽孔規格與位置。

- 動態更新，即時預覽規格與大小。

- 擁有資料庫，自行規劃規格大小，搭配組合件複製排列，不需人工計算數量與位置。

B 修改類型不必重做

指令術語和加工製程有關，也是指令靈魂，擁有直接改變類型靈活性，例如：直孔變柱孔，不須重新製作特徵。

C 大量鑽孔

可以在同一面大量鑽孔不需建立基準面，試想 1 個特徵完成柱孔必須使用🔧，這時就要建立很多基準面，就顯得沒效率。

D 鑽孔資料庫

由資料庫規劃鑽孔規格與大小，讓項目縮減運算速度加快。

E 組合件檢查

組合件要上螺絲，到時就能判斷異型孔大小是否符合螺絲，這是市購件的議題。

F 學習過程

幾乎是老師講比較多，同學只是壓壓按鈕，認識項目用意，以及業界常遇到的用法，聽起來很簡單，實際用起來諸多盲點造成重大損失，本章會舉例說明。

G 孔是設計嗎？孔很重要嗎？

常見指令不熟，遇到的事情都很精彩，造成人員磨擦與營業龐大損失。什麼都做得好，就唯獨孔總是搞錯，老闆都會很氣：孔都弄不好當什麼 RD。

孔是設計嗎？孔很重要嗎？普世觀感孔不重要，就容易輕忽孔的重要性。孔對設計來說是細節通常畫很快，孔會做錯多半沒有認真面對。

9-0 課前準備

指令項目繁雜，鑽孔項目術語相同，避免閱讀不便，操作指令之前先閱讀本節。

9-0-1 書寫

本書採課堂講式寫法，以柱孔為主由上到下說明每項設定，這些設定和其他鑽孔類型相同，所以柱孔認識會比較辛苦接下來會比較輕鬆，只要認識不同的項目即可。

9-0-2 實際操作

本章適合自修者由上到下打穩基礎再實際操作，例如：實際操作由上到下依需求點選，用不到的會跳過。

9-0-3 加工特徵

指令作業與實際加工行為相當，例如：鑽孔、除料、導角…等。加工特徵草圖非常少，只要了解指令原理並懂得按鈕操作，只要面對指令上面的文字和圖示即可學會。

A 直接加工特徵

旋轉、 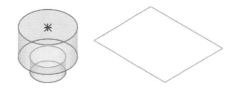 （圓形加工）與除料（多邊形加工，例如：矩形、非圓形）。

B 間接加工特徵

導圓角（加工自然形成的圓角）、拔模（改變外型）。

C 不支援曲面

鑽孔不支援曲面，因為鑽孔有深度。

> ⊗ 模型重新計算錯誤
> 此結束面無法終止拉伸的特徵。

9-0-4 鑽孔術語

介紹鑽孔的共同名詞：1. 盲孔、2. 貫穿孔、3. 孔口導角，下圖左。

A 盲孔（Blind Hole）

有深度的孔，因為看不到對面，又有人說非貫穿或看不見深度的孔。

B 貫穿孔（Through Hole）

沒深度的孔、通孔、穿透孔，將工件拿起來對著燈，可看到燈光。

C 孔口導角

在孔的圓邊線導角又稱去毛邊，避免尖角刮傷手或好組裝。

D 孔位/孔距

孔位=鑽孔位置、孔距=2 孔之間距離。

9-0-5 鑽孔規格：顯示自訂大小

提供自行設定的便利性，常用在：1. 查看目前鑽孔大小、2. 自行修改鑽孔大小。預設大小可由資料庫進行，就不必人工輸入，適合導入段，下圖右。

A ☑顯示自訂大小

自行修改參數後，欄位底部為黃色醒目顯示。

B ☐顯示自訂大小（預設）

減少欄位顯示，被自訂的大小還會被保留呦。

C 回復預設值

將自訂數據回到預設值，當變更系統預設值，才會顯示這指令，點選後看到欄位底色由黃色→白色。切換大小也可回到預設，例如：Ø10 自訂大小，切換到 Ø8 就是預設值。

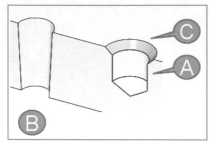
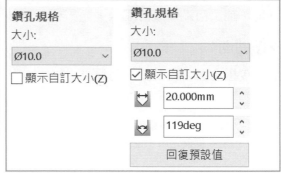

9-0-6 保留與重設大小視窗

使用自訂大小後，切換上方**鑽孔類型**會出現：目前鑽孔類型已套用自訂大小視窗。

A 保留自訂大小

避免重新更改相同數值，減少輸入時間，例如：M10 柱孔深度 15→改錐孔，錐孔 M10 深度 15，這部分可以減少重複作業。

B 重回預設

M10 柱孔→改錐孔，回到錐孔預設 M1.6。

9-0-7 特徵名稱

完成指令後，特徵名稱會依所選的鑽孔類型命名也可自行定義，這是目視管理。

A 關聯大小

完成指令後，編輯特徵更改類型或大小，會自行變換特徵名稱，例如：M14 螺紋孔，編輯特徵為 M10，特徵管理員會出現 M10 螺紋孔，下圖右。

B 自行定義名稱，斷開關聯

對特徵命名或增加符號會斷開系統連結。常遇到自行編輯特徵更改孔大小，造成特徵名稱不是實際大小，例如：特徵管理員 M10 柱孔實際上為 M12 柱孔，內心會很@#$@的。

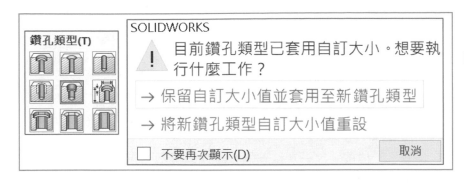

→ M14 螺紋孔

→ M10 螺紋孔

9-1 指令位置與介面

在平面或曲面鑽孔，先學習平面比較單純，感受指令作業方式並認識特徵管理員結構。

9-1-1 指令位置

有 2 個地方進入指令：1. 特徵工具列→◎、2. 插入→特徵→◎。

9-1-2 介面項目

指令項目分 6 大階段下：1. 最愛、2. 鑽孔類型、3. 鑽孔規格、4. 終止型態、5. 選項、6. 公差精度。比較常用 2-5，6. 公差精度在工程圖說明過，不贅述。

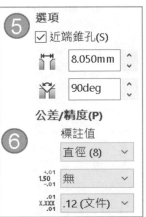

9-1-3 先睹為快

7 個步驟完整解說，第 1 次執行感覺比較久，等你指令熟練後，時間會花在 1. 鑽孔規格、2. 終止型態，這些使用率最高。由於這是練習，不用定義鑽孔位置來節省時間。

A 先選條件再選指令

1. 點選模型面→2. 🖼，問題會少很多，否則要解釋和多步驟。

B 資料庫等待

由於🖼是資料庫會有 1-2 秒等待時間，搭配 Windows10＋SSD，有飛快感受。

步驟 1 上方 2 大標籤（1.先位置→2.類型）

會發現 2 標籤：1. 類型、2. 位置，第一次遇到指令要切換標籤，指令過程有等你完成的無形壓力。現今角度應該 1. 先位置→2. 類型比較順手。

步驟 2 點選位置標籤

目前為草圖環境且**草圖點**為啟用狀態，游標點選模型邊線放置鑽孔（可見鑽孔剖面），多個點=多個鑽孔，到時變更鑽孔規格可動態預覽知道有沒有選錯。

步驟 3 點選類型標籤

回到鑽孔類型，除非很有把握，從頭到尾都知道這是你要的，就不用步驟 2。

步驟 4 鑽孔類型：柱孔🖼

步驟 5 標準：ISO

由清單切換國家標準，最常用英制 ANSI、公制 ISO。

步驟 6 鑽孔規格：大小 M10

步驟 7 終止型態：設定小孔完全貫穿

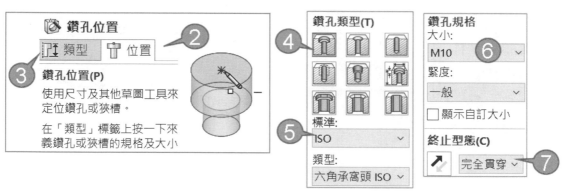

9-1-4 查看完成的特徵結構

於特徵管理員查看指令，特徵名稱會以鑽孔類型+鑽孔規格。展開特徵得知由 2 個草圖完成：1. 位置、2. 形狀，由形狀草圖得知以旋轉斷面而成，下圖左。

A 修改位置草圖

由於它有 2 個草圖，分別編輯可以看到位置草圖的點。

B 修改形狀草圖

　　修改形狀草圖的尺寸，常用在指令沒有的大小尺寸。但不能刪除草圖自己加圖元，否則異型孔精靈會找不到尺寸關聯性，必須重新製作，下圖右。

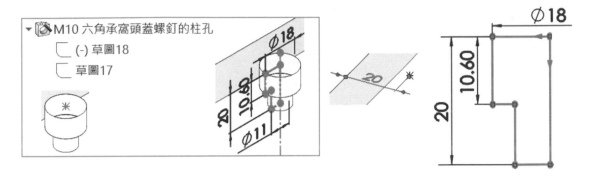

9-1-5 異型孔精靈設定

　　系統選項有專為異型孔精靈優化的設定，例如：異型孔精靈/ToolBox→組態，有異型孔精靈設定，下圖左。

9-2 類型與位置

　　進入指令最先看到 2 大標籤：1. 類型、2. 位置，下圖右。建議 1. 先位置標籤→2. 再切回類型標籤，由位置得到鑽孔預覽後，回到類型才知道孔類型、大小或深度適不適合。

　　剛開始不習慣指令用法，特別是鑽孔位置，先完成指令再說。

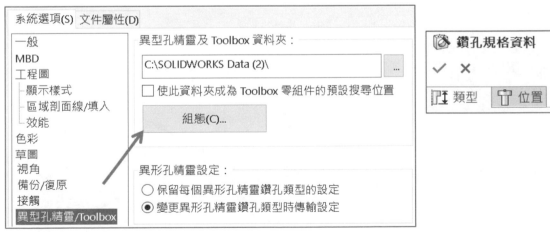

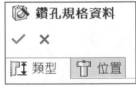

9-2-1 類型標籤

　　設定各種鑽孔類型、國家標準、類型、規格、深度…等。

A ESC 退出指令

在類型環境中按 ESC 會退出指令造成困擾，應該是快按 2 下 ESC 退出指令才對。

B 執行速度

切換鑽孔類型或規格會不會延遲 3 秒以上，原則上不會。如果嚴重延遲和電腦太舊或電腦程式太多，常用 2 種方式解決，本節適合進階者。

B1 異型孔精靈規劃

把不要用的規格拿掉。

B2 不要預覽

到位置標籤把草圖點刪除，不要成形預覽。

9-2-2 位置標籤（先放置再定位）

進入草圖環境定義鑽孔位置。草圖點為啟用狀態，使用尺寸或限制條件定義孔位。位置標籤=草圖環境，會習慣草圖 ESC 只是取消圖元或草圖工具指令。

早期版本在位置標籤按 ESC 會退出指令令人感到厭煩，現在不會了。

A 點數量

點控制鑽孔數量，例如：2 個點就是 2 個鑽孔。一開始會不習慣這裡操作，只要靜下心面對它是草圖環境即可。

B 預覽

這是重點了，大家喜歡看成形過程，可見鑽孔類型、大小和深度預覽。對進階者或感受到指令過程效能變差，會在這把草圖點先刪除→回到類型標籤。

C 草圖矩形

常遇到矩形▢過程☑加入建構直線或中點線，指令特性會自動加入中心點，就會多一個孔，例如：中心矩形角落只要 4 個鑽孔，沒想到會出現 5 個孔，下圖右。

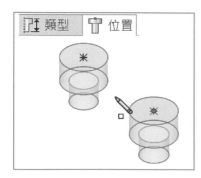

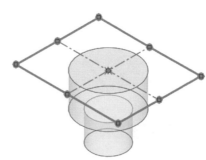

9-2-3 指令選擇順序：先點模型面→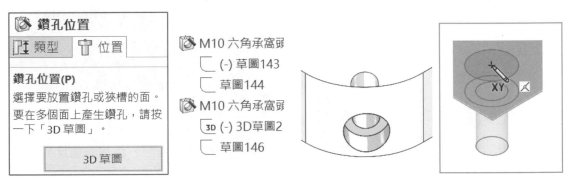

本節好好說明 1. 先選面→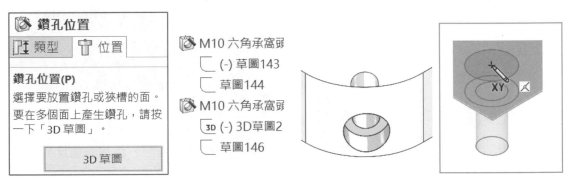，還是 2. 先選→再選面的差異。先選條件再選指令，操作問題和步驟比較少，適用初學者，於位置標籤中會見到鑽孔預覽。

A 強制先選鑽孔面

2010 以前進入指令前要先選鑽孔面，只為了讓草圖點在平面上，後來版本可以先選→再選模型面。

9-2-4 指令選擇順序之 3D 草圖應用（先點指令→點模型面）

先選→再選模型面，指令會出現 3D 草圖按鈕。

A 平面的 2D 草圖

不要理會下方 3D 草圖按鈕，1. 點選模型面→2. 放置草圖點可見鑽孔預覽，完成後於特徵管理員會見到 2D 草圖。

B 曲面的 3D 草圖

點選圓柱面也會出現鑽孔預覽，完成後於特徵管理員會見到 3D 草圖。

C 點選 3D 草圖按鈕

無論鑽孔放在平面或都是 3D 草圖，於特徵管理員會見到 3D 草圖，下圖右。平面鑽孔不建議以 3D 草圖呈現，因為 3D 草圖不好控制，指令沒 2D 草圖多，並且 3D 草圖無法改為 2D 草圖，反之亦然。

9-3 最愛（Favorite）

最愛又稱樣式（Style），蒐集常用鑽孔類型及規格，儲存於最愛清單和外部檔案 *.SLDHWSTL 成為資料庫是模組化議題。

A 最愛的由來

早期稱最愛還記得 IE 瀏覽器可以把喜歡的網頁加到我的最愛，後來演變為樣式，還有部分指令還以最愛稱呼，這部分 SW 未統一。

本節不適合一開始講解，只是最愛擺在指令上頭。

B 導入時機

👀操作由上到下點選步驟很多很花時間也沒技術性，這時就是導入最愛項目的時候，本節學習相當容易，適用進階者。

如果每次異型孔精靈都設定這些，因為步驟太多會做死掉，必定經常輸入錯誤，就把這接記錄成為最愛清單，用切換的即可。

C 鑽孔記錄

收集公司常用的鑽孔會發現就是那幾樣，有邏輯脈絡依循把它記錄下來後：1. 建立鑽孔→2. 新增最愛、3. 儲存最愛，由其他人引用。

D 導入建議

一開始先製作每種鑽孔類型的相同大小，鑽孔深度皆為完全貫穿，例如：M10 柱孔、錐孔、Ø10 直孔、M10 牙孔、PT1/8 管牙...等。

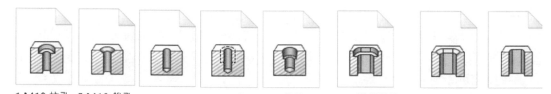

1 M10 柱孔. 2 M10 錐孔. 　3 Ø10 　4 M10 攻牙. 5 1/8管牙 6 M10 狹槽柱孔 7 M10 狹槽錐孔 8 Ø10 狹槽

E 支援度

最愛不支援舊制孔。

9-3-0 先睹為快

本節練習 M8 柱孔的最愛製作，學會以後切換清單來改，成為另一個最愛會比較快。

步驟 1 先製作 M10 柱孔，深度 20

步驟 2 新增🏠

會見到檔名如同特徵名稱→↵，下圖左。

步驟 3 ↵確定並離開異型孔精靈

步驟 4 應用最愛

產生新的異型孔精靈，1. 點選柱孔📇→最愛清單切換 M10.... 柱孔→↵，是否覺得愜意，這感覺就是效益。

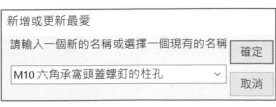
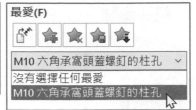

9-3-1 套用預設/無 ☞

重回預設，適合設定壞掉或自行重新設定。這不常用，通常自行修改，除非有很多設定要改，乾脆重來。

9-3-2 新增或更新最愛（Add/Update）☆

將鑽孔產生樣式或將舊樣式更新，本節製作 M10 直螺絲攻，深度 15。

步驟 1 定義鑽孔規格

1. 點選直螺絲攻▥→2. ISO→3. M10→4. 給定深度→5. 牙深 15，下圖左。

步驟 2 新增☆

於視窗輸入 M10 攻牙或公司統一名稱，下圖右。

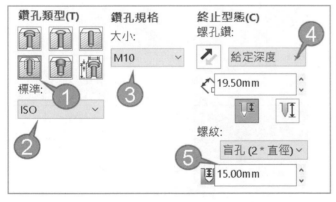
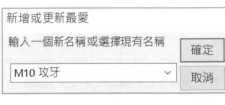

9-3-3 套用最愛

點選要的鑽孔類型，由清單套用已經建立好的最愛。

步驟 1 ▧→鑽孔類型

選擇直螺絲攻▥。

步驟 2 清單切換 M10 攻牙

查看下方的設定皆符合先前製作的 M10。

A 僅適用同一鑽孔類型

不同的鑽孔類型無法套用，例如：柱孔🔩無法套用直螺絲攻🔩。

9-3-4 儲存最愛📁

儲存樣式，將先前建立好樣式儲存*. SLDHWSTL，讓其他人也可以使用，檔名無法 2 行，檔案命名為數字+文字的組合。

M10 六角承窩頭蓋螺釘的柱孔.sldhwstl

M10 攻牙.sldhwstl

9-3-5 載入最愛（Load）⭐

指定路徑載入先前製作最愛。

9-3-6 檔案位置

1. 選項→2. 檔案位置→3. 異型孔精靈最愛資料庫。

9-4 鑽孔類型大分類

由鑽孔類型得知支援 9 種鑽孔（Drill）類型，常用 3 種形式：1. 攻牙（M10）、2. 不攻牙（Ø10）、3. 推拔（管牙），習慣上由上到下 Z 自行查看就懂了。

9-4-1 柱孔（Counterbore）🔩

柱孔俗稱沉頭孔又稱大小孔，與有頭螺絲搭配，例如：外六角或內六角螺絲，下圖左。

9-4-2 錐孔（Countersink）🔩

俗稱沙拉頭，常用在有導角的有頭螺絲裝配，例如：皿頭（盤形）螺絲，下圖中。

9-4-3 直孔（Hole）🔩

直孔用途最廣，常與直螺絲攻搭配，下圖右。

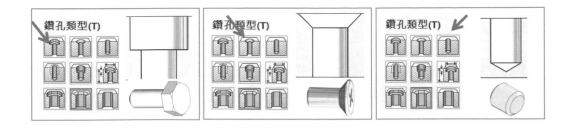

9-4-4 直螺絲攻（Straight Tap，又稱直牙）

鑽孔後再攻牙，用在 2 件固鎖搭配，一直鎖到底不會停止，下圖左。

9-4-5 斜形螺絲攻（Tapered Tap，又稱斜牙）

常用在管牙英制居多，鎖到接近一半距離會開始變緊，例如：PT 1/8，下圖中。

9-4-6 舊制孔（Legacy Hole）

用來編輯 2000 以前產生的鑽孔，常用來製作 1. 平底鑽孔或 2. 推拔孔，下圖右。

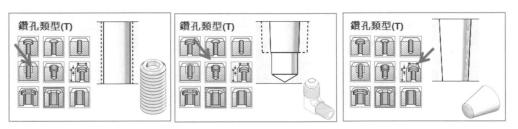

9-4-7 柱孔狹槽（Counterbore Slot）

有頭螺絲孔，由現場組裝人員決定固鎖位置或機動調整配合件，下圖左。

9-4-8 錐孔狹槽（Countersink Slot）

承上節，帶導角的狹槽，下圖中。

9-4-9 狹槽（Slot）

一般狹槽機構滑動後現配組裝，下圖右。

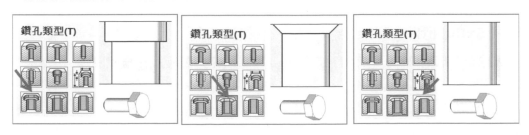

9-5 鑽孔類型-標準

先選國家標準，清單分 2 大部分：1. 前半部為國家標準、2. 後半部為 SW 配合的供應商。課堂簡單介紹國家標準代號，常用：1. ANSI INCH、2. ISO、3. GB、4. JIS，下圖左。

9-5-1 國家標準

支援 10 項國家標準：1. Ansi Inch、2. Ansi Metric、3. AS、4. BSI、5. DIN、6. GB、7. IS、8. ISO、9. JIS、10. KS。

但有些 8 大工業國組織（G8）沒包含：1. NSS（加拿大）、2. NF（法國）、3. DIN（德國）、4. UNI（義大利）、5. JIS（日本）、6. BSI（英國）、7. ANSI（美國）、8. GOST（俄羅斯）。

A CNS（Chinese National Standards）

中國國家標準，不在標準中可選擇 ISO，因為 CNS 是從 ISO 參考過來。

B 常用英制、公制

常用 1. 英制 Ansi Inch、2. 公制 ISO，以下大小也會分別顯示英制或公制。Ansi Inch 大小會以分數或小數，例如：1/4，而設定 ISO 就會以 Ø20，下圖中。

C Ansi Inch（American National Standards Institute，Inch）

美國工業標準，英制。

D Ansi Metric

美國工業標準公制，下圖右。

E AS（Standards Australia）

澳洲標準，成立 1922 年為非官方組織，獨立運作與政府沒有直接關係，下圖左。

F BSI（British Standards Institute）

　英國國家標準，1901 年成立，世界最早成立的國家標準機構，唯一被 ISO 委託進行標準研發與制定的驗證機構。

G DIN（sche Industrie Normung）

　德國標準學會 1975 年成立，常被誤解為德國工業標準，只要由德國標準學制定的標準，標準號前面會加 DIN 識別，表示不是德國工業標準。

H GB（Guó Biāo）

　中華人民共和國標準（簡稱國標），由國際標準組織和國際電工委員會代表中國發布。以國家標準號碼開頭看出區分：1. 強制國家標準：GB、2. 推薦國家標準：GB/T、3. 指導性技術文件：GB/Z。

I IS（Bureau of Indian Standards）

　印度標準局（又稱 BIS），由 1986 年印度標準法案局成立，前身為印度標準協會（ISI）。

J ISO（International Organization for Standardization）

　國際標準組織 1947 年成立，總部在瑞士日內瓦，制定全球工商業國際標準的機構。

K JIS（Japanese Industrial Standards）

　日本工業標準，由日本工業標準調查會（JISC）組織制定和審議，該組織為官方機構，例如：產品標準、測試方法標準、基礎符號標準…等。

L KS（Korean Industrial Standards）

　韓國工業標準，韓國標準局制訂，標準協會發布。

9-5-2 供應商

套用與 SW 合作的標準件供應商，讓規格更直覺對應。

A PEM Inch、Metric

PennEngineering 公司推出的專門製作扣件、模具配件，www.pemnet.com。

B DME

模具系統設計與配件供應商，www.dme.net。

C Hasco Metric

模具系統設計與配件供應商，www.hasco.com。

D PCS

模具供應商，www.pcs-company.com。

E Progressive

3DQuickPress 模具供應商，www.3dquicktools.com。

F Superior

模具供應商，www.supdie.com。

G Helicoil、Inch/Metric

螺紋護套（牙套）提升螺紋結合強度及修補潰牙等功能，www.boellhoff.com。

9-6 柱孔-鑽孔類型

本節說明鑽孔類型中的柱孔🔩，適用有頭螺絲，以 ISO 標準從上到下分別說明：1. 鑽孔類型、2. 鑽孔規格、3. 終止型態、4. 選項。

A 簡單學習，不再疑惑

第一次面對會覺得很多項目，這些項目可套用其他鑽孔類型，到時學習其他類型時，只要說明不同處就可以全部學會。

B 快速看出大小

指令使用過程：1. 設定鑽孔規格的大小、2. ☑**顯示自訂大小**，上下鍵快速切換清單由預覽看出大小變化。

C 柱孔、錐孔用途與標示

為達到螺絲安裝後表面平整，使螺絲頭在工件下，下圖左。柱孔標示 M10，下圖右。

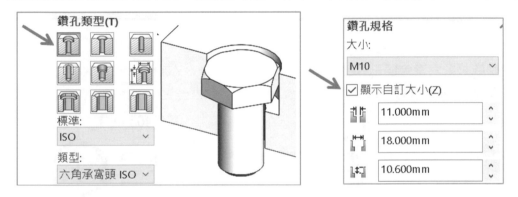

9-6-1 類型（預設六角承窩頭）

由清單切換鑽孔給哪種螺絲使用，實際上不太會有人使用，因為多 1 個步驟，例如：想要給十字螺絲使用，就切換到 5. 有槽平頂圓頭。

設定標準 ISO 或 ANSI Inch，下方類型清單不同，會發現 ANSI 種類比較多，下圖左。

A 面對它們認識它們知道就好

本節好好面對，到時見到這些項目不會再疑惑，也更放心跳過這段不設定。

B 小孔直徑=共通性

切換過程只有小孔直徑會變化，因為螺絲只有頭型不同，鑽孔基本上相同，廣義的說 MX=ØX，例如:M8 量測約 Ø8，設計會以 Ø8 孔為基準考量，這裡就設定 M8。

C 常見的螺絲類型

1. 六角承窩頭		2. 六角螺栓	
內六角螺絲或止付螺絲。		外六角螺絲，螺紋端平的。	
3. 六角螺釘	4. 十字內隙盤頭		5. 有槽平頂圓頭
有頭螺絲，螺釘端尖	十字螺絲。		1字螺絲。

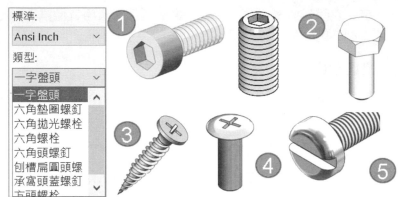

D 等級

在螺絲類型右邊會顯示等級，例如：六角螺栓 C ISO 4016。C=Class，ISO 4016 定義等級 C 的 M5－M64 規範，資料來源：www.bossard.com/eshop/tw-zh-tw/screws。

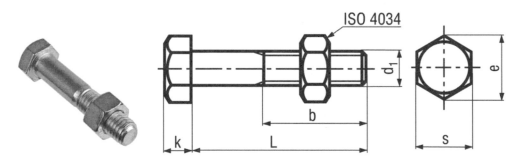

9-7 柱孔-鑽孔規格

設定柱孔 1. 大小、2. 緊度、3. 顯示自訂大小，下圖左。

9-7-1 柱孔大小（預設 M1.6）

由清單選擇柱孔大小，清單越下方規格越大，常問同學會用這麼大嗎？下一階段就要拿掉用不到規格，讓清單不要這麼長，例如：只要保留 M3 到 M20 即可，下圖中。

A 保留上一個設定

雖然預設 M1.6，這次設定 M10，下回就會保留 M10 的設定，好用吧。

B ISO

選擇公制的柱孔大小，標示為 M 開頭的大小，例如：M10，Metric=公制，例如：設定 M10 給 M10 有頭的螺絲用，例如：M10 外六角螺絲使用。

C M10 有沒有攻牙

常問同學 M10 有沒有攻牙？M10 沒有攻牙，有攻牙在模型或在圖面上會有裝飾螺紋線。常遇到初學者 M10 和 Ø10 分不清楚，在圖面上認為都是鑽孔，分不出孔和牙孔。

D ANSI Inch

清單選擇英制的柱孔大小，常用 1/4、1/8。上方類型會影響大小清單，例如：一字盤頭或六角螺栓清單就不同，設定六角螺栓會得到比較常見的大小項目，下圖右。

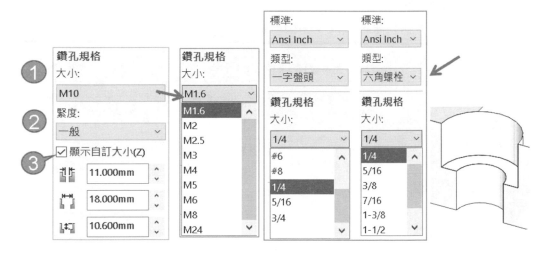

E 一字盤頭的大小清單

由清單上方可以見到#0～#10=英制大小，這部分比較少人用，要查表。

大小	貫穿孔直徑	柱孔直徑	柱孔深度	大小	貫穿孔直徑	柱孔直徑	柱孔深度
#0	0.07	0.14	0.04	#5	0.14	0.28	0.09
#1	0.08	0.17	0.05	#6	0.15	0.3	0.08
#2	0.09	0.19	0.06	#8	0.18	0.36	0.12

9-7-2 緊度（預設一般）

選擇孔與配合件的鬆緊度。由清單選擇：1. 緊密、2. 一般、3. 鬆動，下圖左。配合☑ **顯示自訂大小**，看出切換清單只有小孔變化，下圖中（箭頭所示）。

A 實務很少設定緊度

因為步驟多不容易落實，牽涉到圖面標示統一和模組化，☑顯示自訂大小，自行修改。

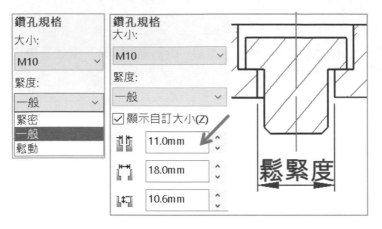

鬆緊度	1	2	3
	緊密	一般	鬆動
小孔尺寸	10.5	11	12

B 異型孔精靈資料庫

不過還是可以進入資料庫規劃這 3 大項參數，讓設計品質提升。

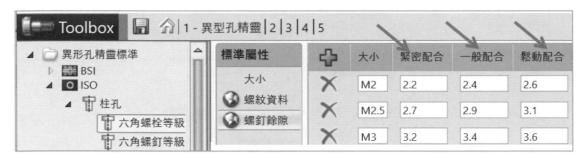

9-7-3 顯示自訂大小

顯示或更改柱孔尺寸，常問同學：先鑽小孔還是大孔？小孔比較好鑽可先定位，不傷刀具…等。除非對孔尺寸有特別要求或很懂的人，否則不會自訂大小，但實務上要設定。

A 貫穿孔直徑

俗稱小孔直徑，很多公司會+0.5 或+0.2 習慣，例如：M10 螺絲，小孔直徑=∅10.5。螺絲規格+0.5 比較好記成為業界約定成俗習慣，有些公司+0.2，這時就問為何要這樣。

	優點	缺點
小孔直徑 比較小	1. 組裝過程孔對得比較準 2. 美觀（長輩很重視這） 螺絲放在孔內，會它們的外觀，整理看起來就很漂亮。	組裝會耗一點時間對孔

B 柱孔直徑

設定螺絲頭直徑，又稱大孔直徑會比 15 還大（Ø10X1.5=15）。

C 柱孔深度

設定螺絲頭深度，又稱大孔深度，會比 10 多一點（M10=10）。

D 底端角度

更改鑽頭前端角度，預設也是標準角 118 度，適用終止型態：給定深度，下圖右 E。

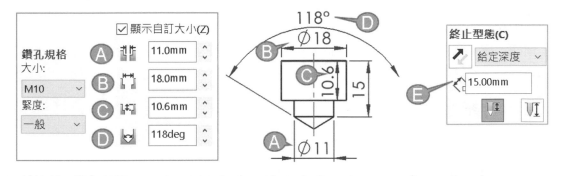

E 螺絲大小觀念

有頭螺絲 3 個重點尺寸：1. 小孔直徑、2. 大孔直徑、3. 大孔深、4. 長度，這數值有基本公式，不過長度不可控，所以不會納入關係式。

變數名稱	公式	圖形
1. 螺絲大小：M	公式 1	
2. 螺絲長：L	H=M	
3. 頭高：H	公式 2	
4. 頭直徑：D	D=1.5M	

F 柱孔標註 2 大手法：1.詳細、2.簡易

柱孔不太自訂大小，因為很多步驟，標註 M8 柱孔加工廠就知道怎麼做了，廠商會用成型刀 1 次鑽孔，不必特別標註柱孔所有尺寸，反而會以為特殊需求。換句話說，不用成型刀就要用 2 種刀具要換刀，資料來源：蘇氏精密 zh-tw.suspt.com.tw。

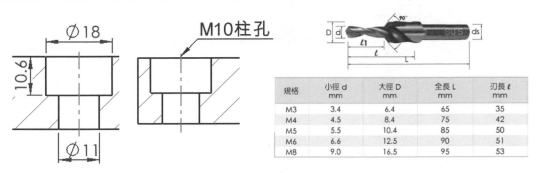

規格	小徑 d mm	大徑 D mm	全長 L mm	刃長 ℓ mm
M3	3.4	6.4	65	35
M4	4.5	8.4	75	42
M5	5.5	10.4	85	50
M6	6.6	12.5	90	51
M8	9.0	16.5	95	53

9-8 柱孔-終止型態

說明小孔除料深度位置，這些和⊚相同並體會學習連結性，有些項目與⊚相同，不贅述。

9-8-1 給定深度

輸入深度尺寸並選擇深度位置：1. 深度達凸肩、2. 深度達頂端（2020 新增）。希望 SW 把名詞改為鑽孔深就好，太落落長且拗口。

Ａ 反轉方向

理論上鑽孔方向與鑽孔面垂直，改變鑽孔方向適用在多本體控制鑽孔方向。

Ｂ 深度達凸肩

深度為鑽孔起始面至肩線處。

Ｃ 深度達頂端

深度為鑽孔起始面至鑽頭尖點，這是理想值，常用在判斷模型是否會被鑽破，例如：管路是否通孔，或加工深度無法指定到頂端，標示常用在參考尺寸。

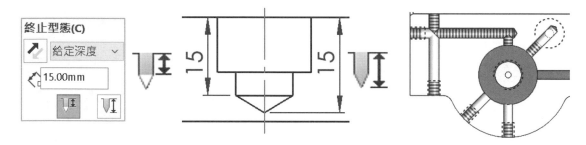

9-8-2 成形至某一面、至某面平移處

鑽孔深度計算到指定面，並搭配深度位置選項。指定模型面+回彈距離為鑽孔深度。

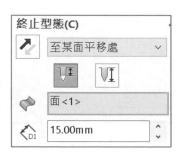

9-9 柱孔-選項

本節說明柱孔細節，常用在孔口導角，☑啟用它們可見控制參數，本節實務上可做可不做，指令作業不是做好做滿。

A 孔口導角

本節有很多孔口導角，不用再加第 2 導角特徵。好處：1. 可防止割傷、2. 讓螺絲組裝過程有引導效果好組裝。建議不要在鑽孔上加導角，只要在工程圖註記加註，孔口導角。

9-9-1 頭端餘隙（適用柱孔、錐孔）

設定大孔再加的深度，系統以數學關係式進行，例如：柱孔頭深 10，頭端餘隙 1，總深度=11，下圖右。孔深比螺絲頭高，維持組裝平面性，機構動作過程不會撞到。

A 不要更改基準

M10 的柱孔深 10，如果需要深度 11，不能更改柱孔深度呦。

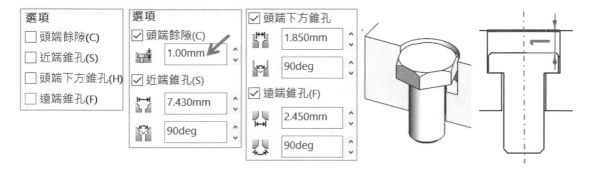

9-9-2 近端錐孔

離加工最近的面=近端=大孔上導角，下圖 A。設定大孔直徑與總角度，本節不直覺要計算直徑，例如：∅10 要孔口導角 C1，要設定近端錐孔 ∅12（10+1+1），90 度。

9-9-3 遠端下方錐孔

設定小孔上導角距離與角度，下圖 B。

9-9-4 遠端錐孔（適用完全貫穿）

設定小孔下導角距離與角度，下圖 C。

9-9-5 孔口不導角

建議不要在模型上導角（浪費時間），且工程圖不容易看出實際的孔邊線，只要在工程圖註明**孔口導角即可**，下圖右。

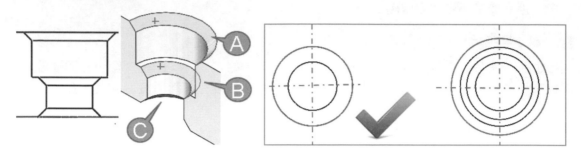

9-10 錐孔

說明鑽孔類型中的錐孔，錐孔和柱孔外型差別：上端為盤型，其餘皆相同，絕大部分設定與柱孔相同，本節僅說明不同處，重點在選項。

9-10-1 鑽孔類型

設定 ISO 或 ANSI 類型也會有差異，下圖左。

9-10-2 鑽孔規格，顯示自訂大小

錐孔和柱孔很像，差別在錐孔直徑和角度。可能不習慣錐孔直徑和角度，除非刻意需要否則不會設定，下圖右。

A 貫穿孔直徑

小孔直徑。

B 錐孔直徑

設定螺絲頭直徑，又稱大孔直徑。

C 錐孔角度

設定錐孔上方角度，類似孔口導角，預設 90 度。

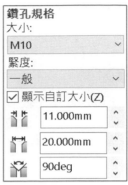

9-10-3 選項

由清單設定：1. 增加的錐孔、2. 增加的柱孔。平頭螺絲頭端有小段垂直面，並不是直接由角度收尾（箭頭所示），在這可將鑽孔增加一小段餘隙，使螺絲頭端低於表面。

A 增加的錐孔

增加錐孔直徑，錐孔 Ø10，頭端餘隙 1→Ø11（10+1），好加工，但外觀醜，因為螺絲組裝上去會見到 2 圈，老師父很重視修飾，這屬於組裝的外觀。

B 增加的柱孔

依目前錐孔直徑畫圓往下除料，例如：頭端餘隙 1，常用在鈑金，下圖右。

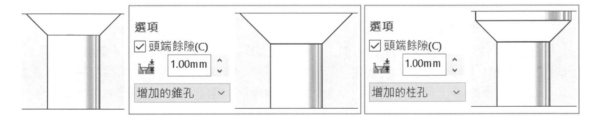

9-11 鑽孔

鑽孔俗稱直孔，又稱不攻牙（沒牙）的孔，例如：Ø10。本節重點在 1. 標準與 2. 類型，下圖左。由清單切換鑽孔特性，這部份很多人沒留意重要性。

9-11-1 標準與類型：ISO

最常用公制 ISO，由清單切換 4 種類型：1. 定位孔、2. 螺孔鑽、3. 螺釘餘隙、4. 螺孔尺寸。有些是加工製程和設計手段，很多工程師不明白這些意義在這出錯，下圖中。

A 定位孔與鑽孔規格

與定位銷配合的鑽孔，由大小清單切換 Ø 直徑並設定孔配合。

B 緊度

設定公差比較少人用也不習慣在這裡配公差，通常切換鑽孔大小就結束指令。由於它是預設第一項，定位孔成為常用的鑽孔項目，下圖右。

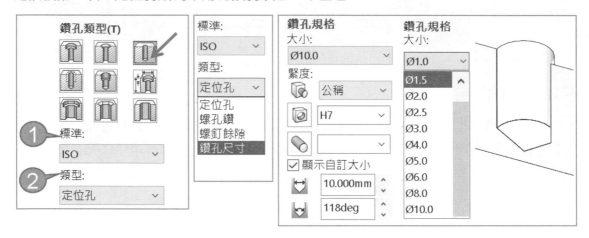

C 螺孔鑽

攻牙的第 1 鑽，只要設定攻牙大小，例如：M10，由☑自訂大小可見鑽孔為 Ø8.5。早期沒有定位孔的項目，預設就是螺孔鑽，以為 M10=Ø10 鑽孔，形成重大災難，下圖左。

C1 Ø8 和 M8 分不清楚

很多人要 Ø8 只看到有 8 就好，加工回來卻是 Ø8.5。很多老闆在問，難道工程師 Ø8 和 M8 分不清楚，卻會使用 SW 把圖畫出來。這已是常態，因為沒規定要相關科系和正規教育才可使用 SW 或當工程師。長久以來業界對口頭承諾的製圖專長被瓦解，求才須具備：1. 相關科系、2. 工作經驗，職訓中心來成近年為熱門的訓練管道。

D 螺釘餘隙（M、Ø 分不清楚）

定義螺絲裝配的大小，孔會比要裝配的螺絲還大，類似柱孔的貫穿孔直徑，例如：設定 M10，由自訂大小得知 Ø10 鑽孔，這部分也造成很多人 M、Ø 分不清楚，下圖中。

E 螺孔尺寸（正規）

Ø 孔正規設定，希望這項目與定位銷對調擺在第一位，否則很少人會這麼功夫切到最後項目。可由異型孔精靈資料庫只留鑽孔尺寸項目，大量節省操作時間，下圖右。

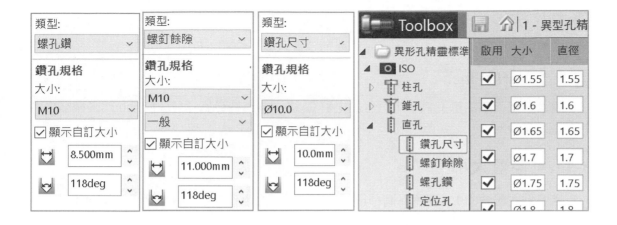

9-11-2 標準與類型：ANSI Inch

本節簡單常見的英制鑽孔，例如：分數 0.25in 或分數 1/8（1 分）。常遇到 2D 轉 3D，紙本上有英制鑽孔就要用本節項目。ANSI 種類比較多且包含 ISO 類型，下圖左。

A Helicoil（預設）

為德國 BOLLOHOFF 公司生產的固鎖系列產品，例如：螺紋護套、螺絲、手工具…等。☑顯示顯示自訂大小，可見所選擇的英制小數，下圖中。

其中 3/9-16、3/9-24，每英寸牙距 16 牙（細牙）或 24 牙（粗牙）。

B 分數式的鑽孔尺寸（建議）

推薦各位使用這項目，除了看出分數式和小數。於鑽孔規格中☑顯示小數值、☑顯示自訂大小，例如：1/8 旁邊可顯示小數，下圖右（箭頭所示）。

 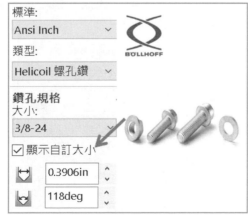 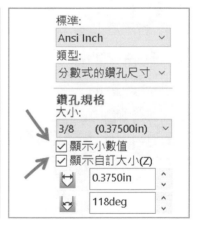

9-11-3 鑽孔規格

定義鑽孔大小和☑顯示自定大小。

A 大小：ISO

清單選擇公制的鑽孔大小，公制鑽孔前方會有 Ø，例如：Ø10。

B 大小：ANSI Inch

清單選擇英制的鑽孔大小，有些為小數 0.15in、有些分數 1/4、#3-56 代表編號 3 大小，每英寸幾牙。

9-11-4 自訂大小

常遇到同學要 Ø0.1 鑽孔，清單卻沒有，到自訂大小作業即可。輸入：1. 貫穿孔直徑、2. 底端角度，通常輸入直徑就好了，角度沒在輸入。

A 貫穿孔直徑

輸入鑽孔直徑，也可臨時改單位或英制的分母式大小，例如：0.25in、0.25"、1/8"…等，這部分說明和修改視窗一模一樣。

B 底端角度

設定鑽頭導角，常見 118 度，要改為銑床鑽頭可改為 180 度，沒想到可以這樣。113 度的鑽頭頂角壽命最長，切削穩定。大於 113 度時，切屑過程容易折斷，小於 113 度，減少切穴產生的毛刺。實務上，硬質合金頂角為 140 度。

9-12 直螺絲攻

直螺絲攻又稱有牙的鑽孔、螺紋孔、牙孔，與有螺紋的螺絲鎖緊配合。本節設定是連動的，特別是 1. 牙深、2. 鑽孔深，常犯輸入的錯誤。

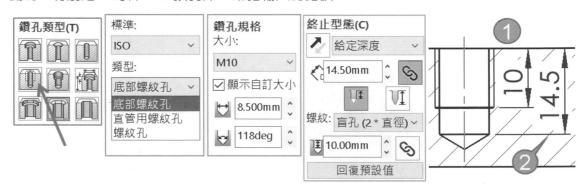

9-12-1 鑽孔類型

由清單切換 3 種類型區別鑽孔深度，深度和攻牙刀具的頭端有關，鑽孔深會比牙還深，方便加工，實際上除非要導入製程管理，否則預設的就好。

A 有效牙

本節和實務的有效牙有關，例如：M8X12 深，代表需要牙深 10，通常不會標註剛剛好，避免加工沒有達到有效牙深。

B 螺紋深度固定 10 與鑽孔深度變化

表格說明牙深 10 與鑽孔深度變化進行比較。

類型	A 底部螺紋孔 Buttom Tape	B 管用螺紋孔 Taper Tape	C 螺紋孔 Plug Tape
1 鑽孔深度	14.5	12.7	17.5
2 牙數	多牙（有效牙）	比較少牙	比少牙
3 螺絲攻	又稱人工攻牙第 3 攻	又稱人工攻牙第 2 攻	又稱人工攻牙第 1 攻

C 三大類型與鑽孔規格差異：ISO

分別說明 ISO 與 ANSI Inch 英制螺絲攻的大小清單差異，常用**底部螺紋孔**，本節適合進階者。

切換到 1. **底部螺紋孔**和 2. **螺紋孔**呈現的大小清單相同，切換到 3. **直管用螺紋孔**前方以 G 代表公制管用螺紋，例如：G1/4，下圖左。

D 三大類型與鑽孔規格差異：ANSI

直管用螺紋孔，呈現英制的管用螺紋，例如：1/4 NPSM 比較不一樣，NPSM（美國直管機械螺牙），下圖右。

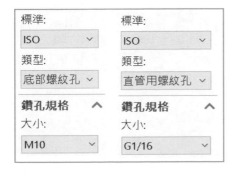

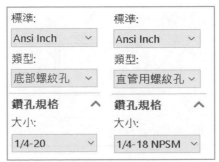

9-12-2 鑽孔規格

進行攻牙的鑽孔大小設定，本節使用率很高。先了解攻牙 2 道工序：1. 小孔鑽、2. 使用螺絲攻攻牙。常遇到鑽孔和攻牙分不清楚，要 Ø10 鑽孔，卻在這裡切換為 M10 牙孔。

A 大小：ISO

清單選擇公制的攻牙大小以 M（Metric），M10=裝飾螺紋線直徑 Ø10，下圖左。

A1 粗牙

粗牙又稱標準牙免標牙距，標 M10 即可（M10 粗牙牙距 1.5）。標註牙距視為特殊牙，未標示牙距=粗牙，例如：M10 有 3 種可選：M10、M10x1.0、M10x1.25，要選 M10。

看到牙距習慣會特別留意一下，見到標準牙距內心會吼，浪費看圖時間。

A2 細牙（特殊牙）

承上節，非標準的牙距常用在細牙，就是螺紋間距比較小。常遇到工程師 M10 會選擇 M10x1.0，因為比較近好選擇，甚至不知道清單粗牙和細牙差別。

這樣會造成誤解，其他工程師以為這孔比較特殊，找 M10x1.0 螺絲固鎖它，甚至造成連鎖反應，系統性災難。

A3 G(Guan)

管螺紋常用於 ISO 公制，例如：G1/8。

B 自訂大小

定義貫穿孔直徑（攻牙的小孔鑽），例如：M10=Ø8.5，下圖中。由此可知這是第 1 鑽，這部分很多人搞錯，在這裡特別輸入 10。實務不太這裡更改，工程圖只要標示 M10 廠商就會製作鑽孔和攻牙，鑽孔直徑由廠商決定。

C 大小：ANSI Inch

清單選擇英制的攻牙大小，可看分數式大小，不過沒有 1/8 大小，

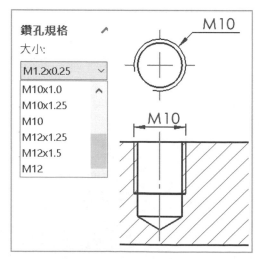
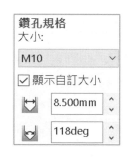

D 異型孔精靈資料庫

為了避免粗牙細牙規格選錯，以及清單過長不容易點選，進行異形孔精靈規劃。

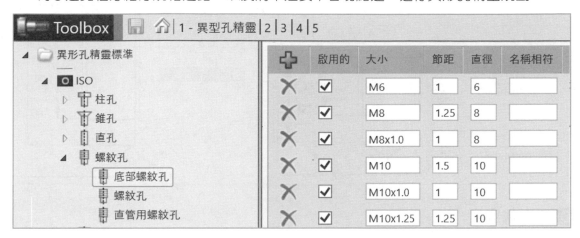

9-12-3 終止型態：給定深度

本節同步說明 1. 鑽孔深和 2. 螺紋（俗稱牙深），適用直螺絲攻▣、斜螺絲攻▣。項目順序與加工相同：先鑽孔→再攻牙，實務上直接輸入牙深完成指令，鑽孔深由系統配置。

A 鑽孔深

鑽孔深度會比螺紋多（通常比牙深多 0.5 倍的孔直徑）。指令過程不會設定鑽孔深，工程圖也不標註鑽孔深，因為浪費時間也造成廠商困擾，由廠商自行發揮即可。

B 自動計算深度 ◎

選擇鑽孔規格，系統能依大小不同，可自動計算鑽孔或牙深，這是鍊條◎啟用的功能。手動修改時，欄位底色會變為黃色並斷開連結。

C 鑽孔深與攻牙深

常遇到鑽孔深及牙深分不清楚，1. 鑽孔深輸入牙深、2. 牙深輸入為鑽孔深、3. 甚至刻意將鑽孔深=牙深相同尺寸。

9-12-4 終止型態：完全貫穿

鑽孔完全貫穿，牙深可以給定：1. 盲孔、2. 完全貫穿、3. 至下一面。

A 螺紋：盲孔（2*直徑）

深度=2 倍直徑，例如：M10 牙深=20，由清單看出螺紋預設深度為直徑的 2 倍距離。很多公司習慣未標牙深=2 倍螺紋大小來節省標註時間，下圖右。

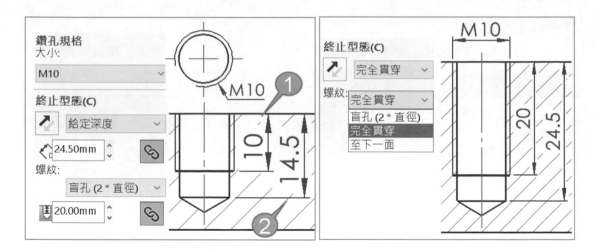

B 完全貫穿

螺紋與鑽孔相同將模型貫穿，未標深度代表貫穿，下圖左。

C 至下一面

系統自動計算由起始面開始，接觸的第一個平面，螺紋深度會停留在那一面，下圖中。

9-12-5 選項

直螺絲攻的選項設定：1. 螺紋鑽直徑、2. 裝飾螺紋線、3. 移除螺紋線，下圖右。

A 螺紋鑽直徑

只顯示鑽孔的直徑深度，沒有螺紋線呦，會讓人誤以為只是鑽孔不是牙孔。常用在大量牙孔就不能有螺紋線，否則電腦會很慢，近年來 SW 對螺紋線有很多改進。

B 裝飾螺紋線

完整顯示鑽孔及螺紋深度，推薦使用。

C 移除螺紋線（不適用完全貫穿）

將螺紋線以除料型式呈現，看起來就像柱孔。先前版本預設這項目形成災難，廠商以為要鑽 M10 柱孔，課堂要同學修改過來。

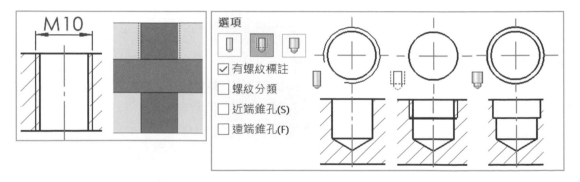

D 有螺紋標註

是否可以用註解，在非圓形視圖上標註螺紋線，適用工程圖。螺紋線上右鍵→插入標註，於鑽孔端以註解標註螺紋孔，早期只能利用尺寸標註螺紋線距離，下圖左。

E 螺紋分類

展開清單選擇內螺紋 3 種精度等級：1B、2B、3B，數字越大精度越高。一般機械不用太精密，選擇 2B 中間值。若是航太用，會選擇 3B 等級精度最高，下圖右。

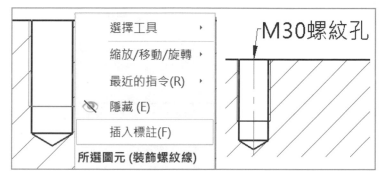
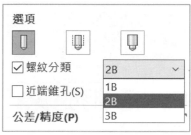

9-13 斜螺絲攻

斜螺絲攻俗稱管牙，進行斜型鑽孔與攻牙設定，顧名思義牙是斜的越鎖越緊，絕大部分設定和直螺絲攻相同，常用在英制管類、空壓接頭、水龍頭。

實務由成型刀完成，只要給規格和牙深廠商就能製作，例如：PT 1/8，牙深 10。本節選項與先前說明相同，不贅述。

A 不必在意鑽孔輪廓精準度

尺寸定義由異型孔精靈產生，小徑 Ø8.4，大徑 Ø9.6，拔模角 1.7 度，除非更深入設計，例如：2 孔之間是否通孔或綁定鑽孔規格或市購件，就必須了解製程、公式與規範。

9-13-1 標準與類型

無論定義何種標準，類型皆為推拔管用螺絲攻，下圖左。常見公制為 G1/8、英制為 PT1/8 或 NPT。無論標準為何大小清單皆為分母式（幾分）。接下來說明常見的管牙標示。

A NPT（National American Pipe Thread）

美國標準 60 度錐管螺紋，例如：NPT 1/8。

B PT（Pipe Thread）

55 度錐管螺紋，例如：PT1/8。

C R、Rc

ISO 外牙標示為 R1/8，內牙標示為 Rc1/8，R 與 Rc 皆為英制規格。

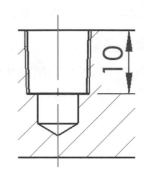

9-14 舊制孔

早期 SW 2000 鑽孔介面，常用來完成 3 類鑽孔：1. 有導頭（頭端尖的）、2. 無導頭（頭端平的）、3. 推拔孔（斜孔）。

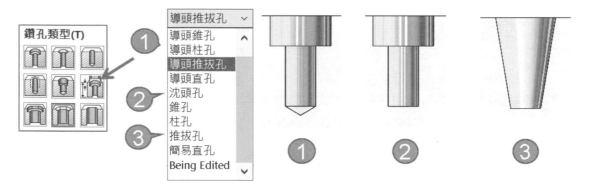

A 設定 5 種類型

1. 沈頭孔、2. 錐孔、3. 柱孔、4. 推拔孔、5. 直孔。早期 就是這樣功能陽春，為了維持先前建構的特徵可編輯性，所以到現在還在使用。

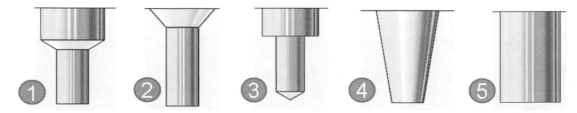

9-14-1 舊制孔類別

在清單上利用上下鍵快速查看 1. 有導頭、2. 無導頭、3. 推拔孔。

A 導頭

鑽孔尾端（鑽尾，俗稱鑽頭）有導角形狀，非貫穿孔才會出現，常為 112 度。必須符合刀具形式，例如：鑽頭加工才有導頭。

B 無導頭（Counter）

鑽孔尾端（俗稱鑽尾）為平面狀，適用非貫穿孔且符合刀具形式，例如：銑床的銑刀為平的就沒導頭。

C 推拔孔（Tapered Drill）

推拔孔是本節最有價值的孔，其他鑽孔建議使用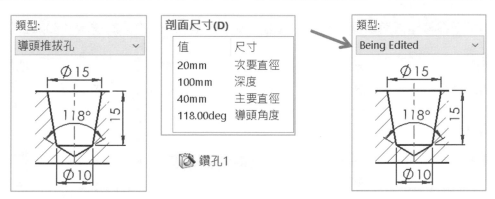。很多人為了要推拔孔會用，沒想到這裡可以完成。由於需要：1. 要畫草圖、2. 要定義基準面，所以就不建議用。

9-14-2 剖面尺寸

配合上方預覽並更改參數，於縮圖和面尺寸對照來輸入要的大小。例如：推拔孔有 4 個尺寸快點 2 下更改參數，次要直徑 20、深度 10、主要直徑 40，下圖左。

A 查看特徵結構

於特徵管理員可見特徵名稱為鑽孔，和先前比起來看不出哪個鑽孔類型，換句話說有看到鑽孔名稱=舊制孔。

9-14-3 Being Edited

編輯舊制孔會自動導向 Being Edited，新特徵就沒此項目，下圖右（箭頭所示）。

9-15 柱孔狹槽、錐孔狹槽、狹槽

狹槽常用於可調機構，因應滑動或臨時調整螺絲鎖住位置。從此不需自行繪製狹槽草圖→除料，很多人沒想到或忘記可以這樣，當我們點醒才想說對呦，目前還不支援弧狹槽。

本節統一說明 3 項狹槽鑽孔：1. 柱孔狹槽、2. 錐孔狹槽、3. 狹槽。狹槽的標準和類型與柱孔相同，不贅述。

9-15-1 鑽孔規格

狹槽多了狹槽長度，下圖右（箭頭所示）。

A 貫穿孔直徑	B 柱孔直徑	C 柱孔深度	D 狹槽長度
設定小孔直徑	設定大孔直徑	設定大孔深度	狹槽孔之間距離

9-16 公差/精度

鑽孔或攻牙由上到下設定完成後，可以連同公差及精度位數一起設定，並在工程圖的孔標註自動帶入，2019 加入這功能拍手叫好啊。

A 指令中直接完成公差

我們推廣在模型或草圖標註順便加公差，不太習慣完成🔘後，點選尺寸加入公差。

B 效率高

鑽孔過程直接下公差，例如：柱孔放置階級軸可設定柱孔 3 個尺寸公差。

9-16-1 標註值

柱孔本身有 3 項尺寸，分別切換它們並定義公差類型和公差值。

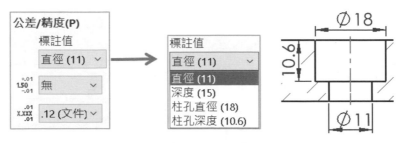

9-17 特徵加工範圍（Feature Scope）

應用在多本體或組合件進行特徵作業時，指定要加工的本體。

本節和基礎零件的伸長除料⬚相同，不贅述。

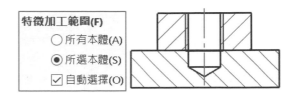

9-18 曲面鑽孔

預先定義鑽孔位置，更輕易完成距離和進階角度鑽孔。讓鑽孔位置草圖簡單，在路徑草圖上方製作點是常見手法，參考提高鑽孔穩定度。

9-18-1 預先定義位置（模組化管路鑽孔）

本節體驗模組，一時之間不會沒關係，有遇到了再打開來看即可。

步驟 1 顯示路徑草圖

使用過程就能參考路徑草圖上的點，讓鑽孔速度加快。

步驟 2 ⬚，Ø8 鑽孔

1. 點選位置標籤→2. 點選 3D 草圖按鈕

步驟 3 點選圓柱面

將草圖點暫時放置在圓柱面上，系統會將草圖點與曲面加入重合。

步驟 4 限制條件

點選草圖點+3D 草圖上的點→沿 X 軸上放置。

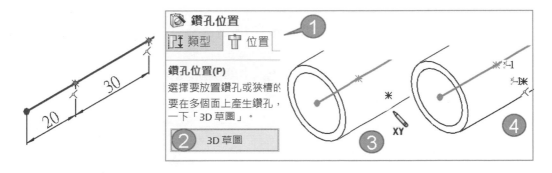

9-18-2 事後定義位置

指令過程利用尺寸標註點選 1. 圓管面+2. 草圖點，雖然也可完成鑽孔，但感覺有人壓著頭做事，壓力很大不愜意，下圖左。

9-18-3 有角度位置

有角度的孔定義會比較難，對接案來說，曲面鑽孔角度越多報價越高。本節步驟多要說明很多觀念，這手法會了以後以此類推發展多角度鑽孔，成為獨門技術，下圖右。

A 單一角度

本節說明單一角度的作法，重點在水平線與路徑→垂直放置。

步驟 1 端點與管壁重合

繪製 2 條線分別為水平和斜線，點選端點與管壁→在曲面上👆（俗稱重合）。

步驟 2 水平線段沿 X 軸放置

步驟 3 斜線與路徑垂直放置或與平面平行放置

建議斜線與路徑形成關聯，當路徑被調整，斜線會跟著路徑走。

步驟 4 驗證斜線在一平面上

拖曳斜線的端點，可見端點沿管壁可以繞一圈，代表這 2 條線已經在同一平面上。

步驟 5 標註角度 35 度

按 Alt 標註 2 線段完成角度標註。Alt=共軛角的快速切換。

步驟 6 線段轉幾何建構線

有了建構線可以和路徑做線段區分。

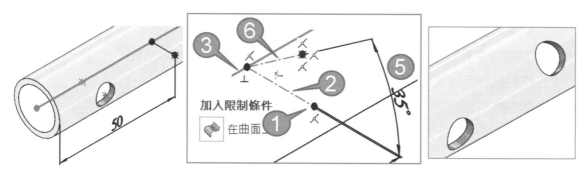

B 多角度

承上節，完成 2 個以上角度鑽孔，技術上先以簡單線條與限制條件完成，下圖右。

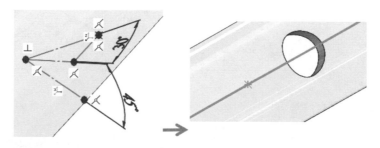

9-18-4 圓柱面上鑽孔

在圓柱面鑽孔，放置螺絲固鎖軸心，常遇到無法放置鑽孔，本節特別提出來說明，此模型用同心圓➜，在圓上定義孔位置，一樣也可以達到上一節的鑽孔預先定位。

步驟 1 練習：定義鑽孔點不是有效的

過程直接點選預先定義的草圖點，會出現無法完成鑽孔的訊息，下圖右。

步驟 2 先將點放置別處

先點選圓柱面將鑽孔的定位點放置其他位置，下圖左。

步驟 3 2 點重合

1. 拖曳鑽孔的定位點➜到 2. 預先定義的草圖點，下圖右。

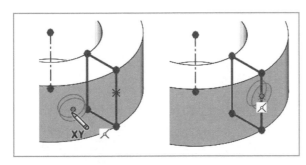
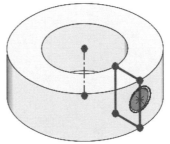

9-18-5 圓柱另一面鑽孔

不要執意在曲面上鑽孔，其實可以在平面反鑽回去，這有點違背加工原理，有加工知識在心中成為標準，用最簡單且穩定的方式完成就好。

A 切槽面上圓除料

1. 平面小圓➜完全貫穿，下圖左。2. 平面大圓➜平移，完全貫穿，下圖左。

B 在切槽模型面上

在切槽平面上➜，本節只是用完成，和圓除料技術相同，下圖右（箭頭所示）。

9-18-6 機關槍鑽孔

利用 3D 草圖一次完成多個鑽孔，類似機關槍掃射。

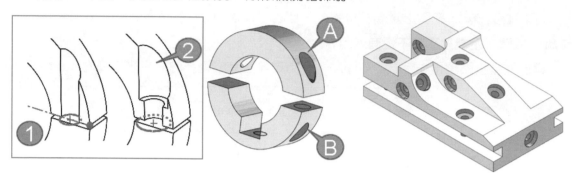

10

進階異型孔

　　進階異型孔（Advanced Hole）🔩是🔩進階版，又稱組合式或多合一鑽孔，以前要做多種類鑽孔，必須建立好幾個特徵才能完成，直到 2017 推出的🔩，讓鑽孔更有效率，未來也希望 SW 將🔩和🔩指令合併。

A 最大特色

　　1. 運算速度快、2. 能做多層鑽孔，例如：沉頭孔＋攻牙孔。

B 學習過程

　　同學已具備🔩操作能力，🔩只是用鑽孔方塊增加鑽孔類型，可以很快學習。對進階者給你未來方向，🔩用到不要用了，改以🔩訓練自己的功力，感觸會不一樣。甚至看到別人還在用🔩，你已經在用🔩會飄飄然。

C 製作手法

　　1. 先架構鑽孔元素➔2. 再設定規格。

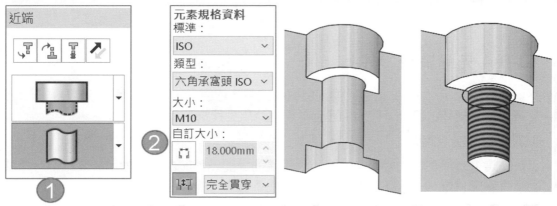

10-0 指令位置與介面

說明指令位置和最快的方式完成進階異型孔，同學一開始不習慣這介面，習慣以後就不會想用異形孔精靈。

10-0-1 指令位置

1. 特徵工具列→🔧、2. 插入工具列→特徵→🔧。

10-0-2 介面項目：類型

類型有 8 成和🔧操作一樣，所以可以很快進入狀況。指令分 4 大階段：1. 最愛、2. 近端與遠端面、3. 元素規格資料、4. 孔標註。

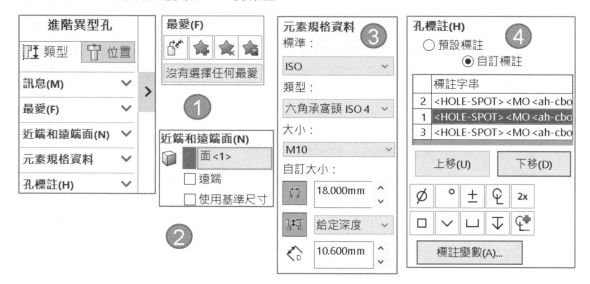

10-0-3 介面項目：位置

位置多了跳過副本和一些選項，下圖左。

10-0-4 先睹為快：柱孔

完成上面 1. 大孔+2. 小孔，換句話說柱孔要 2 個鑽孔。先架構鑽孔元素→再設定規格，完成後會覺得🔧比較有效率，常遇到同學對此感到挫折。

步驟 1 近端與遠端面

點選上方模型面，這時在右邊出現近端的鑽孔元素。由柱孔圖示一開始以為這就是柱孔，其實它只是大孔，下方虛線只是示意，下圖右。

步驟 2 在使用中元素底下插入元素

這時會見到多 1 個鑽孔元素,接下來進行小孔。

步驟 3 展開下方的遠端鑽孔元素

由清單點選鑽孔,下圖左。

步驟 4 元素規格資料:柱孔

點選柱孔,1. ISO、2. M10、3. 自訂大小,使用預設的就好,下圖右。

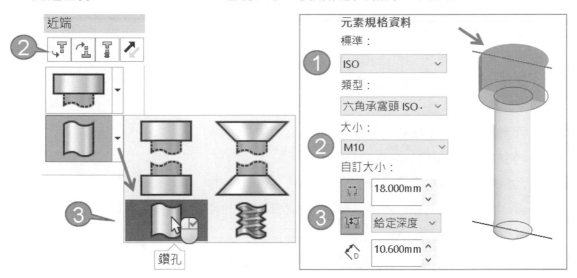

步驟 5 元素規格資料:鑽孔(小孔)

1. 點選鑽孔、2. ISO、3. 定位孔、4. Ø10、5. 完全貫穿。

步驟 6 點選位置標籤

在模型面上定義鑽孔位置。

步驟 7 查看特徵管理員

完成指令後,於特徵管理員可見特徵圖示和 2 個草圖都和🖱相同。

步驟 8 階級孔

本節可以衍伸完成階級孔,只要再多一節鑽孔即可,下圖右。

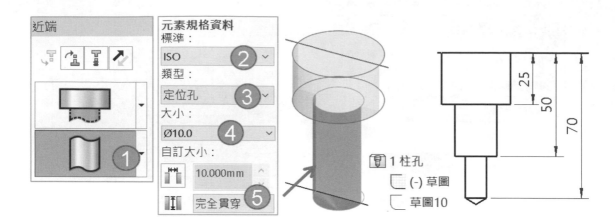

10-0-5 練習：柱孔+攻牙

本節延伸說明常見的柱孔與攻牙的製作。

步驟 1 近端與遠端面

點選鑽孔面。

步驟 2 上方元素

由清單近端柱孔。

步驟 3 在使用中元素底下插入元素

清單切換直螺絲攻，下圖左。

步驟 4 元素規格資料：柱孔

ISO、M10。

步驟 5 元素規格資料：直螺絲攻

1. ISO、2. M10、3. 自訂大小：有裝飾螺紋線的鑽孔直徑、4. 深度 15。

10-0-6 先睹為快：2 端柱孔

完成上下 2 端 M10 柱孔、Ø10 鑽孔，這部分最吸引同學目光尤其是鑽孔邏輯，以及鑽孔的深度類別。

步驟 1 近端與遠端面

點選上方鑽孔面。

步驟 2 ☑遠端

點選下方模型面，這時在右邊出現近端和遠端鑽孔元素，下圖右。

步驟 3 近端與遠端的鑽孔元素

分別完成近端與遠端鑽孔元素，圖示直覺對應 2 端柱孔，本節是重點，下圖右。

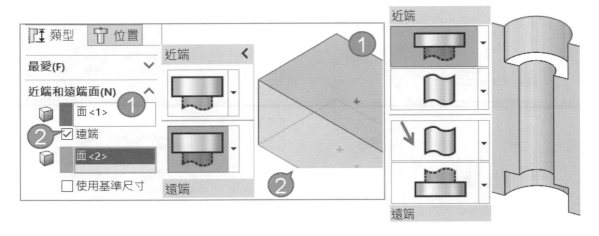

步驟 4 上方柱孔大小

自行定義 ISO、M10，給定深度 10。

步驟 5 上方鑽孔

Ø10、直到下一元素。

步驟 6 下方鑽孔

Ø10、直到下一元素。

步驟 7 下方柱孔大小

自行定義 ISO、M10。

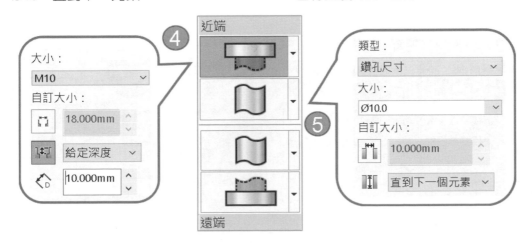

10-1 近端與遠端面

指定鑽孔的近端（起始面）與遠端面（結束面），才能選擇鑽孔類型及規格大小，本節說明鑽孔類型。

10-1-1 選擇一或多個面或平面以繪製草圖

選擇鑽孔起始面，以所選位置即時預覽，但無法精確定位，必須由位置標籤定位。

10-1-2 遠端

是否指定鑽孔結束面，剛開始學會忘記點選這。☑遠端後，在元素控制板下方顯示遠端的鑽孔類型。

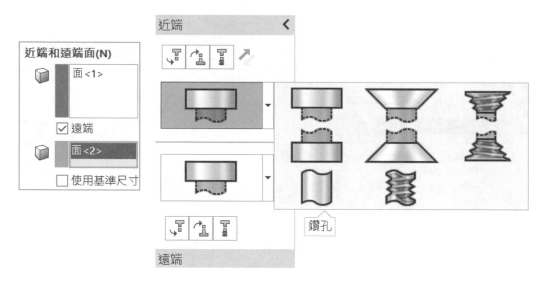

10-1-3 使用基準尺寸

以鑽孔起始面為基準，每階段鑽孔終止條件自動指定**至某面平移處**（箭頭所示）。

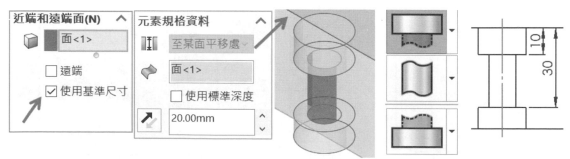

10-1-4 元素快顯控制板

設定近端及遠端的鑽孔類型與順序，本節是指令特色。

A 顯示/隱藏元素快顯

點選箭頭，顯示或隱藏元素快顯控制板。

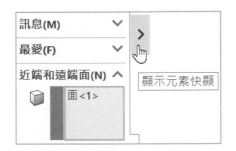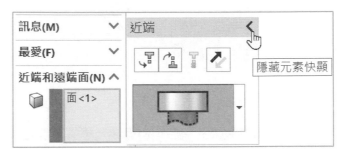

B 鑽孔元素圖示

展開元素清單，定義鑽孔類型。

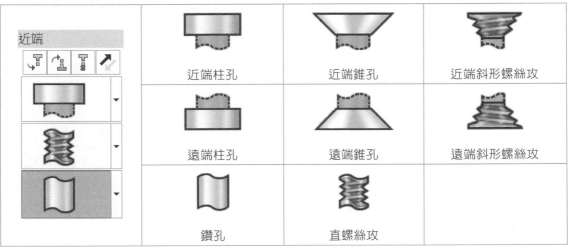

近端柱孔	近端錐孔	近端斜形螺絲攻
遠端柱孔	遠端錐孔	遠端斜形螺絲攻
鑽孔	直螺絲攻	

C 在使用中元素底下 、上方插入元素

在近端或遠端標籤，1. 以選擇的鑽孔在 2. 上或下方插入鑽孔，下圖左。

D 刪除使用中元素

刪除選擇的鑽孔類型。

E 反轉堆疊方向

改變鑽孔方向，僅適用近端，常用在多本體，下圖右。

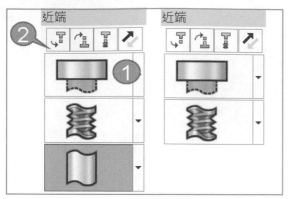
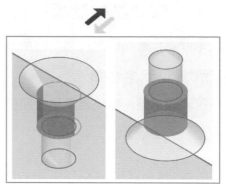

F 調整鑽孔順序

拖曳圖示調整鑽孔順序，但**近端**及**遠端**不能互相調整，會顯示 ⊘。

G 鑽孔規格資料錯誤

若鑽孔規格資料錯誤，以紅色強調顯示，游標停在圖示顯示錯誤訊息，下圖右。

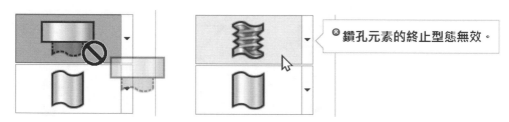

10-2 元素規格資料：自訂大小

本節說明鑽孔元素的規格資料設定，標準、類型、大小和 🔩 設定相同，下圖左。本節說明鑽孔類型的自訂大小，這部分有一些和 🔩 不同，算擴充學習。

A 共通性

要自行輸入參數必須按下按鈕，下圖右（箭頭所示）。

10-2-1 柱孔

定義大頭直徑和深度，這部分比較簡單學習，下圖左。

10-2-2 錐孔

定義頭端直徑、角度、深度，下圖右。

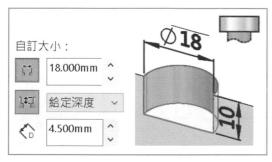
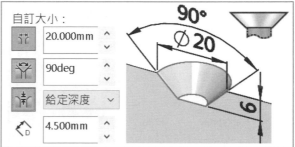

10-2-3 斜螺絲攻

常用在 ANSI 英制管牙，牙深是重點，下圖左。

A 鑽孔類型

清單設定 1. 主要直徑=鑽孔大小、2. 有裝飾螺紋線的次要直徑=顯示裝飾螺紋線。

B 直徑（適用有裝飾螺紋線）

設定裝飾螺紋線的孔。

C 螺紋分類

設定螺紋配合等級 1、2 數字越高，配合越緊。

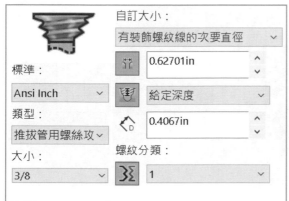
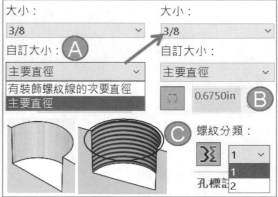

10-2-4 鑽孔

定義直徑 Ø 的鑽孔，本節說明終止型態的：1. 直到下一個元素、2. 直到所選項目，其餘與異型孔精靈相同，不贅述。

A 直到下一個元素

自動計算深度到下一個鑽孔元素，適合於 3 階孔（搭配遠端鑽孔），例如：2 端柱孔。近端和遠端在最外 2 側的鑽孔分別輸入鑽孔深度，中間段鑽孔自動計算到對面（元素），不必心算中間剩餘距離為多少。

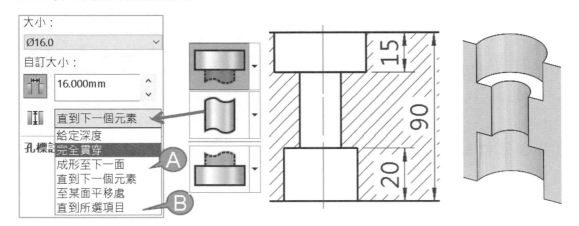

B 直到所選項目

直到所選項目=成形至頂點、成行至某一面的觀念相同。

C 結束形狀

設定鑽孔結束形狀：1. 鑽頭尖端、2. 平底，適用近端處最後一個鑽孔。

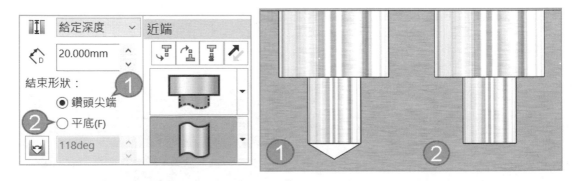

10-2-5 直螺絲攻

定義攻牙的鑽孔，展開清單選擇螺絲攻鑽孔類型：1. 螺孔鑽直徑、2. 有裝飾螺紋線的螺紋鑽直徑、3. 主要直徑。

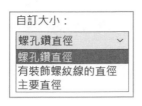
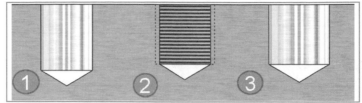

A 螺孔鑽直徑（預設）

攻牙的第一鑽孔直徑，例如：M12 牙孔，鑽孔 Ø10.2。常遇到初學者沒注意就圖面出去了，很容易製作回來沒有攻牙，這就是為何我們會重視工程圖要有裝飾螺紋線。

B 有裝飾螺紋線的螺紋鑽直徑（重點）

鑽孔搭配裝飾螺紋線顯示，目前呈現的是鑽孔直徑 Ø10.5。

C 主要直徑

鑽孔直徑與大小相同，例如：M12 的直徑=Ø12，下圖右。

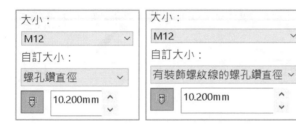

D 給定深度

清單選擇深度：1 倍螺紋直徑、1.5 倍螺紋直徑、2 倍螺紋直徑、使用者定義值（自訂深度），會發現只有牙深沒鑽孔深（希望未來改進），下圖右。

E 業界潛規則 1.5 倍或 2 倍牙深

業界會遇到標註鑽孔大小沒標牙深，代表以 1.5 倍或 2 倍標註代表牙深，例如：標註 M10，以 1.5 倍螺紋直徑，牙深=15。

接案過程通常會先依經驗給 1.5 倍或 2 倍牙深，到時再一起問客戶牙深的問題，避免一直發問問題，客戶會很煩。

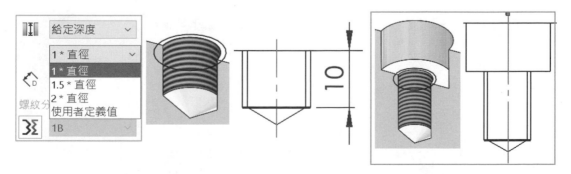

10-3 孔標註（Hole Callout）⊔∅

定義工程圖的⊔∅指令標註形式，定義：1. 預設標註、2. 自訂標註。剛開始不建議研究這部分，本節適合進階者。

10-3-1 預設標註

顯示鑽孔類型名稱，其他選項灰階無法使用。使用自訂標註後，可點選該選項來回復至系統預設。

10-3-2 自訂標註

自訂以加工製程順序列出鑽孔名稱，例如：先鑽再攻，搭配上下移順序調整。快點 2 欄位修改預設文字，也可選擇下方直徑、度、深度…等符號，加入標註字串。

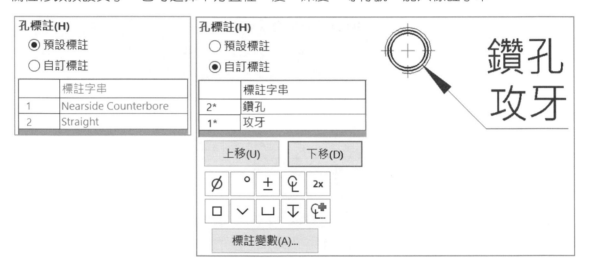

10-3-3 標註變數

加入系統預設鑽孔變數，手動修改後數字標題顯示星號。

10-3-4 還原預設字串

單獨還原其中一列標註字串，在欄位上右鍵➔還原預設字串。

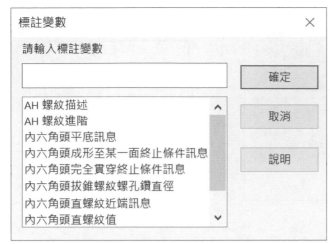

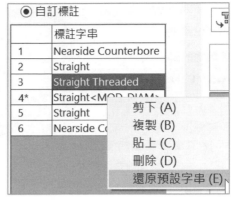

10-4 位置標籤

本節介紹位置標籤內設定，與異型孔精靈來相比，介面不是只有放草圖位置點就好，多了使用彈性，例如：跳過副本、草圖幾何產生副本，下圖左。

10-4-1 要跳過的副本

選擇不產生鑽孔特徵的草圖點，被取消鑽孔點為白色點並在要跳過的副本欄位以 X、Y 座標方向顯示，常用在**草圖環狀複製排列**的旋轉中心點，或**中心矩形**的中心點。

10-4-2 草圖選項

鑽孔過程繪製草圖讓鑽孔抓取草圖端點，不必手動加入**草圖點**，減少人工作業。例如：繪製矩形+中間的**幾何建構線**，這時自動加入 6 個鑽孔，下圖右。

A 在草圖幾何上產生副本

是否抓取草圖線段點，不必手動加入草圖點。

B 在幾何建構線上產生副本

是否自動抓取線段與幾何建構線的交點。

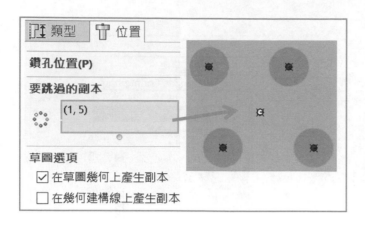

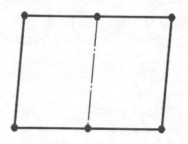

疊層拉伸觀念

疊層拉伸（Loft）🐚就像立體圖層，至少 2 層才可成形。本章介紹原理和指令項目=字典和掃出觀念相同，學習過程輕鬆很多。薄件特徵和曲率顯示說明和🐌相同，不贅述。

A 適用複雜造型

應用範圍相當廣：人體工學外型、玩具、曲面外型控制...等，反正複雜造型都脫離不了它，加強建模深度與廣度，更是通往進階建模關卡。

B 先掃出再疊層拉伸

坊間會先教🐌再教🐚，好像大家講好的，可以說是順口溜或約定成俗。我們曾經嘗試反過來先教🐚→再教🐌，發現效果出奇爛，還真的不能對調，掃出是基礎屬於🐚學習延伸。

C 按指令

學到後面會發現只是按按鈕切換設定罷了，恭喜打通任督 2 脈！要往更高境界，就要學會感覺，也就是操作靈魂，例如：要知道這 2 指令的差異。

D 掃出 VS 疊層拉伸

🐌問題比🐚還多，常遇到掃出做不出來，絕大部分問題用觀念可解決。

11-0 指令位置與介面

本節說明與掃出相同，這 2 指令 80%內容很像，🐚比較好理解也簡單成型，缺點是草圖比較多，還要建基準面。

11-0-1 指令位置

指令位置在掃出旁邊，位置也一樣不贅述。

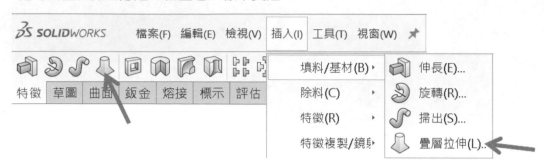

11-0-2 介面項目

指令項目分 7 大階段由上而下：1. 輪廓、2. 起始/終止限制、3. 導引曲線、4. 中心線參數、5. 草圖工具、6. 選項、7. 薄件特徵、8. 曲率顯示。

輪廓欄位是基本原則，越到下面越進階，甚至稍微調整即可完成另一種樣貌。

A 欄位順序

🎵和🔳欄位有些不同：1. 導引曲線位置、2. 中心線參數（路徑）、3. 草圖工具。

B 調整輪廓位置

希望未來能 1. 統一欄位的位置、2. 自我調整欄位順序。

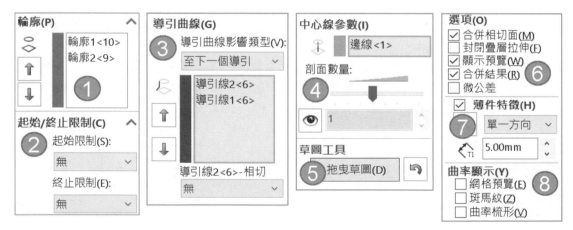

C 掃出除料

疊層拉伸填料🔳與疊層拉伸除料🔳，只是型態不同，一個填料，另一為除料，下圖左。

11-0-3 右鍵選擇

特徵成形過程按右鍵，由快顯功能表指定選項設定。

A 直接指定選項部分設定

合併相切面、關閉（封閉疊層拉伸）。

B 顯示連接點

沒有指令只能靠右鍵顯示連接點。

C 成形預覽

網格、曲率梳形、斑馬紋。

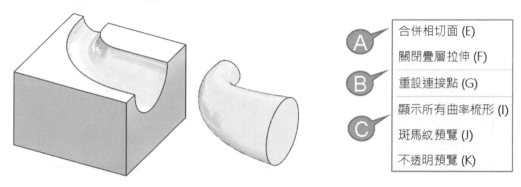

A	合併相切面 (E)
	關閉疊層拉伸 (F)
B	重設連接點 (G)
	顯示所有曲率梳形 (I)
C	斑馬紋預覽 (J)
	不透明預覽 (K)

11-1 疊層拉伸原理

說明基本、進階與高階原理，原理和指令項目設定有關。不一定 2 個草圖，2 個模型面、1 個模型面＋1 個草圖也可以很靈活。

11-1-1 基礎原理

2 個封閉草圖拉伸成形，2 草圖不能在相同基準面，否則沒空間。一樣的模型掃出只能控制 1 個輪廓，另加 1 條路徑+2 條導引曲線，至少要 4 個草圖，可體會🔽比較有效率，下圖左。

A 疊層拉伸和掃出介面差異

由介面得知🔽可以 2 個或多個輪廓，掃出無法使用 2 個輪廓，這屬於系統面，下圖右。

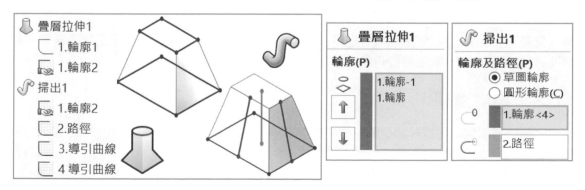

11-2-2 進階原理

基本條件加其他條件=進階成型，1. 兩輪廓成型、2. 中心線參數=路徑、3. 導引曲線和中心線參數。其中中心線=掃出路徑、導引曲線控制外型，更能體會多了輪廓數量彈性。

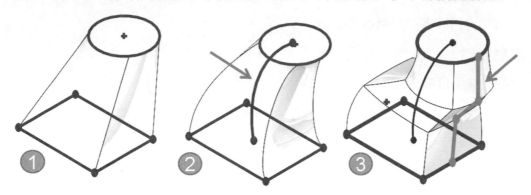

11-2-3 高階原理

利用選項達到更複雜需求，例如：垂直於輪廓（箭頭所示）。給定 2 個輪廓後，不必憂慮側邊導引曲線如何建構，選項設定找到你要的外型就賺到了。

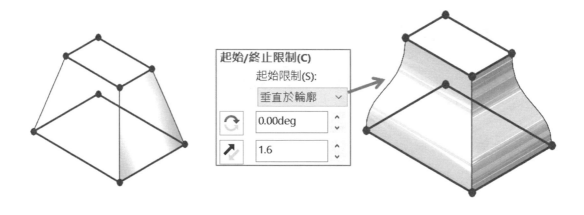

11-2 輪廓（Section）

輪廓（俗稱斷面）是指令核心也是基本條件，原則為封閉輪廓，可選擇草圖輪廓、模型面做為輪廓條件，輪廓欄位有輪廓清單和上移/下移設定。

11-2-1 輪廓清單

由清單看出輪廓名稱、數量與點選的輪廓順序。清單看出由 2 個輪廓成形，1. 最上方草圖=起始位置，2. 下方草圖=終止位置。常用在確認下方起始/終止限制設定，例如：起始限制的垂直於輪廓套用在哪個草圖，下圖左。

11-2-2 上移↑、下移↓

點選清單輪廓上下調整順序，查看對模型影響，避免重新製作特徵，適用進階者。比較簡單作法就是刪除輪廓清單，重新選擇。

A 單一方向點選

於繪圖區域由上到下或由左到右，同一方向點選要加入的輪廓條件，皆符合直覺精神。

B 亮顯輪廓

點選清單內的輪廓，繪圖區域出現所選草圖，也算是理解建模者想法。

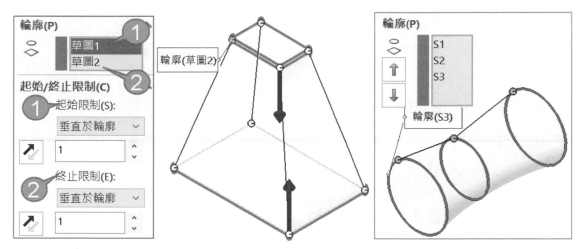

C 調整輪廓順序

點選 S2 輪廓→下移↓，讓 S2 在 S3 下方，模型會形成倒勾扭轉，系統出現自相交訊息，上移 3 輪廓，讓模型正確成型。

11-2-3 事後增加輪廓

指令完成後要增加輪廓時不必刪除🗑，只要 1. 編輯特徵→2. 於輪廓欄位點選要增加的輪廓→3. 上下移調整輪廓順序。

A 練習

1. 加入中間輪廓，草圖排最前面形成扭曲且無預覽→2. 點選中間輪廓下移調整草圖順序。

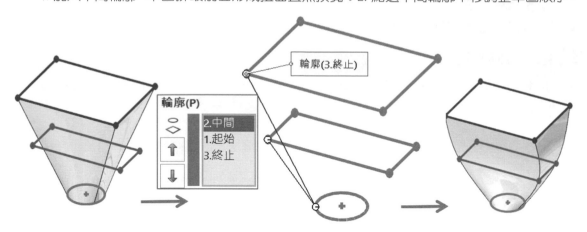

11-2-4 封閉和非封閉不得混用

無法計算開放和封閉輪廓的成形，即便是曲面疊層拉伸也不能，因為她是實體建模。

11-3 起始/終止限制（Start/End Constraint）

分別設定：1. 起始或 2. 終止限制類型，讓外型更有流暢感，由清單分別進行：1. 預設、2. 無、3. 方向向量、4. 垂直於輪廓，成形過程有預覽，切換查看之間變化。

A 虛擬相切成形

共通性為虛擬相切成形，可以垂直於輪廓或給定面讓系統改變相切方向。課堂直接說明最明顯的效果且使用率最高 4. 垂直於輪廓。

B 長度變化

本節衍生變化相當廣泛，例如：長度 1 和長度 2 參數變化，靠調整查看外形變化。本節價值讓你有調整靈魂，聚焦設定不浪費時間亂調。

C 起始與終止特性

3 個以上輪廓成形，還是控制起始和終止兩端，中間輪廓和前一輪廓產生自然連續。

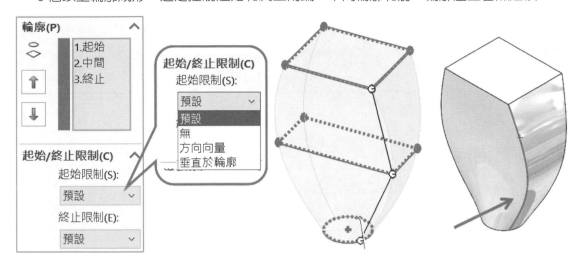

11-3-1 預設（適用 3 個草圖輪廓）

3 個草圖的第 1 與最後輪廓之間，計算出拋物線相切的自然曲面（箭頭所示）。要有預設必須 3 個輪廓，例如：方轉圓 2 草圖就沒**預設**可選，因為 2 點呈直線，無法形成拋物線。

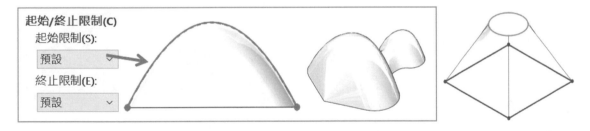

11-3-2 無（None）

不套用限制，起始和終止連接為直線，適用無外觀需求或一開始刻意不要外觀，下圖左。

A 3 個草圖

3 個草圖側邊一定會有弧形，即便是 3 個矩形，下圖中。

B 2 個草圖：方對方

2 個草圖方對方，側邊一定直線，下圖右。

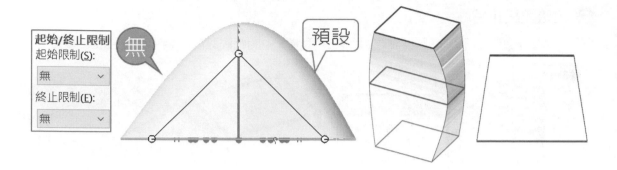

11-3-3 方向向量

1. 指定邊線或面作為成形相切參考，並利用 2. 拔模角或 3. 相切長度套用限制。

A 指定邊線

直接限制切線方向，例如：粉紅色箭頭呈現方向和長度。

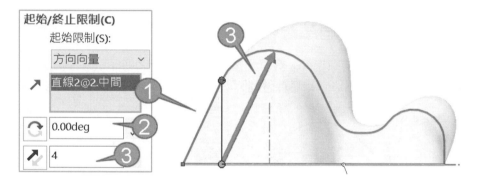

B 指定面

計算與面垂直方向，例如：起始和終止方向以右基準面參考，右基準面與 X 軸垂直。

C 起始/終止限制=相切限制

會見到外型以輪廓相切成形（箭頭所示）。

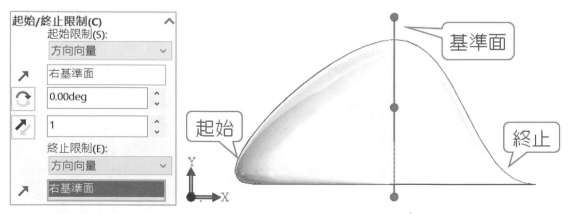

D 和垂直於輪廓相同

將方向向量的參考面與輪廓平行,成形效果和垂直於輪廓相同,下圖左。

E 方向向量範例

指定斜面作為成型參考,看出外型有很大變化,適用第 2 特徵,下圖右。

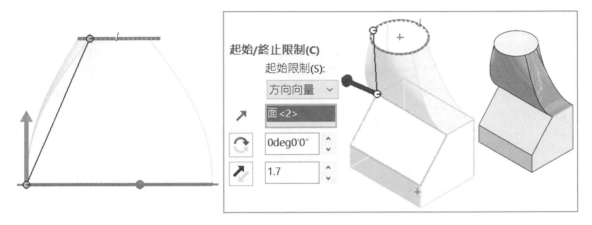

11-3-4 垂直於輪廓（Normal to Profile）

將上下 2 輪廓以 A. **虛擬直線**、B. **弧相切**,並與 C. **輪廓垂直**,如果要人工完成側邊的曲線,就要自行完成導引曲線。本節使用率最高,設定:1. 起始/終止、2. 拔模角度、3. 長度。

通常起始和終止相切長度相同,讓模型為對稱型態,因為產品對稱居多。由圖得知 **1. 無**和 **2. 垂直於輪廓**差別,會覺得**垂直於輪廓**比較飽滿。

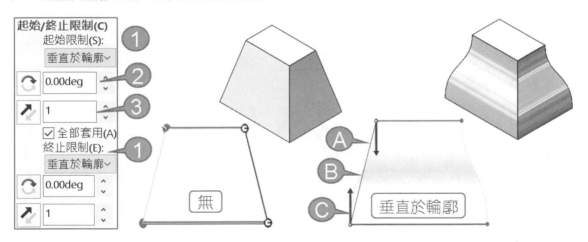

A 拔模角

套用拔模角至輪廓,例如:起始 60 度,終止限制 30 度,產生隆起或凹陷造型。萬一預覽很難看出角度變化,口**網格預覽**比較看得出來。

拔模角度調整過量預覽會失敗，通常會調整到快無法預覽，於此處判斷不合理之處並理解造型變化奧妙之處。

A1 反轉角度

要改變隆起或凹陷，按反轉角度↻即可，例如：終止限制反轉 60 度，很明顯看出外型變化，這部分常用在曲面變化，算是不願告訴人的手段，下圖右。

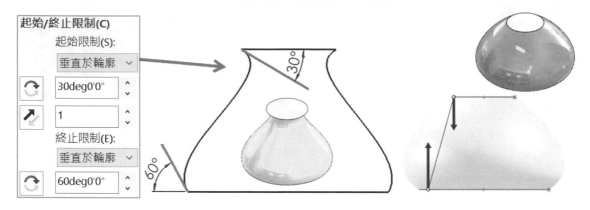

B 相切長度

相切擁有量化控制，增加長度的過程紫色箭頭長度=相切長度和方向，可拖曳箭頭改變長度，箭頭越長=長度越大，本節能體會很多造型調出來的，不是畫出來的。

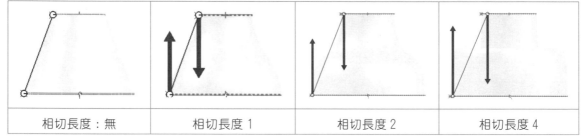

相切長度：無	相切長度 1	相切長度 2	相切長度 4

B1 起始/終止長度

單獨在起始或終止設定長度是常用的手段，看來導引曲線有很多情況不必製作。相切長度感覺不具體，因為它沒有單位只有範圍（0.1～10），有些指令範圍 1～10、0.1～1，或 RGB3 原色 0～255 區間，如此同學對參數認知多一層認識。

只要當下知道目前指令範圍限制就好，除非用剖面距離換算相切長度，不過不具體，例如：2 剖面距離 100，相切長度 4，100/4=25。

B2 反轉相切方向

　　箭頭（紫色所示）呈現相切方向，預設方向依所選輪廓之間位置而定。數值相對於模型大小計算，數值越大會穿越另一個剖面，通常靠視覺決定大小可體會指令極限，類似倒灌（箭頭所示）。

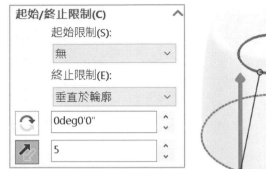
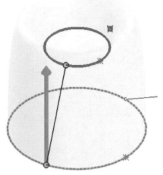
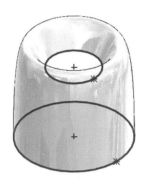

C 全部套用

　　是否將所有箭頭長度統一，啟用箭頭紫色，未啟用箭頭灰色。

C1 ☑ 全部套用（預設）

　　只顯示一個箭頭，所有參數統一控制，箭頭在綠色對應點上。

C2 □ 全部套用

　　允許個別拖曳箭頭修改變化，也可點選箭頭進行長度輸入，個別調整有一番風味。很多人不知道可以這樣，會以為相切長度皆統一。

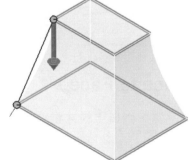
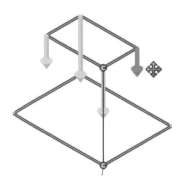

11-3-5 相切至面（Tangency to Face）

　　讓🔲與另一特徵面相切，讓特徵看起來比較順暢，適用第 2 特徵。這和曲面連續有關，相切=G1 曲面品質，要有該選項，必須滿足以下 2 點。

A 第 2 特徵

對模型而言才會有相鄰面，這時系統就會有相切至面科用。

B 輪廓相鄰面必須有圓柱或圓

圓或圓弧才可有相切限制，否則只有一邊有相切，另一邊最多為垂直於輪廓。

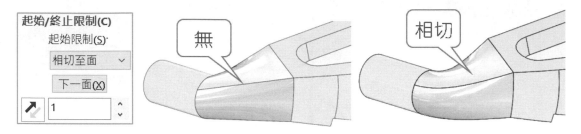

C 全部套用

是否統一相切長度。口全部套用，拖曳箭頭發覺原來這麼靈活改變造型，下圖左。

D 垂直輪廓 VS 相切至面

垂直於輪廓以輪廓為起始，不和相鄰面連續，相切至面會相鄰特徵產生面連續，由圓角面可以看出，下圖右。

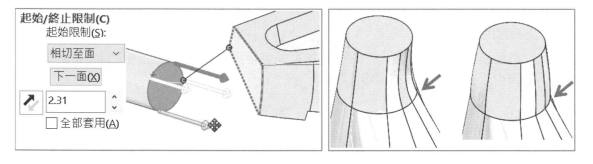

11-3-6 曲率至面（Curface to Face）

使相鄰面達到 G2 曲面連續品質，由斑馬紋才看得出 1. **相切至面**或 2. **曲率至面**差異。

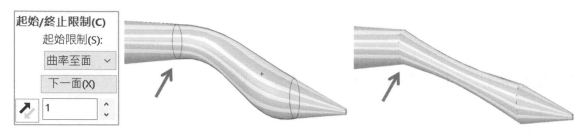

11-3-7 下一面

切換輪廓面或輪廓相鄰面的控制，適用相切至面或曲率至面。

A 平面型

下方草圖=起始限制=垂直於輪廓。上方模型面=終止限制=相切至面，切換相切至面的接觸面 1 還是接觸面 2，結果會不同。

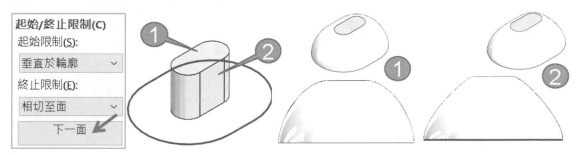

B 錐形

切換 1. 平面或 2. 錐面，進行相切至面。

11-4 導引曲線（Guide Curve）-影響類型

導引曲線（簡稱曲線），可控制斷面形狀來影響外型，觀念和 ♪ 相同，有了基本觀念，剛開始亂調要的造型就好，有機會再好好研究這差異性，這樣會比較好學，免得一開始看本節看不懂，特徵管理員的草圖名稱習慣以 G 代表。

A 導引曲線重點

1. 導引曲線影響類型、2. 相切類型（箭頭所示），控制對輪廓影響力，這些設定屬於微調性質，難以完整解釋之間交互變化，為了要找出很能表現這之間差異的模型，大郎吃盡苦頭，還是為各位研究出來了。

B 導引曲線清單條件

將草圖或模型邊線加入導引曲線清單中，才可設定 2 大類型。

C 少畫導引曲線

變化比較大的區域，會少畫幾條導引曲線，減少畫圖時間，例如：上方溝槽被導引曲線牽引變化，就不會在溝槽上建導引曲線。

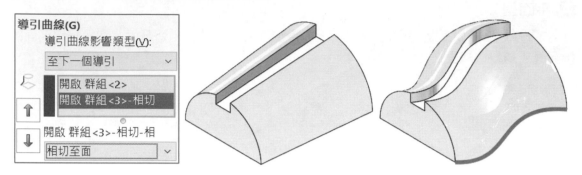

11-4-0 影響類型的共通性

導引曲線擁有 4 大影響類型：1. 至下一個導引、2. 至下一個尖處、3. 至下一個邊線、4. 整體。影響類型絕大部分只有些微改變，甚至有些設定沒改變，讓初學者無所適從，本節特別先把特性、共通性提出來先說明，讓同學能體會差異。

A 4 大項特性

1. 至下一個導引=不會造成整體影響。2. 至下一個尖處=尖點輪廓以直線連接。3. 至下一個邊線=系統模擬下一條邊為導引曲線、4. 整體=模型均勻性。

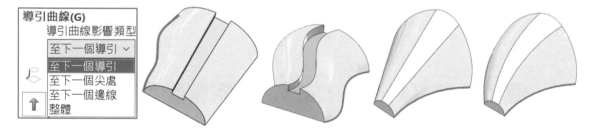

B 輔助細節判斷

絕大部分設定難以看出導引曲線影響力，☑網格預覽查看差異，甚至要開**斑馬紋**◥和**曲率**◣查看更細膩變化，對造型而言這些細節都是重點。

C 均勻體

對於輪廓為圓或橢圓的均勻體來說，切換所有項目不會有任何差異，下圖右。

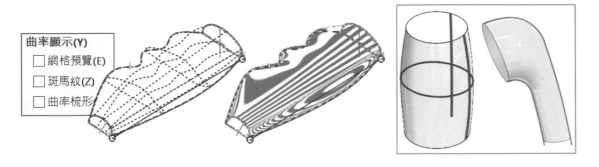

D 建滿導引曲線

導引曲線被建滿，進行任何設定將不會改變所有結果，例如：外型建構 3 條導引曲線。

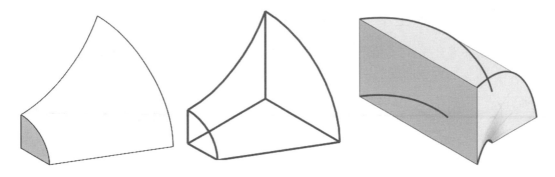

11-4-1 影響類型-至下一個導引（To Next Guide，預設）

加入的導引曲線僅影響外型，不會造成整體影響，適用 1 條或單邊導引曲線，例如：左邊加導引曲線，只有左邊產生變化，右邊和上方溝槽沒影響，下圖左（箭頭所示）。

除非加入第 2 條曲線，外型會有明顯變化，下圖右（箭頭所示）。

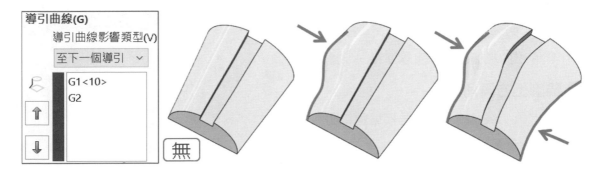

A 盲點（1 條導引曲線）

只有 1 條曲線用在不同位置常產生不同結果，造成初學者不容易理解，例如：側邊沒曲線，下方 2 側輪廓就為直線，下圖 A。

左邊加入 1 條曲線影響右邊外型，整體被影響，下圖 B（箭頭所示）。

B 明顯變化（2 條導引曲線）

僅在左邊加入 1 條曲線是不夠的，會很明顯變化，下圖 C。加入右邊曲線讓模型完整，更能呼應**至下一個導引**的意義，下圖 D。

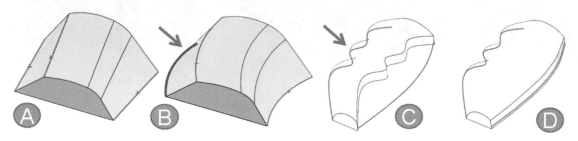

11-4-2 影響類型-至下一個尖處（TO Next Sharp）

本節導引曲線在 2 側，**至下一導引**讓無導引的輪廓自動導引，下圖 A（箭頭所示）。至下一個尖處，無導引曲線的尖點輪廓以直線連接，下圖 B（箭頭所示尖點）。

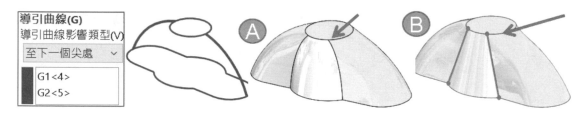

A 一邊導引曲線

右下方 1 條導引曲線，理論上溝槽會被曲線影響。

A1 至下一導引

讓無導引的輪廓自動導引，下圖 A（箭頭所示）。

A2 至下一個尖處

無導引曲線的輪廓以直線連接，下圖 B（箭頭所示）。

B 輪廓上方圓角

左上角 1 條曲線，右下角模型邊線明顯變化。

B1 至下一個導引

讓無導引的輪廓自動導引，下圖 C（箭頭所示）。

B2 至下一尖處

無導引曲線的輪廓以直線連接，下圖 D（箭頭所示）。

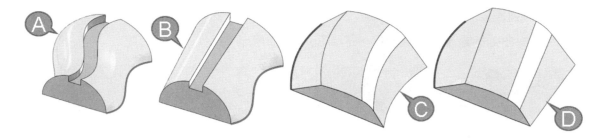

C 上方的導引曲線

只有加入上方的導引曲線,特別是下方外型產生變化。

C1 至下一個導引

上方弧形可以滿足,下方曲線會被上方影響,下圖左。

C2 至下一尖處

尖點輪廓以直線連接,下方外型產生變化,上方曲線被強制隆起,下圖右。

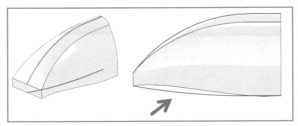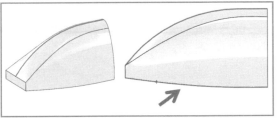

11-4-3 影響類型-至下一個邊線(To Next Edge)

當導引曲線不足時(上方沒導引曲線),系統判斷下一條有可能的曲線來控制輪廓(箭頭所示)。分別設定:1. 至下一個導引,下圖左、2. 至下一尖處,下圖右。

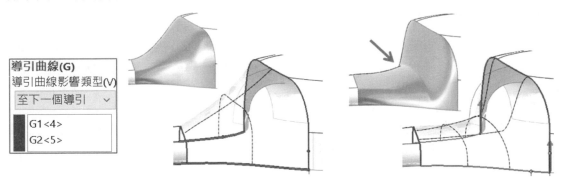

A 1 條導引曲線

導引曲線在右下角,分別看出 1. 至下一個導引、2. 至下一邊線差異。

A1 至下一個導引

左上方弧形被下方曲線影響,下圖 AC(箭頭所示)。

A2 至下一邊線

無導引曲線的輪廓以直線連接，下圖 BD（箭頭所示）。

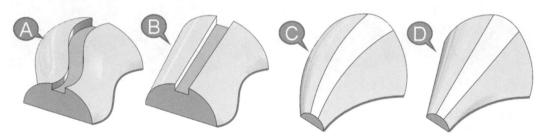

B 2 條導引曲線

有 2 條導引曲線的模型中，相鄰面的交線被引導。

B1 至下一個導引

前方弧形被曲線影響，下圖左（箭頭所示）。

B2 至下一邊線

前方弧形，以直線連接，下圖右（箭頭所示）。

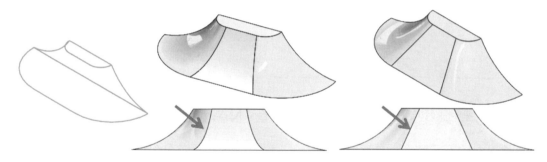

11-4-4 影響類型-整體（Global）

將曲線影響力均勻分布到模型中，即便只有 1 條曲線，系統會模擬外型邊線加入導引曲線，最大特點減少曲線製作，常利用網格沒有平均判斷差異，下圖左。

A 查看網格

這是 2 個導引曲線的模型，使用下一個導引，模型右邊可以被導引曲線控制。使用整體可見均勻模型和網格片平均，常利用網格明顯設定前後的細節，下圖右。

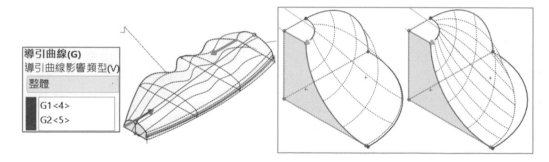

B　下一導引和整體差別

　　當模型輪廓已經很均勻，無論切換 1. 至下一個導引或 2. 整體，不容易理解差別，例如：輪廓是圓，有 2 條單邊導引曲線，不仔細看還看不出差異性。

B1　至下一個導引

　　外型滿足導引曲線側邊，另一邊有消瘦情形且網格一邊密度高，下圖左。

B2　整體

　　由網格可見整體均勻，下圖右。

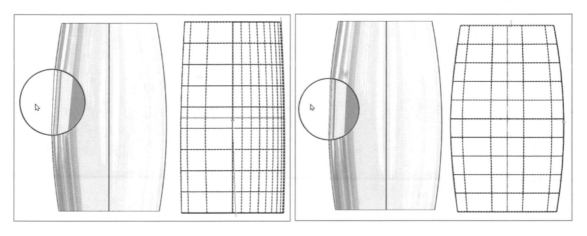

C　合併相切面

　　即便口合併相切面，整體的共通性都會**合併相切面**，下圖左。

D　整體不見得好

　　這是極端例子，模型由 2 個橢圓+2 導引曲線，是蠻完整的架構，設定：1. 下一個導引會比 2. 整體好，由曲率分析可以看出，設定整體會有凹陷，下圖右（箭頭所示）。

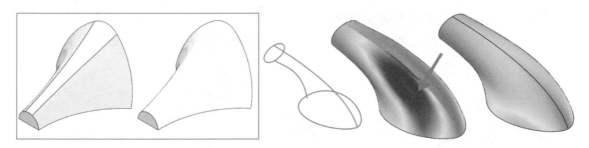

11-5 導引曲線-導引相切類型（Tangency Type）

　　1. 導引曲線影響類型和 2. 導引曲線相切類型觀念相同，前者 1 個為輪廓控制，這裡控制所選導引曲線與相鄰模型面的外型進行微調，減少曲線數量繪製。

A 不是每次都有這些類型

有 4 種相切類型：1. 無、2. 垂直於輪廓、3. 方向向量、4. 相切至面，並非每次都有 4 種相切類型，要看這些類型對模型有沒有變化，很多類型沒這麼容易成形。

B 直覺判斷曲線位置與相切類型關係

所選導引曲線會出現在相切類型欄位上，例如：導引曲線<3>-相切，下圖中。在繪圖區域直覺判斷曲線位置與相切類型關係，這是曲面觀念。

C 實在搞不定

還是乖乖製作導引曲線控制外型就好，別嘗試了解相切類型，下圖右。雖然多建構幾條導引曲線花一些時間，至少可滿足外型需求也比較容易成功。

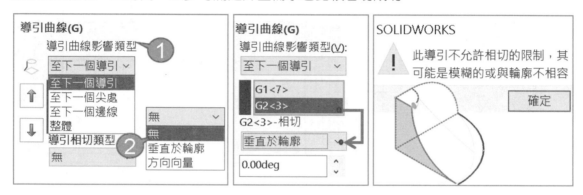

11-5-1 無（預設）

不進行設定，網格看出模型為均勻狀態，下圖左。

11-5-2 垂直於輪廓

垂直於輪廓應該為**垂直於導引曲線**，成形過程曲線上會出現 2 大個紅色箭頭：1. 大箭頭=垂直方向、2. 小箭頭=拔模角度，下圖中。**垂直於輪廓 30 度**變化，下圖右。

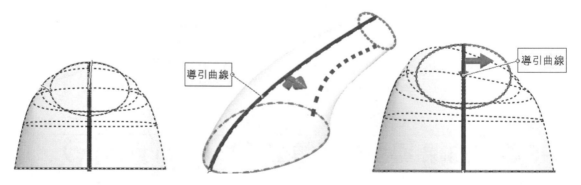

A 不允許相切限制，可能是模糊或與輪廓不相容

左邊導引曲線在模型最下方無法成形。導引曲線和輪廓要有一定距離，否則無法設定**垂直於輪廓**或方向向量。

11-5-3 方向向量

選擇面或直線決定垂直方向，並設定拔模角進行外型控制，例如：指定上基準面作為方向參考，於繪圖區域見到大紅色箭頭垂直於上基準面。

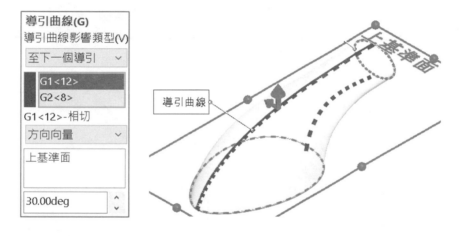

11-5-4 相切至面

點選現有的模型邊線，作為相切至面參考，適用第 2 個🔹或除料🔹。

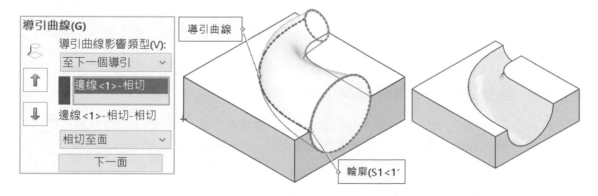

B 理想角度為 2 度以下，最高 30 度

1 個或多個指定輪廓沒有達到角度 2 度以下，最高 30 度，否則無法成形，例如：右下方導引曲線，很明顯與輪廓夾角超過 30 度（箭頭所示）。

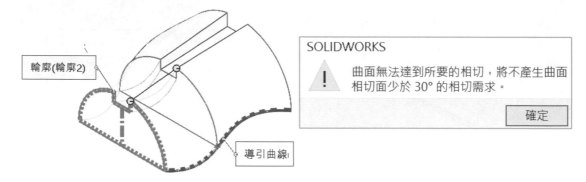

11-5-5 上移、下移

調整導引曲線順序，適用 2 個以上的導引曲線，改變外型控制。實務會搭配 1. 導引曲線影響類型或 2. 導引相切類型，看出外型變化，箭頭所示些微差異，很多外型靠這樣調出來的算進階技巧。

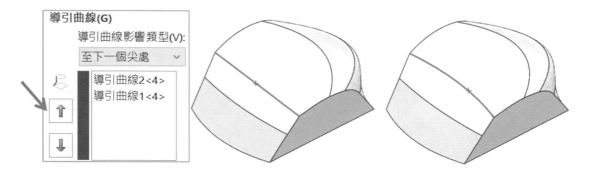

11-6 導引曲線常見議題

成形過程出現錯誤訊息，有些很難理解，很多同學說要學曲面，👆外型就是曲面，曲面不見得只是曲面工具列上的指令！

11-6-1 過多的 SelectionManager

成形過程若模糊判斷，Selection Manager（選擇管理員，簡稱 SM）會自動啟用，例如：點選 2 圓作為輪廓後，繼續點選中間弧會出現 SM 視窗→ESC 取消即可。

輪廓(1)

11-6-2 導引曲線和剖面之間沒有相交

　　no. 1 代表欄位上第 1 條件。例如：導引曲線 no. 1 和剖面 no1.，他們確實沒重合而是分離狀態（箭頭所示）。

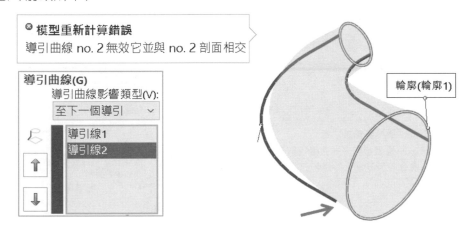

⊗ **模型重新計算錯誤**
導引曲線 no. 2 無效它並與 no. 2 剖面相交

輪廓(輪廓1)

11-6-3 起始/終止限制代替導引曲線

　　對輪廓進行起始/終止限制。外型只要相切連續，不製作導引曲線節省時間建模時間。

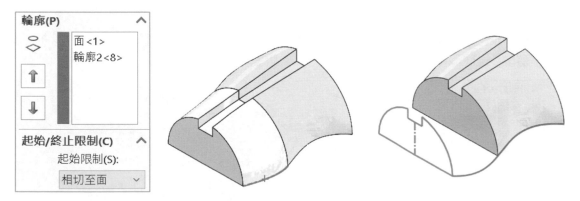

11-6-4 剖面必須是平坦的 3D 面，無法產生疊層拉伸

無法利用 2 條模型邊線作為疊層拉伸輪廓，因為這是實體🔔不是曲面疊層拉伸🔔。必須改為草圖或模型面進行輪廓選擇。

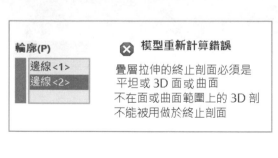
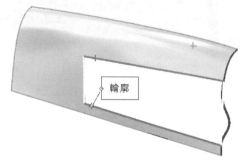

11-6-5 無法分割剖面數量

導引曲線最好由同一圖元完成，例如：右邊導引曲線由不規則曲線+弧構成，無法成為導引曲線的條件。

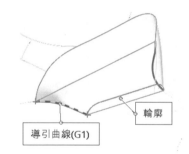

11-6-6 舊版疊層拉伸，有些選項無法使用

無法使用導引曲線影響類型：只有無，下圖左（箭頭所示），由特徵屬性得知這是 1998 年完成的，下圖右（箭頭所示）。

雖然新版可以讀取 1998 年可辨識當年🔔，目前算是相容性，這算系統面的認知。SW 經多年演變🔔已經改版無數次，只要將🔔刪除重新製作即可。

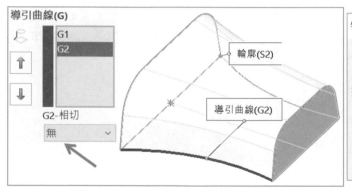
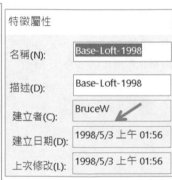

11-7 中心線參數（Centerline Parametr）

中心線參數=掃出路徑=模型骨幹，導引整體形狀，一開始不習慣中心線參數這詞，中心線參數=路徑就立即明白。

A 中心線和導引曲線對調

中心線欄位在導引曲線下方，應該要和❓一樣，先路徑才導引曲線。本節後面故意將**中心線**和**導引曲線**對調，得到不一樣外型，更能理解中心線和導引曲線運算機制。

11-7-1 中心線

中心線只能選 1 條，會發現比導引曲線還嚴重影響外型。原則會把中心線置於輪廓中心使用，導引曲線放在輪廓外。新同學開始思考，中心線和導引曲線合併，不再區分這些。

11-7-2 剖面數量（Number of Section）

調整桿增加或減少剖面數量，左邊少、右邊多。

11-7-3 顯示剖面（Show Sections）👁

於繪圖區域動態居間輪廓區間（鵝黃色，箭頭所示），了解成形過程或失敗原因。

A 增量檢視剖面數量和位置

按下👁後，點選增量檢視剖面數量和位置，參與成形過程度，這部分掃出也有，不過❓是對導引曲線控制，希望指令能統一。

B 直接查看剖面位置

輸入號碼或按下增量方塊，直接跳到該剖面顯示。

C 更新剖面數量

原本剖面數量 12，將調整桿到底➔按👁，得到 50 剖面數量。

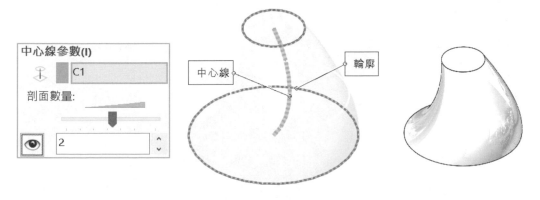

11-7-4 導引曲線套用中心線

故意將外圍導引曲線套用到中心線，不是不行只要不造成自相交錯皆可。

A 完整的模型

曲線均勻，可以完成疊層拉伸，下圖左。

B 無法成形

輪廓轉產生自相交錯（輪廓與中心線呈垂直狀態），下圖右。

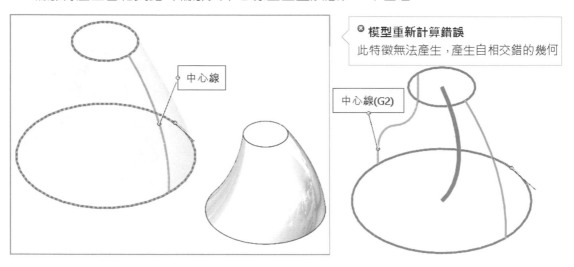

11-7-5 中心線套用導引曲線

將中心線套用至導引曲線，會形成輪廓不在剖面位置，無法成形。

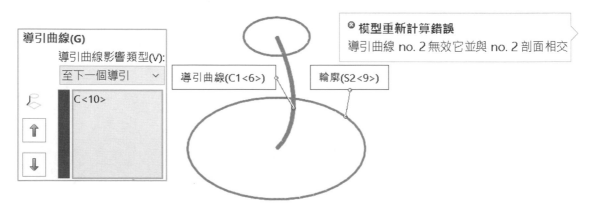

11-7-6 2 條導引曲線與中心線混用

　　將 2 旁導引曲線的 A 模型，與其中 1 條導引曲線給中心線使用 2 的 B 模型，對照會發現沒影響，因為 2 條曲線位置在中央外側。初步看來不受影響，嚴格來說還是有些微差別，由斑馬紋和曲率可以看出。

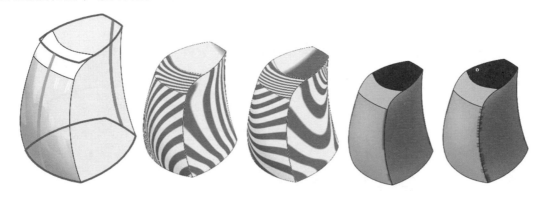

11-7-7 3 條導引曲線與中心線混用

　　將中間的導引曲線置換為中心線，會得到怪異模型，這時就能理解，原則不要把中心線作為導引曲線用。

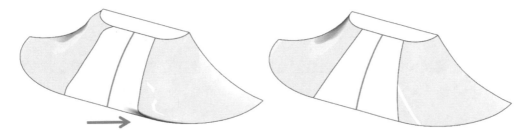

11-8 草圖工具

　　指令過程允許拖曳 3d 草圖（僅支援 3D 草圖），功能類似 Instant 3D，相信未來一定可以在特徵成形過程改變草圖或更改尺寸。實務上，本節的草圖工具很少人用。

　　說明之前會要同學畫 Ø10→🔲，確認特徵過程可以改草圖尺寸嗎？可以畫草圖嗎？這些就是系統面並體會程序說，下圖左。

A 草圖完成的下一程序＝特徵

　　在特徵程序就不能處理草圖，必須退出特徵才可處理草圖，現在沒人想理解這些程序，只想靈活與任性完成作業，其實 SW 早就有這功能，本節剛好可以讓同學體驗。

11-8-1 拖曳草圖

按下拖曳草圖按鈕，可拖曳 3D 草圖或更改尺寸看到變化效果。要離開拖曳模式，再按一下**拖曳草圖**或其他欄位。

11-8-2 復原（Redo）↺

被拖曳的草圖和尺寸依次回復先前狀態，適用尺寸標註的修改。

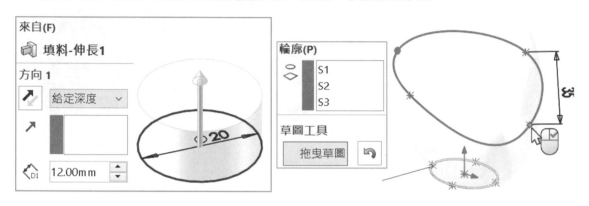

11-9 選項

選項控制疊層拉伸成形處理，這些設定與掃出都一樣不必重新學習，指令過程都可以臨時切換項目。

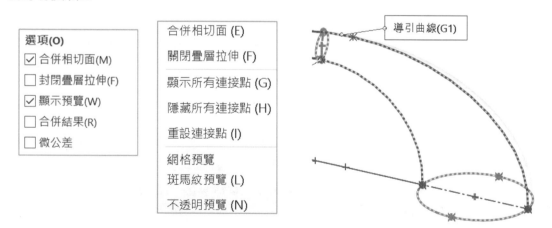

11-9-1 合併相切面（Merge tangent face）

當輪廓有圓弧就可控制是否要合併相切面。這算系統面，很多指令都有這類項目，觀念相同但使用角度不同，例如：用這招來快速查看造型差異。實務以合併相切面為主，因為不要過多獨立面，要完成指令才看得到結果。

A 成形後看差異

獨立圓角面判斷指令設定差異，例如：先前說很刁鑽的導引曲線類型，用這招很好用。例如：下一個導引和下一個邊線，圓角面和斑馬紋可以看出差異。

B 圖元點-圓輪廓

相切面適用輪廓有圓弧相切線段圖元點，下圖左。早期圓輪廓無法設定**合併相切面**，後面版本可以了呦，下圖右。

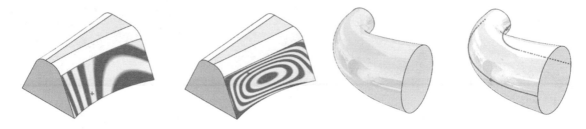

C 掃出和疊層拉伸控制不同

掃出以路徑，疊層拉伸以輪廓控制合併相切面，希望能統一。

11-9-2 封閉疊層拉伸（Close Loft）

自動將最後輪廓與第 1 輪廓連接並維持曲面連續性，要 3 個輪廓才可使用這項功能。最大特色不必建構完整輪廓，減少指令點選和錯誤排除的時間，有時候封閉疊層拉伸只是嘗試，沒想到賺到了。這功能和鏡射不同，鏡射=封閉無連續的疊層拉伸，下圖右。

選項(O)
☑ 合併相切面(M)
☑ 封閉疊層拉伸(F)
☑ 顯示預覽(W)

☑ 封閉疊層拉伸　　　□ 封閉疊層拉伸

A 要 3 個輪廓

要 3 個輪廓否則無法使用封閉疊層拉伸。

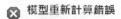

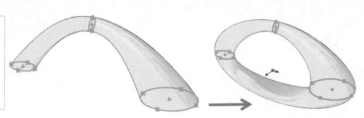

> ❌ 模型重新計算錯誤
>
> 至少需要兩個輪廓(面/草圖/曲
> 的疊層拉伸動作。對於一個封
> 廓。若要產生一個實體，輪廓
> 包含多個形狀輪廓

11-9-3 顯示預覽

本節與掃出顯示預覽相同，不過🐘可以在成形過程按右鍵➔1. **透明預覽**或 2. **不透明預覽**，這些伸長🐘的**細部預覽**相似，希望所有指令都有**細部預覽**就不用學這麼辛苦。

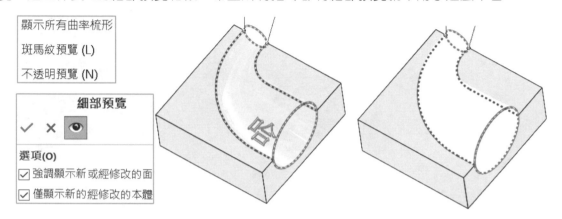

顯示所有曲率梳形

斑馬紋預覽 (L)

不透明預覽 (N)

細部預覽

✓ ✕ 👁

選項(O)
☑ 強調顯示新 或經修改的面
☑ 僅顯示新的 經修改的本體

	A 透明預覽（預設）	B 不透明預覽
優點	有穿透性，可見後面特徵和穿透選擇。	接近成形結果。
缺點	不容易看出成形。	無穿透性，無法選下一邊。

11-9-4 合併結果（Merge Result）

是否產生多本體，適用第 2 疊層拉伸填料，本節與伸長特徵之合併結果相同，不贅述。

A ☑合併結果

把前後本體合併為 1 個本體，下方會出現特徵加工範圍，選擇目前特徵（本體）要和哪個本體合併。

B □合併結果

前後本體和疊層拉伸共 3 個本體。

C 特徵加工範圍

中間是新建立的疊層拉伸特徵，☑所選特徵可以與前面或後面本體結合。

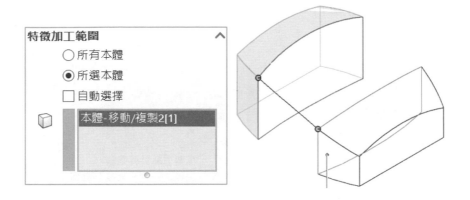

D 零厚度幾何

基於相切有些情況會產生零厚度，例如：右邊導引曲線設定 1. 相切至面➜2. 下一面，就會產生零厚度幾何型態，對這種極端題型□**合併結果**是必要的。

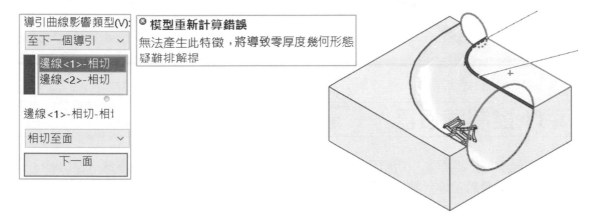

11-9-5 微公差（Micro Tolerance）

提高指令精度調整模型細節，配合網格按看看樣子是不是你要的就好。例如：可以見到網格線比較滑順。

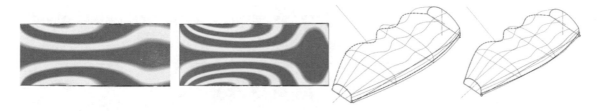

11-10 薄件特徵

薄件特徵特色和掃出相同，比較特殊可以將封閉或非封閉輪廓產生有厚度的形體。

11-10-1 封閉輪廓的薄件

成形過程直接見到薄件形體，下圖左。

11-10-2 開放輪廓的薄件

無法完成開放輪廓的薄件特徵成形，希望未來可以，下圖右。

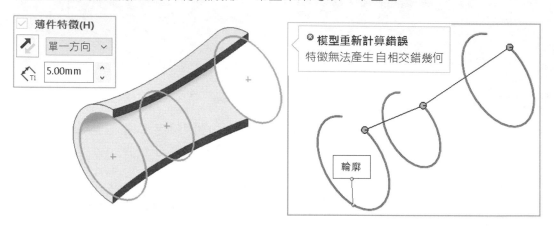

11-11 控制連接器

點選輪廓成形過程，以所選最接近圖元端點作為對應點，讓成型過程擁有參與性。原則不重新製作疊層拉伸，拖曳對應點修正輪廓之間連接。

11-11-1 對應點（Conector）

對應點又稱骨幹=是否成形的主因。點選 2 輪廓後，系統抓取滑鼠所選輪廓最接近圖元端點的位置，1 個特徵只有 1 組，常見自行判斷對應點是否扭轉。

A 拖曳對應點

初學而言壓根沒想到還有點選位置以及對應點要注意，做不出來有一半是點選問題，拖曳連接點到達正確位置，不必花時間重新製作指令。

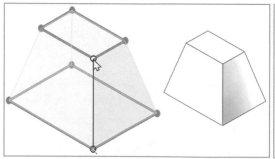
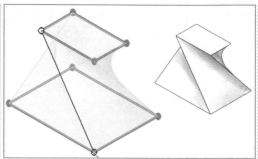

11-11-2 顯示所有連接點

預設連接點不顯示，成形過程右鍵➜顯示所有連接點，完整看出 1. 對應點（綠色）、2. 連接點（青色），除非要做老師，否則顏色不會分就算了，知道都是連接點就好。

A 影響外型扭轉

連接點又稱支架，除了對應點以外皆為連接點，可以拖曳控制影響外型扭轉或皺褶算細節，下圖右（箭頭所示）。連接點和對應點說不清沒關係，統一說連接點也可以。

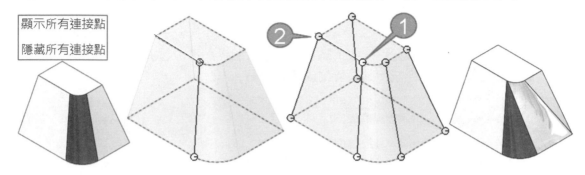

11-11-3 隱藏所有連接點

將所選連接點隱藏，不會改變外型，常用在抓畫面或不受到連接線的干擾，下圖左。

11-11-4 重設連接點

萬一調整不順利想要全部重來時，在繪圖區域右鍵➜重設連接點，將連接點復原為預設位置，應該稱**重設所有連接點**。

很多人 ESC 退出指令重新選擇，如果輪廓和導引曲線很多時，這很耗費時間。

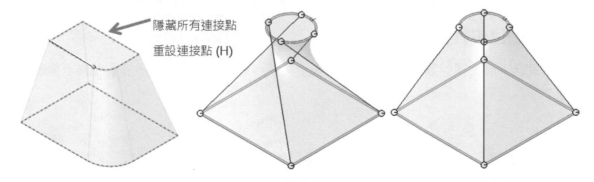

11-11-5 復原連接點的編輯

復原上一個連接點位置，可以多次復原找尋前幾次連接點位置。

11-11-6 加入連接點

連接點不夠用時，游標在輪廓邊線上右鍵→加入連接點。系統會在游標旁處加上 1 組連接線，常用在細部微調上。

A 自動加入連接點

可拖曳圖元端點上的連接點→放置在邊線上，自動產生另 1 組新的參考連接點，對外形和曲面品質有些微影響，可以刪除它，下圖右。

B 圓沒有圖元點

點選矩形以最接近的圖元點抓取，點選圓輪廓以游標點選位置抓取，因為圓沒有圖元點。不必太擔心這問題，系統自動最佳化放置對應點。

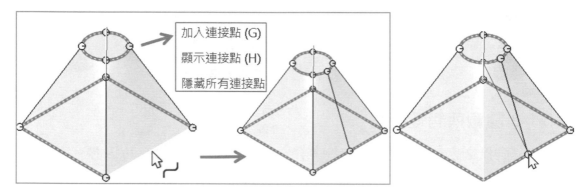

11-11-7 刪除連接點

該連接點影響到外型時，將所選連接點刪除。除非重設所有連接點，否則連接點不會再出現，不過無法刪除對應點呦。不過端點位置的連接點是重要位置無法刪除。

11-11-8 合併連接點

拖曳非端點位置的連接點→到端點位置上，讓多餘連接點合併。不過對應點不能被刪除也不能被合併。

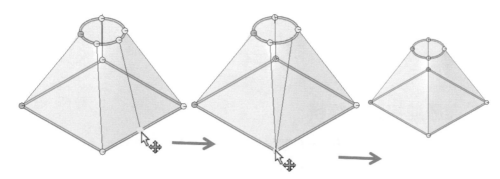

11-11-9 拖曳控制對應點或連接點

成形對應不佳時，拖曳控制對應點或連接點，完成你要的樣子。例如：對應點無法拖曳超過另一端點位置，就像卡住無法通過，必須**重設所有連接點**。

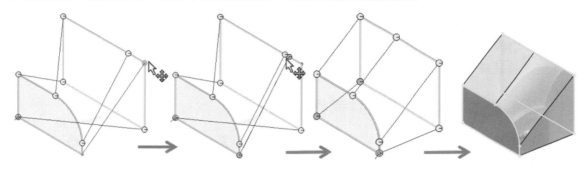

11-11-10 對應點查看技巧

視角協助判斷對應點是否一致性連接。點選圓無法正確點出和矩形相對位置，除非花時間在圓上建構輔助線。由上視圖看出連接情形，並拖曳對應點直接查看變化，下圖左。

11-11-11 連接點的數量

輪廓端點數量要相配，最好相同，例如：2 個矩形皆為 4 點，若 1 個矩形和另一個 6 邊形會形成連接點不相配會飄，必須透過手動調整，下圖右。

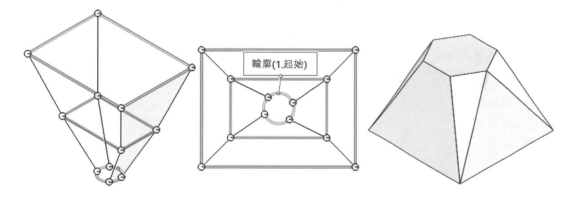

輪廓(1.起始)

11-12 掃出 VS 疊層拉伸

這問題很多人問，對🐍和🦆認知不太清楚，感覺這題這樣，一下又要那樣，當然覺得亂無所適從。先前對這 2 指令的核心認知後，再了解核心差別。

A 唯一解

這 2 指令互補有無法取代的特性，沒有哪個比較好屬於唯一解，例如：滑鼠不能用伸長、旋轉、掃出特徵完成，只能用🖱。

B 適合複雜外型

解決複雜外型，這一點掃出很難做得到，因為掃出僅支援一個輪廓。硬是用🔧完成複雜外型，會耗費很多時間且沒效率，這之間如何拿捏最後有說明。

11-12-1 疊層拉伸與掃出共通性

輪廓、路徑、導引曲線觀念皆相同，開始疑惑到底差在哪。用指令限制來看，🔧只能使用 1 個輪廓，🖱可以使用多個輪廓。

11-12-2 以疊層拉伸為主，對掃出的判讀

🔧只能 1 個輪廓＋路徑，無法要求另一個輪廓大小。要求另一個輪廓大小，要製作 2 條導引曲線，只會增加建模時間。🖱支援多個輪廓，比🔧便利許多。

11-12-3 導引曲線外型

只要輪廓一致就用🔧，例如：水管。輪廓不一致就用🖱，例如：滑鼠或人體模型。

A 輪廓型態一致時

輪廓皆為圓，只是圓大小做變化，🔧就很恰當。反之🖱就很麻煩，硬著頭皮建立很多基準面，並分別繪製輪廓也不好點選。

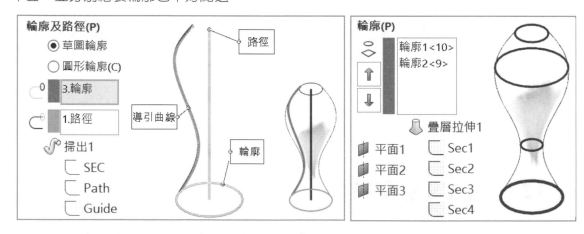

11-12-4 疊層拉伸與掃出無法互換

指令選擇錯誤，後悔想換另一個特徵，只能刪除指令保留草圖重新來過。以目前角度來看，不是我們不會或要我們搞懂，而是軟體不便利了。

11-12-5 疊層拉伸和掃出整合為 1 指令

指令整合不用學這麼辛苦，老師也不必教這麼累。課堂傳授這觀念讓同學思考，同學反應很正面。以前這是專業就要學會，提出這想法一定被念：只想偷懶。現在這想法獲得重視，一切以便利思維發展。

指令整合我想會發生，以前的不可能經時間驗證成為可能。老師專業不是已搞懂這 2 者用法後，也要同學跟著搞懂，教學不是按鈕操作，應該是告訴按鈕意義與靈魂。

11-12-6 掃出與疊層拉伸比較表

	掃出 🎣	疊層拉伸 🔔
特性	1 個草圖＋1 個輪廓	2 個輪廓
優點	輪廓容易繪製 比較好學 草圖好點選	變化性高，適合複雜外型 沒有草圖建構順序性 點選草圖要留意對應點
缺點	不容易成形 變化性低，適合簡單外型 有草圖建構順序性	草圖輪廓不容易繪製 基準面很多
指令差異	路徑	中心線參數
共同性	1. 輪廓封閉、2. 路徑開放、3. 導引曲線、4. 起始/終止限制、5. 選項、6. 薄件特徵、 7. 曲率限制、8. 特徵加工範圍	

筆記頁

疊層拉伸應用

開始進入🐚建模：1. 驗證特性、2. 常見題型、3. 進階作業，本章會比🐚還容易學習，以實務案例，順便認識指令特性。

🐚製作時間會比掃出還長，對進階者而言時間差不多，因為對這 2 指令的觀念一致就能打通任督二脈，不會建模到一半發現要改特徵而重新繪製。

12-0 草圖顯示

很多同學因為沒顯示草圖，於🐚過程選不到輪廓，顯示草圖可目視設計，實務上很常用。預設草圖隱藏，同學開始疑惑草圖預設是否顯示，以學習曲線來看是正常的，學習到一個階段會隱性退步，這是蛻變。

12-0-1 🐚驗證

指令完成後看出草圖預設不顯示，下圖左。其實這樣設計是對的，所有圖元預設不顯示，要什麼自己開，反之預設顯示草圖，模型會很亂，下圖中。

12-0-2 要 2 處都草圖顯示

這部分很多人聽不懂，因為沒有層次，例如：模型有 10 個特徵，有 2 個特徵已經顯示草圖，不必分別於特徵管理員關閉，事後又將它們顯示回來。

於快速顯示工具列關閉草圖即可，這樣比較便利，下圖右（箭頭所示）。

12-0-3 一定要顯示草圖？

很多人問，難道🐚一定要在顯示草圖？不一定要這樣，在特徵管理員點選草圖也可以。

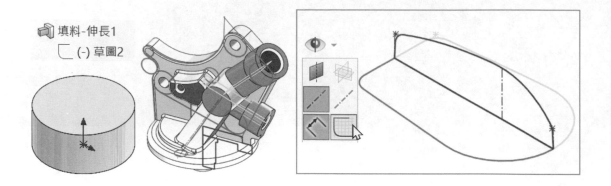

12-1 2 草圖

由 2 輪廓構成方轉圓,它是🔧最典型代表,讓同學快速體驗指令運用。輪廓分別不同空間,於特徵管理員可見平面 1,平面 1 有草圖,常問不用🔧要用什麼指令完成它,下圖左。

12-1-1 輪廓

習慣由上到下點選繪圖區域的草圖,並進行以下設定,換句話說,由下往上點選草圖速度會比較慢。

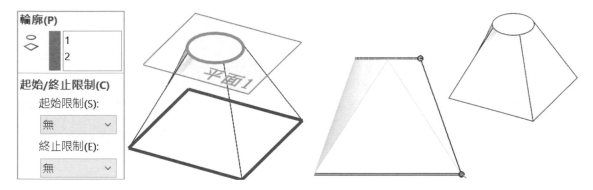

A 3D 草圖

利用 3D 草圖建構上基準面上方的圓,利用直線的幾何建構線定義高度,就可減少製作基準面,下圖左(箭頭所示)。

12-1-2 起始/終止限制:垂直於輪廓

1. 設定**垂直於輪廓**,讓輪廓沿垂直方向相切成形➔2 調整相切長度將原本 A 形調整為 S 曲線造型,很明顯看出這 2 者為不同外形。

12-1-3 相切長度

讓模型相切並量化控制，起始/終止故意不一樣範圍看出所選草圖順序，例如：起始 2、終止 1.5，能看出上方起始、下方終止，不必改輪廓順序，只要對調起始/終止範圍。

A 長度範圍

用上下增量方塊調整過程，見到直線撐起且相切樣子，隨著數字增加甚至會超越另一個輪廓。故意輸入 10 可看出顯示範圍在 0.1-10，早期只能 0.1-1，下圖右。

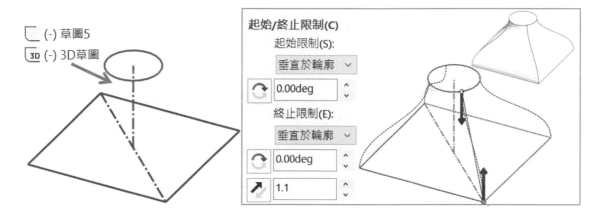

12-1-4 拔模角

像雨傘一樣撐起，用上下增量方塊調整拔模角度，發現原本纖細曲線變得膨脹。

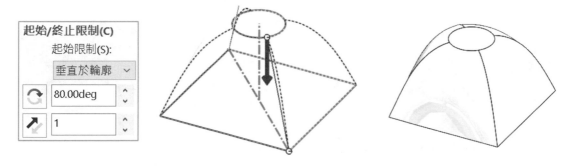

12-2 3 草圖

分別點選 3 條線段，讓 3 個草圖成形，2 個以上又稱多草圖。認識對應點抓取原理，看起來沒什麼卻有很多學問在裡面，先前草圖之間平行，這一題草圖之間垂直。

12-2-1 3 草圖成形

由左點到右共 3 點選個草圖，好成形速度也快，有沒有發覺左→右點選比較快。不過有一半同學做不出來，因為點選沒注意到以下細節。

12-2-2 點選線=靈魂

游標點選的位置取得對應點，開始認識點選靈魂。本節先讓同學點選看看，會問還記得當初怎麼點選的嗎？通常忘記了。

這題重新製作會更留意當初點選位置，點選的位置=靈魂，把點選靈魂找出來，就知道自己在幹嘛。

步驟 1 點選第 1 和第 2 條線

系統追蹤游標點選的線段最近端點，將 2 草圖端點連結形成對應點，下圖左。

步驟 2 點選第 3 條線

點選第 3 條線游標也要接近端點，下圖左。否則第 3 輪廓和第 2 輪廓重疊沒多餘空間成形，像書本合起狀態，下圖右。

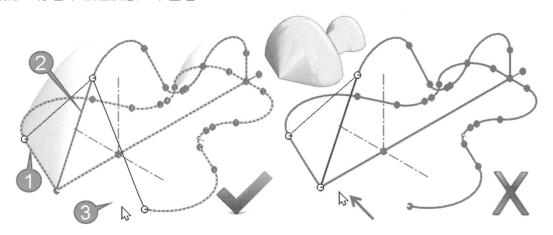

12-2-3 點選端點取得對應點

這樣比較矯枉過正，點選端點對端點。點選端點看起來一次到位很有效率，不像選線還要注意細節，大郎倡導選線不選點，有以下 3 個原因：

A 先前教學連結

線的面積比較大，點選速度也快。當手感到一定程度，會覺得選點很麻煩，速度慢，線段選一選就成形。

B 選點不得已

抓不到對應點時才點選點，屬於不得以操作，選點破功了。如果不幸太習慣點對點，不必憂慮，下回提醒線對線，久了就習慣並把壞習慣改回來。

C 重做一次

很多人選不好就 ESC，退出指令重做一次。這樣不好，重做是無計可施不得已作業，應該在選項設定或繪圖區域調整來滿足所需。重做不用學，也用教同學如何重做。

12-2-4 拖曳對應點

拖曳改變對應點到合理位置即可成形，拖曳過程就像磁鐵一樣，吸附到最近端點。以前建模沒注意到這麼細，現在知道建模要注意細節了吧。

12-2-5 垂直於輪廓

看到造形開始變化，感覺隆起有精神的樣子。由前視圖和對應點線段看出，與垂直於輪廓的對照。

A 相切長度

故意把形狀超越中間輪廓成為山型，這造型是意想不到的。

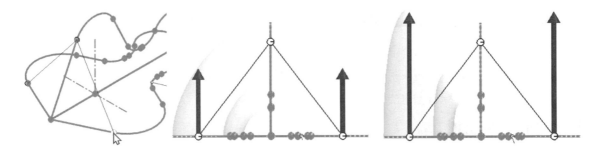

12-2-6 圓的連接

由於圓沒有端點，只能點選線段成形，系統會以點選位置作為對應點。拖曳對應點會得到意想不到的效果。

A 對應點成一直線

想要讓對應點成一直線，調整視角與螢幕平行，可達到此效果。

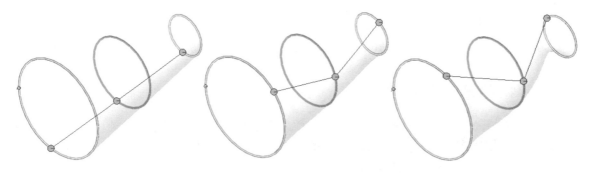

12-3 輪廓順序

本節體驗：1. 輪廓點選順序、2. 點選的線段位置、3. 改變特徵。驗證選擇順序前選到後或後選到前，改變點選順序通常是無法成形，目標放在草圖不變下，亂試出來算撿到。

A 解決方案靠點選

看不懂對吧，很多解決方案靠點選解決，常遇到無法成行一直調整輪廓，或是調整指令項目，可以不必這麼麻煩。

B 不修改草圖

這草圖接近無法成形臨界點，如果不用採取：1. 點選順序、2. 點選位置、3. 更改其他特徵解決，勢必要修改草圖，修改草圖。實務上客戶要求是極端的，僅有在有限條件設計，甚至不合理要求，就要靠 SW 來驗證客戶要求的可行性。

12-3-1 選擇順序與草圖位置

改變草圖點選順序，分別判斷哪個順序可以完成，要留意點選的是右方圓弧位置。

A 選擇順序：前選到後、後選到前

以最接近螢幕草圖先選，Z 軸負向 A→B→C 成形，下圖左。C→B→A，對應點一樣位置卻無法成形，原因是精度。

B 點選的草圖位置

只有點選 ABC 的位置才可以成型，點選 1→2→3 就做不出來。

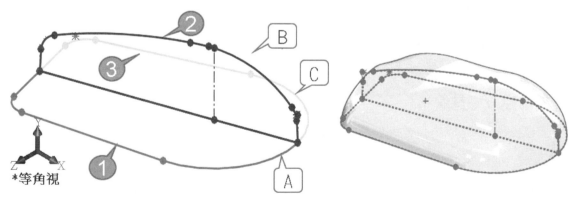

12-3-2 特徵法、邊界填料

草圖不變情況下，思考其他指令完成，代表對建模方法多了考量。例如：有些人用曲面🥄完成，只是提高精度做法。🥄精度 0.001，邊界填料⬡精度 0.0001，各位用 SW 這麼久是否注意🥄旁邊有⬡，很多人用這取代🥄。

A 選擇順序或草圖位置

接下來故意由後選到前 C→B→A 或草圖位置 1→2→3，會發現都可以完成。問同學是否對🧱感到陌生與不習慣，只要知道這指令原理多做幾次保證會。

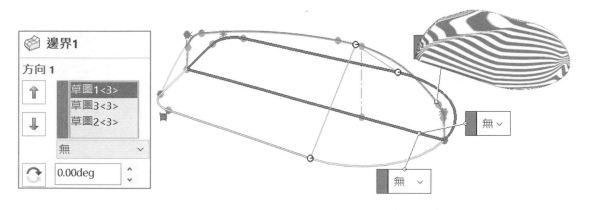

12-4 精確選擇

導引曲線在快顯特徵管理員選擇，通常執行指令過程不會花時間理解建模方式，等到無法成形才會回過頭來理解當初草圖是如何建立的，本節解析建模手法並解決特徵成型。

12-4-1 先睹為快：預選

特徵管理員點選 3 個草圖→🍶，用拋的完成特徵。

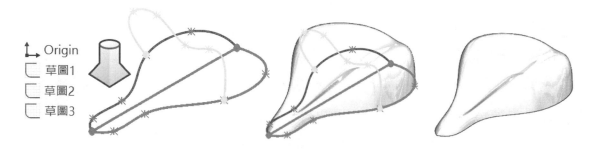

12-4-2 精確選擇法-快顯特徵管理員

繪圖區域點選草圖屬於模糊選擇，速度比快效率高，不過會有誤判情形，就要靠快顯特徵管理員精確選擇。

A 啟用快顯特徵管理員

當左邊窗格不夠用時，目前被屬性管理員佔據，使用快顯特徵管理員協助選擇。由於快顯特徵管理員預設摺疊，要自行展開。在特徵管理員右上方展開模型圖示，見到特徵管理員以半透明顯示在繪圖區域中，分別點選：草圖 1、草圖 2、草圖 3。

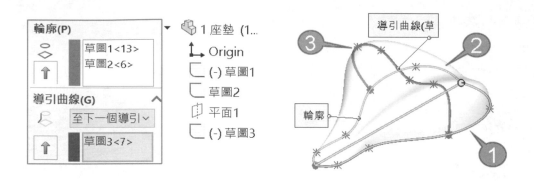

12-4-3 點選繪圖區域的草圖

本節詳細說明指令過程，點選草圖竟然消失的議題。座墊有 3 個草圖：2 個輪廓＋1 導引曲線並判斷草圖建構手法。

步驟 1 於繪圖區域點選右下方第 1 草圖

步驟 2 點選左方第 2 草圖，會發現無法加入第 2 草圖輪廓

點選草圖 2 過程第 1 個草圖在輪廓欄位消失，遇到這類問題有點難度，因為這模型不是自己畫的，下圖左。

A 草圖 1 建構方式

編輯草圖 1 得知：1. 右邊不規則曲線＋2. 直線封閉輪廓➔3. 鏡射圖元➔4. 轉換幾何建構線，屬於 Layout 手法，讓下一個草圖參考。

由限制條件圖示得知，左邊不規則曲線為鏡射圖元或互為對稱而成，互為對稱不太可能，因為不可能畫 2 遍不規則曲線，下圖中。

更能體會限制條件由 2 種方式產生：1. 人工、2. 系統給的，同學對系統給的比較陌生。

B 草圖 2 建構方式

編輯草圖 2，由限制條件圖示得知，左邊草圖參考右邊草圖➔參考圖元，下圖右。

C 導引曲線建構方式

編輯草圖 3，得知很單純的開放曲線為導引曲線。

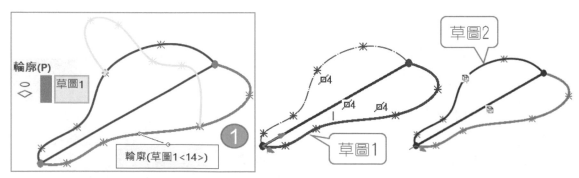

D 分析原因

由於草圖 2 重疊在草圖 1 上，點選草圖 2 系統無法判斷點選草圖 1 還是草圖 2，預設認為重複點草圖 1。依操作原理，重複選擇系統會取消選擇。

例如：重複選擇導引曲線，第一次有選到，第 2 次會取消選擇。不要責怪 SW 很難用，這是微軟定義。有這規則反而好，因為它是直覺式點選。

12-4-4 選擇其他法

執行指令過程針對重疊的物件，可以選擇要哪一個。1. 游標在繪圖區域的草圖 2 上方右鍵選擇其他→2. 由清單選擇草圖 2。

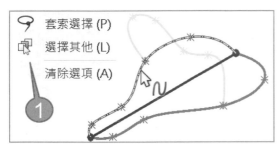
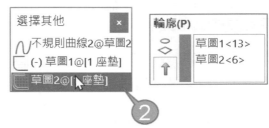

12-5 模型面斷差

先前所學 2 個、3 個草圖成形，這次面對面成形，屬於多本體技術（由下而上），這裡的是第 2 特徵。利用 2 分離本體段差（又稱樓梯），點選 2 端面後調整特徵連續性，沒有導引曲線也可完成造型，破除以往模型像蓋房子一樣，由下往上基礎接續成形。

A 先畫頭和尾再將身體接起來

多本體技術會先畫頭尾，再連接建模，例如：手持電鑽設計過程會先畫下把手和上鑽頭機構體，中間橋接後面再說，甚至會故意把完整的中間除掉重新連接。

12-5-1 疊層拉伸成形

點選 2 模型面，由成形邊線看出直線連接，利用以下設定完成外型導引調整。

12-5-2 起始/終止限制

分別切換：1. 垂直於輪廓、2. 相切至面或 3. 曲率至面，會發現外型變化差很多，常問同學為何會這樣，因為她是第 2 特徵。

A 相切至面

為何有相切至面呢，1. 有先前的特徵、2. 模型弧面，圓柱本身也具備相切特性，讓系統計算相鄰面幾何。沒用這招很難繪製側邊曲線，只能用 3D 草圖或投影曲線才可完成。

12-5-3 查看疊層拉伸特徵結構

大郎常問同學，為何特徵管理員🝔沒辦法展開。因為特徵由模型面構成，所以沒有草圖。這部分是同學盲點，因為習慣特徵帶草圖並延伸 2 個觀念，下圖左。

A 觀念 1 無草圖特徵

課堂常舉🗐、🗐為例，該特徵不需要草圖，甚至也不能有草圖，所以看不到草圖是正常的。反之🝔可以有草圖，也可以沒草圖，端看所選輪廓條件為何，這就是學習連結性。

B 觀念 2 查探條件的能力

於特徵管理員直視，很難看出🝔怎麼來，只能編輯🝔判斷建模者想法，這才是真功夫。

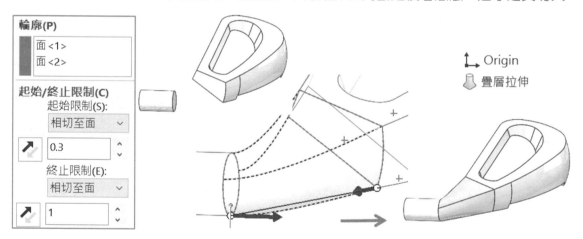

C 早期作法

早期必須在模型面上 1. 進入草圖→2. 參考圖元→3. 退出草圖，完成草圖 1。接下來重複完成草圖 2，現在只要直覺點選模型面，這就是時代進步作法也會跟著有效率，不用草圖的作業只會越來越常見。

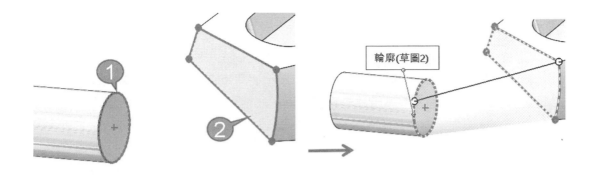

12-5-4 垂直於輪廓與相切至面差異

點選 2 曲面，垂直於輪廓：以模型面為輪廓，進行垂直引伸。相切至面：參考模型邊線進行相切面的連續，會得到較好的品質。

於斑馬紋看出 2 面的連續情形（箭頭所示），為了凸顯**垂直於輪廓**與**相切至面**差異，垂直於輪廓長度 2。

12-6 草圖點

先前所學草圖對草圖、面對面，這次面對點成形。輪廓原則是封閉形態，點不是封閉輪廓卻可成為⚓條件，點會讓成形收斂，任何圖元無法達到這效果。先前 1. 草圖+草圖、2. 面+面，這回 3. 面+草圖，體會輪廓可以輕鬆配，讓你對指令認知更靈活。

12-6-1 面+點

模型面+草圖點→⚓，完成鋼彈天線，下圖左。

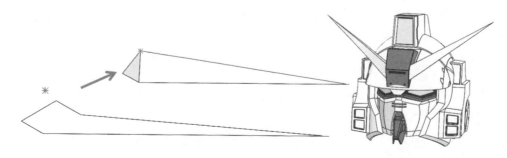

12-6-2 點的收斂

金字塔底邊正方形，側邊 4 面正三角形，可用正方形＋點成形，換句話說不用點，要用哪種圖元可以代替，點也是解決方案。不用🖱做不出來，就算用其他特徵做出來會很累。

草圖點可以在基準面上，不需建立新基準面，本節的特徵常用在防滑裝置。

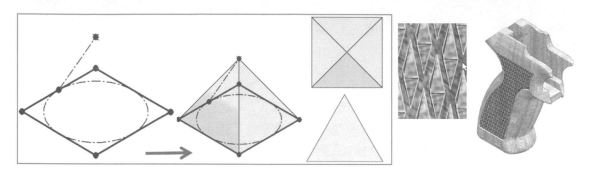

12-6-3 點的曲面變化

橢圓將點的起始限制=垂直於輪廓，類似鼻頭曲面，下圖左。起始限制=無，下圖中。

A 網格密度

先前提過網格密度預見成形效果，藉由網格密度進行圓頂調整，設定垂直於輪廓的相切長度變化，讓圓頂為圓面或頂點。

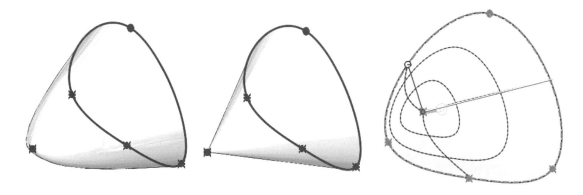

12-6-4 複斜面

輪廓＋點→🖼，完成複斜面，這手法是複斜面解決方案，你會發現模型端點無法成為指令條件，希望未來版本可以支援。

A 複斜面原理

點選斜面會由 4 個視窗會見到其他視圖顯示該面，複斜面有很多議題，例如：負斜面特徵、複斜面投影、複斜面機構…等。

有複斜面就有單斜面，只有一個視圖看得到面，其他視圖皆投影為邊線。

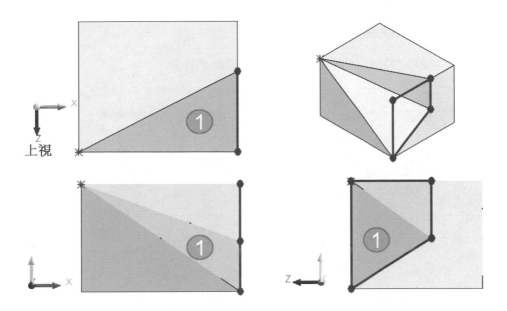

12-7 模型邊線

利用模型邊線成為中心線或導引曲線完成，常用在第 2 特徵。

12-7-1 導引曲線

到底要用 1. 模型邊線或 2. 草圖作為導引曲線，不得以才用草圖，因為草圖要畫。

步驟 1 輪廓

點選前後 2 個草圖。

步驟 2 導引曲線

點選草圖+模型邊線。

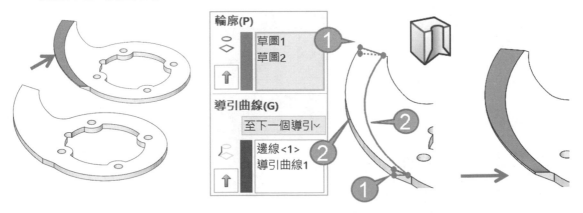

12-7-2 練習：中心線參數

承上節，利用模型邊線當中心線，也可以完成本節作業。

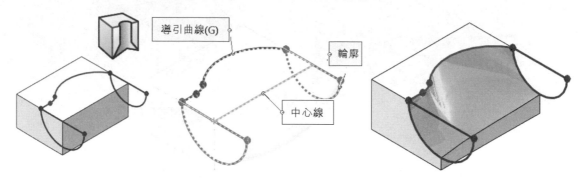

12-8 中心線路徑

利用中心線引導，體驗中心線=路徑觀念。導風管由 2 個🐛構成，1. 草圖+草圖→🐛、2. 草圖+面🐛，並簡單說明🐛和🐚差別。

12-8-1 Layout 結構

用 3 條建構線讓：基準面、中心線成為位置參考。

A. 2 弧分別在建構線相切	B. 基準面分別垂直在建構線端點	C. 3 個草圖在基準面上

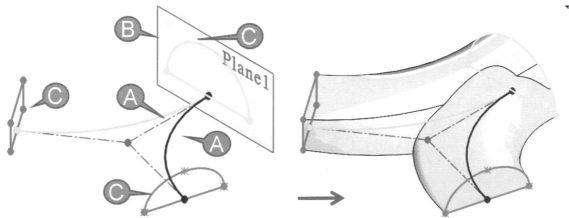

12-8-2 第 1 疊層拉伸成形-右邊

點選右邊 2 輪廓＋中心線參數，這時同學點選速度相當快，下圖左。右下角橢圓、右上角半圓，課堂上會問圓和橢圓差別，好多同學忘了呀！橢圓會有 4 個圖元點，圓沒有。

A 中心線參數

中心線參數=路徑,並讓同學嘗試中心線和導引曲線對調,查看它們之間差異,就能體會計算原理。將弧加入中心線參數,特徵明顯受到中心線牽引變化,下圖左。

將中心線參數的曲線改成導引曲線,模型比較瘦,右邊造型被強制牽引,下圖右。成形過程☑網格預覽,更能看出側邊曲線的變化。

B 側邊輪廓的大小

模型兩側無法得知尺寸多少,如果需要左 R200、右 R100 就要加畫 2 條導引曲線。

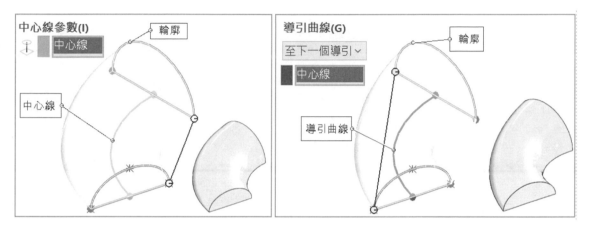

12-8-3 第 2 個疊層拉伸成形-左邊

本節 1. 只有 1 個輪廓可以選、2. 扭轉。左邊剩下矩形輪廓和半圓模型面,採取以下 2 種手法完成左邊👆,這 2 種給法體積和外型些許不同,實務會嘗試看哪個結果是你要的。

A 草圖+模型面

1. 點選矩形草圖+2. 模型面+3. 中心線。

B 草圖+草圖

1. 點選矩形草圖+2. 半圓草圖+3. 中心線。

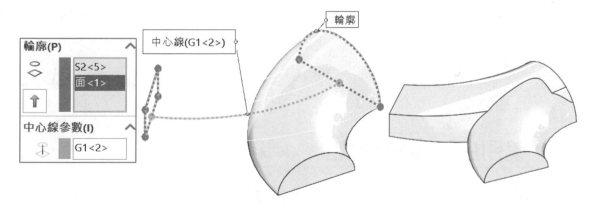

C 顯示所有連接點

1. 繪圖區域右鍵顯示所有連接點，半圓 2 端點與矩形 4 端點對應不起來形成錯亂，原則端點對應要平均，例如：4 對 4、6 對 6。

☑網格，設定 1，可以看出成形的輪廓線，就不會看得很吃力，會近視加深。

D 分配連接點

先找出共識，1. 拖曳矩形下方 2 點青色連接點➔對應半圓下方 2 端點➔2. 矩形上方 2 點分佈在圓弧上。

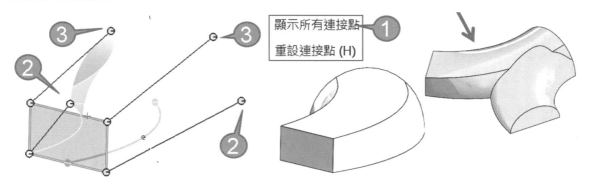

12-8-4 薄殼驗證

開啟網格，確認草圖對草圖還是草圖對面，沒想到草圖對面薄殼會成功。實務不確定草圖對草圖，還是草圖對面哪個比較好，事後才發覺到有問題再調整，不必刻意理解。

12-8-5 共用圖示

展開第 2 個疊層拉伸見到共用圖示⤳=草圖關聯性，下圖左。

12-8-6 量化半圓弧對應點位置

半圓弧對應點用放的感覺很隨便，設計過程不是要給精確定義嗎？

當然可以，將半圓分別給 2 條建構線，用來標註角度或弧長，這樣對應點就有量化基準。

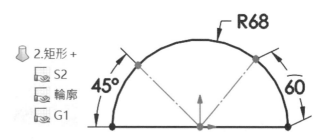

12-9 導引曲線控制外型

利用輪廓、導引曲線與中心線成為線架構完成疊層拉伸，常用在曲面撲面。

12-9-1 2 輪廓+3 導引曲線

本節是最簡單理解的造型。

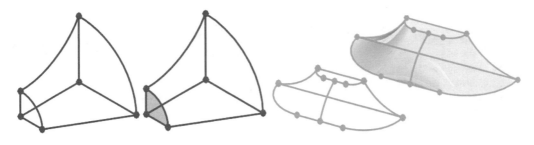

12-9-2 導引曲線控制輪廓

利用 4 條導引曲線控制 3 輪廓。

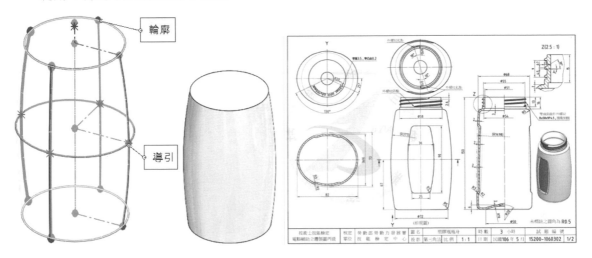

12-10 多輪廓

利用多個輪廓成形,點選輪廓會比較花時間,所以要用方法點選輪廓。

12-10-1 螺旋

螺旋特色在相同輪廓、輪廓旋轉,通常會預選多輪廓→🔲→調整對應點。

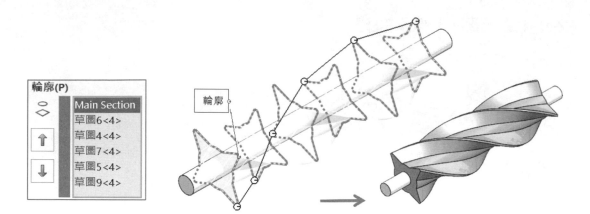

12-10-2 蓮蓬頭柄

5 個輪廓+2 條導引曲線，輪廓為橢圓也能成為雙曲面。

步驟 1 輪廓

由上到下依序點選 5 個輪廓。

步驟 2 導引曲線

曲線為 1 個草圖完成，要藉由 SelectionManager，分別加入左右 2 曲線。

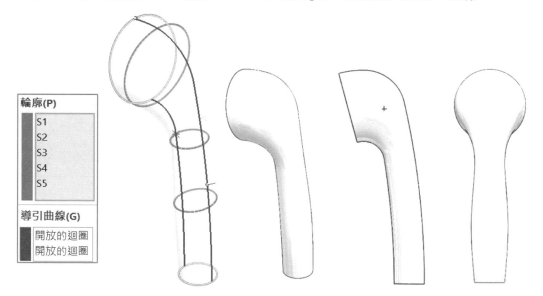

12-10-3 船體

船是最受喜歡練習題，多剖面完成主體，導引曲線控制左右船舷和下方龍骨。

步驟 1 預選輪廓

於繪圖區域依序點選點 5 個輪廓+點➜🖐，把輪廓用拋的，就不用在指令中一個個點選，這樣速度比較快，預覽得知船體扭曲感覺塌塌的。

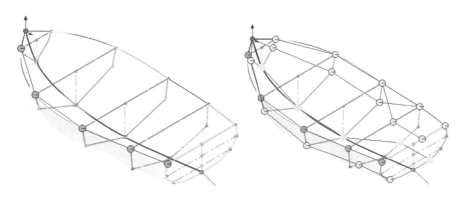

步驟 2 導引曲線

分別點選左右船舷和下方龍骨,共 3 條線,先把條件滿足再細膩調整對應點。

步驟 3 調整輪廓順序

點選輪廓→上下調整輪廓順序(箭頭所示)。如果調整過程對應點還是不如意,就在指令中按步就班一個個點選輪廓。

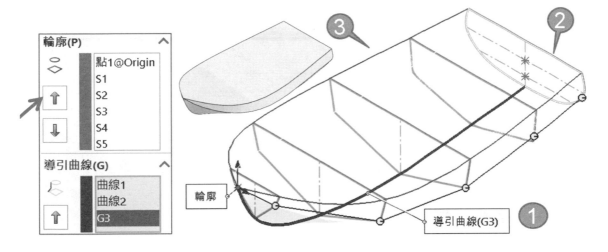

A 龍骨中心線參數

下方龍骨(G1)為中心線參數,會發現做不出來,下方龍骨應該是導引曲線,因為龍骨在輪廓外側而非中心位置。

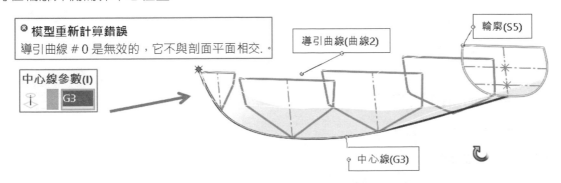

12-11 水槽

盆子題型多半用🔻+📦完成，重點在薄殼與圓角搭配順序。

| 設變 1 | A=250、B=125、C=50、D=4 | 體積：280048.08 mm^3 |
| 設變 2 | A=260、B=135、C=60、D=6 | 體積：438418.75 mm^3 |

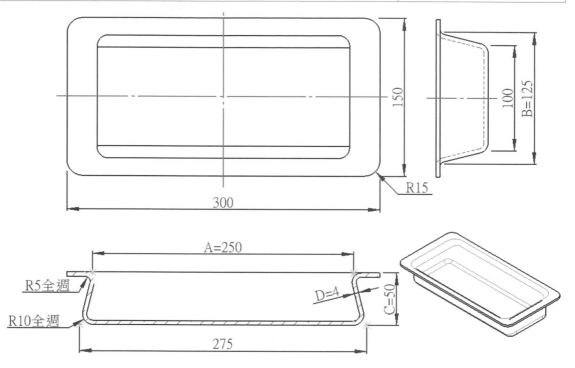

12-11-0 繪圖步驟

模型分 3 大部分：1. 疊層拉伸→2. 加蓋→3. 薄殼。

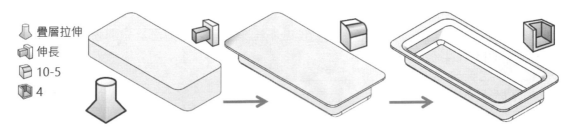

🔻 疊層拉伸
📦 伸長
📦 10-5
📦 4

12-11-1 疊層拉伸特徵

完成上下 2 個草圖→🔻。

步驟 1 輪廓 1 繪製

上基準面以中心矩形完成草圖 1。

步驟 2 新基準面建立

以上基準面為基準，建立平移 50 基準面。

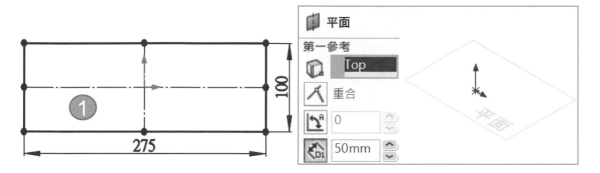

步驟 3 輪廓 2 繪製

在新平面以中心矩形完成草圖 2。

步驟 4 疊層拉伸

將草圖 1 和草圖 2 加入疊層拉伸的輪廓條件。

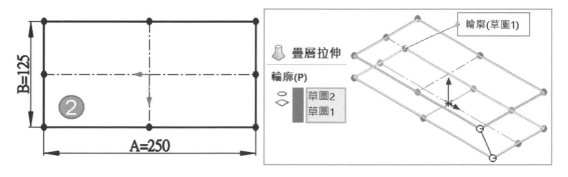

12-11-2 平板特徵製作

在模型上方繪製草圖，🗔完成深度 4，留意 4 有沒有包含前視圖的 50。

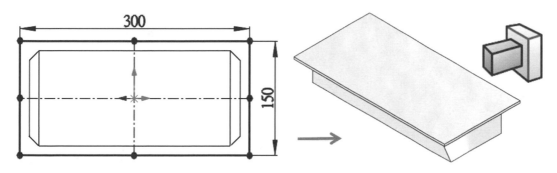

12-11-3 導圓角

分別完成 4 個面和 4 個邊線 R15，下圖左。

12-11-4 薄殼特徵

選擇上面當挖除面，厚度 4，可見上方面被挖除，可見圓角，下圖右。

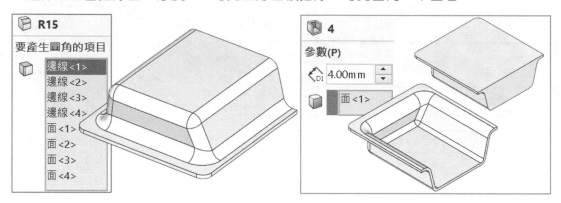

12-12 固定架

將所有草圖畫在一起，接下來特徵只要參考就不畫草圖了，未來要修就改源頭 Layout 草圖即可。這題看起來很難，只要想辦法完成 3. 疊層拉伸輪廓→2. 輪廓前置作業就是基準面→1. 基準面前置作業是草圖規劃。

設變 1	A=250、B=60、C=65、D=85	體積：1143598.07 mm^3
設變 2	A=260、B=70、C=75、D=90	體積：1238134.73 mm^3

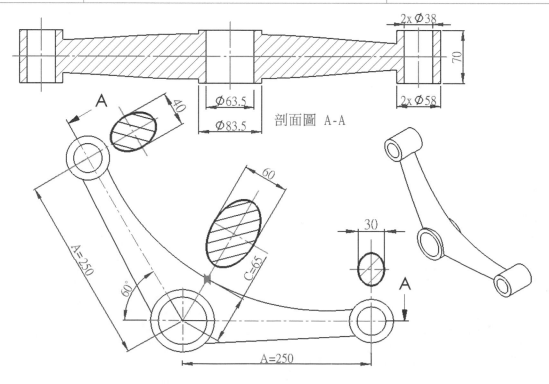

剖面圖 A-A

12-12-0 固定架

1. 建置草圖 Layout→2. 基準面→3. 輪廓與導引曲線草圖→4. 疊層拉伸→5. 細節。

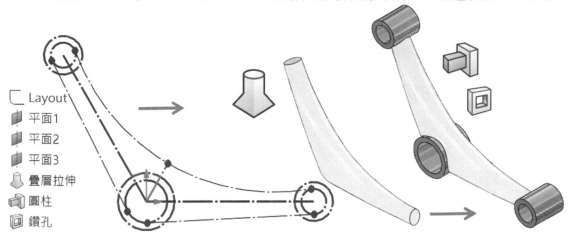

12-12-1 草圖規劃

由前視圖完成草圖規劃並命名為 Layout，讓未來基準面和特徵使用。

步驟 1 3 組同心圓+3 條直線

步驟 2 限制條件：等長等徑

分別完成 1. 左、右兩組圓、2. 兩條線的等長等徑。

步驟 3 斜線的互為對稱

65 的斜線對稱圖形可維持在 L 線段中間位置。1. 斜線轉幾何建構線→2. 選擇 3 條線→3. 互為對稱，因為中心線是對稱基準（標示為 3）。

步驟 4 尺寸標註

標註後 Layout 基本已經完成，下圖右。

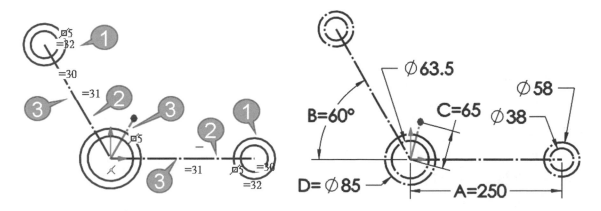

步驟 5 上方導引曲線

3 點定弧與 Ø38 相切，弧與 65 線段端點重合。

步驟 6 下方 2 條導引曲線

分別利用 2 直線與 Ø63.5 相切，下圖左（箭頭所示）。

步驟 7 轉換為幾何建構線

由於是 Layout 必須轉建構線，讓未來草圖參考才會有層次。很多人沒注意到這細節，沒改變線型進行特徵作業過程，會意識區隔它們，整天下來會累。

12-12-2 上導引曲線

導引曲線要在輪廓前製作。

步驟 1 前基準面進入草圖

步驟 2 參考圖元

點選上方曲線→參考圖元🔟，完成導引曲線→退出草圖，下圖右（箭頭所示）。

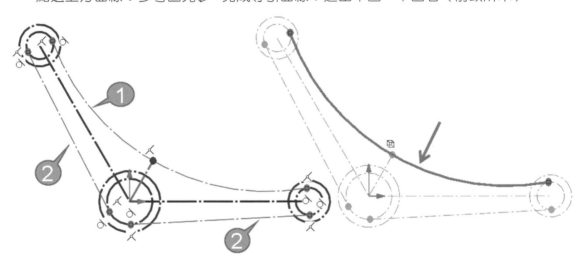

12-12-3 下導引曲線

下導引曲線比較難，因為有修剪以及未來基準面的條件佈置。

步驟 1 前基準面→進入草圖

步驟 2 參考圖元

點選下方 2 條線段+Ø63.5 圓→參考圖元。

步驟 3 修剪圖元

會得到需要修剪的草圖，修剪成獨立線段→退出草圖。

步驟 4 建構基準面的參考

以建構線連結導引曲線 1 和導引曲線 2，下圖左（箭頭所示）。

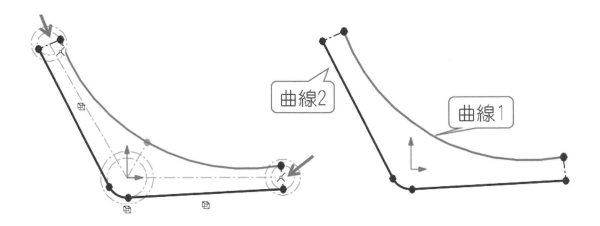

12-12-4 基準面建立

　　利用 Layout 草圖建立基準面，分別建立 3 個基準面，就是疊層拉伸 3 個輪廓位置。分別完成 3 個面：1. 右邊面、2. 中間面、3. 左邊面。

　　第一參考：前基準面，垂直、第二參考：直線，重合。

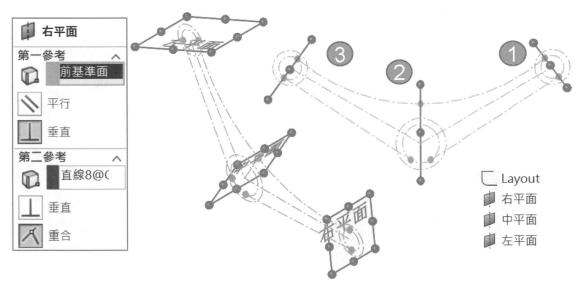

12-12-5 疊層拉伸輪廓

　　於前視圖得知，利用橢圓 4 點特性，分別在這 3 平面上建立輪廓。

步驟 1 點選右邊基準面→繪製橢圓

步驟 2 橢圓限制條件

　　將橢圓上下其中一點與導引曲線貫穿。給限制條件之前，必須將 Layout 草圖隱藏，否則很容易將橢圓點和 Layout 進行限制，無法加入貫穿。否則只有重合可選擇也達不到輪廓沿導引曲線控制的精神。

步驟 3 自行完成剩下 2 個輪廓

重複步驟 1～2，完成平面左和平面右輪廓。

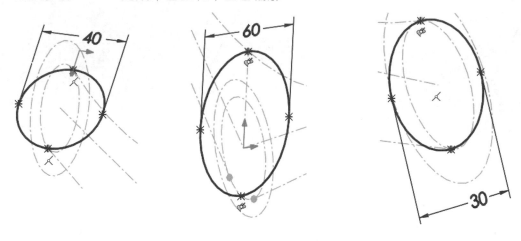

12-12-6 疊層拉伸成形

3 個輪廓+2 條導引曲線→疊層拉伸。

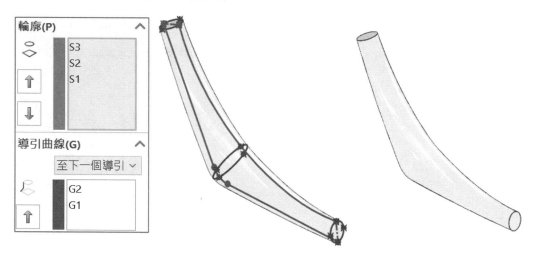

12-12-7 圓柱特徵

前基準面利用 Layout 參考圖元完成圓柱深度皆 70，可在同一特徵完成。

步驟 1 前基準面→進入草圖

步驟 2 分別點選 Ø58、Ø63.5 圓→參考圖元

步驟 3 伸長填料，深度 70

12-12-8 圓柱孔特徵

自行完成圓柱孔特徵。

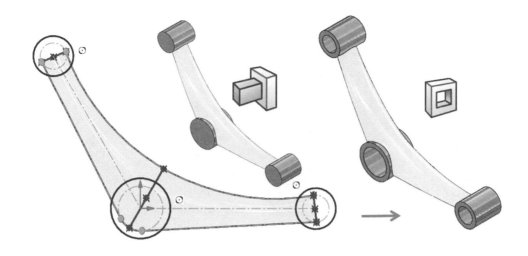

12-13 H 架

考驗導引曲線應用並嚴格檢視模型，培養敏感度和細節，就當作客戶對你的要求，更改尺寸驗證模型是否能滿足設計變更意念，驗證模型穩定性。

設變 1	A=140、B=50、C=25、D=80	體積：243518.44 mm^3
設變 2	A=160、B=25、C=50、D=90	體積：231700.71 mm^3

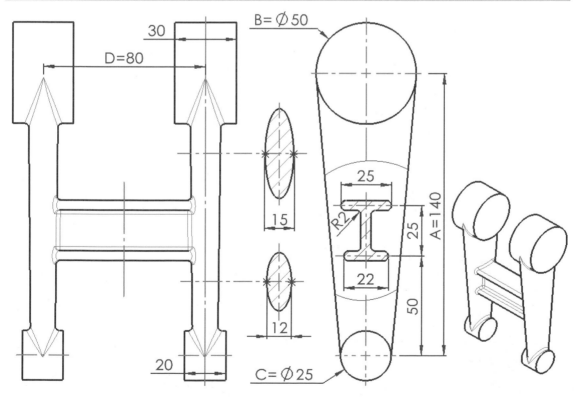

12-13-0 繪圖意念與流程

這題先畫右邊疊層拉伸→複製排列。為何先畫右邊呢？因為尺寸都在右視圖。將 2 個疊層拉伸柱體，用工形輪廓填料包覆起來。

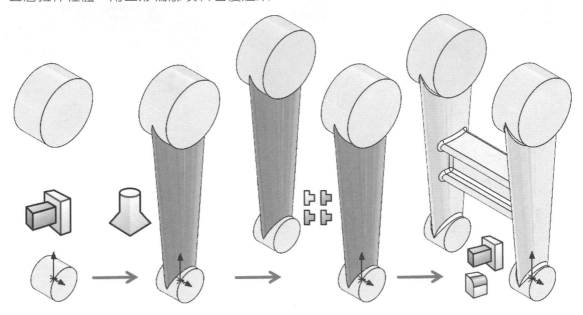

12-13-1 右邊上下圓柱特徵

完成上下 2 圓與導引曲線 Layout，這 2 圓柱是疊層拉伸製作基準，成為多本體。

步驟 1 建立 Layout

右基準面為基準完成草圖，為了畫面好表達，將草圖橫放。

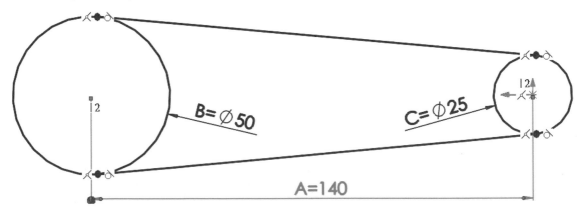

步驟 2 下方圓柱，

1. 兩側對稱 20→所選輪廓：點選下方圓→↵，完成圓柱特徵。

步驟 3 上方圓柱，

1. 兩側對稱 30→所選輪廓：點選上方圓→↵，完成圓柱特徵。

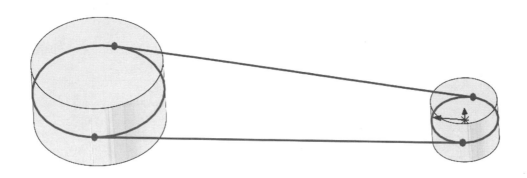

12-13-2 右邊疊層拉伸

1. 建立輪廓、2. 引用 Layout 草圖的導引曲線完成疊層拉伸。

步驟 1 製作上下輪廓 2 基準面

製作過程先把 Layout 草圖顯示，分別製作上下 2 個輪廓基準面。1. 上基準面為基準→2. 平行在導引曲線端點上重合，下圖左。

步驟 2 製作上下剖面輪廓

分別在基準面繪製輪廓 S1、S2。利用橢圓 4 點特性，1. 將 2 點分別與導引曲線貫穿→2. 2 點標柱尺寸。

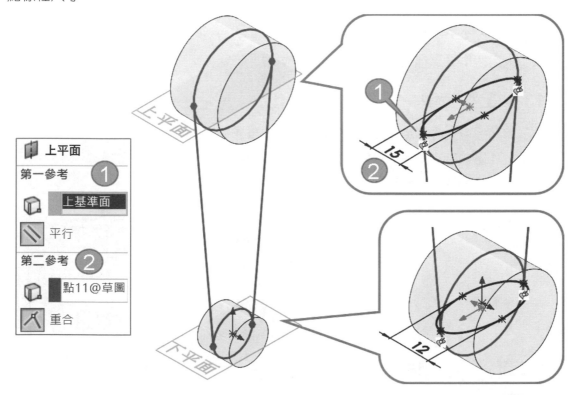

步驟 3 製作疊層拉伸

分別將 S1、S2、G1、G2 加入疊層拉伸，導引曲線用 SelectionManager 的**選擇群組**
加入。

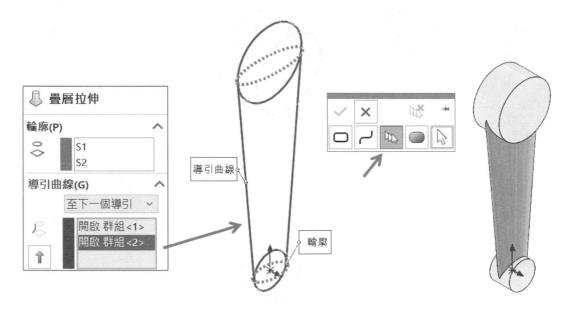

12-13-3 直線複製疊層拉伸

很多人用鏡射，這裡故意完成疊層拉伸本體，可見 2 個分離疊層拉伸，下圖左。

12-13-4 工型特徵

右基準面完成工型草圖輪廓→將疊層拉伸包覆起來。

1. 工型草圖輪廓：繪製 3 條線完成輪廓→尺寸標註→2. 給定深度：成形至本體→3. 薄
件特徵：對稱中間面厚度 5。

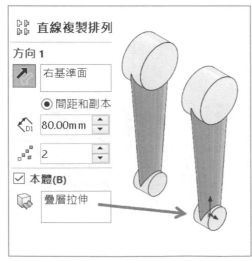

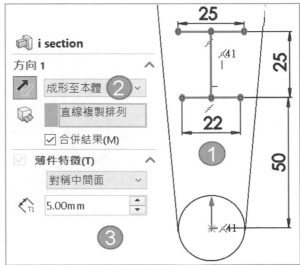

步驟 3 查看特徵

可見工型特徵包住疊層拉伸的樣子，下圖左。否則給定深度除了要自行計算深度外，還得不到你要的。

12-13-5 圓角潤飾

利用圓角特徵進行模型潤飾作業，也可間接判斷模型是否正確完成，下圖右。

步驟 1 工型全週圓角，共 4 處

步驟 2 圓角半徑 R2，共 6 面（上下）

點選工型前後上下 4 面+疊層拉伸主體 2 面，讓系統自動計算該面的相交邊線。

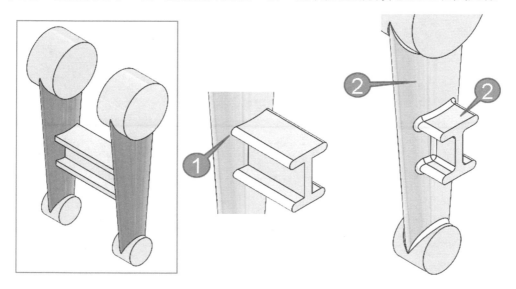

筆記頁

13

移動複製特徵

移動/複製（Move/Copy Body）在多本體進行 2 大作業：1. 移動本體、2. 複製本體，最大特色拖曳箭頭讓模型分離，讓畫圖和設計擁有彈性。

常用在：1. 零件組裝零件、2. 零件製作爆炸圖、3. 多樣呈現設計、4. 滿足指令特性。

A 民氣已開，積極推廣

早期多本體建模技術大家不太喜歡用，因為電腦慢、軟體本身就不靈活，覺得學這幹嘛。現在不同了，死板作業沒人學，這幾年積極推廣，發現大家對這很有興致，也明顯感受到這是我要的，就如同刪除面屬於曲面指令，用在實體建模也會覺得離不開它。

B 設計幫手

由於指令不在特徵工具列上，所以能見度低，甚至不會也可以生活的惡魔心理。認識她以後會翻轉對建模認知，並體會境界是什麼。很可惜長期埋沒在功能表之中，除非有介紹否則不知道有這指令。

C 不同境界

當別人還在繪圖區域 1 個本體 1 個檔案時，你會發覺和對方不同世界。未來你看到傳統方式建模，能引導就多指導，萬一對方不願意改變而覺得無所謂時，那你就算了。

13-0 指令位置與介面

介紹指令位置與介面項目，先認識 2 大欄位的方向，一開始不習慣切換按鈕，很遺憾沒支援保持顯示，否則指令執行可以更有效率。

13-0-1 指令位置

指令位置只有 1 個地方：1. 插入→2. 特徵→3. 移動/複製◈。特徵區塊屬於進階特徵，每個指令都是解決方案，下圖左。

A 指令執行效率

建議 1. ◈移到特徵工具列、2. 進階者滑鼠手勢執行◈，下圖右。

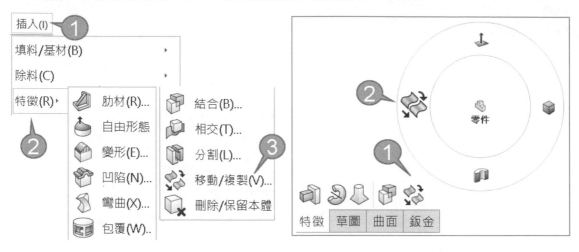

13-0-2 介面 2 大項：1.約束、2.平移/旋轉

在下方按鈕來回切換：1. **約束**（應該稱結合）=組合件的結合組裝、2. **平移/旋轉**=組合件的爆炸圖。教學過程一開始找不到按鈕，按鈕應該在指令上方比較好。

這是零件課程，指令項目還不習慣，組合件學完後再到這畫面又覺得還好。

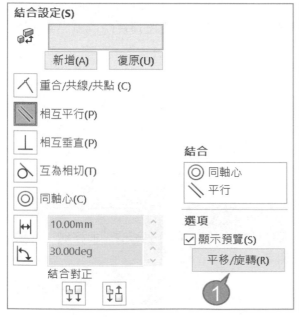

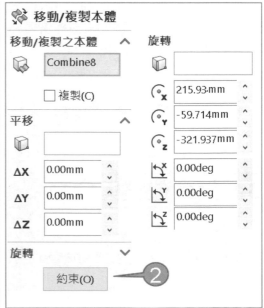

13-0-3 先睹為快：結合

　　將銷釘結合在鏈結上，完成 2 本體的**同軸心**和**重合**，重點在**新增**按鈕，這部分一開始不習慣，希望未來不要這按鈕。進階者建議用 Alt+A 完成**新增**，指令操作速度可以很快。

步驟 1 移動的本體

　　點選銷釘。

步驟 2 點選結合設定欄位

　　啟用該欄位，才可以進行下一個設定，這部分是同學第 2 次人工啟用欄位。

步驟 3 結合設定：同軸心◎

　　點選結合設定欄位→點選 2 圓柱面→◎→新增。步驟有點多，也有點笨笨的。

步驟 4 結合設定：重合人

　　自行點選 2 平面→人→新增。

步驟 5 查看結構

　　完成的特徵在特徵管理員會記錄。

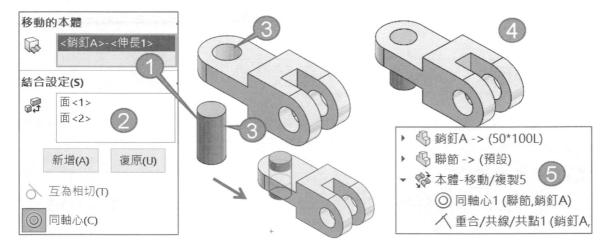

13-0-4 先睹為快：移動/複製

　　完成最常用的移動與複製，並了解設計彈性。

步驟 1 點選要移動的本體

　　點選 2 個分離實體。

步驟 2 ☑複製

　　移動順便複製所選本體。

步驟 3 數量

　　輸入本體複製的數量 1。

步驟 4 移動與複製本體

拖曳空間箭頭 X，將複製的本體移動到不重疊位置。

步驟 5 查看並製作疊層拉伸

特徵管理員有🍡特徵被記錄，自行在被複製的本體完成🍶。

13-0-5 編輯移動複製特徵

編輯特徵回到指令狀態進行修改，很多人沒想到這樣，因為對這指令陌生，就如同熔接課題，使用**結構成員**🎳後也可編輯草圖，很多人不敢改🎲特徵內的草圖。

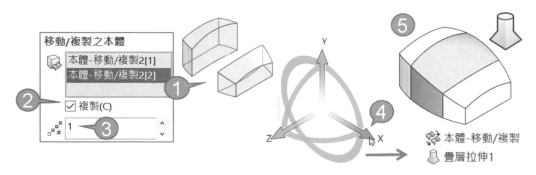

13-1 約束（**Constraint**，預設）

約束=**結合**（預設開啟）利用🎳在零件組裝零件，專業術語稱多本體結合。同學一開始不習慣結合條件頁面，更不習慣點選結合條件後要**按新增**，才可進行下一個結合。

A 強烈感覺=靈魂

通常學完組合件再回到🎳感覺更強烈，會覺得本節沒什麼，回想當初為何會覺得這很難。重點在感覺=學習靈魂，不是學到這項操作。

13-1-0 零件組裝零件

將 1. 聯節、2. 銷釘拖曳到零件並產生結合。

A 加入 1.聯節與 2.銷釘

步驟 1 開新零件

因為這是零件作業。

步驟 2 拖曳 1 聯節

拖曳過程出現嘗試導出零件訊息➔是，進入指令。

步驟 3 插入零件

進入**插入零件**🎳，暫時不管它，在繪圖區域放置模型即可。

步驟 4 定位零件

進入✨的平移/旋轉→↵，完成聯節放置。

步驟 5 練習：自行加入 2.銷釘到零件中

查看樹狀結構，零件之下有 2 個零件，下圖右。

13-1-1 移動的本體

選要結合的本體：2. 銷釘，才可進行接下來作業，下圖左（箭頭所示）。

13-1-2 結合設定

進行 2. 銷釘結合組裝，結合過程通常會下方選項的☑顯示預覽（箭頭所示）。

步驟 1 點選 2 圓柱面

步驟 2 同軸心◎

系統自動找到適合的結合條件並產生預覽。

步驟 3 新增

Alt+A 新增或滑鼠右鍵🖱都可以，完成後下方**結合欄位**可見新增的結合。

步驟 4 自行完成銷釘重合✕

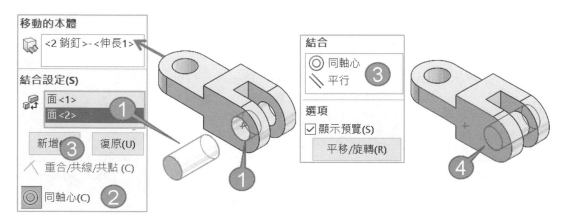

A 過多或不合理的限制

使用的結合不當，會出現過多定義視窗，如同草圖限制條件的過多定義，下圖左。

13-1-3 練習：活頁和線性滑軌組裝

自行完成活頁和滑塊組裝到滑軌上，下圖右。

13-2 平移/旋轉

移動或旋轉多本體。進入指令要先點下方的**移動/複製**按鈕，才可進行平移或旋轉。平移和旋轉不能同時做，要分別 2 個指令，希望 SW 改進。

🅰 移動產生爆炸圖

將多本體移動就是爆炸圖了，由此證明零件可以製作爆炸圖。

🅱 複製模型

拖曳 3 度空間座標或屬性管理員輸入精確數值，比較常用 3 度空間座標。

13-2-1 移動/複製的本體

點選要移動或複製的本體，例如：螺絲起子。拖曳空間球箭頭=移動，拖曳環=旋轉，也可以在屬性管理員指定方向或輸入數值。

步驟 1 平移

點選上模→拖曳 Y 軸，將上模分離 50，下圖左。

步驟 2 旋轉

將上模旋轉 90 可見模穴：1. 點選上模邊線旋轉軸→角度欄位輸入 90。

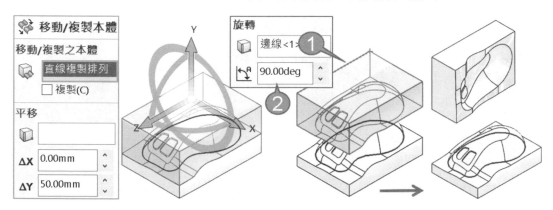

13-2-2 複製與數量

移動本體過程順便產生數量,常用在設計多元性,例如:第 1 個為結合⬚,第 2 個為凹陷⬚模具、第 3 個讓同學練習用。

A 移動與複製

數量=2,複製 2 組底座和起子,這時總數量 3(2+1),數量認知和複製排列不同,希望 SW 改進。

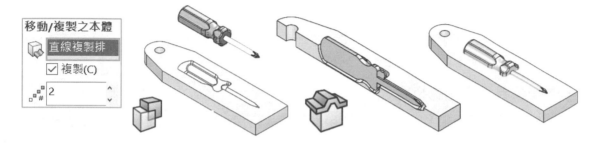

B 複製數量 1

也可以複製,不移動→↵,過程中由於沒有使用平移或旋轉,會出現訊息→是,繼續。例如:1. 複製起子本體、2. ☑複製、3. 數量 1,這時會有 2 個起子且 2 起子重疊。

常用在⬚的☑**減除**,因為⬚完成後會把第 1 個起子移除,這時還有第 2 個起子做展示。

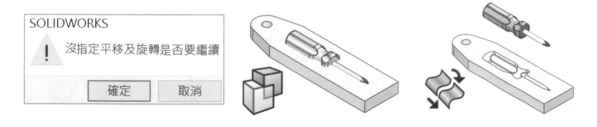

13-3 保留你的設計

本節顛覆同學對建模想像,將完成的特徵移動到外側,保留指令內容設定,草圖停留在原來位置,可重新製作不同指令內容,例如:⬚1. 合併相切面與 2. 垂直於輪廓差異。

會很愜意無限制產生模型,保留設計意念,同時有效率展示想法,讓對方讚譽有嘉且印象深刻,重點是超過別人對你的期待。

A 目前作法

你是怎樣保留設計:1. 檔案法:另存新檔將檔名-1,還是 2. 組態法:模型組態,用組態感覺比較高竿。模型組態已經是過時的方式,現在的人不太學這些了,組態也不直覺。

B 同步變更

這時草圖為共同，更改草圖所有本體全部會變更，只有指令內容還在。

C 來回測試指令

設計過程會用最短時間來回測試指令，看模型是否是你要的，通常最後一個不是要的結果，例如：由🖱指令依序嘗試：**無、垂直於輪廓、方向向量**...等設定，若覺得還是**垂直於輪廓**比較好，該怎麼辦。

D 憑印象？

憑印象編輯🖱，調整到**垂直於輪廓**，也有可能都不設定。沒錯，設計過程很花時間處理這類情形又不能把這過程當設計，只能說是畫圖。

E 傳授業界沒想過的技術

本節說明業界沒想過的技術，依常用程度依序說明手法：1. **移動複製**🖱、2. **複製排列**🖱、3. **組合件**🖱。

13-3-1 移動複製特徵

將先前製作好的本體移開，把要的形體保留做為參考，讓草圖可以繼續使用，增加設計彈性保留設計意念，同時有效率展示想法。

先前被移開本體利用名稱記錄屬性，達到目視管理，由樹狀結構可見實體資料夾。

🔶 疊層拉伸1
🔷 邊界1
🔶 本體-移動/複製

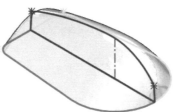

A 大量且直接編輯特徵

直接對被複製的本體進行編輯，會發現它們可用，例如：編輯其中一個模型會回到🖱，因為該本體=特徵呀。

B 成列所有設計

不必另存新檔把檔案分別儲存底座-1、底座-2，到時要更改也要 1 個個改，還是一個個儲存？這些都不夠威，表列你的設計讓客戶挑，針對想要改的部分直接改給對方看。

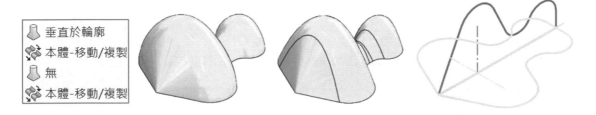

C 既可看答案也可重新製作

滑鼠本體搬移會留下草圖，既可以看答案也可重新製作特徵來練習。

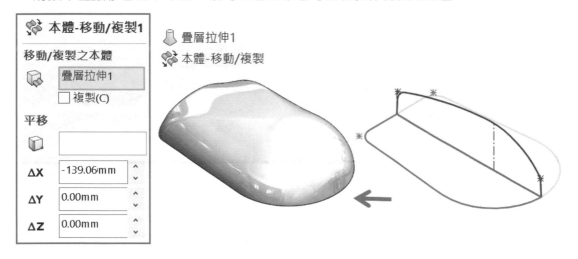

D 不用組合件

早期會用組合件將底座-1、底座-2、底座-3 放到組合件，也很心滿意足了，因為把組合件價值發揮出來，甚至做到組合件不是用來組裝的境界。

E 零件可以表達為何到組合件

使用🐾習慣了，不會再想用組合件成列設計，更覺得組合件很浪費時間，到了不得已才用組合件的境界，甚至更懂得發揮組合件價值。

F 活用多本體

零件比組合件和工程圖更常用，何不把零件發揮到最大，善用多本體技術以銜接未來的熔接、鈑金、模具、曲面。多本體是廣義的，🐾技術只是多本體其中一項應用。

G 不用模型組態

會用模型組態算是對 SW 有一定了解，其實製作組態很浪費時間，會有不得以才用模型組態的心態，那代表你到下一個境界，甚至更懂得發揮模型組態價值。

13-3-2 複製排列

複製排列擁有迅速擴充能力，直接在繪圖區域編輯即可，不須編輯特徵。1. 數量=你要的過程、2. 距離=只要模型不相連、3. 本體=分別在模型基準進行新指令附加。

A 完成和訓練檔案

訓練檔案讓同學練習和看答案。1. 複製排列練習本體→2. 完成左邊的模型答案，對同學而言編輯曲面特徵，查看指令作法。

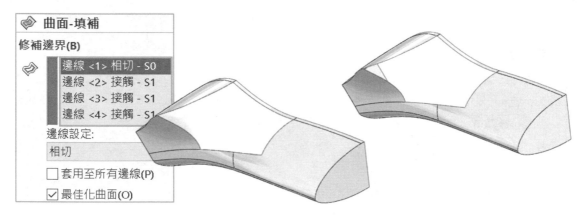

B 指令型態

將鈑金的基材-凸緣 複製 3 個本體，分別在本體上完成邊線凸緣 1 折、2 折、3 折，直覺看出 3 種差異，下圖左。

C 擴充指令差異

想擴充指令差異，不必進入特徵，而是利用 Instent3d 修改：1. 數量、2. 距離，速度相當快，下圖右。

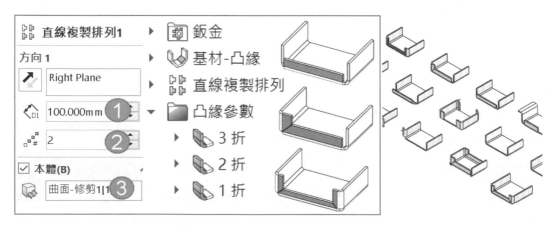

D 記錄指令過程

將模型複製 3 個，記錄指令過程：1. 投影曲線草圖→2. 投影曲線→3. 掃出 。

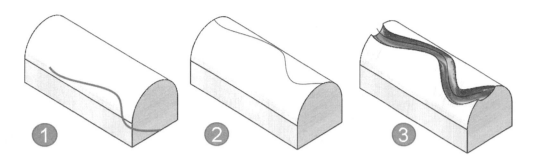

E 移動複製 VS 複製排列

這 2 指令不相上下，由比較表格可以看出。

	便利性	傳遞屬性	運算速度	基準本體	指令功能性
移動/複製	簡單	不行	快	無法移動	少
直線複製排列	複雜	可以	慢	可以移動	多

13-3-3 組合件

組合件難道只能用於組裝嗎？將不同檔案放置到組合件，同時查看多種檔案。

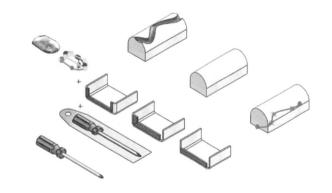

🔲 模型組 (預設<顯示狀
　📐 前基準面
　📐 上基準面
　📐 右基準面
　📍 原點
▸ 🔩 (固定) 1 模型<1>
▸ 🔩 (-) 2 鈑金<1>
▸ 🔩 (-) 4 模具<1>
▸ 🔩 (-) 1 曲面-移動複製

13-3-4 模型組態

製作組態和切換組態，下圖左，製作過程會覺得很煩，1. 新增組態→2. 特徵進行保留→3. 抑制。常遇到手腳快一點，會發現忘記製作組態...，組態製作耗時、還要來回切換，我們早就不太用了，不得已才用模型組態。

A 組合件鏡射

組合件鏡射過程利用反手版本，可以產生組態控制移動複製特徵，這點可以減少檔案管理的負擔，並深刻體會靈活運用。

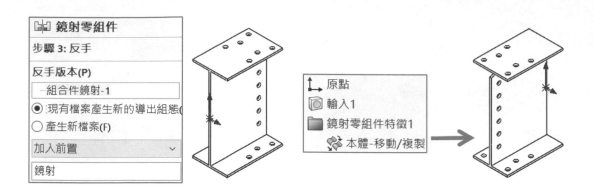

13-3-5 產生檔案

　　檔案法會有多個檔案越多越亂，檔名區分記錄並分別開啟做為比對。疊層拉伸模型會產生的項目：1. 無、2. 垂直於輪廓、3. 方向向量，比對檔案方式很多，開組合件把這些檔案放進來查看最有效率，下圖右。

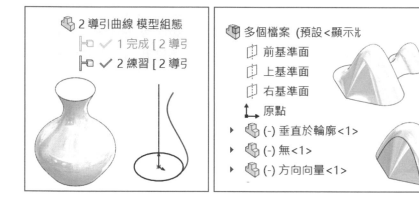

參考幾何

參考幾何（Reference Geometry）用來協助建模、工程圖的幾何參考，早期被逼到做不下去，或別人要求才會想到製作，現在模型價值的提升讓參考幾何讓更多人關注。

本章以功能表順序說明，因基準面▥篇幅較多，以獨立一章講解。

A 幾何穩定度

參考幾何最常用 4 項：1. 點、2. 線（基準軸）、3. 面（基準面）、4. 座標系統，這些幾何穩定度高，避免修改模型的計算過程造成關聯遺失，常發生在除料作業。

B 使用時機

絕大部分為了特徵參考，有部分為了模型穩定度，避免關聯性遺失或參考錯誤，它是模組化設計的解決方案呦，例如：模型發生關聯性遺失，建議同學以參考幾何進行關聯。

14-0 指令位置

參考幾何群組在多個位置都有：1. 指令工具列→參考幾何、2. 插入→參考幾何、3. 工具列（特徵工具列、熔接工具列、曲面工具列）...等。

下拉式功能表比較能完整看出參考幾何項目。

14-0-1 指令位置

初學者不容易記指令位置，其實參考幾何屬於共通指令，不屬於何種工具列。坊間絕大部分只說明參考幾何在特徵工具列中，會讓初學者狹隘認為指令位置，以及參考幾何只和特徵有關係。

14-0-2 顯示/隱藏參考幾何

檢視→隱藏/顯示，或展開眼睛切換顯示，以免參考顯示過多圖面雜亂，下圖右。

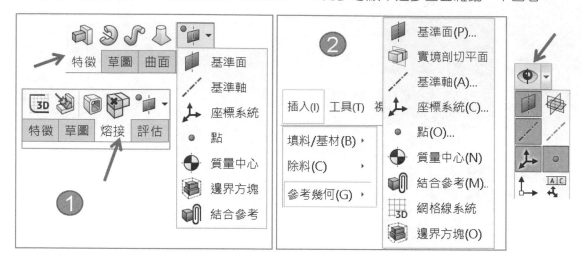

14-1 基準軸（Axis）

建立具備中心線的直線，常用在**環狀複製排列**參考或協助基準面建立。早期常用在，自從有了**暫存軸**以及 2004 可用圓柱面、圓邊線、模型邊線、草圖線段作為旋轉參考，從此比較少人建立了，現在不建議同學建立基準軸。

A 基準軸組成

由指令可見共 5 種基軸項目。

B 用畫的

基準軸就是線也可以用草圖畫，對於跨空間會用 3D 草圖或一次完成多個軸，除非無法用畫的或不好畫才考慮用基準軸。

14-1-1 一直線/邊線/軸

選擇模型邊線或草圖直線產生基準軸，只能 1 圖元產生 1 基準軸→完成後特徵管理員會出現基準軸。

A 調整長度

基準軸=1 條線，拖曳控制點改變軸長，避免軸與模型邊線重疊，不好識別與點選，下圖右。

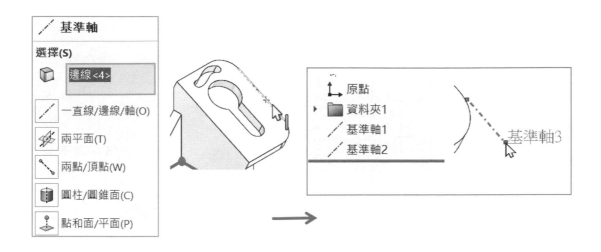

14-1-2 兩平面

選擇 2 平面，基準面或模型面都可以，會在相交處產生基準軸。常在模型沒有旋轉軸或圓柱，可供環狀複製排列使用，例如：O 型環。

A 3 大基準面

利用 3 大基準面基準軸使用率比較高，基準面穩定度最高，並且 2 面之間無法用畫的。

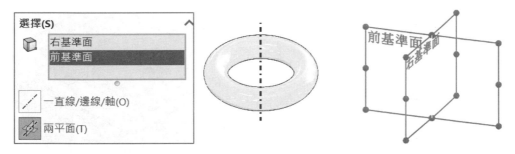

14-1-3 兩點/頂點

選擇任意 2 點產生基準軸，2 點可連接成直線。

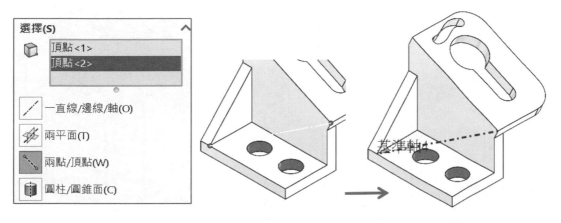

14-1-4 圓柱/圓錐面

選擇圓柱或圓錐面產生基準軸。實務不這麼做，圓柱或圓錐會自動產生暫存軸。

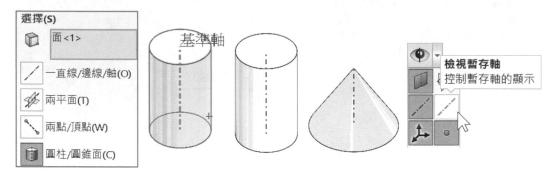

14-1-5 點和面/平面

選擇面（曲面或平面）及點，產生垂直於面的基準軸，下圖左。

14-1-6 暫存軸

只要有圓柱或圓孔都可免費使用它，下圖右。

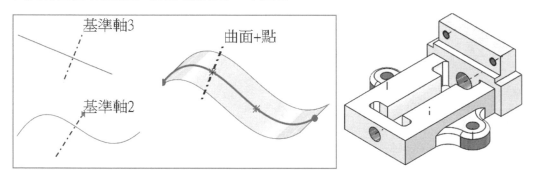

14-1-7 基準軸應用

常用在環狀複製排列的技巧，環狀複製排列進行轉向和鏡射排列。我們對環狀的刻板印象都是 3 個以上，其實 2 個的排列蠻好應用，例如：鏡射，下圖左，轉向，下圖右。

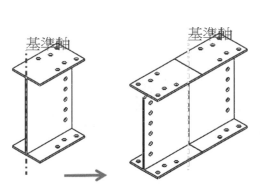

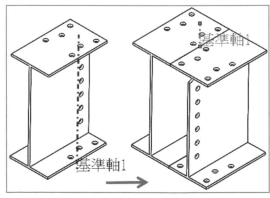

14-2 座標系統（Coordinate）

　　座標系統（又稱使用者座標），預設的座標系統=世界座標（原點）也是基準，當原點不夠用時，就會新增座標系統。

　　常用在量測、模型轉檔，甚至進階特徵：彎曲、變形、比例…等。

A 介面

　　座標系統 2 欄位：1. 位置、2. 視角方位。自 2022 新增 3. 新推出☑**以數字的值定義位置**，以數字移動或旋轉座標位置或方向。

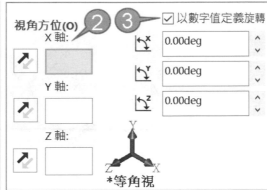
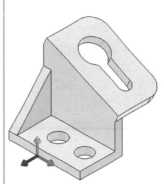

14-2-1 先睹為快：基礎原理（2022 以前）

　　本節說明 2022 以前的座標方法與介面，由於模型原點和當初建立模型有關，目前在左下角（A）。

　　加工製造上，斜面上的特徵就要增加座標系統，讓原點在斜面的左下方（B）。

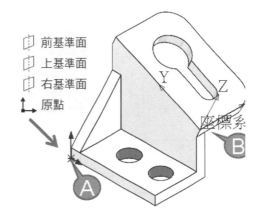

A 移動模型原點

　　目前沒有移動模型原點的功能，且模型原點是基準不建議更動它，所以才需要製作。

B 指令基準

　　製作過程會參考左下角的世界座標系統，並透過：X 紅、Y 藍、Z 綠軸做為方向參考。

C 製作重點

　　1. 點選模型點定義原點（基準）、2. 指定邊線定義軸向、3. 並非每軸欄位要指定（不須做好做滿）、4. 亂壓軸向，直覺得到你要的方向即可。

步驟 1 原點

點選模型頂點=座標基準。

步驟 2 X 軸

點選模型邊線定義 X 軸位置，紅色箭頭與所選邊線對齊，自動跳下一欄位。

步驟 3 Y 軸

點選相對的模型邊線定義 Y 軸位置，綠色箭頭與所選邊線對齊，但方向不是我們要的。

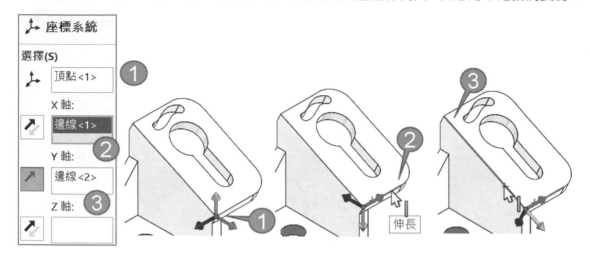

步驟 4 反轉方向↗

萬一 Y 軸方向不是我們要的，點選反轉方向，改變軸向，下圖左（箭頭所示）。

步驟 5 查看結果

Z 軸剛好朝上，證明不見得所有項目要選到，才可完成座標系統。特徵管理員和模型可見座標系統 1，下圖右。

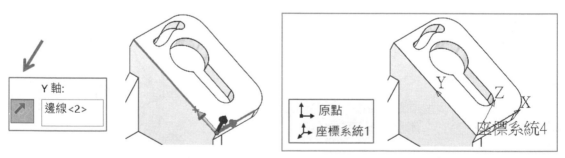

14-2-2 先睹為快：基礎原理（2022 以後）

說明 2022 的座標系統以數字的值定義位置。1. 位置：定義點選模型頂點=座標基準。2. 視角方位：自行完成斜面的座標系統。

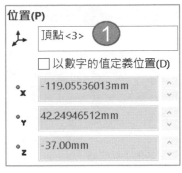
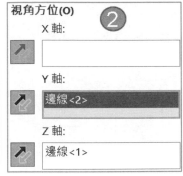
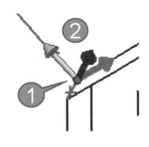

14-2-3 位置（原點）

最常用的選擇項目也是基準。座標系統預設與模型原點相同，下圖左。點選指令後，座標系統圖示與原點重合，如果原點是你要的位置，可以不必點選原點或模型頂點。

A ☑以數字的值定義位置

以數字定義基準位置，適用要改變模型原點位置：1. 沒有模型頂點可以點選、2. 已知座標的空間位置，不必額外製作**參考點●**。

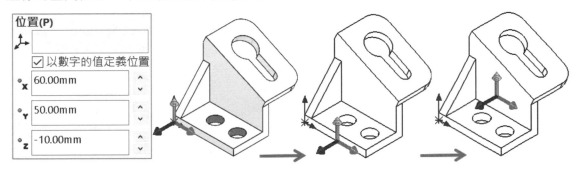

14-2-4 視角方位（選擇）

指定模型邊線=軸擺放，並按反轉方向切換箭頭方向。除了指定模型邊線做為軸向參考，也可選擇頂點、中點、草圖直線，甚至連面都可以。

A 模型邊線

點選模型邊線，座標系統會以游標所選的最近點放置，下圖左。

B 模型面

點選模型面，軸與面垂直，例如：X 軸欄位點選斜面可見紅色 X 軸斜面朝上，下圖中。

C 3 軸非必要

不見得一定要點選 3 軸，也可以只選 Z 軸（進階者先指定 Z 軸更好定位）。

D 反轉方向

反轉軸方向，初學者製作座標系統過程箭頭會亂掉，要靜下心查看顏色。

E ☑ 以數字的值定義旋轉

以數字定義 X、Y、Z 軸的旋轉角度，下圖右。

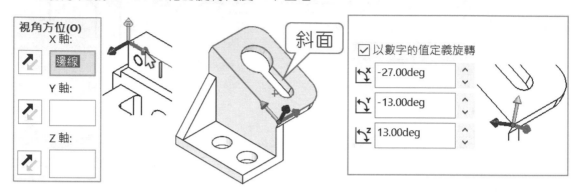

14-2-5 應用：量測

量測的過程指定座標系統為基準，計算所選圖元的位置。例如：圓弧孔位預設以世界座標計算，XYZ 數值看起來很亂，下圖左。指定座標系統後，得到的座標值就是想要的，下圖右。

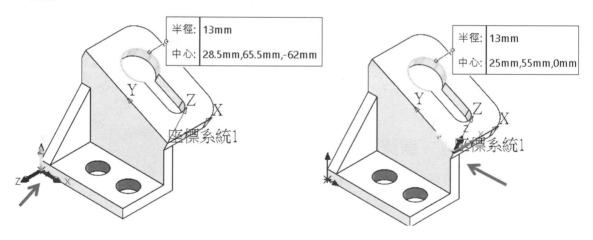

14-2-6 應用：模型轉檔

模型轉檔的 Z 軸朝上，造成 CAM 開啟模型會站起來，這時就預先製作新的 Z 軸朝上的座標系統，讓模型轉檔過程指定，CAM 開啟的模型就會自然擺放。

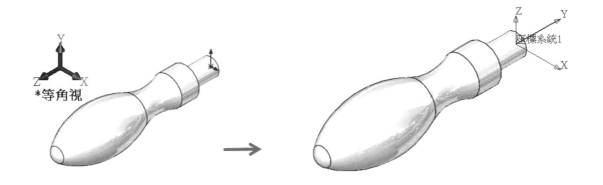

*等角視

14-3 點（Point）●

　　點（又稱參考點），常用在精確定位、輔助定位、空間定位，例如：鑽孔、特徵位置、3D 草圖。有多種方式協助產生點，也可以在曲線上產生相距特定距離的多個參考點。

　　本節常採取 3D 草圖配合使用，將 3D 草圖價值提升。

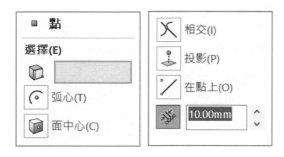
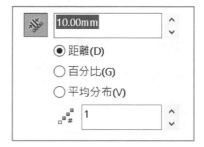

14-3-1 弧心

　　點選弧邊線加入圓心參考點，不支援選擇弧柱面，下圖右。

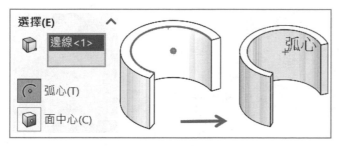
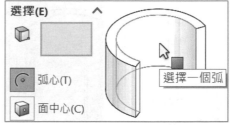

14-3-2 面中心

　　點選面產生在面中心位置，可選擇平面或曲面。

A 圓柱

點選 1. 圓端面，得到圓心、2. 圓柱面，得到圓柱中間。

B 平面

點選矩形面，得到矩形中心，下圖右。

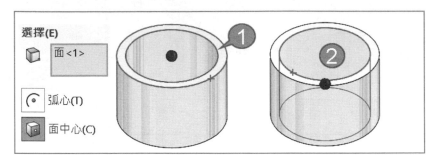
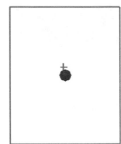

14-3-3 相交

選擇 2 線段產生相交參考點，可為草圖直線、模型邊線、曲線，下圖左。

14-3-4 投影

選擇草圖點、線端點及面，會將參考點垂直投影至面，換句話說，草圖點用來定位用。

A 平面投影

1. 點選草圖點和 2. 模型面，參考點會以草圖點位置投影在面上，下圖中。

B 曲面投影

1. 點選草圖點和 2. 模型面，草圖點會投影在最接近曲面的面上，下圖右。

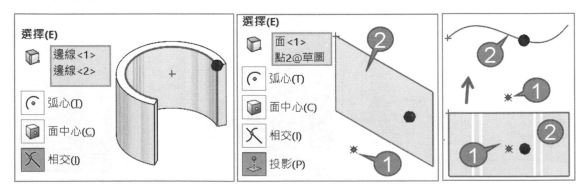

14-3-5 在點上

選擇 1. 草圖點或 2. 直線端點，產生參考點，下圖左。

14-3-6 沿曲線距離或多個參考點

選擇草圖線或曲線，產生線上多個參考點，很多人問如何在線上等分。有 3 種方式等分功能屬於互補：1. 距離、2. 百分比、3. 平均分布，下圖右。

A 距離

設定弧上每個點的距離與參考點數量，例如：距離 50、共 3 個點。

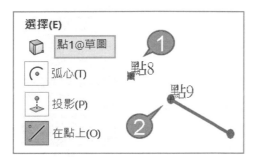
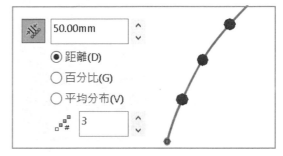

B 百分比

輸入第 1 參考點在總長百分比位置 A，並定義參考點數量，例如：20%共 3 個點，每點之間距離相同，下圖左。

C 平均分布

點在線上平均分布，這使用率最高，例如：有 5 個點平均在線上。

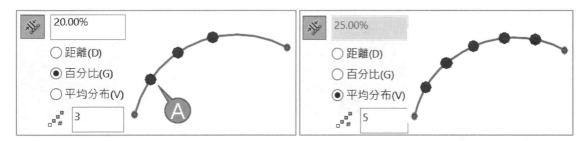

14-3-7 實務：關聯性的穩定度

設計過程避免關聯性遺失，就要了解模型穩定度技術。

A 模型設計意念

斜面→鑽孔，刪除斜面特徵，希望鑽孔特徵還在，避免特徵還要重新製作。模組化過程，將已經完成的模型進行尺寸變更或特徵順序變更來維持設變穩定度。

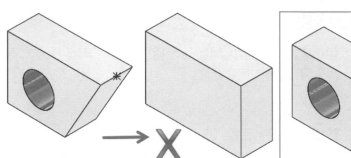 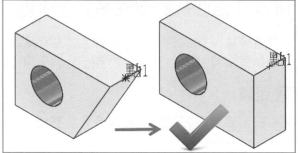

B 左邊模型

1. 3D 草圖的點在斜面邊線中間、2. 孔尺寸標註在 3D 草圖上、3. 刪除斜面特徵，查看孔特徵不在。因為斜面刪除→3D 草圖點也會被刪除→孔也會被刪除。

斜面1
3D 3D草圖1
鑽孔1

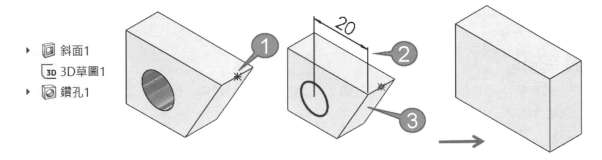

C 右邊模型

1. 製作參考點●斜面邊線中間、2. 在 3D 草圖點在參考點●上、3. 孔尺寸標註在 3D 草圖上、4. 刪除斜面特徵，孔特徵還在。

● 點1
斜面2
3D 3D草圖2
鑽孔2

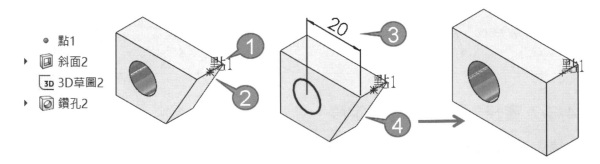

14-4 質量中心（Center of Mass）⊕

質量中心（又稱重心）顯示模型中心位置，以黑白相間圓顯示。常用在快速查看模型配重，例如：輪框重心位置一定要在圓心，吊車的指針一定朝下。

遙控車、空拍機、自行車、自動化設備都會有重心的應用，例如：機台吊掛過程機台不能傾斜、機構運動過程不能晃動、空拍機或遙控車運行過程也不能傾斜，下圖右（資料來源 樂飛科技 https://a3funii.com/）。

14-4-1 快速加入質量中心

點選指令◈，在特徵管理員原點下方◈，移動/旋轉模型過程也會同步顯示重心位置。

A 顯示質量中心

若模型沒有顯示◈，檢視→質量中心◈，下圖右。

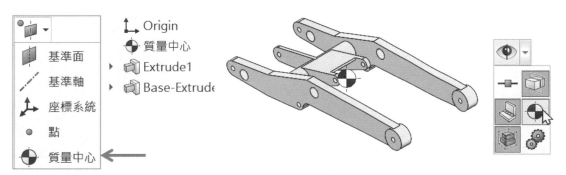

14-4-2 物質特性：產生質量中心特徵

早期模型無法得知重心位置正確數值，必須進入物質特性查看。於物質特性，☑產生質量中心特徵也可以加入質量中心，下圖左（箭頭所示）。

14-4-3 模型項次

工程圖要與模型一樣同步顯示重心位置，必須透過 1. 模型項次→2. 參考幾何，◈。

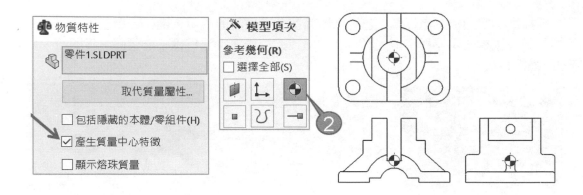

14-4-4 應用

質量中心的圖示常擴充應用在很多地方，例如：定位銷，旋轉軸、基準位置...等。

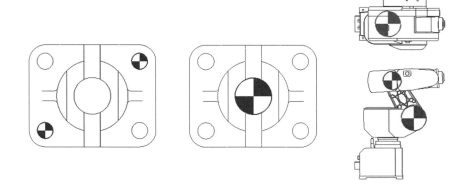

14-5 邊界方塊（Bound Box）

邊界方塊（又稱 3D 邊界），將模型自動取出邊界，呈現最大長、寬、高和體積，成為素材大小作為成本計算、機台尺寸作為裝箱依據，甚至傳遞這些資訊到工程圖、PDM、ERP、註記...等。

在熔接主題中有完整說明，本節僅簡單說明。繪圖區域可見模型由邊界方塊環繞，原點下方可見邊界方塊，設定應該稱為：徵被記錄，下圖右。

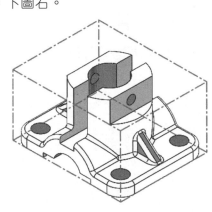

14-5-1 工程圖應用

　　隨著 3D 作業的進度，工程圖資訊只會越來越多，素材大小可以利用◆帶到工程圖中，這些資訊來自於檔案屬性。

摘要資訊

摘要	自訂	模型組態指定

	屬性名稱	文字表達方式	估計值
1	邊界方塊總長度	邊界方塊總長	**125
2	邊界方塊總寬度	邊界方塊總寬	**100
3	邊界方塊總厚度	邊界方塊總厚	**72
4	邊界方塊總體積	邊界方塊總體	**900000

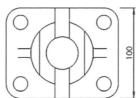

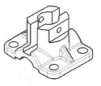

模型最大尺寸(素材)
長125x高100x高72

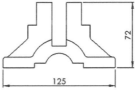
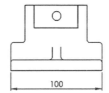

筆記頁

15

參考幾何：基準面

基準面（Plan，俗稱**新基準面**或**第 4 面**）◢，在零件或組合件產生新基準面，當基準面不夠用，就會自行產生基準面，基準面是平面呦。

A 基準面用途

基準面有 3 個地方：1. 原點上方 3 大基準面、2. 模型面、3. 自行產生基準面。基準面常用在繪製草圖、指令位置的參考，例如：剖面視角◢、曲面除料◢。

B 基準面學習 3 大方向

1. 學習指令介面與邏輯、2. 按圖索驥建立基準面、3. 用畫的基準面，反正不要刻意學習，因為要學的指令太多了。

C 建立基準面是重要技術？

早期我們是基準面建立高手，建模過程很習慣製作基準面，甚至沒事就做基準面當作預備，會把基準面當重要技術，時代變遷現在沒人會把建立基準面當技術與專業。

D 基準面只會越來越少人用

時代演進會建立基準面的人只會越來越少，因為要學產生基準面的邏輯，無法很直覺製作基準面。

E 建基準面時機

零件或組合件都有預設 3 大基準面，會建立基準面有幾種需求：1. 3 大基準面不夠用、2. 尺寸標註基準面、3. 用面定義模型視角、4. 組裝需求、5. 建立基準、6. 建立中間面、7. 剖面視角的剖切需求。

15-0 基準面統一認知

破除對基準面的不安感，相信同學都有基準面製作不出來的經驗，因為指令使用上不夠直覺，對不起各位了。

15-0-1 指令位置

基準面在參考幾何的指令項目中，上一章有介紹不贅述，下圖左。

15-0-2 介面認知

進入指令後會見到 3 大參考，剛開始不習慣操作，因為這是組合件結合條件介面，等到學完組合件到時回到這介面就會覺得這又還好，下圖右。

A 介面情境

有很多情境都是這樣，等同學學完組合件、工程圖，再回過頭來學習草圖、特徵建模就會覺得先前很鑽牛角尖，有種豁然開朗的感覺。

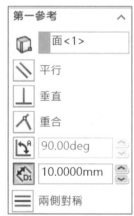

15-0-3 選擇穩定度

以模型穩定度選擇順序：面→線→點，例如：第 1 參考點選面、第 2 參考點選線、第 3 參考選點。若第 1 參考點選線、第 2 參考點選面，雖然可完成基準面，會越學越亂。

A 口語 VS 穩定度

口語習慣說：1. 點→2. 線→3. 面，穩定度：1. 面→2. 線→3. 點。

15-0-4 選擇順序

先由第 1 參考看能不能完成新基準面，萬一不行才到第 2 參考，很少到第 3 參考才完成基準面，若真如此就辛苦你了。

15-0-5 智慧類型與自動跳欄位

繪圖區域直覺點選基準面條件，系統自動選擇類型和自動跳欄位。例如：

A 自動選擇類型

點選模型面，第一參考自動判斷平行距離，下圖左。

B 調整欄位

點選模型中點，自動套用第一參考為平行，第 2 參考為重合，下圖右。

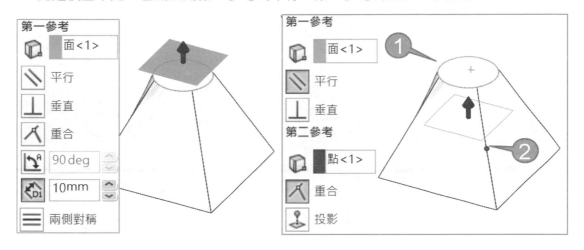

15-0-6 三大基準面的穩定度

3 大基準面是免費參考，也是穩定度最高的幾何，無法刪除它們對吧。要完成螺帽在圓柱中間，以下重點在模型原點，統一上基準面進入草圖畫圓。

A 兩側對稱

過程**兩側對稱**，就可利用**上基準面**建構多邊形，下圖左。

B 給定深度

過程**給定深度**，就要建立在圓柱中央的基準面，下圖右。

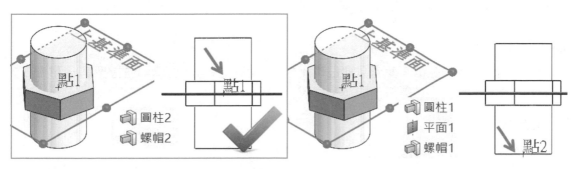

15-0-7 不得已才做基準面

新基準面在特徵管理員，每個面獨立顯示，除非很用心將它命名，否則重新理解它的由來並不直覺，下圖左。

A 基準面沒效率

參考幾何的基準面是沒效率的產物，因為很難維護。很多情境不必花精神建立基準面來應付建模，造成樹狀結構很多參考幾何，就顯得很沒效率，下圖左。

B 3D 草圖來克服

🔽本來就要製作基準面，用 3D 草圖建立第 2 輪廓，就不必建立新基準面，下圖右。

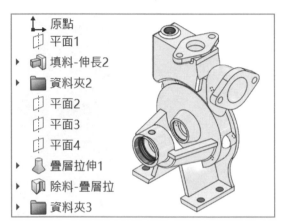

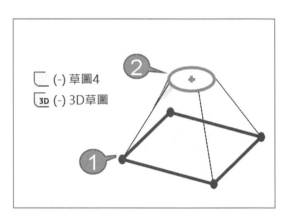

15-1 第 1 參考

第 1 參考=指令核心，基準面做不出來都是第 1 參考沒選好，第 1 參考以面為常用條件。選擇 1. 基準面的參考、2. 限制條件，依選擇條件不同（點、線、面）列出不同選項。

A 2 個條件

原則 2 個條件才可以建立基準面，如果只有 1 個參考就完成基準面就當送你的，例如：點選模型面出現以距離平行的新基準面。

B 頭過身就過

指令說明會集中在第 1 參考，功能也比較多。第一參考為基準，並指揮第 2 和第 3 參考進行配合，第一參考做得好，頭過身就過。

C 點選面

顯示 1. 平行、2. 垂直、3. 重合、偏移距離…等，下圖左。

D 選擇邊線

僅顯示 1. 垂直、2. 重合、3. 投影，下圖右。

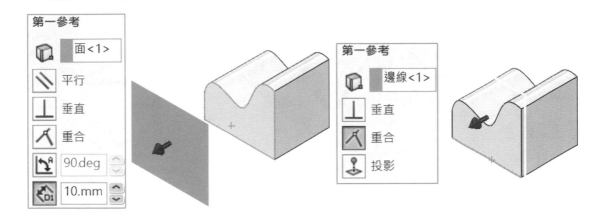

15-1-1 平行

選擇 1. 面+2. 點產生平行基準面，平行比較簡單好成型。

步驟 1 第 1 參考

第 1 參考一定是面優先，這時可見重合預覽，點選線或點不會有平行按鈕。

步驟 2 第 2 參考

選擇線段中點，自動啟用重合，就是面在線的中點上。

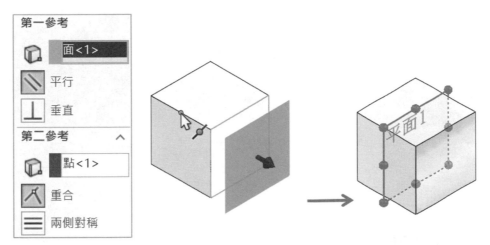

15-1-2 垂直

產生所選 2 幾何的垂直面，例如：面與線、面與點、線與點，本節可產生的項目比較多與第 2 參考整合說明。

常遇到想要某面垂直的基準面（形成關聯），這樣就不用人工算角度，例如：產生與斜面垂直的基準面，1. 斜面、2. 邊線，該邊線就是指定基準面的位置。

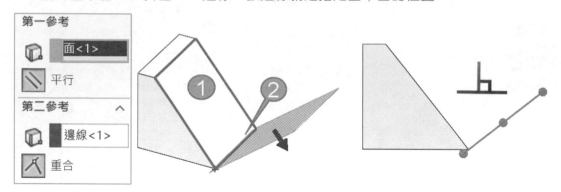

A ☑原點設於曲線上

基準面是否在模型點上，例如：第 1 參考：點選曲線→2 第 2 參考：點選模型頂點，重點在模型頂點刻意不在曲線上（箭頭所示）。

B ☐原點設於曲線上

將基準面置於所選的模型頂點上。

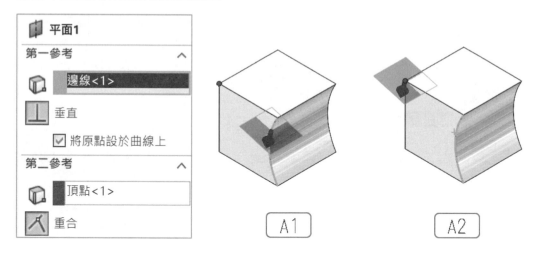

15-1-3 重合

產生與所選面或模型邊線貼齊的基準面，常用於提升模型穩定度，讓後續作業不要點選到模型面，而是點選基準面，這屬於關聯性作業。

A 三通管為共用件

點選基準面進行組裝或產生特徵，下圖左。

B 車門右邊曲線

要在右邊產生草圖，點選模型邊線就可產生基準面。

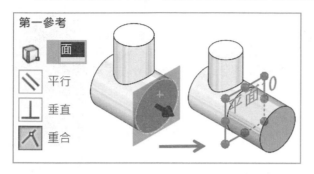  

15-1-4 夾角

產生角度基準面，至少要 2 個條件：1. 面→2. 線→3. 點選角度。這是一開始不習慣的地方，通常會想點選邊線產生夾角面，但行不通，下圖右。

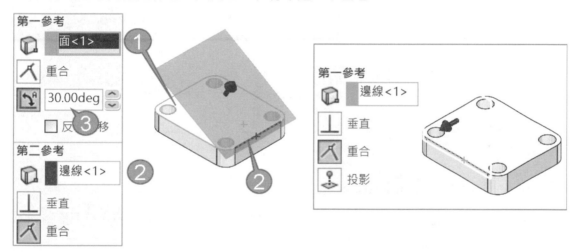

A 面和線在同平面

所選面和線在同平面，基準面會繞直線旋轉，下圖左。

B 面和線不同平面

線在不同面上，基準面會平移至所選直線，雖然角度一樣，但位置不一樣，很多人在這裡錯了不知道成為災難，下圖中。

C ☑反轉偏移

變更基準面夾角方向。圖面角度多少就給多少，不能換算角度或☑反轉方向有面就好，這樣會和圖面對不起來，這很嚴重，例如：圖面 30 度，指令就要想辦法給 30 度。

D 複製排列角度面

產生相同角度的複製基準面，並指定基準面數量，例如：25 度共 3 個面。指令完成後在特徵管理員，分別新增 3 個基準面，編輯第 2 基準面會得到角度 50。

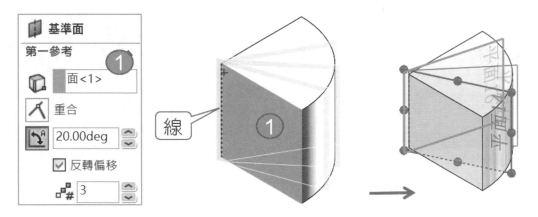

15-1-5 偏移距離（平行面）

產生與所選面帶距離的平行基準面，常與複製數量一起完成，常用在🧴的多重輪廓。

A Ctrl+拖曳，快速產生基準面

Ctrl+拖曳基準面，可產生平移距離的新基準面，就不用進入🔲指令。

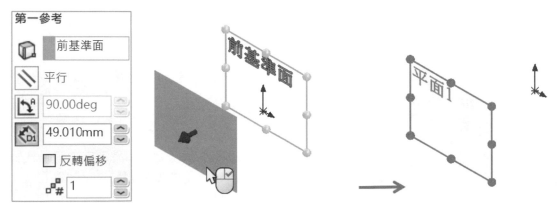

B 指令作業

只要使用第 1 參考即可完成。

步驟 1 點選面

步驟 2 點選距離

輸入 40，這時可見預覽。

步驟 3 數量

輸入 3 會見到 3 個等距基準面。

步驟 4 查看

完成的基準面在特徵管理員會記錄，每個面獨立顯示也可事後編輯它。

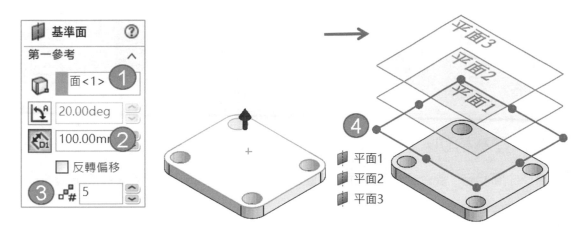

C 疊層拉伸的面

在每個基準面製作輪廓→🔔。

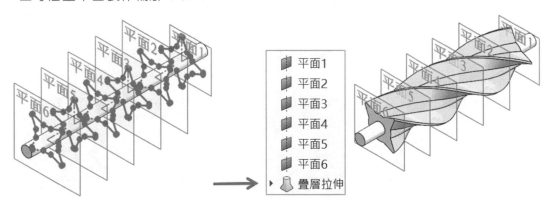

15-1-6 兩側對稱

選擇 2 平面，由系統計算 2 面距離產生對稱面的關聯性，就不用人工計算長度/2 距離，下圖左。常用在中間面作為鏡射參考、殼厚中間面、想即時監測模型中間位置。

A 兩側對稱價值

常遇到工程師計算距離 50/2 產生平移基準面，這就失去 3D 軟體價值。

B 垂直 2 面的中間

很多人沒想到可以產生有角度的模型中間面，自行完成，下圖右。

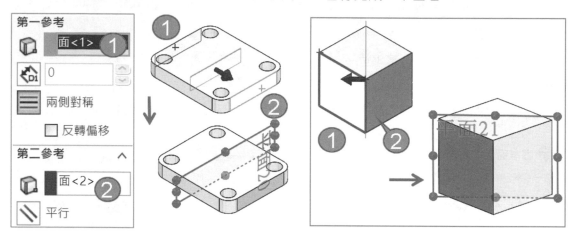

15-1-7 互為相切

選擇曲面和點，產生相切基準面，曲面也可以是圓柱、圓錐，常用在曲面上鑽孔。

A 圓弧+點（線）=相切面

製作在弧上的相切面，重點在定位，本節詢問度最高。

步驟 1 第 1 參考

點選圓弧面，自動啟用相切，這時可見預覽，面位置不是我們要的。

步驟 2 第 2 參考

點選弧線中心點或模型邊線，自動啟用重合，就是相切在所選點或線上。

步驟 3 曲面鑽孔

在圓弧面上鑽孔，草圖圓要置中就可以：1. 建構線與圓弧→2. 置於線段中點。

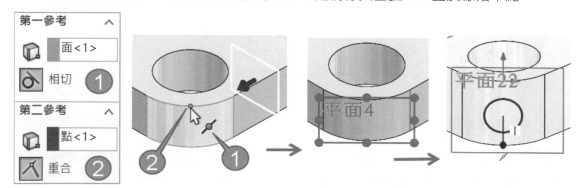

B 曲面相切面

常用簡單的方式 1. 打點在曲面上→2. 完成曲面和點的相切基準面。例如：1. 點選曲面→2. 點選草圖點。點不見得要在曲面上都可完成相切面，利用下一節的投影方式完成。

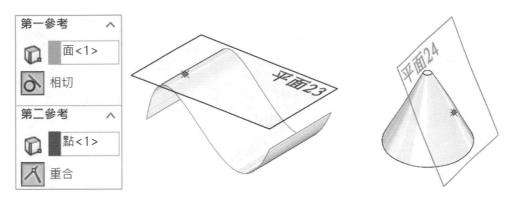

15-1-8 投影

選擇曲面及模型外空間點，控制 2 項：1. 曲面上最靠近的位置、2. 沿草圖法線。本節比較難，本節核心：1. 投影點與 2. 曲面正交空間。

把這當作系統面學習，這觀念可解決很多指令做不出來的邏輯。

A 曲面上最靠近的位置

在點與曲面最短距離，產生相切的基準面，下圖上。

B 沿草圖法線

草圖點投影至曲面相切，感覺面貼在曲面上，下圖下。

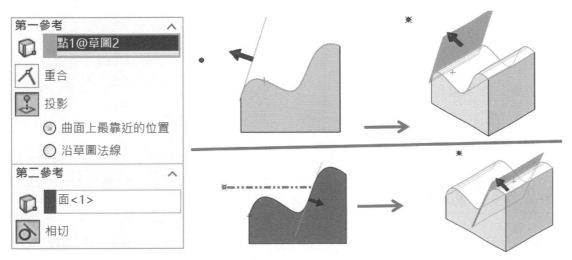

15-1-9 平行於螢幕（Parallel to the Screen）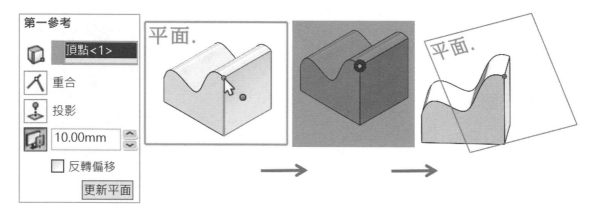

點選模型上的點，產生平行螢幕的基準面，常用於造型設計上，例如：在等角視，點選模型頂點，可見基準面與螢幕平行。

A 距離

在所選頂點上產生有距離的平面。

B 指令特性

一定要先選模型點或草圖點，否則不會出現。

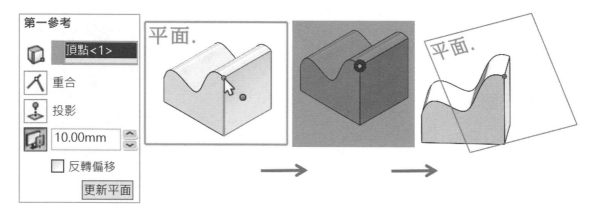

C 更新平面

旋轉模型讓基準面重新平行於螢幕。1. 模型上右鍵產生於螢幕平行的平面→2. 特徵管理員多了 3D 草圖點。

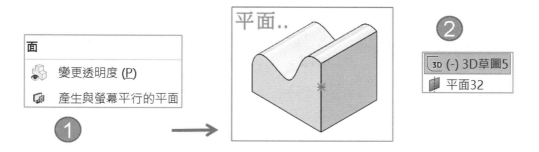

15-2 第 2 參考

第 2、第 3 參考與第 1 參考相同，它們為綜合使用，例如：第 1 參考的幾何種類比較多，這取決第 1 參考要選擇面。

A 覺得亂

萬一第 1 參考選擇線、第 2 參考選擇面，就會造成第 2 參考的幾何種類比較多，就是很多人覺得不好用，感覺很亂的主因。

B 配角

第 2 甚至第 3 參考屬於配角，搭配第 1 參考使用，例如：1. 平行、2. 夾角、3. 垂直…等必須選擇第 2 參考。其實配角也很重要，沒有第 2 或第 3 參考，光靠第 1 參考也無法完成上述的基準面。

C 第 3 參考

不得以才到第 3 參考，會用到第 3 參考才可建立的基準面通常很難，其實有很多基準面不必用到第 3 參考。

15-2-1 面與線垂直

本節說明第 1 參考垂直、第 2 參考選擇線所產生的面。

A 平面+線

面在邊線上與模型面位置相同，這部分比較少用。

步驟 1 第 1 參考

點選模型面

步驟 2 第 2 參考

點選邊線，面會在所選的邊線上。

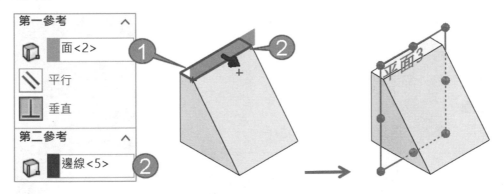

B 斜面+線

產生與斜面的垂直面關聯性，就不用算角度，下圖右。

步驟 1 第 1 參考：點選斜面。

步驟 2 第 2 參考：點選邊線，面與斜面垂直。

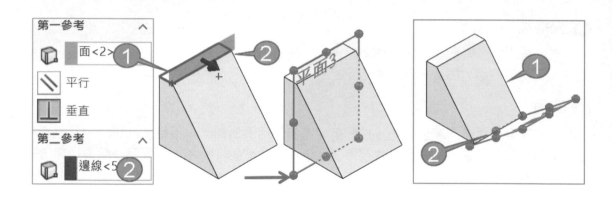

15-2-2 線與點垂直

第 1 參考：垂直、第 2 參考：選擇線段中點或端點產生的面，系統自動將第 1 參考定義垂直，每次說到這同學開始覺得不可思議。

A 線段中點

面建立在線段中點上，就不用計算平行面距離，下圖左。

步驟 1 第 1 參考：線

步驟 2 第 2 參考：線段中點

游標放在線的中間位置，直接抓取線段中點，早期只能抓取端點。

步驟 3 查看

可見第 1 參考：垂直、第 2 參考：重合。

B 線段端點

可以很直覺將面建立在線段端點上，下圖右。

步驟 1 第 1 參考：點選線

步驟 2 第 2 參考：點選端點

步驟 3 查看

可見第 1 參考：垂直、第 2 參考：重合。

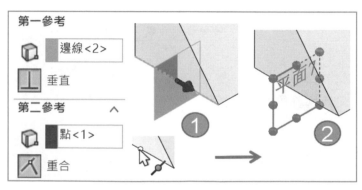
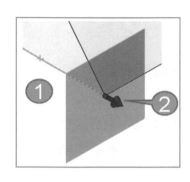

C 斜線+點垂直

在斜線上產生垂直面，下圖左。

D 曲線+點垂直

承上節，自行完成，下圖右。

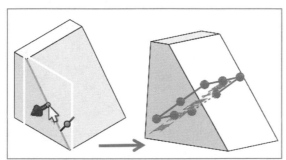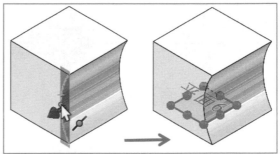

E 螺旋線+點垂直

製作螺旋曲線起點產生垂直的基準面，常用在掃出輪廓的位置，20 年前我們很常用這。

步驟 1 第 1 參考：點選螺旋線。

步驟 2 第 2 參考：點選曲線點。

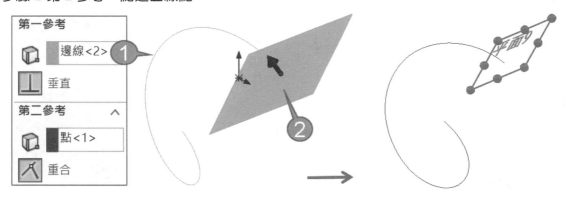

15-3 第 3 參考

會用到第 3 參考大家感覺一定很難，沒錯這樣想是對的。會用到第三參考的機率不高，也容易產生錯誤，也希望未來第 3 參考能支援的項目變多，應該是基準面能更靈活製作。

A 錯誤機制

條件不和、邏輯錯誤，上方會有機制提醒，例如：參考及限制對目前的組合不是有效。

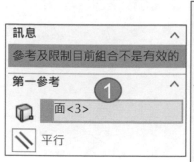

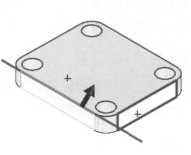

15-3-1 複斜面三點

複斜面會需要第 3 參考，分別點選 3 頂點。有個技巧 2 點要在同一面上，另一點要遠一點，且不能在同一平面上，這樣斜面會看起來比較大。

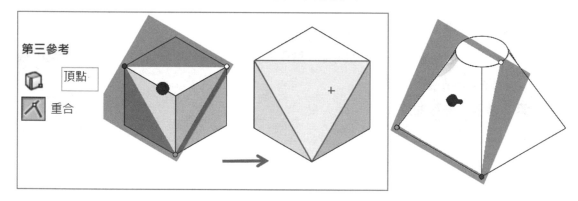

A 複斜面除料法

利用**曲面除料**是最快的方法，早期這部分會用。

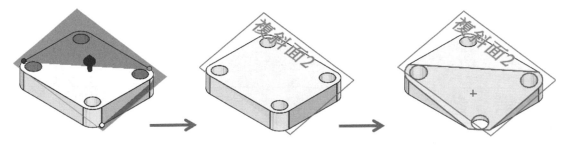

B 複斜面案例

定義頂點位置產生複斜面。

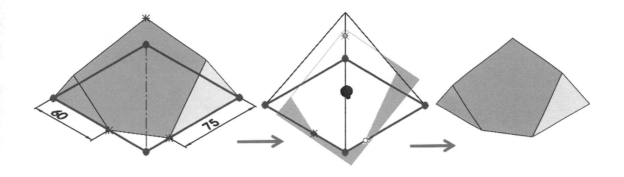

15-4 選項：反轉正向

變更基準面顯示方向，影響草圖→正視於↧的草圖方向，繪圖區域以藍箭頭顯示，適用關聯性設計。

產生的基準面在模型的前面，1. 點選新基準面→2. ↧，常見的方向。反之，1. 點選新基準面→2. ↧，基準面在模型的後面。

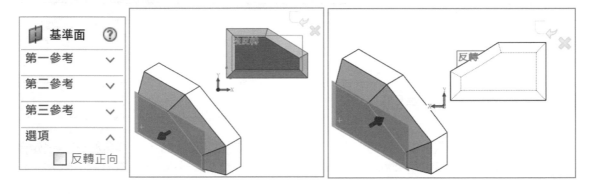

15-5 隱藏或顯示基準面

要顯示或隱藏基準面，可以在 1. 特徵管理員、2. 隱藏所有類型設定。

15-5-1 特徵管理員

點選基準面由文意感應→顯示👁/隱藏◈。要將 3 大基準面同時顯示，使用上述方法就顯得太沒效率要分別做 3 遍，下圖左。

A 連續選擇

1. 點選前基準面→2. Shift 壓著點選右基準面→3. 👁，下圖中。

15-5-2 隱藏所有類型設定

在立即（檢視）工具上，展開隱藏/顯示項次，分別對 3 大基準面及自訂基準面👁/👁。更快的方式直接點選👁，將所有參考幾何關閉，下圖右。

15-5-3 檢視新基準面

將自行新增的基準面進行👁/👁，展開隱藏/顯示項次→檢視基準面📦。

15-5-4 快速顯示/隱藏主要平面

快速將 3 大基準面進行👁/👁，展開隱藏/顯示項次→隱藏/顯示主要平面📦。

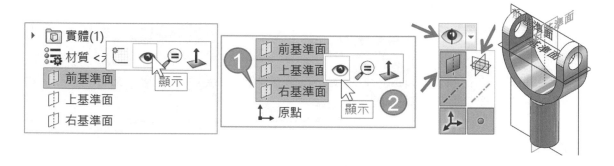

15-6 用畫的基準面

基準面不用這麼辛苦學，用畫的就好，每次說到這同學很驚訝，並體會時代變化是什麼。大郎常說沒事不要做基準面，除非模型面或 3 大基準面無法使用，不得已才增加，因為基準面越做越不穩定。

🅐 愛做→不做

早期 2000 年大家很愛做基準面，時代不同了基準面能不做就不做，因為製作基準面要學和花時間。現在人學習型態改變，會用替代方案讓自己更有效率。

🅑 伸長曲面，不用學習就會的專業

現今要同學將先前所學的草圖限制條件，配合曲面工具的伸長曲面📦，用最短的時間完成多個曲面，更能證明不用學習就會的專業。

15-6-1 多條線段面：天下無敵法

對於草圖之間的複合角度（3 個角度的基準面），單純用📦完成是行不通的。要藉其他參考：草圖、模型邊線、基準軸…等，角度還要人工計算補角…等幾何定理，才可製作📦，步驟多、幾何複雜、穩定度降低也沒人想學。

一次完成 1. 多條連續或 2. 不連續草圖→🪄，速度很快對吧。

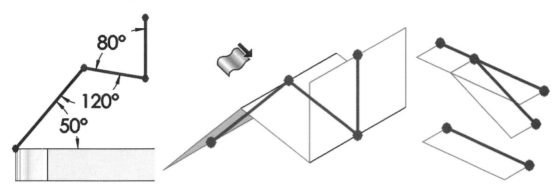

15-6-2 相切面

　　直覺想建立圓弧和直線的有角度的相切面，就利用幾何作圖：1. 圓心到線段的互相垂直→2. 線段與原弧相切→3. 70 度角→4. 🪄。

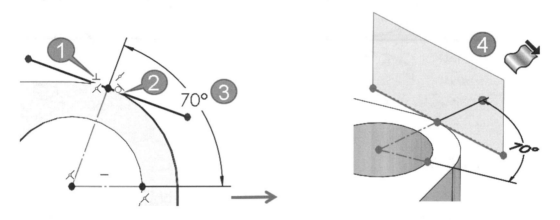

15-6-3 3D 草圖

　　利用 3D 草圖建立 2 空間輪廓→🪟，就不必建立新基準面，只為了第 2 輪廓使用。

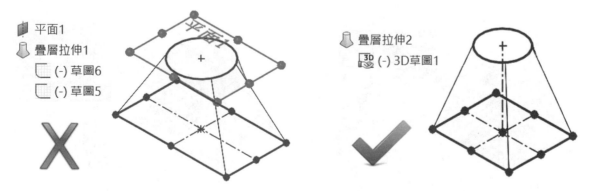

15-6-4 最高優先參考

用畫的基準面放在原點下方成為基準，讓其他特徵都可用到，下圖左（箭頭所示）。

A 水壺

⬇有 3 個輪廓，被 3 個面使用：1. 上基準面、2. 兩個畫的基準面。

B 蓮蓬頭

⬇有 5 個輪廓，被 5 個面使用：1. 4 個畫的基準面、2. 一個右基準面。

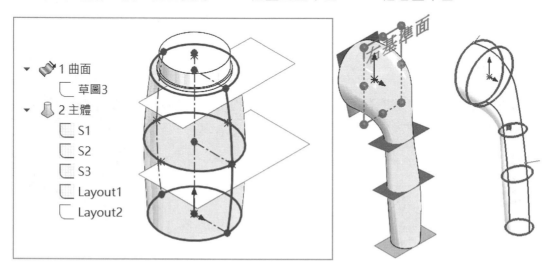

15-6-5 共用基準面

水壺有 7 個輪廓，理論上要 7 個基準面完成 7 個草圖，有很多草圖共用 3 大基準面，已經完成 5 個草圖（標示 1-3），另外 2 個草圖才產生基準面（標示 2），下圖左。

15-6-6 避開參考：草圖短一點

由於曲面本體容易與後面的特徵參考到，很容易點選到，即便把曲面本體隱藏都沒用，可以把草圖線畫短一點（箭頭所示），下圖右。

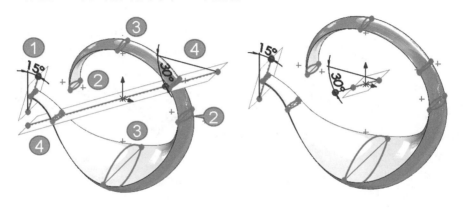

15-7 基準面控制

本節介紹如何移動、調整基準面，直接在繪圖區域操作，不必編輯基準面特徵。

15-7-1 基準面大小

產生的基準面會比模型大 20%。

15-7-2 移動/大小基準面

拖曳基準面邊線來移動，拖曳基準面控制點改變大小，常用在避免遮到模型。

15-7-3 自動調整大小

基準面大小所選面大 5，手動調整的基準面，系統會關閉對模型自動調整大小的功能，例如：模型改大，基準面還是維持一樣大小，可以在基準面右鍵→自動調整大小。

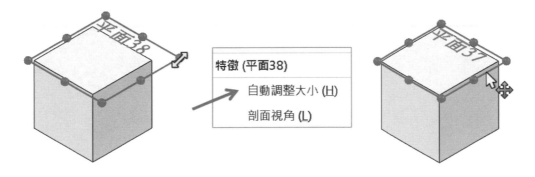

筆記頁

16

草圖圖片

草圖圖片（Sketch Picture），增加模型真實度，利於溝通、行銷，透過草圖操控，增加顯示彈性和顯示效能，顧名思義要在草圖環境下進行。

常用在逆向工程，將圖片放到在草圖中用描的方式把圖片輪廓畫出來。

↑ 原點
▸ └ (-) 草圖1
　　 草圖圖片

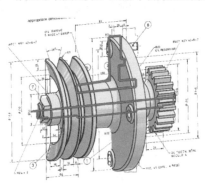

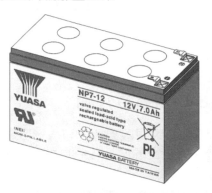

16-0 指令位置與介面

說明指令位置和最快的方式在書本 3 個面上加入圖片。完成本節你會希望在草圖過程拖曳來加入圖片，但目前不支援，本節會了就差不多了。

16-0-1 指令位置

不屬於畫圖所以在 1. 工具（T）→2. 草圖工具（T）→3. 草圖圖片（P），（進階者會用 Alt+TTP）→4. 利用開啟舊檔把圖片加入草圖中。

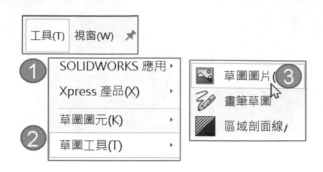

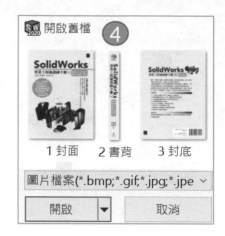

A 選擇解析度

當圖片解析度高於 2048PIX，會出現選擇解析度視窗。

建議低解析度，通常圖片常用來示意，且低解析度還蠻清楚的。

16-0-2 指令介面

必須開啟圖片才可見指令屬性，1. 選模型前面→2. 進入草圖→3. →4. 利用開啟舊檔，找出封面照片→5. 見到草圖圖片管理員，分 2 類：1. 屬性→2. 透明度。

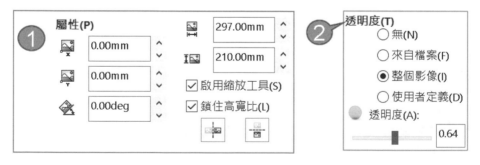

A 草圖圖片 3 大工作項目

1. 貼圖位置與大小、2. 縮放工具、3. 自動追蹤。

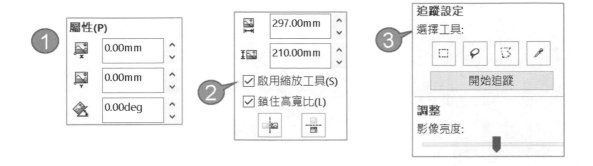

16-0-3 先睹為快

分別在書本 3 面加上圖片調整大小，用最短的時間調整調整圖片位置與大小。

步驟 1 點選圖片移動位置

步驟 2 拖曳圖片外控制點，讓圖片符合模型大小

步驟 3 自行完成另外 2 面圖片放置

A 退出草圖

這就是重點了，因為有 3 個面要加入圖片，就要分別進入草圖，初學者一開始不習慣，會在同 1 個草圖加入第 2 張圖片，第 2 張圖片就不會在側邊，這是學習盲點。換句話說，1 個草圖可插入多張圖片。

16-0-4 查看圖片結構

草圖圖片記錄在草圖之下，沒想到草圖之下還有東西對吧，下圖中（箭頭所示）。可對圖片命名，反正在草圖之下的項目都要進入草圖。

A 圖片大小

圖片會增加模型大小，圖片 1MB+模型 1MB=2MB，通常圖片解析度不必太高，會利用其他方式將圖片減少大小。

16-0-5 顯示草圖/草圖圖片

🖼附加在草圖之下，圖片隨草圖顯示，換句話說隱藏草圖，🖼也看不到，下圖右。

16-0-6 編輯草圖圖片

在繪圖區域快點 2 下圖片可回到草圖圖片屬性，不須進入草圖，希望 SW 統一所有指令都可快點 2 下編輯。

Ａ 不支援快點 2 下編輯圖元

快點 2 下多邊形、點 2 下草圖環狀複製排列的圖元，能編輯多邊形或環狀複製排列，而不是右鍵編輯多邊形或右鍵編輯環狀複製排列。

16-1 圖片屬性

於屬性管理員控制：1. 圖片位置、2. 角度、3. 大小，不必藉由影像軟體進行前置處理→再由 SW 開啟，可節省很多時間。

會定義到大小通常為圖片來源失真。

16-1-1 圖片位置

拖曳圖片移動位置或指定 XY 座標精確定義。經常圖片與草圖原點重合 X=0、Y=0。

16-1-2 旋轉

必須透過屬性控制圖片旋轉，目前無法拖曳改變角度，希望 SW 改進。

16-1-3 圖片大小

拖曳圖片外的控制點或輸入數值指定圖片大小，例如：寬度 297、高度 210。

16-1-4 鎖住高寬比（Lock Aspect Ratio）

以高度和寬度的相對比值控制大小，避免圖片寬高失真。

A □鎖住高寬比

重新定義高寬比，1. □鎖住高寬比→2. 指定圖片大小→3. ☑鎖住高寬比。

16-1-5 水平與垂直反轉

圖片水平或垂直鏡射放置，常用在掃描後的照片為鏡射。

16-1-6 ESC 退出與編輯圖片屬性

ESC 退出草圖屬性，快點 2 下圖片進入圖片屬性，目前還是草圖環境呦。其實不在草圖環境也可以快點 2 下圖片進入圖片屬性。

16-2 啟用縮放工具（Enable Scale Tool）

讓圖片縮放比例到指定大小，常用於逆向工程，例如：想知道照片中椅子上方尺寸，或 3D 列印機器內部結構，只要用直線並標尺寸就能知道實際大小，不必人工換算比例。

早期這是先進技術，現在手機 APP 都有 AR 混合實境，在物體上動態量測，目前常用 PowerPoint 在圖片上標尺寸進行影像合成，**不需影像軟體**。

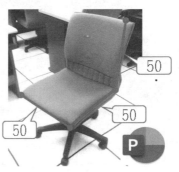

16-2-1 先睹為快

在圖片上標示產品規格，椅面 500X500X580mm，☑縮放工具，必須要在草圖環境。

步驟 1 ☑啟用縮放工具

快點 2 下圖片，於草圖圖片屬性中☑**啟用縮放工具**。

步驟 2 拖曳縮放工具

1. 拖曳橫桿左邊起點到椅面起點定義基準→2. 終點橫桿右邊起點到椅面終點。

步驟 3 輸入實際尺寸

於修改視窗 500→↵，結束修改視窗後，系統自動縮放圖片，

步驟 4 結束草圖圖片

步驟 5 描圖

草圖直線繪製 3 條線，分別為椅面的最大尺寸 500X500X580。標註過程會發現尺寸與圖片相當接近，更能體會縮放工具的用意。

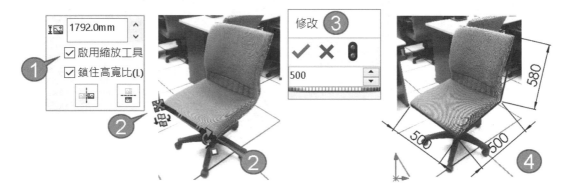

A 無法使用縮放工具的解決方案

由於縮放工具在圖片上方重疊，想要拖曳縮放工具起點時，系統以為你要改變圖片屬性。1. 拖曳圖片縮小，讓縮放工具與圖片分開後→2. 執行縮放工具。

不然就要重新插入草圖圖片，重新來過。

B 縮放工具不能修改（灰階，做 2 遍）

縮放比例不能重複使用，必須重新製作，下圖右。

16-2-2 練習：3D 列印描圖

底座尺寸為 600X350X600mm，用直線畫照片機構，標尺寸得到機構尺寸，只要知道大概尺寸就好。由於這是逆向工程，準確度大約 8-9 成即可，要很準會伴隨時間加長，就看有沒有必要。想知道床台尺寸、馬達外型、導柱長度...等，甚至在開會過程當下解決客戶要的圖片尺寸，這就是本事。

A 照片細節

直線取出來的機台零件尺寸失真，未來拍照要照好一點，正面是最理想的，下圖左。

B 多張照片

1 個草圖可放置多張圖片，不用產生多個草圖，常用在一開始不熟練草圖圖片，就可以重複加入圖片來嘗試，這就保有便利性了，下圖右。

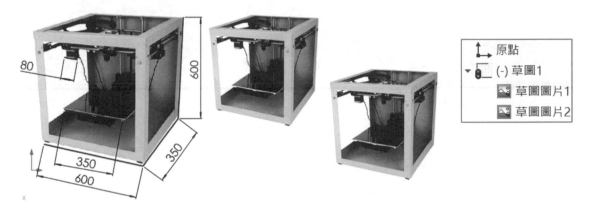

16-3 透明度（Transparency）

將圖片進行透明度或去背，可事後調回來，不必花時間使用影像處理軟體，用 SW 內建就可以，本節 SW 強調 CAD/CG 整合，本節背景為灰色來襯托圖片是否去背。

16-3-1 無

無透明度屬性，可以見到圖片為白色，無法穿透見到背景灰色，下圖左。

16-3-2 來自檔案

保留檔案去背屬性，讓圖片無背景，可見背景灰色，下圖右。

16-3-3 整個影像（Full Image）

由下方控制棒調整 0-1 範圍控制圖片透明度，用在查看照片後面機構特徵，可避免旋轉模型。例如：由上看不到下方的人型，變更透明度後就可以看到了。

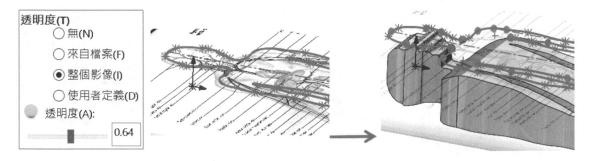

16-3-4 使用者定義

由取色工具（滴管）✏ 選取圖片顏色，定義該顏色的公差層級，並將透明度套用至影像，常用在鏤空。未來版本這部分功能更強大，可使用網頁圖片套用在模型就不用調色。

不過不能同時製作 2 個顏色。

步驟 1 點選滴管 ✏

步驟 2 取色

點選圖片上要去背的顏色，例如：白色，下圖左。

步驟 3 調整透明度

將透明度調高可見白色消失=去背。接下來練習取黃色，可見黃色消失，圖片類似鏤空，下圖右（箭頭所示）。

步驟 4 相配公差（Matching Tolerance） ▣±

將透明度公差調高，可見黃色去背的範圍擴大，設定 0 套用透明度。

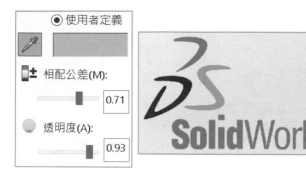 

16-4 自動追蹤（Auto Trace）

透過附加工具**自動追蹤**，把圖片輪廓以草圖輪廓描出來並產生特徵，該手法屬於逆向工程，美工軟體都有這功能。

A AutoTrace

啟用這項功能 1. 工具➡2. 附加程式➡3. ☑AutoTrace。由於這是標準版就有的功能，也希望未來預設就能☑使用。

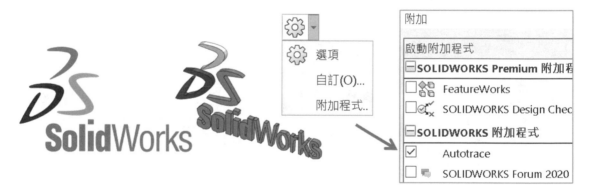

16-4-1 追蹤設定

點選下一步➡，追蹤設定頁面，依描圖步驟完成顏色取樣。➡第一次看到，只能說還不習慣。有些指令比較複雜，指令必須分層次，未來會常見➡，因為指令功能會越來越多。

步驟 1 選擇工具(取樣工具) 🖊

步驟 2 在圖片上選擇色彩(取樣)

步驟 3 開始追蹤

可見草圖輪廓已不規則曲線產生。

步驟 4 調整

調整亮度、對比或容差程度，很多人這跳過這步驟，以節省時間。

步驟 5 套用

未套用都可重新追蹤。

16-4-2 特徵成形

完成圖片草圖輪廓描繪，🔍發現為多本體，下圖左。這是最快的作法，如果覺得輪廓很粗糙像狗啃，就要自行用草圖圖元描出來，下圖右。

16-5 實務探討

本節舉常見的草圖圖片的例子，讓同學快速體驗草圖圖片的用途。

16-5-1 皮帶輪和遙控器

將工程圖片放在前基準面，將皮帶輪畫出來，常用在只有圖片沒工程圖。試想，把照片列印出來放在桌面上開始畫圖這樣太慢，這種方式已經會了，改另一種方式完成。

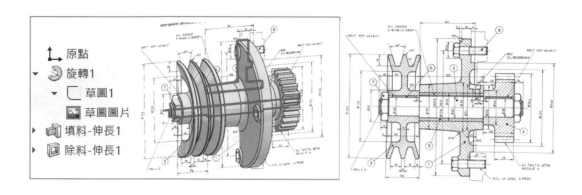

16-5-2 遙控器

分別在上基準面和右基準面加上照片，逆向把遙控器完成。

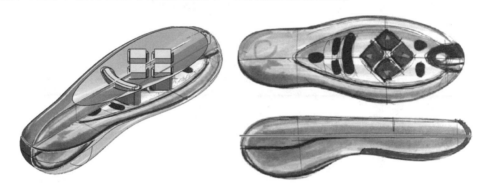

16-5-3 電池型錄與牆海報

將電池外面照片貼到模型上，任何時刻都能見到模型規格，不必查詢 BOM 表。將圖片成為牆面海報，下圖右。

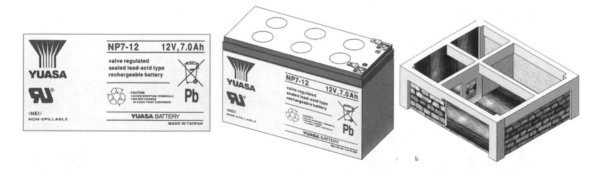

16-5-4 主機板與組裝示意

將原本綠色的電路板加上照片增加可看性，更讓別人以為這是 SW 畫的，甚至會說你畫這麼像呦，下圖左。甚至圖片＝元件組裝位置，下圖右。圖片來源：網路。

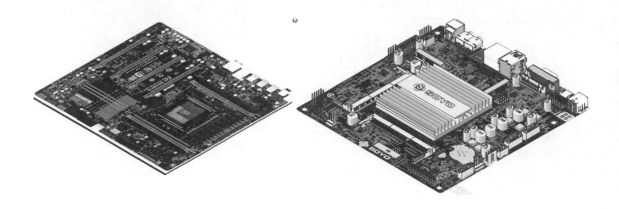

16-5-5 柳橙

把食物貼到模型表面，感覺很真實，坊間很多的擬真也是用貼圖完成的，下圖左。

16-5-6 馬克杯

馬克杯上的圖面其實無法用草圖圖片完成，因為草圖圖片只能用在平面，要做到切曲面效果，必須使用移畫印花。

16-5-7 飛機與 LOGO

草圖圖片上以矩形描出來的 QRCODE 可以被手機掃描出來。

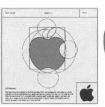

17

草圖文字

草圖文字（Sketch Text）𝔸=在模型上刻字，模型文字常見日常生活上，例如：鍵盤、滑鼠、螢幕、貼紙...等。本章說明字體種類、字型規則、字型對特徵影響、分享業界如何進行文字完成面板或修改成為 LOGO 設計。文字不適合用 Ctrl+Q 因為文字很耗效能。

文字議題受到很多討論，早期大家會認識字型由來和種類，現在不太想認識這些了，反正都是字。雖然這是常態，但我想很多人還是想瞭解只是不知如何下手。

17-0 文字規劃與指令位置

產生放置文字的輪廓，幾何建構線規劃文字排列，學會估算草圖時間，常問 4 條線+2 個弧要畫多久，共 6 個圖元 1 個圖元 10 秒夠不夠，實際 1 分鐘內要完成。

17-0-1 線和弧繪圖順序

4 條線+2 個弧，1. 會先畫線還是先畫弧、2. 先畫水平還是垂直？

步驟 1 繪製水平→垂直→斜線

因為直線是基準，所以先直線後斜線。水平和垂直一定是水平優先。

步驟 2 繪製上下 2 圓弧

先畫上圓弧→下圓弧。

步驟 3 完全定義

自行完成，線段要和模型邊線重合。

步驟 4 幾何建構線

由於𝔸為草圖圖元，目前線段不能為實線要為幾何建構線，否則成為多重輪廓。

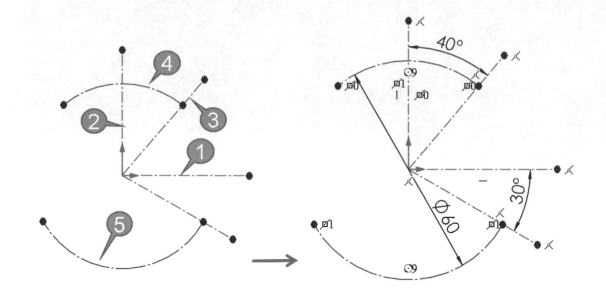

17-0-2 產生個別的草圖

退出草圖成為文字的 Layout，將 1. 草圖配置和 2. Ⓐ分開成為 2 個草圖，這樣不會有壓迫感，等熟練了再同一個草圖完成。

17-0-3 指令位置

有 2 個地方點選指令：1. 草圖工具列→Ⓐ、2. 工具→草圖圖元→草圖文字Ⓐ，進入指令會見到有文字屬性管理員，下圖左。

17-0-4 先睹為快

輸入文字過程順便認識指令項目。

步驟 1 點選模型面→進入草圖ⴤ→Ⓐ

步驟 2 輸入 SolidWorks

輸入 SolidWorks 過程立即可見文字由原點沿 X 軸產生=預設位置。

步驟 3 點選換位置

點選繪圖區域發現文字跟在游標旁邊，這是文字特性，因為文字不足定義。

步驟 4 查看文字結構

草圖文字和草圖圖元一樣，它不是特徵呦，要在草圖環境下才可以修改文字Ⓐ呦。

☐ Layout 基準線
☐ (-) SolidWorks

17-1 草圖文字作業

於草圖環境輸入專屬的文字圖元，不用草圖圖元費心力的把文字描出來。Ⓐ包括：直線、圓弧或不規則曲線組成的封閉輪廓，所以輪廓外型和字型有很大關係。

本節分別製作 2 段文字：SolidWorks、Design Using 排列在草圖曲線上並認識介面，有很多屬於 Office 作業，以及工程圖有詳盡說明註解工具列，所以本節簡單帶過。

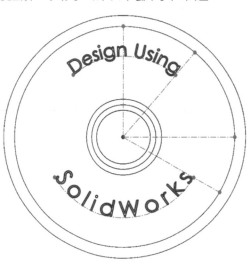

17-1-1 曲線（Curve）

可隨性點選斜線、模型邊線或下方圓弧，定義文字位置。曲線欄位非必要選項，可選擇 1. 草圖線或 2. 模型邊線作為文字排列參考，曲線應該稱文字位置。文字重點在定位。

17-1-2 文字

方框內輸入要刻在模型的文字，例如：先前輸入的 SolidWorks。

Ⓐ 先文字再曲線

實務會先輸入文字，再定義文字位置，除非抄圖也很熟練才會由上到下進行作業。

17-1-3 連結至屬性

將草圖文字連結到屬性名稱中，例如：型號，可見 OP-002。常用在模具直接把型號刻在模型上，讓模型好組裝好識別，特別用在文武向，有看到鎖鏈∞就有關連性，在工程圖有說明。

屬性=檔案屬性，為模型的資訊，先有模型資訊才可以由連結至屬性帶入。

17-1-4 粗體（Bold）B

將所選文字加粗，常用在醒目。

17-1-5 斜體（Italic）*I*

文字傾斜，常用在醒目。

17-1-6 旋轉（Rotate）C

旋轉文字，預設逆時鐘旋轉 30 度，在文字視窗中以代碼呈現<r30>SolidWorks</r>。要旋轉其他角度，在文字視窗中編輯代碼，例如，順時針旋轉 10 度，<r30>改成<r-10>。

Solid Solid Solid Solid

17-1-7 排列

利用按鈕將文字靠左、置中、靠右或完全調整（俗稱平均分佈），有指定上方的曲線才會將文字分佈在曲線↺上。尤其是，讓文字完整排列在指定的線段上，文字間距會自動等分，這就是當初為何要把草圖定義長度並定義排列。

17-1-8 上下、左右放置

利用按鈕將文字上下、左右放置，類似鏡射。左右排列常用在鏡向，例如：硬幣拓印在黏土上，黏土字會反向。

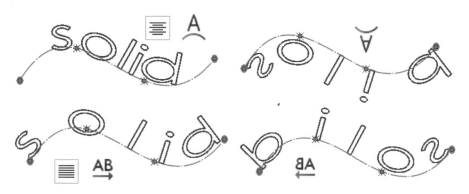

17-1-9 字寬（Width Factor）

改變文字寬度是變形體，屬於軟體送的功能，由於 Windows 字型屬於寬高比，不能設定文字瘦高或矮胖，只能透過軟體功能進行文字變化，例如：WORD 的文字藝術師。

調整過程文字寬寬或瘦瘦的，字寬以草圖不相連原則，否則重疊草圖無法成型。

A 使用限制

要使用必須☐使用文件字型（標示 1）。

17-1-10 字距（Spacing）

定義每字距離，目前只有百分比，希望增加距離單位。

A 無法調整字距

完全調整或☑**使用文件字型**時，無法使用間距，因為文字排列已經受下方線條限制。

B 置中

數值調整很大時，會發現文字會離開曲線，更能明白▆用意。

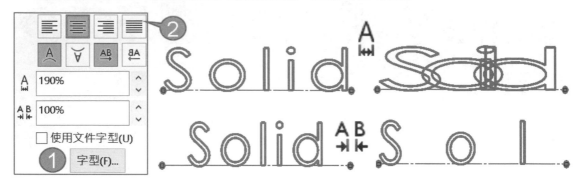

17-1-11 改字（文字屬性）

在草圖環境下，游標在文字上快點兩下，回到文字屬性，進行加字或改字作業。

17-1-12 新草圖文字 Design Using

文字不要一次做太多，因為草圖文字產生的特徵很耗效能。如果不要特徵只要有草圖文字就另當別論，例如：SolidWorks、2021、Happy New Year 就分 3 個草圖完成。

17-2 字型視窗與特徵成形

由字型視窗進行**字型**控制：1. 字型、2. 大小，由視窗左下方看出預覽，但繪圖區域看不出來。預覽已經是顯學，要結束指令才可以看結果不夠直覺。

A ☑使用文件字型

以文件屬性的設定套用草圖文字。

B □使用文件字型

點選下方字型按鈕，進入選擇字型視窗，臨時更改字型。

17-2-1 字型（Font）

用輸入的比較快找到，由清單可見屬於 SW 開頭的字型支援，例如：認證考試常用 SWISOCP1，下圖左（箭頭所示）。

A @

字轉 270 度適合由上而下垂直書寫，例如：@細明體。該字無法轉回 0 度，必須重新指定字型，下圖右（箭頭所示）。

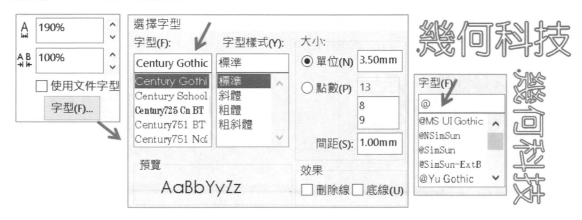

B Stick 單線字型

OLF SimpleSansOC 用於雷射雕刻、水刀或 CNC 刀具路徑使用，不必再尋找符合加工所需的字型，甚至冒風險下載補帖字型。單線體無法產生特徵，不支援中文字。

C 套用 CAM 所內建的單線字型

CAM 排程會把特徵字拿掉，套用 CAM 內建的單線字型，因為 True Type 字型屬於雙環封閉字體，不適合用來雕刻或 CNC 加工。

除非就要特徵呈現的文字，就要想辦法加工，就會比較難獲麻煩。

D 設計彈性

對於文字不是很要求，可以模型組態切換為 OLF SimpleSansOC 草圖顯示，既可以讓對方看加工後的外型，也方便保留給 CNC 作為排刀具路徑。

17-2-2 字型樣式（Font Style）

設定文字效果，常見標準、傾斜、粗體...等，不同字型會有不同的樣式變化，例如：Arial 可見更多項的字型樣式，下圖左。

 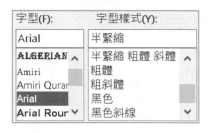

A 文字擠在一起

文字因為字型的關係擠在一起，成形後成為斷字，調整字型或字型樣式即可。例如：原本 ArialMS 標準會斷字→ArialMS 粗體即可。

17-2-3 單位（Unit）

單位應該稱字高比較直覺，例如：字高 3.5，下方對應相對點數。

17-2-4 點數（Point）

指定字的高寬比，比較抽象，Windows 字型就是高寬比。除非特別指定，不然點數很多人不習慣 12 點或 24 點多大。

17-2-5 間距（Space）

間距應該稱行距，定義每行文字間的距離，如果為單行文字調整間距會沒反應。

17-2-6 效果

指定文字加附刪除線或底線。刪除線會在文字中間。

17-2-7 特徵成形

將文字 深度 0.1mm，1mm 就會太多，就像換遙控器電池，會見到凸起的電池圖案就是 0.1，不過會發現特徵灰階無法使用。

課堂常問同學為何會這樣，因為目前為草圖文字環境，對系統來說文字作業沒結束不能使用下一個程序，所以要先結束文字作業，這是系統面。

早期這稱為保護措施，現在看來不直覺，軟體會越來越直覺，直覺伴隨著任性，相信未來會改進。

17-3 字型種類與位置

論壇很多人問中文字如何製作，因為它為複線體會讓草圖重疊無法成型，最佳辦法就是改變字型，Windows 預設字型不夠多，可以買多國語系的字型或下載免費字型來呈現。

17-3-1 常見文字種類

文字分 4 大類：1. 數字、2. 英文、3. 中文、4. 其他語系。0~9 阿拉伯數字和英文最好做，中文常見簡體和繁體、其他國家，例如：阿拉伯文、俄文、歐文。

17-3-2 常見字型

C:\Windows\Fonts\ 內建的字型有以下 4 種，TrueType 和 OpenType 以點數定義大小，無法調整字高與字寬，換句話說不能變形，點數原則上沒有小數點。

TrueType 🔤	OpenType *O*	點陣 🅰	SHX 🅰SHX	SolidWorks
BIG-5 編碼支援多國語言，擴充性高，例如：Arial	以 Unicode 萬國編碼，後來被微軟收購	DOS 模式**ɒʌɘɿ**	AutoCAD 專屬，可單獨調整高與寬	SW 專屬字型🔤SW Gothg (TrueType)，隨 SW 安裝

17-3-3 複製字型

所有字型安裝在 c:\windows\fonts 管理，新增字型可用複製貼上，不需安裝。例如：將王漢宗細新宋簡體複製到 font 資料夾中，可即時在 SW 得到該字型，不必重新啟用 SW。

17-3-4 顯示字型

Win 7 會把以前的常用字型隱藏，以新字型代替，被隱藏字型以半塗彩顯示。可以點選字型顯示回來，例如：點選 ARIAL→顯示/隱藏，下圖左。

17-3-5 字型提醒 Windows 10 字型遺失

Windows XP 或 Win 7 字型在 Win 10 變成選用。開啟檔案過程 SW 發現沒有先前字型會出現訊息。例如：先前草圖文字使用華康中圓體，但另一台電腦沒這字型。

A 請選擇新字型

有清單選擇替代的字型。

B 使用暫時替代字型

由 SW 自動找相近字型套用，最常使用，適合對字型沒很深要求或這不是你畫的模型，只是打開來參考看看的。

C 共同注意 2 事項

1. 不想理解就點選最下面項目（這樣最快）、2. 無論點選何種項目，儲存檔案後不會再問你了。

17-4 繁體中文

中文字詢問度最高，由於輪廓之間重疊，當然做不出來，這是草圖觀念。常見 2 種解決方式：1. 改字型、2. 解散草圖文字，本節以筆畫最少的中說明。

17-4-1 改字型

一樣都是中，就看得出來左邊的中空體可以成型，右邊為標楷體線條重疊，無法成型。

17-4-2 解散草圖文字（Dissolve）

類似圖塊炸開，解決任何重疊的文字。例如：標楷體的中=重疊輪廓，且文字為群組圖元就像圖塊一樣無法直接修剪✂，必須藉由解散草圖文字完成。

A 指令位置

該指令沒有 ICON 只能：1. 游標在文字上右鍵→2. 解散草圖文字，會見到文字打散成曲線，也是為何運算比較久的原因，類似 AI 或 CROELDRAW 轉換為曲線。

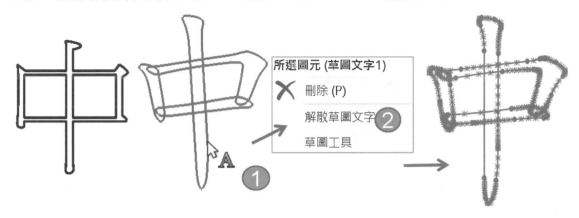

17-4-3 特徵成形

🖱過程不必修剪圖元，所選輪廓點選面成型、大郎很後悔以前要同學將中修剪為單一封閉輪廓，只能說以前太阿札，下圖左。

A 修剪✂反而讓圖元不穩定

早期要同學修剪✂，**現在不剪**，要如何自圓其說，甚至有些人還願意不辭辛勞修剪為單一輪廓怎麼辦。將完整的輪廓修剪，反而讓圖元不穩定（設變會搞到自己）。

不剪速度快，穩定度又高，一面倒的贏。

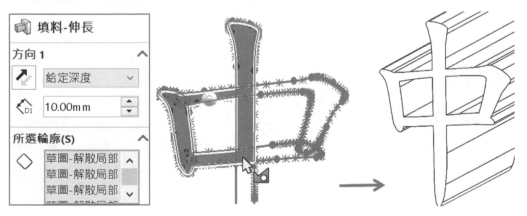

B 無法使用包覆

包覆不支援所選輪廓，所以只能用 🔧 完成，下圖左。

17-4-4 製作 Arial 國，產生特徵

修改中→國，或是重新製作 Arial 字型的國→🔧，下圖右。

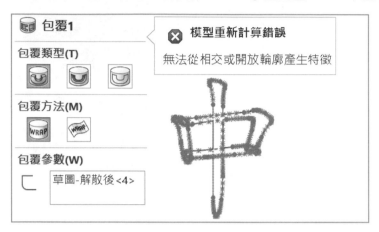

17-5 簡體中文

將國調整字型為王漢宗細新宋簡體，並看出特徵是否成形，下圖左。由於預設沒有王漢宗細新宋簡體，要將改字型複製到 C:\Windows\Fonts\。

17-5-1 其他方式製作簡體中文

透過輸入法或 WORD 中文繁簡轉換 🔧，將文字貼到 SW 文字中，不過這些方式不具體，有些文字複製到 SW 無法辨識。還是要靠草圖文字切換字型，文字由草圖產生。

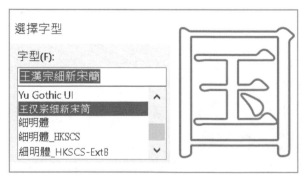
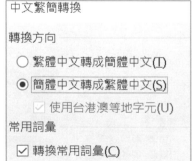

17-6 圖塊文字

　　同一草圖擁有多個文字，可將文字產生圖塊，利用圖塊特性讓文字好搬移、調整比例，例如：春夏秋冬分別產生 4 個圖塊。

17-6-1 製作文字圖塊

　　在草圖 1 中分別完成春夏秋冬 4 個文字，並產生圖塊。

步驟 1 自行完成春、夏、秋、冬→↵，結束文字

步驟 2 分別點選春、夏、秋、冬→產生圖塊

步驟 3 查看圖塊

　　展開草圖可見 4 個圖塊。於繪圖區域點選文字進入圖塊屬性，設定比例、角度，也可直接拖曳文字。

步驟 4 特徵成形

　　草圖 1 包含 4 個文字，所以春夏秋冬會在同一個特徵完成。

17-7 文字定位

　　文字下一階段就要學習文字定位，文字定位不容易，因為功能不夠齊全。文字類似圖塊以群組方式呈現，一開始不知道它的定位邏輯，本節特別說明文字定位手法。

17-7-1 文字基準與放置文字

　　草圖文字預設與原點重疊（沒有限制條件），目前為草圖文字屬性管理員環境，點選繪圖區域會發現文字會隨著游標放置。

A 文字基準

　　結束草圖文字後，文字左下角會見到很大的定位點（類似圖元點），拖曳定位點可移動文字，可以將定位點加入限制條件和尺寸標註。

17-7-2 建構線協助文字定位

文字定位點在左下角與文字有一小段距離，要得到正確的字寬必須將定位點進行限制條件和尺寸。常利用矩形+建構線將文字定位和目視文字大小，因為矩形有寬度和高度，建構線恰好在矩形中間來協助定位。

A 文字置中定位

把文字的中間位置求出來。

步驟 1 建構文字外框

1. 角落矩形□→2. ☑加入建構直線→3. ⊙從中點→4. 由文字左下角基準繪製矩形。

步驟 2 幾何建構線

矩形必須為建構線，這樣才不會影響文字成形。

步驟 3 尺寸標註

將尺寸定義符合文字寬和高，變更矩形尺寸，文字不會隨著尺寸變化大小呦。由於基準點與文字寬度有點距離，寬度和高度要利用尺寸 12.8 補正，下圖右。

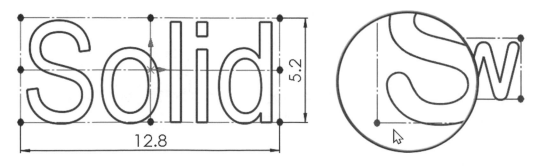

17-7-3 圖文定位

開關符號和上方的 POWER 置中,由於文字耗效能,會先完成 1. 圖→2. 字,分別 2 個特徵建構會比較好管理。

步驟 1 人工繪製符號

步驟 2 POWER 文字加建構線與尺寸標註

文字和建構線不容易點選,經常點到文字,將中心基準線加長即可(箭頭所示)。

步驟 3 文字與模型原點置中

利用限制條件將中心建構線與模型原點重合。

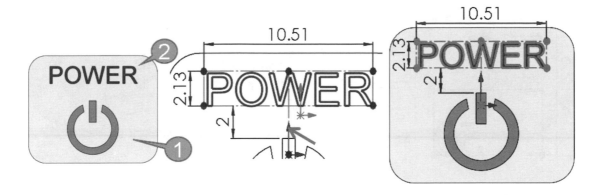

A 範例:MIT MEDIA LAB、幾何商標

左圖右文,下圖左。外圖內文的範例,下圖中。

17-7-4 文文定位

文字和文字之間定位,因為文字耗效能,所以分開 2 個特徵完成,下圖右。

17-7-5 刻度定位

容器文字與刻度置中,且文字起點在右邊,先刻度→再文字,因為文字耗效能。

步驟 1 分別在草圖 1 完成數字

完成 50→↵→執行🅰→輸入 100→↵，以此類推完成 50、100、150...等獨立文字。

步驟 2 建立基準線

數字下方繪製建構線並標尺寸 10（只是整數，長度比數字大好識別即可），建構線間距 12.5（定義數字在刻度中間）。

步驟 3 靠左對正

由文字下方的建構線，能控制對齊位置。

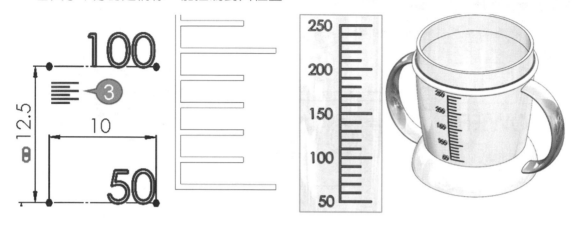

17-7-6 精確定位

文字預設排列不是你要的，例如：水平、垂直或角度，無法由移動、旋轉、伸展...等完成，這些功能僅適用草圖圖元。

不過草圖文字🅰類似圖塊為獨立群體，不屬於草圖圖元，下圖左。要進行文字精確定位，常以 2 項作業：1. 修正草圖、2. 文字下方的建構線。

🅰 修正視窗

工具→草圖工具→修正，該指令很古老，會出現獨立的修正草圖視窗，我們也希望能整合到移動、複製、旋轉...等指令。

於游標旁滑鼠圖示可知：左鍵移動、右鍵旋轉，右鍵把文字有角度或垂直放置。

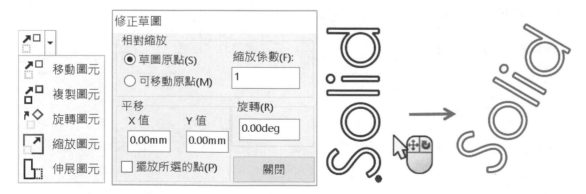

B 建構線或模型邊線

文字下方製作建構線，到時只要進行建構線控制，例如：拖曳、限制條件或標註。

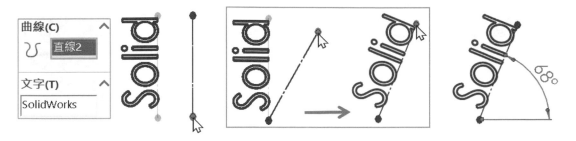

17-7-7 環狀定位

環形 0-9 數字排列中會發現Ａ功能不夠用，無法定位，例如：無法定義 0 在 90 度的位置。要用以下數字順序和修正草圖指令Ａ完成，例如：文字 0-9 逆時針排列在圓邊線上，並定義字型為 SWISO CP1。

步驟 1 進入草圖文字Ａ

點選 Ø50 草圖圓在曲線中。

步驟 2 文字

輸入 0123456789 會發現數字為順時鐘排列。設定水平反轉或輸入 9876543210，會得到逆時針排列。

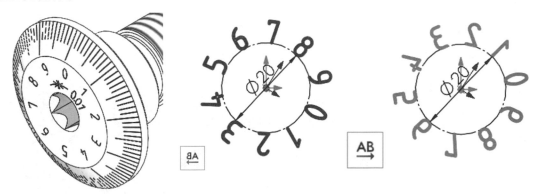

步驟 3 字型 SWISOP1

由於 SWISOP1 接近仿宋體，於字型視窗中直接輸入 SWISO 會比較快找到字型，下圖左。

步驟 4 修正草圖，旋轉

輸入 1 度，也可以在數字前方數入-1→↵，讓文字旋轉到 0 在上方。

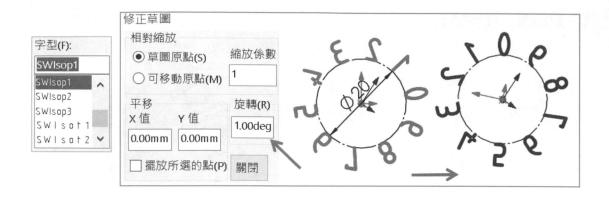

17-8 LOGO 文字製作

利用文字功能修改或人工繪製，這部分常與草圖圖片搭配。

17-8-1 企業識別

業界常以文字為基礎→特徵成形→修改特徵，完成 LOGO 設計。

步驟 1 文字 A

字型 Arial、高度 18 的 A，並利用建構線量身高，用來目視文字高度→🔲。

步驟 2 刪除面🔲把中空面補起來

步驟 3 中空除料

利用草圖把 A 的中心重新填補偏移 1，由先前文字比對可以看出來。

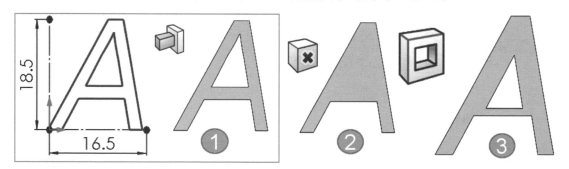

步驟 4 補腳

移動面🔲偏移 1，把 A 下方補起來，🔲調整右腳成為造型。

步驟 5 製作環形

以🔲橢圓製作環型，有了環型參考，🔲製作左腳造型。

步驟 6 整體造型

利用刪除法，將整體縫隙產生，完成企業 LOGO。

17-8-2 CE 認證符號

這是用草圖直接按比例完成的 CE 認證圖示。

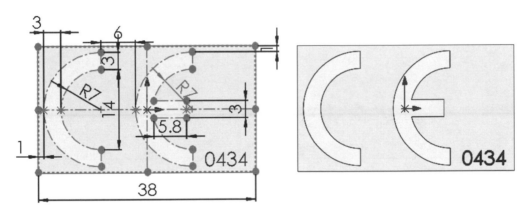

17-8-3 其他文字範例

本節列舉比較典型的圖文模型上的雕刻。

筆記頁

18

包覆

包覆（Warp）🗄於 2004 年推出，將封閉輪廓草圖投影到模型面上（平面或曲面），最大特色在曲面上的特徵，早期要 2 個指令才可完成，例如：1. 分割線🗄→2. 特徵。

🅰 分割線進階版

🗄算分割線🗄進階版，希望未來🗄能取代🗄。本章延續上一章草圖文字𝔸，完成滑輪模型的平面和圓柱面上的刻字。

🅱 伸長簡易版與意想不到

🗄把🗄、🗄整合，算伸長簡易版，最大好處降低模型資料量。🗄可完成的特徵相當多元，會沒想到可以做到這些。

18-0 指令位置與介面

說明🗄指令位置與介面，直接完成包覆類型，常用在圓柱或曲面產生特徵。

18-0-1 指令位置

2 個地方點選指令：1. 特徵工具列→🗄、2. 插入→特徵→包覆🗄，進入指令會見到有屬性管理員，下圖左。

18-0-2 介面項目

介面分 6 大項：1. 包覆類型、2. 包覆方法、3. 拉的方向、4. 精確度、5. 預覽，比較不習慣的是 1. 包覆方法，如果不會分就亂壓就好。

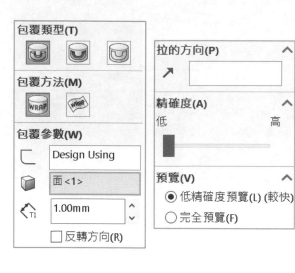

18-0-3 先睹為快

分別以和完成 SolidWorks 和 Design Using，平面文字。

步驟 1 SolidWorks，

於特徵管理員點選 SolidWorks 文字的草圖→。深度 0.1mm、拔模角 50 度，產生有層次的模型字。

步驟 2 Design Using，

於特徵管理員點選 Design Using 文字的草圖→。

步驟 3 包覆類型：浮凸

步驟 4 包覆方法：分析

步驟 5 包覆參數

點選要成形的面，深度 1。包覆特性要指定面，回想一下不用指定面，過程也不必退出草圖可直接成形。

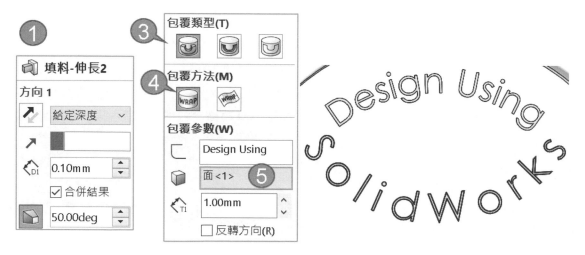

18-0-4 為何無法使用包覆

這是學習盲點，2 個指令不能同時進行。在草圖環境下不能使用🗄，這是 SolidWorks 2000 年的做法，要退出草圖文字🅰和退出草圖才可使用🗄，這部分和🖼說明相同，只是讓同學知道這樣的操作很不合時宜也只能勉強用。

18-1 包覆類型

認識包覆 3 大類型：1. 浮凸🗄、2. 凹陷🗄、3. 刻畫🗄，🗄和🗄功能相同，如同🔧的至某面平移處，🗄類似美工刀在表面上割痕沒深度。

步驟 1 建立 SW 文字

無法在曲面進入草圖，只能在上基準面製作 SW，更能理解曲面上的特徵要用投影的。

步驟 2 包覆類型與方法

🗄➔分析🗄。

步驟 3 包覆參數

點選要成形的面=圓柱面，深度 5。

18-1-1 浮凸（Emboss）🗄

浮凸=填料，沿曲面垂直（方向向量）向外擴張 V 形，常用在圓筒上的特徵。

18-1-2 凹陷（Deboss）🗄

凹陷=除料，特徵在曲面了話，沿曲面向內縮。

18-1-3 刻畫（Scribe）🗄

刻畫在表面上，產生獨立面。類似美工刀把面切割，功能和分割線🗄相同，常用在貼紙或獨立改變面的色彩。

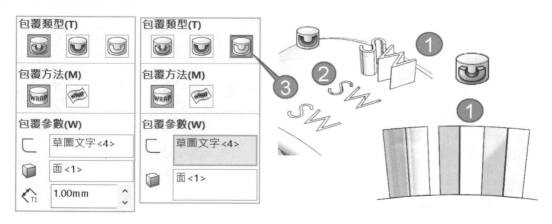

18-2 包覆方法

使用**分析**🛢或**不規則曲面**其中一種，2017 新增解決曲面上的投影，通常分不出來亂壓可以用就好，等到熟練後才來學習即可。

18-2-1 分析（Analytical，預設）🛢

保留舊有運作方式，只能🔧或🔩完成的模型，只能包覆圓柱，不能用在圓錐或曲面，會出現無法使用的訊息。

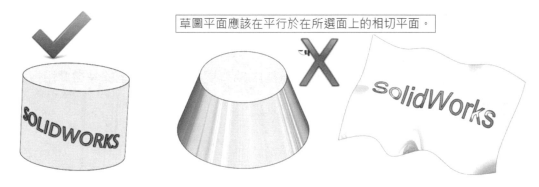

草圖平面應該在平行於在所選面上的相切平面。

18-2-2 不規則曲面（Spline Surface）

在任何類型的面或多個面上包覆草圖，可以完整解決模型面上的文字，例如：熨斗上 LOGO 或文字。可完成所有類型，下圖右，不過平面會建議選分析，這樣計算比較快。

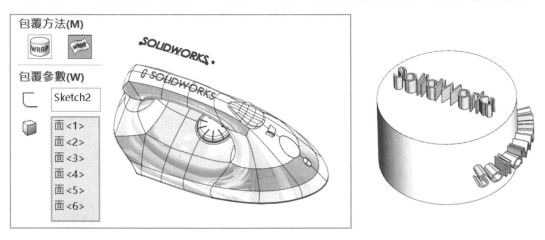

18-2-3 方管跨面切割

草圖圓→點選模型 2 面，完成方管 2 面切割，外型結果和圓除料不同。

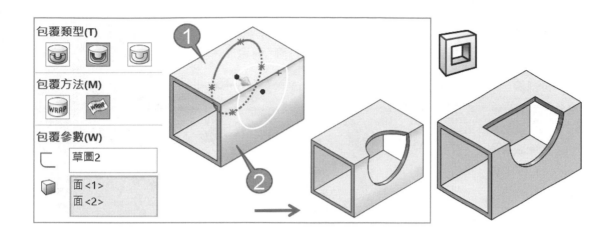

18-3 包覆參數

定義來源草圖、包覆的面、深度和方向，類似 方向 1 簡易版，所以很容易學會。

18-3-1 來源草圖

由於已經先選草圖→ ，這部分系統預先幫你選好了。

18-3-2 包覆草圖的面

定義成形的面，類似**成形至某一面**，比較特殊可指定多個面，這是 2017 新功能。早期只能選擇 1 個面，要用其他指令或多個指令完成曲面上的特徵，例如： 或 。

A 除料

特徵橫跨 2 面用 完成，1. 來自：平移、2. 至某面平移處，下圖右。

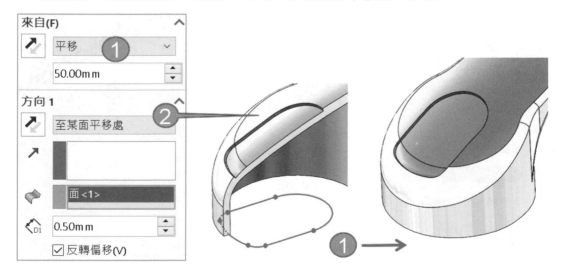

B 分割線

將上方文字草圖投影到所選面，完成多面分割=刻畫。

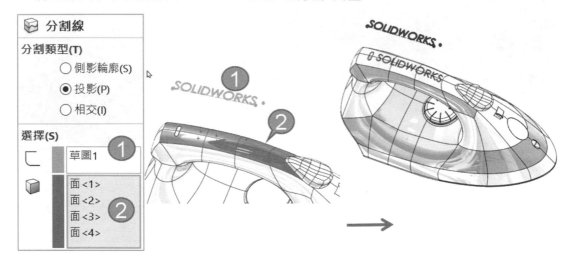

18-3-3 深度

適用浮凸和凹陷，不過沒有其他的類型，例如：完全貫穿、成形至下一面...等。

18-3-4 反轉方向

成形到另一面，例如：在模型中間文字成形上面或下面，預設為 Z 軸正向（上面），可以改為下面（箭頭所示）。

A 無法反轉方向

很多人問有時候可以使用反轉方向，有時候不行。草圖要在模型裡面才可以使用反轉方向，草圖在外面只有 1 個方向，就無法使用反轉方向，下圖右。

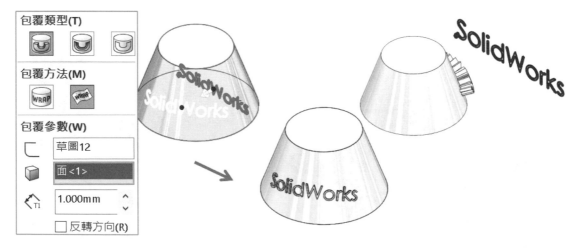

18-4 拉的方向（Direction of Extrusion）

　　預設成形方向與草圖平面垂直，可指定草圖或模型邊線讓成形改為斜方向，常用在外型需求或加工便利性。**拉的方向**應該稱伸長方向，與⊡觀念一樣，名稱也要統一才對。

18-4-1 指定模型邊線

　　本節隨意指定模型邊線完成指定方向，但要完成指令才看得出結果，希望改進。

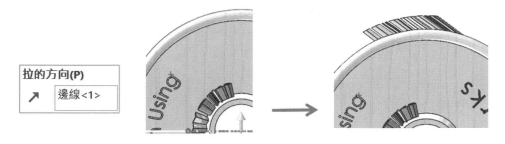

18-4-2 包覆和伸長比較

　　☝查看⊟和⊡特徵的資料量，明顯看出特徵差異。

Ａ ⊡

　　上基準面畫 Ø10，來自：曲面\面\基準面，完成深度 10 圓柱，下圖左。

Ｂ ⊟

　　使用浮凸深度 10。

Ｃ 差異

　　這 2 者外型很明顯差異，⊡外型和草圖輪廓相同，⊟外型會以所選面放射狀。

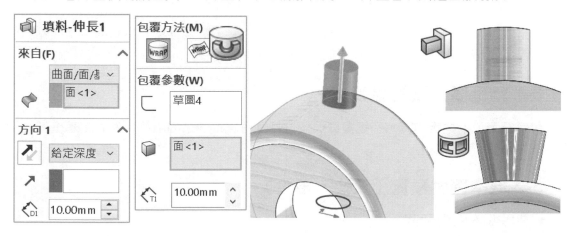

18-4-3 脫模需要

包覆會沿曲面垂直方向類似放射狀成型，這樣無法脫模，指定上基準面為成形方向。

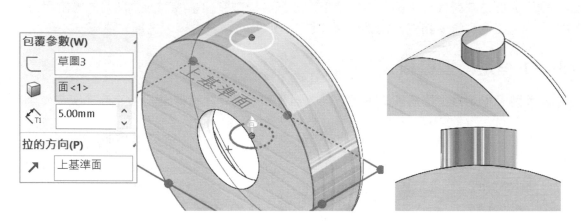

18-4-4 驗證

用伸長或包覆完成 SolidWorks，由圖得知包覆才可得到規則面分布。

18-5 精確度、預覽

調整成型過程的精確度和預覽，👆比較看得出來。預覽過程會顯示草圖中間起點和目標面終點，希望未來增加無預覽，提高運算效能。

18-5-1 精確度（預設低）

具體顯示，不建議拉高，系統會算很久，甚至有做不出來的風險，例如：精確低和精確高的面積會不同。

18-5-2 低準確度預覽（較快，預設）

只要用低準度預覽即可。

18-5-3 完全預覽

預覽比較特殊看不到深度,不建議用在文字以及浮凸和凹陷,電腦會算比較久。

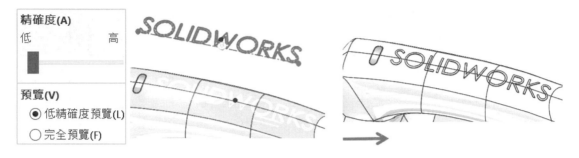

18-6 展開包覆法

利用展開法將特徵貼在圓柱上,只要得到圓展開尺寸即可。

18-6-1 取得展開尺寸

圓的展開公式:直徑 $\times \pi$,例如:Ø10 展開 $=10*\pi=31.41$。其實不必這麼麻煩,只要點選圓,由量測可得圓長度,下圖左。

長度: 31.41 mm
直徑: 10 mm
零件1.SLDPRT

18-6-2 圓柱上的數字

將 0123456789 排列在圓柱上。

步驟 1 完成 Ø10 圓柱

步驟 2 前基準面製作建構線

避開原點繪製長 31.42 建構線並標尺寸。

步驟 3 完成文字 0123456789

由於 0 要在圓柱中央,利用左邊尺寸進行補正,必要時利用暫存軸協助定位。

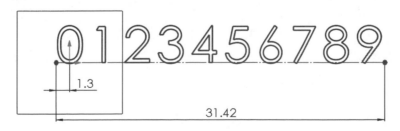

步驟 4 包覆

以刻畫→分析完成數字貼圓柱，會無法使用 ，建議同學不要研究這些，讓科技解決。

18-6-3 凸輪

將凸輪軌跡刻畫在 Ø100 圓柱上，座標標註草圖。總長度用數學關係式 100*PI（圓周率）得到圓周長。

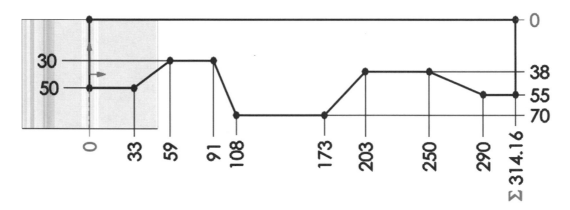

A 接縫

PI=3.141596....的精度誤差，除非輸入小數 8 位才可避免，所以採最簡單的，在修改視窗中輸入：圓直徑*PI，例如：100*PI。

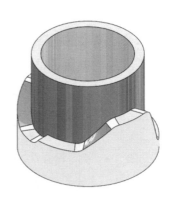

19

量測

　　量測（Measure）🔍提供尺寸的工程資訊，進行草圖、模型或工程圖的點、線、面之間距離，以及角度、半徑...等，屬於模型畫完後看結果，常對尺寸確認或圖面溝通。

A 5 大天王

　　量測 1. 點、2. 線、3. 面、4. 距離、5. 角度，最常用來查詢距離或長度，例如：認證考試要求查詢 A、B 點距離。

B 部分和整體資訊

　　🔍和**物質特性**⚖和都是簡單上手的工程工具，🔍屬於部分資訊，⚖為整體資訊，這些專業術語其實國中小都教過，不必擔心學不會。

C 沒事不用量測

　　不能花太多時間在量測，畢竟量測是過程，經常會用狀態列進行尺寸查看，換句話說不得已才用🔍。

19-0 指令位置與介面

　　說明🔍視窗內容，有很多是基礎課程的選擇作業。

19-0-1 指令位置

　　2 個地方點選指令：1. 評估工具列→🔍、2. 工具→評估→🔍，進入指令可見量測視窗。視窗浮動顯示，由上到下 3 部分：1. 工具列、2. 所選項次、3. 內容。

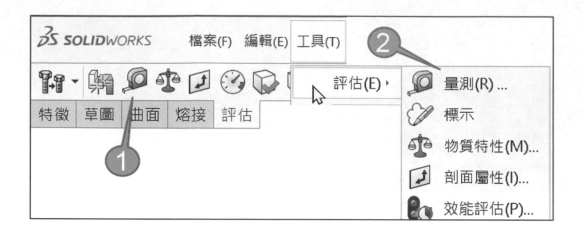

19-0-2 工具列

量測術語在工具列上，改變預設定義或進階設定，絕大部分對術語陌生，例如：**點到點量測**，很多人不知道你在說什麼了。

A 工具列包含

1. 孔量測基準、2. 單位設定、3. 量測投影顯示、4. 點對點（Point to Point）、5. XYZ 相對於、6. 投影在（Projected on）、7. 歷程記錄、8. 產生感測器。

19-0-3 所選項次

記錄所選圖元資訊，例如：點、線、面，萬一選錯面還可得知錯誤，改選邊線。

19-0-4 量測內容

顯示所選圖元的長度或面積...等資訊，這些資訊可被複製→貼到 WORD 或工程圖。

19-0-5 放大/縮小量測資訊

調整文字大小，常用在 DEMO 好識別。

19-0-6 快速複製設定（2022）

點選出現獨立視窗設定：1. 僅複製數字、2. 數字與單位，不必事後刪除單位。

A 取用值

也可點選小方塊，將量測資訊複製並貼上，作為檢測數據，最大好處不必人工輸入。

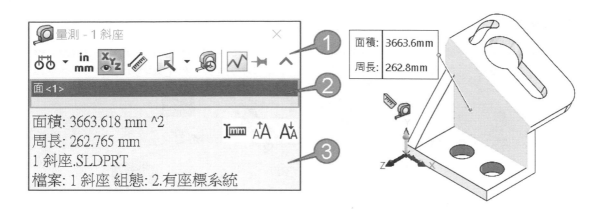

19-0-7 調整視窗位置與大小

視窗採浮動式，可移動到任何位置，甚至另一台螢幕，避免遮住模型。

A 收摺視窗∧

將視窗最小化僅顯示工具列，暫時收起量測項目與資訊，常用在臨時加大螢幕空間，到時要用再展開視窗。課堂常遇到視窗不見，這時會提醒同學展開視窗。

B 調整大小

拖曳視窗邊框調整大小，以顯示更多資訊，例如：拖曳右上角將視窗加大，下圖左。

C 保持顯示⇥/結束量測

是否大量使用量測，避免不小心按 ESC 退出量測。早期我們會避免使用 ESC，因為 ESC 會自動退出視窗，實在有點難為，自 2019 有了保持顯示，ESC 不會退出視窗了。

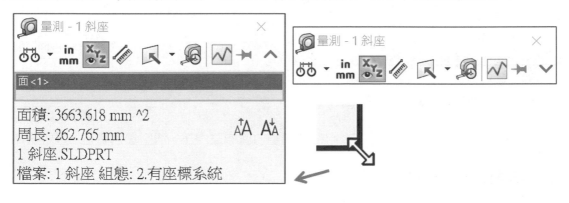

19-1 量測特性

和其他指令有共通性，本節算進階複習指令操作認知是系統面。

A 關閉點到點（重點）✐

✐預設開啟，不適合點、線、面的基礎說明，造成學習困擾，例如：點選 2 圓柱會發現量測位置怪怪的，常發生沒注意這現象造成量錯還不知道，希望 SW 改進。

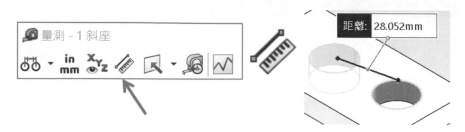

19-1-1 視覺方塊（俗稱小方塊）

由 1. 量測視窗和 2. 小方塊得到資訊，小方塊顯示簡易且醒目數據，小方塊有時會蓋住模型，拖曳移動或右上角將它固定位置，下圖右（箭頭所示）。

A 部分資訊

量測視窗並非呈現所有資訊，很可惜部分資訊必須在小方塊得到，這違背我們對軟體理解，例如：點選圓邊線，小方塊顯示圓心座標位置，反而量測視窗沒這資訊。

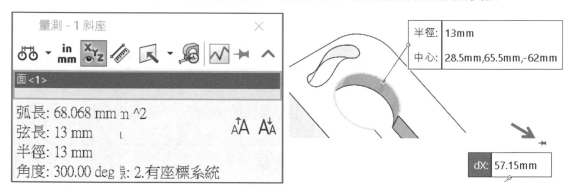

19-1-2 量測下一組

一次只能量 1 組數據，要量下一組在繪圖空白區域點一下，清空量測數值，重新選擇。

19-1-3 抓取與亮顯

游標在模型點、邊線、線段中點和面，會亮顯抓取協助量測作業。

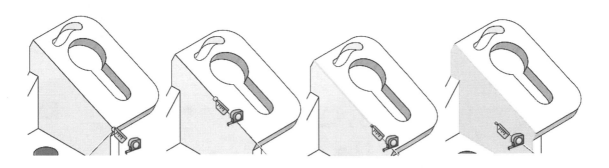

19-1-4 顯示特徵名稱

　　游標在模型上顯示特徵名稱，例如：肋材，下圖左。組合件中也可利用游標靠近模型快速得知零件名稱，下圖中。

19-1-5 共同資訊

　　視窗底部出現：1. 檔案、2. 組態名稱，方便識別，例如：檔案:1 斜座，組態:1（箭頭所示）。

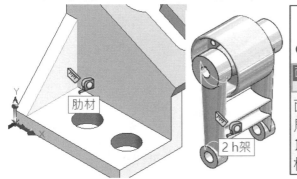

19-1-6 顯示角落座標

　　點選模型任一幾何後，角落座標會複製一組到模型原點上以利識別。

19-1-7 量測選擇

　　有沒有想過量測會清空選擇，很多指令操作是這樣的設計。

A 單獨取消

　　萬一點錯項目，例如：面，點一次面取消面選擇。

B 清空選擇

　　量測後進行下一個選擇，於繪圖區域點一下，清空所選項目。不要在量測清單右鍵→清除選擇，這樣很沒效率也會累，下圖中。

19-1-8 善用過濾器

過濾器增加選取效率，例如：過濾面、過濾邊線，下圖右。

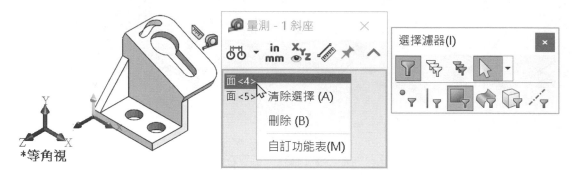

19-1-9 點選量測視窗以啟用

量測啟用過程，做其他作業動作量測會暫停，很多人遇到明明有見到量測視窗，但無法使用量測。本節通常要多領悟幾次才看得懂，畫圓過程、使用回溯、無法使用編輯特徵、編輯草圖…等。

A 量測視窗標題

無法使用量測時，視窗標題會出現：按一下此處來測量，下圖左。只要點選量測視窗，游標出現量測圖示，就知道回到量測作業了。

19-1-10 同步使用

量測過程可進行其他指令，以前一定要結束量測視窗，否則不能進行其他作業。對 SW 來說 2 個指令不能同時進行，這個程序還沒結束，不能進行下個程序。

A 細部指令

雖然量測過程已經可以使用其他指令，不過你會覺得有點不順，例如：不能按 ESC 結束指令，有些指令無法用，例如：線條型式工具列。

19-1-11 狀態列顯示量測值

不必進入 🔍，由狀態列看出所選圖元基本數值，例如：1. 點選垂直邊線得知鈑金厚度（長度）、2. 點選圓得知直徑和圓心位置、3. 點選 2 面得知角度。

所謂殺雞不用牛刀，不得已才進入 🔍，除非要得到更完整數據，這就是使用層次。

長度: 8mm　①　直徑: 16mm　中心: 60,8,-20mm　②　角度: 131deg　③

19-2 點量測

進行頂點、抓取、圓心和點對點量測，2 點距離不容易點選。

19-2-1 頂點（端點）

點選模型頂點、端點、圓心點或草圖點，出現絕對座標 XYZ 值，下圖左。

A 圓心點

無法直接量測特徵圓心點，因為繪圖區域顯示不出來，只能 1. 顯示草圖→2. 點選圓心，下圖中。不建議這麼麻煩，選擇模型圓邊線就能得到圓心座標，下圖右。

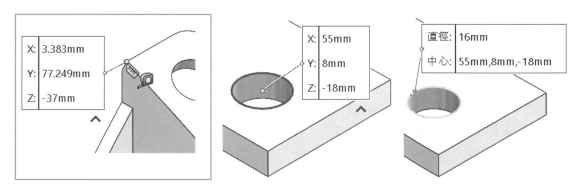

X: 3.383mm
Y: 77.249mm
Z: -37mm

X: 55mm
Y: 8mm
Z: -18mm

直徑: 16mm
中心: 55mm,8mm,-18mm

19-2-2 點對點（2 點距離）

量測 2 點間距離（2 點之間遠一點），會得到 4 個尺寸，以及線條色彩顯示：1. 相對 3 度空間值、2. 直線 2 點距離，旋轉模型時，更直覺看出空間距離。

A 顏色

3 度空間參考線與座標色彩相同方便辨識，dX 紅、dY 綠、dZ 藍、距離=黑色。

B 相對距離（投影距離）

顯示相對距離（現在長度），d=Delta=Δ=相對距離，呈現點與面的垂直投影距離（法線），例如：想要驗證 A 點平行投影到 B 面距離，確保點與面為垂直。

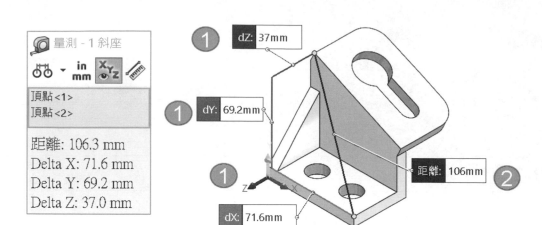

19-3 線量測

線量測使用率最高，特別是 2 直線或圓之間距離，本節進行：1 條線、1 個弧、2 線角度、2 圓…等量測。

19-3-1 直線長度

選擇模型邊線顯示長度，例如：長度 75。

A 鈑厚

鈑厚很薄不容易點選，習慣會放大點選來查鈑厚，例如：厚度 8，下圖中。常遇到點 2 點或 2 面查鈑厚，這樣很浪費時間。

B 斜線

斜線只能量長度，無法呈現角度。

19-3-2 直線總長度

選擇 2 條以上線段得到總長度，例如：點選 3 條邊線，總長度 120，下圖右。

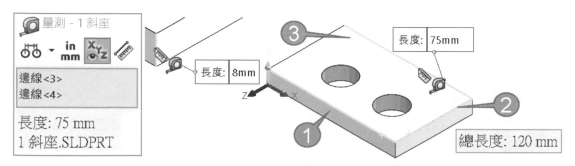

19-3-3 兩線平行距離

點選 2 條平行線應用在：1. 兩線距離、2. 驗證是否平行、3. 取得總長度，下圖左。

A 兩線距離

2 線平行一定是距離，2 線非平行即角度。

B 驗證是否平行

常用此手法確認 2 線是否平行，避免不知道非平行而進行設計或模具作業，例如：量測 2 線之間為 99.996 度，下圖右。

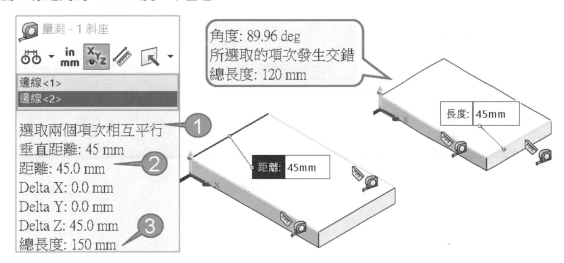

19-3-4 兩線垂直距離

量測兩線是否互相垂直以及總長度，下圖左。

19-3-5 兩線角度

兩線非平行得到角度=48.62 和總長度，下圖右。要得到補角，必須面對面量測，不要計算該值，因為有算錯風險，例如：143-48.62=131.38，就很容易算錯和看錯。

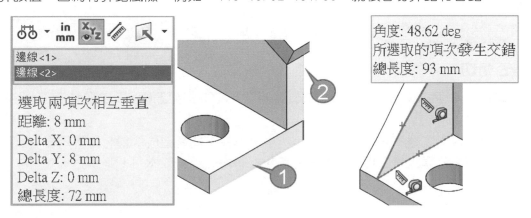

19-3-6 圓邊線量測

圓邊線得到長度（周長）和直徑，小方塊可另外得到中心（圓心）座標位置，下圖左。

A 圓周長

不必計算圓周長（直徑 XΠ），量測最快得到答案。

B 孔位檢測

夾治具設計中，利用量測檢查孔座標，與客戶提供的座標值比對，將量測值與模型放置於檢測報告中。

19-3-7 弧邊線量測

點選弧得到：1. 弧長、2. 弦長、3. 半徑、4. 角度（圓心角）、5. 小方塊得知弧心座標與半徑，下圖右。只要圓或弧會顯示圓心座標，就不用 1. 顯示草圖→2. 點選圓心點。

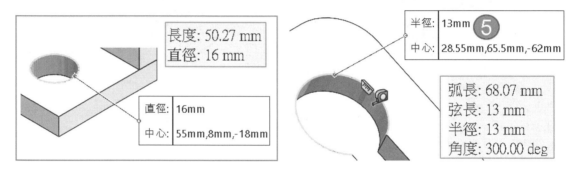

A 弧長（弧周長）

弧長=（角度 X 直徑 XΠ）360，不會算至少要會量，用最簡單方式求答案。例如：Ø10，90 度弧長=(90X10XΠ)/360=7.86。有點難對吧！可以標註弧長直接求答案，下圖左。

B 弦長

弧端點直線距離，所謂箭在弦上這就懂了。

C 圓心角

全圓圓心角 360、半圓 180 度，可以確定該弧為半圓。

D 是否相切

由圓心角 90 度，憑經驗判斷該弧與直線相切，這就是畫圖過程要求同學相切，因為很多人沒這觀念。

常遇到造成加工達不到切線順暢外型，或是模具有問題造成糾紛，這時同學可以用這招確認客戶提供的模型是否相切、或是先前說的有沒有垂直或水平，下圖右。

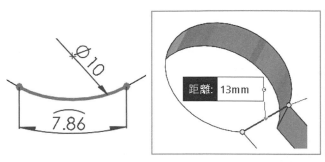

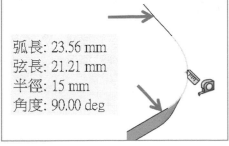

19-3-8 兩圓邊線量測

兩圓弧邊線得到 4 個項目:1. 圓心距離、2. 弧/圓測量距、3. 兩圓相對位置 Delta XYZ、4. 總長度、5. 小方塊得到圓直徑和最後點選的圓心座標位置。

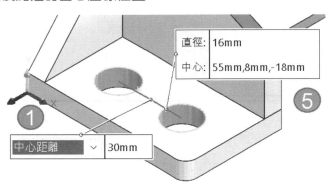

19-3-9 兩弧邊線量測

承上節,選擇兩圓弧邊線,多了環狀中心間的距離(箭頭所示)。

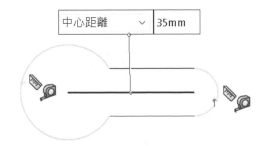

環狀中心間的距離: 35 mm
弧 / 圓測量 距離: 35.00 mm
Delta X: 31.71 mm
Delta Y: 14.81 mm
Delta Z: 0.00 mm
總長度: 88.49 mm

19-4 面量測

面量測使用率最高因為好選擇,穩定度最高,特別是 2 面或圓柱面之間距離。課堂會提醒同學不要習慣點選圓邊線,因為邊線不好選很傷眼睛。

本節進行:1. 平面、2. 曲面、3. 2 面角度、4. 圓柱、5. 半弧柱之間量測。

19-4-1 平面量測

選擇面會出現：1. 面積、2. 面週長（面邊線總長），而⚖計算模型總面積，下圖右，換句話說不必一條條點選邊線，得到總長，這樣很累。

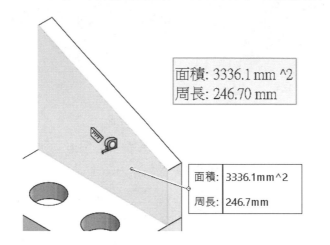

面積: 3336.1 mm ^2
周長: 246.70 mm

面積: 3336.1mm^2
周長: 246.7mm

密度 = 0.01 公克 每 立方毫米

質量 = 388.59 公克

體積 = 50466.17 立方毫米

表面積 = 16114.68 平方毫米

A 雙重迴圈輪廓

面內有其他圖元，會把內圈周長計算在內，下圖左。課堂問同學，周長是否計算雙重迴圈輪廓。如果答不出來或忘記沒關係，要懂得驗證，用手動方式將邊線選擇起來。

B 量測外圍周長：選擇迴圈

目前量測周長=388，不確定是否只是外圍周長。游標在外圍邊線上右鍵➜選擇迴圈，得到周長=252，很明顯外圍周長比面周長小，得知系統計算面內周長，下圖右。

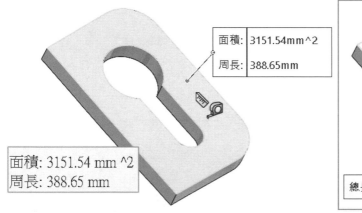

面積: 3151.54mm^2
周長: 388.65mm

面積: 3151.54 mm ^2
周長: 388.65 mm

總長度: 252.67mm

19-4-2 兩平面量測

點選平面+斜面，得到：1. 角度和 2. 總面積，本節重點在 1. 點選順序或 2. 點選條件的靈魂。

A 條件或順序之分

圖元或模型選擇有 1. 條件和 2. 順序差別。1. 條件=面或邊線、2. 順序=先選平面→在斜面,例如:要得到補角,先前點選 2 線,下回改為點選 2 面,得到你要的就好。

B 計算補角與災難

目前 2 面角度=131.38,看起來應該小於 90 度才對,千萬不要用人工手算或計算機算補角(就是用基準角去扣),例如:180-131 度=48.62。

這樣會把 SW 變得不直覺:1. 看錯、2. 計算機輸入錯、3. SW 尺寸輸入錯,不要搞自己和增加錯誤風險,步驟越多風險越高。

C 改變點選順序

先選平面再選斜面,會發現結果一樣,🔎沒有基準概念,改變選擇順序沒用。

D 改變點選條件

量測以條件來改變補角結果:邊線對邊線、面對面、面對線的結果不同,例如:點選線對線,答案 48.62,就不必計算補角了,下圖右。

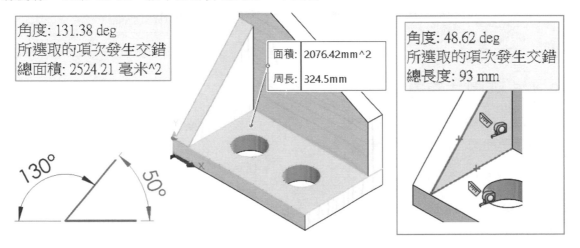

19-4-3 兩面平行或垂直

點選 2 面驗證是否平行或垂直,通常會點選 2 面來驗證平行或垂直,點選 2 面會比 2線來得踏實。

A 90 度

量測面 1+面 2 得到 90 度,實際為 90.001。預設顯示小數位數 2,四捨五入會呈現 90度。有些人會把小數位數提高,精確看出實際尺寸和確認問題所在,下圖左。

B 互相垂直

量測面 2+面 3 得到兩項次互相垂直,看到字樣更能確定這是 90 度了,下圖右。

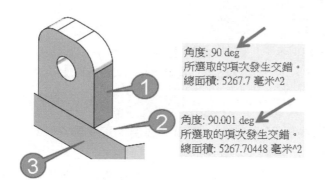

角度: 90 deg
所選取的項次發生交錯。
總面積: 5267.7 毫米^2

角度: 90.001 deg
所選取的項次發生交錯。
總面積: 5267.70448 毫米^2

選取的兩個項次相互垂直
所選取的項次發生交錯。

19-4-4 圓柱面量測

點選圓柱面得到：1. 面積、2. 周長、3. 直徑，一次滿足，常遇到要查圓直徑，會選圓邊線，現在知道不必這麼辛苦了。

面積: 402.12 mm ^2
周長: 100.53 mm
直徑: 16 mm

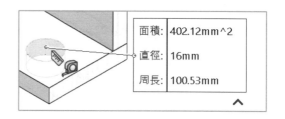

面積: 402.12mm^2
直徑: 16mm
周長: 100.53mm

19-4-5 兩圓柱面量測

2 圓柱面得到：1. 圓柱軸間距離（又稱孔距）、2. 中心距離、3. 總面積、4. 小方塊得到最後所選的圓面積、直徑和周長。

圓柱軸間的距離: 30 mm
距離: 30.00 mm
Delta X: 30.00 mm
Delta Y: 0.00 mm
Delta Z: 0.00 mm
總面積: 804.25 毫米^2

中心距離 ∨ 30mm

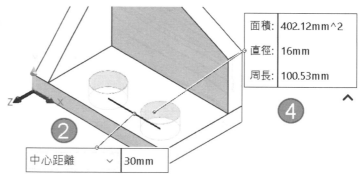

面積: 402.12mm^2
直徑: 16mm
周長: 100.53mm

19-4-6 圓弧面量測

圓弧面可得到：1. 面積、2. 周長、3. 半徑，下圖左。

19-4-7 兩圓弧面量測

選擇 2 圓弧面或兩圓柱面得到：1. 中心距、2. 座標位置、3. 總面積，下圖右。

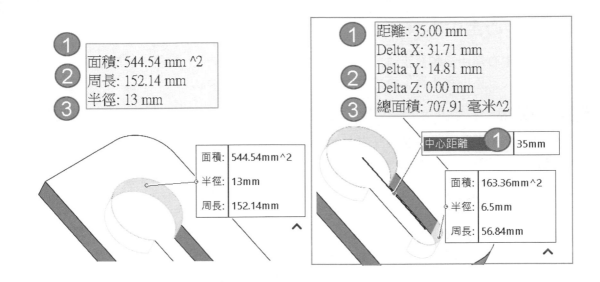

19-5 量測工具列-圓/弧測量🔍

　　設定圓或弧之間量測基準,下圖左。常見只知道中心距離並認為這樣就夠用,其餘的孔位以計算得到也常算錯,本節利用游標卡尺與車輪實務測繪說明。

A 小方塊臨時切換項目

　　量測過程可在小方塊臨時切換顯示項目,不需要更改選項設定,也不用重新變更選擇的圖元,例如:原本點選到圓柱面,要改圓邊線,下圖右。

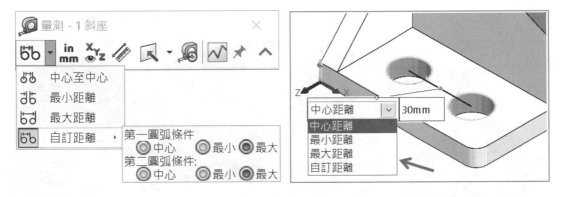

B 各項目簡易說明

項目	1. 中心至中心	2. 最小距離	3. 最大距離	4. 自訂距離
說明	圓心距離	最近距離	最遠距離	第 1 與第 2 圓弧條件
圖示				第一圓弧條件 ◉ 中心 ○最小 ○最大 第二圓弧條件: ◉ 中心 ○最小 ○最大

19-5-1 中心至中心

中心至中心常用在軸孔距離，常用在配合件孔位要相同，下圖左。以車輪為例，很難用游標卡尺（以下簡稱卡尺）直接量輪子間距，下圖中。

A 經驗認定

坦白說會偷懶將卡尺放在輪子中心，用最快且簡單的方式目測（大約）量測，由經驗判斷數值一定為整數或 0.5 倍數（50.5），例如：量測值 60.17，依經驗認定輪距=60。

19-5-2 最小距離

最小=最近距離，常用在 2 孔還有多少距離或**肉厚**，也可用在預留墊圈空間，建議用草圖畫出墊圈大小，確認實際墊圈不會重疊。

草圖除了可留下記錄外，更直覺判斷尺寸搭配，上方為設計後的墊圈（箭頭所示）。

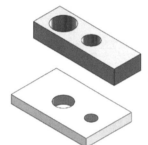

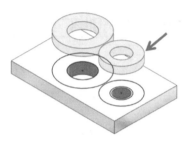

A 最小距離之中心距換算

最小距離＋孔徑=中心距。輪圈最近距離 33.82（約 34）＋輪圈直徑 26=60。

19-5-3 最大距離

最大=最遠距離，常用在得知圓柱最大範圍。最大距離-孔徑=中心距，例如：量測輪圈最大距離 86.38（約 86）-輪圈直徑 26=60。

19-5-4 自訂距離

設定 2 個圓弧條件 9 種變化：1. 中心、2. 最小、3. 最大，3X3=9 種結果化。

A 中心基準

左邊圓以圓心為基準，進行右邊圓量測。

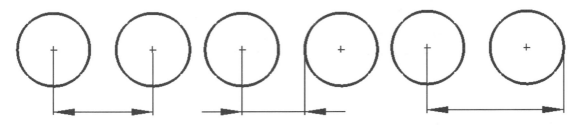

| 第一圓弧條件：
◉ 圓心(C) ○ 最小(I) ○ 最大(A)
第二圓弧條件：
◉ 圓心(C) ○ 最小(I) ○ 最大(A) | 第一圓弧條件：
◉ 圓心(C) ○ 最小(I) ○ 最大(A)
第二圓弧條件：
○ 圓心(C) ◉ 最小(I) ○ 最大(A) | 第一圓弧條件：
◉ 圓心(C) ○ 最小(I) ○ 最大(A)
第二圓弧條件：
○ 圓心(C) ○ 最小(I) ◉ 最大(A) |

B 最小基準

左邊圓標註在最右邊為基準，進行右邊圓量測。

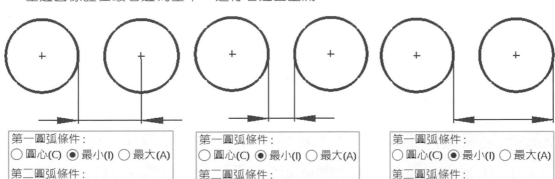

| 第一圓弧條件：
○ 圓心(C) ◉ 最小(I) ○ 最大(A)
第二圓弧條件：
◉ 圓心(C) ○ 最小(I) ○ 最大(A) | 第一圓弧條件：
○ 圓心(C) ◉ 最小(I) ○ 最大(A)
第二圓弧條件：
○ 圓心(C) ◉ 最小(I) ○ 最大(A) | 第一圓弧條件：
○ 圓心(C) ◉ 最小(I) ○ 最大(A)
第二圓弧條件：
○ 圓心(C) ○ 最小(I) ◉ 最大(A) |

C 最大基準

左邊圓標註在最左邊為基準，進行右邊圓量測。

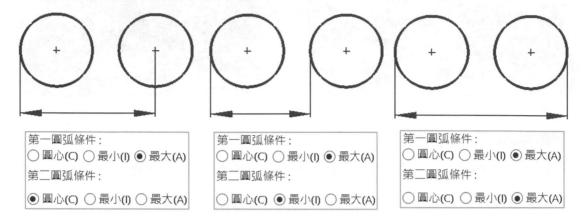

19-5-5 中心距離和最大距離差異

1. 圓平面→2. 圓邊線量測時，中心、最小、最大距離結果不同，很多人求快看錯，失去江山，只能說要習慣謹慎看清楚。

例如：最小距離=211.81、中心距離=216.1、最大距離 226.79 尺寸完全不同。

19-6 單位/精度 $^{in}_{mm}$

指定量測的單位及精度，比較特殊的是雙重單位，下圖左（箭頭所示）。本節設定僅影響量測值，不會取代文件單位。設定完成後→確定，關閉選項視窗才會變更。

19-6-1 使用文件設定

以 1. 文件屬性→2. 單位系統，預設的單位一定以文件屬性為主，例如：MMGS（毫米、公克、秒），下圖右。

19-6-2 使用自訂設定

臨時變更量測單位，不想每次都到文件屬性改，常用：1. ☑使用雙重單位、2. 英吋。

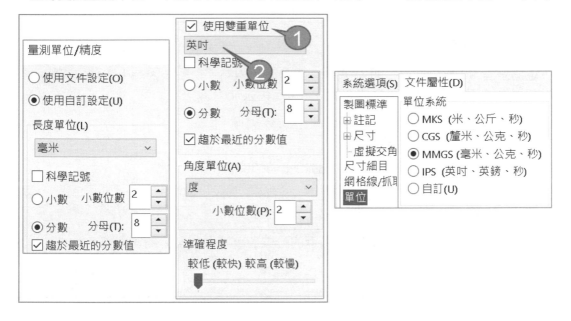

19-6-3 長度單位

控制測量長度或距離單位，清單選擇：英呎&英吋，下圖左。常用公制=毫米、英制=英吋，建築業會用到釐米（公分）和英呎。

單位的標準米，所以會發現為何釐米、毫米、微米…等，這些都是國小數學。

19-6-4 科學記號（預設關閉）

以科學記號 E 顯示數值，E=（Exponential[εkspon′εnʃəl]，指數）。常用在很大或很小數值且不容易辨認時，科學記號是國一數學和專業無關。

A 科學記號會與小數位數配合顯示

小數位數 3，1234567890=1.23E+9=1.23X109。E 的大小寫都可以，SW 以小寫 e 代表。

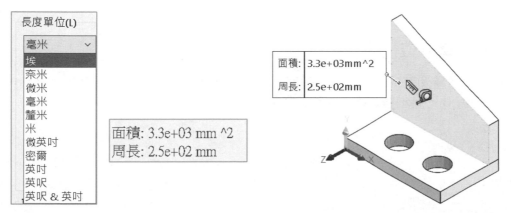

19-6-5 小數位數（預設 2）

設定顯示的小數位數，位數不會改變實際大小，位數越高精度越高。很多人因為位數顯示造成誤判，例如：實際 90.003，顯示成 90 度。

A 垂直和 90 度不同

量測沒有 90 度的數值，90 度後面一定會有小數點，很多人因為小數點位數顯示的關係，誤以為 2 面有 90 度，實際值 90.0036，而失去江山。

19-6-6 小數（適用英吋）

將量測值以英吋換算顯示，例如：Ø10mm=0.3937in。

19-6-7 分數（適用英吋）

選擇 1. 英吋、2. 分母、3.☑趨於最近的分數值，可得到 x 分的測量值。

A 分母

將英吋以分母表示。常用分母=8，例如：孔徑 5/8 唸法 5 分。英制軸孔用 X 分來定義，比較少用小數值。試想 5/8=15.875，習慣看 5 分，看小數就顯得不習慣。

B 趨於最近的分數值

四捨五入至最接近分母的分數，否則顯示英吋小數值，例如：5/8"➜0.63in。

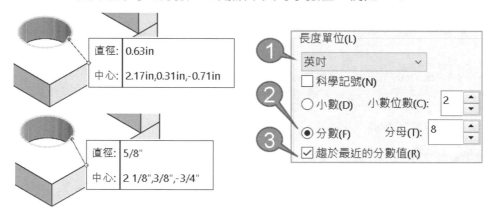

19-6-8 雙重單位

顯示 2 種量測單位，提高識別程度，第 2 單位以 [ ] 顯示，同時顯示公制與英制，Ø10mm[0.39in]，顯示雙重單位是貼心舉動。

A 將心比心

習慣公制 Ø10mm，老外就不習慣了，將心比心你也不習慣 0.39in。所以顯示 Ø10mm[0.39in]，雙方皆大歡喜，不必擔心別人看 Ø10 或 0.39in，別人會找要看的。

B 左主、右次

由於雙重單位可直接換算值，要有主要（基準）與次要（搭配）觀念。例如：主要 mm、次要單位 inch，在讀法（習慣）左邊：主要單位在，右邊：次要單位。

C 別刻意討好

顧好自己就用雙單位，很多人想讓對方看英制，就把主要單位改英制，量測過程自己看不習慣又反應不過來，吃力不討好而不知道。

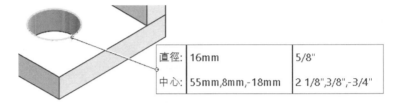

| 長度: 50.27 mm [2"] |
| 直徑: 16 mm [5/8"] |

直徑:	16mm	5/8"
中心:	55mm,8mm,-18mm	2 1/8",3/8",-3/4"

19-6-9 角度單位

由清單切換角度單位：度、度/分、度/分/秒或徑度顯示。

項目	度 1/360 圓心角	度/分 一度之 1/60	度/分/秒 一度之 1/3600	徑度 弧長/半徑
角度單位(A) 度 度 度/分 度/分/秒 徑度	40°	40°0'	40°0'0"	0.7

19-6-10 準確程度（Accuracy Level，又稱準確度）

移動滑動桿調整計算速度與結果準確度。這部分對物質特性意義比較大，於物質特性/剖面屬性介紹，不贅述。

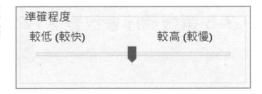

19-7 顯示 XYZ 測量（預設開啟）

是否顯示 2 點之間 XYZ 相對距離，無論是否顯示，視窗都會出現 Delta X、Y、Z 數值。

19-7-1 ☑顯示 XYZ 測量

顯示 2 點之間：1. 直線距離（黑色）、2.Delta X（紅）、dY（綠）、dZ（藍），下圖左。旋轉模型更容易看出距離，破除視覺盲點也感覺專業，也可減少量測時間。

A Delta △ =相對距離

Delta 呈現投影線段長不必額外製作圖元求法線（圖元與面的垂直距離）。

B 移動小方塊

拖曳小方塊避免遮到模型。

19-7-2 □顯示 XYZ 測量

顯示 2 點距離，常用在不要 XYZ 線段，過多資訊會覺得很亂，例如：1. 抓圖作業、2. 組合件資訊已經很複雜了，就不會要 XYZ 線段，下圖右。

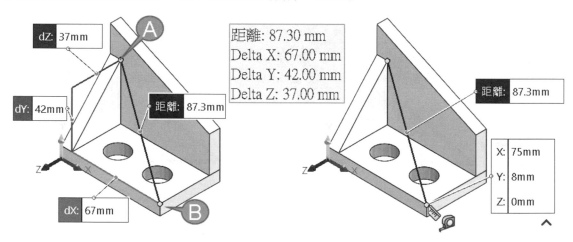

19-7-3 選擇順序會改變 XYZ 顯示位置

A→B=正向顯示，下圖左、B→A=逆向顯示，下圖右。XYZ 值呈現在最後點選的位置上。

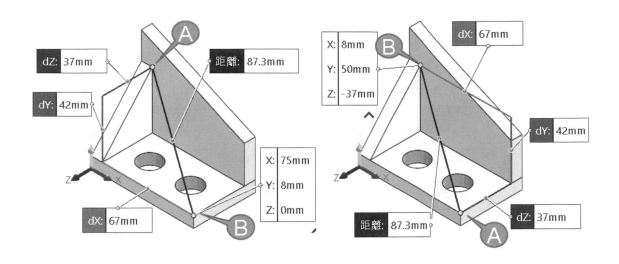

19-8 點到點（Point to Point）

　　量測任意 2 點距離，適用進階者。點到點技術適用：1. 曲面量測、2. 基準不動的大量量測。某些版本預設開啟，讓量測過程造成困擾，因為✎不常用。

Ⓐ 精確與大概

　　量測理論上是精確的數字，但曲面很多時候只是要大概數值，點到點就符合這類需求。

Ⓑ 非曲面模型量測

　　由於點到點一開始設計給不適合方塊模型量測，會覺得操作手感不好，也希望未來原廠能改進，不要有這樣的差別。

19-8-1 曲面量測

　　點選耳朵和臉得到空間數據，破除以往無法在曲面量測，下圖左。

Ⓐ 開啟/關閉點到點

　　可隨時開關✎，量測曲面的所選距離與最近距離，下圖中。

Ⓑ 參考點

　　早期沒這功能必須在曲面製作參考點●相當麻煩➜進行 2 點量測，下圖右。

19-8-2 基準不動的量測

第 1 點基準不動，移動第 2 目標進行大量量測。點選基準點 A，拖曳另一點 B、C，拖曳過程會出現，也會看到視覺方塊數字更新，例如：A→B=42.5、A→C=41.39。

A 盡快得到對方要的尺寸

客戶只想單純得到曲面任 2 點距離大概就好，可是工程師卻要花很長時間取得。客戶會覺得為何這 2 點距離要這麼久才可以給我，不是量一下就好。

客戶只要概念，這時不要認真，例如：左圖 2 點=42.5，右圖=41.3，製作 AB 兩點雖然好但花太多時間，若這些距離只是概念，就算不準也差不多，大概就好。

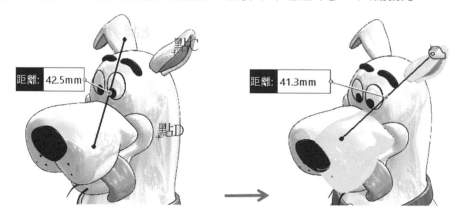

19-8-3 一般距離

XYZ 測量其實還有一般距離（紫色），例如：選擇面→面，顯示 2 點位置作為一般距離，下圖左（箭頭所示）。

19-8-4 使用時機

相當好用也會得到意想不到額外資訊。沒事不要用，擔心無法掌握，對量測產生困擾，例如：無法進行孔量測基準，下圖右（箭頭所示）。

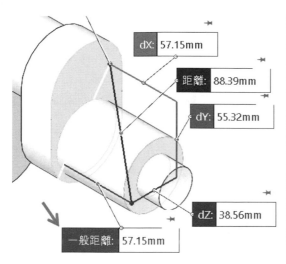

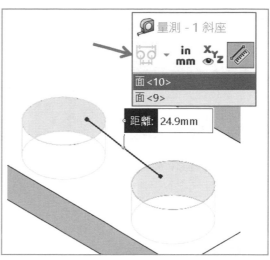

19-9 XYZ 相對於（Relative to）

預設以模型原點為基準計算 XYZ 空間值，可指定另一座標系統為基準量測，必須先建立好座標系統，才可以用這項目。

以加工或夾治具檢驗來說，斜面左下方是基準。

19-9-1 斜面孔座標資訊

分別切換：1. 原點、2. 座標系統 1 成為量測基準後發現，圓心點的中心 XYZ 會因座標系統有影響。

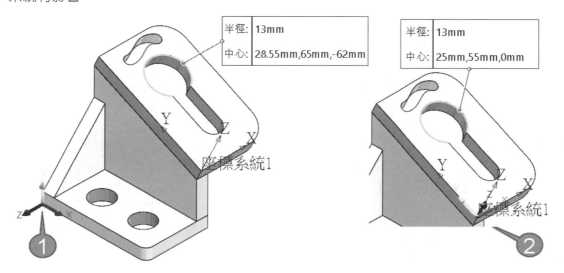

19-10 投影在（Projected on）

顯示所選圖元投影於... 的距離。常用在虛擬面與邊線距離，分別 3 個項目：1. 無、2. 螢幕、3. 選擇面/基準面，下圖左。本節感謝論壇會員：kenkuo、yeslin 提出觀點。

19-10-1 無（預設）

投影及法線未被計算，僅得到所選圖元直線距離，黑色線顯示，例如：量測 A→B 點，得到 173.21。

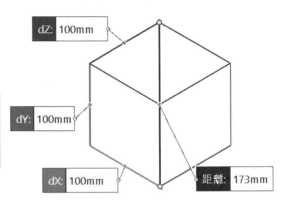

19-10-2 螢幕（Screen）

計算投影及法線方向距離。看不懂螢幕的定義對吧，例如：10 立方工程圖，前視圖投影尺寸 14.14，就是投影至螢幕最佳印證，下圖左。

螢幕選項知道就好，目前用不到別浪費時間深入研究，把研究時間認識更有價值地方。大郎研究本節許久，不得已耗費許多時間，否則可以做別的事情，不希望你也這樣。

A 投影與法線方向

於量測視窗得到額外資訊，AC=投影方向=13.52；BC 線段就是法線方向，長度=2.82。

B 畢氏定理

承上節，以二等角投影為例來驗證投影和法線方向的由來。透過畢氏定理 $a^2+b^2=c^2$，投影平方+法線方向平方=距離平方。$13.52^2+4.13^2=14.14mm$，投影長度≤距離長度。

C 螢幕為基準

螢幕就是電腦螢幕，隨著模型旋轉改變投影和法線方向距離，例如：2 點距離因不同視角投影，法線距離會跟著改變。

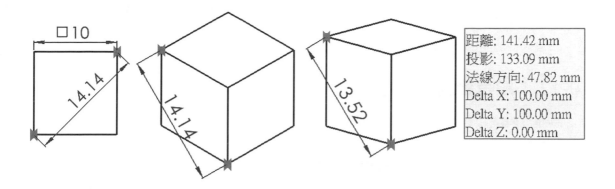

19-10-3 選擇面/基準面

將所選圖元投影至所選面，取得投影和法線方向距離（=DeltaZ），例如：1. 點選 2 點＋2. 平面➔得到 3. 投影和 4. 法線方向，若加上 🔅 搭配看出所選線段法線投影值，下圖左。

19-11 測量歷程記錄（History）🔍

將量測記錄記錄下來，於另外開啟視窗，追蹤查詢或大量量測，例如：一次量 5 個尺寸，由歷程記錄一次看出。將量測結果複製到 Word 做報告，或返推找出你要的數據。

19-11-1 清除 🔖

將所有記錄刪除，重新來過，下圖右（箭頭所示）。

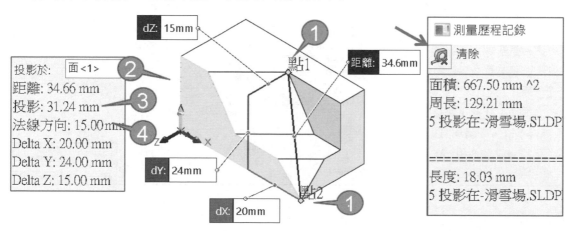

19-12 產生感測器（Create Sensor）📈

將量測結果與感測器做結合，在特徵管理員對測量結果進行監控與警示。

A 關閉點到點 ✎

使用本節功能必須關閉✎，否則無法使用。

19-12-1 編輯量測

感測器與編輯量測互相切換，於感測器視窗點選**編輯量測**↰回到量測視窗。

19-13 跨文件量測

量測可以在草圖、零件、組合件、工程圖作業，不必重複關閉或開啟指令。

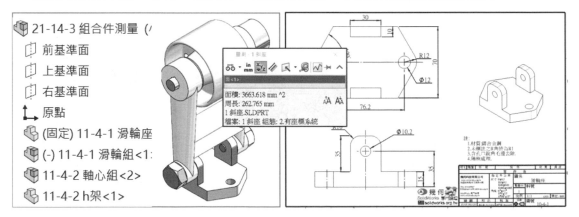

19-13-1 草圖量測

省去尺寸標註作業，臨時性想法可直接得到資訊，不必進行尺寸標註。例如：想得知梯形另 2 點距離=375.3，下圖左。

19-13-2 組合件量測

組合件常與剖面視角搭配使用，例如：軸心面與 H 架距離=7，下圖右。

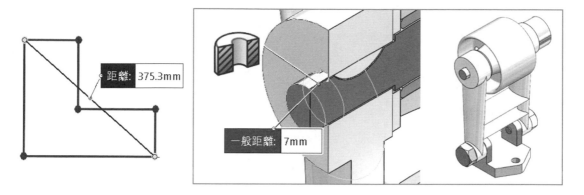

19-13-3 工程圖量測

沒想到可以在工程圖使用 ，只是不能在視圖之間量測罷了。很多人會在工程圖量測與尺寸搭配查看。

A 尺寸標註與量測差異

尺寸標註會保留，量測尺寸屬於暫時資訊，當量測視窗關閉，量測尺寸會不見。

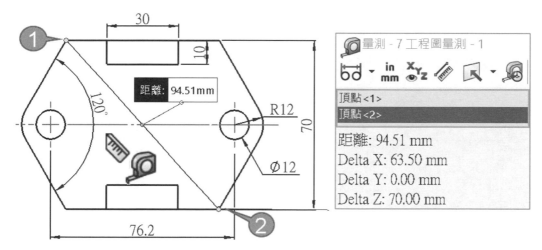

筆記頁

材質庫

將零件材質（Material）套用到模型，並體會視窗化的制度建立作業。本章並非指導材質選用，協助你套用材質與規劃。材質提供：1. 外觀、2. 查看、3. 其他文件引用，例如：CAE 分析、BOM、工程圖。

材質為外觀延伸，套用材質後會給 2 組屬性：1. 視覺（表面拋光銅）、2. 實質（外觀和內部木材），加上💿視覺更明顯，下圖左。

A 零件材質的傳遞

材質屬性包含：名稱、密度、硬度、顏色、紋路...等，比較常用的是材質名稱，材質名稱可傳遞到 BOM 和工程圖，零件材質變更工程圖也變更。

B 材質制度

利用材質視窗，將材質成為制度，見到材質視窗更能體會材質是資料庫。材質制度讓所有人快速套用外，更可將材質屬性留下記錄，成為名副其實的資料庫。

C 基礎與進階

1. 基礎：材質視窗操作、2. 進階：建立材質制度，在工程圖才開始輸入材質，這樣會不知道材質靈魂，要認識材質精髓先由建立材質制度著手。

20-0 材質位置與功能表

在特徵管理員原點上方可見材質圖示，在右鍵可見功能表，清單有 2 大項：1. 定義、2. 材質常用清單，下圖左。

A 定義

進行 1. 編輯材質、2. 組態材料、3. 移除材質、4. 管理最愛。

B 材質常用清單

點選下方材質常用清單，立即感受材質影響模型外觀變化。

C 先睹為快：套用材質、移除材質

短時間學會材質給定和了解制度。

步驟 1 套材質

目前材質<未指定>，在上右鍵➜由清單套用材質。

步驟 2 查看材質

可見材質由未指定➜合金鋼。

步驟 3 移除材質

在右鍵➜移除材質，將**合金鋼**改成<未指定>，下圖中。

D 草圖環境

草圖環境無法進入進行材質作業，下圖右。

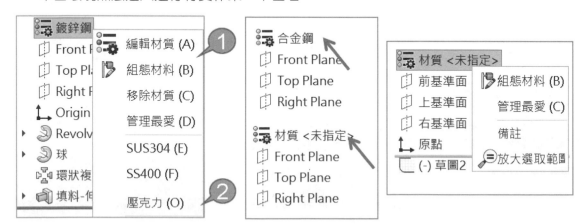

E 材質視窗套用材質（右鍵 A）

1. 右鍵編輯材質➜2. 進入材質視窗➜3. 點選 SolidWorks Materials➜4. 鋼➜5. 合金鋼➜6. 套用➜7. 關閉（關閉材質視窗）。

會感覺到給材質怎麼這麼麻煩，本章重點要消除工程師麻煩。進階者建議在材質<img_1>上右鍵→A=編輯材質，這樣速度更快。

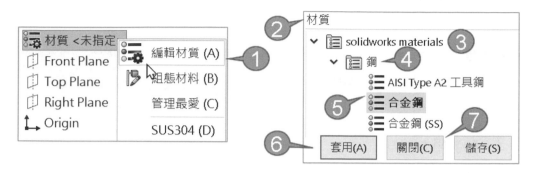

20-0-1 編輯材質（進入材質視窗），適用進階者

1.<img_2>右鍵編輯材質→2. 進入材質視窗，視窗 2 大區塊：1. 左邊材質樹狀結構、2. 右邊材質屬性。第一次進入材質視窗這會覺得陌生，也是不得已作業。

這裡給材質很麻煩，要認識的東西很多，適用建立制度或查看材質資訊的進階者。做主管的你不能要求每個人要會這些，絕大部分的人不喜歡這環境。

A 左邊材質樹狀結構

SolidWorks 內建的材質。

B 上方材質屬性

1. 屬性、2. 外觀、3. 剖面線、4. 自訂、5. 應用程式資料、6. 最愛、7. 鈑金。

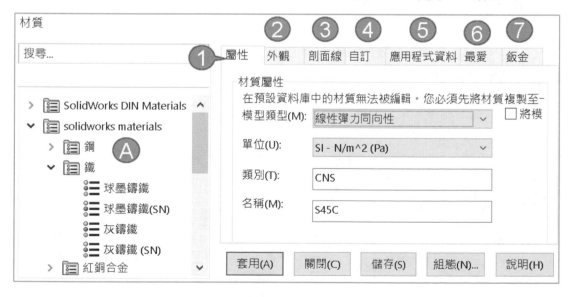

20-0-2 組態材料

進入**修改模型組態**視窗，將材質分配到組態中，例如：組態 A，材質黃銅；組態 B，氧化鋁。

A 材質清單

於其中一個模型組態展開材質清單：1. 常用清單、2. 瀏覽最多，開啟材質視窗，套用材質，下圖左。

20-0-3 移除材質

將材質移除成為<未指定>，模型的材質屬性一併移除，下圖右。常用在暫時不定義材質，或考試刻意不要材質密度，密度以輸入方式來查詢質量。

材質<未指定>，無法選擇移除材質。

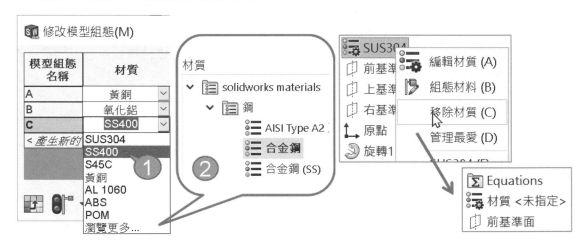

20-0-4 管理最愛

進入材質視窗的最愛標籤，維護最常用的材質清單。1. 在最愛標籤→2. 於在材質庫中點選常用材質→3. 加入→4. 看到材質已加入清單中。

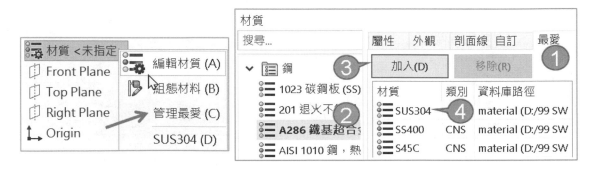

20-0-5 材質常用清單

快速套用材質，不需大費周章進入材質視窗找尋材質，下圖左。預設材質清單通常不是你要的，要有建立材質制度準備。例如：黃銅不在清單內，必須進入材質視窗找尋，由於步驟很多想到都會怕，更不能讓工程師浪費時間尋找材質。

20-0-6 模型加入材質好處

組合件直覺見到所有零件材質，讓工程師視覺思考材質搭配，設計過程立即得知材質，不必特別查閱工程圖，例如：POM 或 SUS304 不同材質軸心，套上軸承公差肯定不一樣。

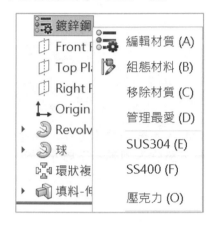 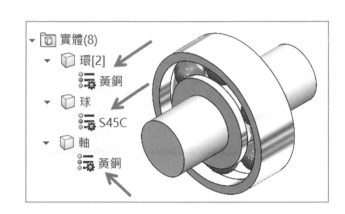

20-0-7 多本體材質

零件原則只有 1 個材質，可以分別在多本體給材質，模擬複合材料或處理，例如：辦公桌表面是木頭+貼皮，鋁+陽極處理。

1. 多本體上右鍵➔2. 材質➔3. 給材質，給完材質後，於本體下方分別看到材質名稱。

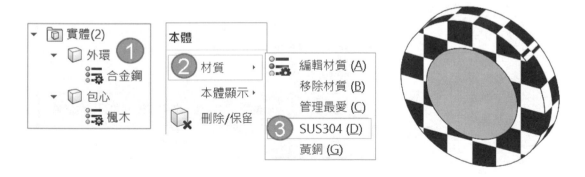

20-0-8 材質<未指定>

材質會傳遞到物質特性，無法於物質特性自行更改密度，除非材質<未指定>。

A 使用程度

絕大部分遇到業界的 SW 零件的材質<未指定>，由此可知公司的 SW 導入程度，必定在工程圖才開始輸入材質，常常落得材質沒改到，改錯。

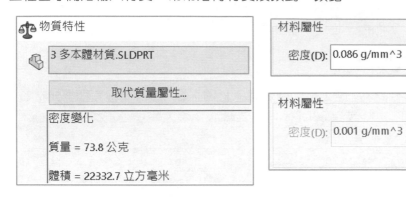

20-0-9 零件範本包含材質

空白零件加入常用材質，儲存成範本，減少套用材質時間。不要小看這動作，這是範本規劃的目地。一個人套用材質花 5 秒，人多檔案多時，算下來就很可怕，下圖左。

A 關聯性變更

零件更改材質，所有引用到的圖面都會關聯更正，不再為哪張圖或 BOM 表沒改到材質感到惆悵。曾發生外殼和機構內部有些要改材質（SS400→SUS304），很遺憾有些零件材質沒改到的整批當廢鐵，這可以完全避免。

B 材質連結檔案屬性

除此之外，於檔案→屬性→模型組態指定，將材質屬性變數定義出來，讓其他文件連結，例如：工程圖可以連結到材質，不必用人工 Keyin，下圖右。

C 名稱一致性

3D CAD 強調一致性，利用註解將材質名稱傳遞到工程圖，下圖左。不能模型 SUS304，工程圖 SUS304（不鏽鋼），這樣工程圖材質一定用 Keyin 的。

D 避免人工輸入材質

零件材質讓工程圖與 BOM 套用，避免人工輸入災難。常遇到材質名稱對不起來又下錯料，事情發生後花大時間進行比對，造成公司財務、信用損失，甚至人員不合。

E 材質檔案路徑

1. 檔案位置→2. 材質資料庫，將材質檔案定義在在公用資料區，下圖右。

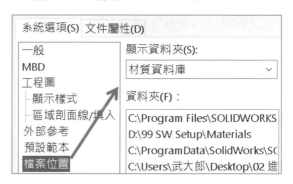

20-1 材質視窗-材質樹狀結構

由材質視窗介紹材質結構，重點放在 4. 自訂材質，其他的看熱鬧就好。有 4 大預設資料庫：1.SolidWorks DIN Materials、2.SolidWorks Materials、3.Sustainability Extras、4. 自訂材質。

A 材質結構

材質結構（資料夾）分別為：金屬、非金屬、有機物、非有機物...等，這些分類與外觀相同，材質類別圖示有縮減，實際上很多。

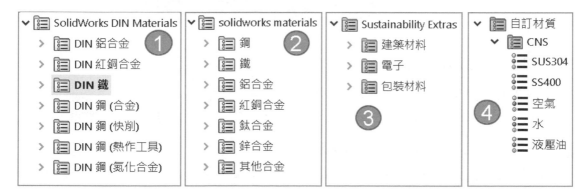

20-1-1 SolidWorks DIN Material

德國材質讓你體驗，未來可新增其他國家標準的材質。

20-1-2 SolidWorks Material

這裡是 SW 內建的材質庫也是業界常在這裡套用材質的地方，我們建議不要在這套材質，因為這裡不能改材質屬性，名稱也怪怪的。

會這麼多步驟到這視窗套用材質，代表公司的使用程度是有的，就差臨門一腳。

A 材質名稱

展開鋼資料夾→點選 AISI304，材質名稱 AISI=美國國家標準，右方可見材質屬性。

B 材質屬性與單位

屬性相當專業但無法變更，目前只能變更單位：SI、公制、英制（箭頭所示）。

C 預設不能更改

SW 為了維持每一版材質穩定度，所以不開放修改。要更改材質屬性必須到下方的自訂材質，下圖右（箭頭所示）。

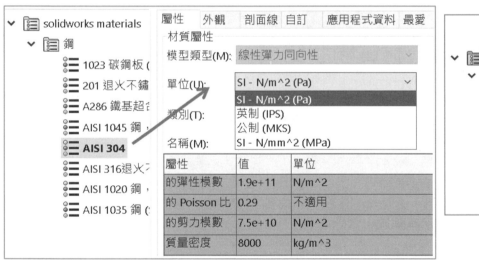

20-1-3 Sustainability Extras

套用材質到永續性分析並定義有永續性準則，LCA（Life Cycle Assessment），Sustainability 為進階項目，材質和永續性（Sustainability）搭配是進階課題。

A 將 Sustainability 複製到自訂材質

右方可見資料庫檢查與更新，甚至也可以提出想要的材質。自 SW2021 以後會建議將 Sustainability 材質複製到自訂材質中。

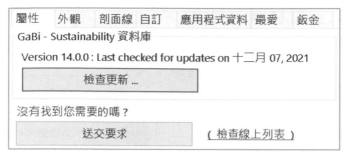

20-1-4 自訂材質

建立屬於公司常用的材質庫。預設的 SolidWorks Materials 材質庫只能看不能改，將預設的 SW Materials 資料庫複製到自訂資料庫中，複製完成後再整理。

A 複製鋼到自訂資料夾中

1.點選 SolidWorks Materials 的鋼資料夾，Ctrl+C➔2.點選自訂材質➔3.Ctrl+V 貼上，可見鋼在自訂資料夾中，下圖左。

B 右鍵功能清單

在 1.自訂材質資料夾或 2.材質資料夾右鍵功能不一樣，下圖右。

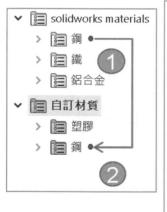

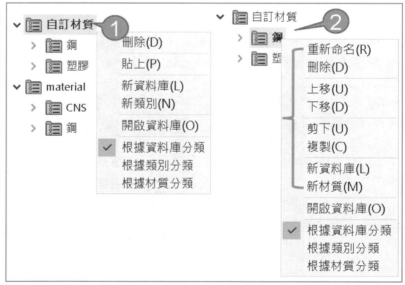

20-1-5 自訂材質下的資料夾－重新命名

重新命名材質類別的資料夾名稱，符合公司習慣稱呼的名稱，例如：塑膠➔矽膠（箭頭 1 所示）。在名稱上 F2 或快點 2 下比較快，但無法更改自訂材質的資料夾名稱，下圖左（箭頭 2 所示）。

20-1-6 自訂材質－刪除

刪除不要的資料夾或材質，刪除過程有視窗提醒，檔案總管會一併將該檔案刪除，到時會找不回來，刪除無法用鍵盤 Delete，下圖右。

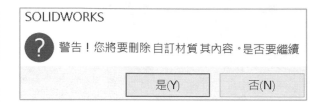

20-1-7 自訂材質－上移、下移

向上或向下移動資料夾，常用分類排序，預設以筆畫順序排列資料夾。常用類別排最上面，也可以金屬或非金屬分區，例如：紅銅→鋁→塑膠...等，下圖左。

由於材質分類沒有自動排序功能（或許故意沒有），只好一個個排序。

20-1-8 自訂材質－剪下/複製/貼上

可以複製材質類別（資料夾）或單一材質，到自訂材質中貼上，就不必一個材質一個材質複製，例如：1.SolidWorks Materials 資料夾中，點選鋼資料夾右鍵複製→2. 在自訂材質上右鍵貼上，下圖右。

常用 Ctrl+C→Ctrl+V 貼上材質，不必按右鍵。不過只能一次複製一個類別，不能選多個類別大量複製。無法複製 SolidWorks Materials 資料夾。

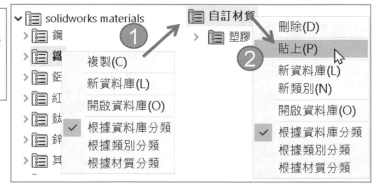

A 重複材質（2）

重複類別（資料夾）或材質，系統會在名稱右方（2），下圖左。

20-1-9 自訂材質－新資料庫（Material Database）

將自訂材質儲存成為材質資料庫，檔案名稱=資料夾名稱。新資料庫讓人無法理解，應該為儲存資料庫才對，儲存過程會看到預設檔名 Materials.sldmat，下圖右。

A 預設路徑

C:\Program Files\SOLIDWORKS Corp\SOLIDWORKS\lang\chinese\sldmaterials。

B 預設/規劃材質資料庫名稱

預設材質資料庫名稱 Materials.sldmat 適用剛開始導入材質制度，方便覆蓋更新（改版）與人員教育訓練。

如果使用程度很深，通常會想改成公司識別，例如：ASUS.sldmat，下圖右。

20-1-10 自訂材質－新類別

新增材質資料夾，不過裡頭是空的。在自訂材質上右鍵→新類別，常用在自行規劃的材質分類。

A 單一資料夾（類別）

很多公司材質用得少不複雜，將材質放在單一資料夾方便管理，下圖左。

20-1-11 自訂材質－新材質

製作新材質並定義該屬性。在材質類別上右鍵→新材質，通常選類似材質複製出來，用改得比較快，下圖右。

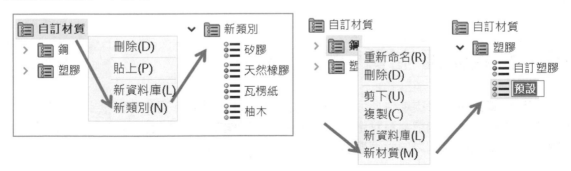

20-1-12 自訂材質－開啟資料庫

將製作好的材質檔案，讓同事載入材質檔案 materials.sldmat。

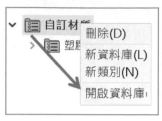

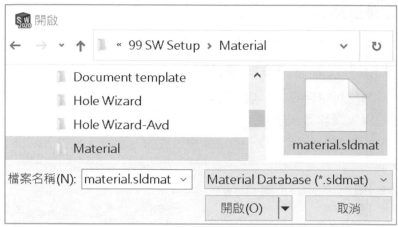

20-1-13 自訂材質－根據資料庫分類

依據 4 大資料庫分類顯示，下圖左。

20-1-14 自訂材質－根據類別分類

將資料庫下的類別提出來顯示，下圖中。

20-1-15 自訂材質－根據材質分類

將相同材質群組性排列，例如：銅歸為一類顯示，下圖右。

20-2 材質視窗-材質屬性

顯示或修改所選材質屬性，只能在自訂材質修改這些屬性，這些可對應到工程圖、BOM 和物質特性...等。於自訂材質點選任一材質進行本節作業，一開始練習或規劃材質庫千萬別太強調材質屬性，因為屬性很艱澀。

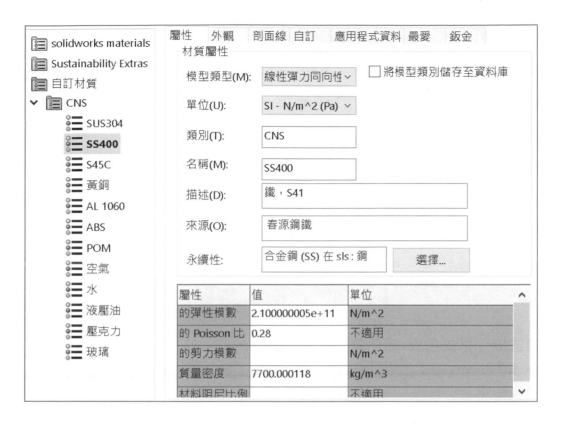

20-2-1 模型類型

清單切換呈現的材料類型，例如：所有模型類型=顯示全部資訊，有效率取得資訊。如果有安裝 Simulation 可見專屬資料庫，懂得人就知道這些資料很珍貴，網路找不太到。

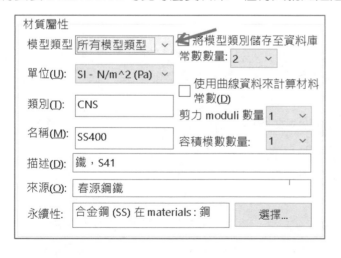

20-2-2 單位

設定數值單位，分別為：SI、英制或公制，比較常用公制（MKS），下圖左。單位對材質屬性相當重要，會嚴重影響屬性的顯示，還記得當學生時，老師說沒寫單位視同 0 分。

20-2-3 類別

顯示或更改材質（資料夾）名稱，也可在左邊樹狀結構直接修改名稱，例如：將類別紅銅合金→銅、鋁合金→鋁、鋼→鐵，成為公司的習慣的材質識別，下圖右（標示 1）。

20-2-4 名稱

顯示或修改所選材質名稱。這部分是重點，先前複製 SW Materials=美國國家標準，必須更改這些名稱，例如：AISI304→SUS304，下圖右（標示 2）。

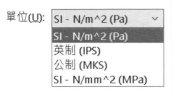

A 無法接受材質名稱=無法導入材質制度

預設 AISI304 很多公司無法接受，因為 SUS304 和 AISI304 看起來就是不同，公司習慣 SUS304，不能因為導入 SW 材質庫，在工程圖呈現 AISI304，這樣會失敗。

B 明確的材質目視管理

材質就把它做到明確，SUS304→，現今很難要求每個人要懂何謂 SUS304。實務上就會有人不懂甚至看錯，某一單位沒注意到一路錯下去，發錯料或下錯單，進行嚴格流程管控，流程越多效率越低，無法有效解決材質問題。

C 定義細節

制度規劃就是要訂這麼細，常遇到多年沒人討論，就這樣用就好。有些材質看起來很像，中文名稱是人性可一勞永逸避免錯誤，這動作雖然很笨，很白痴，很可能會被工程師嘲笑，卻是最有效解決方法。

A 大寫	B 空 1 格	C 小寫	D 加中文	E 加中文	F 加括號
SUS304	SUS 304	sus304	SUS304 白鐵	SUS304 不鏽鋼	SUS304（不鏽鋼）
SUS316	SUS 316	sus316	SUS316 白鐵	SUS316 高級不鏽鋼	SUS316（不鏽鋼）
AL6060	AL 6060	al6060	AL6060 鋁	AL6060 鋁合金	AL6060（鋁）
SS400	SS 400	ss400	SS400 鐵	SS400 低碳鋼	SS400（鐵）
S45C		s45c	S45C 中碳鋼	S45C 碳鋼	S45C（中碳鋼）
F25C		f25c	F25C 鑄鐵	F25C 高級鑄鐵	F25C（鑄鐵）
FC25	FC 25	fc25	FC25 灰鑄鐵	FC25 鑄鐵	FC25（鑄鐵）

D 材質名稱（別名）

很多工程師對材質認知很模糊，多年來只會套用，例如：SUS304＝不鏽鋼＝白鐵、SS400＝鐵、SKD61、SKD11 模具鋼。就算想教對方不見得想理解，目前工作只是跳板...等等。

E 建議拿掉專業形態

清楚明瞭材質資訊，於材質旁加上別名，例如：SUS304 不鏽鋼。避免不必要錯誤並降低風險。有些公司會在相同材質給不同屬性名稱，例如：S45C（中碳鋼，退火）、S45C（中碳鋼，正常），都是很好的詮釋。

F 不必矯枉過正

POM（工程塑膠）也是常用材質，問過很多工程師，很多人不知道工程塑膠＝塑鋼＝POM。不必矯枉過正 POM（塑鋼，聚甲醛），因為 POM（塑鋼）這樣就好，聚甲醛大郎也不知道，也不會想了解，我想很多人會和我一樣。

聚甲醛(Polyformaldehyde)熱塑性結晶聚合物，英文縮寫為 POM。另外 ABS（樹脂）這樣就好。

G 時代不同，不願意學材質

曾遇到工程師下錯材質，加工商也看錯材質，這些錯誤竟能在流程中過關斬將沒人發覺，大郎敢說就是沒有很直覺看出材質。時代不同了，你說材質要多專業，可是很多人不願意學這才糟糕。你我無法扭轉這窘境，卻可以改變方法，先求不會錯，再求加強專業。

H 材質一知半解

其實很多單位對材質一知半解，不可能坦白說不了解，我們用柔性出發點，將資訊清楚表明順便學習，可以避免看錯材質。甚至克服不同單位、不同公司認知的材質不同。

I 直接為材質名稱

常遇到材質不需要很重視，材質數量也不多，直接給名稱即可，例如：銅、鐵、鋁、白鐵...等，這時建議為了公司發展把使用程度提升，白鐵→SUS304 不鏽鋼。

J 常用材質對照

Solidworks 材質庫以 AISI 為預設，但業界常以 JIS 標準稱之，例如：S45C 中碳鋼。

鋼種分類	中文名稱	日本 JIS	美國 AISI/SAE	德國 DIN
中碳鋼	中碳鋼	S45C	SAE 1050	CK、C45-1.0503
		S50C	SAE 1045	CK50-1.1213

20-2-5 描述

輸入材質註解，簡單說明材質組成、特性或使用處，降伏及抗拉強度依厚度會不同。

A 材質名稱

將材質註明俗稱，例如：SUS304 可以為不銹鋼或白鐵。

B 材質組成

記錄材質由哪些合金組成或配方，例如：鋁合金由 AICu4PbMgMn 組成。

C 使用處

SUS304（不鏽鋼）描述：不生鏽、殺菌、易清洗。

20-2-6 來源

定義材料的參考來源，可以為網站或供應商。

20-2-7 永續性（Sustainability）

材料是否連結至永續性資料庫。

A 選擇

1. 選擇→2. 進入比對永續性資訊視窗，找出你要的材質→↵，可見材質被連結到永續性資料庫，這部分不繼續說明。

20-2-8 屬性表

列出材質屬性，常用密度，將材質屬性與公司同步。這些資料很難找到，甚至在網路僅能找到片段資訊。對於懂材料或需要 CAE 就知道抗拉強度、降伏強度、熱傳導率、比熱...等重要性。通常材質導到一個程度會越來越貪心，就會往這地方設定了。

A 質量密度

質量要準確到這更新密度，本項目使用率最高，下圖右（箭頭所示）。

屬性	值	單位
的彈性模數	703599.9	kgf/cm^2
的 Poisson 比	0.33	不適用
的剪力模數	265124.6	kgf/cm^2
質量密度	0.002705	kg/cm^3
的抗拉強度	1121.681	kgf/cm^2
的抗壓強度		kgf/cm^2
降伏強度	1070.6955	kgf/cm^2
的熱膨脹係數	2.36e-05	/oC
的熱傳導率	0.549713	cal/(cm·sec)
比熱	215.105	cal/(kg·oC)

20-3 材質視窗-外觀

定義材質色彩與紋路。套用材質時,顏色會產生關連,通常會讓材質符合金屬原色,例如:白鐵銀色、銅黃色。不過除非差別很大,通常不會到這設定。

20-3-1 套用此項目的外觀

是否套用預設材質外觀,大郎認為這項目多餘(箭頭所示)。

20-3-2 外觀樹狀結構

由樹狀結構選擇項目並定義外觀。

20-3-3 自訂色彩控制

定義材質色彩。點選色彩不會立即變化,必須套用材質才會反映在模型上。

20-3-4 使用自訂材質光學屬性

光學屬性分 2 種:1. 材質本身、2. 自行給定的色彩,簡單的說是否套用 ●光澤。

A ☑使用自訂材質光學屬性

使用所選色彩光學屬性,表面有亮點。

B □使用自訂材質光學屬性

使用外觀光學屬性,表面沒亮點。

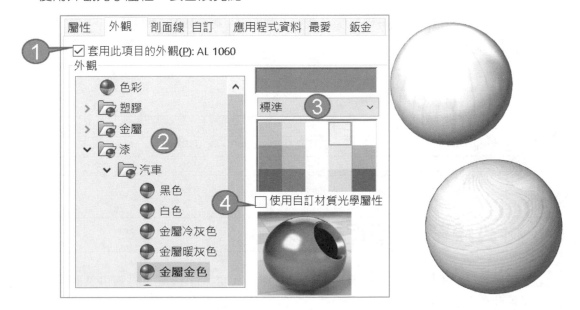

20-4 材質視窗-剖面線

定義材質在剖面視圖的區域剖面線圖案,本節不贅述圖案設定。剖面線圖案與材質有關,例如:A. 銅、B. 鋁、C. 鐵的圖案就不一樣,下圖左。建議統一 Steel 代表,斜剖面線是業界習慣,採用標準材質剖面線,不見得每個人看得懂,反而造成識圖困擾。

20-4-1 系統選項的傳遞

本節設定不會傳遞到 1. 系統選項→2. 工程圖→3. 區域剖面線填入。系統選項設定套用在工程圖模型面、未指定材質的剖面,以及草圖圖元的封閉迴圈區域,下圖右。

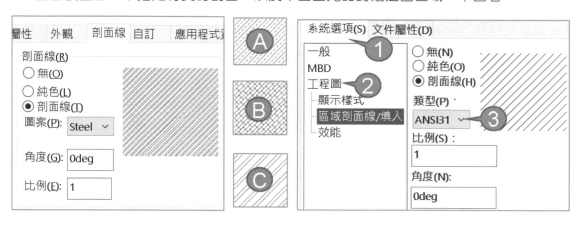

20-5 材質視窗-自訂

新增其他屬性到材質中,可自訂屬性連結,例如:financial impact,1KG 多少美金。

20-6 材質視窗-應用程式資料

記錄材質事項,例如:供應商資訊、加工處理、板材大小長寬、材質供應商,及材質抗拉測試實驗報告... 等。

材質是工程師宿命，材質認知靠多年累積，變化也很多元，因為本身特性還有搭配反應，例如：鋁＋電解陽極，SUS304 沒人用陽極處理。什麼是鍍五彩，它是用來做什麼，這些都是經驗。

材質資料庫可自行規劃或查閱材質屬性，開放使用者將材質定義更完善，例如：材質屬性、常用清單、增加材質記錄...等。將材質庫儲存，協助公司留下材質完整記錄。

屬性	外觀	剖面線	自訂	應用程式資料	最愛	鈑金

使用此頁面來記錄與此材料相關的加工、製造過程、測試或其他的資料。

材質的財務影響資料係根據從 1. Plastics News (2012) 計算而來的散裝原料價格。資料於
2012 年 5 月 15 日取自 http://www.plasticsnews.com/resin-pricing/etps.html

20-6-1 材質資料建立

將材質成分和檢驗報告輸入到材質庫，以宏岳實業公司，出產的烤肉網為例，該公司將烤肉網材質資訊和檢驗合格證明顯示在產品上。

不鏽鋼 SUS430 化學成分和規格，甚至還有技術部經理背書真是感動，並經 SGS 強酸溶解電解試驗，檢驗通過證明。右圖利用廣角鏡拍攝的效果，所以有點弧度。

這是業界少見做法，強調烤肉網品質，知道消費者顧慮，解除消費者疑慮。由此可知該公司積極為消費者食品安全把關，讓消費者選購產品過程，順便認識烤肉網注意事項，大郎特別和各位分享，也支持宏岳實業公司的做法。

A 材質檢測項目

行銷說明烤肉網品質符合食品安全規定，產品經 SGS 檢驗合格。此案例說明，可以將檢驗測試項目建立在材質庫中的應用程式資料。

B 材質屬性

不鏽鋼 SUS430 化學成分和規格，這些資料輸入在材質庫屬性和應用程式資料。

不銹鋼烤肉網品質證明書
CERTIFICATE OF QUALITY

東盟開發實業股份有限公司
TUNG MUNG DEVELOPMENT CO., LTD.

客戶名稱 Customer	結進材料科技股份有限公司						客戶編號 Customer No.	M00070	證明書編號 Certificate No.	Q96042304
鋼種名稱 Grade	SUS 430			訂單編號 Order No.			依據規範 By Standard	JIS G4305	開立日期 Issue Date	96/04/23

項目 Item	鋼 捲 編 號 Coil No	爐 號 Heat No.	表面加工 Surface Finish	厚度 (mm) Thinkness	寬度 (mm) Width	長度 (m) Length	數 量 Quantity	重量 (kgs) Weight
1	092620-010000	0408369	BA	0.30	1236	COIL	1	9306
2	092631-020000	0408435	BA	0.70	1232	COIL	1	9427

規格 Spec	化 學 成 份 (Chemical Analysis Wtx%)									規 格 Spec.	硬 度 Hardness	抗拉強度(N/mm²) Tensile Strength	降伏強度(N/mm²) Yield Strength	伸長率 (%) Elongation	彎曲試驗 Bend Test
	C	Si	Mn	P	S	Ni	Cr	Mo	N						
項目 Item	0.120 max.	0.75 max.	1.00 max.	0.040 max.	0.030 max.	0.60 max.	18.00 max.			試片編號 Specimen No.	Hv 200max.	450 Min.	205 Min.	22 Min.	
1	0.039	0.22	0.33	0.034	0.001	0.21	16.06			6416k645	145.0	517	322	26	OK
2	0.042	0.31	0.27	0.033	0.001	0.18	16.19			6314K615	143.0	510	302	30	OK

茲證明本表所列產品，均依材料規格製造及試驗，並符合規格之要求。
We hereby certify that the products described herein have been manufactured and tested with
satisfactory results in accordance with the reqirement of the above material specification.
本產品無輻射污染，並且不含汞。
The material described above is free irradiation and free mercury.

備註： Remark

技術部經理
Manager, Technology Department

邊維能

20-7 材質視窗-最愛

於自訂材質資料夾中，將常用材質加到右邊成為清單，是材質制度最優先工作。在特徵管理員的材質選單快速套用材質，立竿見影成效。

A 收集材質

收集公司有在用的材質，收集管道常來自工程圖，例如：SUS304、SS400、SKD41、F45C、AL6060、ABS、POM、PC... 等，會發現常用材質不超過 20 種。

20-7-1 製作方式

1. 於自訂材質庫點選材質→2. 加入（Alt+D）→3. 快速加入材質入清單中。

20-7-2 上移、下移

變更材質在最愛清單位置，最常用材質擺最上面，可縮短套材質時間，這是人性。1. 清單選取材質→2. 上移或下移，例如：S45C 放最上面。

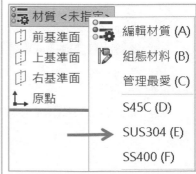

A 常用

常用擺最前面，例如：SUS304（不鏽鋼）、SKD41（工具鋼）、ABS（樹酯）。

B 類別

依種類排列，例如：黃銅、紅銅→白鐵、鐵→塑膠。

C 編號

有些公司將材質編號加強人工找尋能力和唸法，例如：1. 黃銅→2. 白鐵→3. 塑膠。不過，這些會傳遞到工程圖，例如：工程圖材質顯示 2. 白鐵。

20-7-3 鈑金

材質不同與鈑金展開係數關聯，例如：厚度不同，折彎扣除也不同。可以 2 種方法定義彎折裕度：1. 彎折表格法、2. 厚度給定。

軟板（鋁板）延伸高，展開長度會抓厚度中間，K 值設 0.5。硬板（黑鐵、白鐵）延展性低，展開長度鈑厚裡面，K 值設 0。

最大的好處建模時，不因材質不同而搞錯係數，造成展開太長或太短。

A 定義彎折表格

選擇鈑金展開的計算方法設定表格類型，例如：1. 量規、2. 彎折、3. 彎折計算表格→瀏覽找出 EXCEL 表格。

B 厚度範圍

1. 定義從 1→2. 到 3 的範圍→3. 選用單位→4. 彎折裕度方式→5. 值。

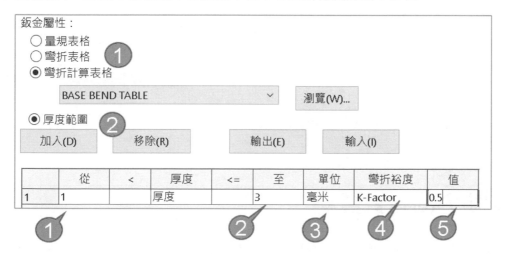

20-8 材質視窗-應用

於材質視窗最下方，當材質選定後進行套用、關閉、儲存...等作業。這些作業很多人不了解重要性亂點一通，本節好好面對它吧，下圖左！

20-8-1 套用（套用材質）

將樹狀結構選用材質套用在模型上，可看出色彩及紋路，不必關閉材質視窗。例如：1. 選擇球墨鑄鐵→2. 套用。

20-8-2 關閉

關閉材質視窗，也可 ESC，這應該稱確定比較好，因為視窗下方要有確定按鈕。

20-8-3 儲存（儲存材質）

儲存材質檔案=新資料庫，更動自訂材質，才可儲存材質。套用和儲存材質意義不同，很多人會押錯，不必刻意理解套用和儲存，按錯下回注意即可，因為材質視窗不常進來。

20-8-4 組態

將材質套用在模型組態管理，例如：零件使用不同料號的材質，下圖右。

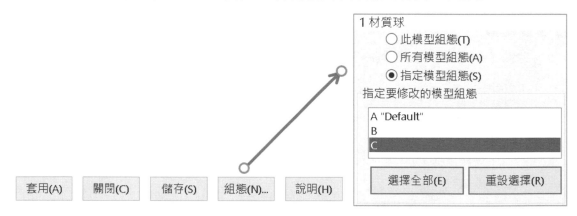

20-9 額外的材質資料

本節介紹幾種方向，擴充額外材質資料，這部分相當冷門，因為材質需求多半是名稱和密度，有這樣需求常用在分析。

除了自行定義材質外，由 SW DIN Materials 可以想像，還有其他標準可以加入，或 Simulation 出現更多材質屬性。材質資料相當冷門，很難在網路搜尋詳細屬性。

20-9-1 SW 材質入口網站

　　材質屬性通過 Matereality LLC 測試（www.matereality.com），材質入口網站的存取權僅提供 Simulation 使用許可。

20-9-2 MatWeb 材質網站

　　到 MatWeb 網站（www.matweb.com）下載 SW 材質庫。點選下方 SolidWorks LOGO，可見 SW 材質相關說明。

A 費用

　　僅付年費 99 美金，對研究人員來說相當划算。網站提供試用材質庫，點選下方 Download a Sample Library!（箭頭所示），會得到 Sample.sldmat 檔案，到材質視窗載入鈦合金材質（Titanium）。

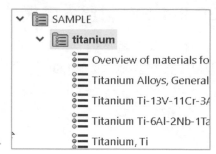

20-9-3 材質屬性依據

材質屬性依據，Metals Handbook Desk Edition (2nd Edition)，ASM International。

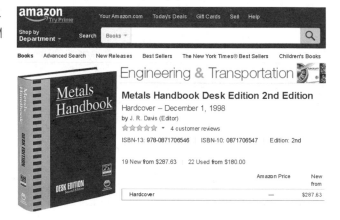

20-10 建立材質制度心法

規劃好材質庫，只要讓工程師會套用就好。制度導入不麻煩對方，否則即使制度再好，也導不起來。你把材質清單規劃好，讓其他人只要右鍵很快套用材質，這對了。

20-10-1 時間

進入材質視窗，找尋材質，對很多人來說是反感的。因為材質視窗對不想學習的人來說，很複雜、不耐煩並感到憂慮，只想趕快關掉。不要讓工程師進入材質視窗找尋材質。

不要期盼每個人對 SW 很感興趣，會耐心找尋材質，那是不可能的，有幾個面向支撐上述說法。要先自己做過一次才有說服力，也才有經驗指導對方作業。

20-10-2 制度

材質屬性輸入指定一個人完成，並將材質檔案儲存上傳，讓每位工程師更新材質資料庫。反之，每個人都到材質庫定義，一定亂也無法精益求精。

20-10-3 一面倒

要做到一面倒支持，也就是沒理由反對你，例如：只要在⯐右鍵，就可以選用材質。

20-10-4 先求有再求好

材質屬性有很多要輸入，只要有材質名稱和密度即可。不鏽鋼俗稱白鐵，你也可以 SUS304（不鏽鋼，白鐵）、SS400（鐵）、S45C（中碳鋼）。

至於 S41 與 SS400 都是鐵，S41 為舊名稱，公司若使用 S41 就繼續沿用下去，倒不必為此統一更改為 SS400。

未來有機會再慢慢改正，所謂導入要循序漸進，不能一下衝太快，很多人受不了，因為你的求好心切，會打亂公司以往步調。

20-10-5 由你開始

很多人說誰來做，你來累積經驗，這些經驗通常不會太好。用公司資源讓你嘗試，就算材質制度導入失敗，也不會造成公司損失，了不起回到以前人工輸入作業罷了。

A 未來換工作

這些經驗都是別人要的，很多公司都為這所苦，你的導入經驗可以為公司省下不少利潤，因為你在利他，不是利己。

B 不會設計沒關係

至少你會畫圖也會協助公司建立制度，減少不必要的風險，如此你不再是工程師角色而是管理者思維，因為你會利他。

在企業上材質課程時，會提醒 1. 要有專門的人建立材質資料庫、2. 其他人要知道如何建立就好，不是要求每個人都要會這段。

20-10-6 心理建設

課堂講材質沒人想聽課，只專注顧好建模，材質在工程圖輸入即可，造成很多工程師對材質認知越來越薄弱，所以各位主管要有心理準備，隨著時間發展只會越來越常見，至於對材質規劃有興趣的提升他為材質庫管理者。

20-10-7 材質發展

至少知道什麼是白鐵、中碳鋼、低碳鋼、塑鋼...等，沒要求很多。材質庫算是起頭，正式上線後對材質資訊會要求越來越高，有很多理想會想要實現，例如：公司想進行結構分析、導入 PDM、ERP，材質是重要資訊，就不會只是輸入材質當文字說明而已。

話說到這，就能明白先前說過：很多人對材質認知只在套材質，而不知道材質靈魂。

筆記頁

21

物質特性與剖面屬性

物質特性（Massure，俗稱天平）⚖，提供靜力工程資訊，例如：模型密度、質量、體積、表面積、質量中心...等，屬於模型畫完後看結果也是業界要的。物質特性用在零件和組合件，無法用在工程圖。

⚖和📏一樣都是簡單上手的工程計算，比量測還簡單學，很多術語國中和國小都教過，不必擔心學不會，只是看看資訊判斷而已。

A 4 大天王

指令中依序最常用：1. 質量（俗稱重量）、2. 體積、3. 表面積、4. 質量重心，業界最常用來計算重量和體積，認證考試會著重在體積和重心的驗證。

B 物質特性與剖面屬性合併

物質特性與剖面屬性（Section Property）📐寫成一章，因為它們很像，也希望 SW 將指令合併。

C 材質→物質特性

材質有密度所以會先講，密度 X 體積=質量，如此⚖的認識才會完整。

21-0 物質特性與剖面屬性介面與觀念

說明⚖視窗內容，這些都是基礎課程的查詢作業。

21-0-1 指令位置

有 2 種方式進入指令：1. 評估工具列→⚖或📐、2. 工具→評估→⚖或📐。

21-0-2 物質特性視窗

視窗採浮動獨立顯示，也是常用順序：1. 內容、2. 選項、3. 驗證項目，下圖左。

A 內容

顯示模型密度、質量、體積...等資訊。

B 選項

單位、小數位數和密度...等設定，常和同學說進入物質特性選項，現在聽懂了。

C 驗證項目

定義要計算或顯示功能，這很少人設定，適用進階者。

21-0-3 浮動視窗

視窗採浮動獨立顯示，也可以將視窗縮最小。可移動到另一台螢幕，讓 SW 畫面清爽。

21-0-4 調整視窗

拖曳視窗邊框調整大小，以顯示更多資訊，例如：拖曳右上角將視窗加大和最大化。

21-0-5 物質特性使用限制

由於視窗可以最小化，常遇到忘記關視窗或沒發現視窗移至角落，造成無法使用⚖，例如：進入草圖、編輯草圖、編輯特徵。

A 系統程序

對系統而言結束⚖，才可進行下一道程序，這部分於 2019 打破這觀念，⚖使用情況下，可使用其他指令。

21-0-6 無法使用物質特性

有 2 種原因：1. 空白文件、2. 曲面。特別是曲面，物質特性僅支援實體，沒有特徵或曲面模型無法使用物質特性，下圖右。

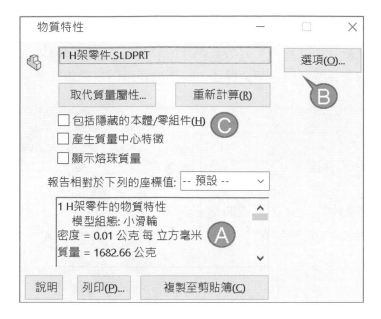

21-0-7 查看物質特性啟用狀態

當模型出現重心座標就能知道⚖為啟用狀態，課堂上要同學關閉物質特性，很多同學不承認有開過。ESC（關閉視窗）問題迎刃解決，解決操作不順問題，這都拜經驗所賜。

21-0-8 ⚖和🔍同時使用，與取消指令

自 2019 起⚖和🔍可同時使用，ESC 結束或取消指令。

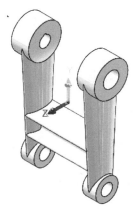

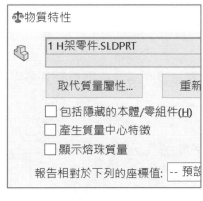

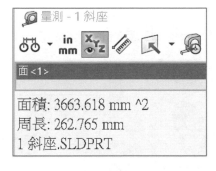

21-0-9 跨文件物質特性

⚖可於不同文件使用，來回點選文件中的繪圖區域，⚖會自動切換所選項目，並顯示所計算內容。萬一系統反應不過來，按重新計算（箭頭所示）更新內容。

21-0-10 物質特性、剖面屬性、量測差別

很多人對這 3 個指令：物質特性、剖面屬性、量測差別感到很像，都屬於模型檢測，有時量測和物質特性會選錯，後來發覺怪怪的才頓悟選錯，以下列表說明之間差異。

21-1 所選項目

選擇要計算的零件、組合件或多本體，不支援工程圖。

21-1-1 零件

進行零件整體計算，最常用的功能，下圖左。

21-1-2 組合件

進行組合件整體計算，常用在計算重量，組合件計算有許多手法，下圖右。

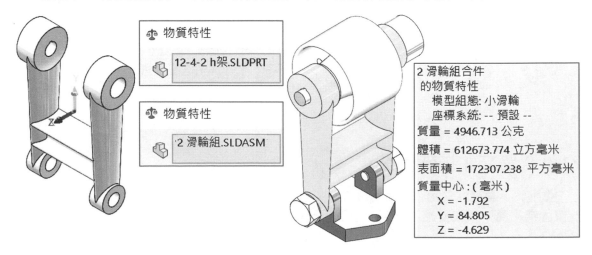

△ 只計算指定的模型

可以只計算組合件某些零件總質量，例如：1.滑輪座＋2.H架質量=2695g。

В 靈活計算

利用組合件特性，將不相關的零件掉到組合件中，統一計算總重，或分別計算其中一零件重量。

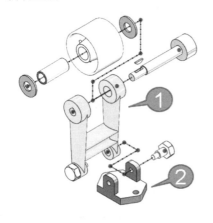
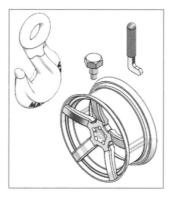
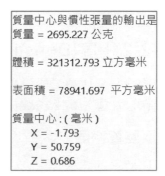

質量中心與慣性張量的輸出是
質量 = 2695.227 公克

體積 = 321312.793 立方毫米

表面積 = 78941.697 平方毫米

質量中心:(毫米)
　X = -1.793
　Y = 50.759
　Z = 0.686

21-1-3 多本體

於多本體中可以只計算所選本體，類似組合件只選擇所選零件，例如：查瓶裝水多少CC，且水密度為 0.001g/mm3，點選箭頭所示水本體，質量=282.81，下圖左。

21-1-4 特徵管理員點選模型

若要精確點選多本體、組合件內的模型進行⚖，於特徵管理員點選，這是通識，很多指令都是在特徵管理員點選模型進行計算，下圖中。

21-1-5 清除所選模型項次

於清單點選不要項目→Delete，也可右鍵：**清除選擇**或**刪除**，不建議使用，下圖右。

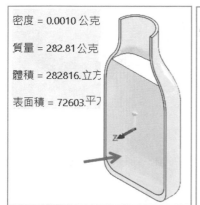

密度 = 0.0010 公克

質量 = 282.81公克

體積 = 282816.立方

表面積 = 72603.平方

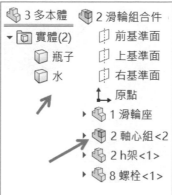

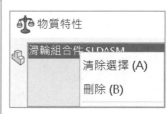

21-2 物質特性內容

迅速領讀環境和資訊，進入 ⚓ 後會自動計算零件或組合件的物質特性。

21-2-1 模型資訊

顯示模型名稱、模型組態名稱和座標系統。例如：H 架零件的物質特性、模型組態：小滑 2、座標系統： -- 預設 --。

21-2-2 密度(Density)

密度又稱比重，預設 0.001g/mm3。目前顯示密度 0.00 公克每立方毫米（0 g/mm3），因為預設小數位數 2 位關係。

A 反驗算密度

將計算的體積與實物秤重或用密度計（比重計）將密度概算出來。以公式換算密度，質量=體積 X 密度，體積/質量=密度，例如：體積 190/重量 100=1.9。

圖片來源：www.sanyu.com.tw。

21-2-3 質量（Mass）

體積 X 密度=質量，密度=材質，質量使用率最高。不論物體放哪質量不變，質量在日常生活常說成=重量。重量用在加工或製造成本基準，例如：脫蠟件以重量來報價。所以加工者得到工程圖，畫出 3D 再給密度，得到質量後就可報價了。

A 不同材質

不同材質相同體積，質量就不同，例如：同樣 Ø10 塑膠球或鐵球重量就不同，下圖右。

2 滑輪組合件的物質特性
　　模型組態: 小滑輪
　　座標系統: -- 預設 --

質量 = 4946.713 公克
體積 = 612673.774 立方毫米
表面積 = 172307.238 平方毫米
質量中心 : (毫米)
　　X = -1.792
　　Y = 84.805
　　Z = -4.629

21-2-4 體積（Volume）

體積就是 3D 模型為立方，無論材質為何，體積會相同，例如：體積=218526 立方釐米。例如：營造業由體積計算出水泥要用幾包。

A 教學查體積

以體積驗證模型正確性會比較容易，但體積的判斷還是有盲點呦，例如：鑽孔位置不同體積是相同的。

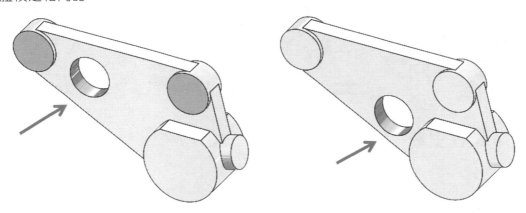

21-2-5 表面積（Surface Area）

表面的總面積，可用在坪數計算後要幾桶油漆，或計算烤漆面積。若要查詢指定的面積就要用量測🖱。

21-2-6 質量中心

計算模型重心（質心），質量中心顯示距離原點位置，例如：-0.2、Y-5.15、Z=0。簡單說在模型中間，嚴格來說物體靜止後，質量的集中點。

A 以體積為準

重心計算以體積為基準，相同體積不同材質（密度）重心相同。

B 配重

設計上常判斷模型配重，得到設計驗證，例如：公路車重心會比 UBIKE 來得高。遙控車重心就要配好，否則高速行走一過彎容易翻車，船的重心也很重要。

C 掛鉤配重

希望掛勾靜止不動向下垂放，鑽孔就要移到質量中心，才可得到正確配重。理論上如此，但無法將孔移到質量中心，因為孔填滿重新計算後，還是會影響質量中心計算。

D 教學查重心

教學過程中會要同學以質量中心驗證圖的正確性，避免體積相同但是鑽孔位置不同，這時質量中心就可以克服這盲點。

質量中心:(毫米
X = -0.2
Y = -5.15
Z = 0

21-2-7 慣性主軸

慣性主軸、慣性矩、慣性張量屬於靜力學的一種。

21-2-8 慣性矩（Moment of inertia）

慣性矩又稱轉動慣量，物體對於旋轉運動慣性大小的量度。慣性矩在動力學描述角動量、角速度、力矩和角加速度...等數個量之間關係。

慣性主軸與其主慣性矩:(公斤 * 平方毫米)
由質量中心決定。

Ix = (0.99, -0.01, 0.12)	Px = 1877775.27
Iy = (0.13, 0.05, -0.99)	Py = 23498098.15
Iz = (0, 1, 0.05)	Pz = 25339861.26

慣性矩:(公斤 * 平方毫米)
取於質量中心，並且對正輸出的座標系統。(使用正張量表示法。)

Lxx = 2216659.35	Lxy = -166212.06	Lxz = 2680362.81
Lyx = -166212.06	Lyy = 25333077.06	Lyz = -121316.09
Lzx = 2680362.81	Lzy = -121316.09	Lzz = 23165998.27

慣性張量:(公斤 * 平方毫米)
由輸出座標系統決定。(使用正張量表示法。)

Ixx = 6054934.66	Ixy = 520437.96	Ixz = 14563601.99
Iyx = 520437.96	Iyy = 66071737.21	Iyz = 99733.17
Izx = 14563601.99	Izy = 99733.17	Izz = 60091928.93

21-3 選項

於物質特性右上角→選項，進入物質特性/剖面屬性選項視窗，得到更精確顯示，常用在直接（臨時）改變單位以及密度，一進來會發現和量測一樣，差在材料屬性。

選項有 5 大項：1. 單位、2. 材料屬性、3. 精確程度、4. 慣性張量、5. 其他，這些設定僅影響物質特性，不影響目前文件，設定過程不會立即顯示，關閉視窗才會變更。

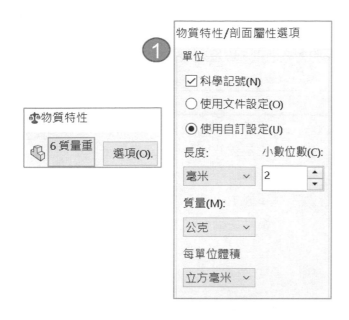

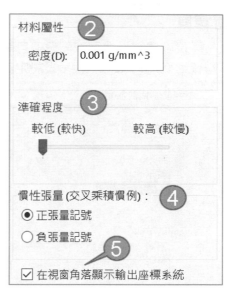

21-3-1 單位

改變長度、質量、體積單位、小數點位…等，科學記號與使用文件設定，說明與量測相同，不贅述（箭頭所示）。更改單位不會改變模型大小，只是看起來不夠專業怪怪的，不必憂慮會算錯，例如：水泥 1 包 50 公斤卻顯示 50000 公克。

🅰 不要自行換算

公司習慣看公斤就切換到公斤，不要人工換算，換算過程常出現低級錯誤。

🅱 使用自訂設定

臨時變更物質特性的單位和密度，下圖左（箭頭所示）。預設在文件屬性定義單位毫米、⚖為公分，不必每次到**物質特性/剖面屬性**修改單位，下圖右。

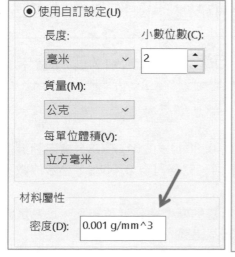

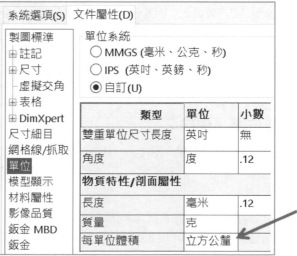

C 長度

從長度清單選擇更改部分項目單位，影響表面積、質量中心、慣性距...等。長度單位不影響每個項目單位，很多人設定英吋，為何質量還是公克，因為質量不是長度單位。

密度=0.01 公克每立方毫米

質量=1682.66 公克

體積=218526.96 立方毫米

表面積=87.91 平方英吋

質量中心：英吋

慣性主軸與其主慣性矩：公克*平方英吋

D 質量

設定質量顯示單位，讓你好識別。依行業別或物體區分，建築業為公斤，很小的模型若設定為公斤會不好識別，這時就要改成 g，例如：小螺絲 0.012kg→12g。

E 每單位體積

設定質量、密度和體積的單位，並且質量和每單位體積要同步設定，例如：451 公克每立方毫米=450 g/mm3。

密度=0.0085 公克 每立方毫米

質量 = 141.3782 公克

體積 = 16632.7312 立方毫米

表面積 = 5355.4081 平方毫米

密度= 0.0085 公斤每 立方釐米

質量 = 0.1414 公斤

體積 = 16.6327 立方釐米

表面積 = 53.5541 平方釐米

公克/立方毫米　　公斤/立方釐米

F 小數位數（預設 2）

常用在密度的判讀，例如：小數位數=2，銅密度 0.0089→0.01g/mm3，會自動進位造成判讀錯誤，0.001，下圖右。這時只要改小數位數=4，完整呈現 0.0089，小數位數不影響實際大小。

這部分常用在認證考試，同學忘記不會更改，所畫的模型總是進位答案，以為畫錯一直找問題在哪，或是 0.0089→0.009，這就會造成答案錯誤。

21-3-2 材料屬性

密度靠材質連結，萬一密度不是你要的，移除材質→人工輸入密度。也可臨時使用非目前單位，例如：目前單位毫米，直接輸入 8.9 kg/mm3。

A 材質<未指定>

要改變密度必須在材質<未指定>情況下，否則密度會以材質為主，無法設定。例如：模型材質為 1060 合金，於材料屬性會得到密度 0.0027 且無法改變，下圖左。

B 密度 0 以上

密度不可能為 0，因為體積 X 密度=質量，體積 X0=0，質量=0 是無意義的，下圖右。

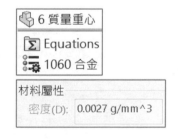

C 密度單位的重要性

很多人對密度單位認知很薄弱，常詢問廠商銅、鋁、鐵的密度多少，幾乎回答銅 8.9、鋁 6.8、鐵 7.8，追問單位得到的答案～不知道都說 8.9 就好，後來自行查材料的書才知道單位 8.9Kg/cm3，往後靠經驗認知，例如：銅密度=8.9g/mm3。

大郎在課堂考水密度，很多人答得出 1 卻說不出單位。水密度=1kg/cm3=0.0001g/mm3。

21-3-3 準確程度（Accuracy Level）

拖曳滑動桿調整計算速度與結果準確度，常用在薄殼或複雜的模型。例如：故意增加鋼圈模型圓角特徵，以及長度單位小數點位數=8，凸顯低中高運算程度差別。

常遇到精度要求很高的公司通常 SW 使用程度很高，要求精度最後一招就是模組化，本節分享有幾種方式克服精度。

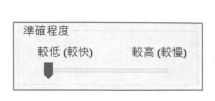 

A 準確程度：低（預設）

適用絕大部分的運算，非必要不會調整它 3808.74891601。

B 準確程度：中

提高運算精度，你會發現小數第 3 位產生變化 3808.74558844。

C 準確程度：高

提高運算精度你會發現小數第 3 位與低的運算接近 3808.74709053。

D 認證考試

認證考試調整準確程度意義不大，因為考試有誤差範圍，每個模型誤差範圍至少個位數來定義，別浪費時間將準確程度調整最高，增加運算時間。

E 重新回到預設計算結果

調整中或高後，再往回調最低，運算結果不會改變，仍維持最高程度的運算值，因為⚖視窗為開啟狀態。如果要看回最低運算值，必須退出⚖→📄→⚖。

F 精確程度調整後結果不一樣

無論精確程度為何，運算精度基準於小數點 3 位（單位 mm 情況下）。萬一調整精確程度得到整數變化，例如：10.85→11.23，這代表模型有問題或軟體 BUG。

G 軟體

相同版次，甚至相同 SP，例如：SolidWorks 2022 SP5。

H 相同 CPU

這已經很細了。

I 模組化

將模型提供給對方，只能進行尺寸變更，就是不能刪除，就算刪除尺寸重新標註都不行。

21-3-4 慣性張量（交叉乘積慣例）

慣性張量（Inertia Tensor），**交叉乘積慣例**（Crossproduct Convention）。選擇正、負慣性張量在慣性矩旁顯示所選記號慣例（箭頭所示）。

A 正張量記號（Positive Tensor Notation）

以預設形式提供慣性張量。

B 負張量記號

包括在 Ixy、Ixz、Iyz、Iyx。Izx 和 Izy 的負係數與其他軟體相容。

慣性矩: (公克 * 平方英吋) (使用正張量表示法。) 取於質量中心，並且對正輸出的座標系統。			慣性矩: (公克 * 平方英吋) (使用負張量表示法) 取於質量中心，並且對正輸出的座標系統。		
Lxx = 1.24e+03	Lxy = -0.128	Lxz = -0.048	Lxx = 1.24e+03	Lxy = 0.128	Lxz = 0.048
Lyx = -0.128	Lyy = 296	Lyz = 67.1	Lyx = 0.128	Lyy = 296	Lyz = -67.1
Lzx = -0.048	Lzy = 67.1	Lzz = 1.03e+03	Lzx = 0.048	Lzy = -67.1	Lzz = 1.03e+03
慣性張量: (公克 * 平方英吋) 由輸出座標系統決定。(使用正張量表示法。)			慣性張量: (公克 * 平方英吋) 由輸出座標系統決定。(使用負張量表示法。)		
Ixx = 1.33e+03	Ixy = -0.095	Ixz = -0.076	Ixx = 1.33e+03	Ixy = 0.095	Ixz = 0.076
Iyx = -0.095	Iyy = 337	Iyz = 19.1	Iyx = 0.095	Iyy = 337	Iyz = -19.1
Izx = -0.076	Izy = 19.1	Izz = 1.08e+03	Izx = 0.076	Izy = -19.1	Izz = 1.08e+03

21-3-5 在視窗角落顯示輸出座標系統

是否將左下角 3 度空間參考座標移至模型原點，讓模型原點與質量中心圖示相對顯示。預設為模型原點，可指定已經建立的座標系統，成為物質特性計算的參考。

A ☑**在視窗角落顯示輸出座標系統（預設開啟）**

維持預設的左下角座標系統顯示，下圖左。

B ☐**在視窗角落顯示輸出座標系統**

左下角的座標系統與模型原點重合，加大呈現模型原點的座標顯示。

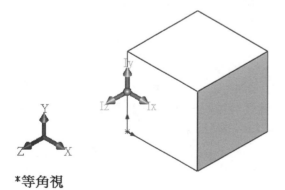

*等角視

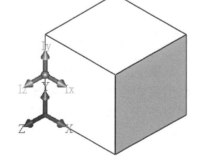

*等角視

21-4 取代質量屬性（Override）

人工輸入質量、重心、慣性矩（箭頭所示）取代計算值，常用：1. 取代質量、2. 取代質量中心，務實記錄這些數據讓模型資訊化，會用到本節公司 3D 導入到下一階段。

A 減少誤差

由於模型為均質狀態（平均且穩定，不受外在環境影響），計算質量和實際加工回來不同，把模型重新秤重並回填到 ⚖，讓未來結構分析或秤重減少誤差。

例如：翻砂件有氣孔、木屑、沙子...等雜質會讓模型失重，我們無法在 SW 畫出這些東西，所以東西完成後秤重，與 SW 模型比對就能知道誤差多少。

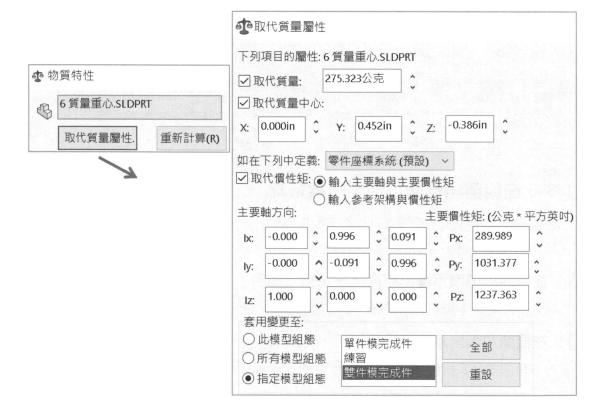

21-4-1 取代質量

現在工程圖都要呈現重量，該重量=實際重量，早期 2D CAD 圖面沒有 3D 也沒有體積，都用實物秤重。機台實際重量很重要，例如：設備要計算吊架，將設備天車吊掛，當模型還未製造，靠 ⚖ 得到重量設計吊籃、鋼索、掛勾或掛勾環（耳朵）。

21-4-2 材質運算錯誤

指定取代質量後，於特徵管理員材質出現錯誤圖示，因為目前密度和體積不變下，質量已經改變。換句話說，改材質也會出先錯誤訊息，例如：SS400→黃銅。

| 取代質量屬性 |
下列項目的屬性: 6 質量重心.SLDPRT
☑ 取代質量：　　275公克

⚠ SS40　　　註解：
Front Pl　材質變更前，零組件總質量遭取代
Top Plar　新材質的密度不影響零組件質量

A 忘記更新

本節也有風險，常遇到模型改變大小，重量沒改到，所以常問公司是否要繼續使用本節視窗，除非產品價值很高，值得花心力維護，否則不建議進行本節設定，就用容許誤差帶過就好。

B 比對誤差原因

由物質特性計算的質量和實際秤出來有很大誤差，這時就有很多討論空間，常見錯誤原因：1. 畫錯、2. 加工不照圖做。

21-4-3 應用範例：翻砂

翻砂模成本靠重量計算，翻砂有氣孔、沙子、木屑或微小雜物，會影響體積和質量。以前由我們給的工程圖，廠商進行人工扣減作業。廠長要求 SW 畫出來並計算重量，不讓廠商知道我們已經計算好，將廠商算出來和 SW 比對之下確實差不到 200g，後來廠商不再計算，請我們用 SW 算好給它。

21-4-4 應用範例：航太加工

對於特殊材質的國防工業材質由國外運過來，很清楚加工會有多少耗損，對體積的要求會更嚴格，這時可用⚖估算要用到多少材料。

21-5 重新計算

所選項目被改變時→重新計算，更新下方物質特性結果，例如：原本計算 4 個模型，改為計算 3 個模型，這時就要重新計算。本指令算手動更新得到最新計算效能，否則加入或減少模型的過程進行計算，會感到困擾。

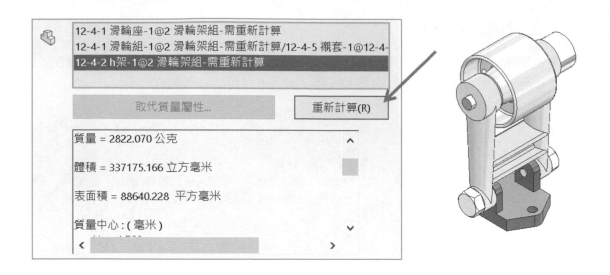

21-6 包括隱藏的本體/零組件

是否計算被隱藏的本體或零組件。設計考量，隱藏模型所做的彈性顯示，而物質特性針對整份模型計算，你可以決定是否計算被隱藏的本體或零組件。

當模型被隱藏時，物質特性內容會出現提醒：含有一個或更多隱藏零組件/本體的物質特性，下圖左（箭頭所示）。

21-7 產生質量中心特徵

將質量中心特徵✛加入模型，直覺判斷模型配重，得到設計驗證。關閉後✛，於繪圖區域和特徵管理員可見質量中心圖示，該圖示也可自行加入，下圖右。

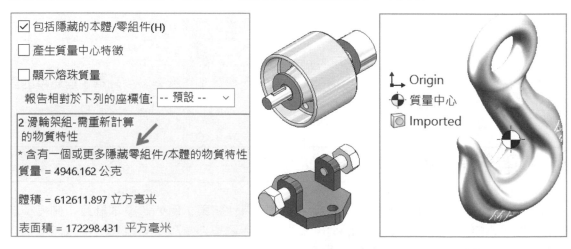

21-8 顯示熔珠質量

顯示熔接焊道質量，僅支援熔珠特徵🔧，不支援圓角熔珠🔧，下圖左（箭頭所示）。焊接產生的長度和重量已經是重點課題，開始要計算焊接長度與重量，早期焊道重量用抓的，例如：焊道重佔機台 3%。

21-8-1 不同材質

熔珠不一定是焊接，也可以應用在矽膠條、橡膠條、管路...等，將它發揮價值。

21-9 報告相對於下列的座標值

選擇另一個座標系統計算。座標系統會影響質量中心，例如：考試要求質量中心 Y 軸數據，不見得模型以圖面座標位置建構，這樣建模思考會受限，只要新增座標系統即可。

切換座標系統 1，會見到重心座標已經被改變，如果題目要求座標系統 1 的 Z 軸質量中心座標，不必把模型建構到 Z 軸向上的樣子，這樣模型會站起來，也很難建模。只要製作座標系統，於物質特性切換座標系統，即可得到 Z 軸重心值=11.8。

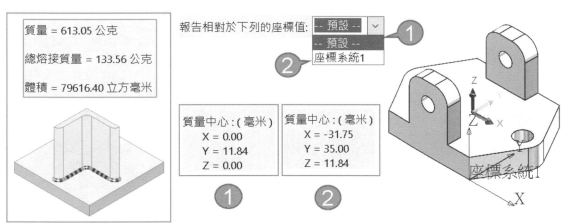

21-10 列印與複製剪貼簿

不須排版直接把內容列印或複製到 word 排版，迅速交報告，以下內容簡略呈現。

AIRSOURCE 的物質特性

模型組態：Default

座標系統：-- 預設 --

質量=2.806 英鎊

體積=5.541 立方英吋

表面積=150.010 平方英吋

質量中心：（ 英吋 ）

   X=0.009

   Y=-1.587

   Z=0.038

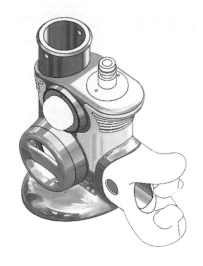

21-11 剖面屬性（Section Property）

計算封閉草圖或所選模型面的面積和形心（質量中心），剖面屬性與物質特性視窗類似，希望未來這 2 個指令合併。

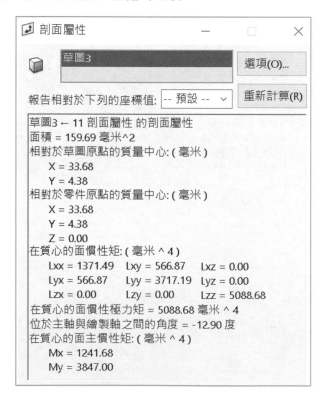

剖面屬性

草圖3   選項(O)...

報告相對於下列的座標值：-- 預設 --   重新計算(R)

草圖3 ← 11 剖面屬性 的剖面屬性
面積 = 159.69 毫米^2
相對於草圖原點的質量中心：(毫米)
   X = 33.68
   Y = 4.38
相對於零件原點的質量中心：(毫米)
   X = 33.68
   Y = 4.38
   Z = 0.00
在質心的面慣性矩：(毫米 ^ 4)
   Lxx = 1371.49   Lxy = 566.87   Lxz = 0.00
   Lyx = 566.87   Lyy = 3717.19   Lyz = 0.00
   Lzx = 0.00   Lzy = 0.00   Lzz = 5088.68
在質心的面慣性極力矩 = 5088.68 毫米 ^ 4
位於主軸與繪製軸之間的角度 = -12.90 度
在質心的面主慣性矩：(毫米 ^ 4)
   Mx = 1241.68
   My = 3847.00

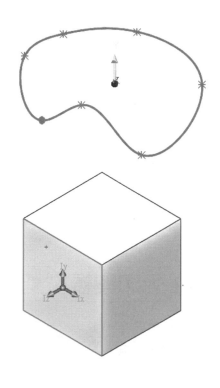

21-11-1 面積

顯示所選面積,而🏋顯示模型總面積,下圖左。只能 1 次選 1 個面計算,否則出現提示視窗,下圖右。

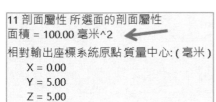

21-11-2 草圖剖面屬性

點選草圖查詢剖面屬性,不必進入草圖,特別是不規則剖面不必擔心不會計算面積,或必須利用量測模型面完成。

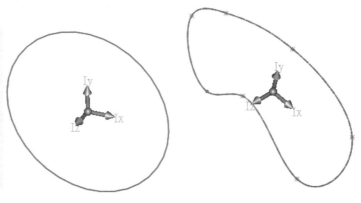

筆記頁

22

感測器

感測器（Sensor）⚙於 2008 年推出，隨時目視設計，以及數值超出指定的限制時發出警告，提升設計品質，適用零件及組合件。不必為了要查看數值，大量重複使用🔍或📏人工判斷，就算設定快速鍵也覺得慢。

Ⓐ 解決方案

很多人把⚙當 KnowHow，也有操作 SW 多年沒想到有這指令，工廠導入過程⚙是業界解決方案，大郎靠感測器提升自己的專業地位，當下很多人為⚙感到不可思議。

Ⓑ 要求越多價值越高

實務上我們很高興（很希望）客戶要求，要求越多報價越高，客戶更不容易找別人。我們甚至會反問或提醒客戶還可以進行多一些限制。有些客戶反問要求這麼嚴苛，我們不怕嗎，因為我們有⚙電腦協助提醒設計限制，且絕大部分設計都是配尺寸。

22-0 指令位置與介面

說明⚙視窗內容，這些都是基礎課程的查詢作業，完成本節可以很有效率達到 70%的感測器操作。

22-0-1 指令位置（加入感測器）

有 2 種方式進入指令：1. 評估工具列→⚙，下圖左、2. 特徵管理員的感測器資料夾右鍵→加入感測器(A)，我們習慣右鍵按 A，下圖中。

A 特徵管理員

沒有該資料夾，於**特徵管理員**空白處右鍵**→隱藏/顯示樹狀結構項次**，將感測器更改為顯示，下圖右（箭頭所示）。

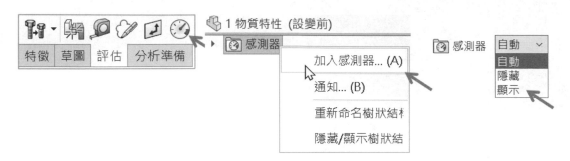

22-0-2 介面項目

指令分 3 大塊：1. 感測器類型、2. 屬性、3. 警示，下圖左。

22-0-3 感測器類型

感測器類型影響屬性內容，由清單得知支援項目：1. Simulation 資料、2. 物質特性、3. 尺寸、4. 量測、5. 干涉檢查（適用組合件）、6. 接近、7. Costing 資料，下圖右。

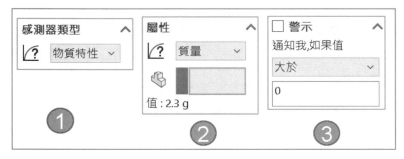

22-0-4 先睹為快：產生（加入）感測器

用最快的方式體驗感測器的好處，本節新增質量、體積。

步驟 1 🕑

步驟 2 感測器類型

物質特性是最常用的項目。

步驟 3 屬性

體積，可見自動計算出 277.3。

步驟 4 ☑警示

1. 大於→2. 300。

步驟 5 查看感測器

↵後,於特徵管理員展開感測器資料夾,可見項目已經完成。

22-0-5 驗證感測器

調整模型尺寸並查看感測器變化,並體會設計過程中,無意間發現當初有進行這限制。

步驟 1 將草圖尺寸調大至 15

步驟 2 查看

展開感測器 1. 可見系統發現體積錯誤,2. 游標在項目上會有更詳細的訊息:目前為 427.7cm 大於 300,就不必回到感測器查看先前設定的警示範圍。

22-0-6 更新/編輯/刪除/抑制感測器項目

感測項目上右鍵進行:1. 更新(重新計算)、2. 編輯感測器(B),我們習慣右鍵按 B, 回感測器內容,下圖左、3. 點選感測項目直接 DEL 立即刪除、4. 抑制不被計算的感測項目, 來增加計算效能。

22-0-7 查看感測項目(編輯指令)

加入的感測項目可以直接開啟指令,類似指令集中營,例如:快點 2 下質量或體積進入 ⚖。快點 2 下量測的尺寸也可以進入量測 🔍,下圖中。

22-0-8 加入多個感測器

不限只能加入一個感測項目,有需要都可同時加入感測,遇到錯誤可同時呈現。

Ⓐ 保持顯示

可同時加入多個感測項目,同時監測設計項目,下圖右(箭頭所示)。

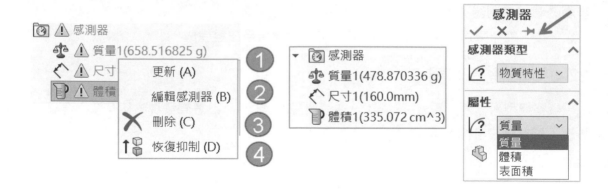

22-0-9 警示（Alern）

由清單項目定義警示範圍並輸入數值，當超出指定限制時，是否讓系統發出通知。

A ☑警示

發出通知，類似鬧鐘（時間+鈴聲），常用在設計尾端由系統發出沒注意到的盲點。

B □警示

不驗證感測器的數值，不一定要☑警示才可使用感測器，這就屬於監控⏱，類似時鐘，適合設計過程會不斷修正數值且不想被訊息干擾。

C 運算邏輯

提供 8 種邏輯運算：1. 大於＞、2. 小於＜、3. 是完全＝、4. 不大於≯、5. 不小於≮、6. 不是完全≠、7. 介於、8. 不是介於。常用大於、小於、不是介於，要倒過來想才會通。

D 取得先前警示設定

游標停在感測項目，可以得知先前的警示設定，例如：質量 1<5.3Kg>20，下圖右。

E 大於＞、小於＜、是完全＝

比較要留意的尺寸剛好不會警示。

運算	1. 大於＞	2. 小於＜	3. 是完全＝
範例說明	尺寸大於 160 會警示。常用在尺寸不超過 160，但可以剛好 160。	尺寸小於 160 會警示。常用在尺寸超過 160，但可以剛好 160。	尺寸要剛好 160，否則會警示，常用在不要動到尺寸。

◧ 大於＞、小於＜、是完全＝

上節和本節觀念相同，只是尺寸剛好會警示。

運算	4. 不大於≯	5. 不小於≮	6. 不是完全≠
範例說明	觀念和大於＞相同，但不能剛好 160。	觀念和大於＞相同，但不能剛好 160。	尺寸不能剛好 160，否則會警示。

◱ 介於、不是介於

由上到下定義範圍，觀念要反過來想。

運算	7. 介於～	8. 不是介於
範例說明	尺寸不能在指定的範圍，尺寸剛好也不行，否則警示，例如：設定 10-20，尺寸不能在 10-20 之間。	尺寸只能在指定的範圍，尺寸可以剛好，否則警示。例如：設定 10-20，尺寸**只能**在 10-20 之間。

22-0-10 通知（Notification）

由清單設定重新計算或儲存次數的通知頻率，避免次數過於頻繁困擾。

◮ 加入通知

在感測器資料夾上右鍵→通知，設定指定的時間出現並通知本節無論設定如何，游標放到感測器資料夾上都會出現錯誤的感測項目的通知。

◲ 警告關於觸發警示的感測器於每

指定重新計算或儲存的次數才自動顯示通知，下圖左。

C 警告關於過期的感測器於每

在過時模型，指定重新計算或儲存的次數才自動顯示通知，下圖右。常用在關聯性開啟的模型，例如：工程圖改尺寸，回到模型中，這時模型為重新計算=過時的。

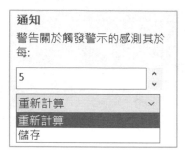

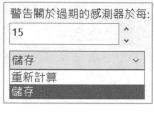

22-1 感測器類型：Simulation 資料

監測模型特定位置的應力、連接器力、安全係數…等。感測器定義模型中某個位置或指定的 x、y、z。您可按繪圖儲存感測器並在列印時顯示它們。還可使用感測器查詢局部反作用力。

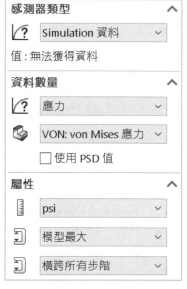

22-2 感測器類型：物質特性

監測模型質量屬性，常用在減輕重量，或尺寸配重（配重心），本節使用率最高。

22-2-1 屬性

由清單可見進行：質量、體積、表面積、質量中心，下圖中。

A 監控的圖元

顯示選擇的模型，例如：零件、零件多本體、組合件。

B 值

顯示計算結果值，目前質量 905g，下圖左。

22-2-2 警示

定義不能大於 1000g，下圖中。

22-2-3 項目圖示

完成感測器後，可見：質量🝆、體積🝆、表面積🝆、質量中心🝆專屬圖示，下圖右。

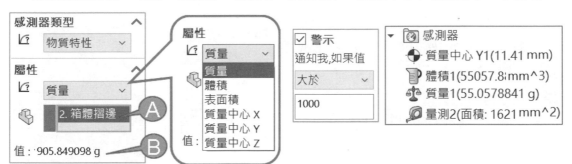

22-3 感測器類型：尺寸

監測草圖或特徵尺寸，當類型切換為尺寸，自動顯示所有模型尺寸，不用再另外開啟，點選尺寸加入感測器後，尺寸會自動隱藏。以前製作夾娃娃機，進行天車加抓尺寸控制，尺寸就幫上相當大的忙，不必擔心有些尺寸沒注意到或忘記改到。

22-3-1 屬性

點選的尺寸會出現目前的尺寸值。

22-3-2 查看尺寸項目

快點 2 下尺寸會放大尺寸位置。

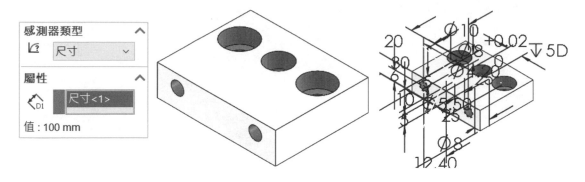

22-4 感測器類型：量測

🔍支援感測器讓感測器功能大大提升，只要量得出來的長度、角度、面積，甚至點的空間位置，皆可進行監測。有 2 種方式加入量測感測：1. 感測器指令、2. 量測指令。

22-4-1 感測器指令加入量測

步驟 1 清單切換到量測項目，立即開啟🔍指令

步驟 2 點選要感測的模型資訊，例如：模型面

步驟 3 關閉🔍視窗

步驟 4 儲存量測

會出現提醒儲存量測視窗→是。

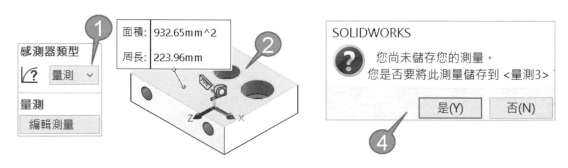

步驟 5 確定要感測項目

感測器得到 2 項：1. 面積、2. 周長，選擇其中 1 項，若 2 項都要，要分別做 2 次。

步驟 6 編輯測量

按下編輯測量回到量測視窗，重新量測，常用在更改量測條件或量測項目。

步驟 7 查看感測項目

完成後可見尺寸被加入感測器項目中。

步驟 8 自行製作模型邊線成為長度的感測項目

步驟 9 查看面積與尺寸

快點 2 下尺寸或面積，系統會自動縮放到選取範圍，並呈現數值，下圖左。

22-4-2 量測指令加入感測器

由 ⌖ 指令的 **產生感測器** ∿，加入感測項目，本節說明與量測相同不贅述。

22-4-3 量測取代尺寸

利用量測擁有跨越尺寸監測與多元監測的特性：1. 模型沒有草圖或特徵尺寸、2. 不想點選尺寸這麼麻煩、3. 統一以量測進行感測，不分尺寸或量測、4. 組合件進行零件之間的尺寸監測有點難度（因為模型之間沒有尺寸），下圖右。

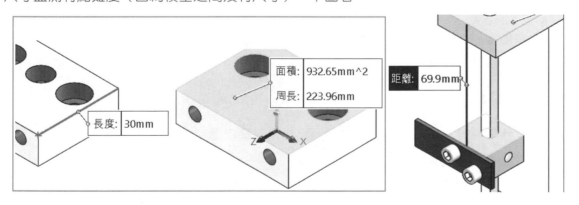

22-5 感測器類型：干涉檢查（適用組合件）

監測設計過程中是否產生干涉，就不必等到執行干涉檢查 ⌗ 才發現為時已晚，本節屬性內容與 **干涉檢查** ⌗ 的選項相同，下圖左。

22-5-1 屬性

選擇要檢查干涉的模型，例如：Ctrl+A 全選，檢查到干涉會出現偵測到干涉，下圖右。快點 2 下感測項目會進入**干涉檢查**指令，查看更細節的資訊。

22-5-2 警示

為真=干涉、為假=沒干涉。有些設計就是要有干涉，很多人沒想到可以這樣做。

22-6 感測器類型：接近（Proximity，適用組合件）

監測模型模擬運動與指定點間距離，本節進行滑塊運動避免到上方 50 的距離，如果有在範圍內就警告尺寸。

22-6-1 屬性

由上到下進行 4 設定，讓滑塊移動過程如果到警戒區域會出現警告。

步驟 1 定義感測器地點

點選上方模型的下面，會出現紅色雷射線。

步驟 2 感測器方向（非必要）

指定邊線定義雷射方向，預設為所選面的中心。

步驟 3 追蹤的零組件

通常是滑動件，點選滑塊。

步驟 4 接近感測器的範圍

定義紅色感測長度。

22-6-2 警示

為真=滑塊在 50 感測範圍、為假=滑塊不在 50 感測範圍。

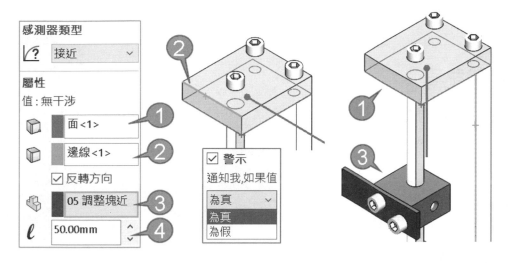

22-7 感測器類型：Costing 資料

監測模型成本：總成本、材質成本或製造成本。

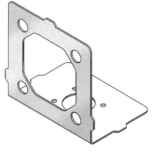

筆記頁

布林運算（結合）

結合（Combine）🎲，俗稱布林運算（Boolean）以 2 個或 2 個以上物體進行數學的交集、聯集或差集運算產生新物體，是多本體應用讓建模更靈活加強建模理解。

A 多本體技術（由下而上設計）

🎲於 2003 年推出造成市場震撼，衍生多本體技術（又稱由下而上設計），零件中 2 特徵可以不相連，例如：Apple、Pen 必須在組合件呈現，現在可以在零件呈現。

B 來回重複特徵

2003 年以前我們怎麼挺過來，就是利用伸長（加入）、除料（減除、共同）來回建構重複特徵，對於無法完成的特徵，就只能用曲面完成。

C 顛覆想像，想到就用看看

當你見過🎲以後，很多建模方式會顛覆想像，破除只有曲面才可建構的模型，屬於曲面學習前哨站。對初學者來說一開始會沒想到用🎲，只要指令走不下去就試著用用看。

D 多本體沒有很全面

對進階者而言，組合件下一境界體會多本體技術並沒有很全面，很多指令不支援多本體，例如：🎲和🎲不支援多本體，希望未來版本能提升。

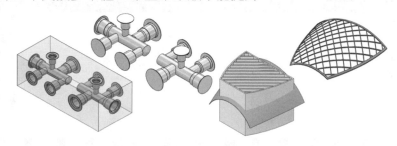

23-0 布林運算原理

布林運算簡稱布林，進行：1. 聯集（add）∪、2. 差集（Subtract）/、3. 交集（Common）∩。布林代數(Boolean Algebra)源於英國數學家**喬治布林**，起初運用在電路系統，20 世紀被廣泛應用，紀念為**布林運算**。

○ 布林代數(Boolean Algebra) 取自於
　英國數學家喬治布林

○ 起初運用在電路系統

○ 20世紀被廣泛應用，紀念為布林運算

布林運算	聯　集	差　集	交　集
符　　號	∪	/	∩

23-0-1 指令位置

1. 特徵工具列、2. 插入→特徵→結合，使用率極高，會設定快速鍵，下圖左。

23-0-2 布林運算介面

進行 3 大運算：1. 加入（聯集）、2. 減除（差集）、3. 共同（交集），下圖右（箭頭所示）。

23-0-3 結合名稱

SW 將布林運算稱為結合特徵，進行 1. 交集、2. 聯集、3. 差集運算。結合容易聯想到組合件的結合。希望名稱改為布林運算，感覺比較專業更凸顯布林運算的認知與學習。

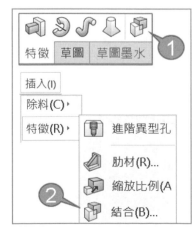

23-0-4 布林運算條件

要完成布林運算必須具備 2 大條件：1.2 個以上本體相加或相減→產生新物體、2.2 本體必須重疊。例如：球和棒子運算後，產生 3 種結果，如同先前流行的日本 PIKO 太郎，Apple+Pen=ApplePen 下圖左。

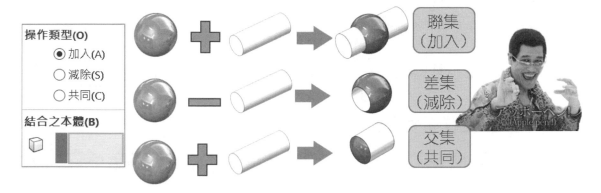

23-0-5 □合併結果

多本體技術=2 個以上的本體作業，在伸長特徵過程要□**合併結果**，初學者一開視埠習慣多本體作業，忘記□**合併結果**是很正常的，下圖左。

23-0-6 由下而上關聯性作業

由下而上作業=零件作業，換句話說用在零件，下圖右。

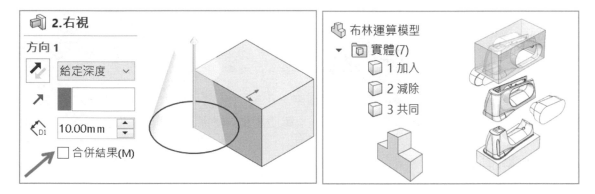

23-0-7 用在實體？

多本體不侷限在實體，曲面也是多本體一種，只是只能用在實體之間的運算。

23-0-8 草圖不支援

草圖屬於不存在面，SW 目前不支援草圖之間的布林運算。

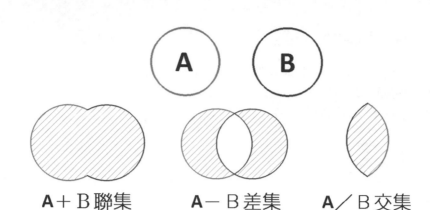

A＋B 聯集　　　A－B 差集　　　A／B 交集

23-0-9 操作與難易度分布

結合常用**減除**和**共同**，共同很像智力測驗 0 易、△ 適中、X 難，下圖左。

A 創造思考

先前畫草圖過程會使用 U 形法則，先完成一部分再回過來把剩下的補足，下圖右。

布林運算🖗	加入（聯集）	減除（差集）	共同（交集）
操作性	0	X	0
難易度	0	△	X
感受	相加	腦海有結果 再想過程	像魔術

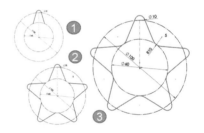

23-1 加入（Add 聯集）

將多本體合併為單一本體，沒有選擇順序，比較容易學，其實加入就是填料的☑合併結果。本節體會**保持顯示**✖的重要性，可以大量使用指令，可惜 SW 目前沒支援。

23-1-1 鋼構

建模過程經常用鏡射完成另一半，本節過程中會遇到無法完成的情境，如果沒有用🖗來克服，只能硬著頭皮用多種傳統方法完成會顯得沒效率。

本節深刻體會使用🖗以精簡方法達到理想的模型，並討論工廠管理。

步驟 1 鏡射▷ᐸ，☐合併實體

點選多本體→▷ᐸ→☑合併實體，會出現無法完成的訊息，**合併實體**只能針對單一本體，不是多個本體。目前也只能☐**合併實體**，先完成指令。

步驟 2 查看模型

上方為 4 根短管，實務上要合併為 2 根，分別使用 2 個🔲。

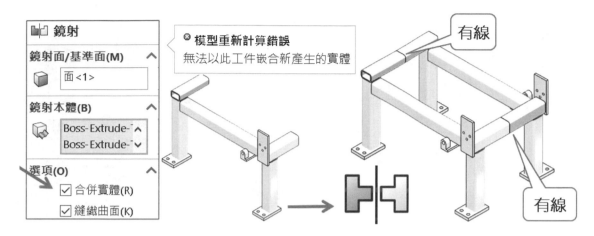

步驟 3 🔲，☑加入

點選左邊 2 本體→↵，2 本體結合為 1 本體，中間線段不見了。

步驟 4 🔲，☑加入

點選右邊 2 本體→↵，下圖左。

Ⓐ 可不可以直接選 4 個

無法在 1 個結合同時選 4 本體，因為本體必須相連，下圖右。

Ⓑ 模型與製程管理

工程師要了解工廠以哪種方式進行：1. 進貨 2 根由公司焊接、2. 還是廠商幫我們焊接好，工廠進料為 1 根，這就會影響做法。

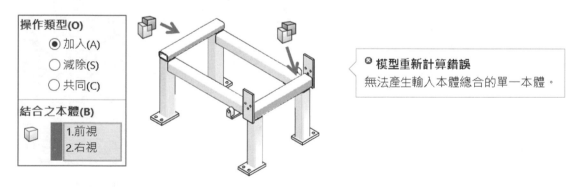

23-1-2 果菜機

本節重點在上下 2 本體要加入🔲，下圖左。特別是下方底座🔲製作上會有過程，🔲過程必須為多本體形式，否則薄殼做不下去並出現錯誤訊息，因為上方本體太複雜，下圖右。

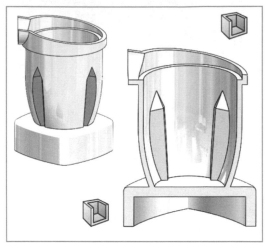

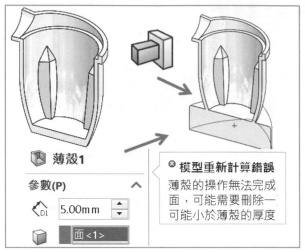

步驟 1 🝐，完成底座，□合併結果

會見到下方底座和上方本體有一條線，下圖 A（箭頭所示）。

步驟 2 🝐，底座殼厚 5

僅對底座薄殼就不會算到上方本體，下圖 B。

步驟 3 🝐，點選主體和下方底座

完成後見到底座和本體融合，下圖 C。

步驟 4 導圓角🝐

2 特徵之間有交線，就可進行導角作業，下圖 D。

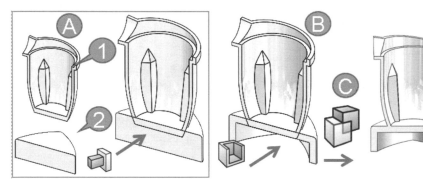

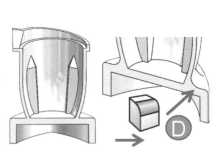

23-1-3 耳朵圓角

完成耳朵 1. 薄殼和 2. 圓角，下圖左（箭頭所示），過程中會遇到無法直接靠想法完成形成矛盾現象，必須由🝐解決指令特性，成為解決方案。

體會不靠🝐還真的無法完成，前置作業不能錯，步驟考邏輯領悟即可，對於很熟悉的🝐、🝐、🝐、🝐認知會更上層樓。

A 直接薄殼

直接薄殼無法保留方形結構，下圖右（箭頭所示）。

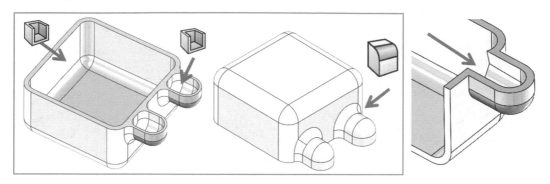

B 🧊和🧊不支援多本體

想將耳朵以多本體呈現，但這 2 指令無法分別點選 2 本體。

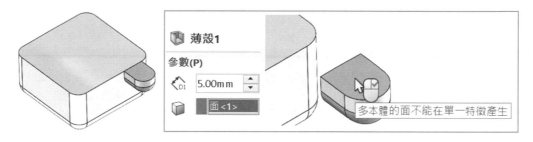

步驟 1 🧊，耳朵底部特徵

☐合併結果，完成多本體，下圖左。

步驟 2 🧊，耳朵上部特徵

1. ☑合併結果、2. 特徵加工範圍，點選伸長，讓旋轉與伸長為同 1 本體，下圖右 A。
可見方形和腳有一條線，下圖右 B。

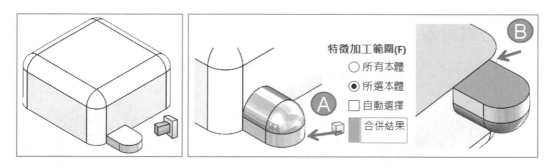

步驟 3 🧊，主體薄殼 3

可見薄殼不會計算到腳，更能理解為何前置作業這麼麻煩，下圖左。

步驟 4 隱藏主體

完成腳薄殼前置作業，耳朵要點選 2 面，有 1 面被主體蓋到，下圖中。

步驟 5 🔲，耳朵薄殼 1.5

步驟 6 顯示主體

可體會來回法技術，耳朵和主體為多本體狀態，因為還有界線，下圖右（箭頭所示）。

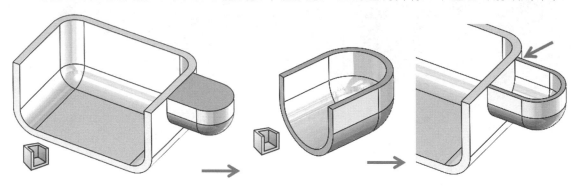

步驟 7 🔲，☑加入

因為目前無法點選 2 面或點選交線導角，更能體會🔲不支援多本體，必須把主體+耳朵接起來，下圖左。

步驟 8 🔲，主體和耳朵加入圓角 R5

體會圓角原本是隨手可得的，竟然要這麼麻煩，前製作業步驟還不能錯，下圖右。

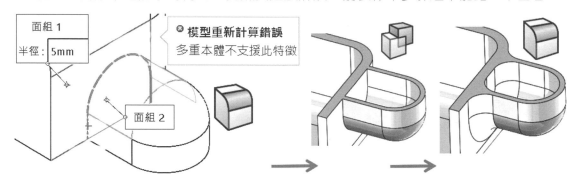

23-1-4 容器薄殼

將轉檔的容器模型圓形體薄殼 5，不能薄殼到腳，本節會認識分割的拆件。

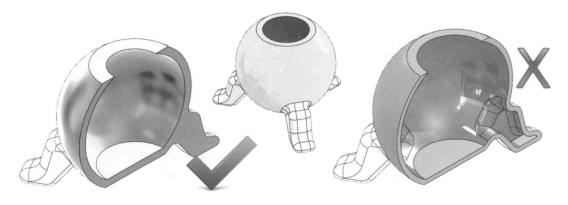

步驟 1 分割📦

利用分割將 1 球體與 3. 腳分離為多本體。1. 點選球外面→2. 切除零件→3. 自動指定名稱，完成後有 4 個本體。

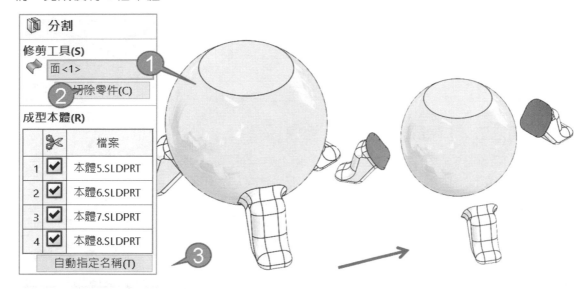

步驟 2 圓體薄殼📦=5

步驟 3 📦，將圓體和腳合併

完成後可見底座和本體融合。

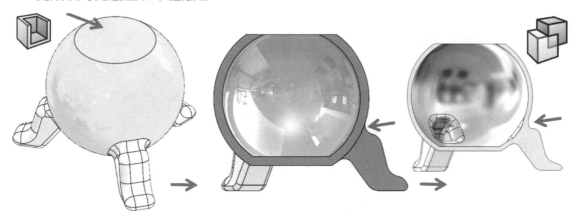

23-1-5 斜面圓角

分別在 1 斜面邊線、2 交線處導 R10 圓角，下圖左。常用多種方式想要將圓角導成功，但往往失敗居多。本節會說明無法導角的原因和拓樸有關，知道原理再加上方法就是靠本事。當別人認為不可能的，到你手上甚至以最簡單的方法完成。

🅐 導圓角方法 1：同時圓角

1 個💿點選 2 邊線同時導 R10，就算更改點選順序也不行，下圖右。

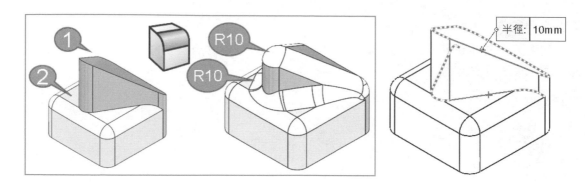

B 導圓角方法 2：兩個📦分別點選 2 邊線

想用 2 個圓角，但只有交線處可導角，但上方無法導角，下圖左。點選邊線查詢長度 9.8，所以圓角不能到 R10，在半徑不變下要靠手法突破，下圖右。

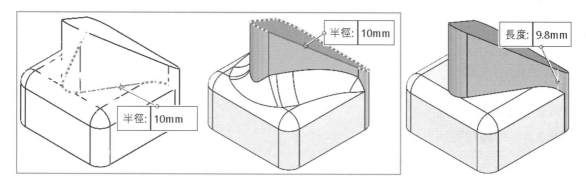

C 使用📦手段完成導圓角

步驟 1 📦，□合併結果

產生斜面特徵過程□**合併結果**，形成多本體後，這時長度 32（超過 10），就有多餘幾何可以導圓角了，下圖左。

步驟 2 📦，斜面

這時可在斜面導 R10，但不能導交線處，因為底座和斜面為分離狀態，下圖右。

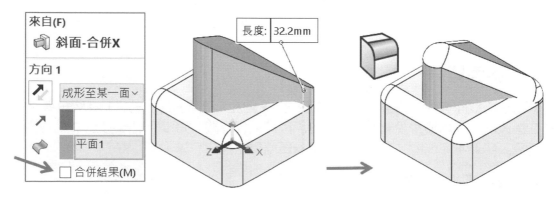

步驟 3 🎲，底座和斜面

讓兩本體成為同一本體。

步驟 4 🎲，交線處

這時可以在交線處導 R10。

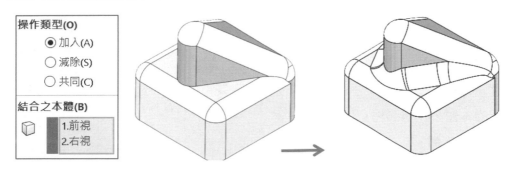

23-1-6 法蘭+彎管

目前法蘭和彎管為獨立本體，利用 2 個議題強調🎲特性和製程有關。工程圖作業我們很重視彎管和法蘭有沒有連接線段，代表不同製程，一條線可以影響很大。

A 廣義推論

工程圖是嚴謹文件，一條線忘記畫或畫錯，利用長期配合的廣義推論，這部分應該是焊接還是鑄造，有這想法後再和客戶確認。

B 移除隱藏線查看

本節用移除隱藏線查看會更能清楚看出，並模擬工程圖中視圖的樣貌，也能體會在零件或組合件中，顯示狀態的價值。

C 結合🎲

執行🎲過程可以一次選 3 個本體，因為這 3 本體相連，這代表鑄造件，彎管和法蘭沒有連接線。

D 伸長🎲

☑合併結果，也可以將法蘭和彎管合為一體，就不必使用🎲。這代表焊接件，彎管和法蘭有連接線。

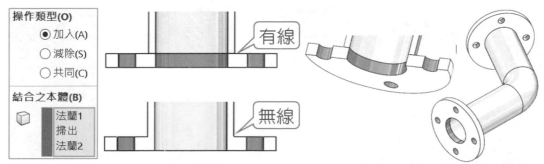

23-2 減除（Subtract 差集）

減除（差集）2 本體相減結果，會有點選順序，口訣：A–B 或 B–A。若不懂如何選擇，只要來回點選條件，嘗試完成即可，減除會有一個本體消失不見。

23-2-1 內螺紋

螺絲-圓柱，得到內螺紋，用這手法快速完成內牙。

步驟 1 主要本體

保留的本體，點選圓柱。

步驟 2 減除之本體

點選螺絲。

步驟 3 查看結果

可見內螺紋產生，下圖左。

23-2-2 內齒輪

由正齒輪減除為內齒輪，這手法就不必重複製作齒型。

步驟 1 底座🗊，□合併結果

製作內齒輪的外型，可見 2 本體重疊。

步驟 2 🔳

主要本體：點選內齒輪。減除之本體：點選正齒輪。

步驟 3 查看結果

可見內齒輪產生，下圖右。

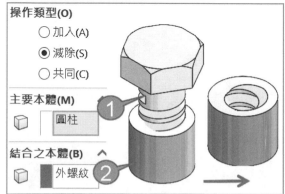
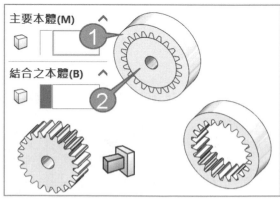

23-2-3 吹風機

這是模具議題將模穴由使用率最高，本節複習**移動/複製**。

步驟 1 模塊，□合併結果

用最短時間自行繪製矩形，製作模塊完成吹風機模穴，可見 2 本體重疊，下圖右。

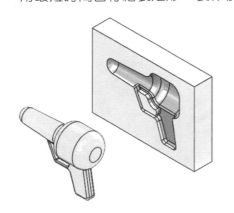
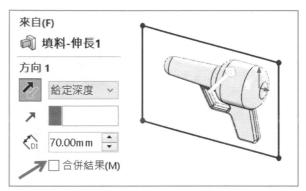

步驟 2 移動/複製

再複製 1 個吹風機，目前為 2 個吹風機，讓吃掉 1 個，還有 1 個。

步驟 3 ，模穴

1. 主要本體：點選模塊。2. 減除之本體：點選吹風機。

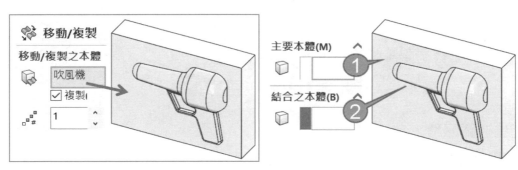

步驟 4 回溯

步驟 5 移動複製

□複製，將吹風機拖曳出來，可以見到模具展示，下圖左。

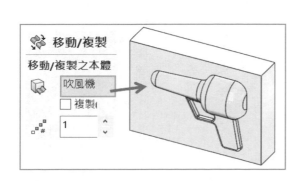
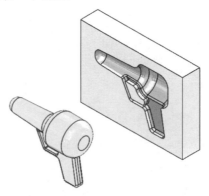

A 練習：螺絲起子泡殼製作

本節除了模穴產生，更能學到薄殼多選面。

步驟 1 ，完成起子的模穴

步驟 2 ，薄殼 0.5

點選模塊下方 7 個模型面，就能見到一片有厚度的殼。

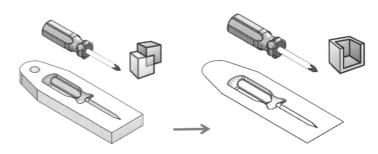

23-2-4 油路塊

常遇到要如何得到油路體積，這部分點要反過來想了。

A 產生油路體積

將現有的油路塊利用 + ，完成油路的體積。

步驟 1 ，包覆油路塊

以油路塊的外型製作油路塊的包覆本體，可見 2 本體重疊。1. 在上面用草圖的參考圖元→2. →3. 成形至下一面：快點 2 下模型下面→4. □合併結果。

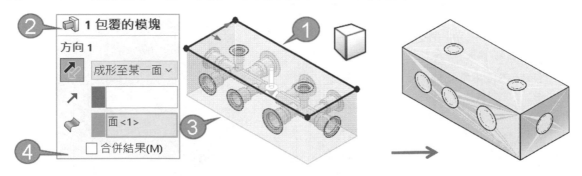

步驟 2 🧊，主要本體

點選伸長的模塊，故意點選孔上的面，因為孔上面就是伸長的本體。

步驟 3 🧊，減除之本體

點選油路塊，點選模型面，就能避開點選剛才的伸長特徵。

步驟 4 保持的本體

這時會出現保持本體視窗→☑所有本體→↵。

步驟 5 查看結果

可見到油路內部產生。

步驟 6 物質特性⚖

查看油路體積。1. 刪除目前模型整體的項目，就能 2 油路本體到體積 119019=CC。

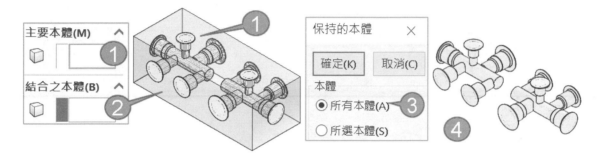

23-2-5 鋼圈

鋼圈重點在輪幅，常態認知輪幅填料後用複製排列，不過這裡是除料+複製排列完成。

步驟 1 輪幅🥄，□合併結果

應該🧊對吧，因為本節🧊無法複製排列，甚至有些版本無法除料而出現零厚度幾何。

步驟 2 複製輪幅🎯

將輪幅複製排列 5，可見本體重疊。

步驟 3 🧊

主要本體：點選鋼圈。減除之本體：點選輪幅。可見輪幅產生。

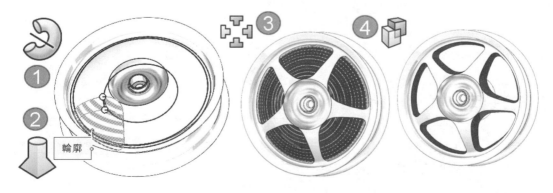

23-2-6 連結座

模型具備前方斜面、右方也是斜面的特徵，利用除料☑反轉除料邊，完成接近◎的減除作業更能理解結合特性。

步驟 1 前視斜面主體，◎

步驟 2 右視斜面，◎

利用☑反轉除料邊，就能完成感覺要很多特徵的模型。

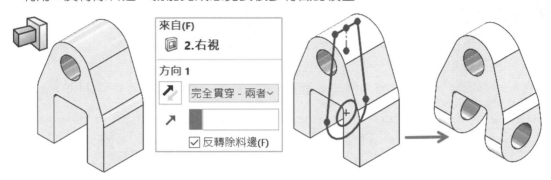

23-2-7 洋芋片

看起來很曲面的模型，可以很簡單 2 特徵完成。

步驟 1 ◎**，前後為弧形**

步驟 2 ◎**，上視橢圓**

利用☑**反轉除料邊**，就能完成體會不是只有曲面才可以完成的模型。

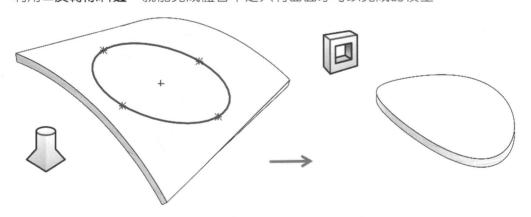

23-3 共同（Common，交集）

共同（交集）2 個以上本體相交，取出共同部分，沒有選擇順序。前置作業比較難想像有點像魔術，重點在 A+B→◎產生 C。

23-3-1 端面圓弧

1. 長度 100 圓柱+2. Ø50 球→3. 🎲，僅保留共同區域，形成 50 長的圓柱，端面為圓弧。

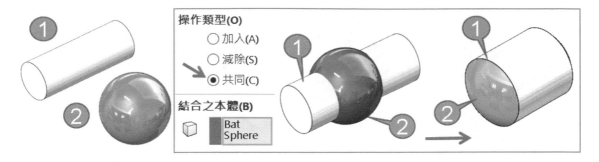

23-3-2 刀叉

以為要製作曲面，其實只要 2 本體。初學者會看到什麼就畫什麼，但前視圖和上視圖的連續就會無解，利用🎲可以把難的變簡單，下圖左。

步驟 1 🎲，完成前視弧形主體

步驟 2 🎲，完成上視功能主體

□合併結果，因為要為多本體。

步驟 3 🎲，共同

就像變魔術一樣，僅保留共同的區域。

A 連結片

1. 前視平板+上視弓形→🎲，看起來要很多特徵才可完成弓形連結片，沒想到🎲也可以把難變簡單，下圖右。

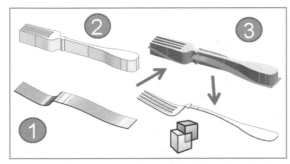
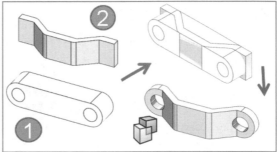

23-3-3 洋芋片

這是扭毛巾式的曲面，更是魔術的代表作，1. 🎲，前後為弧形→2. 🎲，橢圓，□合併結果→3. 🎲，共同，像變魔術一樣，僅保留共同的區域，下圖左。

A 連結座

這一題的特徵包含：1. 2 孔位、2. 上方兩斜面、3. 下方耳朵圓角，重點在斜面。利用 1. 前視斜面主體+2. 右視斜面體➜3. ⬚，像變魔術一樣，僅保留共同的區域，下圖右。

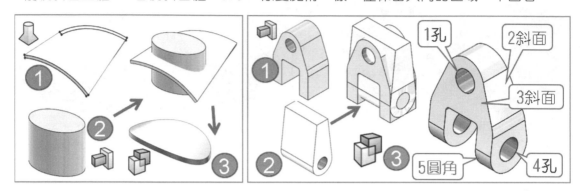

23-3-4 散熱罩

網罩有 6 個造型層次：1. 小弧、2. 大弧、3. 前低、4. 後高、5. 側邊弧、6. 網格，只要由 2 個特徵集合而成。一開始覺得這曲面很難理解，過程更令人拍案叫絕。

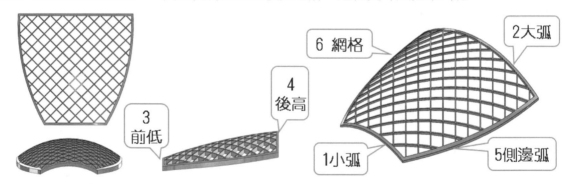

步驟 1 ⬚，前視雙曲面弧型體

⌒完成前低後高的弧➜⬚，⬚本身也是弧型體，完成雙曲面特徵，下圖右。

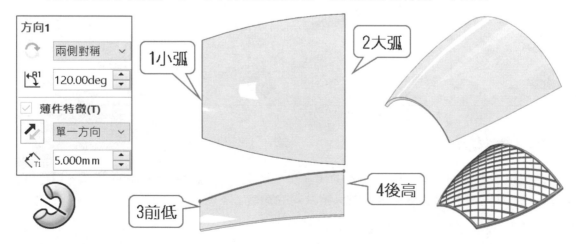

步驟 2 🔲，上視方形體

　　該主體包含肋材形成網格，下圖左。

步驟 3 🔲，共同

　　就像變魔術一樣，僅保留共同的區域。

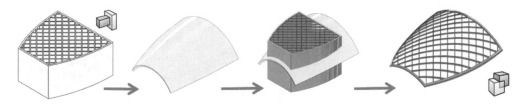

23-3-5 座艙罩

　　T 主體+L 主體的斜面特徵完成的計算。

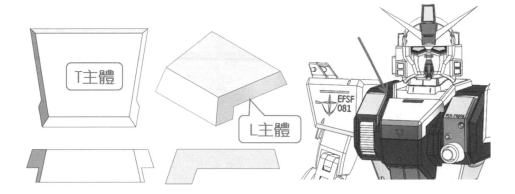

步驟 1 🔲，L 主體

　　右視圖完成 L 特徵，□合併結果。

步驟 2 🔲，T 主體

　　上視圖完成有拔模斜度的特徵。

步驟 3 🔲，共同

　　就像變魔術一樣，完成 L 和 T 型的混合體。

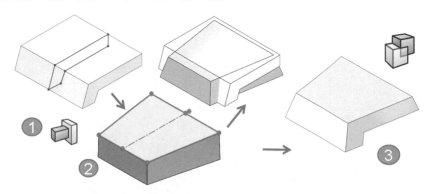

23-3-6 檔板

　　產生層次，再加上弧型+拔模角，這 2 相之下可以產生多層次的造型。重點是特徵成形過程就可以產生層次，之後層次會加倍更令人感到驚艷。

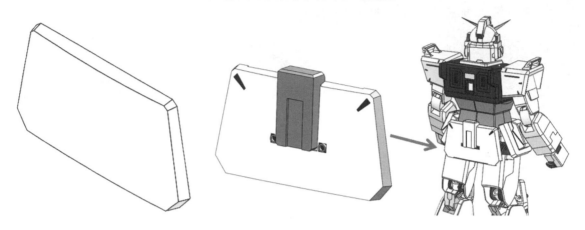

步驟 1 ，完成前視主體

　　上下 2 層，產生大小層次，下圖左。

步驟 2 ，完成上視主體

　　1. 草圖弧（表面弧度）+2. 加上拔模（斜度），產生多層次。

步驟 3 ，共同

　　模型整體包含 3 層次。

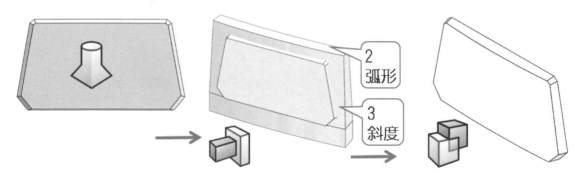

模型組態

　　模型組態（Configuation）俗稱組態或模組，模型組態由 SW 提出的觀念，現今所有 CAD 都有組態功能，所以工程師一定要會。

　　組態不難學透過切換組態顯示版本資訊，只要學會如何製作與控制。本章介紹模型組態原理與優點，透過實例領會組態好處與效益。

A 組態已經過時

　　組態是早期產物，早期會把製作組態當專業，甚至到了能製作出來就很神，例如：快點 2 下組態能進行模型變化。

B 不用組態

　　現今除非不得已否則不製作組態，因為製作很花時間，目前技術會利用多本體靈活且直覺看出模型變化，而不是切換組態憑印象來回查看模型變化，下圖右。

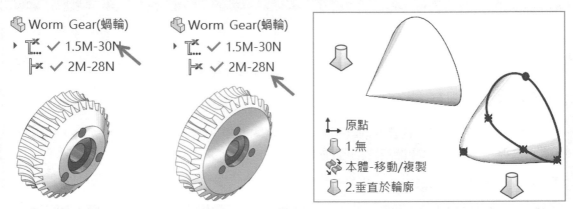

24-0 模型組態原理

本節說明組態的好處，並快速體驗製作與切換組態，保證顛覆同學想像和從未有的體驗，對於未來課題可快速進入狀況。

24-0-1 模型組態好處（優點）

組態優點多多，分別為：A 基礎認知和 B 進階應用。

A 基礎認知	B 進階應用
1. 模型多重變化=記憶多達上千項	1. 連結設計表格（Excel）
2. 減少檔案數量，方便檔案管理	2. 數學關係式整合
3. 即時檔案版次追蹤	3. 屬性標籤整合
4. 設計靈活性（保留和試誤）	4. 檔案屬性整合
5. 專門的模型組態管理員	5. 與 BOM 同步資料連結
6. 提高模型穩定度	6. 模型組態化（模組化）

24-0-2 模型組態控制項目

組態支援 A 零件、B 組合件和 C 工程圖控制，B 工程圖不能製作組態呦。

A 零件與組合件			B 組合件專屬	C 工程圖
1. 草圖與特徵抑制	8. 多本體控制	15. 數學關係式	1. 結合條件抑制	1. 套用組態
2. 草圖限制條件	9. 色彩	16. 屬性標籤	2. 模型抑制	
3. 草圖、特徵尺寸	10. 顯示狀態	17. BOM	3. 組合件特徵控制	
4. 公差控制	11. 光源		4. 模型的組態切換	
5. 特徵項目	12. 材質			
6. 組態屬性	13. 註記			
7. 顯示狀態	14. 檔案屬性			

24-0-3 模型組態位置

模型組態管理員在特徵管理員標籤旁邊，剛開始不知道這裡有標籤可以選，其實其他標籤也很好用呦，開始認識左方的管理員就屬於進階者了。

A 模型組態管理員

於特徵管理員的方向➔點選上方第 2 標籤，見到 1. 模型、2. 組態，組態名稱：預設，下圖左，不過要人工切換回到特徵管理員，下圖左。

B 分割窗格

自 2004 起可以將左邊窗格上下分割，上下對照內容，就不必點選上方標籤來回橫向切換。1. 視窗上方拖曳分割棒，將視窗分割上下 2 塊→2. 標籤控制視窗顯示內容，例如：上方模型組態管理員🔢，下方特徵管理員🔵，下圖右。

24-0-4 基本體驗：切換模型組態

切換組態查看模型變化，於模型組態管理員中，快 2 下組態來啟用組態。

A 樂高

分別切換組態可見到複製排列數量控制樂高大小，下圖左。

B 軸承座

軸承座組態控制尺寸的變化，下圖右。

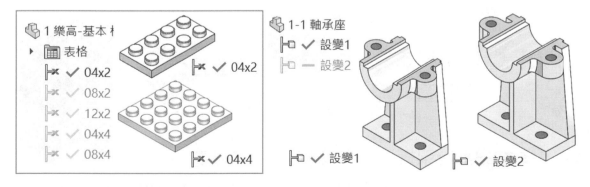

C 結構分析與輕量

對於模型需要結構分析，零件儘量簡單，或輕量化模型也常用組態控制。

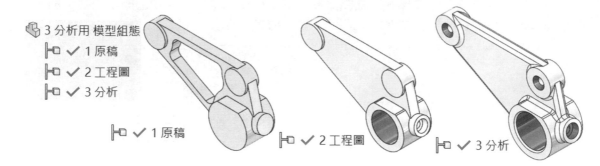

D 手輪

切換組態可見：1. 輪幅數量、2. 輪圈、3. 顏色同步變化，沒錯組態可以同步變化。

24-0-5 模型組態工具列（簡稱組態工具列）

預設模型組態為獨立標籤管理，設計過程常常在特徵管理員互相切換，這樣做很沒有效率。剛開始學組態會很樂意一個個快點 2 下看結果，等你長大以後就不會想這樣操作。

由模型組態工具列進行組態切換，同步查看特徵變化，讓畫面永遠保持在**特徵管理員**，增加組態的可看性，不必分割窗格，更不必來回切換**特徵管理員**和**組態管理員**。

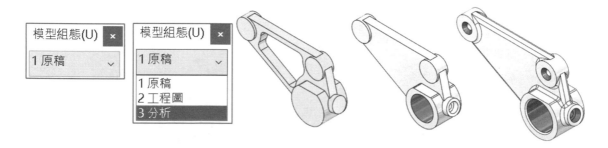

24-0-6 檔案階層架構

市購件常用資料夾分類種類和規格。常遇到分太細，資料夾和階層太多，例如：外六角螺絲 M8x20L，分別看出有組態/沒組態差異，只要稍做管理就能提高維護能量。

A 五金零件庫-設定組態前

必須過 5 大階層：1. 五金零件庫➜2. 螺絲➜3. 外六角➜4. M8➜5. M8X20L，下圖左。

B 五金零件庫-設定組態後

只要 3 大階層，特別是 1 個零件 1 個檔案，螺絲規格在模型組態中，例如：外六角螺絲：1. 五金零件庫➜2. 螺絲➜3. 外六角，下圖右（方框所示）。

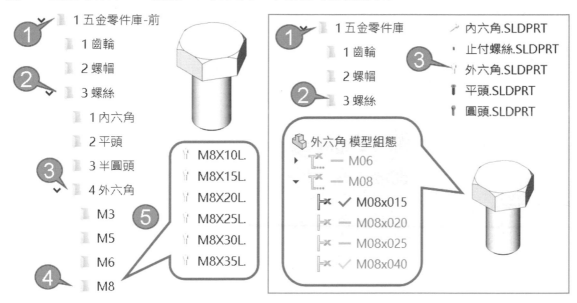

24-0-7 進階體驗：模型組態規格

由六角螺絲可見組態階層 M5、M6、M8，讓螺絲規格可以像資料夾群組。

最大好處可以收折組態，不會組態清單太長。

步驟 1 展開 M6

可見 M6 大小之下的長度。

步驟 2 自行切換 M6X25L

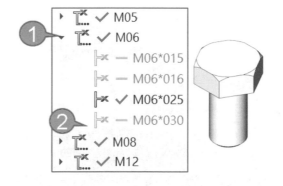

A 工程圖

可結合 Excel 表格到工程圖呈現，常用在型錄或工程圖以表格型式出圖。

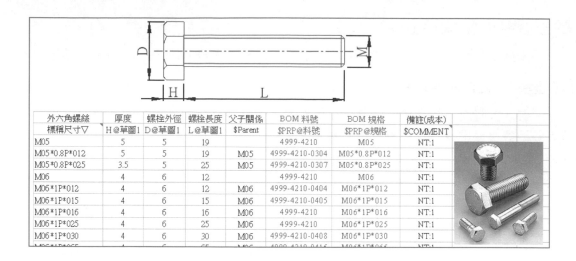

外六角螺絲	厚度	螺栓外徑	螺栓長度	父子關係	BOM 料號	BOM 規格	備註(成本)	
標稱尺寸▽	H@草圖1	D@草圖1	L@草圖1	$Parent	$PRP@料號	$PRP@規格	$COMMENT	
M05	5	5	19		4999-4210	M05	NT:1	
M05*0.8P*012	5	5	19	M05	4999-4210-0304	M05*0.8P*012	NT:1	
M05*0.8P*025	3.5	5	25	M05	4999-4210-0307	M05*0.8P*025	NT:1	
M06	4	6	12		4999-4210	M06	NT:1	
M06*1P*012	4	6	12	M06	4999-4210-0404	M06*1P*012	NT:1	
M06*1P*015	4	6	15	M06	4999-4210-0405	M06*1P*015	NT:1	
M06*1P*016	4	6	16	M06	4999-4210	M06*1P*016	NT:1	
M06*1P*025	4	6	25	M06	4999-4210	M06*1P*025	NT:1	
M06*1P*030	4	6	30	M06	4999-4210-0408	M06*1P*030	NT:1	

24-0-8 高階體驗：齒輪 Excel 表格

目前有 2 個組態，分別切換看變化，我想大家沒興趣看了對吧。

A 新視窗中編輯表格

1. 展開表格資料夾→2. Design Table 上右鍵，新視窗中編輯表格，進入 Excel。

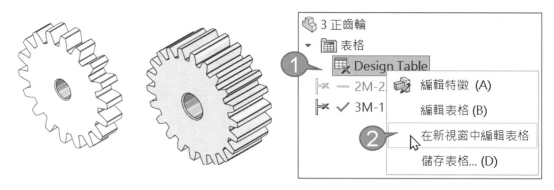

B 連結 Excel 表格

組態可結合 Excel 控制數值，並利用 Excel 試算表（數學關係式，簡稱公式）特性，將齒輪設計參數統一管理，還可利用 Excel 下方的工作表擴充資料。

	A	B	C	D	E	F	G	H	I
1	正齒輪(Spur Gear)	外徑	內徑	齒數	厚度	模數	齒寬	周節	節圓直徑
2	△ 公制參數	D'@Tooth Section	d@Base Section	N@Teeth	t@Base	M@Tooth Section	f'@Tooth Section	$COMMENT	D@Tooth Section
3	2M-22N	48.00	10.00	22	18.00	2.00	3.14	6.28	44.00
4	3M-15N	60.00	10.00	18	10.00	3.00	4.71	9.42	54.00

C 逆向專用

本表格設計給逆向畫圖專用，例如：1. 由齒輪表格得到數據、2. 游標卡尺量測齒輪 1. 外徑、2. 內徑、3. 齒數、4. 厚度，輸入到 Excel 以後，可算出模數、節圓直徑、齒寬…等。

D 結合 PDM→ERP

Excel 擴充性很高，結合各部門資訊，把模型資料傳遞到 Excel，模型價值會越來越高，成為名副其實的公司資產。

24-0-9 高階體驗：彈簧 Excel 表格

承上節，尺寸和彈簧都是市購件，目前有 3 個組態：1. 壓縮、2. 自由、3. 工作高度，各位切換組態過程會越來越了解組態不是重點，我想大家沒興趣看了對吧。

A 設計專用

自行進入 Excel，這表格已經達到設計模組，輸入紅色區塊：1. 外徑、2. 線徑、3. 自由高度、4. 總圈數，總圈數用配的方式傳達你要的 5. **彈簧負載**。

要稍具機件特性，這樣在配尺寸過程會比較容易得到要的負載量，例如：線徑越大負載越大、線徑不變而圈數越多越軟。

A	B	C	D	E	F	G	H	I
壓縮彈簧	外徑	線徑	自由高度	總圈數	螺距	內徑	平均徑	負載(kg/f)
紅色輸入	2@草圖	D11@草	@Mid Helia	@Mid 3	commen	commen	$Commen	$Comment
Free Height	42	4	74	8.5	8.7059	34	38	0.549
Compressed	42	3.99	34	8.5	4	34	38	0.549
Working Hight	42	4	56	8.5	6.5882	34	38	0.549

24-0-10 靈活體驗：零件多樣呈現

組態 1 次只能呈現 1 個樣貌，喇叭零件有 4 個組態，本節說明：1. 喇叭零件中插入零件、2. 工程圖一目了然組態樣貌。

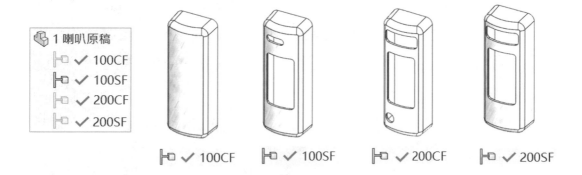

A 插入零件

將每個零件分別加入喇叭零件中並切換組態。

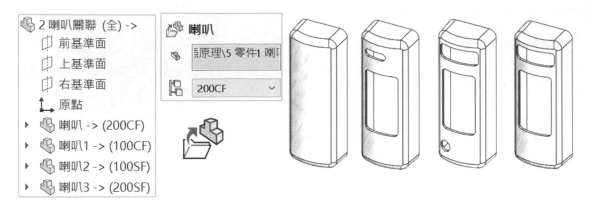

B 工程圖

將零件加到工程圖，並切換視圖的組態，就能獨立每個視圖呈現不同組態。

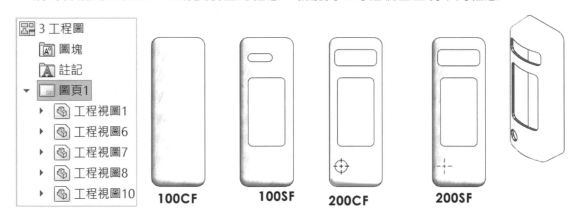

24-0-11 組合件體驗：組合件模型輕量化

本節說明和大型組件有關的議題，大型組件首要輕量化至少要 3 個組態，例如：油壓缸 3 態，將模型透過抑制手段，讓模型呈現越來越精簡，又不失去機構運作功能性。

組態	1. 原稿	2. 輕量	3. 超輕量
做法	1. 呈現所有模型	1. 內部零件部分抑制	1. 內部零件和市購件全部抑制
	2. BOM 要用	2. 零件細節抑制	2. 結合條件機構運動

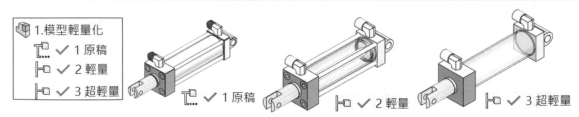

A 體驗模型組態：組合件的市購件

組合件要有市購件，設計過程不要市購件負擔，實在無法兩全其美。其實可以的，將模型透過抑制手段製作 3 組態，其中設計用為組態運用彈性。

組態	1. 成品	2. 設計用（彈性運用組態）	3. 無市購件
做法	1. 呈現所有模型 2. BOM 要用	1. 內部零件與市購件部分抑制 2. 零件細節抑制 3. 留下和機構有關：例如：開關和腳墊（箭頭）。	內部零件和市購件全部抑制

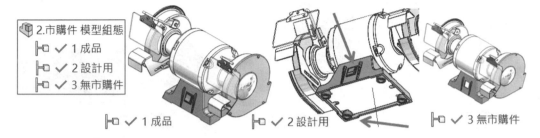

2.市購件 模型組態
├ ✓ 1 成品
├ ✓ 2 設計用
├ ✓ 3 無市購件

├ ✓ 1 成品 ├ ✓ 2 設計用 ├ ✓ 3 無市購件

24-0-12 組合件體驗：組合件多組態規格

由夾手各部零件製作組態，由組合件控制零件的模型組態。

A 把手零件組態

把手組態有 4 種樣式。

組態	GH-304-EM	GH-305-EM	GH-304-EML	GH-305-CMT
GH-304~5 把手 ├✗ ✓ GH-304-EM ├✗ ✓ GH-305-EM ├ ✓ GH-304-EML				

B 組合件組態呈現

組合件控制零件組態。

組態	GH-304-EM	GH-305-EM	GH-304-EML	GH-305-CMT
3.多組態規格 模型組態 ▼ ✓ GH-304~5-EM 　├ — GH-304-EM 　├ — GH-305-EM 　├ ✓ GH-304-EML ▶ ✓ GH-304~5-CM ▶ ✓ GH-304~5-HM				

24-0-13 靈活體驗：組件多樣呈現

總組件控制次組件的組態，在組合件一次表列所有組合件組態。

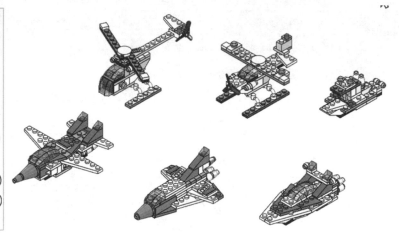

組合件呈現組態 (預設)
　　前基準面
　　上基準面
　　右基準面
　　原點
▼　組合件1 (1 直升機)
　　組合件1<2> (2 水路機)
　　組合件1<3> (3 巡邏船)
▶　組合件2<1> (1 噴射機)
▶　組合件2<2> (2 太空梭)
▶　組合件2<3> (3 船)

A 次組件 1 的組態

組合件中有 3 個組態。

組態	1 直升機	2 水路機	3 巡邏船
組合件1 模型組態 ├ ✓ 1 直升機 [├ ✓ 2 水路機 [├ ✓ 3 巡邏船 [			

B 次組件 2 的組態

組合件中有 3 個組態。

組態	1 直升機	2 水路機	3 巡邏船
組合件1 模型組態 ├ ✓ 1 直升機 [├ ✓ 2 水路機 [├ ✓ 3 巡邏船 [			

24-0-14 設計模組化

本節簡易說明利用屬性標籤產生器，不利用 Excel 表格與模型組態，直接輸入參數模型會自動產生，更能體會對介面越簡單越好，能製作這技術的人都是業界的核心人物。

A 滾珠軸承

輸入 1. 基本尺寸→2. 套用→3. 重新計算，就能得到想要的外性。甚至在顏色計畫中，紅色=軸孔、紫色=接觸面，用來協助組合件組裝和機構之間容易判斷（箭頭所示）。

可依每個廠牌型錄修改尺寸及樣式，並記錄品牌、供應商、料號，使採購部門獲得資訊，這就是 CAD 與 PDM 整合。由上到下 3 大部分：1. 基本尺寸、2. 軸承樣式、3. 採購資料。

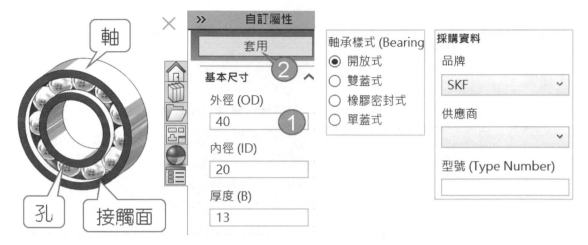

B 外六角螺絲

輸入 1. 基本尺寸、2. 材質→3. 套用→4. ，就能得到想要的外型，系統帶出規格。

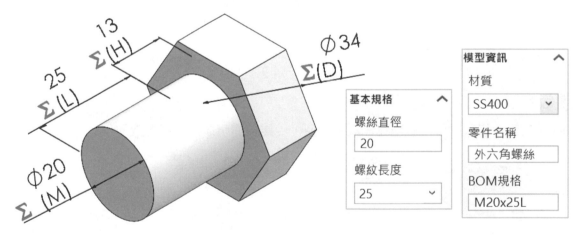

C 齒輪

輸入 1. 齒輪規格、2. 軸規格→3. 套用→4. 重新計算，就能得到想要的外性。在顏色計畫中，紅色=軸孔、紫色=接觸面，用來協助組合件組裝和機構之間容易判斷。

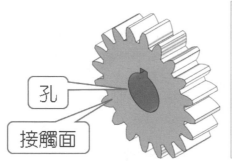

齒輪規格

外徑 (D) ①

50

齒數 (N)

20

厚度 (Thickness)

10

軸規格 ②

☑ 軸孔 (Shaft)

軸徑 (Shaft Dia)

15

☑ 鍵槽 (Key)

☐ 側鍵 (Side Key)

孔

接觸面

D 彈簧

用配的完成 1. 模型尺寸、2. 材質→3. 自動計算出**彈簧常數**及**容許負載**設計資料，反推上方的參數套用→4. 套用→5. 重新計算，能得到想要的外性和系統計算的設計結果。

彈簧模型尺寸

外徑

60

線徑

3

總圈數

6

自由長度

80

彈簧材質

彈簧材質(G)

○ 鋼琴線SWP

○ 硬鋼線SWC

○ 不鏽鋼SUS631

○ 不鏽鋼SUS316

○ 不鏽鋼SUS304

○ 鈹銅線

◉ 磷青銅線

計算結果(不要輸入)

壓實長度

30

有效圈數

4

平均直徑

57

彈簧常數(K)

0.0587731

容許負載(P)

2.93866

E 鈑金零件

輸入鈑金模型尺寸，就能完成鈑金模型，更重要的可以展開與摺疊。

基本尺寸(包內) ⌃

底徑

120

頂徑

70

總高 (型式為"上斜口"不填)

80

厚度

5

縫隙

10

彎折：K係數 (輸入0~1)

0.5

F 氣壓缸組

市面型錄多列出 1. **氣缸內徑**、2. **行程**、3. **操作壓力**，故模組以這 3 項為製作基礎，下圖左，型錄來源：Mindman。

標準行程表

氣缸內徑	行程 (mm)
ø40	50,75,100,125,150,175,200,250,300,350,400,450,500
ø50,63	↑ 600
ø80,100	↑ 600,700
ø125,150	↑ 600,700,800,900,1000
ø200	↑ 600,700,800,900,1000,1500

規格

型號	MCQA				
氣缸內徑 (mm)	40,50,63	80,100	125	150	200
使用流體	空氣				
使用壓力範圍	0.05~1 MPa				
耐壓力	1.5 MPa				

　用配的完成：1. 清單切換壓缸基本規格→2. 套用→3. 重新計算 2 次、計算結果：壓力、汽缸出力和 O 型環大小呈現出來。

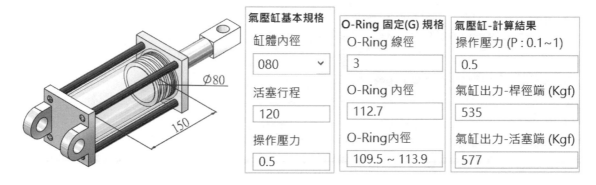

G 屬性標籤：先睹為快

屬性標籤產生器的後台。

24-1 先睹為快：製作模型組態

本節開始進入製作模型組態的方法，先以傳統方式完成 2 尺寸變化，雖然步驟比較多，會比較容易理解原理再製作順序。

A 多元的組態製作

軟體的進步讓組態製作與控制變得多元，由於牽涉很多術語比較適合進階者，必須仰賴 SW 一路操作過來才有辦法引導組態學習。

B 組態製作的思考與模型處置層次

本節第一次體驗會很不習慣，這就是學習的思考力。試想不用組態進行模型控制，就要以另存新檔由實際的檔案記錄模型多樣性。最大好處不必學習，但沒有模型處置層次，例如：何時用另存新檔？何時用組態？

C 組態製作重點：製作順序

組態製作有順序性：1. 加入模型組態→2. 修改參數。除非很熟可以控制錯誤的變化否則會很麻煩，本節也會讓同學體驗到錯誤中如何修改回來。

24-1-0 前置作業

圓柱特徵 2 尺寸組態控制，自行繪製 Ø100x50L 圓柱。

A 關閉 Instand 2D、Instand 3D

於草圖和特徵工具列分別關閉：1. Instant 2D、2. Instant 3D，以傳統方式製作組態，重點要出現**修改視窗**。

24-1-1 步驟 1 模型組態標籤，改組態名稱

點選模型組態管理員，預設一定有 1 個組態稱為預設，可以改變名稱但不能刪除。將組態名稱符合目前模型大小，達到目視管理。

組態名稱就像檔案會給有意義的名稱。1. 在預設名稱上按 F2→2. 名稱改為 50X80L→↵，也是符合目前模型大小。

A 名稱限制

組態名稱不能包含：1. 正斜線／、2. @，和 Windows 檔案命名限制相同。

24-1-2 步驟 2 加入模型組態，新增組態名稱

1. 在模型圖示上右鍵加入模型組態，進入模型組態屬性→2. 在模型組態名稱欄位輸入 80x50L→↵，3. 會見到新組態 80x50L，且新組態為啟用狀態。

A 無法加入模型組態

不能在草圖或特徵製作的環境下，模型圖示上右鍵，會見不到**加入模型組態**。

B 查看組態

組態名稱只是更名，模型不會有變化，就像新增資料夾，資料夾內不會有文件。

C 加入導出的模型組態

本節很多人做錯：1. 組態名稱右鍵→2. 加入導出的模型組態→3. 產生階層組態，會讓組態製作變得複雜，下圖右。

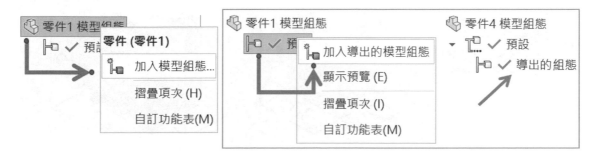

24-1-3 步驟 3 更改模型尺寸，此模型組態

修改 1. 直徑 Ø50→Ø80、2. 長度 100→50，重點在此模型組態。

步驟 1 出現臨時尺寸

快點 2 下模型面，會見到 2 個臨時尺寸。

步驟 2 修改視窗：更改直徑

快點 2 下 Ø50，出現修改視窗。

步驟 3 修改尺寸與此模型組態

1. 輸入 80→2. 在視窗右下展開清單→3. ☑此模型組態→4. ↵，下圖左。

步驟 4 自行完成 100→50

24-1-4 步驟 4 檢查模型組態

在模型組態管理員中來回切換 2 組態，查看模型尺寸是否有跟上。

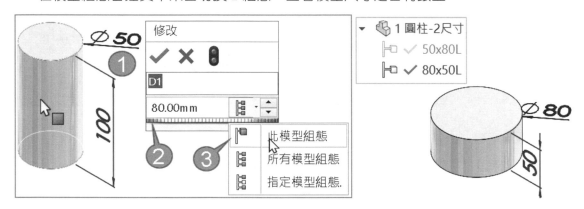

A 練習：方形 3 尺寸組態變化

方形有 3 尺寸分別製作 2 組態：20x30x40、30x40x50。

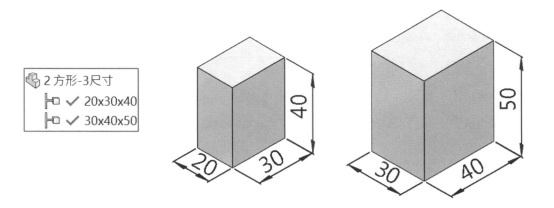

24-1-5 刪除組態

點選不要的組態→刪除。有 3 種狀態無法刪除：1. 目前啟用狀態、2. 草圖環境、3. 特徵過程，刪除過程會出現無法刪除的訊息，換句話說不能自殺下圖左。

A 快速刪除組態

把所有組態選起來→DEL，這時只留下啟用中的組態，下圖右。

24-1-6 複製組態

點選組態 Ctrl+C→Ctrl+V 貼上，常用在拿舊的組態修改，這樣比較快。被複製的組態前面會出現 Copy of+組態名稱，例如：Copy of 20x30x40，下圖左。

24-1-7 組態 3 態

組態清單有 3 種狀態：1. 此模型組態、2. 所有模型組態、3. 指定模型組態，下圖右。

A 此模型組態

製作模型組態的要素，這樣才有組態的特性。

B 所有模型組態（預設）

不受組態管理。

C 指定模型組態

出現組態控制視窗，指定 2 個以上的組態為相同，常用在多組態。

24-2 組態多元控制

組態多元控制並認識常見的組態控制範圍：例如：抑制、顏色、光源…等。

24-2-1 控制參數

這是第 1 本書的內容，只是沒說明要如何製作組態，本節學會這是怎麼完成的，自行完成設變 2 的 ABCD 參數變化。

A 自動記憶此模型組態

指令視窗有記憶性。產生新組態後，修改視窗變更尺寸會發現尺寸為，因為這些尺寸已經設定過，不必再花時間展開組態清單→切換項目（箭頭所示）。

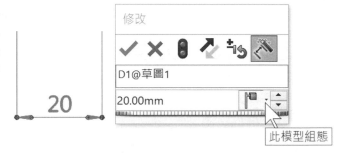

設變 1	體積毫米^3
A=30	37168.43
B=40	
C=60	
D=20	
設變 2	體積毫米^3
A=25	50054.34
B=35	
C=70	
D=20	

24-2-2 抑制/恢復抑制（Suppress/UnSuppress）特徵

抑制=暫時移除特徵。特徵被抑制後，系統當它不存在並從記憶體移除特徵資料，釋放系統資源讓運算效率提高，抑制的特徵可再恢復抑制。

重點在重新計算，不刪特徵又要增加運算效率，如何兩全其美？／就是解決方案，由指令圖示看出：1. 抑制箭頭向下、2. 恢復抑制箭頭向上，進階者會製作快速鍵。

分別完成喇叭 4 大組態：1. 無、2. 上開孔、3. 中開孔、4. 下開孔的特徵開孔，目前組態名稱：0 全=是全部開口狀態。

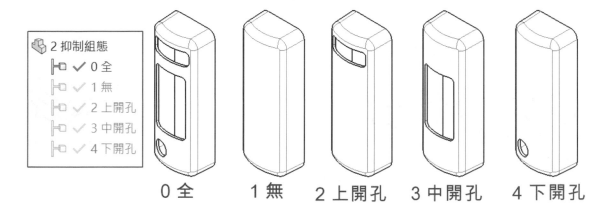

A 無

製作喇叭面板沒有特徵的狀態。

步驟 1 模型組態管理員

新增 1. 無組態。

步驟 2 抑制特徵↓

回到特徵管理員點選 3 個特徵右鍵→↓。

步驟 3 查看模型

可見被抑制的特徵呈現灰階顏色，分別切換：**0. 全**和 **1. 無**的組態，看特徵變化。

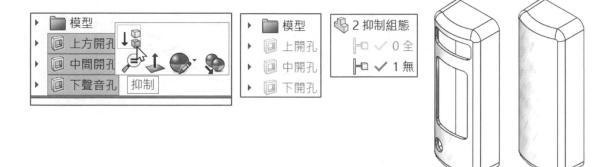

B 上開孔

本節說明恢復抑制↑做法。

步驟 1 模型組態管理員

新增 2. 上開孔組態。

步驟 2 恢復抑制↑

回到特徵管理員，將上開口特徵右鍵→↑。

步驟 3 查看模型，可見上開口特徵

步驟 4 自行完成其他組態

3. 中開孔、4. 下開口組態。

C 組態順序

將組態名稱加數字，組織組態順序：0 全、1. 無、2. 上開孔、3. 中開孔、4. 下開孔，如果順序有亂，自行拖曳順序，下圖右。

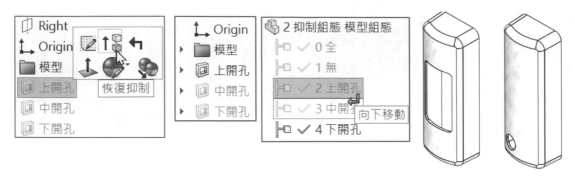

24-2-3 抑制特徵→重做特徵

產生第 2 組態後把特徵抑制，草圖會留在原地，重新製作特徵，這時 2 組態分別記錄特徵內部設定，本節有點靈活呦，適用進階者。

1. 更改預設組態名稱 A，下圖左→2. 新增組態，名稱 B→3. 抑制疊層拉伸特徵→4. 重新製作🍼→5. 來回查看組態，下圖右。

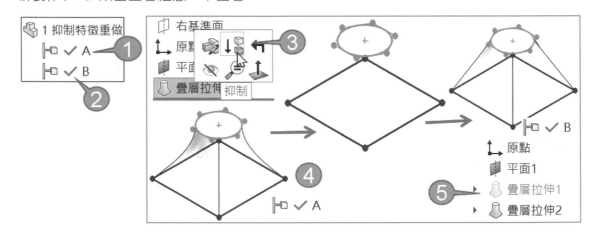

24-2-4 組合件抑制模型

將組合件的市購件抑制，體會抑制作業和零件相同，更能理解組合件至少要 2 組態。

步驟 1 新增 2.無市購件組態

步驟 2 回到特徵管理員將市購件資料夾抑制

步驟 3 切換組態查看模型

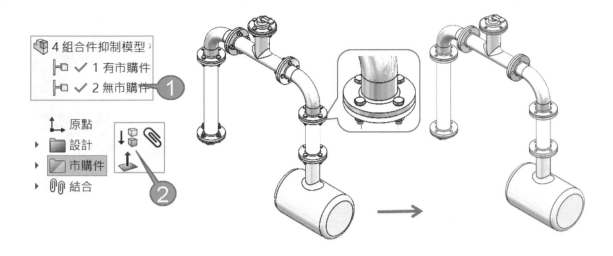

24-2-5 組態連動：零件

製作輪幅數量、輪圈大小、輪圈顏色同步變更。這不是自己畫的模型，要先了解繪圖意念，到特徵管理員看一下模型建構方式，分別製作 3 個組態，組態名稱就是輪幅數量。

3. Spoke	4. Spoke	6. Spoke
A 輪幅數量：3	A 輪幅數量：4	A 輪幅數量：6
B 輪圈直徑：130	B 輪圈直徑：150	B 輪圈直徑：180
C 輪圈顏色：紅	C 輪圈顏色：綠	C 輪圈顏色：藍

A 輪幅數量

分別完成 3、4、6 幅的輪幅數量組態。

步驟 1 新增組態名稱為 3 Spoke

步驟 2 快點 2 下環狀複製排列特徵

這時會出現數量 2 和 360 角度，符合環狀複製排列僅有這 2 參數。

步驟 3 修改數量

快點 2 下數量 2→更改為 3，確認一下是否為**此模型組態**。

步驟 4 完成 4 Spoke、6 Spoke 組態

重複步驟 1～3，自行完成 4 Spoke、6 Spoke 組態（箭頭所示）。

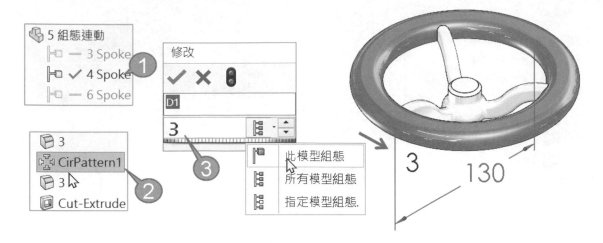

B 輪圈大小

分別完成 3 大組態的輪圈直徑，由特徵管理員得知輪圈直徑由 Spoke 特徵控制。

步驟 1 啟用 3 Spoke 組態

步驟 2 取得輪圈直徑尺寸

快點 2 下 Spoke 特徵，由繪圖區域將 130 改為 150→↵，確認一下是否為**此模型組態**。

步驟 3 完成 4 Spoke、6 Spoke 組態輪圈直徑

重複步驟 1～2，自行完成 4 Spoke 輪圈直徑 150、6 Spoke 輪圈直徑 180（箭頭所示）。

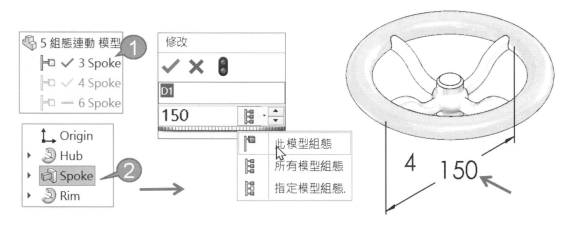

C 輪圈特徵顏色

分別完成 3 大組態的輪圈顏色，模型上色比較沒問題，但更改顏色比較不習慣，重點在☑**此顯示狀態**，本節說明原理，在特徵管理員點選特徵，代表整體。

步驟 1 啟用 Spoke 3 組態

步驟 2 編輯外觀，定義輪圈紅色

1. 點選特徵管理員的 RIM 特徵→2. 文意感應展開編輯外觀→3. 點選 Rim 特徵→4. 進入色彩管理員，點選紅色，下圖右。

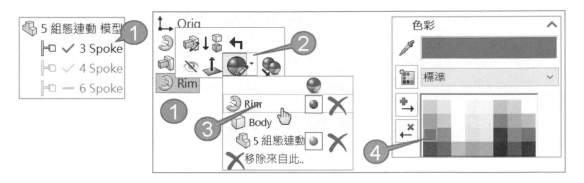

步驟 3 顯示狀態

重點來了，下方的顯示狀態中☑此顯示狀態。

步驟 4 完成 4 Spoke、6 Spoke 組態輪圈顏色

重複步驟 1～3，自行完成 4 Spoke 輪圈綠色、6 Spoke 輪圈藍色。

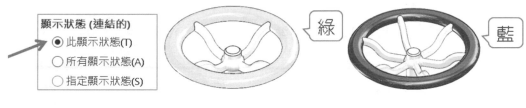

D 組態錯誤的更正

組態製作常發生沒☑此模型組態，造成製作的組態沒變化，只要去認有變動的尺寸是否☑此模型組態。

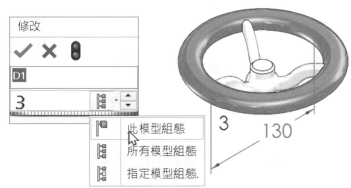

24-2-6 組態連動：組合件控制次組件

分別在 1.支架次組件和 2.車輪架總組件製作 2 組態：1.成品、2.輕量，讓總組件控制次組件的組態，這是大型組件的模型輕量化重要的技術，本節適合進階者。

A 支架次組件組態

次組件製作 2 組態：1.成品、2.輕量，於輕量組態抑制螺絲。

步驟 1 新增組態：2 輕量

步驟 2 點選 2 螺絲→抑制。

步驟 3 切換檢查組態是否滿足變化

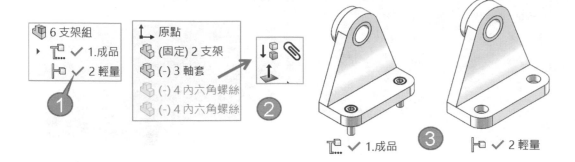

B 車輪架總組件的組態

總組件製作 2 組態：1. 成品、2. 輕量，並控制次組件的組態，初學者一開始不習慣這邏輯層次。

步驟 1 新增組態：2.輕量

步驟 2 控制次組件組態

1. 特徵管理員點選支架組→2. 切換模型組態為 2 輕量→3. ↵。

步驟 3 切換總組件的組態，查看變化

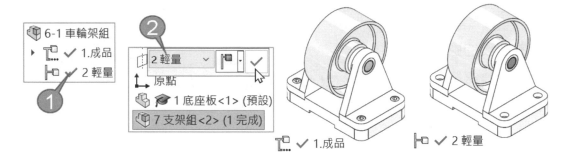

24-2-7 Instant2D、Instant3D 環境下的組態控制

很多人無法完成組態的原因：1. Instant 2D（預設開啟）、2. Instant 3D（預設開啟）、3. 尺寸預設☑**所有模型組態**。

所以一開始要同學關閉、，以及留意☑此**模型組態**，這樣比較好學。進階者不必關閉這些，直接進行組態作業效率更高。

A 體驗 Instant 2D、3D 環境

完成 Ø50X10L 的模型。

步驟 1 預設組態更名為 1

步驟 2 新增組態 2

步驟 3 更改尺寸

快點 2 下模型面，點選 Ø50→Ø10，10→20。

步驟 4 查看模型

切換組態會發現這 2 組態的模型一樣,因為沒改到☑此模型組態。

組態 1	組態 2	組態 1、組態 2
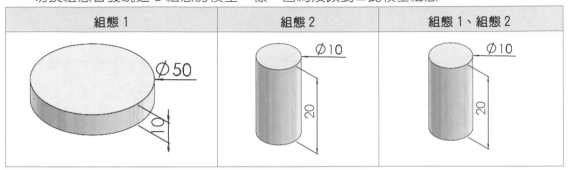		

B 拖曳尺寸

由於 Instant 3D 只要點選 1 下尺寸就能修改尺寸,沒出現修改視窗,就無法控制☑此模型組態了,就要想辦法出現修改視窗,下圖左。

拖曳一下尺寸➔就能快點 2 進入修改視窗,千萬別誤解 Instant 2D、3D 很難用,這算技巧了,下圖右。

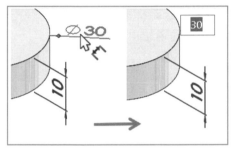

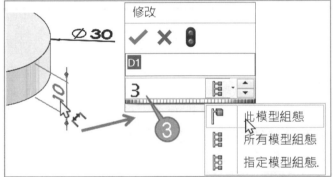

C 屬性管理員之主要值

點選尺寸系統自動到屬性管理員的主要值欄位,能避開認為 Instant 2D、3D 很難用的情境。由上到下輸入 1. 數值➔2. 模型組態(C)➔3.☑此模型組態(T),利用 Alt+快速鍵速度更快呦,下圖右(箭頭所示)。

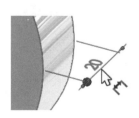

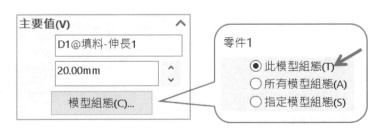

24-2-8 特徵屬性的模型組態

特徵或草圖右鍵→特徵屬性，可控制組態：1. 抑制/恢復抑制、2. 組態 3 態。

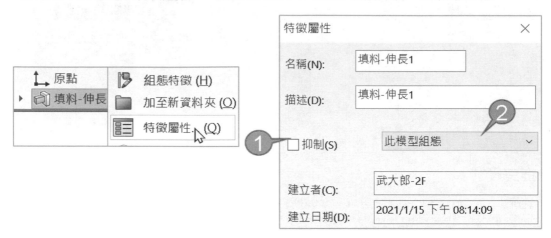

24-2-9 儲存模型組態

將組態另存為單一類型模型，這部分很少人知道，通常另存新檔把不要的組態刪除→存檔，這樣就不必學，但組態太多就要處理很久，這就是 SW 使用程度。

步驟 1 於組態名稱上右鍵→儲存模型組態

步驟 2 組態儲存視窗

勾選要儲存的組態，例如：☑3 SPOKE→儲存所選。目前啟用的組態一定會被儲存，無法關閉呦，例如：6 SPOKE 為啟用狀態。

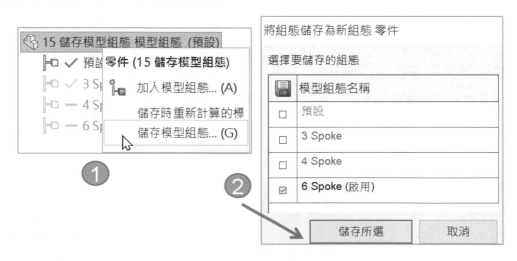

步驟 3 另存新檔

儲存位置及檔名，下圖左。

步驟 4 開啟檔案

會發現模型只有 2 個組態，下圖右。

24-3 組態特徵（configure Feature）

這是另一種模型組態製作方式，屬於進階操作。產生新組態的第一次尺寸設變時，不必刻意留意☑此模型組態，適用進階者，本節以 Ø50X10 圓柱簡單介紹。

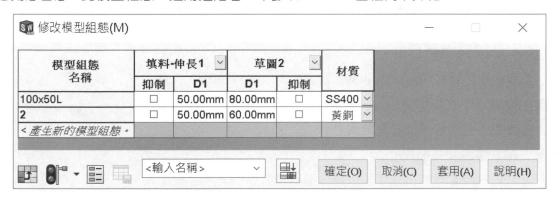

24-3-0 進入組態特徵視窗

1. 在特徵管理員或模型上右鍵→2. 組態特徵，進入修改模型組態視窗。

Ⓐ 視窗組成

視窗重點在中間的表格，分別為：1. 左邊組態名稱、2. 右邊參數欄（重點）。

24-3-1 模型組態名稱

視窗左方顯示組態名稱，可以在組態名稱行按右鍵，清單顯示 4 種組態控制。

A 重新命名模型組態

重新命名組態名稱，無法用 F2。

B 刪除模型組態

刪除所選列的組態。

C 加入導出的模型組態

為所選的組態產生子組態。

D 轉換至模型組態

啟用所選的模型組態，以粗體顯示。

24-3-2 參數欄

於模型或特徵管理員快點 2 下將：1. 尺寸、2. 特徵、3. 材質加入欄位，本節是重點。

A 加入草圖與特徵尺寸

加入過程超級簡單，快點 2 下就好了。

步驟 1 快點 2 下在模型面

這時會出現伸長草圖和特徵尺寸。

步驟 2 加入草圖和特徵尺寸

快點 2 下草圖和特徵尺寸，可見草圖和特徵欄位與尺寸被加入。

步驟 3 修改參數

修改尺寸後→套用，不必關閉視窗，可以即時看到變化。

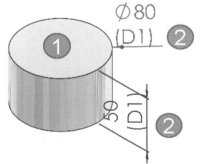
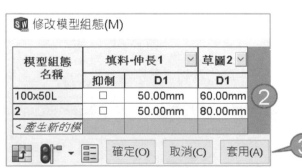

B 加入草圖與特徵，進行抑制

對草圖或特徵進行抑制管理。

步驟 1 加入草圖

於特徵管理員快點 2 下草圖，草圖欄位旁出現抑制。

步驟 2 加入特徵

快點 2 下伸長特徵模型面，特徵欄位旁出現抑制。

模型組態 名稱	填料-伸長1		草圖2	
	D1	抑制	D1	抑制
100x50L	50.00mm	☐	100.00mm	☐
< 產生新的模型組態。>				

C 組態材料

將材質加入欄位，將材質納入管理，例如：白鐵 SUS316 與碳鋼 S45C。

步驟 1 加入組態材料

特徵管理員快點 2 下材質，可見材質欄位被加入。

步驟 2 切換材質→套用

模型組態 名稱	填料-伸長1		草圖2	材質
	抑制	D1	D1	
100x50L	☐	50.00mm	60.00mm	SS400
2	☐	50.00mm	80.00mm	S45C SUS304 SS400 瀏覽更多.
< 產生新的模				

D 產生新的模型組態

點選<產生新的模型組態>，輸入組態名稱，之後可輸入第 2 組態參數（箭頭所示）。

模型組態 名稱	填料-伸長1		草圖2		材質
	抑制	D1	D1	抑制	
100x50L	☐	50.00mm	80.00mm	☐	SS400
2	☐	50.00mm	80.00mm	☐	黃銅
< 產生新的模型組態。>					

E 參數欄其他功能

於尺寸代號上右鍵，支援 1. 刪除（DEL 就好）、2. 重新命名（尺寸代號，F2 或快點 2 下也可以（箭頭所示）、3. 未組態（套用使用中組態值到所有的組態並刪除欄）。

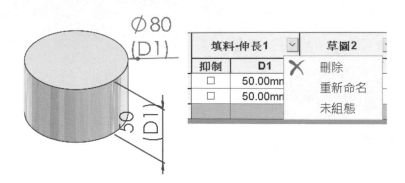

24-3-3 儲存表格視圖📇

將視窗內容儲存起來並由模型組態管理員管理。

步驟 1 輸入名稱 1

步驟 2 按下儲存表格視圖

步驟 3 確定

步驟 4 於模型組態管理員會出現表格資料夾

步驟 5 顯示表格

快點 2 下表格圖示，回到修改模型組態視窗。

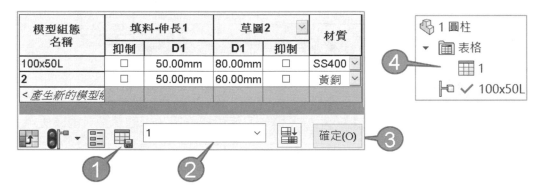

24-4 樹狀結構排序

可以進行組態的系統排序，早期組態的排序以最新的排列在最上頭，只能靠字母（數值）排序➔後來支援拖曳➔最後有了樹狀結構排列功能。

在模型圖示上右鍵設定 4 種組態的排列順序，下圖 A。

24-4-1 數值

依數字➔字母由小到大排序，例如：1、2、3，A、B、C…等，下圖 B。

24-4-2 實際順序

位數不同會以開頭順序排列，例如：1、10、12、2，下圖 C。

24-4-3 手動（拖放）

手動拖曳排列順序，拖曳過程顯示要移動至哪個組態。這部分直接拖曳即可，不必使用指令，下圖 D。

24-4-4 根據歷程

依產生組態時間排序，最新產生的組態會在清單頂端，實務上不見得最新的排最上方，新增的組態很多來自補資料。

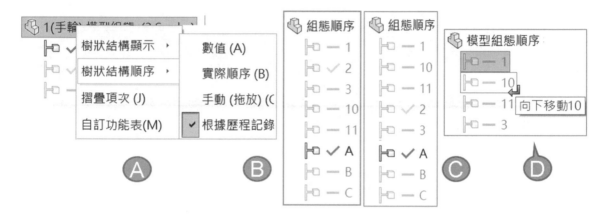

筆記頁

25

數學關係式

數學關係式（Equation，簡稱關係式）Σ，SW 以大寫希臘字母 Σ（Sigma）表示，在數學上是種求和符號，本章適合進階者，數學關係式做得好，模組化速度才會快。

Σ常用在尺寸運算，減少人工計算錯誤風險，更能減少尺寸設變數量，例如：原本要改 10 個尺寸→只要改 2 個尺寸，近年盛行設計模組化，Σ扮演模組化前哨站。

A 寫公式

數學關係式感覺要寫公式，沒錯！先學會公式寫法，就像國中數學 X+Y=1 這麼簡單。

B 常見的關係式

常以四則運算減乘除（＋－＊÷），函數以 IF 和三角函數為主。

C 前置作業

模組化不能花很長的時間，否則造成客戶或上司失去耐心或沒信心，不再給時間模組化，只要聽到模組化情緒都不好，印象也很差，這情境與導入 3D 作業是一樣的。模組化可以不必花很長的時間，主要就是沒有執行前置作業。

D 新版數學關係式

如果Σ使用程度很高且很深，建議用新版本運算核心，新版解析能力比舊版好太多，實務上花很多時間進行製作和運算。

25-0 指令位置與介面

介紹數學關係式指令位置與視窗內容。

25-0-1 顯示關係式與註記資料夾

於特徵管理員**顯示**這 2 個資料夾，直覺控制它們。

步驟 1 選項

1. 特徵管理員空白處右鍵→2. 隱藏/顯示樹狀結構項次。

步驟 2 顯示

分別將 1. 數學關係式與 2. 註記資料夾，切換為**顯示**（箭頭所示）。

25-0-2 執行數學關係式

有 3 個位置執行數學關係式：1. 數學關係式資料夾右鍵→管理數學關係式（A）、2. 工具→數學關係式、3. 在有∑尺寸上右鍵→編輯數學關係式（F）。

A 快速鍵與右鍵進入數學關係式

建議 1. 設定快速鍵、2. 數學關係式資料夾右鍵 A、3. 在有∑尺寸上右鍵 F。

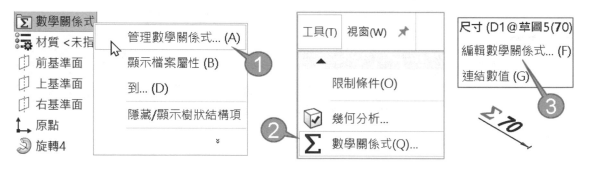

25-0-3 數學關係式視窗組成

專屬視窗統一管理關係式，關係式分 4 大項：1. 上方 4 個關係式圖示、與過濾器、2. 中間儲存格、3. 下方功能設定、4. 右方輸入/輸出和視窗設定。

A 儲存格空間調整

理論上拖曳上方欄位格線調整大小，完整目視所得資訊，但發現不容易調整，必須先拖曳右方備註欄把空間拉大，才可往左邊調整欄寬。

名稱	值 / 數學關	估計至
─ 數學關係		
"M@草圖	= "L@草圖4'	30mm
"H@草圖	= "M@草圖4'	30mm
"D@草圖	= "M@草圖4'	45mm

名稱	值 / 數學關係式	估計至
─ 數學關係式		
"D@草圖4"	= "M@草圖4" * 1.5	45mm
"H@草圖4"	= "M@草圖4"	30mm
"M@草圖4"	= "L@草圖4"	30mm

25-0-4 前置作業：顯示/隱藏尺寸與註記

模型完成後自行修改尺寸驗證特徵是否錯誤，再進行關係式。尺寸顯示在螢幕上，直覺查看尺寸變化，製作關係式之前先完成以下作業：

A 顯示註記、特徵尺寸

所有尺寸顯示出來，方便查看尺寸變化：1. **註記**資料夾右鍵→2. 顯示註記和特徵尺寸（C），推薦**註記**資料夾右鍵 B、C，更有效率，下圖左。

B 檢視最上層註記

如果沒顯示草圖尺寸，1. **立即**檢視工具列→2. 檢視最上層註記。曾發生模型沒顯示任何東西，但就是不會動（無法移動或旋轉模型），後來把本節關閉獲得解決。

C 顯示尺寸名稱、顯示草圖尺寸、顯示草圖、限制條件

每個尺寸都有獨立編號，1. 檢視→2. **檢視尺寸名稱**，會見到方形尺寸下方（D1）、（D2），下圖右。除此之外還有一些顯示/隱藏作業，都可在檢視中自行調配。

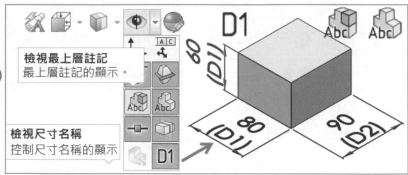

D 調整尺寸位置

把尺寸放好方便尺寸查看，類似工程圖作業，下圖右。

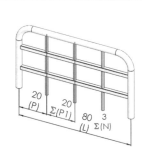

E 快速鍵

1. 數學關係式Σ、2. 檔案屬性（自訂屬性）▤。

F 隱藏尺寸（口訣：右鍵 Q）

尺寸上右鍵→隱藏（Q），把用不到或不重要尺寸隱藏，簡化模型顯示，整體看起來不會太亂，例如：導角距離及角度、旋轉特徵的 360 度。隱藏（Q）有時候會成為隱藏（R），因為和右鍵清單的排序有關，這部分自行判斷。

G 顯示被隱藏的尺寸

常遇到快點 2 下模型不會出現隱藏尺寸造成困擾，也無法點選它顯示回來。目前還沒有針對整個模型顯示/隱藏尺寸，只能在特徵上右鍵→顯示所有尺寸。

步驟 1 特徵上右鍵

在被隱藏的尺寸所屬特徵上右鍵。

步驟 2 顯示所有尺寸

把尺寸全部顯示，到時要重新把要隱藏的尺寸隱藏，下圖右。

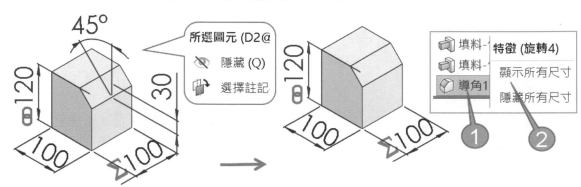

H 簡化特徵和尺寸作業

尺寸就是數學關係式,關係式越多運算越久。本節舉草圖導角雖然草圖複雜,但可以讓特徵減少。導角尺寸與標註過於繁雜,本節說明導角 C5 簡化作業。

步驟 1 尺寸簡化

刪除導角尺寸,重新標註右下角 1 個水平 5,習慣上水平尺寸比較好看。

步驟 2 建立右下角導角圖元關聯性

加入水平與垂直建構線→等長等徑=,因為 C5 投影是相等的。

步驟 3 導角圖元等長等徑

將 4 斜線→=,如果還不足定義就練習自行解決。

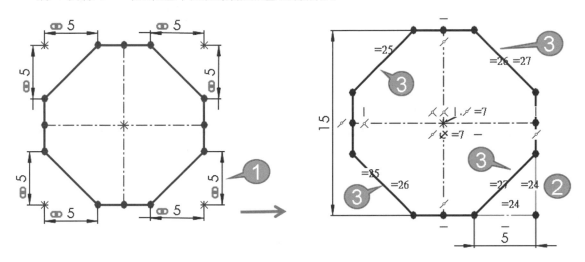

25-0-5 尺寸名稱

先前說過數學關係式最常用尺寸控制,尺寸擁有唯一性,有專屬的尺寸名稱,預設為流水號可自行更改。

A 尺寸名稱不能重複

預設尺寸名稱為流水號 D1、D2...以此類推。同 1 草圖或同 1 特徵尺寸名稱不能重複、@或空白,例如:草圖 1 尺寸 6(D1)、尺寸 7(D2)不能有 2 個 D1,系統會出現提醒訊息,避免這情形發生,下圖左。

B 草圖與特徵尺寸名稱

尺寸分為:A. 草圖尺寸(黑色)、B. 特徵尺寸(藍色)並以顏色區分。是否會覺得草圖有 D1、特徵也有 D1,因為這是 2 種不同類型,但建議還是要分開,下圖左。

C 尺寸名稱歸屬：@為基準

W@草圖 2，@為基準：1. @左邊=尺寸名稱、2. @右邊=尺寸所在地，下圖右。模組化過程會先設定左邊比較簡單，右邊等驗證模組差不多的時候再修改。右邊在過程中容易修改，以及剛開始不要做太好，心情會很沉重。

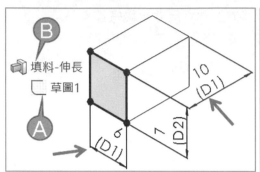 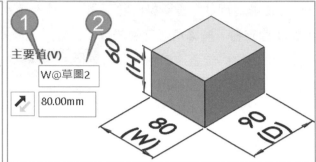

D 常用的尺寸名稱（代號）

尺寸名稱通常會有意義，常用單一字母大寫比較好識別，除非有必要才會 2 個→多個字母，例如：直徑和孔可以分開 Dim/Hole。尺寸名稱又稱代號，常用在型錄上的標示。

1. 寬 W（Width）	2. 高 H（Hight）	3. 深 D（Deepth）	4. 長 L（length）
5. 厚度 T（Thiness）	6. 角度 A（Angel）	7. 半徑 R（Radius）	8. 直徑 D（Diameter）
9. 大孔 D/小孔 d	10. 導角 C（Chamfer）	11. 螺絲規格/模數 M	12. 數量 N（Number）
13. 節距 P（Pitch）			

E 修改尺寸名稱

預設尺寸名稱為流水號 D1、D2，有幾種修改尺寸名稱的地方，依序為原理：1. 主要值、2. 修改視窗、3. 數學關係式視窗。

步驟 1 主要值中修改尺寸名稱

1. 點選尺寸→2. 到左邊的**主要值**修改@前名稱，更改為 W。

步驟 2 自行完成

Y 軸高 D2=H、Z 軸深 D1=D，口訣：WHD，下圖右。

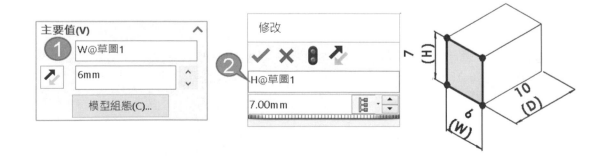

25-0-6 名稱命名限制

名稱命名 2 大原則：1. 不能重複、2. 避免運算符。

A 不能重複

無論大小寫都不能重複，例如：由 D 改為 d 會出現訊息，下圖左。可以用騙的 D+空格（其實看不太出來），或 D-1、D`。

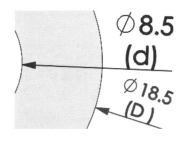

> SOLIDWORKS
>
> ⚠ 名稱已經存在，或是為無效的。名稱不可空白或是含有以下的字元（'@'）。

B 運算符

運算符是一種特定的數學或邏輯操作符號，常見：加+、減-、乘*、除/，會與數學關係式關連，例如：模型組態名稱、特徵名稱不能有=，否則關係式會認定 2 個=，無法製作關係式或造成關係式的困擾。

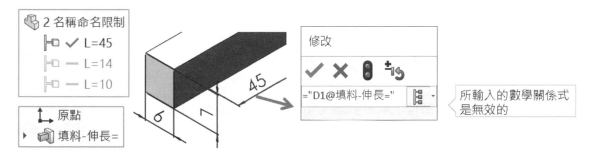

25-0-7 提高運算的方法

數學關係式主要控制尺寸且為循環運算，會消耗系統效能，關係式越多電腦越慢。什麼時代了還這麼慢毫無效率，我們卻莫可奈何。換個角度思考，因為物資缺乏才會想辦法了解原理與邏輯，很多解決方案就是靠這些。

A 不用關係式就不用關係式，關係式越多電腦越慢

想辦法達到不用關係式，依序手法：1. 草圖完成，減少特徵或減少尺寸➔2. 草圖限制條件➔3. 特徵成形參考（成形至某一面）➔4. 鏡射或複製排列。

25-0-8 顯示關係式的循環參考

製作關係式過程即時得知錯誤訊息，或 DEMO 過程臨時知道錯誤但不讓別人看出來。

SW 錯誤為何		
類型	特徵	描述
✗ 錯誤	Σ 數學關係式	此下的數學關係式無法得出其解，因為有刪除或無效的尺寸: 數學方程式 29: "L2 黑A管長" 數學方程式 31: "T12 扁鐵厚" 數學方程式 32: "W12 扁鐵寬"

A 選項設定

1. 選項→2. 訊息/錯誤/警告→3. 顯示數學關係式的循環參考，所有位置→4. 可見特徵管理員的數學關係式資料夾出現錯誤。

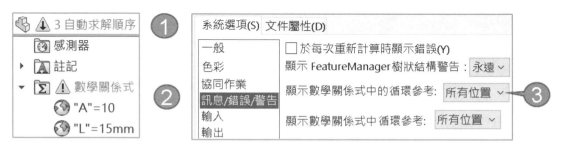

25-1 連結數值（Link Value）

連結數值又稱**共用數值**，能將多個尺寸互連結同一變數，修改任一尺寸，所有尺寸自動變更，有較好的運算速度。連結數值算歷史產物，早期關係式不發達時代，要降低運算負荷又不要製作關係式，例如：有 10 個尺寸都要改為 3.2，連結數值是最佳的解決方案。

A 沒指令圖示

很可惜**連結數值**沒 ICON 和快速鍵可以設定，目前只能尺寸上右鍵→連結數值。

B 數學關係式的前哨站

學數學關係式之前先學**連結數值**比較容易建立信心，連結數值就是等式=，製作或變化尺寸沒順序之分，例如：製作 A=B 或 B=A，更改 A 或更改 B 皆可。

C 數學關係式取代連結數值？

數學關係式雖然可取代連結數值，不過關係式越多，系統運算會更久。連結數值可以協關係式同步進行等式運算，並降低運算負荷。

D 連結數值的變數名稱

變數名稱通常會有意義，常用寬 W、高 H、深 D、長 L。

E 自動連結尺寸名稱

連結數值會自動連結尺寸名稱，例如：第 1 尺寸 L，第 2 尺寸 D 連結第 1 尺寸，連結後第 2 尺寸會自動為 L。

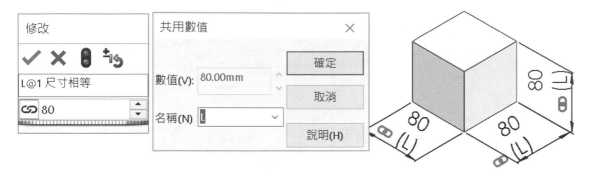

25-1-1 先睹為快

本節將 3 個不同尺寸連結成相同尺寸。

步驟 1 連結數值（F）

1. 尺寸上右鍵連結數值（F）→2. **共用數值**視窗，口訣：尺寸右鍵 F。

步驟 2 共用數值視窗，建立變數名稱

於名稱項目輸入變數名稱 L→確定，可見尺寸前（左方）加入紅色鏈條圖示🔗，尺寸名稱也會自動變更 D1→L。

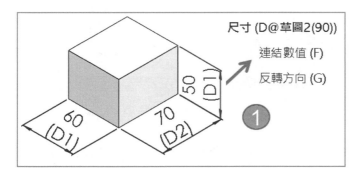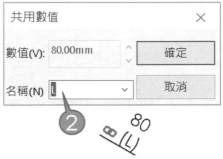

步驟 3 加入第 2 和第 3 連結值

重複步驟 1~2，於**共用數值視窗**清單選擇變數 L→↵，會見到尺寸連結了。

步驟 4 修改尺寸

只要改 1 個尺寸，其他尺寸跟著變一樣。

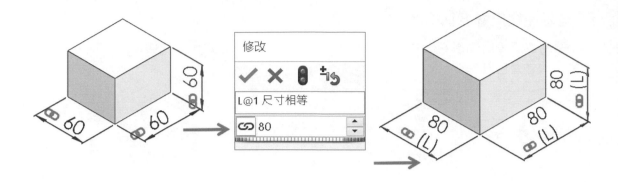

25-1-2 切換連結的變數/值顯示

快點 2 下尺寸進入修改視窗，點選**切換連結的變數/值**⊘，看出該尺寸的變數名稱，例如：L，常用在不知道這數值連結哪個變數名稱，下圖左。

25-1-3 解除連結數值

尺寸不與變數連結，千萬不要刪掉尺寸重新標註：1. 尺寸右鍵**解除連結數值**→2. 尺寸旁的鎖鏈消失，下圖右。

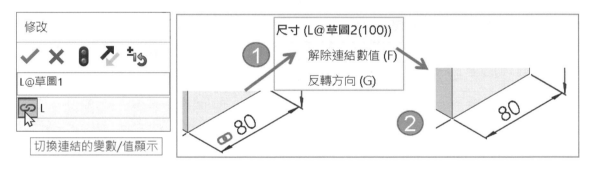

25-1-4 連結數值製作順序

主要數值先建立名稱，再建立連結數值，避免發生名稱重複的訊息，例如：80 建立連結數值，讓 60 套用。

步驟 1 將 D1 名稱更改為 W

步驟 2 80 尺寸建立連結數值

1. 80 尺寸右鍵連結數值→2. 輸入 W→3. ↵。

步驟 3 60 尺寸套用連結數值

1. 60 尺寸上右鍵→2. 連結數值→3. 切換 W→4. ↵→5. 重新計算（Ctrl+B）。

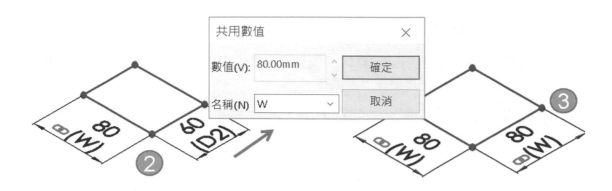

25-1-5 刪除連結數值名稱

連結數值在數學關係式視窗的上方,整體變數中。共用數值視窗中要清除過多的名稱,必須進入**數學關係式**視窗,點選變數標頭→Del。

無法刪除正在使用的連結數值,會顯示**無法刪除參數**名稱訊息,下圖右。

25-1-6 隱藏尺寸

通常連結數值後,只要顯示 1 個尺寸即可,將其他尺寸隱藏讓螢幕整潔,在複雜模型更有效果。

25-1-7 草圖:限制條件

草圖尺寸比特徵還多,利用草圖限制條件來降低尺寸數量,課堂常說你們看的限制條件和我們看的限制條件不一樣,看完本節同學就能體會了。

等長等徑=是最常見的手段,矩形草圖 2 個 80 相同尺寸,就用限制條件為 1 個尺寸即可,就不要給數學關係式的等式=,下圖左。

A 限制條件取代連結數值?

限制條件只能進行有限度的連結:例如:草圖圖元的等長等徑,無法控制到特徵尺寸。

25-1-8 草圖：偏移圖元 ⊏

如果尺寸要相等，還可用進階方式 ⊏，例如：外框+內玻璃，就不必標 4 個尺寸，到時只要改 1 個尺寸就好，效率會更高，下圖右。

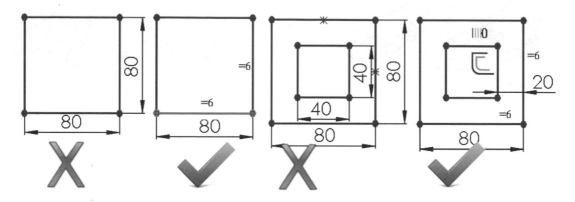

25-2 數學關係式：等式

等式=，如同**連結數值**也是最好製作的數學關係式，只是操作不同。這些作業都是以前用過的，例如：1. 修正視窗、2. 特徵輸入尺寸的過程，只是：1. 加上數學關係式、2. 面對數學關係式視窗。

25-2-1 基本觀念

=為基準，右邊回傳到左邊，所有程式都是這樣的觀念。

A 口訣唸法

A=B，B 值回傳到 A，由右往左念，B 等於 A，A=被動，B=主動（驅動）。這與等式唸法相反，例如：X=Y，X 等於 Y。

B 作法

1. 點選 A 尺寸→2. 輸入=→3. 點選 B 尺寸，先選的加入數學關係式∑，屬於從動尺寸。

C 無法修改尺寸

∑尺寸被關係式控制，屬於回傳值不能修改它，快點 2 下尺寸沒反應，且值=灰階。

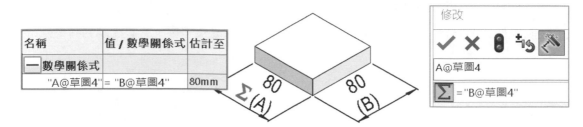

25-2-2 修改視窗製作

希望 80 與 60 尺寸相同，並說明利用修改視窗刪除關係式，這部分很少書籍有說。

步驟 1 進入修正視窗

點選 2 下 80，進入修正視窗。

步驟 2 製作等式

數字欄位輸入=。

步驟 3 連結尺寸

點選 60 尺寸，這時會見到="D@草圖 1"，下圖右。

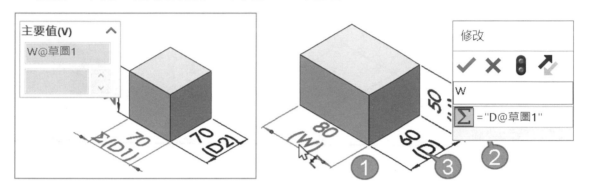

步驟 4 ↵，查看變化

可見 80 完成等式，有 2 個變化：1. 尺寸旁出現 Σ、2. 80→60。

步驟 5 Ctrl+Q 重新計算

這時模型才會變化 60 的大小，下圖左。

步驟 6 驗證尺寸變化

點選沒有 Σ 符號的 60 進行變更，其他尺寸會同步變化（箭頭所示）。

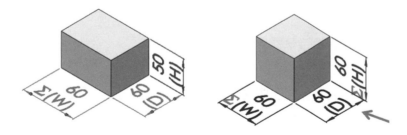

A 切換數學關係式/值顯示

於修正視窗，按下 Σ 關閉關係式，顯示目前值，但是值灰階無法更改，下圖左。

B 刪除數學關係式

1. 刪除修正視窗的值→2. 輸入尺寸→3. ↵，下圖右。

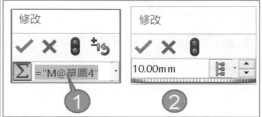

25-2-3 特徵過程製作關係式

1. 於特徵過程在數字欄位輸入=→2. 點選草圖尺寸 80→3. ↵，可見加入關係式。

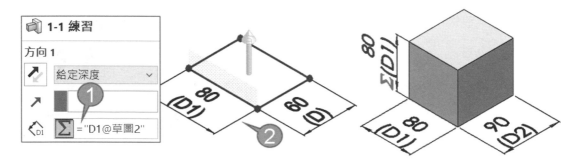

25-2-4 數學關係式視窗製作

由視窗進行等式 60=70，體會先選的加入 Σ，屬於從動尺寸，不能被直接更改。

步驟 1 名稱

點左下方數學關係式儲存格。

步驟 2 加入尺寸

點選 60 尺寸，可見"D1@草圖 5"被加入。

步驟 3 值/數學關係式

點選 70 尺寸，可見="D2@草圖 5"被加入。

步驟 4 估計至

視窗畫面隨便點一下，會見到估計值 70。

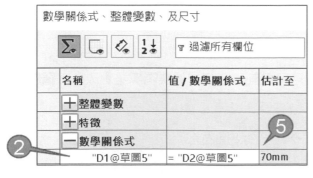
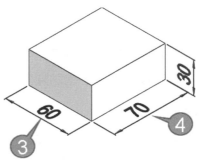

步驟 5 查看結果

按確定結束視窗，可見 60 產生關係式 Σ 並成為 70，下圖左（箭頭所示）。更改右邊 70→50，可見左邊尺寸變更。

步驟 6 自行完成 70=30

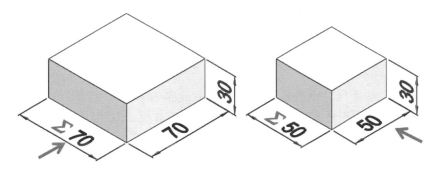

25-3 數學關係式：算式

以螺絲尺寸自動化說明 4 則運算（+-*/），只需專注螺絲：1. 直徑 M、2. 長度 L。本節會了數學關係式就會了，其他就屬細節。

A 四則運算 VS 代數

系統認知的四則運算 **"先乘除後加減"** 和你想像的不同，將想要的運算順序加括號（），要在括號前面加 **運算符**，例如：6/2*(2+1)，否則手機和 SW 計算=9，計算機=1。

手機和計算機結果不同，是因為手機為 **四則運算**，計算機為 **代數**，要避免這情形發生就多加括號。

四則運算（手機）	代數（計算機）	SolidWorks，四則運算
6/2(2+1)=3(2+1)=3(3)=9	6/2(2+1)=6/2(3)=6/6=1	6/2*(2+1)=9
6/(2*(2+1))=1	6/(2*(2+1))=1	6/(2*(2+1))=1

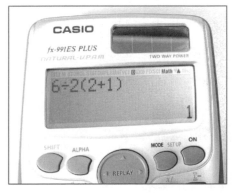

25-3-1 變數名稱與公式

本節說明變數名稱定義與公式寫法。

A 變數名稱

螺絲有 4 個尺寸並定義變數名稱（代號），名稱統一大寫比較好識別，這些代號都是業界習慣的，例如：長度 L、高度 H、直徑 D。

B 公式

利用 2 公式將原本 4 尺寸➔只要 2 尺寸就能完成螺絲變更。這 2 公式更符合業界對螺絲規格稱呼，大小在前面、長度在後面，例如：買螺絲會說：六角螺絲 8X25 或 M8X25 長，不會講到頭直徑和頭高。

C 公式運用邏輯

1. M、L 是螺絲重點也是變數，2. 不被數學關係式控制、3. M 在等號右邊。

螺絲規格	變數名稱	公式	圖形
M6x8L	1. 螺絲大小：M	公式 1	
M8x10L	2. 螺絲長：L	H=M	
M10x15L	3. 頭高：H	公式 2	
M12x20L	4. 頭直徑：D	D=1.5M	

25-3-2 前置作業：顯示特徵尺寸與修改尺寸名稱

自行完成 1. 旋轉特徵 360 度尺寸隱藏、2. 修改 4 個尺寸名稱：M、L、H、D。

步驟 1 在 360 尺寸上右鍵➔隱藏

步驟 2 點選尺寸➔在特徵管理員改名稱

25-3-3 製作數學關係式

完成公式 1：H=M、公式 2：D=1.5M。

A 公式 1：H=M

進行螺紋直徑 M 與頭高 H 的數學關係式。

步驟 1 修改視窗

點選 H 尺寸，進入修改視窗，輸入=。

步驟 2 連結關係式

點選 M 尺寸➔↵，可見 H 尺寸有 Σ。

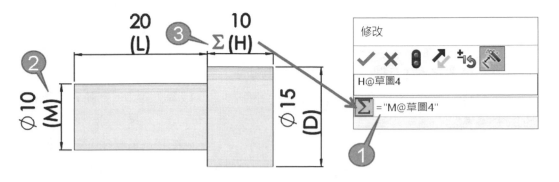

B 公式 2：D=1.5M

進行螺紋直徑 M 與頭直徑 D 數學關係式。

步驟 1 修改視窗

點選 D 尺寸，進入修改視窗，輸入=。

步驟 2 建立公式

點選 M 尺寸→輸入*1.5。

步驟 3 查看

確定後，可見 D 尺寸有 Σ。

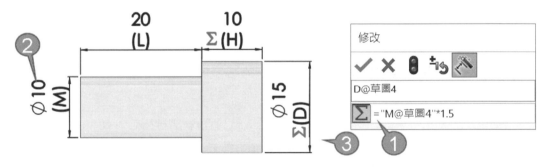

25-3-4 驗證關係式

M10X20L→M8X15L，看模型有沒有跟上。

A 製作模型組態

自行完成 1.M8X15L 組態→2.M10X20L 組態。

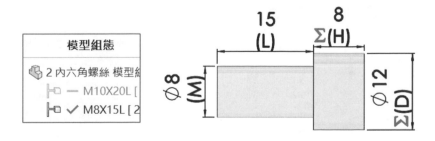

25-3-5 草圖：偏移圖元⊏

本節說明提升運算效率手段，將原本要輸入 3 個尺寸的墊圈，優化為 2 個尺寸。思考核心：尺寸不重要就不建立關係式，利用⊏控制即可。

墊圈規格在小孔 d，外徑 D 不重要，⊏將小孔偏移 1.5 成為外徑 D，到時只要輸入小孔 d 即可，下圖左。

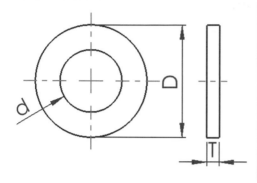

規格	內徑 d	標準	偏移代替⊏	
		外徑 D	偏移 5	厚度 T
M5	5.5	10	d+5=10.5	1
M6	6.5	12.5	d+5=11.5	1.5
M8	8.5	15.5	d+5=13.5	1.5
M10	10.5	17	d+5=15.5	2
M12	12.5	20	d+5=17.5	2

25-3-6 特徵：成形參考

利用特徵成形條件來減少關係式，好比說伸長⚫的成形類型：1. 成形至某一面、2. 至某面平移處、3. 成形至頂點，下圖中。

25-3-7 特徵：運算

複製排列過程可以指定成形面，例如：螺牙的複製排列就不必指定數量，到時螺紋長度變更，螺牙一定滿牙狀態，下圖右。

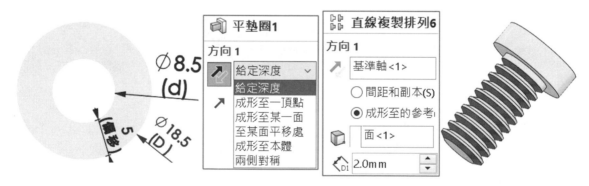

25-3-8 練習：線性滑軌的鑽孔

孔距 P 不變情況下進行：1. 長度 L 變更，2. 複製排列孔數量 N 會自動變更。

數學關係式	長度 L	孔數量 N	孔距 P
N=L/F	100	2	60
	150	3	60
	250	4	60

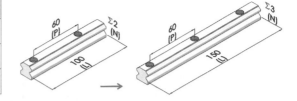

25-3-9 練習：欄杆中間的數量

L=長度、P=間距、N=數量。1. 希望 L 變更→2. 欄杆數 N 跟著變，3. 孔距 P 不變。

數學關係式	長度 L	孔數量 N	孔距 P
P=P1	60	2	20
N=(L/P)-1	80	3	20
	120	5	20

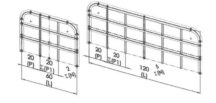

A 說明 P、P1

P=欄框與第 1 欄桿的距離、P1=欄桿複製排列的間距，P 和 P1 一定會有的。

B 說明 N 數量

數量=複製的總數量，由於已完成一節欄桿 P1，所以複製排列的數值要-1，否則會多一節。

例如：L100/P20=5，實際上只要 4 個複製數量，並且複製排列=總數量，每次說到這邊同學都會想一下。

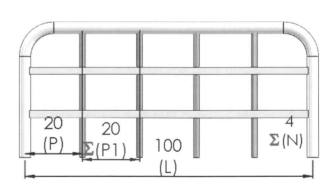

25-3-10 模組優化

說明關係式和樹狀結構的優化，這是模組化重要議題。

A 關係式優化

利用草圖限制條件減少尺寸，尺寸越多電腦越慢。例如：有 2 個尺寸 15 且為相等，1. 將上方 15 刪除→2. 繪製 2 條線→等長等徑，下圖左。

B 樹狀結構的優化

將特徵名稱目視管理，甚至可以用資料夾群組。

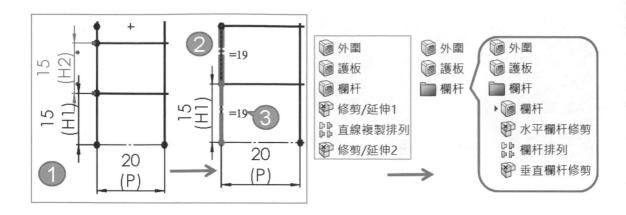

25-4 數學關係式視窗項目

說明數學關係式視窗組成，到後面版本數學關係式給法支援度更高。

25-4-1 數學關係式視圖工具列

工具列在視窗上方，提供多個查看關係式的方式。

A 數學關係式視圖Σ（預設）

僅顯示有關係式的尺寸，含 3 種形式：1. 整體變數、2. 特徵、3. 數學關係式，下圖左。

B 草圖數學關係式視圖

僅顯示**草圖**設定的**整體變數**及**關係式**，換句話說，不會呈現特徵關係式，下圖右。

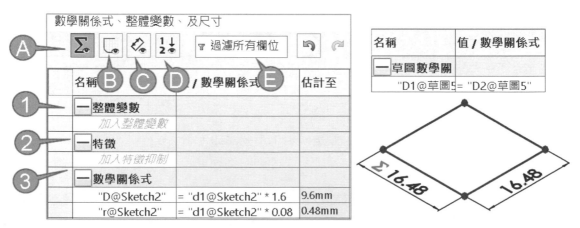

C 尺寸視圖✎

顯示所有的草圖及特徵尺寸,常用在比對、判斷或檢查。

草圖尺寸在尺寸名稱前顯示Σ+草圖符號✎與特徵作為區分(箭頭所示)。

顯示 3 種形式:1. 整體變數、2. 特徵、3. 尺寸。

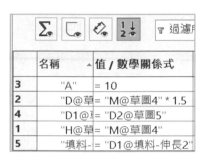

名稱	值 / 數學關係式	估計至
①─整體變數		
"A"	= 10	10
⛓ L	= 15.00	15.00mm
②─特徵		
"填料-伸長2	= "D1@填料-伸長2"	10.00mm
③─尺寸		
H@草圖4	= "M@草圖4"	8.00mm
M@草圖4	8.00mm	8.00mm
✎ D1@草圖5	= "D2@草圖5"	16.48mm

D 排序的視圖¹²↓

由上到下依序顯示**整體變數、數學關係式**,常用來查看關係式計算順序,這部分和效能有關,適用進階者。系統計算以左邊標號為基準,點選左上方空白欄(箭頭所示),針對所選欄排序,目前左標題數字亂掉並不影響系統計算順序。

	名稱	值 / 數學關係式	估計至
1	"H@草圖4"	= "M@草圖4"	8mm
2	"D@草圖4"	= "M@草圖4" * 1.5	12mm
3	"A"	= 10	10
4	"D1@草圖5"	= "D2@草圖5"	16.48mm
5	"填料-伸長2"	= "D1@填料-伸長2"	10mm

	名稱	值 / 數學關係式
3	"A"	= 10
2	"D@草	= "M@草圖4" * 1.5
4	"D1@草	= "D2@草圖5"
1	"H@草	= "M@草圖4"
5	"填料-	= "D1@填料-伸長2"

E 過濾器

輸入關鍵字搜尋要找的資訊並亮顯出來,適合複雜關係式,下圖左。

F 復原/取消復原

復原或取消復原關係式的變更,這部分還蠻不錯的。

G 重新命名尺寸名稱

在**尺寸視圖**✎中,直接進行更名作業,會傳遞到模型,適合大量也不必關閉視窗回到模型更名,讓更名作業更有效率下圖右。

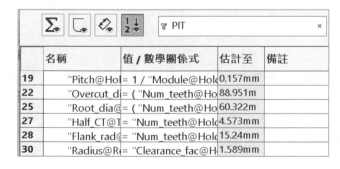

	名稱	值 / 數學關係式	估計至	備註
19	"Pitch@Hol	= 1 / "Module@Hol	0.157mm	
22	"Overcut_di	= ("Num_teeth@Ho	88.951m	
25	"Root_dia@	= ("Num_teeth@Ho	60.322m	
27	"Half_CT@T	= "Num_teeth@Hold	4.573mm	
28	"Flank_rad@	= "Num_teeth@Hold	15.24mm	
30	"Radius@R	= "Clearance_fac@H	1.589mm	

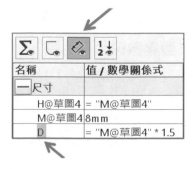

名稱	值 / 數學關係式
─尺寸	
H@草圖4	= "M@草圖4"
M@草圖4	8mm
D	= "M@草圖4" * 1.5

25-4-2 儲存格功能：橫向

位於視窗中間橫向排列類似 Excel 儲存格，它們為主要畫面。顯示模型的尺寸及特徵設定的**整體變數**、**數學關係式**並支援新增、編輯、刪除、抑制...等功能。

本節以橫向 4 大類別說明：1. 名稱、2. 值/數學關係式、3. 估計至、4. 備註。

A 名稱

顯示**整體變數**、**特徵**，數學關係式名稱。

B 值/數學關係式

可以直接輸入**數值**及**計算式**或**變數代號**，系統在左邊自動加入=，早期要自行加入=。

C 估計至（應該為估計值）

顯示**值/數學關係式**的運算答案。於視窗點選一下讓估計值產生→再關閉視窗會比較保險。常遇到完成輸入→↵，關係式沒被加入或修改，甚至忘記剛才改哪些。

D 備註

備註又稱註解，常用在記錄關係式說明，對系統不會有影響。常用在：1. 關係式一多，忘了當初為何要設定此資料、2. 檔案交接對方也不知道這些關係是代表什麼、3. 關係式容易搞混、3. 要找印象中的關係式，就不用一行行比對或回想這是什麼（箭頭所示）。

名稱	值 / 數學關係式	估計至	備註
─整體變數			
"A"	= 10	10	
L	= 15.00	15.00mm	
─特徵			
"填料-伸"	= "D1@填料-伸長2	10.00mm	
─數學關係			
"H@草圖"	= "M@草圖4"	8.00mm	O型環壓縮比率 ⟵
"D@草圖"	= "M@草圖4" * 1.5	12.00mm	

25-4-3 儲存格功能：直向

直向 3 大類別：1. 整體變數、2. 特徵、3. 數學關係式。一開始覺得困擾，這些是什麼對吧，只是把控制項目分類，比較好理解就是 1. 特徵和 2. 尺寸分開。

A 整體變數

尺寸給代號讓所有尺寸套用，類似**連結數值**，例如：長度 L=10，希望其他尺寸共用，在尺寸輸入過程輸入 L 即可。萬一 L 改 20，所有 L 統一變為 20，就不用一個個修改了。

由清單得知支援項目：1. 整體變數、2. 函數、3. 檔案屬性、4. 量測，下圖左。尺寸標註過程，1. 輸入=G→2. 點選產生整體變數→3. 出現確認訊息，是，下圖右。

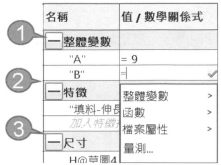 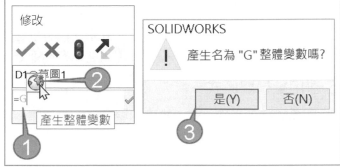

B 特徵

特徵依設定條件判斷**抑制**或**恢復抑制**，例如：總高度小於上下圓角相加高度時→圓角自動抑制。

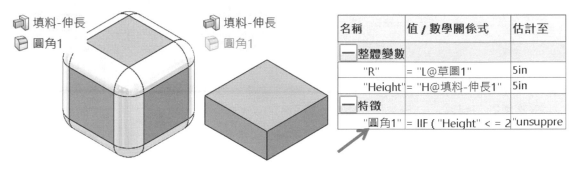

填料-伸長　圓角1　填料-伸長　圓角1

名稱	值 / 數學關係式	估計至
整體變數		
"R"	= "L@草圖1"	5in
"Height"	= "H@填料-伸長1"	5in
特徵		
"圓角1"	= IIF ("Height" < = 2	"unsuppre

C 數學關係式

顯示模型所有尺寸的運算式或整體變數。

D 單筆刪除

於標頭右鍵刪除**關係式**。

E 大量刪除

由第一行向下拖曳至結尾→Del，下圖右。進階技巧：Shift+點選任一欄位，系統全選所有關係式→Del。

名稱	值 / 數學關係式	估計至
數學關係式		
"Pitch@Holdi	= 1 / "Module@Ho	0.157mm
"Overcut_d	抑制 ▶	1mm
"Pitch_dia@	恢復抑制 ▶	m
"Base_dia@	刪除數學關係式	5mm
"Root_dia@		2mm

名稱	值 / 數學關係式	估計至
數學關係式		
"Pitch@Holdi	= 1 / "Module@Ho	0.157mm
"Overcut_dia	= ("Num_teeth@H	88.951mm
"Pitch_dia@T	= "Num_teeth@Ho	76.2mm
"Base_dia@T	= "Num_teeth@Ho	71.605mm

F 停用數學關係式

暫時停用關係式,可事後回復。常用在模型以**輕量抑制**開啟,重新計算後**關係式**無法求解,因為輕量抑制僅載入模型外觀,關係式抓不到特徵資料。

G 啟用數學關係式

關係式被停用後,進入**排序的視圖**↕,可見關係式灰階顯示,1. 欄位右鍵→2. 啟用數學關係式,下圖右(箭頭所示)。

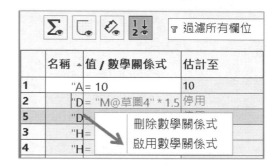

H 停用的數學關係式尺寸唯讀

被停用的數學關係式成為唯讀狀態,會無法更改尺寸,這部分很多人不得其解,這時要在 1. 點選尺寸→2. 其他→3. □唯讀。

25-4-4 模型組態控制

當模型有 2 個以上的組態時,視窗右上角會顯示組態工具列,點選**值/數學關係式**,以清單選擇組態樣式與修改尺寸操作相同,下圖右。

25-5 功能設定

於儲存表格下方擁有 4 個選項設定：1. 自動重新計算、2. 角度關係式單位、3. 自動求解順序、4. 連結至外部檔案。

25-5-1 自動重新計算

於**視窗**修改**數值**或**關係式**時，模型是否及時變更。換句話說，不關閉視窗調整公式或數值，直接看模型結果，例如：修改數值➔查看齒輪是否立即變更。

A ☑自動重新計算

於**視窗**修改**關係式**時，模型會自動更新大小，適合即時看修改關係式的過程，就不必 1. 關閉視窗➔2. 看模型結果➔3. 進入視窗調整關係式。

B □自動重新計算

進行關係式設定過程，避免模型不斷計算影響效率，或覺得目前不需要計算，模型也不用是最新狀態。

C 手動更新

承上節，右方顯示**重新計算**，按下它可手動更新，下圖右（箭頭所示）。

25-5-2 角度數學關係式單位（預設度）

與**文件屬性**的單位分開做獨立設定，清單 2 種選擇：1. 度、2. 徑度，它們皆為度量角度的單位，且彼此轉換。換句話說：公分 cm 和英吋 in 屬於長度單位，可以轉換。

A 度（Angle，符號°）

度=角度，依圓周 360 等份，每份定義為 1 度，徑度轉換為度，須將徑度 X180/π。例如：三角函數的值屬於徑度，要換算為角度。

B 徑度（Diameter）

徑度又稱弧度（Radian，縮寫 rad）為弧心角，弧度單位通常省略。度轉換為徑度，須將度 Xπ/180。1 弧度約為 57.29°，圓周長 2π，所以 360°/2π 得到弧度值。

弧度用角度呈現會得到簡潔呈現，尤其在微積分中。

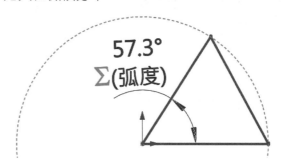

25-5-3 自動求解順序

是否讓系統自動調整運算順序，忽略關係式建立的先後順序，讓執行效率提高以及避免公式產生矛盾或無限循環而造成重新計算錯誤，實務上遇到計算問題會☑□測試看看。

A ☑自動求解順序

自動找到對應的變數，忽略建立公式順序。

B □自動求解順序

依數學式建立的先後順序來運算。理論上前面要公式對，後面才算得出來，類似特徵管理員最前面的特徵不能錯誤，後面的特徵一定會錯。

C 排序的視圖

在排序的視圖會比較容易理解 1. 關係式建立順序、2. 自動求解順序（箭頭所示）。

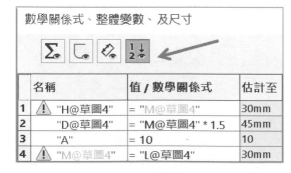

D 自動求解順序灰階無法使用

游標放在警告圖示顯示**可能的循環參考**，下圖左。

E 人工排序

拖曳調整計算順序，1. □自動求解順序→2. Alt+拖曳（紅線=目標位置），下圖中。

F 求解錯誤

模型遇到求解錯誤，於特徵管理員的數學關係式資料夾出現錯誤提醒，下圖右。

名稱	值 / 數學關係式
整體變數	
"H@草圖4" =	"M@草圖4"
"D@草圖4" =	"M@草圖4" * 1.5
"A"	= 10

25-5-4 連結至外部檔案（預設關閉）

將已輸出的數學關係式文字檔載入並與文字檔資料連結，此時上方關係式灰階無法更改，常用在：1. 多個模型使用同一關係式方便維護、2. 載入已經製作好的關係式來修改成為自己的、3. 由其他軟體維護關係式，再把關係式載入 SW、4. 組合件。

A 連結至現有檔案

1. ☑連結至外部檔案→2. 進入連結數學關係式視窗，指定現有的數學關係式文字檔。

B 產生新檔案

指定瀏覽路徑，☑要輸出的關係式，成為記事本檔案。

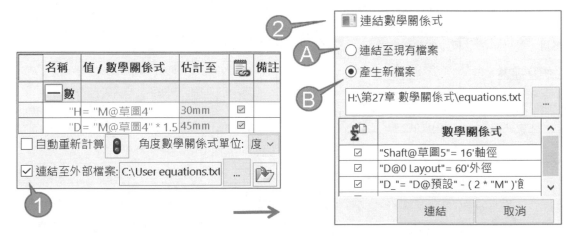

C 開啟連結的檔案

點選圖示自動開啟記事本檔案，無須大費周章找儲存的路徑，下圖左。

D 工作排程器

使用**工作排程器**的**更新檔案**，且檔案總管的檔案小縮圖也會即時更新，下圖右。

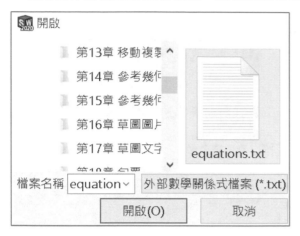

25-5-5 輸入/輸出數學關係式

將關係式輸入/輸出為文字檔，讓其他模型或於記事本編排。1. 輸出→2. **另存新檔**視窗，指定儲存路徑，存檔→3. 輸出數學關係式視窗，☑要輸出、□不輸出的項目。

A 輸出至文字檔案的數學關係式

預設將所有關係式勾選，但實務為避免資料混亂或資料改錯風險，將主要控制模型的尺寸輸出就好，例如：輸出齒輪外徑、齒數、厚度、軸徑，其餘資料保留在模型內。

B 連結至檔案

文字檔的內容更改會傳遞數學關係式。

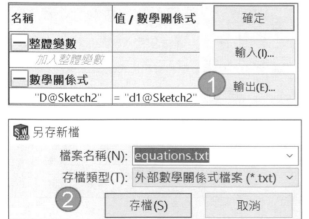

25-6 數學關係式：整體變數（Global Variable）🌐

把常用數值記憶讓未來套用。**連結數**值=整體變數的簡易版，整體變數的應用比較多與可以放在公式裡計算，例如：新增、套用、刪除。

例如：氣壓缸行程 30，如果很多設計以它做關係式變化，這時就把 30 成為**整體變數**。連結數值只能數字互相連結。

25-6-1 產生整體變數

在草圖上繪製 Ø20 圓。

步驟 1 定義變數名稱

快點 2 下 20 尺寸進入修改視窗，輸入=A，A 變成黃色並在右上角顯示地球圖示🌐。

步驟 2 完成變數

點選🌐完成變數，尺寸會出現Σ，下圖右。

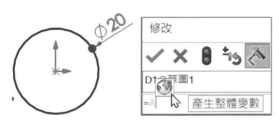

25-6-2 套用整體變數

將先前製作好的 A 變數套用到矩形尺寸。

步驟 1 快點 2 下尺寸進入修改視窗

步驟 2 套用變數名稱

輸入=，清單顯示**整體變數、函數、檔案屬性**。

步驟 3 選擇整體變數

游標移至**整體變數**→選擇要套用的變數名稱 A，這時尺寸會連結到 20。進階者可直接輸入"A"，連結**整體變數**，下圖右。

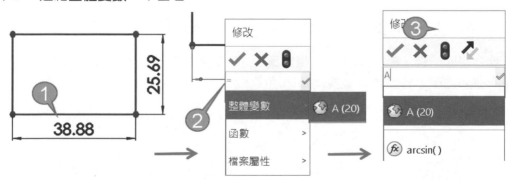

步驟 4 查看和切換整體變數

快點 2 下已加入整體變數的尺寸，尺寸前多了**地球**🌐。點選🌐可將尺寸切換為變數。

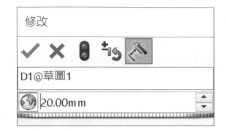 

25-7 整體變數：函數（Function）

說明數學關係式視窗或修改視窗的函數清單，支援 18 種函數，3 大類型，本節式和進階者。

1. 三角函數

2. 反三角函數

3. Excel 常用函數或邏輯

本節圖片來源：opencurriculum.org

A 三角函數（Trigonometric function）

1. sin（正弦）、2. cos（餘弦）、3. tan（正切）、4. cot（餘切）、5. sec（正割）、6. csc（餘割）。

B 反三角函數（Inverse trigonometric function）

1. arcsin（反正弦）、2. arccos（反餘弦）、3. atn（反正切）、4. arcsec（反正割）、5. arccotan（反餘切），不支援 arccsc（反餘割）。

C Excel 常用函數

1. abs（絕對值）	2. exp（指數）	3. log（對數）	4. sqr（平方根）
5. int（整數）	6. sgn（符號）	7. if（判斷式）	

25-7-1 sin 正弦（Sine，縮寫 sin）

正弦為週期函數，最小週期 2π，**值域**是-1, 1，**定義域**是整個實數集，例如：於函數括號內輸入週期角度，角度由 π 換算為實際角度。

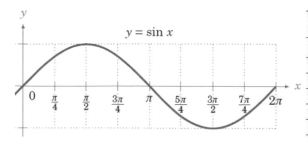

名稱	值 / 數學關	估計至
整體變數		
"A"	= sin (0)	0
"C"	= sin (180)	0
"D"	= sin (270)	-1
"E"	= sin (360)	0
"B"	= sin (90)	1

25-7-2 cos 餘弦（Cosine，縮寫 cos）

餘弦為週期函數，最小週期 2π，**值域** -1, 1，**定義域**是整個實數集，例如：於函數括號內輸入週期角度，角度由 π 換算為實際角度。

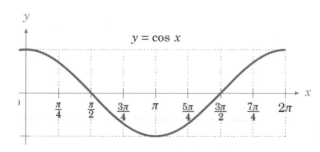

名稱	值 / 數學關係式	估計至
整體變數		
"A"	= cos (0)	1
"B"	= cos (90)	0
"C"	= cos (180)	-1
"D"	= cos (270)	0
"E"	= cos (360)	1

25-7-3 tan 正切（Tangent，縮寫 tan）

正切為週期函數，最小周期 π，**值域**是實數集，**定義域**落在 $\{x \mid x \neq k\pi + (\pi/2)，k \in Z\}$，例如：於函數括號內輸入週期角度，角度由 π 換算為實際角。

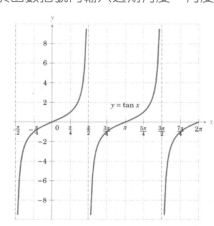

名稱	值 / 數學關係式	估計至	
整體變			
"A"	= tan (0)	0	
"B"	= tan (45)	1	
"C"	= tan (135)	-1	
"D"	= tan (180)	0	
"E"	= tan (225)	1	

25-7-4 sec 正割（Secant，縮寫 sec）

正割為週期函數，最小周期為 2π，值域是絕對值 ≥ 1 的實數，定義域不是整個實數集，例如：於函數括號內輸入週期角度，角度由 π 換算為實際角度。

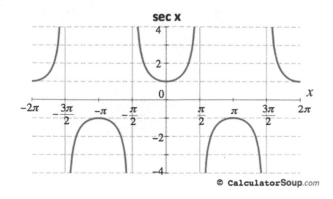

名稱	值 / 數學關係式	估計至
▬ 整		
"A"	= sec (0)	1
"B"	= sec (45)	1.41421
"C"	= sec (135)	-1.41421
"D"	= sec (180)	-1
"E"	= sec (225)	-1.41421

© CalculatorSoup.com

25-7-5 cosec 餘割（Cosecant，縮寫 csc）

餘割是週期函數，最小正周期為 2π，值域是絕對值≥ 1的實數，**定義域**不是實數集，例如：於函數括號內輸入週期角度，角度由 π 換算為實際角。

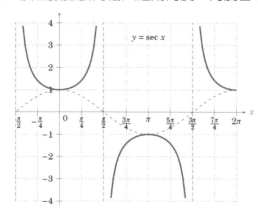

名稱	值 / 數學關係式	估計至
▬ 整體變數		
"A"	= cosec (45)	1.41421
"B"	= cosec (90)	1
"C"	= cosec (135)	1.41421
"D"	= cosec (225)	-1.41421
"E"	= cosec (270)	-1

25-7-6 cotan 餘切（Cotangent，縮寫 cot）

餘切是週期函數，最小周期 π，**值域**是實數集，**定義域**是整個$\neq k\pi$實數集合，k＝整數，例如：於函數括號內輸入週期角度，角度由 π 換算為實際角。

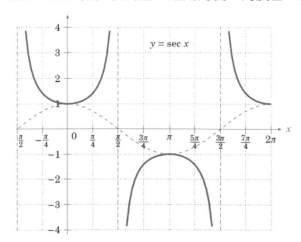

名稱	值 / 數學關係式	估計至
▬ 整體變數		
"A"	= cosec (45)	1.41421
"B"	= cosec (90)	1
"C"	= cosec (135)	1.41421
"D"	= cosec (225)	-1.41421
"E"	= cosec (270)	-1

25-7-7 arcsin 反正弦（Arcsine，縮寫 arcsin）

　　反正弦為**正弦**反函數，**值域**是$-\pi/2$，$\pi/2$，**定義域**-1, 1，在原始定義，若輸入值不在區間-1, 1 沒有意義。但三角函數擴充到複數後，輸入值不在區間-1, 1 將傳回複數，例如：函數括號內輸入**定義域**-1, 1 間的值。

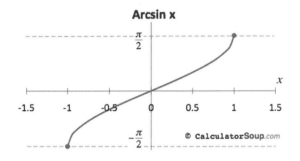

名稱	值 / 數學關係式	估計至
─整體變數		
"A"	= arcsin (- 1)	-90
"B"	= arcsin (0)	0
"C"	= arcsin (1)	90

25-7-8 arccos 反餘弦（Arccosine，縮寫 arccos）

　　反餘弦為**餘弦**反函數。**值域** 0，π，**定義域**是-1, 1，在原始定義，若輸入值不在區間-1, 1 沒意義。但三角函數擴充到複數之後，若輸入值不在區間-1, 1 將傳回複數，例如：於函數括號內輸入**定義域**-1, 1 之間的值。

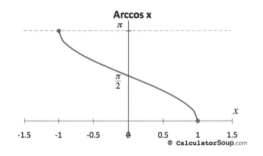

名稱	值 / 數學關係式	估計至
─整體變數		
"A"	= arccos (- 1)	180
"B"	= arccos (0)	90
"C"	= arccos (1)	0

25-7-9 atn 反正切（Arctangent，縮寫 arctan、arctg）

　　反正切為**正切**反函數，**值域**是$-\pi/2$，$\pi/2$，**定義域**是全體實數，例如：於函數括號輸入定義域：全體實數值，輸入 X 軸數值，可對應 Y 軸答案。

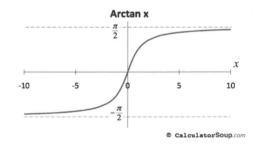

名稱	值 / 數學關係式	估計至
─整體變數		
"A"	= atn (- 10)	-84.2894
"B"	= atn (- 5)	-78.6901
"C"	= atn (0)	0
"D"	= atn (5)	78.6901
"E"	= atn (10)	84.2894

25-7-10 arcsec 反正割（Arcsecant，縮寫 arcsec）

正割反函數，值域 $0, \pi/2) \cup (\pi/2, 0$，定義域是 $(-\infty, -1] \cup [1, +\infty)$。例如：於函數括號內輸入定義域：$(-\infty, -1] \cup [1, +\infty)$，上表輸入 X 軸數值，可對應 Y 軸答案。

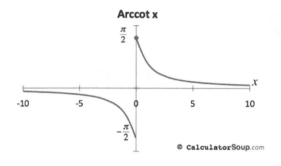

名稱	值 / 數學關係式	估計至
─ 整		
"A"	= arcsec (- 10)	95.7392
"B"	= arcsec (- 5)	101.537
"C"	= arcsec (- 1)	180
"D"	= arcsec (1)	0
"E"	= arcsec (5)	78.463
"F"	= arcsec (10)	84.2608

25-7-11 arccotan 反餘切（Arccotangent，縮寫 arccot）

反餘切為餘切反函數，值域 $(0, \pi)$，定義域是全體實數，例如：函數括號內輸入定義域：全體實數，配合上表輸入 X 軸數值可對應 Y 軸答案。

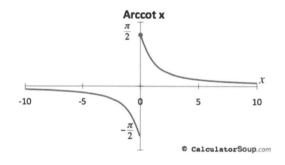

名稱	值 / 數學關係式	估計至
─ 整體變數		
"A"	= arccotan (- 10)	-5.71059
"B"	= arccotan (- 5)	-11.3099
"C"	= arccotan (- 1)	-45
"D"	= arccotan (1)	45
"E"	= arccotan (5)	11.3099
"F"	= arccotan (10)	5.71059

25-7-12 abs 絕對值（Absoult）

絕對值以前 3 字母作為函數名稱縮寫 abs，永遠大於或等於零的實數，例如：函數括號內輸入任意正負數值，經由關係式處理後答案永遠為正數。

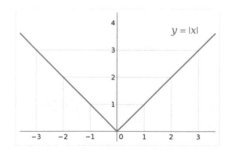

名稱	值 / 數學關係式	估計至	
─ 整體變數			
"A"	= abs (2)	2	
"B"	= abs (0)	0	
"C"	= abs (- 2)	2	
"D"	= abs (- 50)	50	

25-7-13 exp 指數（Exponential）

　　指數又稱**自然常數、自然底數**或**尤拉數**（Euler's number），以瑞士數學家**尤拉**命名。SW 以前三字母 **exp** 作為縮寫，數學以 e 表示，常數 e=2.7182818。

　　於函數括號內輸入常數 e 的乘冪次數，例如：輸入 exp（2）答案為 e^2=7.3890561，exp（3）答案為 e^3=20.0855…以此類推。

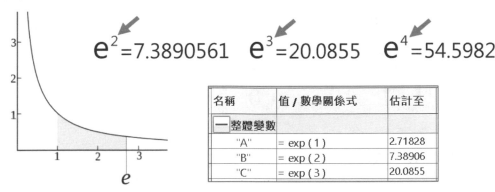

e^2=7.3890561　　e^3=20.0855　　e^4=54.5982

名稱	值 / 數學關係式	估計至
▬ 整體變數		
"A"	= exp (1)	2.71828
"B"	= exp (2)	7.38906
"C"	= exp (3)	20.0855

25-7-14 sqr 平方根（Square Root）

　　於函數括號內輸入**被開方數**，經關係式處理後答案為**平方數**，sqr（4）=2。

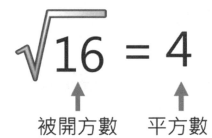

$\sqrt{16} = 4$

被開方數　　平方數

名稱	值 / 數學關係式	估計至
▬ 整體變數		
"A"	= sqr (4)	2
"B"	= sqr (9)	3
"C"	= sqr (16)	4
"D"	= sqr (25)	5

25-7-15 int 整數（Integer，縮寫 int）

　　整數為數值函數，無條件捨去小數位數，使數值保持為整數，在函數括號內輸入**任意正負數值**，經關係式處理後答案為**整數**，下圖左。

25-7-16 log 對數

　　log(a)對數，返回 a 以 e 為底數的自然對數，該日誌函數返回一個給定的自然對數，例如：log（1）：0.0000、log（2）：0.6931。

名稱	▲值 / 數學關係式	估計至
▬ 整體變數		
"A"	= sgn (50)	1
"B"	= sgn (10)	1
"C"	= sgn (0)	0
"D"	= sgn (- 10)	-1

名稱	值 / 數學關係式	估計至
▬ 整體變數		
"A"	= log (1)	0
"B"	= log (2)	0.693147

25-7-17 sgn 符號（Sign，縮寫 sgn）

符號是邏輯函數，為避免英文讀音與正弦函數（sine）搞混，也稱 Signum。用來決定數字正負號，正數傳回 1、0 傳回零（0）、負數則傳回-1。

例如：於函數括號內輸入**正負值**，經關係式處理後答案僅有 3 種數值：1、0、-1。

$$\text{sgn } x = \begin{cases} -1 & : \quad x < 0 \\ 0 & : \quad x = 0 \\ 1 & : \quad x > 0 \end{cases}$$

名稱	值 / 數學關係式	估計至
─整體變數		
"A"	= sgn (50)	1
"B"	= sgn (10)	1
"C"	= sgn (0)	0
"D"	= sgn (- 10)	-1
"E"	= sgn (- 50)	-1

25-7-18 IF 條件判斷式（Conditional Operator）

IF 為 Excel 判斷式，用來計算條件是否成立，分別回傳的數值，**口訣：A 怎樣，就這樣，否則就那樣。**

IF（計算**條件, 條件成立傳回值, 條件不成立傳回值**）以**逗號**區分，例如：A 為任意值，A 大於等於 100、B=1，A 小於 100、B=0。

$$A≥100 \longrightarrow B=1 \qquad A<100 \longrightarrow B=0$$

A 用法

於 IF 括號內輸入：1. **判斷條件**、2. **條件成立傳回值**、3. **條件不成立傳回值**。

名稱	值 / 數學關係式	估計至
─特徵		
"圓角1"	= IIF ("H@填料-伸長1" < 30 , "suppressed" , "unsuppressed")	恢復抑制

①　　　　　　　②　　　　③

B 基礎範例：傳回 2 種值，B=IF（"A">=100, 1, 0）

A 為任意值，A 大於等於 100、B=1，A 小於 100、B=0，下圖左。

C 進階範例：傳回 3 種值，B=IF（"A" > 100 , 15 , IF（"A" < = 50 , 5 , 10 ））

IF 也可製作 1 個條件式，傳回 3 種不同設定值的結果，例如：A 大於 100、B=15，A 小於等於 50、B=5，A 介於 51~100 間、B=10，下圖右。

名稱	值 / 數學關係式	估計至
整體變數		
"A"	= 100	100
"B"	= IIF ("A" > = 100 , 1 , 0)	1

名稱	值 / 數學關係式	估計至
整體變數		
"A"	= 100	100
"B"	= IIF ("A" > 100 , 15 , IIF ("A" < = 50 , 5 , 10))	10

25-7-19 round 捨入、進位、捨去

設定四捨五入後保留的小數位數，例如：進位至小數點後第一位。

A 隱藏版函數

round 為補充說明函數，SW 函數清單沒提供，但可用輸入達到效果，屬於**隱藏版函數**，相關功能尚不足 Excel 強大，例如：roundup 無條件進位、rounddown 無條件捨去。

B 使用說明及範例

於 round 括號內輸入**數值**及**保留的小數位數**，並在這 2 數字間以**逗號**區別。若要保留小數 2 位就輸入 2，保留 3 位就輸入 3，以此類推。

round (2.149 , 1)

數值 ──── 保留的小數位數

名稱	值 / 數學關係式	估計至
整體變數		
"A"	= round (2.149 , 1)	2.1
"B"	= round (- 1.145 , 2)	-1.14

25-7-20 Switch 函數

Switch 屬於隱藏版函數，函數清單沒提供，但可用輸入達到效果，可在計算式指定多個特定傳回值，關係式 2 個一組，例如：當 A=10、B=100，A=20、B=200，A=30、B=300。

名稱	值 / 數學關係式	估計至
整體變數		
"A"	= 20	20
"B"	= switch ("A" = 10 , 100 , "A" = 20 , 200 , "A" = 30 , 300 , "A" = 40 , 400)	200

25-8 整體變數：檔案屬性（**File Property**）

尺寸納入檔案屬性成為關係式，例如：軸心尺寸 Shaft_Dia=15，下圖左（箭頭所示），到時孔尺寸可以套用或製作屬性標籤，下圖右。

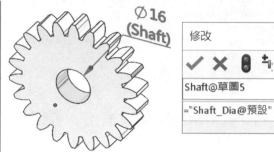

25-8-1 加入檔案屬性

將尺寸加入檔案屬性相當簡單，只要點選尺寸即可→加入檔案屬性。

步驟 1 進入檔案屬性視窗

1. 檔案→2. 屬性，開啟摘要資訊視窗（俗稱檔案屬性），建議設定快速鍵，下圖左。

步驟 2 自訂標籤

1. 點選自訂標籤→2. 於屬性名稱輸入厚度→3. 點選值/文字表達方式→4. 點選模型的厚度尺寸，可見厚度的變數和估計值 10 已經加入。

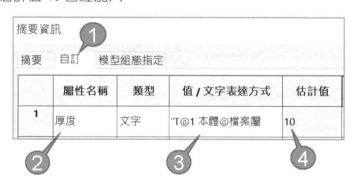

25-8-2 檔案屬性的支援

檔案屬性可使用預設以及自行設定的函數，這些都是檔案管理的課題。

25-9 整體變數：量測

於修改視窗內將量測的模型尺寸做為關係式，模型變更量測值一起變更。類似連結數值或等式，提供更便捷與彈性的關係式連結，不需藉由草圖尺寸、特徵尺寸。

A 循環參考

量測值對系統來說是循環參考，但不影響計算結果，覺得礙眼可以到選項關閉。

25-9-1 量測圓柱直徑

將現有的方形尺寸與量測的圓柱直徑連結。

步驟 1 量測關聯

1. 快點 2 下尺寸→2. 於修改視窗輸入 = →3. 清單選擇量測，下圖左。

步驟 2 修正視窗連結尺寸

1. 點選模型圓邊線，可見尺寸標註在圓邊線上→2. 修正視窗出現註記連結，下圖右。

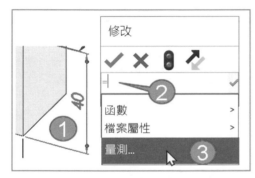
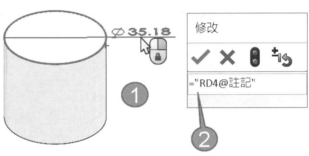

步驟 3 查看結果

可見方形尺寸連結圓柱尺寸，模型圓也有尺寸，下圖左（箭頭所示）。

A 練習

方形 50 尺寸與圓柱高度連結，下圖右（箭頭所示）。

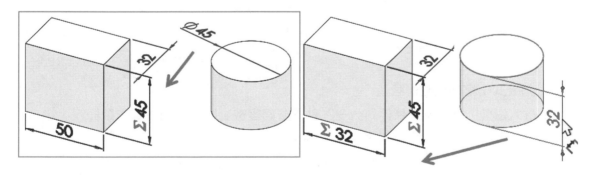

25-10 數學關係式視窗：特徵

說明數學關係式視窗中的特徵應用，常用在特徵抑制，例如：以 IF 判斷式設定，當方塊總高度小於上下圓角相加的高度時，將圓角自動抑制。

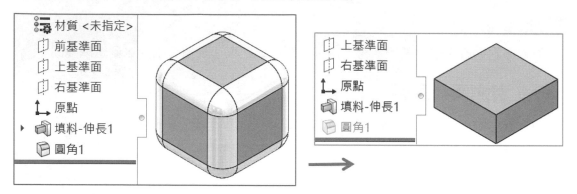

步驟 1 加入特徵

點選**樹狀結構**或模型**圓角**特徵，加入數學關係式的特徵欄位。

步驟 2 進入 IF 判斷式

輸入=i，會出現接近的函數清單➜選擇 IF（ ）。

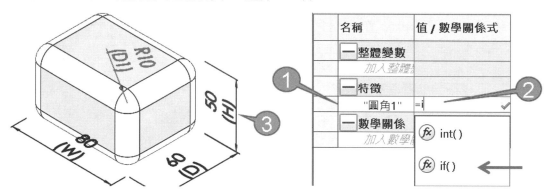

步驟 3 判斷式：判斷條件

於函數括號內點選模型高度 50 尺寸後，輸入<20。

設計意念：2 圓角相加為 20。

名稱	值 / 數學關係式
─**整體變數**	
加入整體變	
─**特徵**	
"圓角1"	= IIF ("D1@填料-伸長2"<20) ✓

步驟 4 判斷式：條件成立傳回值

1. 輸入逗號，作為**判斷條件**區分➜2. 點選**整體變數**清單選擇**抑制或恢復抑制**，以英文 suppressed/unsuppressed 顯示，人工輸入 suppressed 也可以。

進階者可使用布林值（Boolean）表達邏輯式：0 錯誤（恢復抑制）、1 正確（抑制）。

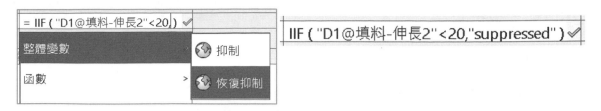

步驟 5 判斷式：條件不成立傳回值

輸入逗號，為**判斷條件**區分，由**整體變數**清單選擇**恢復抑制**，會以 unsuppressed 顯示。

名稱	值 / 數學關係式	估計至
⊟ 特徵		
"圓角1"	= IIF ("H@填料-伸長1" < 30 , "suppressed" , "unsuppressed")	恢復抑制

步驟 6 完成

按確定完成特徵關係式，修改高度尺寸驗證是否設定正確，必須**重新計算**模型才會變更，例如：高度修改為 20→圓角抑制、高度修改為 60→恢復抑制。

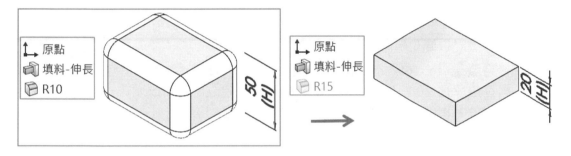

25-11 數學關係式色彩

關係式視窗常見 4 種顏色變化代表不同意義：1. 藍色、2. 紅色、3. 黃色、4. 黑色。

25-11-1 藍色

正確，於輸入過程即時顯示輸入正確的資訊，下圖左。

25-11-2 紅色錯誤

錯誤，有不完整公式或錯誤函數。

名稱	值 / 數學關係式
⊟ 整體變數	
"M"	= "D@0 Layout" / ("N@預設" + 2)
"D_"	= "D@預設" - (2 * "M")

名稱	值 / 數學關係式
⊟ 整體變數	
"M"	= "D@0 Layout" / ("N@預設" + 2)
"D_"	= "D預設" - (2 * "M")

25-11-3 黃色警告

有循環參考的數學關係式,並在開頭顯示黃色三角框內有驚嘆號圖示,下圖左。

25-11-4 黑色

正確運算,完成公式輸入後可以正常進行運算,下圖右。

名稱	值 / 數學關係式
─ 數學關係式	
"Shaft@草圖5"	= 16
"D@0 Layout"	= 60
⚠ "M@0 Layout"	= "M"

名稱	值 / 數學關係式	估計至
─ 數學關係式		
"Shaft@草圖5"	= 16	16mm
"D@0 Layout"	= 60	60mm
"M@0 Layout"	= "M"	2.73mm

25-12 數學關係式範例

本章已經把數學關係式說得差不多了,以前大郎由 Toolbox 研究關係式。本節簡單說明研究方向,重點在簡化關係式和變數(尺寸)。

研究後會發現 toolbox 有大量數學關係式資源,甚至你會覺得有些改進之處,畢竟 toolbox 模型幾乎是 2000 年製作且模型不是同 1 人建立的,所以沒有一致性你要去適應它,例如:尺寸名稱每個模型不一樣,定義也覺得怪怪的。

25-12-1 圓角=厚度 2 倍

方形管圓角 R=厚度 Tx2。

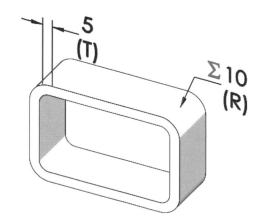

─ 數學關係式	
"D1@Sketch1"	= "Thickness@Sketch1" * 2

25-12-2 圓角=厚度

鉚釘圓角=厚度,本節利用限制條件和連結數值來簡化關係式,甚至不用關係式,這是製作數學關係式的基礎要素。

A 厚度 2 個尺寸

目前關係式將 2 厚度尺寸連結，不如用限制條件等長等徑，簡化只有 1 個厚度尺寸。

B 厚度與圓角尺寸

由於圓角尺寸不重要，利用連結數值將厚度=圓角。例如：點選厚度→連結數值。

C 尺寸名稱

尺寸名稱目前為 δ 不通用，最好英文 T=厚度。

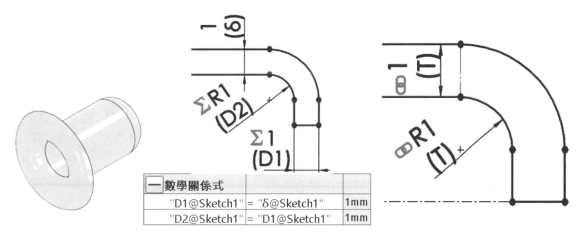

一數學關係式		
"D1@Sketch1"	= "δ@Sketch1"	1mm
"D2@Sketch1"	= "D1@Sketch1"	1mm

25-12-3 ToolBox 齒輪

本節數學關係式會瘋掉對吧，如果能一一拆解會變得很強，大郎就是這樣過來的。

名稱	值 / 數學關係式	估計至
"MBD@HoldingSke"	= ("Num_teeth@HoldingSke" + 2) / "Pitch@HoldingSke" - 2 * ("Addend(	60.272m
"MHD@HoldingSke"	= ((sgn ("MHD@HoldingSke" - "Hub_dia@HoldingSke") - 1) * ("MHD@	25.4mm
"MBD@HoldingSke"	= ((sgn ("MBD@HoldingSke" - "Bore@HoldingSke") - 1) * ("MBD@Hol	19.05mm
"OAL@HoldingSke"	= ((sgn ("OAL@HoldingSke" - "Overall_len@HoldingSke") + 1) * ("OAL	25.4mm
"Num_teeth@TeethCuts"	= int ("Show_teeth@HoldingSke") + 1	14
"Num_teeth@TeethCuts"	= ((sgn ("Num_teeth@TeethCuts" - "Num_teeth@HoldingSke") - 1) * ("	12
"Num_teeth@TeethCuts"	= ((sgn ("Num_teeth@TeethCuts" - 2.0) + 1) * ("Num_teeth@TeethCuts	12

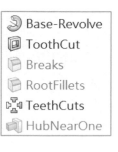

- Base-Revolve
- ToothCut
- Breaks
- RootFillets
- TeethCuts
- HubNearOne

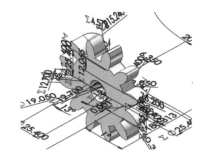

A 沒地方放參數

編輯第一個草圖,會覺得納悶這草圖為何標註奇怪的尺寸,這些尺寸都是數學關係式的參數,以現在來說不建議這樣也太亂,會想辦法把參數整合讓參數少一點。

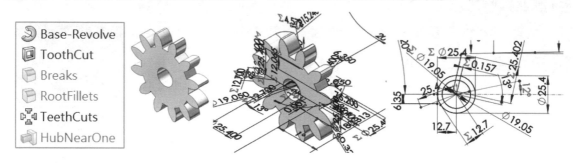

B 自行建構的齒輪-Excel 表格

將模型重新建構,關係式轉移到 Excel 計算是下一章主題,會發現執行速度相當快,因為將計算轉移到 Excel 計算,把值帶到 SW 中,SW 並不需要負責計算。

	A	B	C	D	E
1	正齒輪(Spur Gear)	外徑	內徑	齒數	厚度
2	△ 公制參數	D`@Tooth Section	d@Base Section	N@Teeth	t@Base
3	2M-22N	48.00	10.00	22	10.00
4	3M-15N	60.00	10.00	18	10.00

設計表格

設計表格（Design Table），嵌入在 SW 的 Excel 來控制數值，成用在設計模組化。由 Excel 建立 1. 模型組態和 2. 數學關係式，連同模型一起儲存，同學更能體會模型越來越重要，模型=產品，換句話說模型不見心會很難過。

用到算進階者，1. 必須對 SW 有很高控制程度+2. 還要有 Excel 基本操作，才可勝任。

A SW 與 Excel 結合

強烈感受到 SW 與 Excel 結合，其實有很多表格都和 Excel 有關，例如：以 Excel 為基礎的零件表、鈑金的彎折表格、ToolBox 工具箱都有 Excel 控制。

B 如虎添翼的計算與資訊整合

SW 不須花心力增強關係式功能，把計算交給 Excel 吧。Excel 有強大的整合能力，可以連結 SW、PDM、ERP 與各個部門，且 Excel 為業界統一的文件，只要把需要的資訊輸入到 Excel，甚至 SW 還可以用其他方式建立 Excel 資訊，不需要進入 Excel。

C 電腦要有 Excel

Excel 是獨立的軟體（SW 沒內建），電腦要安裝 Excel。有些公司想將設計表格作業交給助理做，卻發現助理沒有 SW 或 Excel 而傷腦筋，這時要靠網路版浮動授權來解決。

D 排除萬難的時代

坦白說不太建議同學使用設計表格，它算舊時代的產物 2000-2010 年時期人的思維以功能優先效能其次，即便軟體功能性和硬體和現在比起來差異很大，我們很醉心研究它的功能會想辦法克服一切。

E 學習角度變了，不學 Excel 了

即便軟硬體和功能性提升，現在的人不太想學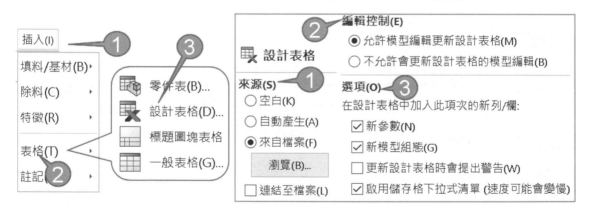，因為 1. 要學習 Excel 操作、2. 還有 SW 和 Excel 載入的轉換（不直覺）、3. 轉換等待的時間。

很難找到：1. 會 SW、2. 會 EXCE、3. 數學關係式、4. 自主研究以上 3 大項的人。

F 設計模組化的做法改變

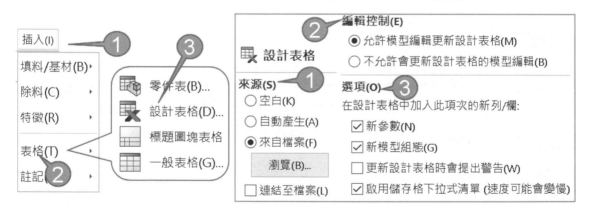不再是唯一模組化方法，自 2010 年起推出**屬性標籤產生器**，這幾年逐漸有成效（我們春天來了），再加上 PDM 系統的整合會讓研究的人越來越少。

26-0 設計表格位置與介面

本節說明設計表格位置和先睹為快。

26-0-1 設計表格位置

1. 插入→2. 表格→3. 設計表格，下圖左。

26-0-2 介面項目

第一次進入會出現過程 3 大欄位：1. 來源、2. 編輯控制、3. 選項，下圖右。一開始不會進行設定，都會先↵進入 Excel，通常在產生表格後回到這裡修改設定。

A 指令變化

開啟 Excel 可見 SW 模型尺寸被套入儲存格中，下圖左。關閉 Excel 後，於模型組態管理員的模型下方可見表格資料夾，展開可見設計表格，下圖右。

B 編輯表格...等項目

在已完成的設計表格上右鍵,清單可見多種表格的控制,下圖左。

26-0-3 編輯特徵

回到設計表格(Excel)的編輯項目,換句話說■對 SW 也是特徵。

26-0-4 編輯表格

在 SW 內以嵌入方式開啟 Excel,最大優點不占空間,適合單螢幕,目前皆以雙螢幕走向,此設定為時代產物,不建議使用,下圖右。

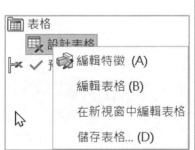

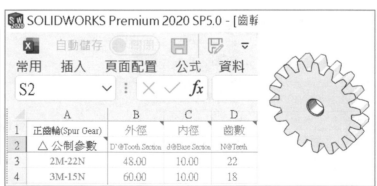

26-0-5 新視窗中編輯表格

以獨立視窗開啟 Excel 方便與 SW 比對,習慣右鍵→C 比較快。

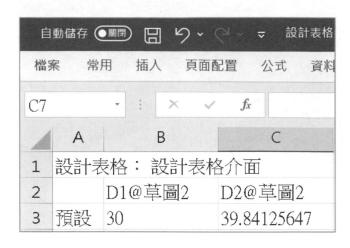

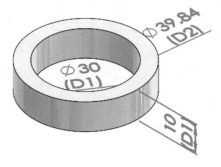

26-0-6 儲存表格

　　將 Excel 表格儲存為實際檔案作為備份，避免資料亂改後錯誤，也常利用此方法將 Excel 格式更新，例如：用 2003 的 Excel，希望升級到 2022，得到更好效率。

A 儲存表格指令背景

　　早期 OLE 嵌入 Excel 不穩定 SW 容易損毀，讓 Excel 可以獨立只是為了備份 Excel。現今只要備份 SW 檔案即可，因為模型可以包含 Excel。

　　如果有需要 Excel 再由 SW 開啟並儲存 Excel，常用在 Excel 檔案給其他部門使用，下圖左。

26-0-7 刪除設計表格

　　點選 Design Table即可，下圖右。

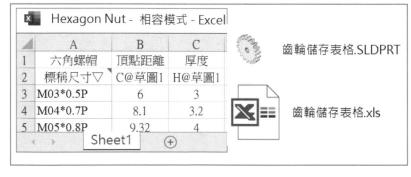

26-0-8 設計表格欄位說明（格式化設計表格）

　　設計表格中的儲存格有專屬定義，A 直=欄、B 橫=行。

儲存格 A1：檔案名稱

可以空白或自行輸入名稱，預設檔案名稱，產生設計表格會自動帶入檔名。

儲存格 A2：空白

可以空白或自行輸入名稱，通常會定義為參數。

儲存格 A3～：模型組態名稱

A3、A4 以後都是組態名稱。

儲存格 B1：尺寸名稱

可以空白或自行輸入，通常會輸入尺寸名稱，例如：外徑、內徑...等。

儲存格 B2：變數名稱（預設位置）

與尺寸連結，B2 是重點。

儲存格 B3：變數數值

可以為數字、狀態、公式。

	A	B	C	D
1	正齒輪(Spur Gear)	外徑	內徑	齒數
2	△ 公制參數	D`@Tooth Section	d@Base Section	N@Teeth
3	2M-22N	48.00	10.00	22
4	3M-15N	60.00	10.00	18

齒輪儲存表格
▶ 表格
✓ 2M-22N
✓ 3M-15N

26-0-9 設計表控制範圍

設計表格常見的控制範圍，進階者可由自訂屬性或 SW API 抓取變數名稱到設計表格中，嘗試隱藏版的支援度。

參數語法	有效值	說明
$comment、$user_notes	任何文字串	不影響系統計算
$description	任何字串	組態名稱
$parent	輸入上層組態名稱	父組態
$partnumber	任何字串	零件名稱
$state@feature_name	抑制，S、恢復抑制，U	特徵狀態
$state@sketch_name	抑制，S、恢復抑制，U	草圖狀態
dimension@feature_name	尺寸	特徵尺寸
dimension@sketch_name	尺寸	草圖尺寸
$hw-size@feature_name	異型孔精靈大小值	鑽孔數值
$prp@property	數字、是、否	屬性標籤、開啟/關閉

$enable@限制條件 ID@equations	是、否	是=可用、否=停用
$state@lighting_name	抑制，S，1 恢復抑制，U，0	光源狀態
$state@sketch_relation@sketch_name	抑制，S、恢復抑制，U	草圖限制條件
$color	RGB（紅、綠、藍）	0～255 顏色控制
$sw-mass	數值	物質特性的質量
$sw-cog	xyz 數值	物質特性重心
$tolerance@dimension_name	數值	公差

26-1 設計表格基礎：墊圈

使用 Excel 表格建立墊圈模型組態，墊圈有 3 個尺寸：內徑（d）、外徑（D）、厚度（T），自行完成墊圈的繪製並定義尺寸名稱，下圖左。

A 大小寫=相同名稱

D、d 會讓尺寸名稱重複，可以加空格作為區分，例如：D 。

26-1-1 加入設計表格

說明設計表格前置過程，1. 插入→表格→設計表格→2. ☑自動產生，下圖中。

26-1-2 尺寸視窗

顯示尺寸視窗，列出模型的所有尺寸，選擇要加入尺寸（全部）→↵，下圖右。

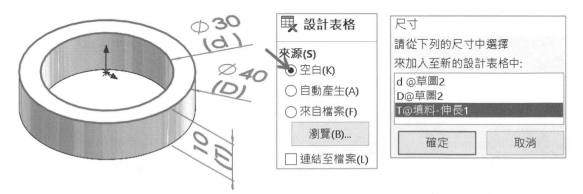

26-1-3 嵌入的表格

預設於 SW 內部開啟 Excel，不容易操作 Excel，於繪圖區域點 1 下離開。

26-1-4 查看設計表格位置

產生的表格會放在組態管理員的表格資料夾中，到這裡告一個段落。早期我們會先儲存 SW 檔案比較保險，避免接下來的 Excel 作業讓電腦不穩定，下圖左（箭頭所示）。

26-1-5 新視窗中編輯表格

在設計表格上右鍵→新視窗中編輯表格（C），下圖右（箭頭所示）。

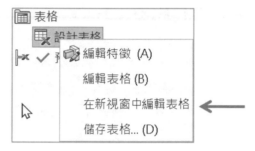

26-1-6 設定儲存格格式

進入表格預設以**民國顯示**，只能手動更改為**通用數值**。1. 表格左上角（深灰色三角形）右鍵**儲存格格式**→2. 進入設定儲存格格式視窗，點選**通用格式**。

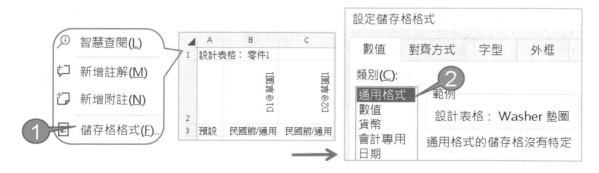

26-1-7 對齊方式

預設列標頭文字以垂直顯示，不易查看，1. 點選對齊方式標籤→2. 更改文字角度 0。

26-1-8 規格資料

依型錄輸入規格尺寸。儲存關閉表格，可看見新增的模型組態名稱視窗。

26-1-9 調整表格細節

新增每列標頭，容易判斷變數，例如：外徑、內徑、厚度。將尺寸與屬性類別以顏色區分並調整排列，例如：尺寸=紅=要輸入的，屬性=藍。

平華司	小徑	大徑	厚
（標稱直徑）	d @尺寸	D@尺寸	t@Base
M03	3.2	7	1
M04	4.3	9	1
M05	5.3	10	1
M06	6.4	12.5	1
M08	8.4	17	1

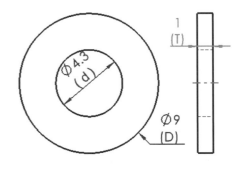

26-2 設計表格進階：內六角螺絲

內六角螺絲先前製作過數學關係式，本節說明如何在 Excel 中加入尺寸和製作公式，並調整 Excel 版面。

A 前置作業

顯示特徵尺寸與尺寸名稱，下圖左。

26-2-1 插入空白設計表格

1. 設計表格🗙→2. ☑空白→3. 新增列及欄，ESC，退出視窗→4. SW 繪圖區域畫面點一下，退出 Excel。

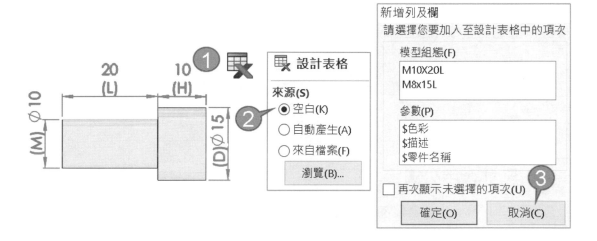

A 查看設計表格

這時會出現無法找到設計表格有效零件→↵，因為是空白表格，下圖左。回到模型組態管理員，下圖右。

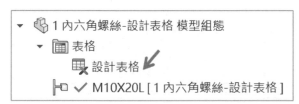

26-2-2 表格加入模型尺寸

在設計表格右鍵→新視窗中編輯表格，進入 Excel，目前 B2 儲存格位置是啟用的。

A 加入模型尺寸

分別在繪圖區域快點 2 下加入模型 4 個尺寸，依序將所選尺寸加到 B2、C2、D2、E2，系統自動在 Excel 加入尺寸名稱及數值。

	A	B	C	D	E
1	內六角螺絲				
2		M@草圖4	L@草圖4	H@草圖4	D@草圖4
3	第一個副本	10	20	10	15

26-2-3 增加欄位和組態名稱

自行輸入名稱，B1=螺紋大小、C1=螺紋長度、D1=頭高、E1=頭直徑（箭頭 A 所示）。

26-2-4 修改組態名稱

在 A3 儲存格修改組態名稱為 M10x20L（箭頭 B 所示）。

	A	B	C	D	E
1	內六角螺絲	螺紋大小	螺紋長度	頭高	頭直徑
2		M@草圖4	L@草圖4	H@草圖4	D@草圖4
3	M10X20L	10	20	10	15

26-2-5 尺寸套用公式

分別將 1. 頭高、2. 頭直徑加入公式：H=M、D=1.5M。

A 公式 1：H=M

1. 點選 D3 儲存格輸入=→2. 點選 B3→3. ↵，得到數字 10，下圖左（箭頭所示）。

B 公式 2：D=1.5M

1. 點選 E3 儲存格輸入=1.5*→2. 點選 B3→↵，得到數字 15，下圖右（箭頭所示）。

B	C	D
螺紋大小	螺紋長度	頭高
M@草圖4	L@草圖4	H@草圖4
10	20	=B3

B	C	D	E
螺紋大小	螺紋長度	頭高	頭直徑
M@草圖4	L@草圖4	H@草圖4	D@草圖4
10	20	10	=1.5*B3

26-2-6 製作螺絲規格

輸入螺絲規格及長度做為組態名稱，例如：M8x15L、M6x12L...等。

步驟 1 選取第 3 行，Ctrl+C 複製

步驟 2 選取第 4 行，Ctrl+V 貼上

步驟 3 修改組態名稱與參數

1. M10x20L→M8x15L，2. 10→8、3. 20→15（箭頭所示）。

	A	B	C	D	E
1	內六角螺絲	螺紋大小	螺紋長度	頭高	頭直徑
2		M@草圖4	L@草圖4	H@草圖4	D@草圖4
3	M10x20L	10	20	10	15
4	M8x15L	8	15	8	12

26-2-7 凍結窗格

表格有大量數據，希望往下拉顯示標頭。1. 點選 B3 儲存格→2. 檢視→3. 凍結窗格→4. 凍結頂端列。

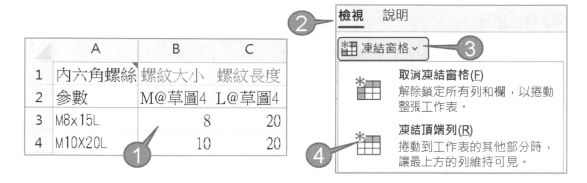

26-2-8 新增附註

記錄事項，1. 儲存格右鍵新增附註→2. 於黃色視窗輸入資料。完成後游標在儲存格右上角有紅色角落，游標在該角落上會自動顯示附註。

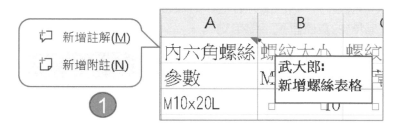

26-2-9 結束設計表格

關閉 Excel，出現此設計表格產生以下組態→↵，會見到 2 種變化。

A 尺寸顏色

尺寸由設計表格控制，顏色為粉紅色。

B 模型組態

組態被設計表格控制，組態圖示旁有 Excel 小圖示。

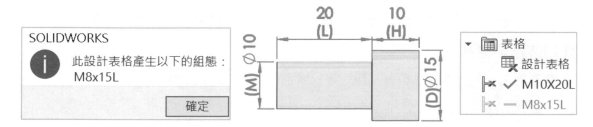

26-3 設計表格：來源

本節說明設計表格的控制，對大家印象深刻會是來自檔案。

26-3-1 空白

僅產生空白的設計表格，這是最初始的表格。

	A	B	C
1	設計表格： 1 空白-設計表格		
2			
3	第一個副本		
4			

26-3-2 自動產生

自動將模型尺寸、組態、顏色...等數值載入設計表格，算是滿足目前可以控制範圍的設計表格，不過一開始的數值呈現不能用呦。

	A	B	C	D	E
1	設計表格： 2 自動產生-設計表格				
2		H@草圖4	M@草圖4	D@草圖4	L@草圖4
3	M10X20L	民國前/通用	民國前/通用	民國前/通用	民國前/通用

26-3-3 來自檔案

常用在載入 Excel 範本，例如：空白的 Excel 檔案。先前還記得產生設計表格時，要設定通用格式、文字角度，這些都可以不必再設定囉。

A ☑連結至檔案

連結 Excel 表格至模型上，讓 Excel 或 SW 數值改變都會互相傳遞並變更。

B ☐連結至檔案

OLE 屬於很老的技術本來就不穩定，只要進行有限度的控制即可。

C 儲存模型

☑連結至檔案，模型經過變更，儲存模型過程會同步更新設計表格，看你會不會覺得囉嗦。不太建議用此方式管理，不穩定常遇到無法回應，有很多狀況要控制。

26-4 設計表格：編輯控制

在設計表格上右鍵→編輯特徵後，回到設計表格的設定，本節說明編輯控制，不過控制有點囉嗦，應該為☑□**允許模型編輯/更新設計表格**。

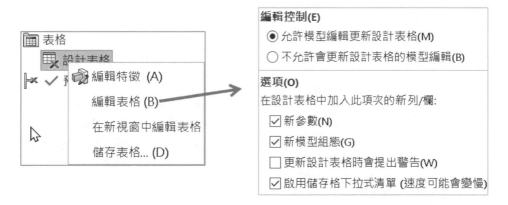

26-4-1 允許模型編輯更新設計表格

變更模型尺寸後，設計表格同步更新，適合模型或設計表格會經常變更。

26-4-2 不允許更新設計表格的模型編輯

無法在繪圖環境變更模型尺寸，更改尺寸過程出現無法編輯的訊息，常用在模型不要讓別人修改的設計模組化作業。

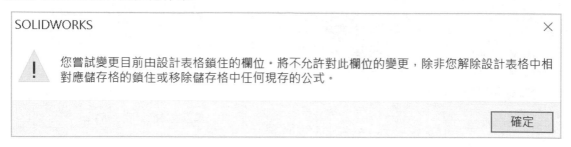

26-5 設計表格：選項

在設計表格上右鍵→編輯特徵後，回到設計表格的控制，本節說明選項。

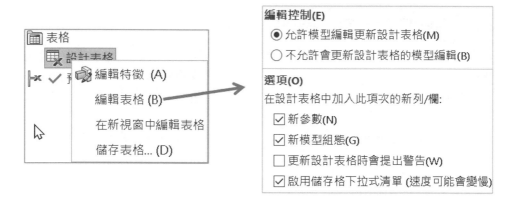

26-5-1 新參數、新組態

模型中加入新參數或新組態，會在設計表格中加入新的欄。開啟表格過程顯示視窗，詢問是否要再次加入尺寸或參數至表格內設定，下圖左。

26-5-2 更新設計表格時會提出警告

更新參數，是否出現新增列及欄視窗，關閉可加速進入設計表格時間，不會出現視窗等待你去按確認或取消，下圖右上。

26-5-3 啟用儲存格下拉式清單

允許儲存格包含具有多個項目的清單，每個儲存格都會顯示一個箭頭，下圖右下。

26-6 設計表格與數學關係式

Excel 為世界公認的強大試算軟體擁有多種函數,將計算值回傳給 SW,讓 SW 只要負責呈現模型資訊,大大降低 SW 負荷。

A 避免一來一往

先建立基礎的數學關係式→傳遞到 Excel,避免一來一往 Excel 和 SW 的切換。

數學關係式		
"r@Tooth Section"	= "M@Tooth Section" * 0.1	0.3mm
"D2@Tooth Section"	= "t`@Tooth Section" + "r@Tooth Section"	5.31mm
"D3@Tooth Section"	= "M@Tooth Section"	3mm
"P@Tooth Section"	= "t`@Tooth Section" * 2	9.42mm
"D1@Tooth Chamfer"	= "t@Base" * 0.05	0.5mm

26-6-1 模型計算時間

早期發現 Excel 計算時間比 SW 數學關係式快,多年來 SW 核心提升,並且有了屬性標籤,現在不太用 Excel,重點在 Excel 一來一往的時間。

Excel 屬於內部資訊就像汽車引擎,絕大部分人只要能開車,不會想了解運作原理。

26-6-2 增加生產用資訊

增加圖號、料號、材質、成本、讓 BOM 表、工程圖或其他單位可以取得。

	A	B	C	D	E	F	G	H
1	平華司	小徑	大徑	厚	料號	規格	材質	成本
2	直徑	d@尺寸	D@尺寸	t@Base	$PRP@料號	PRP@規	PRP@材質	RP@成
3	M03	3.2	7	1	OP-4803-0501	M03	低碳鋼	1
4	M04	4.3	9	1	OP-4803-0502	M04	低碳鋼	1
5	M05	5.3	10	1	OP-4803-0503	M05	S.T	1
6	M06	6.4	12.5	1	OP-4803-0504	M06	低碳鋼	1

A 擴充模型資訊

供應商、廠商資訊或連結，甚至也可產生多個工作表。

26-6-3 搭配設計

設計表格可得到配合件共同尺寸，例如：1.蝸桿模型可得到與 2.蝸輪的中心距。

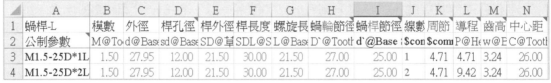

	A	B	C	D	E	F	G	H	I	J	K	L	M	N
1	蝸桿-L	模數	外徑	桿孔徑	桿外徑	桿長度	螺旋長	蝸輪節徑	蝸桿節徑	線數	周節	導程	齒高	中心距
2	公制參數	M@Too	d@Base	sd@Base	SD@其	SDL@S	L@Base	D`@Tooth	d`@Base	$con	$com	P@He	w@E	C@Tooth
3	M1.5-25D*1L	1.50	27.95	12.00	21.50	30.00	21.50	27.00	25.00	1	4.71	4.71	3.24	26.00
4	M1.5-25D*2L	1.50	27.95	12.00	21.50	30.00	21.50	27.00	25.00	2	4.71	9.42	3.24	26.00

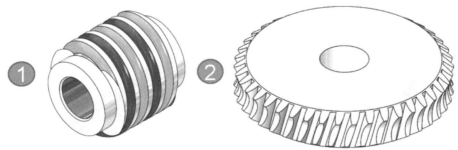

26-6-4 導出的組態

市購件常用導出的組態將規格分類，在設計表格稱父子關係$Parent。

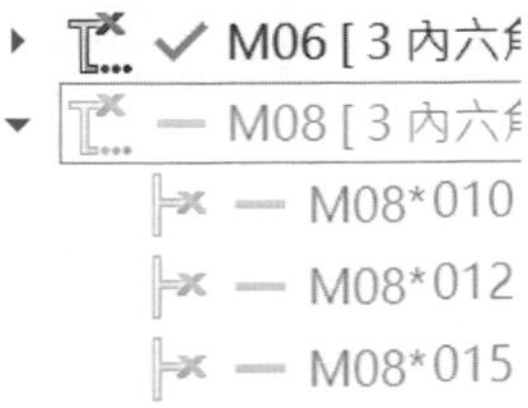
M06 [3 內六角
M08 [3 內六角
M08*010
M08*012
M08*015

	A	B	C	D	E
1	外六角螺絲	厚度	螺栓外徑	螺栓長度	父子關係
2	標稱尺寸▽	H@草圖1	D@草圖1	L@草圖1	$Parent
3	M05	5	5	19	
4	M05*0.8P*0	5	5	19	M05
5	M05*0.8P*0	3.5	5	25	M05
6	M06	4	6	12	
7	M06*1P*012	4	6	12	M06
8	M06*1P*015	4	6	15	M06

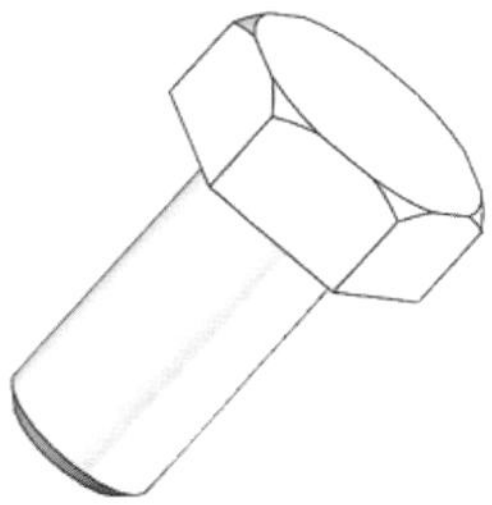

26-6-5 簡化輸入

設計表格如果輸入太多項目不太有耐心，可利用數學關係式將不重要的外型尺寸連結，就能簡化輸入項目。

	A	B	C	D	E	F	G	H	I	J	K	L	M
1	設計表格： 簡化輸入												
2		D@草圖4	a@草圖2	b@草圖3	c@伸長1	g@草圖4	h@草圖1	l@草圖1	w@草圖1	m@草圖2	u@草圖2	v@草圖2	d2@草圖1
3	SN 504	47.	150.	45.	19.	24.	35.	66.	70.	115.	13.	20.	18.5
4	SN 505	52.	165.	46.	22.	25.	40.	67.	75.	130.	15.	20.	21.5
5	SN 506	62.	185.	52.	22.	30.	50.	77.	90.	150.	15.	20.	26.5
6	SN 507	72.	185.	52.	22.	33.	50.	82.	95.	150.	15.	20.	31.5
7	SN 508	80.	205.	60.	25.	33.	60.	85.	110.	170.	15.	20.	36.5

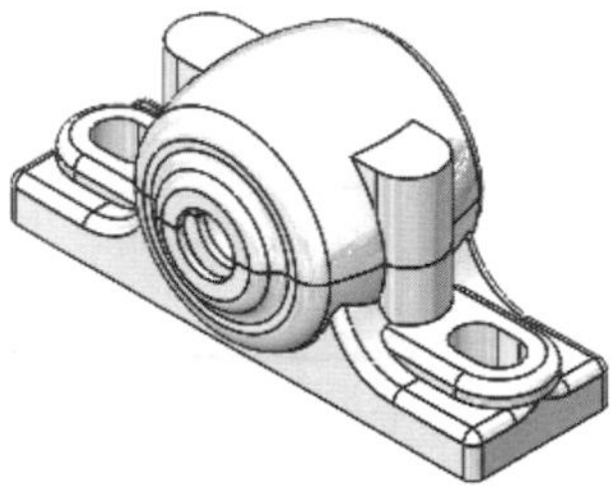

26-6-6 只有數學關係式

只有數學關係式，不知輸入哪裡更改規格，這時就能理解設計表格的用意。

名稱	值 / 數學關係式	估計至
— 整體變		
"A"	= "總圈數@Free Height"	10
"B"	= "Na@Mid Helix"	8
"C"	= "D2@草圖1" - "d @草圖1"	94mm
"FreeLe	= "自由長度@Free Height"	200
"K"	= "K1" / "K2"	0.195043
"K1"	= "彈簧材質(G)" * ("線徑@Fre	1.0368e+0

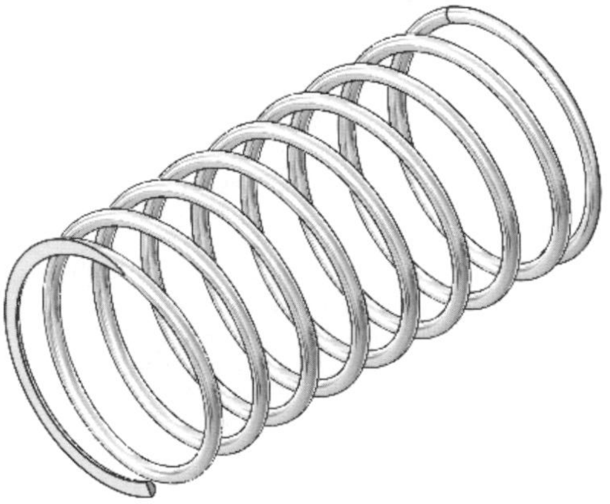

筆記頁

特徵庫

特徵庫（Feature Library）把零件的特徵產生資料庫，儲存起來讓其他人使用，例如：LOGO。特徵庫和草圖產生為圖塊一樣的意思，圖塊也是模組化的一種。

27-0 特徵庫位置與介面

特徵庫以資料夾形式歸檔，把它們想成只是零件檔案放到資料夾，與檔案作業和檔案總管相同：快點 2 下開啟、拖曳置放、複製、貼上，除了 forming tools 適用鈑金。

內建多項資料庫，例如：註記、特徵、成形工具...等，本節順便開啟檔案來說明。

27-0-1 指令位置

在工作窗格第 2 個標籤，與五金零件庫 Toolbox 在同一位置，下圖右（箭頭所示）。

A 預設路徑

C:\ProgramData\SOLIDWORKS\SOLIDWORKS 2020\design library，實務會將 design library 資料夾搬移到 D 槽並進行擴充與規劃。

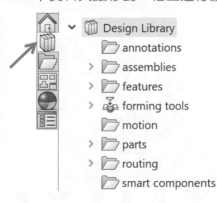

27-0-2 Design Library 介面

介面以中間窗格分上下 2 層：1. 上方資料夾與工具列、2. 下方內容，下圖左（箭頭所示）。點選資料夾可見下方內容，這些內容可以為 SolidWorks 文件。

A 上方內容右鍵內容

在上方任意資料夾上右鍵，可見控制，下圖中。

B 下方內容右鍵內容

在下方空白處右鍵，可見控制，下圖右。

27-0-3 Annotation（註記，副檔名*.sldgtolfvt）

點選資料夾，於下方欄位顯示幾何公差符號、表面加工符號、熔接符號、圖塊…等，拖曳到模型繪圖區域中就能開啟註解，常用工程圖，也可在模型中成為註解，下圖左。

27-0-4 Assemblies（組合件）

預設顯示模具模型，以模型組態切換不同樣式，下圖右。

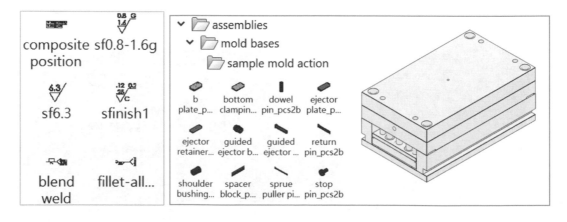

27-0-5 Features（特徵，副檔名*.sldlfp）

將特徵庫以 3 種區分：1. inch（英制）、2. metric（公制）、3. sheetmetal（鈑金）。

A inch/metric（英制/公制）

英制與公制的特徵庫模型完全相同，只差別在單位的不同，提供：鑽孔的直線或環狀複製排列、軸或孔用的鍵槽、O-Ring、扣環、狹槽的特徵庫模型。

B sheetmetal（鈑金）

提供多達 60 種沖壓、沖孔、窗型...等造型的除料特徵庫，雖然被歸類在鈑金，在以特徵建模的模型也可使用，下圖右下。

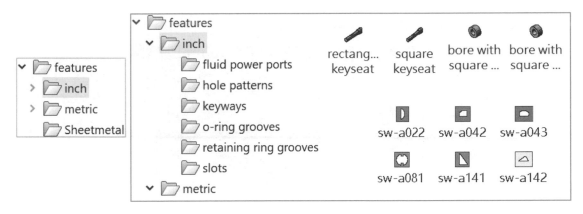

27-0-6 Forming tools（成形工具，副檔名*.sldlfp）

以 5 個資料夾分類的成形工具模型，例如：窗、電線架、沖壓圓孔...等，下圖左。

27-0-7 Motion（動作研究，副檔名*.sldmtnfvt）

將動作研究的動作元素設定儲存起來，未來只要拖曳到模型中就不必重新設定：動力、力、阻尼、彈簧，下圖右。

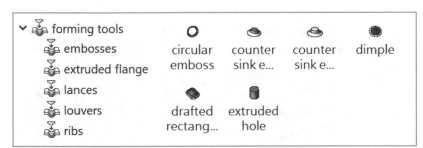 

27-0-8 Parts（零件）

零件包含：市購件、旋鈕和鈑金、這部分公司的市購件、共用件的資料夾捷徑。

A hardware（五金）

預設 5 種模型：1. 開口銷、2. 帶帽螺絲、3. 齒輪、4. 螺帽、5. 扣環，實務常使用 Toolbox 來取得這些模型，除非是標準版用戶，不得已才會使用此模型。

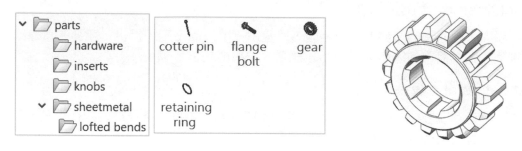

B inserts（插入件）、**C** knobs（把手）

提供設備常用的墊塊和調整把手，直接取得使用，不必再上網搜尋。

D sheetmetal（鈑金）

8 種鈑金樣式：圓錐、矩形錐...等，可以直接修改尺寸得到你要的模型，下圖左。

27-0-9 Routing（管路）

提供管路、電路、風管常用的市購件模型，例如：三通、法蘭、漸縮管...等，適用究極版（Premium），若為標準版及專業版，只支援 8 個閥件模型。

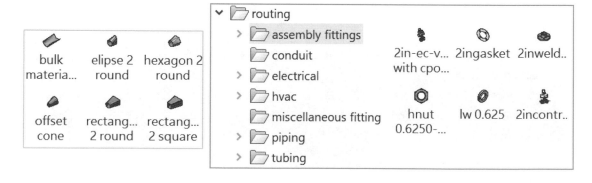

27-0-10 Smart Components（智慧型零組件，副檔名*.）

適合在組合件環境使用，能自動將配合件進行特徵製作，例如：伸長、除料、鑽孔…等，並將其他模型一起組裝。

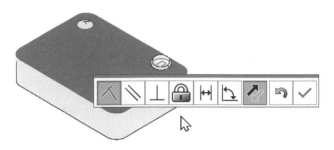

27-0-11 不支援的特徵

不支援特徵庫的特徵：分割線、薄殼、變化半徑圓角、加厚、曲面除料、自由形態、比例、變形、凹陷、彎曲、包覆、移動面。

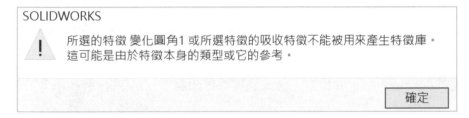

27-0-12 先睹為快：特徵庫

快速體驗特徵庫檔案和功能。開啟 1. features→2. Sheetmetal→3. sw-a081，於特徵管理員可見 2 特徵：1. 基材特徵（Base-Extrude）、2. 特徵庫，下圖右。

Ａ 基材特徵與特徵庫

基材特徵（又稱基礎特徵 BASE），特徵庫通常由基材特徵為主。特徵庫屬於第 2 特徵組成，以圖示來說圓形除料就是特徵庫，因為第一特徵不能直接除料（不能除空氣）。

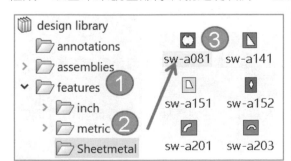

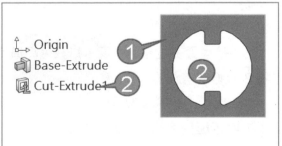

B 放置特徵庫

自行畫 Ø50 圓柱，將特徵庫拖曳到模型上，這作業和直接開啟特徵庫不同。

步驟 1 將特徵庫拖曳至模型上

於工作窗格或檔案總管將 sw-a081 拖曳到模型上→↵，完成特徵庫建立。

步驟 2 查看特徵管理員

特徵管理員第 2 特徵為**特徵庫**，展開看除料特徵多了 L 圖示，下圖右（箭頭所示）。

步驟 3 編輯特徵庫、編輯特徵

特徵庫就是特徵，點選特徵庫→編輯特徵，回到特徵庫修改。也可以點選→編輯特徵，修改除料特徵。

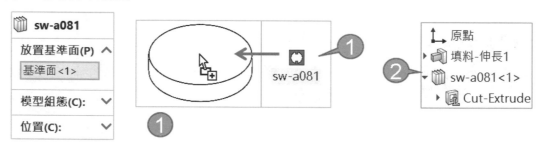

步驟 4 ☑ 重置尺寸值

點選值的欄位顯示該尺寸位置，修改過程可見預覽，↵結束指令。

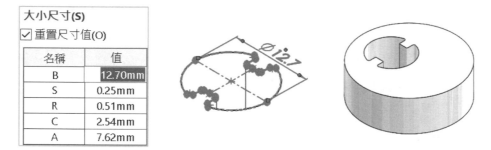

大小尺寸(S)
☑ 重置尺寸值(O)

名稱	值
B	12.70mm
S	0.25mm
R	0.51mm
C	2.54mm
A	7.62mm

C 更改尺寸方向

將 tombstone relief 特徵庫拖曳至模型上，進行特徵定位改尺寸。

步驟 1 參考視窗

出現模型邊線的參考視窗，以紅色亮顯特徵放置基準，下圖中（箭頭所示）。

步驟 2 查看參考欄位

於左邊看出參考欄位呈現？Edge，指定模型邊線本設定應該稱為：來協助特徵庫定位。

步驟 3 點選模型邊線，立即完成特徵庫

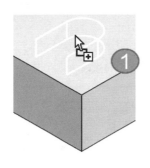   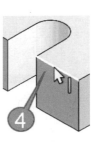

27-0-13 解除特徵庫、ESC 取消特徵庫

特徵庫🏛️上右鍵➔解除特徵庫,回復成普通特徵。過程中選錯檔案 ESC 取消指令。

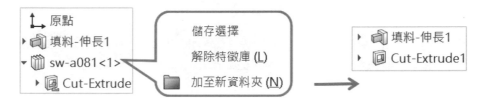

27-1 Design Library 工具列

本節說明特徵庫工具列用途,看過後會感到早知道可以這樣用並協助公司導入規劃。有些公司將機械設計遍覽內的設計資訊整合於模型內,RD 人員只要有這模型,即可得到尺寸及公差,不必查表減少看錯行或輸入錯誤風險。

27-1-1 往前⊙/往後⊙

向前或向後呈現資料夾位置,展開可見瀏覽歷程並切換到指定位置,下圖左。

27-1-2 加入至資料庫🏛️

將特徵或檔案儲存成特徵庫,後面有專門章節說明,下圖右。

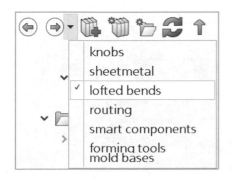 

A 加入至資料庫 4 種方式

有些方式很直覺：1. 點選指令、2. 拖曳特徵庫模型面、3. 特徵管理員的特徵到下方窗格中、4. 特徵管理員的特徵右鍵→加入至資料庫，模型必須為*. SLDLFP 格式。

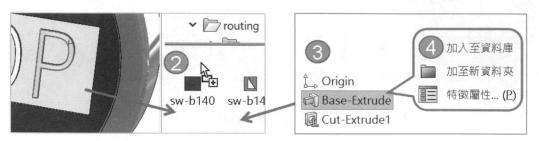

27-1-3 新增檔案位置（又稱新增特徵庫位置）

特徵庫模型不見得一定要在 SW 預設路徑（design library），→選擇有模型的資料夾（可同時選擇多個資料夾）→確定，窗格立即顯示資料夾，下圖左。

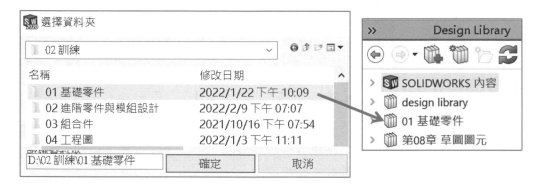

27-1-4 產生新資料夾

點選特徵庫加入子資料夾，常用在特徵分類，例如：圖塊、特徵...等，下圖左。

27-1-5 重新整理

點選→，更新資料夾清單，常用在有更動到資料夾。

27-1-6 移到上一層

移到上一層路徑，
下圖右。

27-2 特徵庫的內容右鍵清單

說明上層和下層右鍵的清單控制，下圖左。很可惜這部分功能普普，應該要有檔案總管的功能，多年來沒有改進，這些功能形成雞肋。

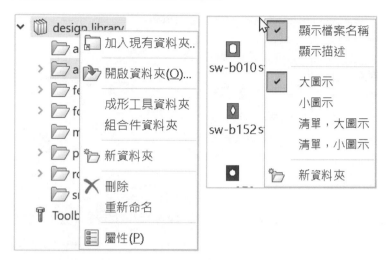

27-2-1 上層：加入至現有資料夾

1. 在現有資料夾上右鍵，加入至現有資料夾→2. 將所選路徑加入至資料夾下。

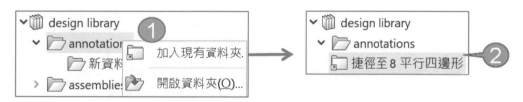

27-2-2 上層：開啟資料夾

以檔案總管開啟所選資料夾，進行檔案的進一步管理。

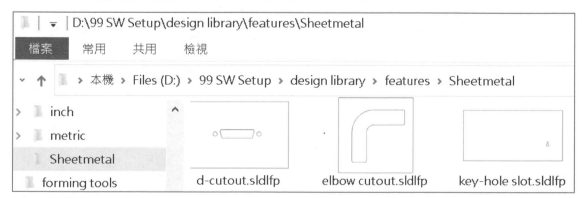

27-2-3 上層：成形工具資料夾

SW 處理成形工具的方式與處理其他零件方式不同，但副檔名相同，將資料夾轉換為辨識成型工具👆的資料夾，這部分在鈑金的**成型工具**👆詳盡介紹。

1. forming tools 資料夾上右鍵成形工具資料夾→2. 是否要將子資料夾也標示為成形工具資料夾→是，通常資料夾習慣為統一的型態歸檔。

A ☑ 成形工具資料夾

1. 拖曳 embosses\circular emboss 檔案到鈑金模型上→2. 得到沖壓特徵。

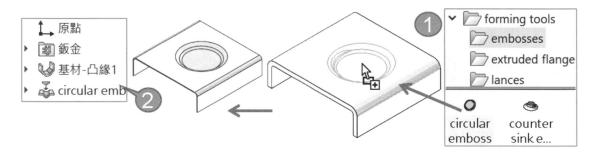

27-2-4 上層：組合件資料夾

僅顯示資料夾中的組合件文件，下圖右（箭頭所示）。

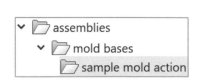
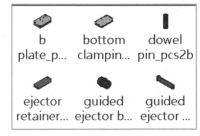

27-2-5 上層：屬性

在資料夾或檔案上右鍵屬性，可以得到內容視窗。

27-2-6 下層：顯示檔案名稱、顯示描述

顯示檔案名稱	sae j1926-1 (circular face) sae j1926-1 (rectangular face)
顯示描述	sae j1926-1 (circular face) "Drag/drop onto a circular planar face. Se sae j1926-1 (rectangular face) "Drag/drop onto a planar face. Select

27-2-7 上層：圖示

設定模型小縮圖顯示狀態，很可惜圖沒有很大，下圖右。

大圖示	小圖示	清單，大圖示	清單，小圖示
sw-b202　sw-b203	sw-a203 sw-a212	sw-b141　sw-c070 sw-b142　sw-c071	sw-a170 sw-b170 sw-a201 sw-b200

27-3 特徵庫管理員（特徵庫指令內容）

本節利用狹槽特徵庫拖曳到模型，說明特徵庫管理員所有用法，進行：1. 放置基準面、2. 模型組態、3. 位置、4. 大小尺寸，下圖左。

27-3-1 放置基準面

將特徵庫由**工作窗格**拖曳至模型面，系統會自動抓取草圖的基準面在此欄位。

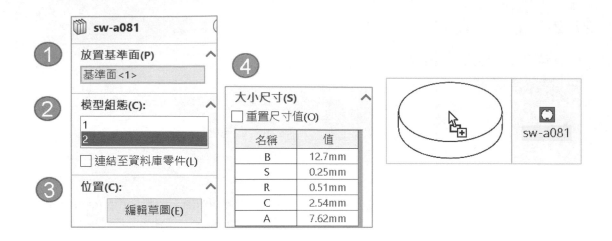

27-3-2 模型組態

1. 選擇特徵庫模型的組態，於下方大小尺寸欄位，**重置尺寸值**為灰色，無法使用，下圖左。2. 若模型內沒有模型組態，顯示為預設，可以控制大小尺寸，下圖右。

27-3-3 連結至資料庫零件（預設關閉）

設定是否要與原始的特徵庫模型連結，當修改原始特徵庫時，被插入至其他模型的特徵庫也能同時被修改，下圖右（箭頭所示）。

A ☑ 連結至資料庫零件

與原始特徵庫模型有關聯性，當修改原始特徵庫模型，被加入至其他模型的特徵庫也會同時更新。當☑**連結至資料庫零件**，無法重置大小尺寸、編輯特徵庫的草圖及特徵。

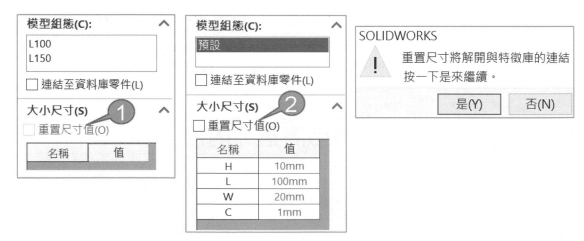

B ☐ 連結至資料庫零件

可任意修改特徵庫尺寸，不會有任何限制，但☐**連結至資料庫零件**後，無法重新編輯特徵庫將它重新啟用，這時必須要重新製作。

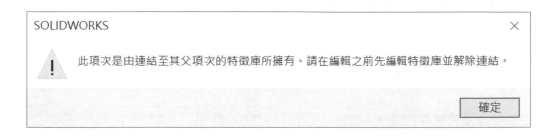

27-3-4 參考

出現特徵庫定位參考視窗，協助點選模型位置，例如：點選 2 模型邊線。

A 重新選擇

如果選錯，點選參考欄位的邊線來重新選擇，重新選擇過程，定位參考視窗會重新開啟，下圖左（箭頭所示）。

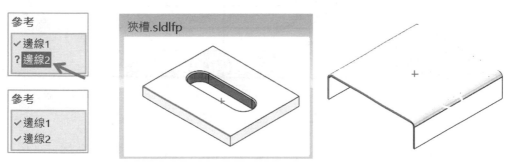

B 為何會有這 2 條邊線

特徵庫與基材特徵關聯時，就會顯示此設定，例如：狹槽草圖標註模型 2 邊線，下圖左（箭頭所示）。

27-3-5 位置

特徵庫的草圖不足定義，要自行標尺寸，例如：水平 50、垂直 40，下圖左（箭頭所示）。

A 編輯草圖

點選編輯草圖會出現特徵庫輪廓視窗，進入草圖自行標尺寸，下圖右。

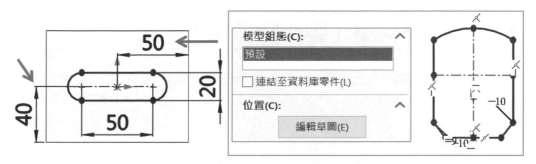

B 上一步

回到特徵庫設定畫面。

C 完成

結束草圖及特徵庫設定。

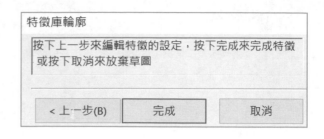

特徵庫輪廓

按下上一步來編輯特徵的設定，按下完成來完成特徵
或按下取消來放棄草圖

< 上一步(B)	完成	取消

27-3-6 定位尺寸（位置尺寸）

當特徵庫與基材特徵有關聯時，設定特徵庫的位置尺寸，例如：1. 平行、2. 中心距離。

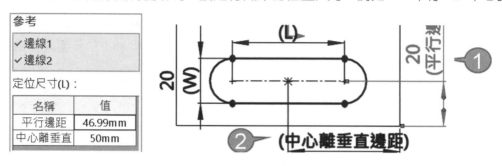

參考

✓ 邊線1
✓ 邊線2

定位尺寸(L)：

名稱	值
平行邊距	46.99mm
中心離垂直	50mm

27-3-7 大小尺寸（形狀尺寸）

插入特徵庫過程，先定位才有大小尺寸，並決定是否修改特徵的形狀尺寸。☑重置尺寸值下方表格亮顯改數值，可即時查看出變化，下圖右。

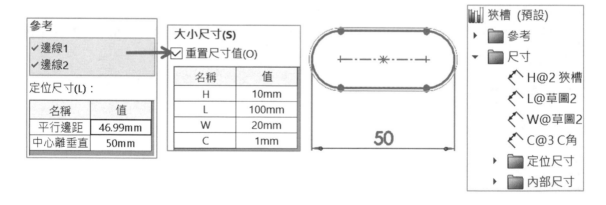

參考

✓ 邊線1
✓ 邊線2

定位尺寸(L)：

名稱	值
平行邊距	46.99mm
中心離垂直	50mm

大小尺寸(S)

☑ 重置尺寸值(O)

名稱	值
H	10mm
L	100mm
W	20mm
C	1mm

狹槽 (預設)
▸ 📁 參考
▾ 📁 尺寸
  ⤙ H@2 狹槽
  ⤙ L@草圖2
  ⤙ W@草圖2
  ⤙ C@3 C角
▸ 📁 定位尺寸
▸ 📁 內部尺寸

27-4 加入至資料庫（製作特徵庫）

本節製作狹槽特徵庫，於上方工具上點選**加入至資料庫**，分別為 3 個欄位：1. 加入的項次、2. 儲存至、3. 選項。

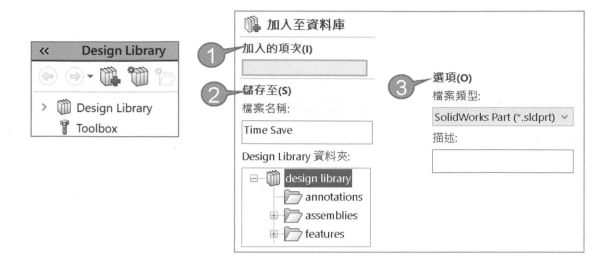

27-4-1 加入的項次

於**加入的項次**選擇要成為特徵庫的特徵,例如:特徵管理員點選特徵 1. **狹槽**、2. **角**,不選擇 0 **本體**特徵,為了讓**狹槽**及 C **角**成形的基礎特徵,下圖右(箭頭所示)。

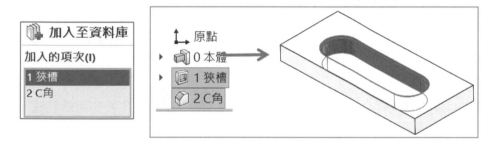

27-4-2 儲存至

承上節,特徵被儲存在所選的 Design Library 資料夾中,下圖左。

A 檔案名稱

特徵庫的檔案名稱,例如:狹槽。

B Design Library 資料夾

點選將特徵庫儲存的資料夾,例如:放置在新資料夾中。

27-4-3 選項

定義特徵庫的檔案類型和描述,下圖中。

A 檔案類型

預設清單顯示特徵庫專屬的附檔名*. SLDLFP。

B 描述

輸入關於特徵庫的描述，此欄位可以不必輸入，保留空白。

27-4-4 完成

完成特徵庫後，自動開啟特徵庫模型，由特徵管理員可看出：1. 檔名前多了書籍圖示、2. 新增參考及尺寸資料夾、3. 特徵多了 L 圖示，下圖右。

A 檔案類型

儲存檔案必須為*. SLDLFP，無法將零件儲存為*. SLDPRT，下圖左。

B 從資料庫移除

在模型面或特徵管理員特徵上右鍵→從資料庫移除，讓特徵不被特徵庫管理，下圖右。當特徵不受特徵庫管理時，可以將檔案儲存為*. SLDPRT。

27-4-5 加入至資料庫

於新增特徵右鍵→加入至資料庫，可看出特徵圖示上多了特徵庫 L 的圖示。

27-4-6 從資料庫中移除

將特徵庫的特徵移除，點選特徵右鍵→從資料庫中移除，可看出特徵圖示少了 L。

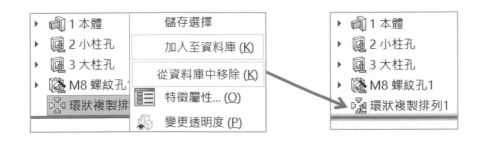

27-5 特徵庫於特徵管理員架構

開啟特徵庫（＊.SLDLFP）模型，會發現 4 大類會自動產生：1. 參考、2. 尺寸、3. 內部尺寸、4. 外部尺寸設定，下圖左。

27-5-1 參考

顯示特徵庫加入至模型上時，定義位置的關聯，例如：放置平面、2 條邊線。

A 放置平面

顯示草圖位置，點選會見到模型面亮顯。

B 邊線 1、邊線 2

草圖的 X、Y 尺寸位置，下圖右。

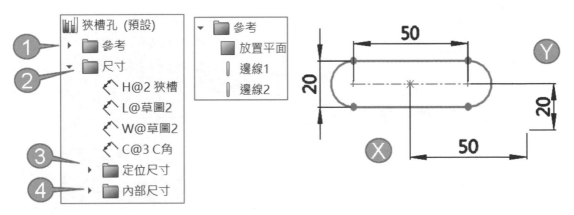

27-5-2 尺寸

顯示特徵庫的所有尺寸（草圖及特徵）為 3 大區域：1. 外部、2. 定位尺寸、3. 內部尺寸。為了方便插入特徵庫過程，容易辨識每個尺寸，可點選尺寸 F2 重新命名。

A 外部

插入特徵庫過程會在**大小尺寸**欄位，以下說明如何整理。

B 定位尺寸

定義特徵位置的尺寸，必須手動將尺寸拖曳至資料夾，例如：平行邊距、中心離垂直邊距，每次只能拖曳一個尺寸，無法使用 Crtl 複選，下圖右。

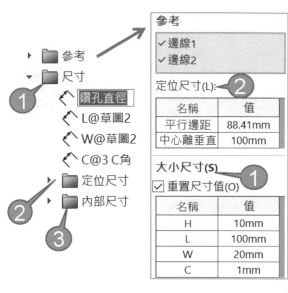

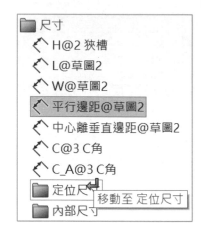

C 內部尺寸

內部隱藏尺寸。插入特徵庫過程，不顯示該尺寸，例如：C 角的 45 是常規角度，不需修改，可設定為內部尺寸，尺寸移至資料夾後，尺寸圖示為透明。

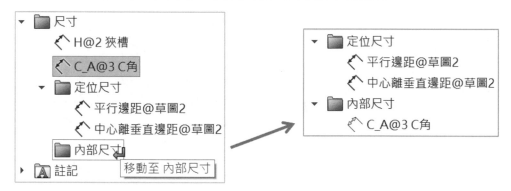

27-6 多本體特徵庫

特徵庫除了應用於除料外，也能製作成多本體特徵庫，只要在特徵成形過程中囗合併結果，實務常用於焊接件，例如：在鐵板上焊接螺帽。

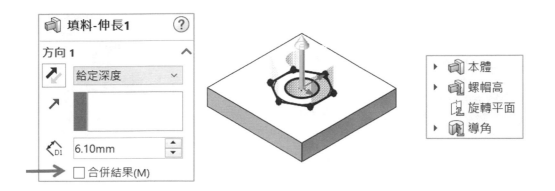

27-7 特徵庫實務範例

列舉常見特徵庫並進階說明做法，本節推薦自行練習製作一遍。

27-7-1 鍵槽特徵庫（軸/孔）

軸徑大小選擇不同精密等級：1. 滑動、2. 一般、3. 精密，在軸上建立鍵槽。

步驟 1 加入特徵庫

將特徵庫模型拖曳至圓柱面，出現加入特徵庫視窗。

步驟 2 模型組態

選擇任一組態後，下方出現 1. 定位尺寸和 2. 大小尺寸欄位，這時無法設定。

步驟 3 定位特徵庫

點選圓邊線，可以進行下方的定位和大小尺寸。

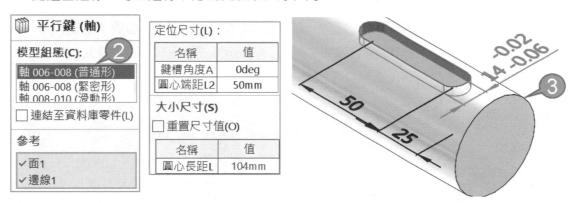

A 練習：平行鍵特徵庫（孔用）

自行完成平行鍵孔用的特徵庫加入到圓棒上：1. 圓柱面→2. 邊線。

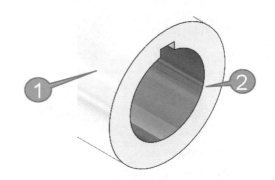

- ▼ 🏛 2 平行鍵 (孔)<1>(孔 017-022 (普通形))
  - 🔄 3D草圖15
  - 🔩 平面15
  - ▶ 🔳 除料-伸長15

27-7-2 扣環特徵庫（軸/孔）

在軸和孔上建立扣環溝槽，這技術也可以用在 O 型環，先進行軸用特徵庫加入，本節軸心 Ø50，所以使用 Ø50 組態。

步驟 1 放置基準面　　**步驟 2 模型組態**　　**步驟 3 參考**　　　　**步驟 4 定位尺寸**

點選軸端面。　　　　　　點選 Ø50。　　　　　　點選圓邊線。　　　　　輸入 10。

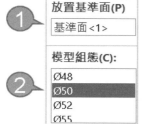

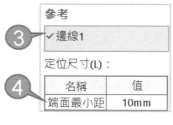

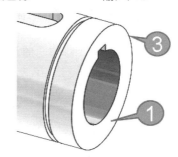

🅐 練習：扣環特徵庫（孔用）

本節孔 Ø30，所以使用 Ø30 的組態。

步驟 1 放置基準面　　**步驟 2 模型組態**　　**步驟 3 參考**　　　　**步驟 4 定位尺寸**

點選軸端面。　　　　　　點選 Ø50。　　　　　　點選圓邊線。　　　　　輸入 10。

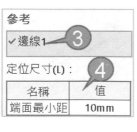

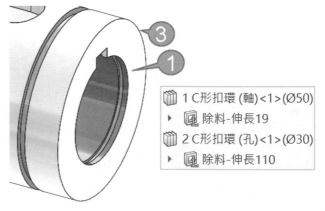

- 🏛 1 C形扣環 (軸)<1>(Ø50)
  - ▶ 🔳 除料-伸長19
- 🏛 2 C形扣環 (孔)<1>(Ø30)
  - ▶ 🔳 除料-伸長110

27-7-3 軸承座特徵庫

將機械常用軸承座,參考機械設計遍覽的型號規格資料製作特徵庫。底座板有大量螺紋孔繞著中心圓孔,試想至少要 3 個特徵:1. 中心圓孔⌾、2. 螺紋孔⌾、3. 環柱狀複製排列⬚。將他們製作特徵庫,可大幅減少繪圖時間。

步驟 1 放置基準面

點選上面。

步驟 2 模型組態

Default。

步驟 3 參考

點選水平和垂直邊線。

步驟 4 定位尺寸

中間大孔:40	鑽孔深度:80
邊線距離 1:50	孔角度:45
邊線距離 2:50	孔 PCD:70
孔直徑:12	孔數量:6

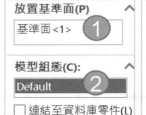

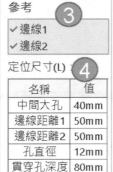

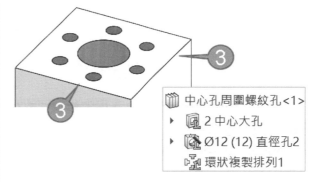

A 定位尺寸欄位對應

本節的尺寸有點多,要耐心對應尺寸。

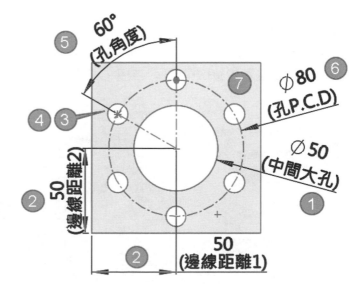

定位尺寸(L):	
名稱	值
中間大孔	40mm
邊線距離1	50mm
邊線距離2	50mm
孔直徑	12mm
鑽孔深度	80mm
孔角度	60.deg
孔P.C.D	80mm
孔數量	6

B 特徵管理員的定位尺寸對應

本節讓同學更明白特徵與定位尺寸的關聯。

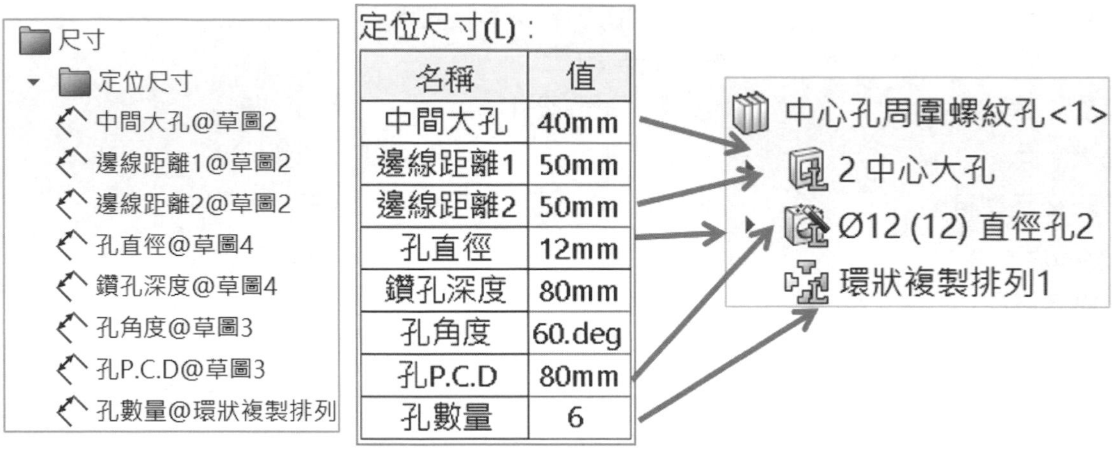

27-7-4 鑽孔特徵庫（含螺紋孔）

將常用螺紋孔規格製作成為模型組態並成為特徵庫檔案，大幅減少進入等待時間。

步驟 1 放置基準面

直接選擇需要的規格，拖曳至模型面。

步驟 2 模型組態

切換鑽孔大小，例如：M10。

步驟 3 位置

點選編輯草圖，進入草圖自行定義鑽孔位置。

步驟 4 大小尺寸

有 2 個尺寸要自行定義：1. 牙深、2. 鑽孔深度，其餘的尺寸已經被組態控制了。要深度或貫穿可以在產生特徵庫過程，或事後編輯特徵修改深度即可。

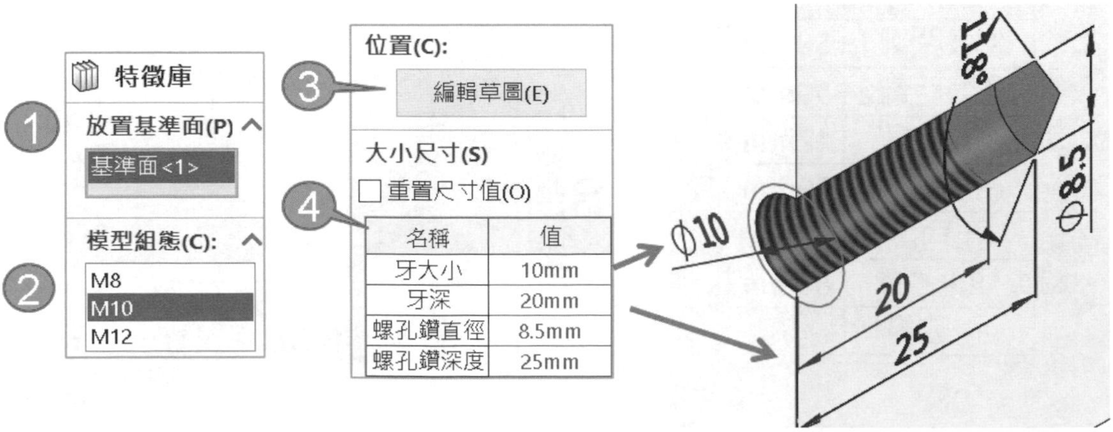

A 模型組態/單獨規格

這是模型組態議題，特徵庫用多組態很方便，會增加檔案大小。1 個規格 1 個特徵庫雖然不方便，但整體運算效能很高，所以這是兩面刃。

B 特徵庫 1 組態的檔案大小 100K，C 特徵庫 10 組態的檔案大小要 2MB，A 底板 1MB，相加的檔案大小，右下表所示。

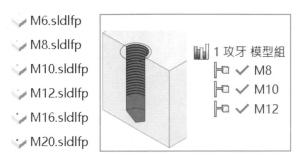

		A 底板	檔案大小
B	1 組態　100K	1MB	A+B=1.1MB
C	多組態　2MB	1MB	A+C=3MB

B 製作特徵庫過程的大小尺寸作業

異型孔精靈的攻牙包：1. 牙大小、2. 牙深、3. 鑽孔直徑、4. 鑽孔深、5. 鑽孔的導角角度，這些會出現在尺寸資料夾中。

為了特徵庫識別目前只能更改：1. 牙大小、2. 牙深。不能更改 3. 螺孔鑽直徑、4. 螺孔鑽深度，因為異型孔精靈識別不出來。

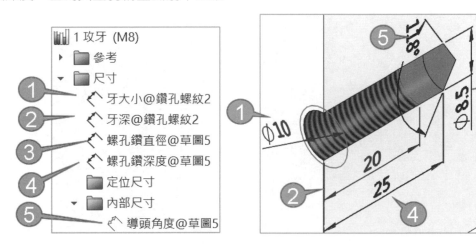

C 其他常見的鑽孔特徵庫

將多個鑽孔指令才能完成的特徵，建議建立特徵庫，📷≠專業，反而降低指令操作難度、步驟減少、降低錯誤率就是現今業界要的。

1. 柱孔+螺紋孔、2. 雙柱孔、3. 中心孔兩側螺紋孔

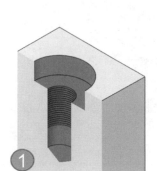 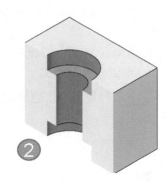 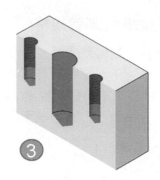

27-7-5 圓角/導角特徵庫

將圓角特徵庫拖曳至模型任意面上後，再選擇導圓角邊線。

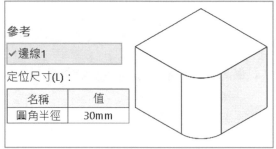

參考

✓ 邊線1

定位尺寸(L)：

名稱	值
圓角半徑	30mm

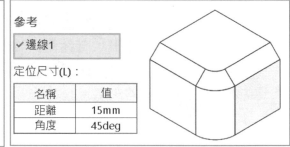

參考

✓ 邊線1

定位尺寸(L)：

名稱	值
距離	15mm
角度	45deg

屬性標籤產生器

屬性標籤產生器（Property Tab Build，簡稱屬性標籤）■，提供客製化後台，產生的介面由工作窗格的**自訂屬性**（Custom Property）■執行，只要輸入模型尺寸或資訊，不用再理會左邊的特徵管理員。

A 名稱統一

自訂屬性■應該稱**屬性標籤**比較一致，這樣才會有**屬性標籤產生器**，課堂和同學說**自訂屬性**■實在很難讓同學意會，統一稱為**屬性標籤**後，同學都很好理解。

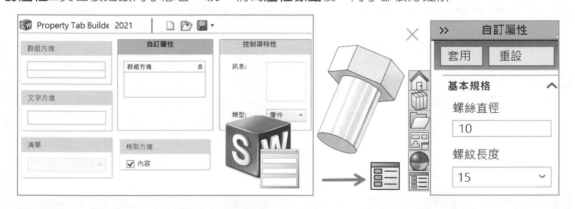

B 模組化價值：方便管理與設計提升

現在很流行模組化，把模型畫好讓其他人好修改。只要對新人進行簡單教育訓練就能輕鬆執行 SW 作業，至少減少一半人力進行常態性的產品維護，讓工程師專注設計。

C 建模靈魂境界

■屬於第 3 階模組段：1. 建模學習→2. 應用指令→3. 模組化。常見：1. 零件、2. 組合件、3. 工程圖、4. 工程圖圖框、5. BOM，模組製作過程著重模型穩定性，避免修改後重新計算錯誤，達到建模靈魂境界。

D 內建的模組

一開始會覺得這麼好用的可程式化介面一定很貴，其實 2010 將 PDM 功能下放並內建在標準版（Standard）中。讓你意想不到 SW 可以寫程式，模組化能把 SW 推升到最高境界，讓模型價值提升，產品生命週期提高。

E 人性化介面（後台）

只要拖曳置放標籤項目，設定一下控制項，就像零件拖曳到組合件一樣方便。

F 人性化介面（前台）

模型製作模組後，以右邊介面輸入，不需要很高深 SW 操作程度，更不用管理特徵管理員的工程資訊。本章常讓同學感到驚豔，人性化介面設計變更，真的比較簡單也好用。

G 秘訣：掌握模組化 3 態

1. 屬性標籤→2. 檔案屬性→3. 數學關係式，這 3 項連結不能斷，製作過程一定會出現無法理解的問題，只要掌握這 3 態保證問題解決。

28-0 指令位置與介面

本節介紹屬性標籤產生器的指令位置與視窗內容，這就是我們常說的自訂屬性的後台。

28-0-1 指令位置

有 2 個地方進入**屬性標籤產生器**，這些 2 位置互相關聯。

A 工作窗格

1. SW 資源→2. ，下圖左。

B Windows 開始

1. 開始→2. SolidWorks 工具 2020→3. 。

C Windows 工具列

進階者建議把建立在 Windows 工具列中，下圖右。

28-0-2 屬性標籤產生器介面

依使用順序由左到右 3 大項：1. 控制類型、2. 自訂屬性、3. 控制項特性，本節簡易說明常見操作。

A 視窗大小

除了右上角的最大/最小化（方便看整體項目），重點在右下角調整視窗大小。

B 調整欄位寬度

只能左右拖曳調整右邊欄位寬度，當欄位內容很多的時候，會為了這項目感動。

C 比對屬性標籤

可以開多個，比對新舊標籤內容。介面左上角可見版本，Property Tab Builde 2021、2022…等，相信你發現新版功能必定雀躍不已。

28-0-3 新增

產生新檔案，常用在不想刪除舊的，想重新製作，新增過程會出現訊息，下圖左。

28-0-4 開啟

開啟屬性範本檔案。目前不支援由檔案總管拖曳檔案到本視窗置放，比較不方便，因為寫程式會用到多螢幕。

A 檔案版本

模型有版本差異，屬性標籤也有，例如：2020 屬性標籤，用 2019 開啟會出現新功能不支援的訊息，但還是可以開啟。不建議這樣，製作過程會感覺到有些屬性標籤沒反應。

28-0-5 儲存/另存為

將目前檔案儲存並更新，常用在即時驗證 SW 結果，但不支援快速鍵 Ctrl+S，這點製作屬性標籤就會慢一點。

A 另存為

將目前檔案另存別的檔案作為備份用，也可確認檔案來自何方，但不支援快速鍵。

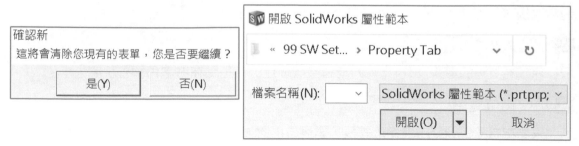

SolidWorks 屬性範本 (*.prtprp;*.asmprp;*.drwprp;*.wldprp)

28-0-6 線上說明

直接進入屬性標籤的說明項目，協助同學對屬性標籤的原理，值得同學閱讀。

28-0-7 最小、最大、關閉

最大化視窗很多人沒想到，因為預設不是最大化視窗。

28-0-8 控制類型

視窗左邊=主要功能，由上至下 7 種樣式：1. 群組方塊、2. 文字方塊、3. 清單、4. 數字、5. 核取方塊、6. 選項按鈕、7. 清單群組，預計未來版本會增加項目。

28-0-9 自訂屬性

於視窗中間，將控制類型加到群組方塊成為介面，可調整方塊位置。

A 加入

快點 2 下指定項目或拖曳置放到塊自訂屬性，拖曳手法屬於順便排序，下圖左。

B 刪除

點選群組方塊或元素→DEL 刪除，早期版本只能右鍵刪除，下圖右。

28-0-10 控制項特性

進行屬性標籤細部設定，2 大功能：1. 製作範本（含訊息）、2. 所選項目控制。

A 製作範本（Property，PRP）

屬性標籤可製作：1. 零件. PRTPRP、2. 組合件. ASMPRP、3. 工程圖. DRWPRP、4. 熔接. WLDPRP，比較特殊支援熔接（多本體）（箭頭所示）。

要看到這畫面必須為沒有點選到**群組方塊**或**文字方塊**，點選空白處取消所有選擇。

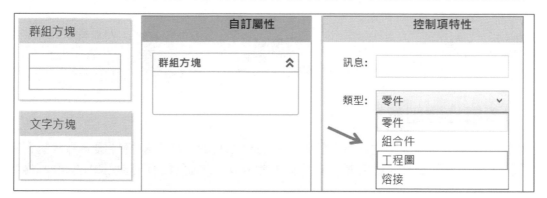

B 所選項目的控制

於自訂屬性中，點選要控制的方塊，進行右方控制。

28-0-11 自訂屬性檔案位置

自訂屬性檔案在 1. 系統選項➜2. 檔案位置➜3. 自訂屬性檔案，目前不支援多路徑。

A 模型隨著屬性檔案儲存

開啟六角螺絲模型，會自動套用屬性檔案，這點還真神奇，只要 1. 屬性標籤檔案還在、2. **檔案位置**不更動，都可關聯得到。

B 避開自訂屬性與系統效率

組合件中點選模型會自動啟用右邊的屬性標籤，這點是很棒功能，不過會讓你編輯草圖、編輯特徵、新增特徵…等作業變慢，有點類似自動更新。

如果沒有屬性標籤需求，建議：1. 工作窗格點選其他標籤避開、2. 關閉工作窗格。

28-0-12 屬性詳細資料

提供自訂屬性⇆檔案屬性連結，節省比對資料的時間。於自訂屬性最下方➜點選屬性詳細資料，開啟**摘要資訊**視窗查看資料，就能體會屬性標籤資料和這裡連結的便利性。

28-0-13 範本的選項 🔧

進入範本選項視窗，查看 1. 自訂屬性路徑或 2. 清單選擇檔案。

A 原始的檔案路徑（重點）

第 1 行顯示檔案路徑，可確認避免用到其他路徑的屬性標籤，並且模型會記憶屬性標籤的檔案位置，建議把屬性標籤檔案路徑統一，這樣比較不會找不到位置。

預設的路徑：選項→檔案位置→自訂屬性，目前僅支援 1 個路徑，這部分不彈性。

B 範本清單（抽換屬性標籤）

清單顯示預設路徑的檔案屬性，由清單切換另一個檔案或無（不要屬性標籤）。

C 屬性標籤產生器

2022 新功能，回到屬性標籤產生器介面，執行過程遇到問題迅速回到屬性標籤調整，這段看起來好像沒什麼，對大量使用的同學感觸很深。

28-0-14 屬性標籤的內部

屬性標籤以文字結構而成，常用記事本開啟，進階者會對這內容進行細部更改，我們常遇到一些幽靈現象，在這裡進行新舊比對很容易找到問題。

```
📄 1 外六角螺絲.prtprp - 記事本

檔案(F)  編輯(E)  格式(O)  檢視(V)  說明
<?xml version="1.0" encoding="UTF-8"?>
<CPTemplate>
  <AppVersion>28</AppVersion>
  <CPSheet>
    <GroupBox Label="基本規格" PropName="群組方塊2" DefaultState="Expa
      <Control Label="螺絲直徑" PropName="螺絲直徑" ApplyTo="Config" T
      <Control Label="螺紋長度" PropName="螺紋長度" ApplyTo="Config" T
        <Data Path="" SourceType="List">
```

28-0-15 提高屬性標籤製作效率

製作太久會顯得沒效率，容易讓公司失去耐心。常遇到急著進行屬性標籤，修改尺寸過程出現模型問題並修改：1. 模型、2. 數學關係式、3. 屬性標籤，越改心情越亂。

A 模組化基本流程

1. 特徵先完成➔2. 驗證尺寸變化➔3. 數學關係式➔4. 屬性標籤。

B 快速鍵

製作以下快速鍵：1. 數學關係式（Alt+E）**Σ**、2. 檔案屬性（Ctrl+Shift+F）▤、3. 編輯草圖(S)、4. 編輯特徵(Ctrl+F)。

C 尺寸名稱

定義尺寸名稱和自訂屬性名稱，可以在修改視窗中快速連結檔案屬性。例如：1. 修改視窗中輸入=➔2. 會迅速帶出 L 相關的檔案屬性名稱▤L(52)，下圖左。

1. 不需要游標移到檔案屬性▤➔2. 由長清單找尋並點選檔案屬性，下圖右。

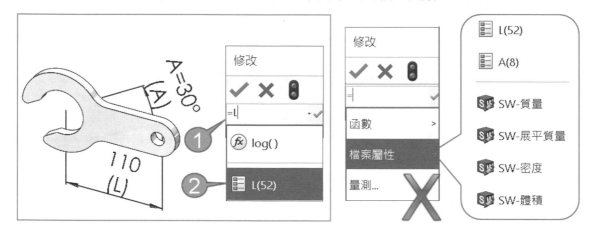

D 多螢幕作業

最好 5 個螢幕獨立放置：1. SolidWorks、2. 屬性標籤產生器▤、3. 檔案屬性▤、4. 檔案總管、5. 放置其他程式監看或隨時拿到主螢幕用，例如：網頁、LINE、Word...等。

28-1 先睹為快：自訂屬性介面

以六角螺絲快速說明自訂屬性使用方式，分上下 2 段：1. 基本規格、2. 模型資訊。

28-1-1 訊息

以黃色底色顯示此標籤使用的提示訊息。

28-1-2 基本規格

控制模型尺寸,只要輸入螺絲主要規格:1. **螺絲直徑**、2. **螺絲長度**,其餘尺寸由數學關係式自動算尺寸,例如:六角頭厚度及直徑。

A 螺絲直徑

輸入螺絲直徑 12,不必輸入 M。

B 螺絲長度

展開長度清單,若清單內沒有合適尺寸,也可自行輸入,例如:35,下圖左。

28-1-3 模型資訊

此群用於工程圖及零件表資訊,下圖中。

A 材質

模型材質統一右方套用,這是目前為快的方法,不必在樹狀結構材質右鍵→套用。

B 零件名稱

用於 BOM 表(零件表)名稱資訊,例如:外六角螺絲、內六角螺絲。若在製作標籤過程預先輸入名稱,這部分就不必輸入減少輸入時間,只要稍微留意正確性即可。

C BOM 規格

由系統帶出螺絲規格,用於 BOM 表(零件表)內的規格資訊,例如:M10x15L。

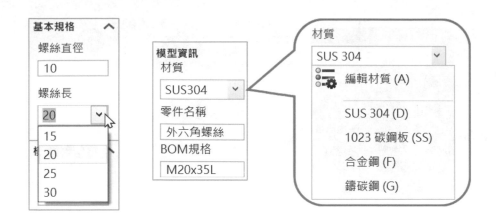

28-1-4 重新計算

1. 使用 CTRL+B、CTRL+Q 重新計算模型，出現訊息：已經做出變更，是否要儲存→2. 是，這項操作是最快看出結果的，下圖左。

28-1-5 套用

將屬性標籤內容套用到檔案屬性中，下圖右。

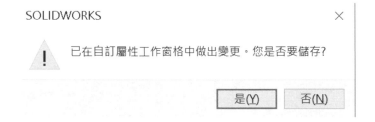

28-1-6 重設

回復預設的標籤資訊，常用在重新來過。

A 更新資料庫（F5）

想由自訂屬性立即看結果，按 F5 更新資料庫。重設應該為**重設/更新**。如果資料庫還是無法更新，關閉→重啟屬性標籤視窗。

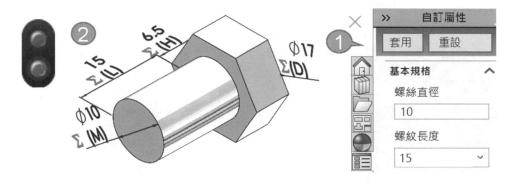

28-2 先睹為快:鋁擠長度製作

1 個尺寸進行長度變更,簡單說明屬性標籤製作方向,重點:尺寸=屬性連結,本節會說明到屬性連結能不能成功的核心。先把模型開啟,再製作屬性標籤。

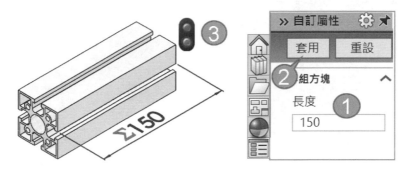

28-2-1 群組方塊與加入文字方塊

進入🏠會發現中間的自訂屬性欄位中,預設 1 個群組方塊。1. 快點 2 下左邊的控制類型到自訂屬性→2. 進行右邊的控制項。

28-2-2 標題名稱與數值

定義標題與名稱統一和預設數值。

步驟 1 標題名稱=長度

步驟 2 名稱=長度

步驟 3 值

定義預設值=100,預設數值有幾項考量。

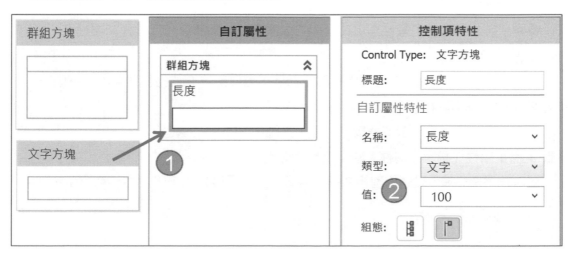

A 特徵的型態

鈑金厚度就不適合 100 就太厚了，就要自行判斷常用厚度，好比說 1.2。

B 值（重點，很重要要畫星星）

屬性標籤設計過程，初學者給預設值，這樣檔案屬性有數值，尺寸可以連結，下圖左（箭頭所示）。進階者有可能預設數值會造成你的困擾，會把值空白。

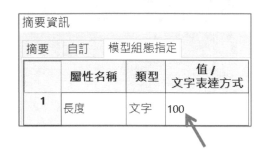

28-2-3 儲存檔案（範本）

保險起見先儲存檔案，存檔過程預設檔名 template.prtprp，改鋁擠。

28-2-4 選擇與套用自訂屬性範本

將剛才製作好的**自訂屬性**套用在模型的**檔案屬性**，這樣就將尺寸連結屬性了。

步驟 1 選擇鋁擠範本

1. 回到 SW 工作窗格，自訂屬性標籤→2. 清單選擇剛才製作的鋁擠範本，下圖左。

步驟 2 套用到檔案屬性

見到長度方塊，輸入數值→按下套用，下圖中。

步驟 3 檔案屬性（檔案→屬性）▤

進入檔案屬性▤，點選模型組態指定標籤，可見長度載入，下圖右（箭頭所示）。

步驟 4 連結尺寸

1. 快點 2 下尺寸進入修改視窗→2. 輸入=→3. 檔案屬性→4. 點選長度→↵，完成後可見變數名稱已經連結，例如："長度@預設"。

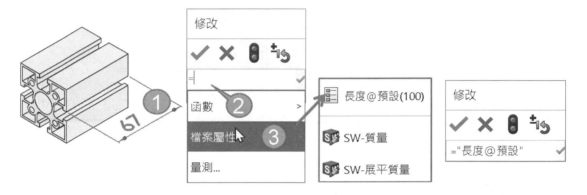

步驟 5 修改屬性標籤，長度尺寸

1. 更改長度尺寸 150→2. 套用→3. ●，可見模型變更長度，從來沒有這樣的成就感對吧。

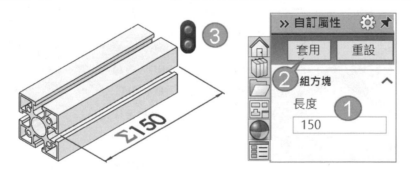

28-2-5 常見無法連結的問題

初學者到這遇到模型沒反應。這就是寫程式，只要多 1 個字、位置不對、關聯性沒連結都會做不出來，有幾種訣竅和各位分享。

A 關閉→重開 SW，或屬性標籤產生器🖥

大量製作屬性標籤過程，遇到**數學關係式**或**修改視窗**無法對應，就是 SW 資源沒有完整釋放，1. 關閉→2. 重開 SW 是很有效的方式，看起來不負責任的說法，但真是好方法。

B 修改視窗無法呈現檔案屬性

　　修改視窗直接輸入變數名稱關鍵字→出現變數連結，不必輸入全部名稱，下圖左。

C 關閉→重開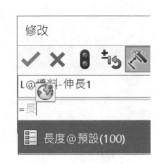

　　更新屬性標籤，但自訂屬性沒有更新到（資料庫）。

D 確認 4 個位置有無關聯

　　1. 資料有沒有完整、2. 工作窗格的屬性標籤項目有沒有和相同、3. 檔案屬性中自訂/模型組態有沒有重複，下圖左、4. 數學關係式，有沒有錯誤訊息，下圖右。

摘要	自訂	模型組態指定	
	屬性名稱	類型	值 / 文字表達方式
1	螺絲直徑	文字	10
2	螺紋長度	文字	15

	名稱	值 / 數學關係式
1	"A"	= 10
2	❌ "M@草圖4	= "螺絲直徑@M10X20L
3	"H@草圖4	= "M@草圖4" * 0.65
4	"D@草圖4	= "M@草圖4" * 1.7
5	❌ "L@草圖4	= "螺紋長度@M10X20L

28-3 基礎：六角螺絲屬性製作

　　六角螺絲分別製作 1. 基本規格、2. 模型資訊，深刻認識屬性標籤後台。1. 建立大方向（欄位）→2. 修改名稱。螺絲頭已完成數學關係式，只要進行直徑和長度的數值輸入。

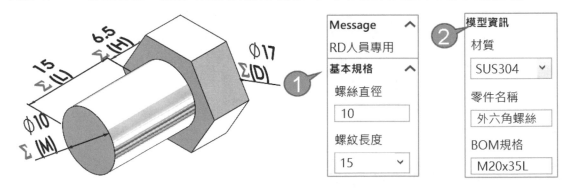

28-3-1 產生大方向：群組方塊、文字方塊

　　拖曳左邊的：1. 群組方塊、2. 文字方塊、3. 清單到中間自訂屬性中，相同項目一次完成比較快，例如：先完成 3 個文字方塊，下圖左。

28-3-2 群組方塊的名稱

群組方塊=大分類：1. 基本規格、2. 模型資訊，更改 2 個群組方塊的名稱，體會右方控制項用法。

1. 點選上方群組方塊➡2. 在右方標題輸入**基本規格**➡3. 自行完成下方群組方塊名稱為模型資訊，下圖右。

28-3-3 訊息製作

屬性檔案都可輸入訊息，訊息出現在屬性標籤上方，點選空白處回到訊息欄位。

28-3-4 基本規格製作

定義 1. 螺絲直徑和 2. 長度清單，本節學習到清單製作，以及資料存放於組態的位置。

A 定義螺絲直徑

定義螺絲直徑與組態位置，下圖左。

步驟 1 定義文字方塊的標題名稱

點選文字方塊，在右方控制項將標題和名稱同步改為螺絲直徑。

步驟 2 組態

點選**顯示於自訂標籤**圖示。

B 定義長度清單

定義螺絲直徑與組態位置，下圖右。

步驟 1 定義標題與名稱

在清單標題和自訂屬性名稱：輸入長度。

步驟 2 定義清單值

在欄位中輸入 15、20、25、30，輸入過程用↵下一行。

步驟 3 ☑允許自訂值

當清單沒有需要的資料時，可以手動輸入。

步驟 4 組態

點選**顯示於自訂標籤**圖示。

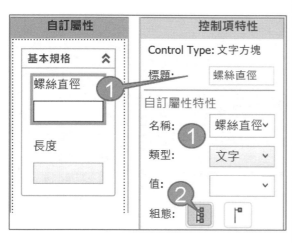

28-3-5 模型資訊製作

分別製作：1. 材質、2. 零件名稱、3. BOM 規格文字方塊。

步驟 1 材質文字方塊名稱

自行對 1. 材質、2. 零件名稱、3. BOM 規格命名，下圖左。

步驟 2 材質連結

1. 點選最上方的文字方塊，在值清單切換**材質**→2. 組態：**顯示於自訂標籤**，下圖中。

步驟 3 零件名稱連結

1. 點選中間文字方塊，值清單切換**檔案名稱**→2. 組態：**顯示於自訂標籤**，下圖右。

28-3-6 儲存/規劃路徑/開啟屬性標籤檔案

本節開始要把屬性標籤儲存起來並讓 SW 開啟，過程中要指定路徑。

步驟 1 儲存屬性標籤

將檔案儲存在桌面，檔案名稱=模組名稱，例如：外六角螺絲，下圖左。

步驟 2 指定自訂屬性路徑

1. 選項→2. 檔案位置→3. 自訂屬性檔案→4. 刪除預設路徑→5. 指定新的桌面路徑。

步驟 3 開啟六角螺絲零件

步驟 4 工作窗格點選自訂屬性

出現先前製作的屬性標籤，下圖右。

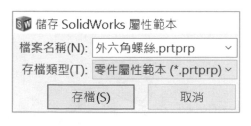

步驟 5 套用檔案屬性

按上方套用，開啟檔案屬性，可見自訂標籤擁有屬性，接下來可以讓尺寸連結這裡的變數：1. 螺絲直徑、2. 長度。

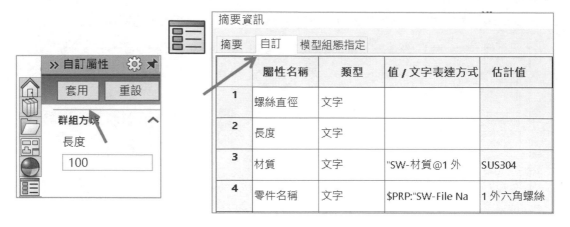

摘要資訊				
摘要 自訂 模型組態指定				
	屬性名稱	類型	值 / 文字表達方式	估計值
1	螺絲直徑	文字		
2	長度	文字		
3	材質	文字	"SW-材質@1 外	SUS304
4	零件名稱	文字	$PRP:"SW-File Na	1 外六角螺絲

28-3-7 重點：套用檔案屬性

本節將尺寸與檔案屬性連結，更精進關係式認知。先前只是把屬性標籤完成，不會這麼神奇在欄位輸入直徑和長度，模型就會變更。

有 2 種方式將尺寸連結檔案屬性：1. 修正視窗、2. 數學關係式。

A 修正視窗

該視窗是最直覺與簡單套用檔案屬性，使用率最高。

步驟 1 螺絲直徑加入檔案屬性

快點尺寸→於修改視窗輸入 = 。

步驟 2 檔案屬性

於右方清單檔案屬性→指定螺紋直徑。

步驟 3 查看關聯性

於修改視窗會見到變數名稱，尺寸出現關係式符號 Σ 。

步驟 4 練習

自行完成長度尺寸的變數連結。

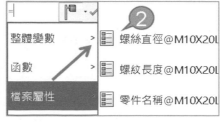
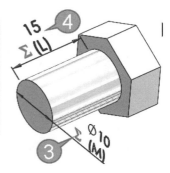

B **數學關係式**

將尺寸大量套用檔案屬性，速度快可解決修正視窗無法套用的情形，適用進階者。

步驟 1 進入數學關係式

點選數學關係式欄位。

步驟 2 點選直徑尺寸

可見尺寸變數被加入，例如：M@草圖 4。

步驟 3 檔案屬性

系統自動移入**值/數學關係式**→由清單點選**檔案屬性**。

步驟 4 點選螺絲直徑

步驟 5 練習

重複步驟 2～4，自行完成長度關係式。

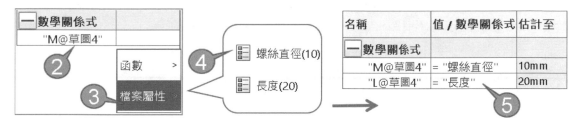

28-3-8 自帶規格（被動資訊）

規格呈現在屬性標籤非自行輸入，否則會忘記更改或輸入錯誤的風險。業界常發生工程圖規格有改，組合件 BOM 沒改到，業界要模型變更→規格自動變更。

自帶規格=被動資訊，要到檔案屬性加入。

步驟 1 進入檔案屬性▤

點選值/文字表達方式。

步驟 2 製作 M

輸入 M→在模型點選直徑尺寸。

步驟 3 製作 L

輸入 x→在模型點選長度尺寸→輸入 L。

	屬性名稱	類型	值/文字表達方式	估計值
摘要　自訂　模型組態指定				
4	零件名稱	文字	$PRP:"SW-File Name"	1 六角螺絲
5	BOM規格	文字	M"M@草圖4@1 六角螺絲.SLDPRT"x"L@草圖4@1 六角螺絲.SLDPRT"L	M10x20L

28-3-9 驗證六角螺絲的自訂屬性

完成 M12X20L 的螺絲變更，以及 BOM 規格有沒有呈現 M12X20L。

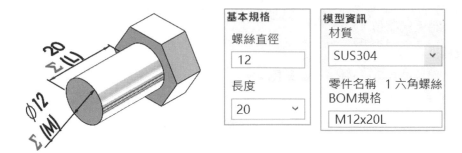

28-3-10 複製貼上關係式或檔案屬性

由於關聯性很多相同，只要複製貼上修改速度會快很多。另外，尺寸帶入檔案屬性常發生清單太長或顯示不出清單，這時也會常把舊的複製過來修改。

28-4 控制類型：群組方塊（Group Box）

將左邊的控制類型集合在群組方塊中，好識別。

A 控制類型要在群組方塊中

群組方塊=控制群組=總欄位，控制類型放到群組方塊中才可使用，否則出現錯誤訊息。

28-4-1 多個群組方塊

預設 1 個**群組方塊**，依需求加入多個**群組方塊**，並對群組方塊命名區別，例如：1. 基本尺寸、2. 採購資料…等。

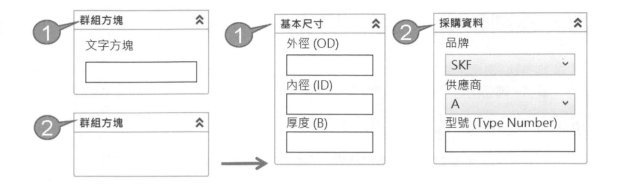

28-4-2 群內不能再加入群組方塊

自訂屬性中一定要有 1 個以上的群組方塊,但群組方塊不內能再加入群組方塊。

28-4-3 群內移動控制類型

拖曳控制類型可調整排序,下圖左,也可將任一方塊拖曳至其他群組,下圖右。

28-4-4 展開/摺疊(預設展開)

右方控制項特性中,定義**自訂屬性特性**的展開/摺疊(箭頭所示)。展開/摺疊只能在工作窗格的屬性標籤 看到,且屬性標籤製作過程皆為展開狀態,這樣製作過程會比較快。

建議將常用的設定展開,不常用的以摺疊呈現,讓介面產生層次也不會讓清單太長,這是 UI 介面議題。

28-5 控制類型：文字方塊（TextBox）

文字方塊=最常用類型，在右方**控制項**設定資料，可輸入任何文字或數字，例如：模型尺寸、圖號、圖名…等，使用率最高，其中 **1. 標題**、**2. 名稱**屬不同的控制，這就是技術了。

28-5-1 Control Type

顯示控制類型的絕對名稱，無法改變，例如：1. 文字方塊、2. 清單、3. 數字…等，下圖左。無論標題名稱如何變更，都可以知道這是哪種控制類型。很多控制類型的外觀很像，除非很有經驗，否則很容易一時看錯，下圖右。

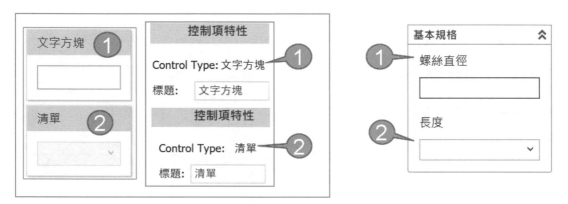

28-5-2 控制項特性：標題

標題=屬性標籤名稱，解釋用在哪，例如：外徑、內徑、料號…等。

28-5-3 自訂屬性特性：名稱

輸入自訂屬性視窗的名稱，例如：外徑、內徑、料號…等，內容會傳遞到檔案屬性，所以本節才是控制項目。

A 名稱=標題相同

模組製作過程不混淆或不讓別人誤判不一樣的定義或控制，相同名稱對初學者會比較理想。複雜模組不適合名稱與標題相同，會讓名稱太長，只要標題=螺絲直徑、名稱=直徑。

B 名稱對應

名稱=檔案的屬性名稱（檔案屬性）=BOM 名稱。這裡故意 1. 標題：螺絲直徑、2. 名稱：直徑，方便同學對照這 2 者不同處，這部分就是重點了。

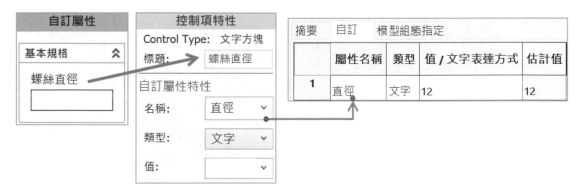

28-5-4 自訂屬性特性：類型

類型與檔案屬性相同，展開清單選擇 3 種屬性類型：1. 文字、2. 日期、3. 是/否，要在 SW 的自訂屬性才可看出結果，下圖左。

A 文字

支援任何字串、無論中英文、符號、數字。

B 日期

於日曆中指定日期，日期不是目前日期，不會自動變更。

C 是否

常用在問句，是否為市購件，讓使用者只能清單切換：是、否。

28-5-5 自訂屬性特性：值

值用途廣，使用率最高也是經常輸入的項目，甚至可做到連結，這些要在 SW 自訂屬性才可看出結果。

A 連結預設的屬性

清單選擇預設可連結的屬性，例如：材質、質量、體積、表面積…等，下圖左。

B 預設值（空白或常用值）

可以空白或輸入預設常用值，例如：外徑 80，可減少輸入時間，下圖右（箭頭所示）。

28-5-6 組態（預設模型組態）

將屬性資訊套用至**檔案屬性**中的：1. **自訂**或 2. **模型組態**。PDM 作業建議為**自訂**，以利資料卡能預設抓取模型的自訂屬性資料@。

A 自訂

套用到檔案屬性的自訂標籤。

B 模型組態

套用到檔案屬性的模型組態標籤。

C 屬性值不能同時在自訂和模型組態

自訂和**模型組態**都有備註（箭頭所示），這樣工程圖、BOM、模型屬性帶不出來。另外 SW 會先抓取模型組態屬性。

D 常搞錯

本節看起來沒什麼其實製作過程很常搞錯，因為圖示會讓人誤以為 **=所有模型組態、** =此模型組態，因為**模型組態**是這樣定義的。

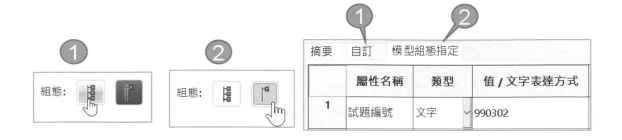

28-5-7 唯讀

　　將值以灰階狀態無法輸入，2022 新增功能，常用在不讓別人修改但又要呈現。早期只能在屬性標題中以提醒方式處理，例如：材質（不用輸入）。

28-6 控制類型：清單（List）

　　將資料以清單形式展現，收集常用資訊讓工程師目視點選，不要用人工輸入（輸入是風險的開始），例如：加工方式多元，車、銑、磨、刨...等，下圖右。

28-6-1 自訂屬性特性：Type

展開清單 3 種樣式選擇：1. 清單、2. 文字檔、3. Excel 檔，下圖左。

A 清單

將資料每行獨立輸入，按↵產生下一行，本節使用率最高，下圖中。

B 文字檔案

將建立好的資料（*. TXT）載入，下圖右。

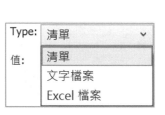

C UTF-8 編碼

每項資料以每行分開，常用在製作清單範本，讓其他地方也可以用，下圖左。清單絕大部分為**繁體中文**，世界常用 **UTF-8 編碼**，儲存記事本過程，左下方設定 UTF-8，下圖右。

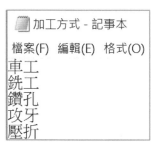
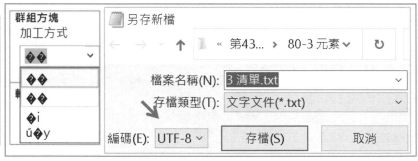

D Excel 檔案（*.XLS）

由 Excel 讀取檔案，指定圖頁和載入文字範圍，例如：Sheet1（A1:A5），下圖左。現在相容性很好了，Excel 工作表 1 不必改英文，下圖中（箭頭所示）。

E 將文字、Excel 檔案變更為清單

載入 Excel 會慢，建議不使用這項目，因為它要由外部取得資料，有檔案遺失風險。有項技巧，連結至*. TXT 或 Excel 時，再切換回**清單**類型，就可成為內部資料，下圖右。

  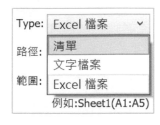

28-6-2 允許自訂值（預設關閉）

是否自行輸入其他資料，不必以清單內容為主。建議口**允許自訂值**，要新增的資料由範本管理員處理，萬一給同事輸入：**焊接**還是**銲接**，沒人知道這模型被改變加工法。

28-6-3 父項次╋

群組方塊內有 2 個以上清單，可建立階層清單管理，操作比較複雜，本節說明 2 材質，各 3 種表面加工，下圖右。

材質	金屬	塑膠
表面加工	噴砂、拋光、霧面	粗糙、半平滑、平滑

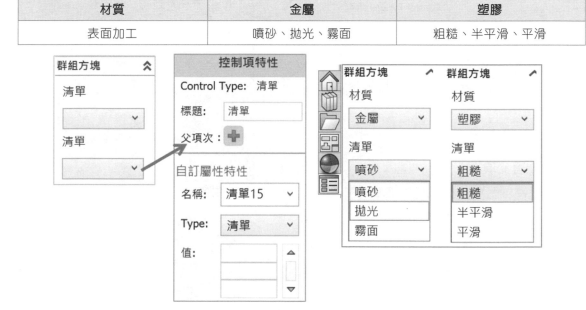

步驟 1 群組方塊建立 2 清單

步驟 2 定義上方清單標題和名稱

1. 定義標題和名稱=材質，2. 定義值=金屬、塑膠，下圖右。

步驟 3 點選下方清單（重點）

定義下方清單標題和名稱=表面加工（箭頭所示）。

步驟 4 父項次➕

1. 點選**父項次➕**，2. 展開父項次清單選擇材質。

步驟 5 值

下方表格出現金屬與塑膠 2 欄，依材質輸入表面處理，金屬：噴砂、拋光、霧面。塑膠：粗糙、半平滑、平滑，下圖右（箭頭所示）。

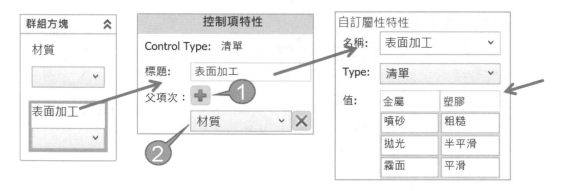

步驟 6 驗證父項次

於屬性標籤中，分別切換 2 清單查看 2 階層清單是否獨立。

28-6-4 清單 VS 和核取方塊

清單也可以用選項按鈕展現，最大差別 1.
清單可縮減欄位、2. 建立層次。

28-7 控制類型：數字（Number）

專門輸入數值用，常用在僅有數字作為篩選，避免 1. 輸入文字（例如：3➜輸入 A）、
2. 輸入過多數值（30➜輸入 300）、3. 錯誤物數值（5➜輸入 8）。

A 人性角度

點選調整上下箭頭增量 1（可以為負值），以人性角度，累的時候不想輸入數字，而
是用按的完成，不支援文字及符號，例如：＋、／、＊、#...等。

28-7-1 號碼

製作 2 個數字：1. 數量/台、2. 訂購數量，可以用輸入或增量方塊調整數字，萬一輸
入沒數字字元，系統會自動消除，例如：輸入 3A，會自動呈現 3。

28-7-2 數值（文字方塊）

其實尺寸用數字好處多多，例如：**直徑 D** 和**螺旋槳數 N**，與長度用文字的差別。

28-7-3 數字 VS 文字

數字和文字方塊很像，希望能合併，文字方塊的類型增加數字，就更完美了。

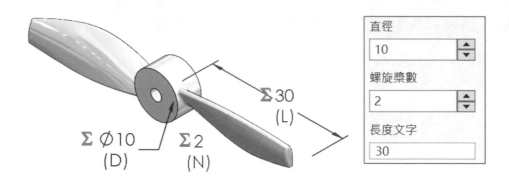

28-8 控制類型：核取方塊（CheckBox）

設定☑顯示、☐取消顯示的控制項，☑=要呈現、☐=不要，這部分常用在挑選。分別將 1. **核取方塊**和 2. **文字方塊**拖曳到群組方塊中，並定義標題和名稱，本節為進階項目。

先由簡單的 1. 尺寸展開→2. 特徵抑制/恢復抑制→3. 進階的應用。

28-8-1 先睹為快：尺寸展開

利用核取方塊進行尺寸展開，體驗一下核取方塊用法，這部分有點類似群組。

步驟 1 加入 3 項到群組中

1. 核取方塊、2. 文字方塊、3. 加入數字方塊。

步驟 2 點選核取方塊

步驟 3 進階選項

點選下方的核取欄位（啟用）→點選長度和角度方塊，可見這 2 方塊被加入。

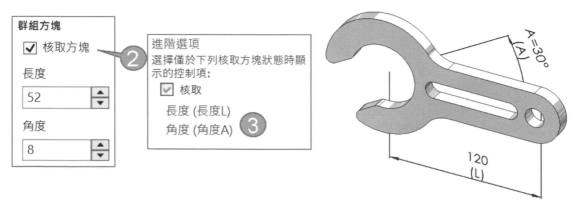

步驟 4 自訂屬性

於自訂屬性中☑核取方塊，可見方塊被展開。

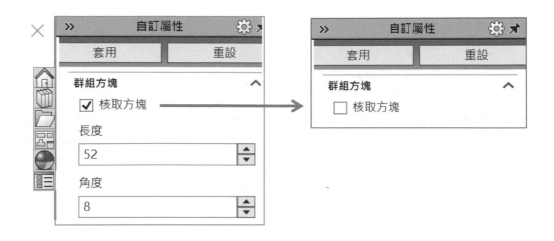

28-8-2 抑制特徵/恢復抑制特徵

完成狹槽特徵的抑制/恢復抑制,很多人為此感到驚艷。

A 製作檔案屬性

完成屬性標籤並將內容套用到檔案屬性。

步驟 1 製作狹槽的核取方塊

將核取方塊拖曳到群組中,並將核取方塊更名為狹槽。

步驟 2 預設:核取

預設恢復抑制狹槽。

步驟 3 狀態☑:值 1

到時給 IF 函數對應,1=☑(核取)

步驟 4 組態:自訂

統一將屬性值放置在檔案屬性的自訂標籤中。

步驟 5 套用自訂屬性

回到工作窗格查看狹槽方塊是否出現→套用,將狹槽方塊套用到檔案屬性中。

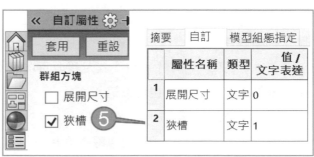

B 製作數學關係式

製作 IF 函數驅動核取方塊的值，本節有小技巧，1. 特徵名稱和 2. 檔案屬性名稱不能相同，SW 無法判斷到你要驅動特徵還是檔案屬性，所以我們會在特徵名稱加入符號：點或-，例如：狹槽-，下圖左。

步驟 1 進入數學關係式

完成：1. IF 函數、2. 判斷條件、3. 條件成立傳回值、4. 條件不成立傳回值，下圖右。=IIF("狹槽"=1, "unsuppressed", "suppressed")。

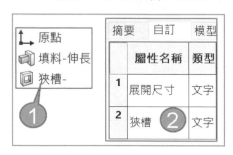 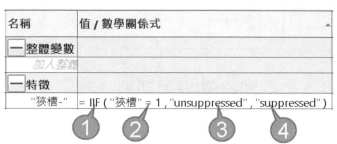

步驟 2 加入狹槽特徵

於特徵欄位中點選特徵管理員的狹槽特徵。

步驟 3 點選值/數學關係式欄位

輸入 I，清單會出現 IF 函數，點選它加入 IF，下圖左。

步驟 4 檔案屬性(重點)

1. 點選 IF 括號內，會出現清單→2. 點選檔案屬性→3. 點選狹槽，下圖右。狹槽的檔案屬性就是自訂視窗中的狹槽。

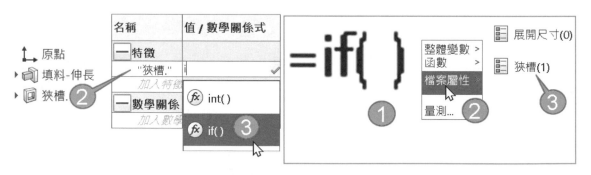

步驟 5 判斷條件

輸入=1，例如："狹槽"=1。1 就是核取方塊的值，接下來定義 1=恢復抑制。

步驟 6 條件成立傳回值（也可以輸入 1）

1. 輸入，→2. 整體變數→3. 恢復抑制。

步驟 7 條件不成立傳回值（也可以輸入 0）

1. 輸入，→2. 整體變數→3. 抑制。

步驟 8 估計至

查看估計值有沒有出現。

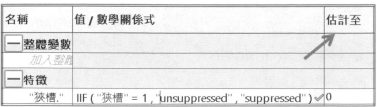

C 驗證狹槽特徵

於右邊工作窗格驗證狹槽特徵抑制/恢復抑制。

28-8-3 進階：清單與特徵

本節製作齒輪的軸孔和鍵槽。

A 核取方塊

定義核取方塊的：1. 標題、2. 名稱、3. 預設：核取、4. 狀態與值，下圖左。

步驟 1 標題：軸孔(Shaft)

步驟 2 名稱：Keep_Shaft_Dia

步驟 3 預設

定義預設☑核取、還是□關閉。

步驟 4 狀態與值

定義☑=1、□=0，0 和 1 是 IF 驅動**特徵抑制**或**恢復抑制**的第 1 數值。換句話說，定義 A、B、C 也行，只要 IF 函數能認得即可。

B 文字方塊

定義文字方塊的 1. 標題：軸徑、2. 名稱：Shaft_Dia、3. 類型：文字，名稱是連結核取方塊的選項，下圖右。

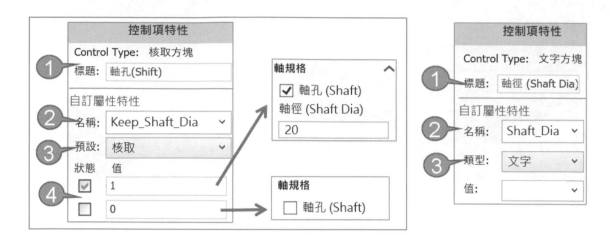

C 數學關係式的連結

於Σ特徵欄位，寫入 IF(Keep_Shaft_Dia@預設=1, "unsuppressed", "suppressed")。

☑=1，系統回傳 1 到 IF，讓特徵為 unsuppressed（恢復抑制）。

☐=0，回傳 0 到 IF，讓特徵為 suppressed（抑制）。

名稱	值 / 數學關係式	估計至
☐特徵		
"4 軸"	= IIF ("Keep_Shaft_Dia@預設" = 1 , "unsuppressed" , "suppressed")	"unsuppressed"
"5 鍵"	= IIF ("Keep_Key@預設" = 1 , 0 , 1)	1
"6 側鍵"	= IIF ("Keep_Side_Key@預設" = 1 , "unsuppressed" , "suppressed")	"suppressed"

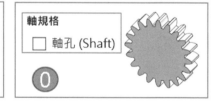

D 進階選項

在核取方塊定義文字方塊連結，例如：☑軸孔→設定軸尺寸。

步驟 1 點選☑1，啟用方塊

步驟 2 點選軸徑的文字方塊

可見軸徑與名稱被加入。

步驟 3 畫面點一下，結束選擇

避免加入其他控制。

🇪 結果運用

本節難度很高，**特徵抑制/恢復抑制**，例如：齒輪是否要**鍵槽特徵**，開啟該特徵，就會有 1. 鍵寬、2. 鍵高的尺寸輸入。

要配合 1. IF 函數、2. 核取方塊（☑☐）的特徵抑制/恢復抑制對應，通常要多看幾次才會，這部分衍生題型變化度很高。

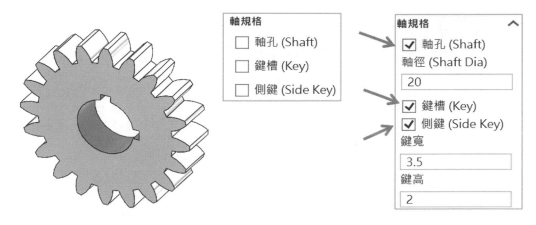

28-9 控制類型：選項按鈕（Radio）

選項按鈕常用來**控制特徵抑制/恢復抑制**，以清單決定要顯示欄位數量，例如：2，呈現 2 個欄位，本節以軸承是否特徵加蓋為例。

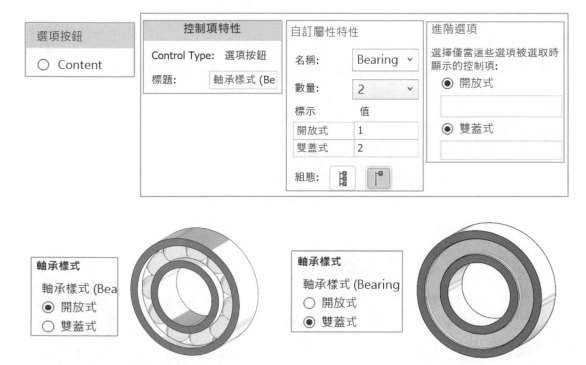

28-9-1 定義選項按鈕的標題與名稱

將選項按鈕拖曳到群組方塊中，並定義標題和名稱（箭頭所示），例如：軸承樣式。

A 控制項特性：標題

輸入選項按鈕的標題，實際使用是可見的，例如：軸承樣式。

B 自訂屬性特性：名稱

輸入選項按鈕的名稱，這顯示到檔案屬性，例如：Bearing Style，下圖右。

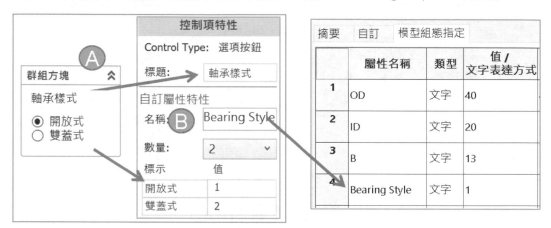

28-9-2 定義選項按鈕的數量

由清單切換 1. 按鈕數量→2. 定義標示名稱，下圖左。

A 數量

清單切換 2，下方呈現 2 個選項按鈕，換句話說至少要 2 個按鈕。

B 標示和值

這些和特徵與 IF 函數有關，例如：開放=1=抑制特徵、2. 雙蓋=22=恢復特徵，如果你要開放=0、2. 雙蓋=1 也可以，只要 IF 函數能驅動**抑制特徵/恢復特徵**即可。

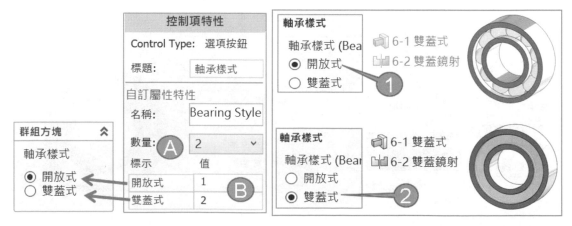

ⓒ 數學關係式

由 IF 函數引用 1. 屬性標籤值、2. 控制特徵抑制（也可以輸入 0）、3. 恢復抑制（也可以輸入 1）（箭頭所示）。

名稱	值 / 數學關係式	估計至
"6-1 雙蓋式"	= IIF ("Bearing Style@ 預設" = 2 , 0 , 1)	1
"6-2 雙蓋鏡射"	= IIF ("Bearing Style@ 預設" = 2 , 0 , 1)	1

28-10 控制類型：清單群組（ListGroup）

清單群組預設控制項 3 個清單，比**清單**多 1 階管理，支援 Excel 資料連結，是清單沒有的功能，甚至可新增或刪除清單，不過至少要 2 個清單，下圖右。

Ⓐ 父項次

第 1 個清單是第 2 個清單的父項次，選取第 1 清單時可決定後續清單的選項。

Ⓑ 配合 Excel

清單群組要配合 Excel，並定義**儲存格的區塊**才可使用（箭頭所示）。

ⓒ 清單群組 VS 清單

這 2 者看起來很像，最大差別在**自訂屬性**的功能，例如：1. 點選上方的群組項目→2. 查看自訂屬性功能，下圖右（箭頭所示）。

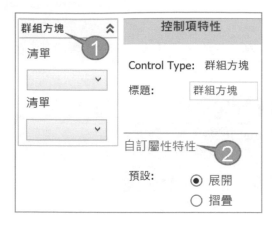
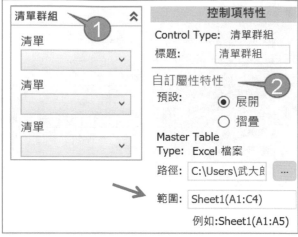

28-10-1 產生清單群組

將清單群組拖曳到自訂屬性中，清單群組不需要附加在群組方塊中。

28-10-2 定義清單群組名稱

由上到下分別定義名稱，ABC 是讓同學對 Excel 好對應，實務上不必加入 ABC。

步驟 1 群組名稱=加工方式

步驟 2 第 1 清單=A 車銑

步驟 3 第 2 清單=B 粗精加工

步驟 4 第 3 清單=C 鑽孔或攻牙

28-10-3 定義 Excel 選項按鈕的數量

在 Excel 定義清單內容，分別在 ABC 欄位下輸入清單階層，製作完要存檔，下圖左。

28-10-4 定義清單群組 Excel 範圍

將 Excel 連結到清單群組。

步驟 1 點選清單群組標題

步驟 2 自訂屬性特性

1. 載入 Excel 檔→2. 定義儲存格範圍，例如：Sheet1(A1:C4)，下圖中（箭頭所示）。

28-10-5 定義清單的值

分別定義清單值,這些和 Excel 的 ABC 欄位連結。

步驟 1 定義 A 車銑

1. 點選 A 車銑欄位→2. 由值清單切換 A。

步驟 2 練習完成其他值

自行完成 B 粗細加工、C 鑽孔或攻牙。

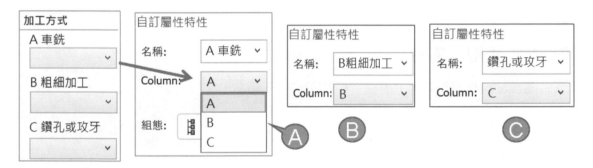

28-10-6 查看結果

將屬性檔案儲存後,分別切換清單是否有文字被帶入。

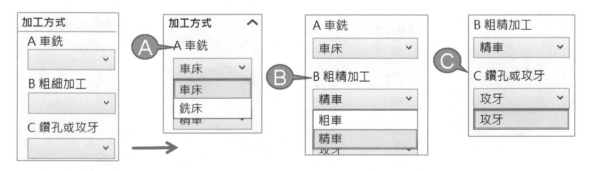

28-11 控制項特性

在視窗最右邊，設定屬性標籤提示訊息及使用環境。展開清單選擇 4 種檔案類型：1. 零件（預設）、2. 組合件、3. 工程圖、4. 熔接。

A 開新文件時設定類型

開新文件時就要先確認檔案類型，常遇到屬性標籤做完了，應用到模型時才發現類型沒切到正確的，下圖中。

28-11-1 訊息

輸入屬性標籤最上方黃底的提示訊息或注意事項，也可不輸入保持空白，下圖右。

28-11-2 類型：零件

將屬性資料套用至零件，副檔名*. PRTPRP，下圖左。

28-11-3 類型：組合件

將屬性資料套用至組合件，副檔名*. ASMPRP，下圖右。經常將零件與組合件統一標籤內容，由於 2 項副檔名不同不能共用，理論上必須要重做。

A 更改副檔名

將零件屬性副檔名改為組合件就可以，例如：軸承. PRTPRP➜軸承. ASMPRP。

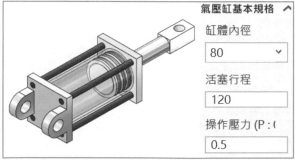

28-11-4 類型：工程圖

將屬性資料套用至工程圖，常用在標題欄資訊，副檔名*.DRWPRP。目前工程圖僅支援註記屬性連結，不支援尺寸，未來若支援尺寸連結就更無敵了。

28-11-5 類型：熔接

將屬性資料套用至熔接除料清單，理論上用熔接，廣義來說就是用在多本體，副檔名*.WLDPRP。

A 呈現熔接的自訂屬性

熔接檔案的操作很像組合件，例如：組合件點選零件➔右邊屬性標籤才可以使用。而熔接要 1.點選除料清單內的項次➔2.右邊屬性標籤才可以使用，作業上會比較不方便。因為很多人不習慣零件要這麼麻煩。

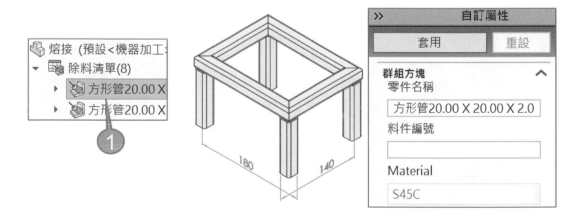

B 零件+熔接的屬性標籤

實務不太可能只有熔接屬性標籤（熔接.prtprp），通常會再製作零件屬性標籤（零件.prtprp），零件代表熔接整體。

目前**除料清單屬性**與**檔案屬性**不能共用，希望這 2 者合併就不用這麼麻煩了。

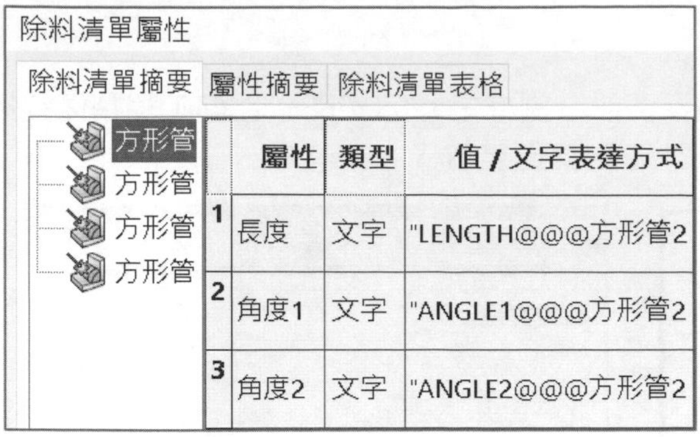

除料清單屬性

除料清單摘要	屬性摘要	除料清單表格

	屬性	類型	值／文字表達方式
1	長度	文字	"LENGTH@@@方形管2
2	角度1	文字	"ANGLE1@@@方形管2
3	角度2	文字	"ANGLE2@@@方形管2

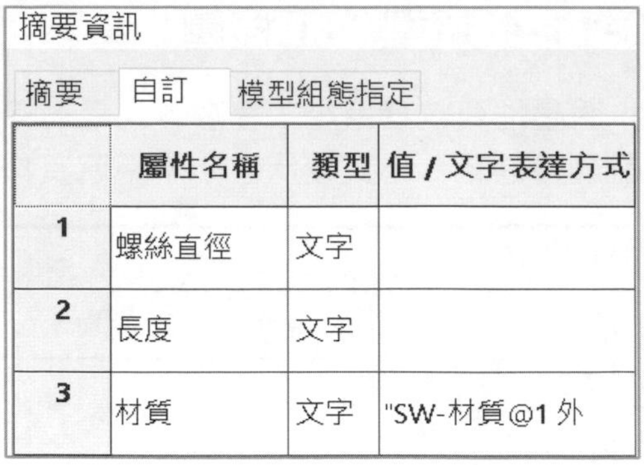

方形管
方形管
方形管
方形管

摘要資訊

摘要	自訂	模型組態指定

	屬性名稱	類型	值／文字表達方式
1	螺絲直徑	文字	
2	長度	文字	
3	材質	文字	"SW-材質@1 外

29

曲線導出複製排列

　　曲線導出複製排列（Curve Driven Pattern，俗稱曲線複製排列）🐟，特徵或本體隨著曲線複製排列，支援 1. 草圖線、2. 模型邊線、3. 空間曲線，例如：樣式不規則曲線、螺旋線、合成曲線…等。操作很簡單，但很少人知道有這指令，這算是使用程度提升。

A 複製排列的唯一

　　複製排列大 3 元：1. 直線🔡、2. 環狀🔆、3. 鏡射🔢，學習也是照這順序，很唯一很好理解使用率高，每個單位一定會教，但遇到特徵沿曲線複製排列，就無法使用大 3 元了。

B 與直線複製雷同不贅述

　　直線和曲線複製排列 80% 相同，例如：本體、跳過副本、特徵加工範圍，不贅述。

C 指令學習順序

　　指令排列或學習順序上，1. 直線🔡➜2. 環狀🔆➜3. 鏡射🔢➜4. 曲線🐟➜5. 草圖🔺➜6. 填入🔳➜7. 變化表格複製排列🔲。

29-0 指令位置與介面

　　本節介紹複製排列指令與視窗內容。

29-0-1 指令位置

　　有 2 種方式進入複製排列：1. 特徵的複製工具列、2. 插入➜特徵複製/鏡射。

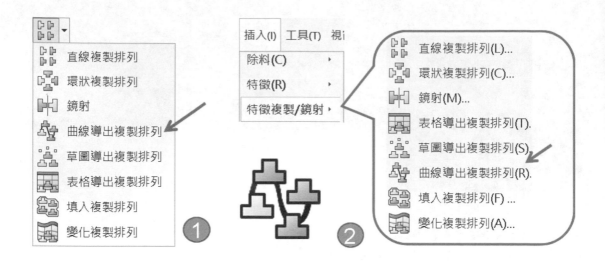

29-0-2 介面項目

功能類似直線複製排列，其實也可以用曲線指令完成直線複製排列。

29-0-3 先睹為快

體驗只要 3 步驟完成橢圓體在圓邊線外圍複製排列。

步驟 1 方向 1

點選 1. 模型外邊線、2. 副本 6、3. ☑同等間距。

步驟 2 本體

點選小橢圓，因為本體會比較容易呈現曲線複製排列。

步驟 3 調整參數

於方向 1 中修改副本數、曲線方式、對齊方式，查看複製排列的變化。

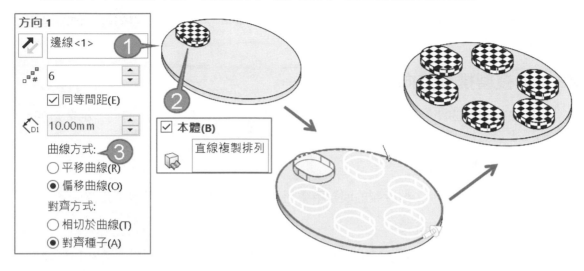

29-0-4 曲線 VS 直線複製排列

曲線和特徵直線複製排列最大差別，直線複製排列功能比曲線還多，曲線方式和對齊方式（箭頭所示），也希望未來直線和曲線複製排整合。

29-0-5 與組合件相通

特徵複製排列與組合件複製排列觀念和操作相同，差別在特徵與模型的複製。

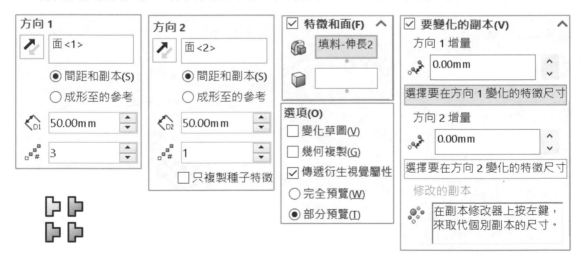

29-1 方向 1

將複製的特徵指定：1. 方向、2. 數量、3. 距離、4. 排列方式，以幾何中心做為複製基準，下圖左。

29-1-1 複製排列方向

選擇曲線複製的路徑，常用模型邊線或草圖線段。習慣第 1 方向=順向、第 2 方向=逆向，讓設變直覺性。

A 方向=複製排列限制

所選邊線=複製限制，被複製的模型不會超出所選線段，不像┇┇只是指定方向。

B 來源會在曲線附近

複製排列在曲線附近會比較貼近想要的結果，但有些情況採取故意不要在附近讓別人摸不著這產品的設計規則不容易逆向。

29-1-2 副本數（Number of instance）

輸入複製的數量，原始的特徵算 1 個，例如：輸入 3，系統幫你複製 2 個。

A ☑同等間距（Equal Spacing）

以模型邊線等分排列，使用率最高不用算間距，例如：橢圓邊線上平均放置 6 個本體。

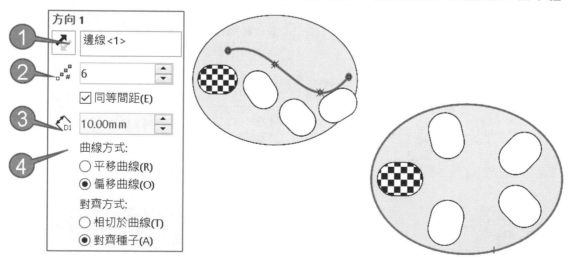

29-1-3 間距（Spacing）

間距又稱副本間距，1. □同等間距→2. 輸入複製的間距值，例如：點選模型橢圓邊線，每 125 距離排列，這部分就很有價值了。

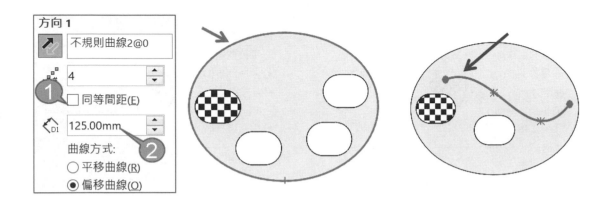

29-1-4 曲線方式（Curve）/對齊方式（Align Method）

　　設定複製排列的方式：1. **曲線方式**、2. **對齊方式**組合操作，共 4 種結果。坦白說很少人研究這麼細，課堂要同學亂壓得到要的結果就好，等到程度夠了再了解就好。

A 曲線方式：平移曲線（Transform）/偏移曲線（Offset）

　　維持副本由所選曲線原點到種子特徵 DeltaX 及 Delta Y 距離或垂直距離。

B 對齊方式：相切於曲線（Tangent to Curve）/對齊種子（Align to Seed）

　　將副本相切所選曲線或副本與種子特徵對正。

C 平移曲線+相切於曲線

　　副本偏離草圖線段，副本形狀以曲線做相切垂直，下圖左。

D 平移曲線+對齊種子

　　複製副本會偏離草圖線段，副本形狀與原始副本一致，下圖右。

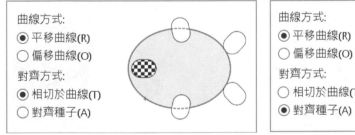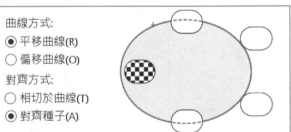

E 偏移曲線+相切於曲線

　　副本偏移距離一致，副本形狀以曲線做相切垂直。

F 偏移曲線+對齊種子

　　副本偏移距離一致，副本形狀與原始副本一致。

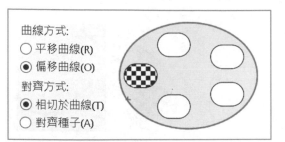

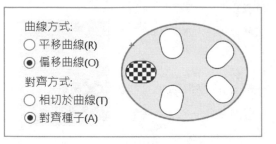

G 練習：鍊條複製排列

自行完成鍊子本體貼齊鍊條的複製排列。

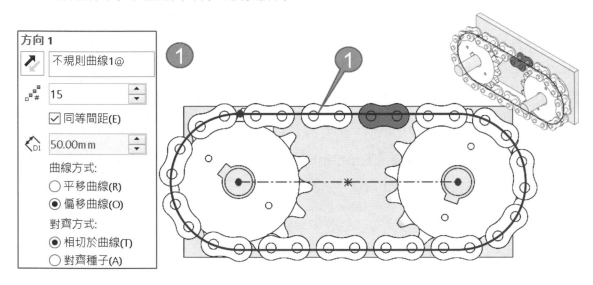

H 練習：螺旋複製排列

將渦捲特徵上的本體複製排列。

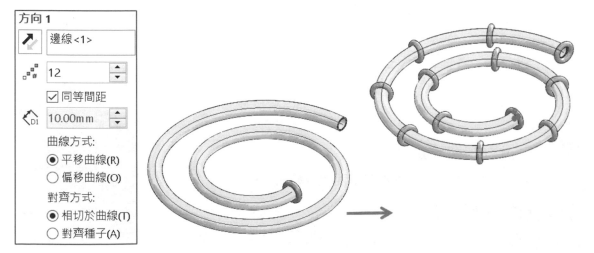

29-1-5 垂直面（Face Normal）

複製排列路徑是空間曲線時，必須選垂直面才可完成，例如：螺旋線。由於副本都繞圓柱旋轉，故垂直面選擇圓柱面（箭頭所示），反正不是平面就是圓柱面這樣想就好。

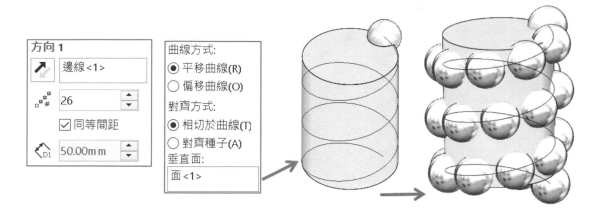

A 練習：螺旋梯、曲面上鑽孔

自行控制曲面上鑽孔的狀態。

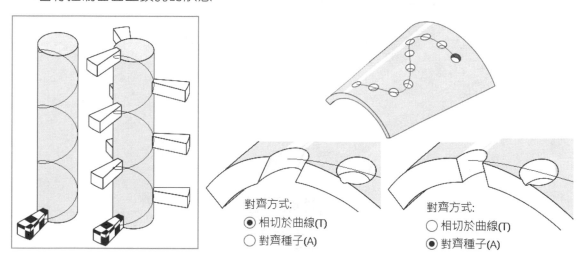

29-2 方向 2

製作第 2 方向陣列複製（預設關閉）。由於方向 2 原理和方向 1 相同，方向 2 多了：**只複製種子特徵**（方框所示），本節不贅述和方向 1 相同說明，僅表達不同處。

29-2-1 僅複製排列種子（Pattern Seed Only）

是否在方向 2 只複製種子特徵或本體。

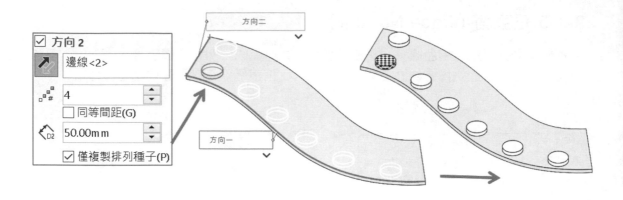

30

草圖導出複製排列

草圖導出複製排列（Sketch Driven Pattern）🔆，以草圖點定位複製的特徵或本體，常用在複製沒有規則的位置。先前認識的直線、環狀、鏡射、曲線都是規則排列，常遇到不規則排列就用人工一顆顆完成，本節提供更好的方法，🔆類似組合件的導出複製排列。

30-0 指令位置與介面

本節介紹複製排列指令與視窗內容。

30-0-1 指令位置

有 2 種方式進入複製排列：1. 插入➔特徵複製/鏡射、2. 特徵的複製工具列。

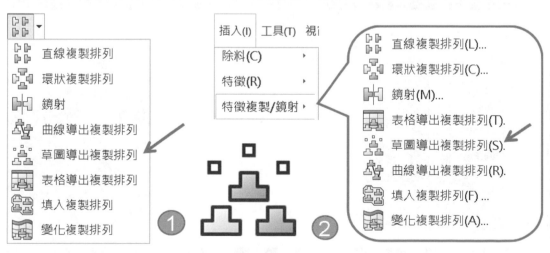

30-0-2 介面項目

功能相當簡單：1. 選擇、2. 特徵與面，下圖左。

30-1 選擇

點選草圖以及設定參考點來定義複製排列的位置。

30-1-1 參考草圖

在特徵管理員或繪圖區域點選草圖，下圖右。

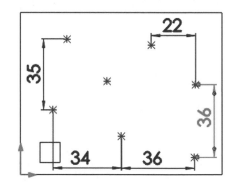

30-1-2 參考點（Reference Point）

選擇要複製的特徵或本體（箭頭所示），定義要對齊草圖點位置：1. 質心、2. 選擇點。

A 質心（Centroid）

以被複製的特徵重心對齊草圖點。

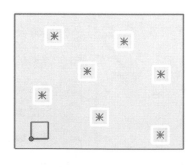
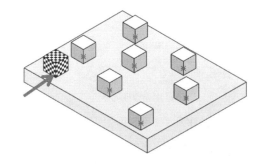

B 選擇點

額外指定特徵或本體的頂點來對齊草圖點，例如：方塊左下角（箭頭所示）。

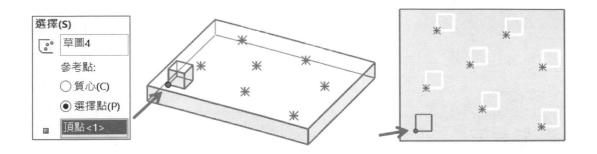

30-2 草圖導出應用

業界常用這指令來鑽孔，無論平面或曲面。

30-2-1 草圖點鑽孔

很多人用這指令在鑽孔特徵中。

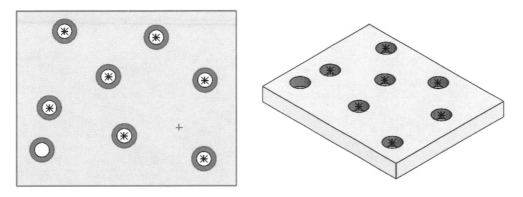

30-2-2 曲面草圖點鑽孔

曲面鑽孔重點在草圖定位，由此可知，曲面上鑽孔排列比較適合曲線複製排列，因為它可以控制排列位置。

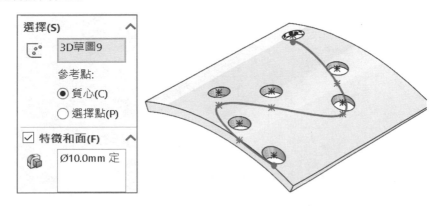

筆記頁

31

表格導出複製排列

表格導出複製排列（Table Driven Pattern）⊞，自行定義點 X、Y 座標位置，或輸入座標檔案進行複製排列。由於本體、跳過副本、特徵加工範圍、選項於**直線複製排列**⊞說明過，不贅述。

A 表格特色

表格取代人工標註，甚至可以把表格檔案套用到任何模型上。

31-0 指令位置與介面

本節介紹複製排列指令與視窗內容。

31-0-1 介面項目

有 2 種方式進入複製排列：1. 插入→特徵複製/鏡射、2. 特徵的複製工具列。

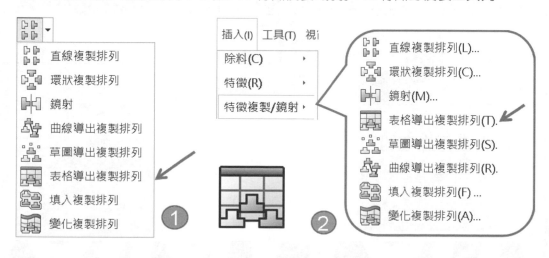

31-0-2 介面項目

以獨立視窗作業，但這作業不合時
宜，應該整合在屬性管理員由上到下設
定，看到這畫面就知道是很古老的指令。

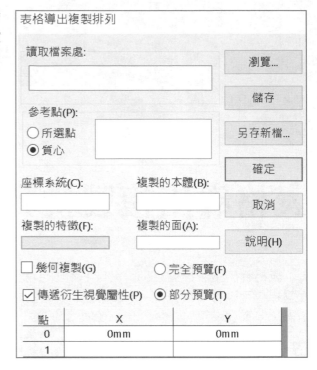

31-0-4 前置作業：座標系統

指令有項絕對性，一定要產生座標系統，讓它成為座標原點，下圖左。

31-0-5 顯示特徵尺寸

指令過程會強制顯示來源的特徵尺寸，方便辨識相對位置，下圖右。

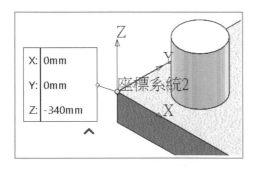
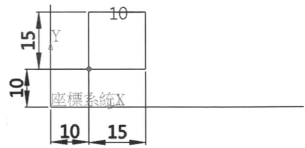

31-0-6 無法產生在開口上

複製特徵的位置有孔或開孔會無法產生，除非複製本體，成為多本體。

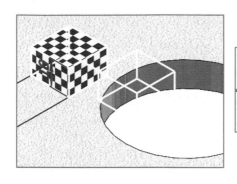

除料-伸長1

⚠ **表格排列複製8**
警告: 某些特徵的副本是不相連的，且無法被產生
用本體選項來鏡射/複製排列分開的本體。

31-0-9 先睹為快

　　體驗只要 3 步驟完成複製排列。

步驟 1 座標系統

　　點選繪圖區域的座標系統。

步驟 2 參考點

　　☑質心。

步驟 3 複製的特徵

　　點選圓柱特徵。

步驟 4 表格

　　輸入絕對座標：點 1：X30、Y30。點 2：X45、Y45。點 3：X60、Y60。

步驟 5 查看

　　圓柱依點座標進行複製排列。

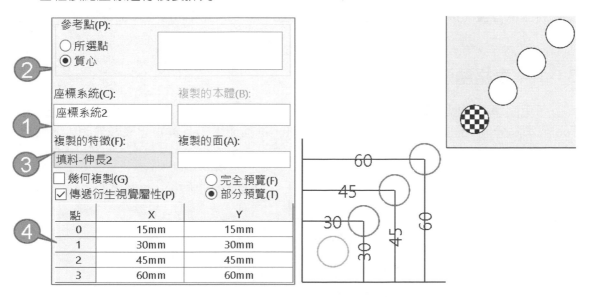

31-1 檔案與介面作業

說明利用表格檔套用的點座標就不必人工輸入，讀取、儲存、另存新檔…等這些都是通論作業，類似開啟舊檔看過就會。

31-1-1 讀取檔案處

顯示外部表格*.SLDPATAB 或*.TXT 的檔案位置，不論由**瀏覽加入**或**另存成外部檔案**，都會顯示。

31-1-2 瀏覽

點選瀏覽開啟視窗，可選擇 1.Pattern Table(*.SLDPATAB)、2.Text File(*.TXT)。如果表格有共用需求，TXT 可讓每台電腦使用。甚至這些數據由其他軟體分析出來的點資訊，由 SW 產生出來。

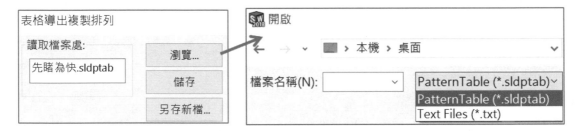

31-1-3 儲存/另存新檔

將座標位置儲存為外部檔案進行備份，輸出 Parttern Table（*.SLDPATAB），下圖左。

31-1-4 表格語法

可用記事本開啟並編輯。文字檔只能有 2 欄位：左 X 座標、右 Y 座標，可以用空白、Tab 或逗點分開，例如：50 10、50, 10、50□10，推薦使用 Tab 鍵看起來較分明，下圖右。

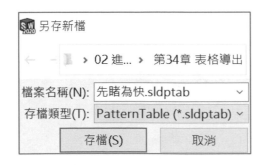

31-2 複製設定

進行參考點、座標系統、複製本體/特徵、面,以及選項。這和先前說的,只要介面統一同學就不會覺得這不一樣了。

31-2-1 參考點

設定複製基準:1. 所選點或 2. 質心,本節有點難懂。定義點選特徵上的點或重心為基準進行複製,常用在非圓形特徵。

A 所選點

產生點 2:X10,Y30 的複製排列。可使用模型點或草圖點進行定位,例如:左下角,下圖左(箭頭所示)。下方表格得知基準點轉移到所選特徵位置,不會以座標系統為主,例如:X10、Y10,下圖中(箭頭所示)。選項不能為空,否則系統不知道基準,下圖右。

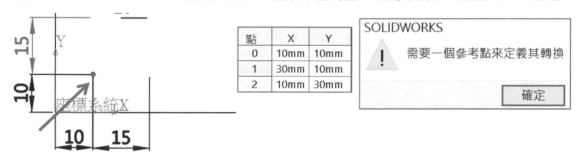

點	X	Y
0	10mm	10mm
1	30mm	10mm
2	10mm	30mm

SOLIDWORKS

⚠ 需要一個參考點來定義其轉換

確定

B 質心(預設)

自動以特徵或本體重心當作參考點位置,可以不必點選模型。由下方表格得知基準點轉移到所選特徵重心位置,不以座標系統為主,例如:X17.5、Y17.5,下圖右(箭頭所示)。

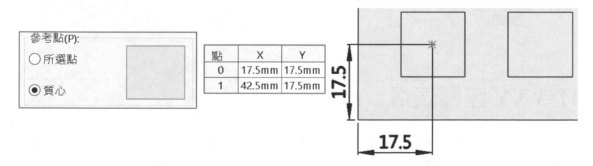

參考點(P):
○ 所選點
◉ 質心

點	X	Y
0	17.5mm	17.5mm
1	42.5mm	17.5mm

31-2-2 座標系統

選擇自訂的座標系統定義 X、Y 方向位置,可點選樹狀結構或繪圖區域上的座標系統。

A 座標系統為必要的

一定要指定座標系統，否則指令無法使用。

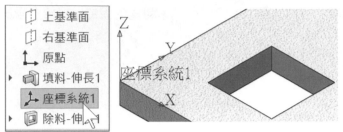

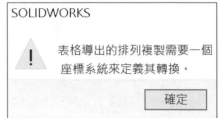

B 指令為 XY 表格

複製排列只能 XY 平面複製，建議座標系統 XY 在平面上，下圖左。不要預設的 Y 軸向上這樣 Y 軸永遠=0，下圖中。

31-2-3 複製的本體/特徵/面

在相對應視窗內點選要進行 1. 本體、2. 特徵、3. 面的複製。

A 面複製

使用面複製要注意，產生的複製必須在同平面上，下圖右。

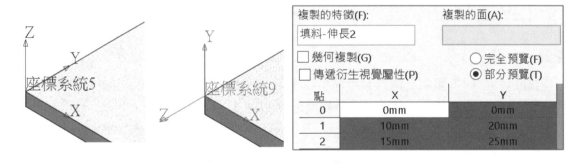

31-3 XY 座標表格

在表格內針對每個草圖點輸入 X、Y 座標位置，本節作業功能陽春，如果可以有和螺旋線的變化螺距的表格功能就更好了。

31-3-1 第 0 列

點 0 列顯示複製源頭的位置，無法變更數值，會因為選擇參考點種類而不同，例如：矩形以點為基準的座標位置。

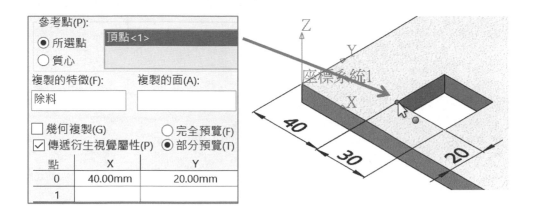

31-3-2 負數與更改值

快點 2 下變更數值支援負值，只要在數字左方加負號，例如：-40。

31-3-3 刪除列

點選數字列➜Delete，下圖左（箭頭所示）。

31-3-4 復原

表格右上方有復原按鈕，來復原表格操作，這按鈕很小（箭頭所示）。

31-3-5 表格尺寸

快點 2 下複製特徵，會顯示表格尺寸，不好辨識。

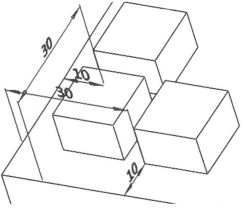

筆記頁

填入複製排列

填入複製排列（Fill Pattern）🔳，針對大量特徵有效節省繪圖時間，適合散熱孔或輕量化零件。由於本體、跳過副本、特徵加工範圍、選項於**直線複製排列**🔳說明過，不贅述。

A 2 項需求

1. 使用這指令常發生沒注意到孔距出錯，要靠工程圖標註驗證。2. 希望在有限範圍鑽最多孔，花太多時間研究調整參數，看過本節就不必再花時間。

32-0 指令位置與介面

本節介紹複製排列指令與視窗內容。

32-0-1 指令位置

有 2 種方式進入複製排列：1. 插入→特徵複製/鏡射、2. 特徵的複製工具列。

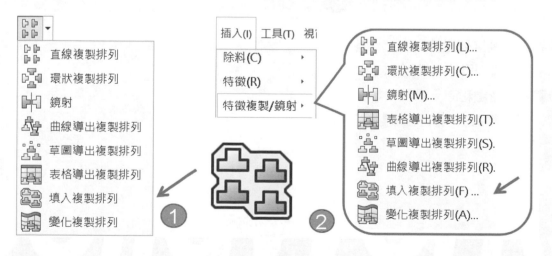

32-0-2 介面項目

填入介面對各位是新體驗，對指令認知更上一層樓：1. 填入邊界、2. 複製排列配置、3. 跳過副本、4. ☑特徵和面、5. 本體、6. 選項。

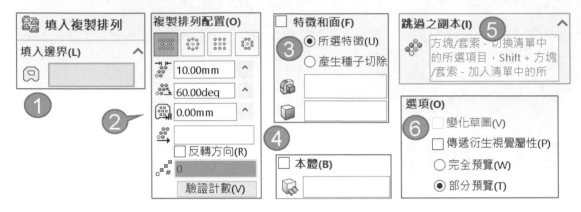

32-0-3 先睹為快

體驗只要 3 步驟完成複製排列，通常先完成一個除料，再進行🔧設定。

步驟 1 填入邊界

點選模型面。

步驟 2 複製排列配置

1. 穿孔→2. 副本間距 12→3. 交錯角度 60。

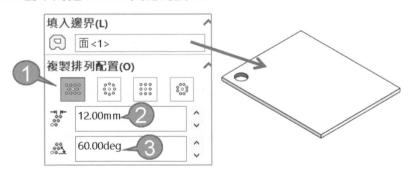

步驟 3 複製排列邊線

點選模型邊線為排列方向。

步驟 4 ☑特徵和面

☑所選特徵，繪圖區域點選孔特徵。

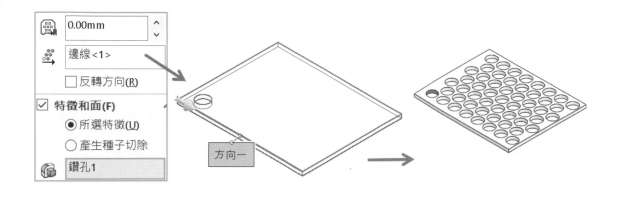

32-1 填入邊界（Fill Boundary）

指定填入特徵的範圍，排列都會在範圍內不會溢出，例如：模型面、草圖封閉輪廓。無論種子特徵在哪，系統都會以指定的範圍填入複製排列（箭頭所示）。

32-1-1 邊界位置：模型面

在模型面上排列。

32-1-2 邊界位置：草圖

在草圖輪廓內排列，即便種子特徵在草圖外，下圖中（箭頭所示）。

32-1-3 邊界位置：輪廓面+草圖

複選 2 種邊界，在模型面與草圖之間排列，類似矩形+圓伸長的計算。

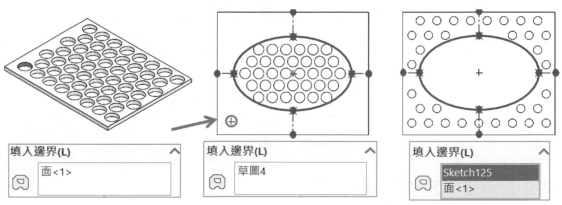

32-2 複製排列配置：穿孔⋮⋮⋮

選擇 4 種排列類型：1. 穿孔⋮⋮⋮、2. 環狀⋮⋮⋮、3. 正方形⋮⋮⋮、4. 多邊形⋮⋮⋮。建議 SW 可以 1.⋮⋮⋮、⋮⋮⋮為一組；⋮⋮⋮、⋮⋮⋮為另一組，不會感覺跳來跳去。

A 特色：大同小異，迴圈複製

這 2 組看起來很像，要仔細看圖示才可看出差別，特別有迴圈方式排列。

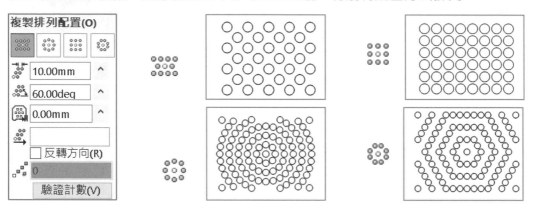

32-2-1 副本間距 ⋮⋮⋮

穿孔又稱交錯孔，**副本間距**和**角度**要配合使用，下圖左。

A 特徵中心距離＞種子特徵大小

通常 1.5 倍排列起來比較平均，例如：距離 15＞Ø10（種子特徵），下圖中。

B 90 度=直線複製排列

也可以完成直線複製排列的樣貌，讓孔之間 90 度，下圖右。

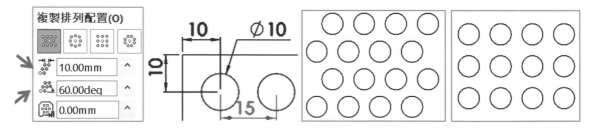

32-2-2 角度（預設 60 度）⋮⋮⋮

設定特徵排列角度（0～360 度），60 度是最理想狀態，3 角形內角和 180，每邊 60 度=正 3 角形，尺寸距離相等，下圖左 B。

A 被圖示誤導

尺寸定義在斜孔之間，其實不必這樣，例如：@15，下圖左 A。

B 盲點

常遇到設定 45 度，只有斜邊滿足距離 15，誤以為水平或垂直也是 15，很多人死在這。如果忘記本節說法，反正到工程圖標註就能體會並驗證模型正確性。

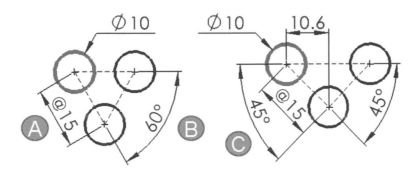

32-2-3 邊界

以**填入邊界**為主，設定最外圍的偏移距離，下圖左。

A 邊界 0（預設）

0=不溢出，不超過模型最外邊界，常用在確保複製的特徵不溢出（穿破），希望複製數量最多的情況，通常利用**分割線**定義範圍，下圖中。

B 邊界 2

邊界往內偏移會減少複製數量，常用在外框不鑽孔，就不用自行繪製邊界。通常會定義邊界範圍，這樣比較好控制邊界，下圖右。

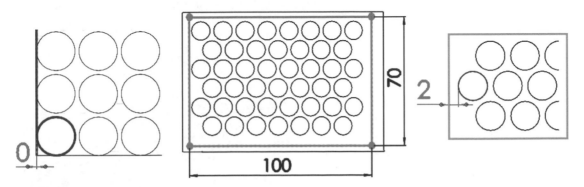

C 負值

負值=溢出，讓整個版面穿孔，常用在網版，很多人不知道可以這樣，下圖左。

32-2-4 複製排列方向 ⠶

指定邊線定義排列方向，點選模型面系統會自動選邊線，這部分不贅述。

A 反轉方向

反轉複製排列方向，可以見到箭頭改變，下圖右。

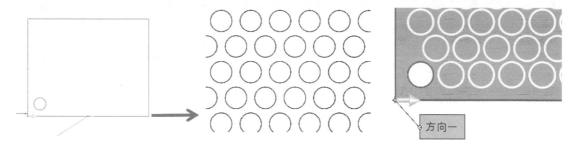

B 網版鈑金

常見網版孔太多成千上萬，用直線複製排列特徵必定做不出來，因為電腦算很久，只能說軟體與硬體還沒搭配好，用🔩就能有效解決。

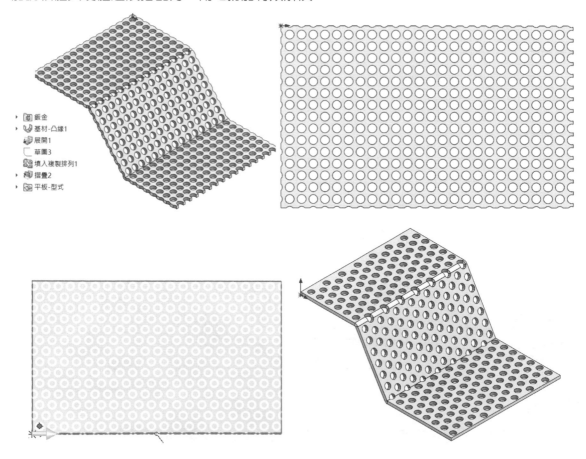

C 邊界處理

周圍有很多畸零孔，利用伸長把它補滿。

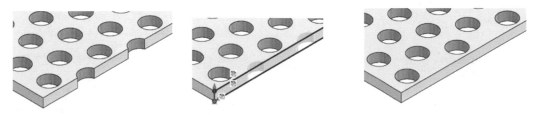

32-2-5 驗證計數（Validate Count）

顯示複製的總數量（包含種子特徵），常用在計算強度或散熱效率，調整參數過程可即時顯示。

A 取得副本數值

完成特徵後，快點 2 下特徵或模型會顯示副本數量，這註記常用來做數學關係式或設計表格用，例如：計算開放及封閉體積或根據散熱效果來決定數量。

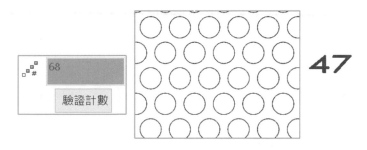

32-3 複製排列配置：環狀

產生圓形的複製排列，圖示得知種子特徵在中間，傳統的環狀複製無法完成這類造型。

32-3-1 迴圈間距（Loop Spacing）

由圖示可理解設定圓心到單邊距離，例如：15,，下圖右標示 A。

32-3-2 目標間距的副本間距（Instance Spacing）

由圖示理解第一副本距離，例如：8（經量測不是 8，大約 7.8），下圖右標示 B。其他間距副本平均分布，每個迴圈不同。

32-3-3 每迴圈副本

設定每圈副本數,例如:5,每圈有 5 個副本,目前 2 圈在填入範圍內,第 3 圈超出範圍,所以不足 8 個副本。

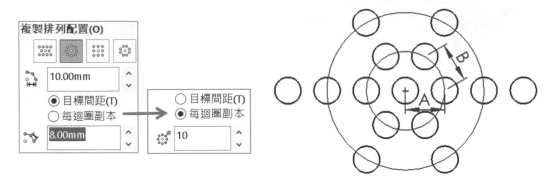

32-4 複製排列配置:正方形 ⣿

以正方形迴圈複製排列,複製距離不是先前的直線複製排列認知,不好理解,例如:本節為 L 型畫出來的排列。比較特殊在:1. 迴圈間距⣿、2. 副本間距⣿、3. 每邊副本,本節僅說明這 2 項,其餘不贅述。

32-4-1 迴圈間距

定義 2 方向距離均等,例如:15。

32-4-2 目標間距:副本間距⣿

設定副本間距離以填入區域,特性只有最下方才會滿足尺寸 12。其他間距依每個迴圈不同,使副本平均分布,看不懂對吧,看圖就知道。

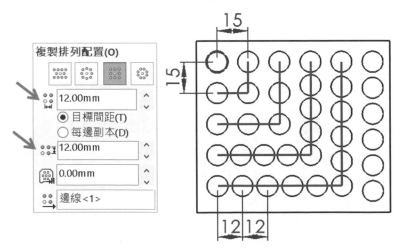

32-4-3 每邊副本 ⁑#

設定每邊副本數，例如：3，每邊 3 個副本，目前 2 圈在填入範圍內，第 3 圈超出範圍，所以不足每邊 3 個副本。

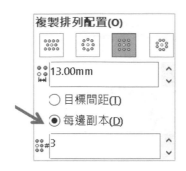 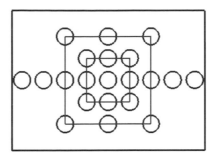

32-5 複製排列配置：多邊形 ⁑

產生多邊形的複製排列，最大特色每邊為直線的環狀排列，由圖示得知種子特徵在中間，每邊至少 2 個副本。

32-5-1 迴圈間距 ⁑

由圖示可以理解設定圓心到單邊距離，例如：18。

32-5-2 多邊形邊數 ⊕

設定多邊形的數量=幾邊形，例如：6。

32-5-3 目標間距：副本間距

由圖示可以理解設定副本間距離，例如：10（經量測不是 8，大約 9）。其他間距依每個迴圈不同，使副本平均分布。

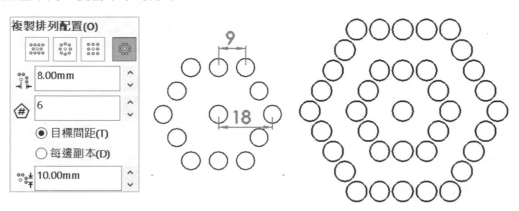

32-5-4 每邊副本

設定每圈副本數，例如：3，每圈 3 個副本，目前 2 圈在填入範圍內，第 3 圈超出範圍，所以不足每邊 3 個副本。

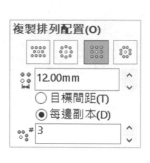
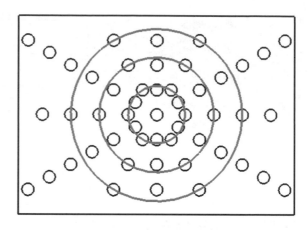

32-6 特徵和面

填入複製可以加入自己畫的特徵，也可使用內建提供的造型，本節說明**產生種子切除**內建 4 種除料特徵：1. 圓 、2. 正方形 、3. 菱形 、4. 多邊形 ，記得遇到這些造型不必額外繪製，指定造型後由下方指定尺寸。

32-6-0 所選特徵

將自己畫的特徵或已經存在的特徵面進行複製排列。

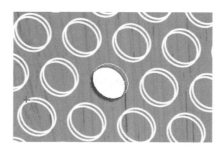

32-6-1 產生種子切除：圓形

以圓直徑產生圓。

A 直徑

定義圓直徑。

B 頂點或草圖點

以模型頂點或草圖點作為種子特徵中心並開始複製排列,下圖左。若不設定它,複製排列將以填入邊界面中心開始,下圖右。

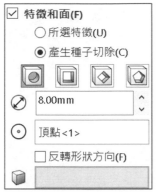 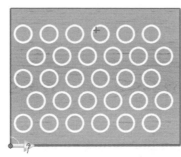 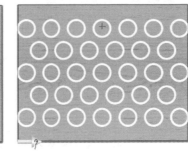

C 反轉形狀方向

改變除料方向。

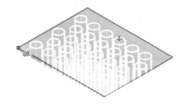 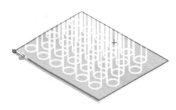

32-6-2 產生種子切除:正方形

以正方形進行填入。

A 尺寸

正方形每邊相等的長度。

B 角度

讓正方形為菱形放置,例如:45 度,下圖右。

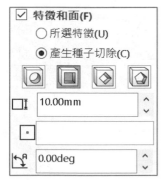  

32-6-3 產生種子切除：菱形

產生 2 邊不等長的菱形填入排列。

A 尺寸◈

正方形每邊相等的長度。

B 對角◁

頂點距離，如果 2 個尺寸相同就是正方形。

C 角度◇（預設 0 度）

菱形預設 0 度才是效果。

32-6-4 產生種子切除：多邊形

定義多邊形的菱形填入排列，定義邊數、外切圓直徑、內切圓直徑…等。

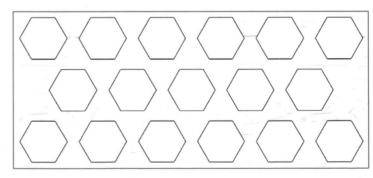

32-7 裝飾螺紋線複製排列（**Cosmetic pattern**）

在模型面上以貼圖示意大量鑽孔，減少實際圓孔特徵造成效能不佳。開啟小金球（RealView）才會顯示，僅支援平面，指令名稱應該為**裝飾複製排列**。

32-7-1 加入裝飾複製排列

1. 外觀→2. 雜項→3. RealView Only Appearance→4. 拖曳裝飾鑽孔圖案到模型面上，會發現自動☑種子類型（指令介面與🔩相同，不贅述），完成後特徵管理員會出現特徵。

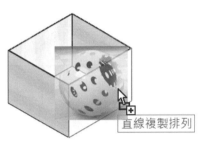

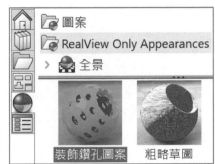

32-7-2 圓形網格塑膠

上節介紹無法在圓柱面或曲面上使用，但在設備上常有這需求，例如：擠壓機。可以變通一下，使用此方式來達到，1. 外觀→2. 塑膠→3. 網格→4. 圓形網格塑膠。

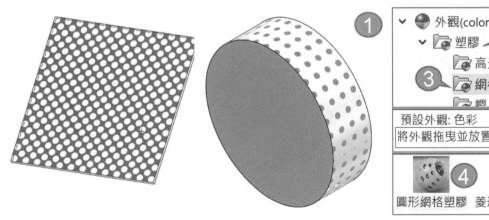

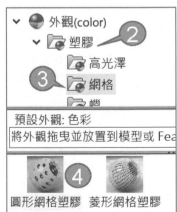

筆記頁

變化複製排列

變化複製排列（Variable Pattern）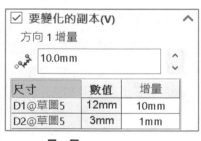，讓特徵在平面或曲面上產生尺寸變化，最大特色可以在副本中別設定尺寸，如同一筆筆獨立建構的特徵。坦白說這指令不好學，沒有深刻的底子很難了解指令奧義，所以這指令很少人拿來用。

A 因應模組化到來

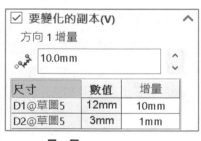已經普及在其他複製排列，例如：直線和環狀複製排列都有變化複製的身影，因應模組化的到來，**變化複製**必定是這幾年加強推廣的技術。

尺寸	數值	增量
D1@草圖5	12mm	10mm
D2@草圖5	3mm	1mm

方向 1 增量　10.0mm

尺寸	數值	增量
D1@Sketch1	15deg	5deg

方向 1 增量　10.00deg

B 解決方案

本節看到表格就會怕對吧，一開始大郎也這麼覺得，用過幾次會覺得很好用，也是一切的解決方案。

C 先求有再求好

以目前程度學不來，不要僵在這想學會它，利用複製排列完成也可以，雖然特徵比較多，隨著時間會程度會成長，到時回來學也不遲。

33-0 指令位置與介面

本節介紹複製排列指令與視窗內容。

33-0-1 介面項目

有 2 種方式進入複製排列：1. 插入→特徵複製/鏡射、2. 特徵的複製工具列。

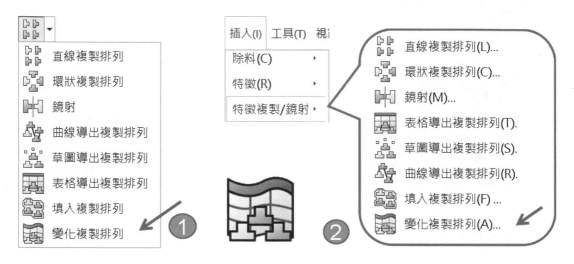

33-0-2 介面項目

功能相當簡單：1. 複製排列特徵、2. 表格、3. 選項、4. 失敗的副本。

33-0-3 先睹為快：圓柱

完成 2 個圓柱變大與位置的複製。

步驟 1 複製排列特徵

點選圓柱特徵。

步驟 2 編輯複製排列表格

進入表格後，繪圖區域可見圓柱草圖和特徵尺寸。

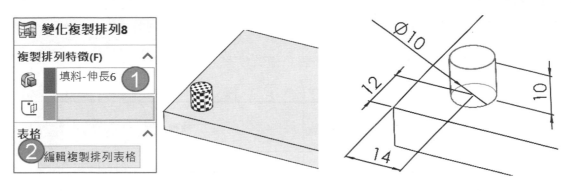

步驟 3 加入尺寸（第 3 行）

螢幕點選草圖和特徵尺寸，共 4 個尺寸，會見到第 3 行有尺寸被加入。

步驟 4 加入副本（第 4 行）

表格視窗左下角按下加入副本，在第 4 行輸入 2 倍的數值（箭頭所示）。

步驟 5 更新預覽

可見第 2 個圓柱被複製。

步驟 6 加入副本（第 5 行）

重複步驟 4，表格中輸入 2 倍的數值。

	A	B	C	D	E	F
1	子體	跳過之副本	草圖5			填料-伸長2
2			D1	D2	D3	D1
3	0		10.00mm	12.00mm	14.00mm	10.00mm
4	1	☐	20.00mm	24.00mm	28.00mm	20.00mm
5	2	☐	40.00mm	48.00mm	56.00mm	20.00mm

從圖面選擇尺寸以便將它們新增到這個表格。

更新預覽(U)　確定(O)　取消(C)　說明(H)

步驟 7 查看結果

共 3 個圓柱在平板上，點選第 2 和第 3
圓柱可見完整尺寸也可以被修改。

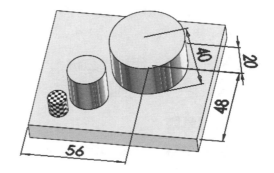

33-0-4 練習：狹槽

自行完成狹槽形狀和位置排列，以下表格僅供參考。

1	A 子體	B 跳過之副本	C 狹槽草圖	D	E	F
2			T	W	Y	X
3	0		8.00mm	10.00mm	12.00mm	14.00mm
4	1	☐	10.00mm	12.00mm	24.00mm	28.00mm
5	2	☐	12.00mm	14.00mm	48.00mm	56.00mm

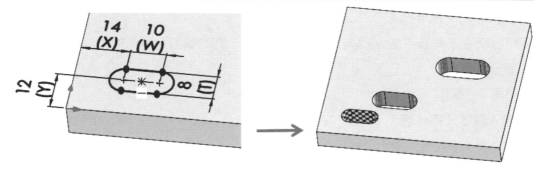

33-1 複製排列特徵

繪圖區域顯示尺寸，這樣表格才可以控制項目，支援 2 種項目：1. 特徵、2. 參考幾何。

33-1-1 複製排列的特徵 🔲

點選要產生變化複製的特徵，點選特徵後會顯示尺寸，方便接下來的表格加入尺寸，該特徵用來產生變化的源頭，這部分和複製排列點選特徵操作和觀念相同。

A 特徵支援度

不是每個特徵都可以用這項指令，目前僅支援：1. 伸長、2. 旋轉、3. 掃出、4. 疊層拉伸、5. 圓角、6. 導角、7. 圓頂、8. 拔模。

B 種子特徵未與工作片段合併

不支援只有一個本體的排列，因為沒有位置尺寸。

C 不能點選草圖

複製排列特徵欄位必須指定特徵。

D 無法選擇副本

不能點選副本作為複製的種子，相信以後功能會提升。

E 不支援多本體

目前不支援多本體，希望以後可以，多本體技術已經很成熟了。

33-1-2 要導出種子的參考幾何

如果特徵變化必須藉由外部參考（參考幾何），就要將尺寸加入到表格中。

步驟 1 草圖 1

在平面 1 完成草圖點，下圖左。

步驟 2 草圖 2

在平面 1 上畫草圖圓，草圖圓心和草圖點重合完成草圖 2，下圖右。

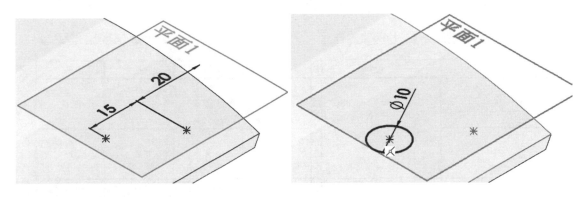

步驟 3 草圖 2 完成伸長圓柱

步驟 4 點選特徵

看到伸長特徵的草圖尺寸，但沒見到草圖點尺寸。

步驟 5 點選草圖

就能見到草圖點尺寸，這就是核心了，下圖左。

步驟 6 將草圖加入項目

於繪圖區域點選草圖點（草圖 1），下圖左（箭頭所示）。

步驟 7 表格的尺寸控制

草圖尺寸可以加入表格中。

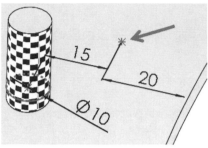

C	D	E	F
平面1	草圖17	草圖點	
D1	D1	D2	D1
20.00mm	10.00mm	15mm	20mm
40.00mm	10.00mm	15mm	20mm

33-2 表格

表格是指令的靈魂，表格內容一開始看到會怕，不知從何開始對吧，進入表格分別 2 種項目：1. 產生複製排列表格、2. 編輯複製排列表格。

A 表格與 Excel 相關

表格和 Excel 作業相同，SW 有很多和 Excel 有關，例如：以 Excel 為基礎的表格。

33-2-1 前置作業：尺寸目視管理

將尺寸加入表格最好要完成前置作業，這樣表格看起來不會亂，這是模組化觀念。

	A	B	C	D	E	F
1	子體	跳過之副本	草圖圓			圓柱
2			D	X	Y	L
3	0		6.00mm	8.00mm	10.00mm	10.00mm

A 草圖名稱

將草圖 1→草圖圓。草圖還是要有，加上草圖形狀。

B 特徵名稱

將伸長 1→圓柱。

C 顯示/定義尺寸名稱

名稱以大寫為主，單一字母為主，位置 XY、直徑 D、圓柱長 L，下圖中。

D 種子特徵外觀

為了區別源頭，將種子特徵外觀設定為圖案（非色彩）必較好，例如：網格。方便黑白列印，否則會不好辨識。

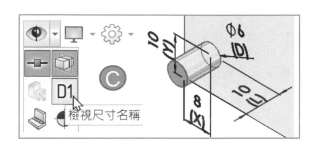

33-2-2 產生/編輯複製排列表格

1. 點選特徵→2. 產生複製排列表格→3. 進入表格視窗，下圖左。

A 快速鍵

按鈕旁最好要有快速鍵，這樣可以快速點選，例如：編輯複製排列表格（T），我們可以按 Alt+T 直接進入表格。

33-2-3 表格基本操作

表格絕大部分為通識，先說明大部操作。

A 結束/關閉表格

右上角 X 關閉，或下方的確定/取消按鈕來關閉表格，無法用 ESC 呦。習慣上在儲存格輸入錯誤會 ESC 很多下，如果這樣就退出表格反而感受更差。

B 無法更改列高

不像 Excel 或 SW 其他表格可調整欄寬、列高。

C 調整表格大小

拖曳視窗邊框來放大與縮小，也無法最大視窗。

33-2-4 更新預覽

最下方**更新預覽**立即看出模型副本位置及變化（箭頭所示）。

33-2-5 要加入的副本數量

於表格左下角按下加入副本，表格會新增列，這按鈕使用率比較高。

A 輸入要新增的副本數量

適合一次增加多行，屬於增量數值，例如：目前 5 行，輸入 3→↵，會見到 8 行→再輸入 3 會見到 11 行，下圖右 A。

33-2-6 欄位基本認知

進入表格基本有 2 行（橫）、2 欄（直），第 3 行為空白，目前會覺得第 2 行用不太到。唸法 A3，儲存格內容=0。

A 子體

子體=種子特徵。

B 跳過副本

可以在特徵管理員刪除或在表格☑跳過副本。

	A	B	C	D	E	F
1	子體	跳過副本	草圖5			填料-伸長2
2			D1	D2	D3	D1
3	0		10.00mm	12.00mm	14.00mm	10.00mm
4	1	☐	20.00mm	24.00mm	28.00mm	20.00mm
5	2	☐	40.00mm	48.00mm	56.00mm	20.00mm

複製排列表格

變化複製排列8

複製排列特徵(F)

填料-伸長6 ①

表格

② 產生複製排列表格

從圖面選擇尺寸以便將它們新增到這個表格。

1 ←A

更新預覽(U)　確定(O)　取消(C)

33-2-7 欄位基本變化

繪圖區域點選草圖和特徵尺寸，將尺寸加入表格，於儲存格中開始進行尺寸變更，可見第 1、2 行意義，算是標題。

A 3 行是最基本組成

3 行才可以成為正式且有效表格：1. 增加行→2. 點選草圖和特徵尺寸。

B 第 1 行

標題名稱，例如：C1=草圖名稱、D1=特徵名稱。

C 第 2 行

尺寸名稱，例如：C2=草圖尺寸名稱、D2=特徵尺寸名稱。

D 第 3 行 尺寸數值

A3=種子=副本數量=0、C3=草圖尺寸=10、D3=特徵尺寸=10。

第 3 行尺寸為從動灰色不能改，如果要改必須關閉表格，回到模型修改，再回到表格更新。

	A	B	C	D
1	子體	跳過之副本	草圖5	填料-伸長2
2			D1	D1
3	0		10.00mm	10.00mm
4	1	☐	20.00mm	20.00mm
5	2	☐	40.00mm	20.00mm

33-2-8 增加副本與尺寸連結

本節增加到第 4 行與多行，並增加其他尺寸連結，重點是順序。

A 增加草圖尺寸

先點選形狀 Ø6→再點選位置尺寸，草圖包含 3 種尺寸。

B 加入副本（第 4 行）

重點來了，第 4 行和多行都可以變動。

C 儲存格

A4=第 1 副本、B4=是否跳過副本、C4～F4=尺寸。F4=特徵尺寸，所以特別隔開。

	A	B	C	D	E	F
1	子體	跳過副本	草圖5			填料-伸長2
2			D1	D2	D3	D1
3	0		10.00mm	12.00mm	14.00mm	10.00mm
4	1	☐	20.00mm	24.00mm	28.00mm	20.00mm
5	2	☐	40.00mm	48.00mm	56.00mm	20.00mm

33-2-9 行、欄位細節作業

可以全選、刪除與搬移，可以把 Excel 操作搬過來試試。

A 全選行與功能

點選第 4 行可以全選，拖曳往下連選第 4 第 5 行。在行上右鍵：插入行、剪下、複製、貼上、刪除，這些都可以用快速鍵輸入，不用按右鍵，下圖左。

B 全選欄與功能

點選第 C 欄可以全選，Ctrl 拖曳欄，在欄上右鍵刪除欄，下圖中。

C 搬移

拖曳行或欄可以搬移，常用在欄的搬移換尺寸順序，例如：XY 對調，下圖右。

33-2-10 儲存格細節作業

可以連選、刪除與搬移，可以把 Excel 操作搬過來試試。

A 點選和啟用

點選啟用儲存格、快點 2 下儲存格改尺寸，下圖左。

B 複製尺寸

點選儲存格右下角換出現+，往下拖曳可以將數值複製，下圖右。

步驟 1 點選 12 的儲存格右下角出現+

步驟 2 往下拖曳

步驟 3 查看尺寸變化

可以見到都是 12。

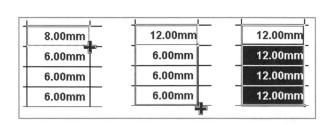

C 計算尺寸

計算所選的多個儲存格內的差異成為公式。

步驟 1 選擇 2 個儲存格右下角出現+

儲存格內分別 6 和 8，系統會+2 的算數。

步驟 2 拖曳往下

兩個或多個按照要傳遞衍生複製排列的儲存格。

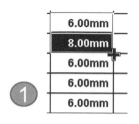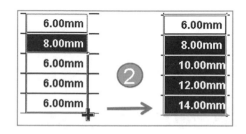

33-2-11 支援零和負值

表格可輸入 0 或負值，但是要看適用的地方，換句話說，不能成為無效幾何。

A 零值

適合草圖位置尺寸。

B 負值

在特徵尺寸輸入負尺寸可以改變方向，如同指令的反轉按鈕。

33-2-12 不支援數學關係式

很遺憾，草圖或特徵有數學關係式，表格會顯示該值為數學關係式，例如：Y=2X，但還是要人工自行輸入 Y 的數值（箭頭所示）。

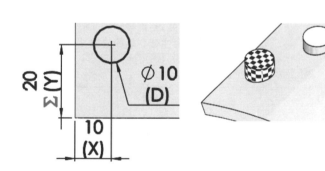

	A	C	D
1	子體	草圖29	
2		X	Y
3	0	10.00mm	Σ 20.00mm
4	1	20.00mm	40.00mm
5	2	30.00mm	60.00mm

33-2-13 從 Excel 輸入/輸出

將表格輸入或輸出為 Excel 讓其他單位使用。常用在用 Excel 公式產生數據後，輸入到 SW 讀取而不是讓 SW 計算，藉此增加 SW 效能，這點在模組化很常用。

33-2-14 表格數學關係式可用函數

目前支援 13 種函數。

加+	減-	乘*	除/	ABS(X)絕對值
SIN(X)正弦	COS(X)餘弦	TAN(X)相切	EXP(X)次方	INT(X)整數
PI 圓周	LOG(X)10 底數	SQRT(X)平方根		

33-3 失敗的副本

顯示複製排列錯誤的副本編號，例如：複製排列特徵，但距離過大或數量過多，造成分離本體（箭頭所示），本節順便說明完成指令後進行副本作業。

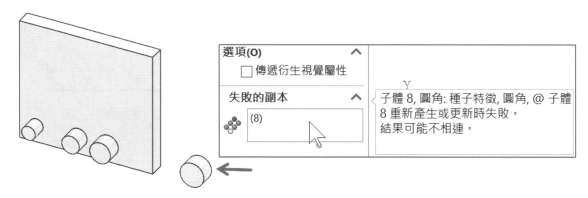

33-3-1 變數副本

展開變化複製排列特徵，可見到下方顯示複製的副本。

A 抑制

可以對它進行抑制，不必進入編輯表格視窗，勾選跳過之副本。

	A	B	C	D	E
1	子體	跳過之副本	草圖18		填料-伸長10
2			D1	D2	D1
3	0		9.32mm	11.40mm	10.00mm
4	1	☐	9.32mm	11.40mm	10.00mm
5	2	☐	12.00mm	40.00mm	10.00mm
6	3	☐	14.00mm	60.00mm	10.00mm
7	4	☑	9.32mm	100.00mm	10.00mm

B 刪除

刪除副本=刪除表格，就無法回復了。

C 失敗的副本

失敗的副本會出現錯誤。

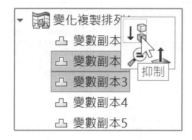

33-4 實務演練

本節舉 3 個常見例子完成特徵在曲線、曲面上複製排列。

33-4-1 圓柱平面曲線排列

讓圓柱沿著圓弧進行排列，分別完成 2 層。有 4 個尺寸 DXHR，但只有 2 個尺寸要控制：X12、H18，因為圓柱直徑 D，圓弧半徑 R 想讓她固定。

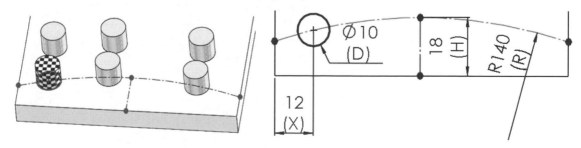

步驟 1 複製排列特徵

點選圓柱特徵。

步驟 2 編輯複製排列表格

進入表格後，加入 X、H。

步驟 3 完成子體 1

X36、H18。

步驟 4 完成子體 2

X72、H18。

步驟 5 完成子體 3

X12、H36。

步驟 6 完成子體 4

X36、H36。

步驟 7 完成子體 5

X72、H36。

步驟 8 查看結果

可見 2 排圓柱。

		A	B	C	D
	1	子體	跳過之副本	草圖7	
	2			X	H
	3	0		12.00mm	18.00mm
	4	1	☐	36.00mm	18.00mm
	5	2	☐	72.00mm	18.00mm
	6	3	☐	12.00mm	36.00mm
	7	4	☐	36.00mm	36.00mm
	8	5	☐	72.00mm	36.00mm

33-4-2 瓶子外環曲線排列

將瓶子造型進行排列，其實是造形草圖與瓶子草圖關聯性做好，只要控制高度進行排列。

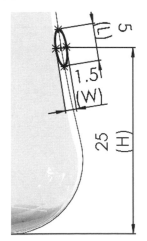

	A	B	C
1	子體	跳過之副本	草圖24
2			H
3	0		25.00mm
4	1	☑	35.00mm
5	2	☐	45.00mm
6	3	☐	55.00mm
7	4	☐	65.00mm
8	5	☐	75.00mm

34

導角

　　導角（Chamfer）◎將模型邊線切削為斜面並自動產生第 3 面，不必進入草圖即可得到外型改變，常用在有外形和強度需求。導角作業比較少人問，因為很快就會了，導角的邊線不多，需求比較單純，不像圓角邊線多。

A 導角與圓角共通性

　　導角比較簡單好學，先學導角再學圓角效果最好，它們觀念和介面相同。

B 導角用途

　　外型導角常為美觀考量，修整後提高整體質感或避免組裝過程被毛邊刮傷。

C 孔口導角

　　組裝過程有引導定位效果，或熱處理讓應力會釋放，有效解決應力集中產生裂紋問題。

D 導角指令名稱

　　導角是機械術語，導角=名詞不是倒角，是引導的導。導角指令名稱容易混淆，教學上會說 1. 導圓角或 2. 導斜角區分。導角又分：1. 特徵導角、2. 草圖導角，透過樹狀圖就明白。

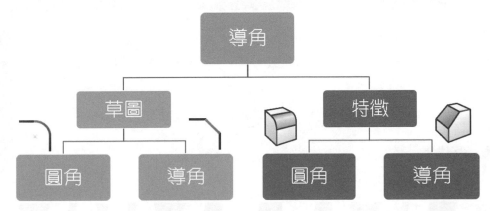

34-0 指令位置與介面

本節介紹導角指令與視窗內容。

34-0-1 指令位置

導角指令位置在：1. 特徵工具列→導角展開，在圓角內部、2. 插入→特徵→導角。

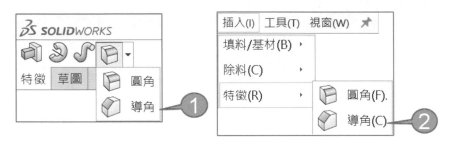

34-0-2 導角介面

分別為：1. 導角類型、2. 要導角的項目、3. 導角參數、4. 選項。

A 導角類型：5 大天王介面

1. 角度距離✏、2. 距離-距離✏、3. 頂點🔲、4. 偏移面🔲、5. 面-面🔲。1、2 使用率最高，3、4、5 很少人想到可以這樣用，下圖左。

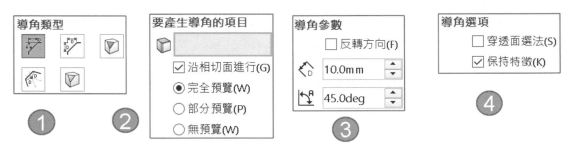

34-0-3 共同欄位

切換不同的導角類型，下方欄位有很多變化不同。上方 1-3 導角類型的下方欄位相同：A 導角類型、B 要導角的項目、C 導角參數。第 4、5 導角類型為獨立狀態。

A 角度距離✏

1. 要導角的項目、2. 導角參數、3. 導角選項，下圖左。

B 距離-距離✏

差別在**導角參數**，本節列出不同處，下圖右。

C 頂點

差別在**導角參數**，本節列出不同處，下圖左。

D 偏移面

差別在**導角參數**，多了**局部邊線參數**，下圖右。

 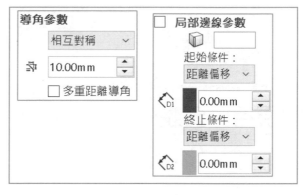

E 面-面

差別在：1. 要導角的項目、2. **導角參數**、3. 導角選項。

34-0-4 編輯特徵，切換導角類型

完成導角後，編輯導角特徵，無法切換上方的導角類型必須重作，例如：完成頂點-頂點，編輯特徵，就無法改為距離-距離。

這必須用系統面解釋，伸長填料就無法改為伸長除料，必須刪除特徵重新製作。

A 獨立指令合併

試想，這原本是 5 個導角指令，獨立指令本來就無法切換，現在整合為 1 個導角指令，我們希望未來能切換導角類型。

34-0-5 不支援多本體

多本體應用 2003 年至今將近 20 年，至今很多指令沒廣泛應用到多本體的靈活。例如：圓柱為第 2 本體，點選下方圓邊線無法導角

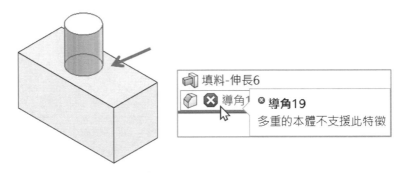

34-1 共同項目：要產生的導角項目

查看導角所選的幾何和控制預覽效果，本節屬於共同項目，每個導角類型這部分相同。

34-1-1 邊線、面、特徵及迴圈

選擇加入導角的幾何條件，例如：邊線、模型面、特徵、連續線段。原則上選面，系統自動抓取面的所有邊線。

34-1-2 沿相切面進行

是否沿圓角延伸的相切邊線導角，保持線段連續造型，下圖右（箭頭所示）。

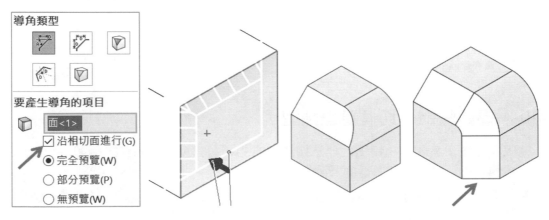

34-1-3 完全預覽

預覽顯示所有邊線，立即得知目前線段是否完成，適合電腦很好，線條不多也不複雜。例如：點選第 10 條線，系統會計算 1-10 條線是否完整呈現，若第 10 條無法顯示，就知道第 10 條線有問題，下圖左。

34-1-4 部分預覽

僅顯示最後所選的邊線預覽，讓顯示效能提升，例如：僅顯示第 3 條線（最後 1 條），下圖中。對於多條線段的選擇，由預覽得知導角是成功的就繼續選下去。

複雜且多邊線來說，部分預覽算完全預覽的解決方案。這是早期的功能，以前電腦軟硬體不佳，就推出介於完全預覽和無預覽之間的功能：部分預覽。

34-1-5 無預覽

處理多且複雜邊線不耗效能，進階者已經知道導角可以進行，不需要預覽輔助，下圖右。早期沒有預覽功能，當時電腦效能不好，只能完成後→編輯特徵來回修改。

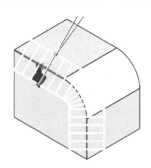  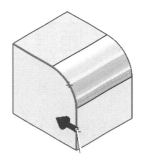

34-1-6 對照表：完全預覽、部分預覽、無預覽

	1. 完全預覽	2. 部分預覽	3. 無預覽
優點	直覺完整顯示，識別度高	不耗效能，識別度普通	完全不耗能、速度快
缺點	耗效能、速度慢	無法顯示導角連續情形	無法得知導角是否可行

34-2 角度-距離（預設）

以距離和角度（預設 45 度）定義導角，使用率最高。

A 導角為投影距離

導角為斜邊投影距離，20 距離 2 邊相等，因為 3 角形內角和 180。

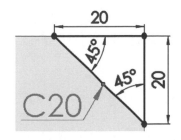

34-2-1 反轉方向

變更距離的邊線，反轉方向對 45 度無影響，可見 20 與 60 度方向對調，下圖左。

A 指令名稱

指令名稱與參數輸入相反不直覺，角度-距離應該為**距離-角度**，習慣先輸入距離。

B 小方塊

常利用小方塊目視對照距離和角度的位置並對調修改，下圖右。

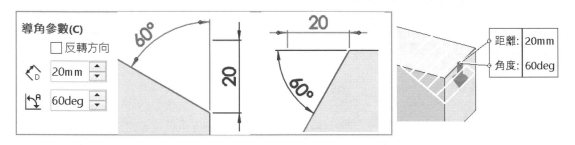

34-3 距離-距離

以選取邊線設定距離，由清單切換：1. 對稱、2. 不對稱。

34-3-1 導角參數，互為對稱

2 邊距離相等，如同 45 度導角，例如：20。由於僅輸入 1 個尺寸，所以模型也只有 1 個尺寸。

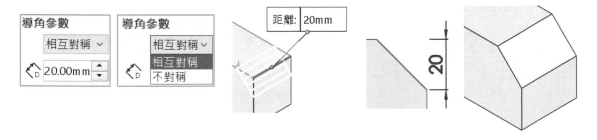

34-3-2 導角參數，不對稱

輸入第 1 和第 2 個尺寸，例如：20、30。尺寸可以相同就不用切換互為對稱，2 尺寸不同沒有反轉尺寸，這點就不靈活了。這時小方塊修改尺寸就比較直覺了，下圖右。

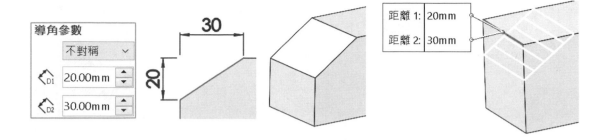

34-3-3 編輯特徵：切換角度-距離

編輯特徵可見：1. 距離-距離、2. 角度-距離可以互相切換。

34-4 頂點（Vertex）

選擇頂點延伸 3 邊線設定導角距離，成形後為複斜面，常用來修飾模型尖角。頂點作業當下無法理解可以這麼靈活，針對頂點進行作業的議題已經越來越多件，甚至圓角也可以在頂點上完成。

A 頂點作業的想法

早期這部分要用建模方式完成，以前完全沒有在頂點作業的想法，就像你會有掃出和疊層拉伸合併的念頭嗎，未來說不定會發生。

34-4-1 導角參數

設定 3 邊的導角距離是否要相同。

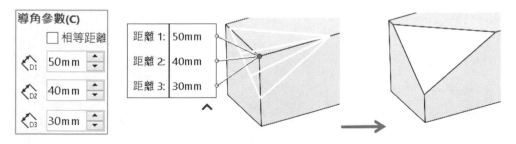

A 相等距離

讓 3 邊尺寸相同，就不用輸入一樣尺寸 3 遍。

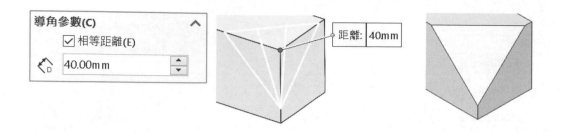

34-5 偏移面（Offset Face）

偏移所選邊線旁邊的面，看不懂對吧，換句話說，**偏移面=多重距離導角**，適用 2 條以上邊線導角，例如：C10、C15。最大特色：1. **多重距離導角**、2. 局部邊線長度。

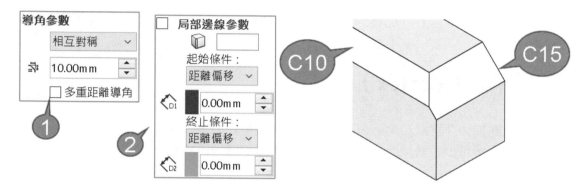

34-5-1 導角參數，相互對稱

2 邊距離相等，這部分和先前觀念一樣，不贅述。重點在多重距離導角。每條邊線不同尺寸（類似多重半徑圓角）。

A 多重距離導角

可在一特徵設定多個不同導角距離（類似多重半徑圓角），這時只能使用互為對稱，例如：10、15、20。

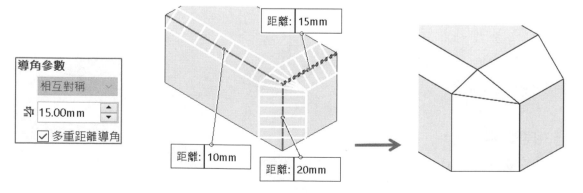

B 3 個導角特徵

早期這部分要 3 個導角特徵,可以看出混合和非
混合使用的外觀差異,下圖右。

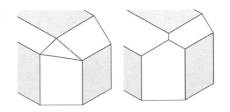

34-5-2 導角參數,不對稱

輸入第 1 和第 2 個尺寸,這部分和先前觀念一樣,不贅述。

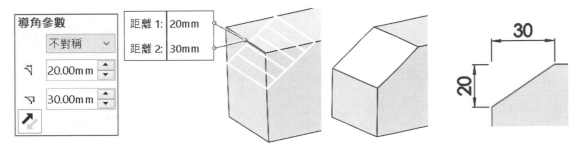

34-5-3 局部邊線參數

沿模型邊線產生部分長度的導角,早期要做到這樣只能用除料特徵或掃出,本節圓角
指令也有觀念也相同,分別設定:1. 起始條件、2. 終止條件,由清單選擇 4 大項。

A 邊線◻

顯示要產生圓角的項目中的基本資料,以唯讀狀態顯示。

B 無

導角到所選的線段全長,不偏移。

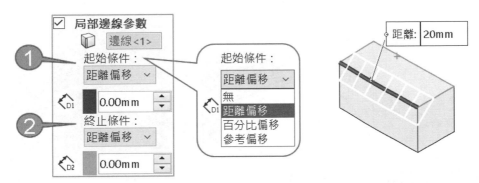

C 距離偏移

以距離來定義線段起始或終點的偏移長度，使用率最高，例如：設定起始 25，終止 20，也可拖曳偏移球更改距離。

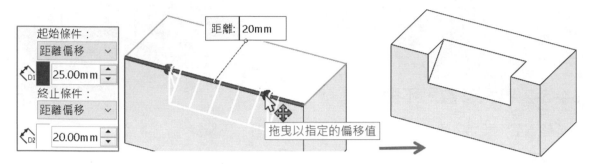

D 百分比偏移

以線段百分比來定義線段圓角範圍，例如：30%開始導角。

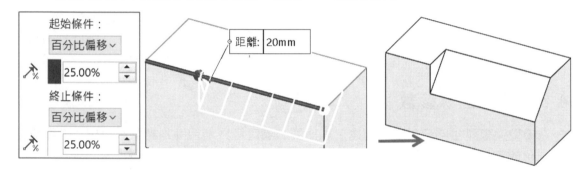

E 參考偏移

指定點、線、面來定義導角的起始/終止位置。

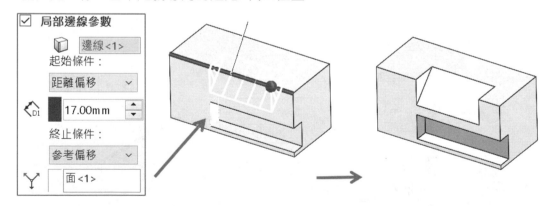

34-5-4 編輯特徵：轉換圓角

編輯特徵可以將導角距離轉換為圓角，設計過程彈性調整，不必刪除或抑制，僅支援偏移面、面-面導角。

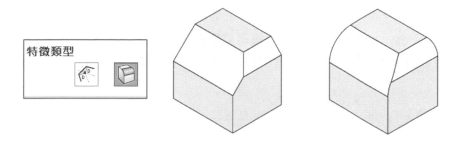

34-6 面-面（Face）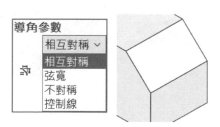

選擇接觸或非接觸的 2 面，進行跨越導角，類似面圓角。這部分很多人不知道可以這樣，甚至把它當外型設計的手法。

34-6-1 要產生導角的項目

分別點選接觸或非接觸的面組 1 和面組 2，在面組 1 會出現導角參數。

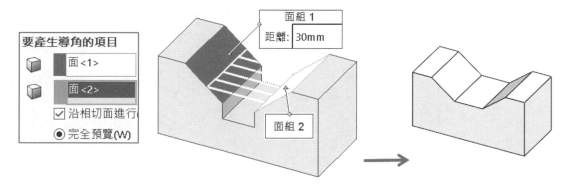

34-6-2 導角參數

依清單選擇導角類型：1. 相互對稱、2. 弦寬、3. 不對稱、4. 控制線。

A 相互對稱（預設）

由簡單到難和同學分析，如果所選 2 面的尺寸相同，觀念和點選邊線導角一樣。

A1 V 型溝槽面

點選 V 型 2 面，增加尺寸過程由預覽可見原理。目前溝槽寬度 20，導角尺寸要大於 20，例如：導角 30 的位置，這部分的尺寸定義第一次見到對吧。

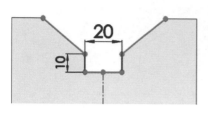
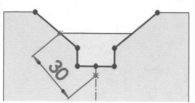
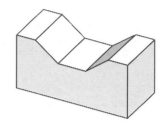

B 弦寬

2 相鄰面的斜邊尺寸，下圖左（箭頭所示）。

C 不對稱

輸入 2 不同距離，下圖右。

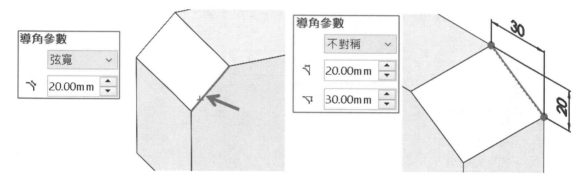

D 控制線

選擇模型分割線作為導角範圍，不必輸入導角距離，效果像疊層拉伸，不支援草圖線段。例如：分別在 2 面進行分割，就能在模型上點選 2 控制線。

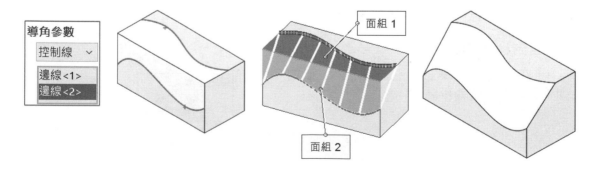

34-6-3 編輯特徵：切換面圓角

編輯特徵可將導角轉換為圓角。

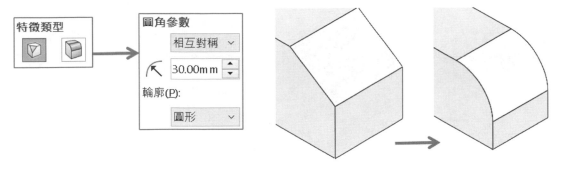

34-7 導角選項

本節說明導角的選項：1. 穿透面選法、2. 保持特徵、3. 輔助點。

34-7-1 穿透面選法（Select through face）

當游標在隱藏線段的位置時，是否可選擇邊線，可以穿越模型選擇到後方邊線。

A 選擇→顯示隱藏線

本設定與隱藏線選擇呼應，一定要☑選項設定才可使用穿透面選法。

34-7-2 保持特徵（Keep Feature）

當導角距離超過上方建立的特徵，是否保留原來特徵。

A ☑保持特徵

保留上方特徵，且特徵會和導角形成關聯。

B □保持特徵

上方特徵被移除,導角還在。

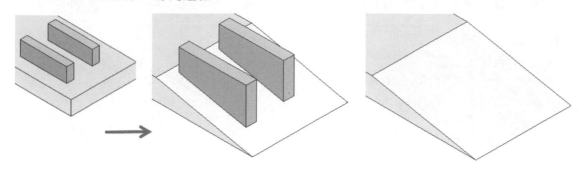

34-7-3 輔助點(Help Point)

當 2 面相同系統無法決定哪個成形位置,指定模型頂點(輔助點)導角會在輔助點位置產生,適用面-面。

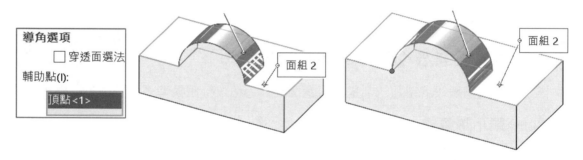

35

圓角觀念與共通性

圓角（Radius）將模型邊線切削為圓弧並產生第 3 面（相切面），常用在有外形和強度需求，是常見指令不必進入草圖馬上看到導角後型態很容易學習。

A 本章特色

先說明圓角共通性，認識圓角指令特性、圓角處理規則...等，這些認識以後，再往圓角指令學習。有很多項目導角已經說明過，可以加速本章學習。

B 圓角課題

圓角是進階課程議題，圓角過程中常會遇到問題以及錯誤訊息，工程師都想了解它的技巧性。且有很多是系統面議題，要了解幾何計算原理。

C 使用程度

很多人用，但使用程度不高，因為指令每個項目種類繁多，之間的交叉變化容易迷糊不得其解，坊間沒有專門把圓角指令說明透徹。

D 圓角用途（解決方案）

圓角常用在：1. 大圓角外觀、2. 小圓角修飾、3. 機械加工必要外型、4. 毛邊去除，甚至很多曲面是用圓角完成的。

E 自然形成圓角

刀具加工路徑會成為自然圓角或塑膠成型、模型烤漆會形成約 R0.25 小圓角，除非故意角落不要 R 角就要使用特殊製程，例如：放電加工。

35-0 指令位置與介面

本節介紹圓角特徵與視窗內容，由於圓角有很多共同項目，避免重複講解。

35-0-1 介面項目

圓角指令位置在：1. 特徵工具列→圓角，下圖左、2. 插入→特徵→圓角，下圖中。

35-0-2 圓角類型：4 大天王

圓角類型是大方向，進入指令最上方有 4 種類型（俗稱 4 大天王）：1. 固定大小圓角、2. 變化大小圓角、3. 面圓角、4. 全週圓角，下圖右。

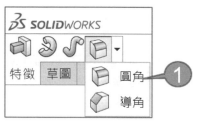  

A 固定大小圓角

使用率最高、設定項目最多，一開始的操作很簡單，用到後面很難很容易放棄。

B 變化大小圓角

一開始很感覺很難，但可以完成意想不到的曲面圓角。

C 面圓角、全週圓角

這 2 個項目原理很像，操作最簡單，可惜很少人知道可以這樣用，算解決方案。

35-0-3 共同欄位

切換不同的圓角類型，下方欄位有很多變化，整理給同學看就不會覺得圓角很難。

A 項目相同，可降低學習難度

有 2 個項目不必學習都會相同：1. 要產生圓角的項目、2. 選項。

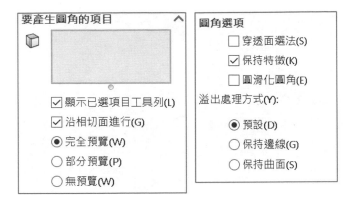

B 固定大小圓角

1. 圓角參數、2. 偏移參數、3. 局部邊線參數。

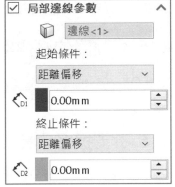

C 變化大小圓角

1. 變化半徑參數、2. 輪廓、3. 偏移參數。

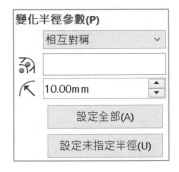
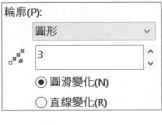

D 面圓角

1. 要產生的圓角項目、2. 圓角參數、3. 圓角選項,下圖左。

E 全週圓角

1. 要產生的圓角項目,下圖左。

35-0-4 編輯特徵，切換特徵類型

特徵完成後項目理論上，無法回過頭來更改上方的特徵類型，例如：使用**面圓角**，編輯特徵後無法改為**固定半徑圓角**。

35-0-5 有限度的圓角與導角切換使用

🔘改為🔘，不必刪除重新製作。例如：1. 固定半徑→導角🔘、2. 面圓角→導角的面圓導角。但特徵管理員的特徵名稱不會改變，例如：圓角→導角，特徵名稱還是圓角。

35-0-6 不支援多本體

多本體應用 2003 年至今將近 20 年，至今很多指令沒廣泛應用到多本體的靈活。

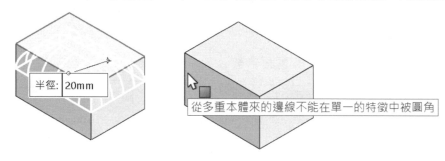

半徑：20mm

從多重本體來的邊線不能在單一的特徵中被圓角

35-1 共同項目：要產生的圓角項目

點選要加入圓角的條件並查看圓角製作過程的預覽效果，本節屬於共同項目，每個類型這部分都相同。

35-1-1 特徵、面、邊線

選擇加入圓角的幾何條件，依序：1. 特徵（特徵管理員點選特徵）、2. 模型面、3. 邊線。

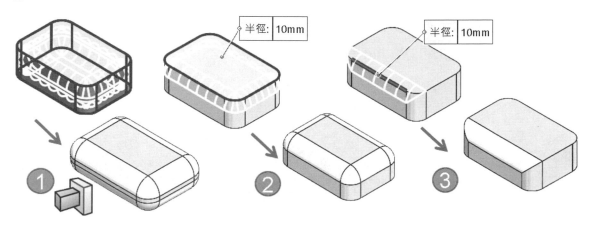

35-1-2 顯示已選項目工具列（Selection Toolbar）

是否開啟加速選擇的工具列。選擇一條直邊線，透過此工具列選擇所有線，達到快速選擇的目的→套用，這功能已經不需要圓角專家。

連接至開始面, 5 邊線

A ☑ 顯示已選項目工具列（預設）

游標放置工具列上的圖示，模型亮顯被預選的邊線，例如：點選一條線→ 系統幫你選擇另外 3 條，浪費時間就不必翻轉模型，下圖左。

B ☐ 顯示已選項目工具列

它是文意感應的觀念會占空間，反應速度會變慢，除非大量的選擇，否則不需要這工具列，適用進階者，下圖右。

35-1-3 沿相切面進行

是否沿圓弧的相切邊線進行導角。沿相切面進行的導角處理有很多意想不到的細節，都是業界的一點訣。實務上會開關沿相切面進行，查看有沒有意想不到的收穫。

A ☑沿相切面進行（預設）

選 1 條線，自動沿相切面導圓角，就不用選多條線。

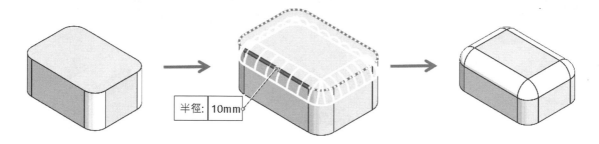

B □沿相切面進行

對於極端的例子或特殊需求，測試圓角可以導到哪裡，下圖左。只能部分邊線導角，☑沿相切面反而無法導角，下圖右。

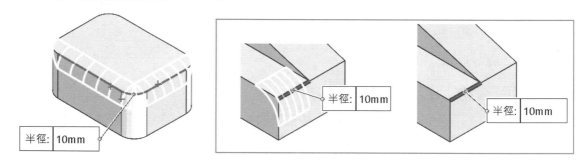

35-1-4 ☑沿相切面 1：加選邊線

模型不是相切（箭頭所示），點選 1 條線無法沿相切面進行，點 2 條線才可以。

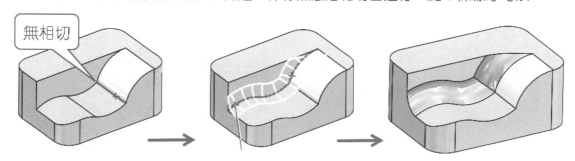

35-1-5 ☑沿相切面：不規則曲線比較好導角

2 弧相切與不規則曲線，不規則曲線擁有圓角參數更大的變化，例如：2 弧相切圓，下圖左，不規則曲線圓角半徑範圍，下圖右。

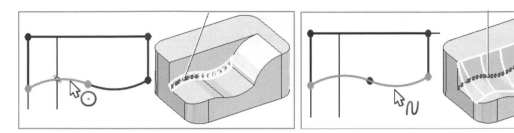

35-1-6 ☑沿相切面：自動巡邊且完成非圓角幾何

點選面讓系統自動尋外邊並將非圓角幾何一次完成，以前無法這樣做。

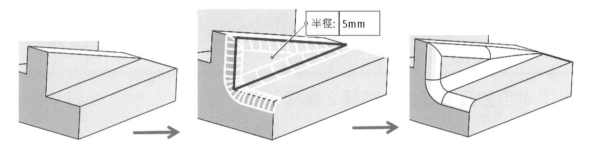

35-1-7 □沿相切面：無法完成

幾何看起來有相切面，□沿相切面反而做不出來。

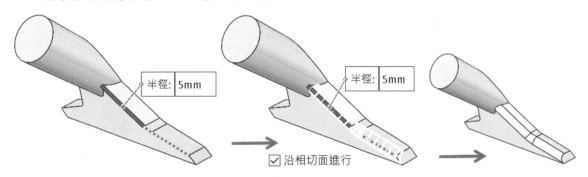

35-1-8 自動延伸吃掉幾何（點選一條線）

點選 1 條線 R 角超過一定大小（例如：R23），會連同後面一起算，這算系統面的模糊現象也是技巧，下圖右。

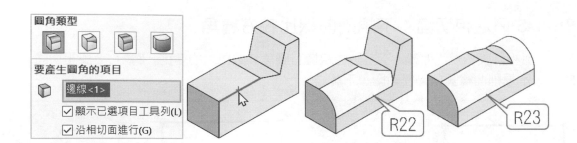

A 大圓角吃掉幾何

到圓角半徑＞幾何，就會被吃掉。

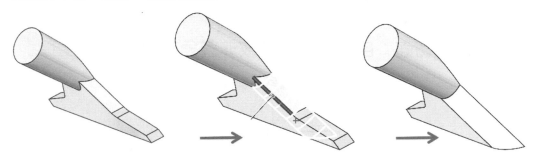

35-1-9 手動自動延伸（點選 2 條線）

點選 2 條線即便 R23，系統會乖乖計算到所選邊線，下圖左。

35-1-10 R 角大小

這模型只能在很小的 R 進行（R1～R7），再加大會造成錯誤。不過別放棄，增加 R（R22～26）可以得到另一種幾何解，下圖右。

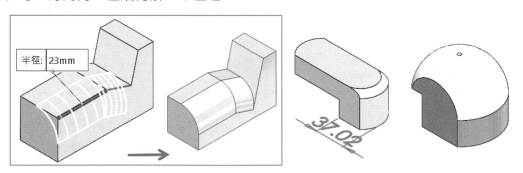

35-2 共同項目：圓角選項

進行圓角半徑後的控制，本節算是體驗很多圓角造型靠調整來控制，其中**穿透面選法**於導角說明過，不贅述。

A 亂壓看結果

實務上，對圓角選項不了解，遇到無法達到需求的圓角在選項亂試看看預覽的變化。

B 項目沒統一

圓角選項沒有每個圓角類型都有，造成功能性不佳以及學習難度提高，沒人會記得起來那些圓角項目有☑**保持特徵**、☑**圓滑化圓角**。

35-2-1 保持特徵

當圓角距離超過上方建立的特徵，是否保留原來特徵。

A ☑**保持特徵**

保留上方特徵，且特徵會和圓角形成關聯。

B □**保持特徵**

上方特徵無法成行被移除，圓角還在。

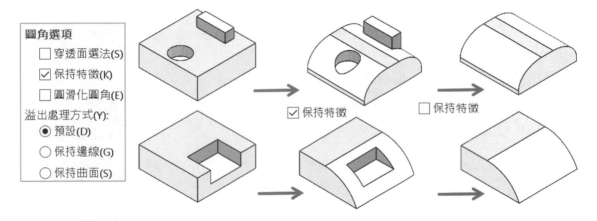

35-2-2 圓滑化圓角（Round Corner）

選擇 2 條相鄰邊線來產生圓角過程，是否圓滑邊線間消除尖銳接合。

A ☑**圓滑化圓角**

圓角交界處產生頂點圓角，該圓弧與圓角半徑相同。

B □**圓滑化圓角**

套用過大的圓角半徑，該圓角影響特徵時，控制是否在邊線間有平滑的轉換。

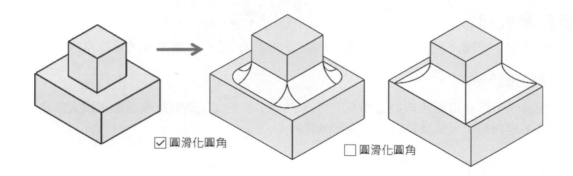

☑ 圓滑化圓角   ☐ 圓滑化圓角

35-2-3 溢出處理方式（Overflow Type，預設）

控制圓角碰到邊線是否溢出，常用在外型有要求，有 3 種處理方式。

A 預設（Default）

有時導角的結果**保持邊線**或**保持曲面**，與下方設定相同，這項目建議 SW 取消。

B 保持邊線（Keep Edge）

什麼都不管直接成形，遇到圓角距離不夠成形時，直接切掉（箭頭所示）。圓角會被分割維持相鄰邊線的完整性，1. 底座外型完整，2. 犧牲圓角外型、3. 上方圓角線溢出。

C 保持曲面（Keep Surface）

圓角面為連續且平滑，1. 模型邊線會配合圓角變化，2. 維持上方的圓角線。

A 預設	B 保持邊線	C 保持曲面

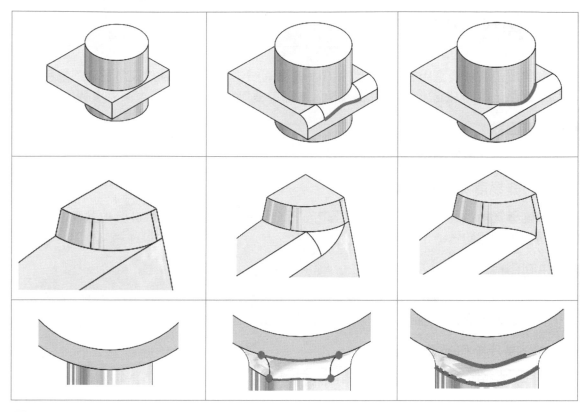

D 鑽孔的保持邊線 VS 保持曲面

保持邊線和**保持曲面**各有優缺點，似乎無法兩全其美，其實可以的：圓角→鑽孔。

	優點	缺點
保持邊線	維持孔大小	圓角被分割
保持曲面	相切連續性	孔被犧牲

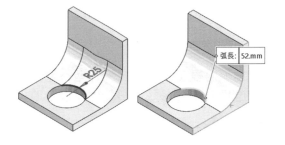

35-2-4 忽略附加邊線

對特徵執行圓角指令，是否加入特徵之間的邊線（箭頭所示）。這是隱藏版項目，必須在 1. 點選特徵管理員的 ☐→☐，才能顯示此選項。

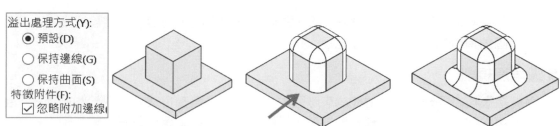

35-3 圓角規則與用途

圓角規則最廣泛應用在圓角製作順序，還沒有一本專門介紹圓角要怎麼導的指引，最多都是網路、軟體 HELP 或書中片段說明，本節經多年經驗並整理和大家分享圓角規則。

A 重點口訣

1. 相切先做→2. 先選面後選邊線→3. 圓角最後做→4. 同時或分開特徵。

B 圓角難易度和邊線數量

以前導圓角很簡單學習，固定半徑走天下，客戶要求也不多。除非圓角邊線過多，才會覺得導圓角好難，導不出自己要的。

C 曲面發展

早期圓角功能很陽春，沒人把導圓角當外型來看，固定半徑本身不具美感，美感來自變化，所以遇到**變化半徑**的外型無法利用圓角產生，就會往曲面發展。

D 功能提升操作反而簡單

近年來圓角項目越來越多，甚至往曲面發展，已經到了能用圓角為何要用曲面，普世觀感圓角比曲面簡單，簡單就好大家也好修改。

E 早期圓角為效能指標

早期會利用圓角、薄殼或圓角+薄殼來測試硬體跑不跑得動，軟體與硬體發展到了成熟階段，圓角不再用來測試效能指標，效能指標被改為大型組件。

F 使用程度提升

圓角項目變多，客戶要求外型不能死鹹，已經不能**固定半徑**走天下了，伴隨而來就是使用程度提升，先多認識幾種也是很簡單操作的項目。

G 導角導半天

進入圓角指令就開始覺得就很難了，再加上導不出來在那邊試，導角導半天不是玩笑話，是真的要導半天。半天導得出來算還好，導不出來老闆問還要導多久，還真答不出來，因為這已經超越自己的能力，無法掌握圓角。

H 時間的普世觀感，多方面克服

普世觀感無法接受導個圓角要好幾天，就要多方面克服，例如：1. 硬體提高、2. 軟體版次、3. 圓角項目熟練、4. 圓角手法。

I 圓角沒規則

由於繪圖核心提升，圓角功能越來越強大，變得怎麼選都會成功，對於圓角順序、由外而內、由大到小…等技術已經逐漸式微，了解這些圓角技術讓你更有效率和別人差異。

J 普世觀感，外型美學

雖然我們沒學過外型設計、產品美學，但對外型感覺是一致的，不會是見仁見智，除非外型到了一般人無法判斷，例如：你喜歡哪一種圓角。

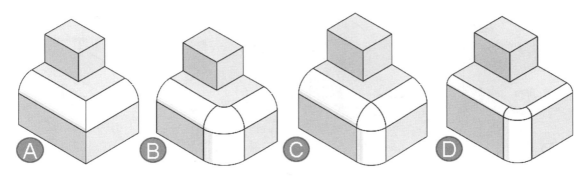

K 圓角規則整理

本節是多年來收集的規則，有順序之分。

1 產生相切幾何	5 由大到小	9 薄件自動產生圓角	13 4 邊面最好
2 先面後邊	6 由外而內	10 草圖導圓角	14 外型圓角順序
3 圓角最後做	7 先拔模後圓角	11 加工或配合面不導	15 群組畫法
4 同時或分開特徵	8 先圓角再薄殼	12 加工角度思考	16 圓角特徵加顏色

35-3-1 最高原則：產生相切幾何

先將相切外型產生，讓下一圓角圓角配合☑**沿相切面進行**，可以減少點選邊線的時間，本節舉常見的：1. 方形體、2. 耳朵、3. 肋。

A 沿相切面

1. 先選垂直邊完成相切幾何 R15→2. 點選上方 1 條線，☑沿相切面進行。

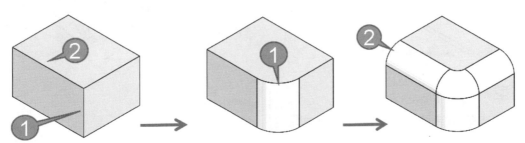

B 人工作法

1. 點選上方 2 條線→2. 點選垂直線段，雖然完成一樣的導角，但這是沒靈魂做法。

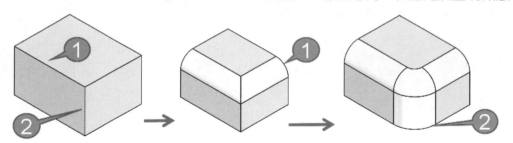

C 耳朵

1. 完成上方 R2→2. 讓 ∏ 形產生沿相切面進行。

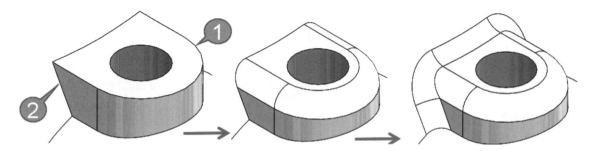

D 肋

1. 下方橫邊線→2. 肋 2 條邊線→3. 肋外圍沿相切面。

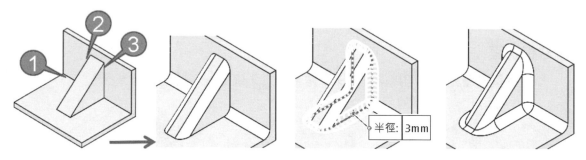

半徑: 3mm

E 造型

1. 完成前端造型→2. 邊線沿相切面圓角。

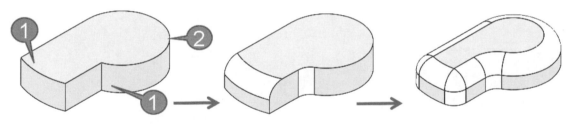

35-3-2 先面後邊

　　面可以尋邊以減少邊線點選時間，例如：點選上面。甚至還可以直接選面 1 個特徵完成所有圓角，這是繪圖核心提升的效果，可以減少製作圓角的時間。

A 圓柱面

　　點選圓柱面會自動尋 2 邊線。

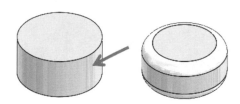

B 選面→補線條

　　1. 點選上面→2. 點選 3 條垂直邊線。

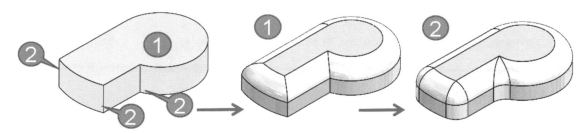

C 快速選面

　　點選模型面系統自動尋邊，這來自繪圖核心提升。

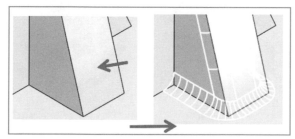 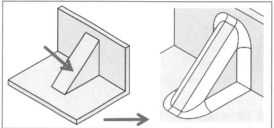

35-3-3 圓角最後做

　　這部分以：1. 繪圖、2. 效能角度說明。

A 先填後除鑽孔→導角

　　這是基礎課程和同學說明的口訣，導圓角屬於修飾，下圖左。

B 效能考量

由於 R 角很佔系統計算時間，計算是由特徵管理員上到下，所以避免圓角一開始建立。由**效能評估**證明圓角佔據時間長度比率是很高的，下圖右。

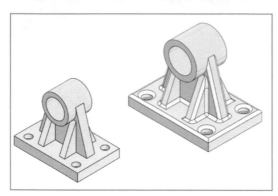

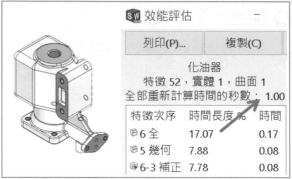

SW 效能評估	－	
列印(P)...	複製(C)	
化油器		
特徵 52，實體 1，曲面 1		
全部重新計算時間的秒數：1.00		
特徵次序	時間長度%	時間
6 全	17.07	0.17
5 幾何	7.88	0.08
6-3 補正	7.78	0.08

35-3-4 同時或分開特徵

只要邊線不要太多都會 1 個完成就好，有幾種情形要分開特徵：1. 被逼，只能 2 個或多個特徵完成、2. 達到理想外型。

A 被逼，無法同 1 圓角特徵

在模型特徵交錯的情況下，無法同一圓角完成這背板，只能分開 2 特徵，這時 1. 先相切→2. 後邊線，例如：1. 先完成 4 邊相切→2. 就能沿相切面進行。

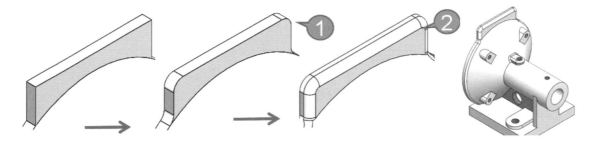

B 嘗試達到理想外型

1 個特徵將圓角完成，或 2 個圓角特徵控制要的外型，所以特徵分開做算是嘗試得到另一種外型，再判斷哪一種外型是你要的，這招是常見的手段。

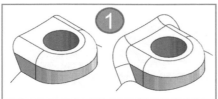

C 多個圓角特徵

不能一次選太多邊線系統會變慢，圓角就要分開做，例如：R1.5 就分別 6 個🔷。

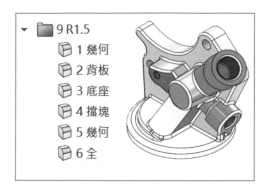

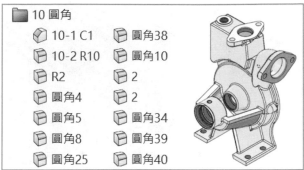

35-3-5 由大到小

大 R 先導再導小 R：1. 大 R 常用在外觀、2. 小 R 修飾。

A 圓角美學

圓角相交處，由大到小得到比較亮眼的圓角，否則相同大小的圓角，看起來就死鹹。

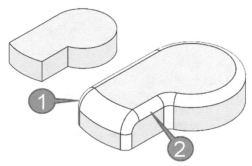

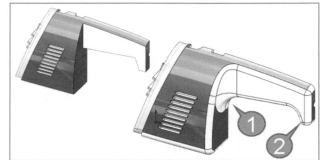

35-3-6 由外而內

外型導角完成，再導內部 R，通常內部是細節。常遇到薄殼內部還有特徵，薄殼屬於內部和細節。

A 外圓角

外圓角=圓角在外面=除料、體積會減少，尺寸標註會大 R，例如：R10。以前工廠會要求內圓角標小 r、外圓角標大 R（外大內小）。

現在不太要求這麼細，甚至大 R 小 r 有標就算了，要求太細容易被誤解龜毛。

B 內圓角

內圓角=圓角在裡面=填料、體積會增加，尺寸標註會小 r，例如：r10。

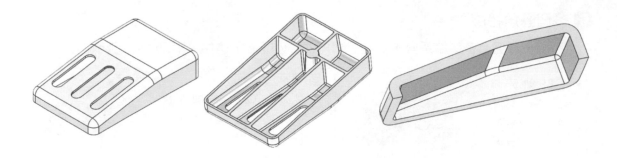

35-3-7 先拔模後圓角

由於拔模🔲=點選拔模面進行（箭頭所示），會將拔模特徵建立後→再圓角，下圖左。先圓角到時🔲過程要把圓角面選進去，選擇面會很多，這還不打緊，重點是🔲做不出來。

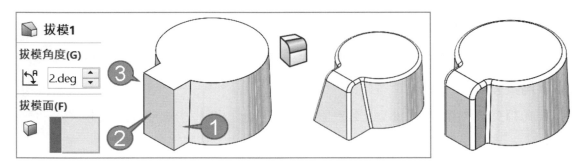

35-3-8 先圓角再薄殼

薄殼🔲會計算幾何，先圓角🔲讓薄殼計算速度比較快，下圖左。反之進行點選圓角內部邊線，速度很慢，除非有特殊要求才會這樣做，下圖右。

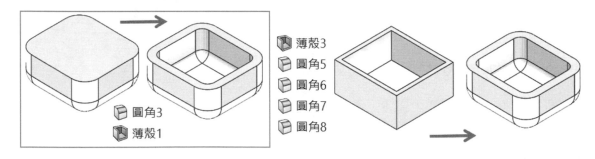

35-3-9 薄件自動產生圓角

開放的草圖輪廓→產生特徵過程，於下方薄件特徵☑**自動圓化圓角**，可省去導圓角作業，也不必繪製封閉輪廓。

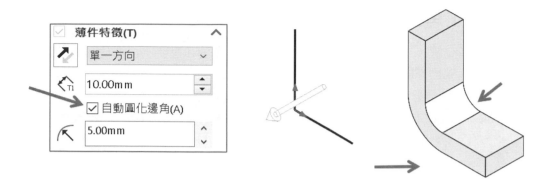

35-3-10 草圖導圓角

草圖圓角→產生特徵，直接完成圓角幾何，不適合大量使用圓角特徵，運算耗時且圓角邊修不容易，特別是小圓角。

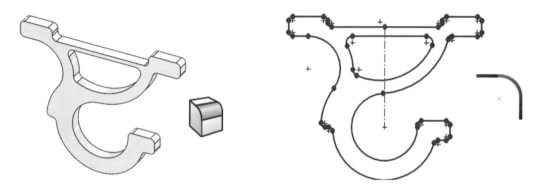

A 草圖避免圓角

早期會很認真把草圖一次畫好稱為專業，是早期 2D CAD 做法，由下表看出對照。

		優點	缺點	結論 技術走向
草圖圓角		減少特徵	草圖複雜	製作模組化
		圖形美觀	草圖穩定度低	
		一目了然	沒人要學	
		模型運算快	不容易修改	
特徵圓角		草圖比較簡單	增加圓角特徵	建模以特徵圓角為主
		容易學習	特徵多運算速度慢	
		草圖穩定度高		

35-3-11 加工面或配合面不導

加工面通常就是配合面，不需要導角（箭頭所示），例如：脫蠟鑄造原本有圓角，配合面經加工銑平，圓角就不見了，下圖左。

35-3-12 加工角度思考

2 面相交有交線，以加工角度思考進行連續邊線導角。甚至不小心有邊線沒導圓角，機械加工也會形成自然圓角（箭頭所示）。有加工經驗的同學，會因為加工而改變畫法。

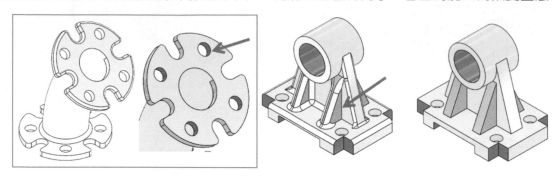

35-3-13 4 邊面最好、3 邊面最差

頂點會形成收斂，模型轉檔容易產生破面，下圖左。要達到 4 邊面只要不同尺寸就能達到，下圖右。

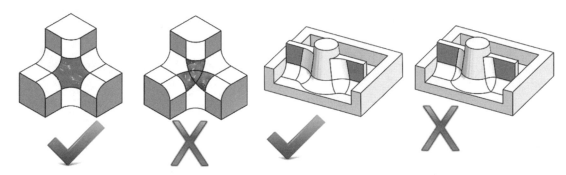

35-3-14 外型圓角順序

邊線選擇順序可以改變外型，例如：向上或向下曲線類型（箭頭所示）。

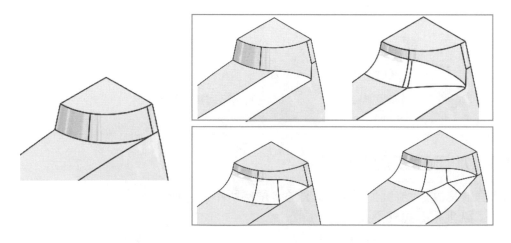

35-3-15 群組畫法

理論先填→後除→鑽孔→再導角，對於複雜模型圓角最後做會太多更不容易管理。以 1 組造型+導角方式完成。

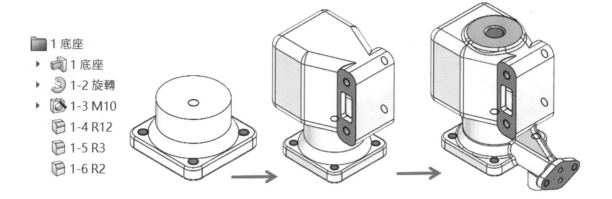

📁 1 底座
▸ 🔩 1 底座
▸ 🌀 1-2 旋轉
▸ 🔩 1-3 M10
　 🔩 1-4 R12
　 🔩 1-5 R3
　 🔩 1-6 R2

35-3-16 圓角特徵加顏色

由特徵顏色協助判斷是否有導圓角。

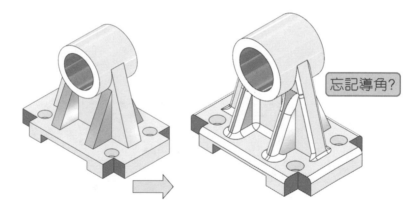

忘記導角?

筆記頁

固定大小圓角

固定大小圓角（Constant Size Fillet）🗂️，早期稱固定半徑圓角，由於指令提升可以同一個指令產生：1. 不同半徑、2. 產生橢圓、3. 圓錐的圓角，有部分項目用數值來定義而非半徑。

所有圓角項目中這最常用也是最難的，主要原因用不到這麼深，時代不同了，圓角使用度只會越來越高。

A 指令項目

進入指令會見到這 4 個欄位：1. 要產生圓角的項目、2. 圓角參數、3. 偏移參數、4. 局部邊線參數、5. 選項。

B 本節謹說明 2、3

1. 要產生圓角的項目屬於共同項目，上一章說明。4. 選項統一由第 38 章面圓角與全週圓角講解，因為由這 2 個圓角項目說明會比較好理解。

36-1 圓角參數（Fillet Parameter）

選擇圓角方法並定義圓角參數，由清單切換：1. 互相對稱和 2. 不對稱。以往只有上方固定半徑，現在多了更多下放輪廓讓圓角可以處理模型外觀和曲面品質的事情，算是進階操作了，下圖左（箭頭所示）。

36-1-1 互相對稱（Symmetric）

由半徑定義的對稱圓角。以模型邊為基準，相鄰 2 面尺寸相同，在圓弧上標半徑，下圖右。

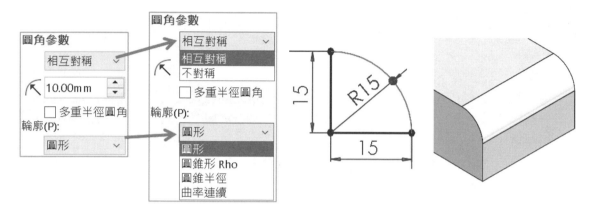

A 不同半徑=基本觀念

分別用 2 個圓角特徵完成 R15 和 R20，不同半徑不同特徵是基本觀念。

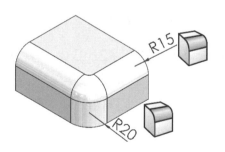

B 多重半徑圓角

1 個圓角特徵產生多個不同半徑，可減少特徵和模型計算時間，例如：分別點選 3 條邊線完成 R5、R10、R15，適用互為對稱。這項目讓同學為之一亮，甚至感到興趣學習。

步驟 1 點選 3 條模型邊線

目前半徑皆為 15。

步驟 2 點選小方塊更改半徑

分別為 15、20、25。

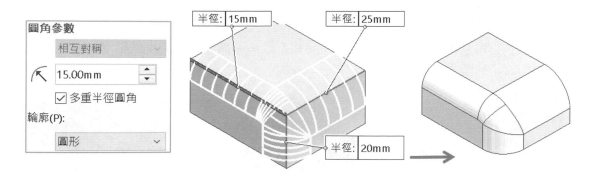

36-1-2 互相對稱：輪廓

由清單配合互為對稱的圓角方法：1. 圓形、2. 圓錐 Rho、3. 圓錐半徑、4. 曲率連續，設定過程會配合參數，由側邊看出圓角輪廓，以前必須由曲面完成的圓角，現在用套的。

A 圓形（Elliptic，預設）

圓形就是半徑與上方參數呼應，下圖左（箭頭所示）。

B 圓錐形 Rho（Conic，預設 0.5）

設定圓錐導圓角 ρ，Rho＝曲線寬度的比例，輸入一個 0～1 之間的值，值越大越趨於扁平。RHO＝Rho＝a／（a+b），拋物線 0.5、橢圓 0.05～0.5、雙曲線 0.5～0.95。

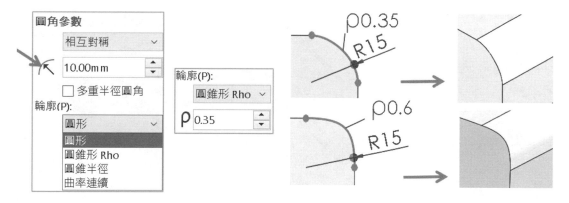

C 圓錐半徑

沿曲線的肩部點的曲率半徑，與圓錐 Rho 互補設定，下方定義圓錐半徑。

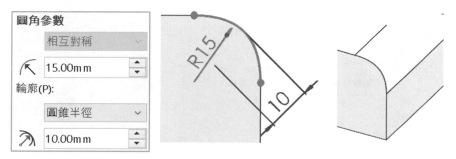

D 曲率連續（Curvature Continuou）

預設的圓角為相切連續 G1，下圖左，將相鄰圓角面與面之間產生更平滑的曲率，曲面品質達到 G2，下圖右。

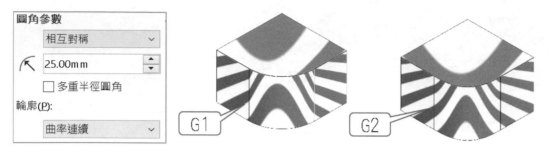

36-1-3 不對稱：橢圓（預設）

對圓角相鄰 2 側分別進行半徑 1 和半徑 2，由小方塊目視修改尺寸。本節配合輪廓成形，橢圓具備 2 個不同尺寸。若半徑 1=半徑 2，也可以成為傳統的固定半徑的型態。

A 反轉 ↗

對調距離 1 和距離 2 尺寸。

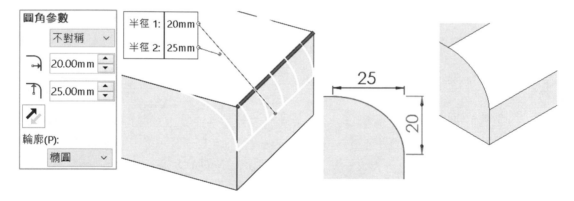

B 圓錐形 Rho

定義不同半徑之下的 RHO 值。

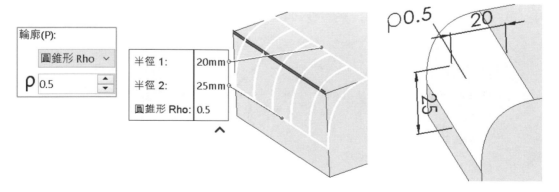

☑ 曲率連續

定義不同半徑之下更平滑的曲率，曲面品質達到 G2。

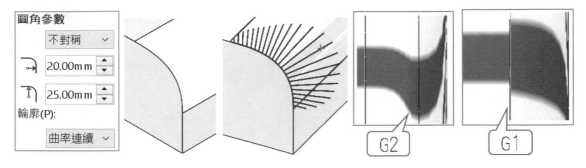

36-1-4 球型做法

對於圓柱體可利用圓角完成端面球型，由於圓角為半徑，知道圓柱的半徑就能成行，例如：圓柱 Ø50，只要在端面導半徑 25 即可。

☑ 維持柱高

圓角特徵不會影響柱高，這是重要觀念呦。

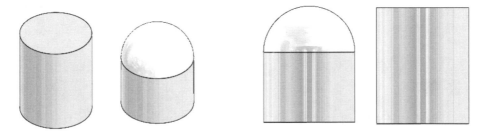

36-1-5 編輯特徵

編輯圓角特徵可以改為導角的距離特徵。

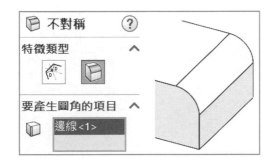 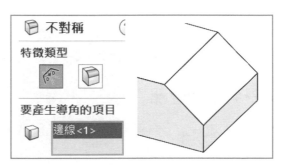

36-2 偏移參數（Setback Parameter）

以頂點為基準，在每條線指定不同距離，產生頂點的混合圓角，破除以往只能線和面才可以產生圓角。

A 前置作業

先完成基礎作業，就是一般 R5 圓角。

步驟 1 要產生圓角項目

先指定 3 條邊線。

步驟 2 圓角參數

定義基礎圓角大小，例如：R5。

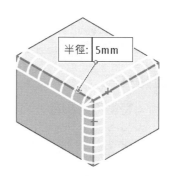

36-2-1 距離

設定頂點與邊線距離，例如：10。

36-2-2 偏移頂點（Setback Vertice）

指定頂點（基準）。

36-2-3 偏移距離

定義頂點與邊線距離。輸入 10→設定全部，可見頂點圓角成形，利用小方塊來改尺寸。

36-2-4 設定全部

將尺寸統一與上方距離一致（箭頭所示）。

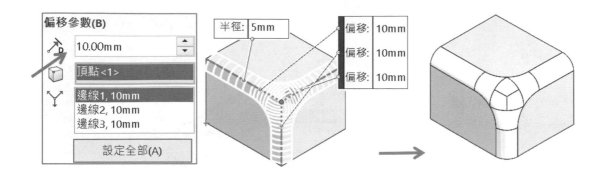

36-3 局部邊線參數（Partial Edge Parameter）

沿模型邊線產生部分長度的圓角，定義圓角開始與結束位置，僅適用固定大小圓角的直線、弧邊線，不支援全週圓和面。

由清單選擇：1. 無、2. 距離偏移、3. 百分比偏移、4. 參考偏移，本節導角指令也有，觀念相同。

Ａ 前置作業

步驟 1 要產生圓角項目

先指定邊線。

步驟 2 圓角參數

定義基礎圓角大小，例如：R10。

36-3-1 邊線

顯示要產生圓角的項目中的基本資料，以唯讀狀態顯示。

36-3-2 起始條件、終止條件

設定所選線段的頭端（紫）和尾端（綠）距離依據，也可拖曳控制點改變圓角範圍。

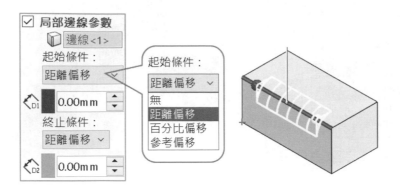

A 無

圓角到所選的線段全長，不偏移。

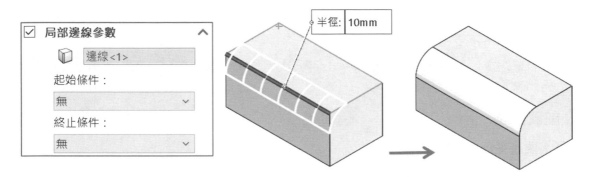

B 偏移距離

設定偏移距離，使用率最高，例如：起始 10，終止 20，也可以在模型拖曳偏移球。

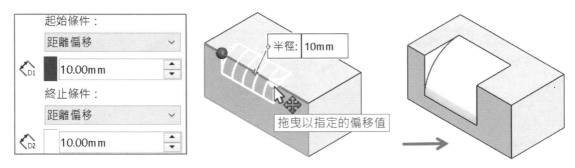

C 百分比偏移

以線段百分比來定義線段圓角範圍，例如：30%開始導圓角。

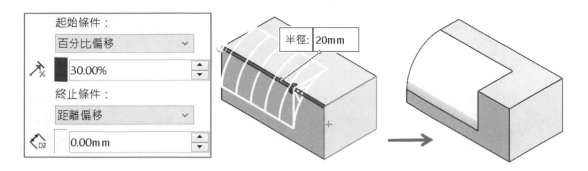

D 參考偏移

指定點、線、面來定義導角的起始/終止位置,例如:原點。

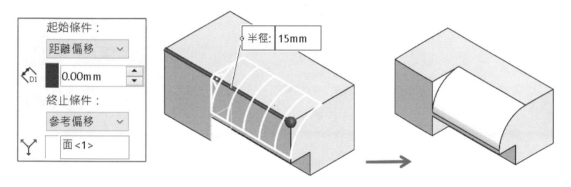

E 不支援封閉迴圈

目前不支援封閉迴圈,因為無法定義起始/終止位置,希望 SW 改進。

> ❌ **模型重新計算錯誤**
>
> 部分邊線已封閉或形成封閉的迴圈。局部邊線圓角不支援封閉的迴圈。

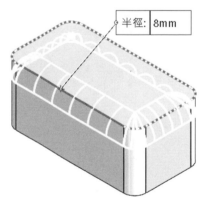

筆記頁

變化大小圓角

變化大小圓角（Variable Size Fillet，簡稱變化圓角）📦，產生漸變半徑圓角，由下方變化半徑參數和輪廓控制點，定義圓角半徑區間，完成後能體會這絕對無法利用固定半徑完成。

A 本節謹說明 1、2

由於介面共同向目前幾章說明過，本章僅說明 1.變化半徑參數和 2.偏移參數。變化圓角僅支援邊線。

37-1 變化半徑參數

設定 1.圓角參數 ✦、2.改變附加半徑 ✦、3.輪廓類型和 4.外型變化。

本節一開始會不習慣也會覺得難，它是指令核心。

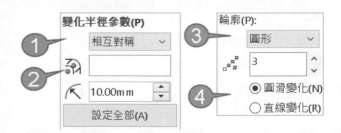

37-1-0 先睹為快-設定全部

先完成邊線上控制點進行的圓角設定。

步驟 1 要產生圓角項目

點選直線。

步驟 2 變化半徑參數

圓角半徑 10。

步驟 3 設定全部

這時可見圓角預覽。

步驟 4 改變參數

分別點選頂點小方塊設定 10，另 1 邊 40，見到半徑變化。

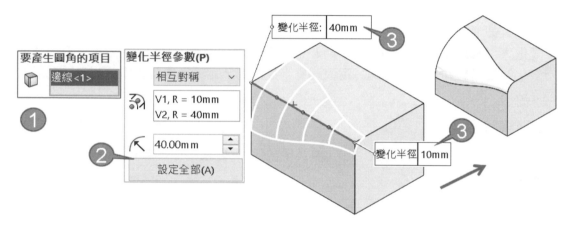

37-1-1 圓角方法

由清單設定 1. 相互對稱或 2. 不對稱，不對稱的圓角變化會更大。

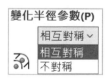

A 相互對稱

定義 R40 的變化圓角，由小方塊看起來比較單純，直接修改另一端為 R20。

步驟 1 對稱半徑

設定互為對稱半徑=40。

步驟 2 按下設定全部

這是半徑才會套用到變化半徑，並出現小方塊。

步驟 3 修改小方塊

修改左邊半徑=20。

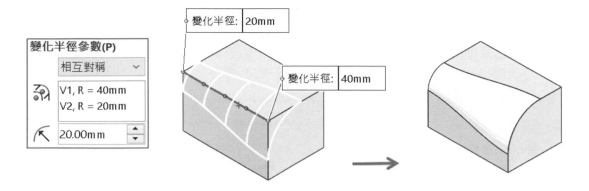

B 不對稱

進行每端 2 組數字，共 4 組數字變化。

步驟 1 不對稱距離

定義距離 1=R40、距離 2=R20 的變化圓角，由小方塊看出，共 4 組數字變化。

步驟 2 設定全部

這是半徑才會套用到變化半徑，並出現小方塊。

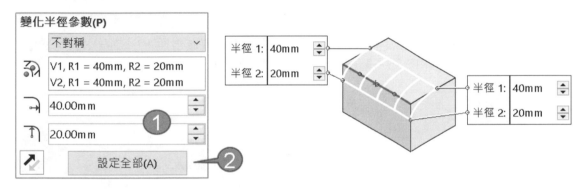

步驟 3 修改小方塊

修改右邊距離半徑 1=60、半徑 2=40。

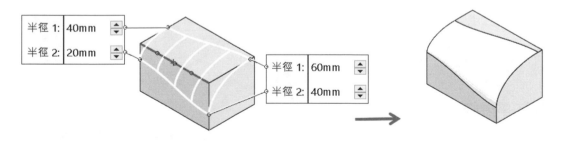

37-1-2 半徑

欄位列出要導角的 V1 區域，R=半徑，例如：V1，R=40。點選清單會亮顯模型邊線，並在下方改變半徑，小方塊會變藍色，例如：40→20。實務會直接在小方塊修改參數。

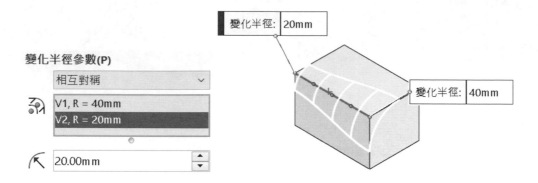

37-1-3 副本數（預設 2）

增加所選邊線的控制點 P，例如：設定 3，線上出現 3 個控制點（P1、P2、P3）。

A 啟用控制點

點選線段上橘色點，出現百分比區間方塊，並指定改區域半徑，即時看出圓角變化，例如：僅在 50%上設定半徑 25（箭頭所示）。

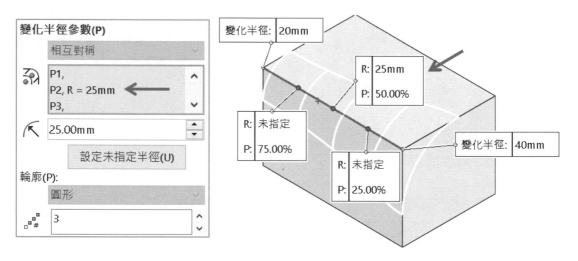

B 無法事後修改副本數

完成圓角後，編輯特徵未指定的小方塊不見了，也無法修改副本數，下圖左。

C 區間位置百分比

拖曳控制點或修改小方塊的位置百分比，下圖右（箭頭所示）。

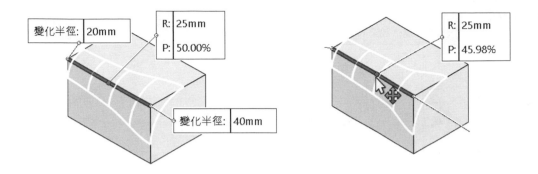

D 頂點 0

指定副本區間就可以將頂點設定 0，得到收斂圓角。

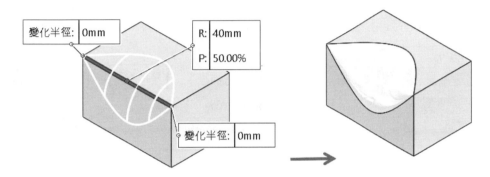

E 刪除副本

在附加半徑清單上右鍵→清除選擇。

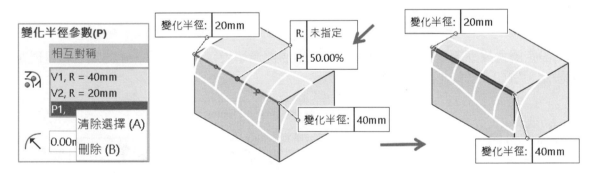

37-1-4 設定全部（預設未指定）

將頂點全部套用半徑值，適合大量套用並逐一修改。1. 設定半徑 40→2. 設定全部→3. 套用 R40 到變化半徑中。

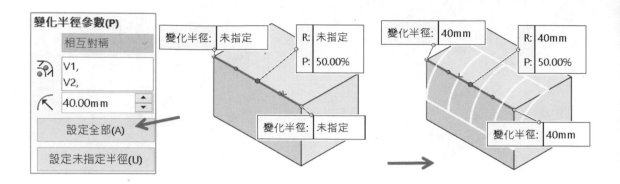

37-1-5 設定未指定半徑

將未指定的項目套用到目前的半徑。1. 於小方塊設定一邊半徑 20→2. 設定未指定半徑，所有未指定的皆套用半徑。

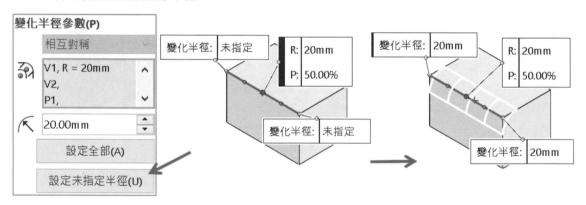

37-1-6 輪廓

設定圓角輪廓讓變化圓角更進一步變化，展開清單設定 4 個項目，小方塊也會呈現輪廓設定，例如：圓錐形 Rho（箭頭所示）。

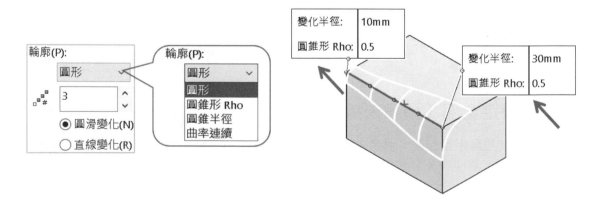

A 圓形

定義圓角輪廓為半徑呈現，僅適用互為對稱。

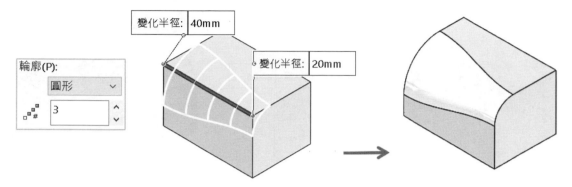

B 圓錐形 RHO

圓角輪廓為圓錐形以 RHO 值定義圓錐。

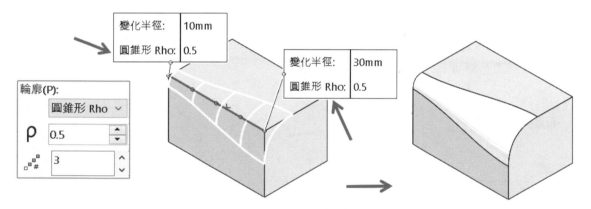

C 圓錐半徑

圓角輪廓為圓錐形以半徑值定義圓錐。

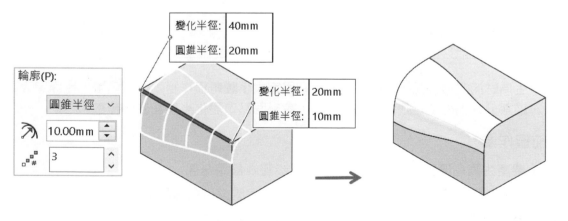

D 曲率連續

以圓形輪廓得到 G2 的曲面連續，通常圓角皆為 G1 的相切連續。

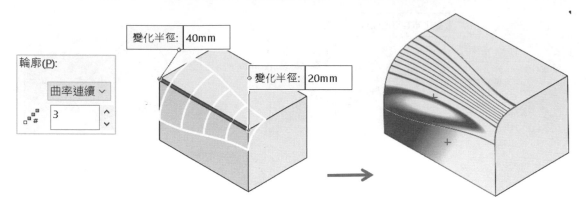

E 圓滑變化（Smooth transition）

圓角側邊平滑變化成另一個半徑，形成 G1 連續，下圖左。

F 直線變化（Smooth transition）

圓角側邊直線連接，下圖右。

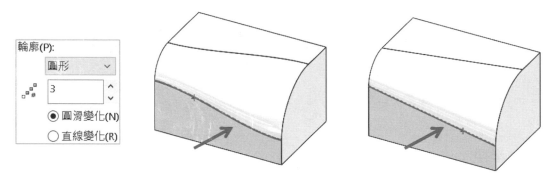

37-2 偏移參數

產生頂點的混合圓角，本節**偏移參數**和**固定大小圓角**操作相同，圓角變化比固定大小還大，這部分在曲面造型很常使用，操作上會來回點選**變化半徑**和**偏移參數**。

A 前置作業

步驟 1 要產生圓角項目

先指定 3 條邊線。

步驟 2 圓角參數

定義基礎圓角大小，例如：R30。

步驟 3 設定全部

完成後可見圓角預覽。

步驟 4 修改參數

將中間頂點的變化半徑改為 20。

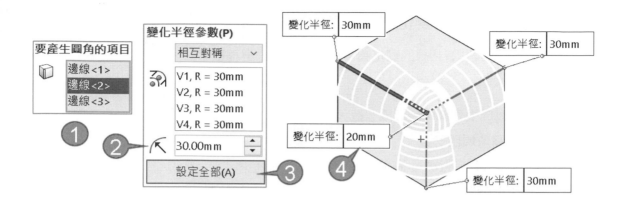

37-2-1 距離

設定頂點與邊線距離，例如：20。

37-2-2 偏移頂點

點選模型頂點（基準）。

37-2-3 設定全部

將尺寸統一與上方距離一致。顯示頂點與邊線距離，通常會用小方塊來改。

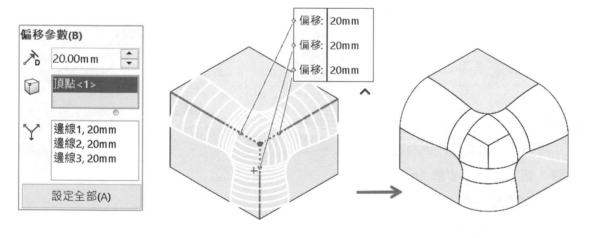

37-3 實務應用

變化半徑的應用相當多元，但有一定的脈絡可循，就是漸變圓角，初學以直線認識，進階往圓形或切線弧體認，本節特別舉業界常見案例和同學說明。

37-3-1 圓弧上增加變化點

簡單且常見的圓弧+切線的變化圓角，並在圓弧上增加控制點。

A 基本型

將切線弧完成變化圓角且形成收斂。

步驟 1 要產生圓角項目

點選 3 條線（2 條直線+1 圓弧）。

步驟 2 變化半徑參數

圓角半徑 5。

步驟 3 設定全部

這時可見圓角預覽，下圖左。

步驟 4 改變參數

分別在起始和終止小方塊設定 0 見到半徑變化。

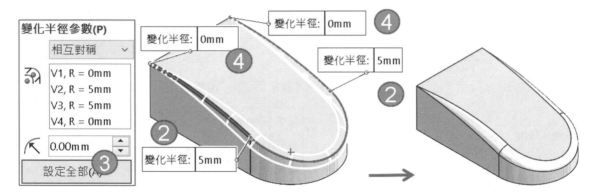

B 進階型

將圓弧中間增加控制點並加大半徑。

步驟 1 重複上節的步驟 1～步驟 4

步驟 2 定義副本數 1

步驟 3 啟用控制點

點選圓弧中間控制點，會出現控制方塊，更改小方塊 R=15。

步驟 4 查看結果

圓弧邊線的圓角變化 5→15→5。

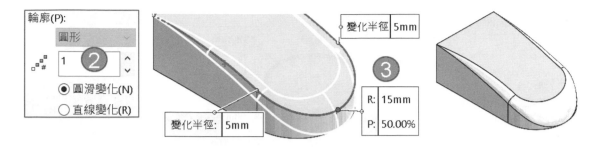

C 練習基本與進階型

自行完成起始和終止圓角 R20 和其他尺寸的變化。

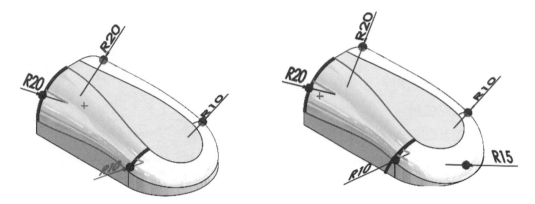

37-3-2 圓柱上的變化圓角

1. 圓邊線不支援 1 個變化半徑，必須包含控制點才可以完成、2. 控制點定位。

A 圓邊線包含控制點

步驟 1 要產生圓角項目

點選圓邊線。

步驟 2 變化半徑參數

圓角半徑 10。

步驟 3 設定全部

這時看不見圓角預覽，我想這是 BUG。

步驟 4 定義副本數 3

步驟 5 啟用控制點

點選圓上 3 個控制點出現控制方塊，更改小方塊 R15。

步驟 6 查看結果

圓弧邊線的圓角變化 5→15→5。

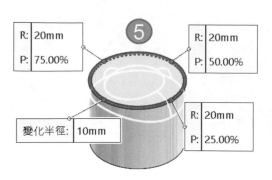

B 控制點位置

承上節，查看控制點位置。

步驟 1 查看變化半徑位置

會發現這位置無法改變，預設在 4 分點上。

步驟 2 查看控制點位置

目前 3 個控制點分佈在 25%、50%、75%，也在 4 分點上。

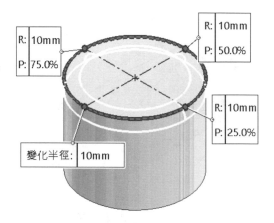

步驟 3 拖曳控制點改變和新增位置

1. 往左拖曳 25%的控制點，可見原來的位置控制點還在（箭頭所示）→2. 點選控制點可見原來的 25%控制點會被啟用。

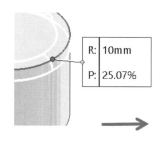

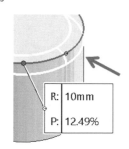

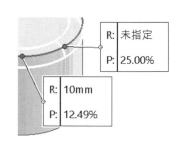

37-3-3 收斂圓角

模型邊線本身是收斂，可以不必設定變化半徑 0，利用控制點更可以得到多元變化。

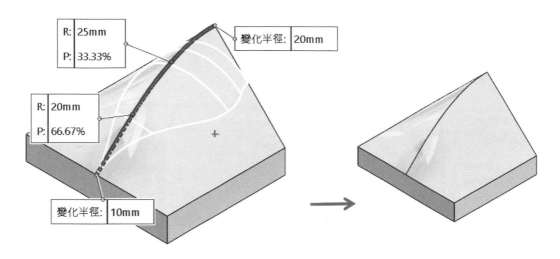

Ⓐ 面圓角

雖然面圓角也能得到收斂外型，但只能固定半徑。

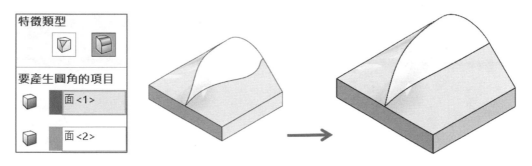

37-3-4 螺旋外型

利用螺旋線技術產生模型，模型邊線=基礎，圓角指令讓外型更加乘。

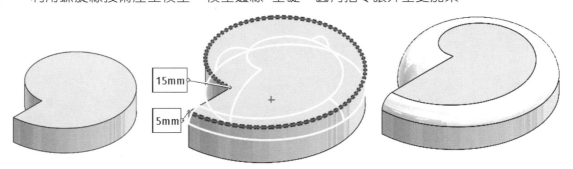

37-3-5 逐漸成形研究

本節說明按部就班的模型邊線選擇，先求有再求好，本節看來是基礎研究，可以更理解變化圓角處理方式，例如：完成 R20➔R5 的變化半徑。

步驟 1 點選 3 條模型邊線

步驟 2 半徑 20→設定全部

步驟 3 更改尾端 2 個半徑 5

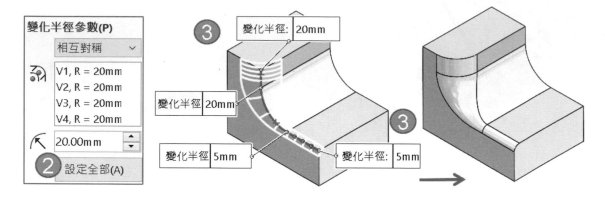

38

面圓角與全週圓角

面圓角（Face Fillet）🔲與全週圓角（Full Round Filles）🔲，都是將相鄰面進行導角，最大特色跨面產生圓角架橋。它們 2 個算圓角進階指令，由於指令好學，教學上會盡量讓同學習慣跨面導角。由於🔲與🔲觀念和操作相近，指令也很簡單，所以同一章說明。

A 先睹為快：面圓角🔲

分別點選面 1 和面 2，圓角半徑 R20。

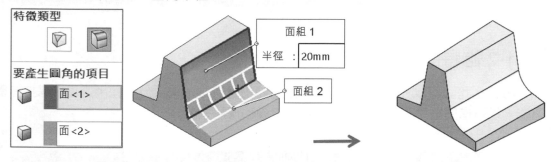

B 先睹為快：全週圓角🔲

承上節，分別點選面 1、中心面組和面 3。

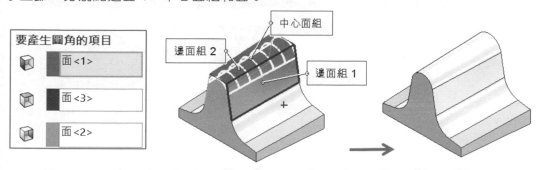

38-1 面圓角的圓角項次

理論上必須相鄰面，但本指令非相鄰面也可以，有一項特別技能：它可以吃特徵。

38-1-1 面圓角：要產生圓角的項目

點選 V 型 2 面，配合圓角半徑完成跨面圓角。本例是面圓角的廣告用法，很能證明它的特色，這部分其他圓角類型都辦不到。

步驟 1 面組 1

點選第 1 模型面→游標會出現右鍵↵（套用），這樣可以快速進入面組 2。

步驟 2 面組 2

點選第 2 模型面→右鍵，可以迅速完成指令。

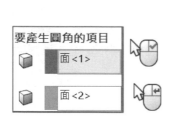
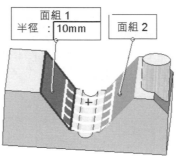
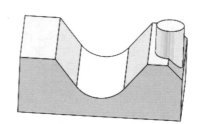

38-1-2 吃特徵

點選 2 跨面可以完成面圓角，並且上方特徵會消失，這部分是圓角選項□**保持特徵**的功能，很可惜面圓角沒有這項目可以設定來彈性運用。

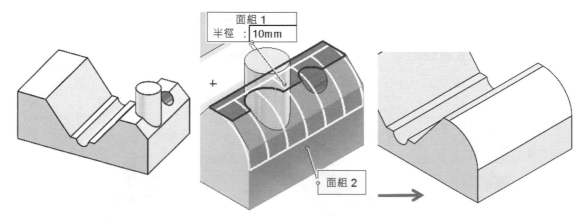

38-1-3 ☑沿相切面進行：蓋過特徵

1. 矩形內圈有很多零碎特徵（箭頭所示）、2. 外圈有導角，利用 2 個面圓角 R2 完成導角外，還可順便蓋過它們。

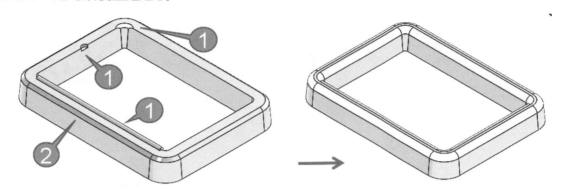

38-1-4 半徑太小

跨面的半徑要超越原來的幾何，否則無法完成，例如：R5 無法完成，R15 可以。

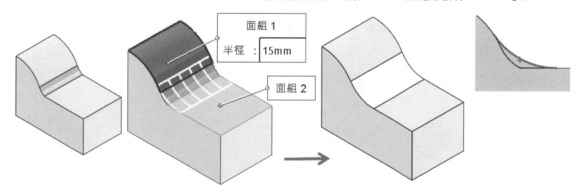

38-1-5 相鄰面（固定半徑）

面圓角🎲也可以完成固定半徑🎲的項目，差別在固定半徑=點選邊線、面圓角=點選 2 面，例如：點選 2 面完成 R10。

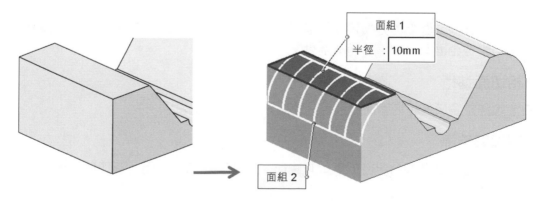

38-1-6 只能面圓角

固定半徑圓無法同時完成 2 邊導角，而面圓角正好可以達到固定半徑的互補操作。

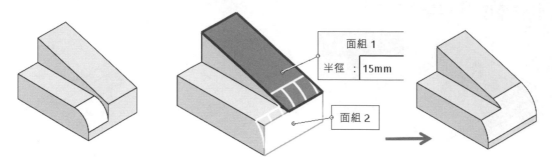

面組 1
半徑 ： 15mm
面組 2

38-2 面圓角：圓角參數

選擇圓角方法並定義圓角參數，由清單切換：1. 互相對稱、2. 弦寬、3. 不對稱、4. 控制線，前 3 項於固定大小說明過，不贅述，本節重點在 4. 控制線（箭頭所示）。

38-2-1 弦寬

定義圓弧 1 端點連結的直線距離，例如：R30。

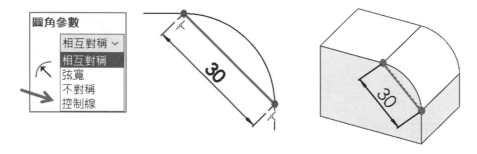

38-2-2 控制線（Hole Line）

選擇模型邊線或面上的分模線作為邊界，以決定面圓角形狀。使用控制線就沒有圓角半徑，圓角半徑由面和控制線的距離驅動。

A 沿相切面進行

控制線通常要☑沿相切面進行，否則會做不出來，下圖左。

B 控制線與輪廓

分別切換它們看看圓角能否成形：1. 圓形、2. 曲率連續，下圖（箭頭所示）。

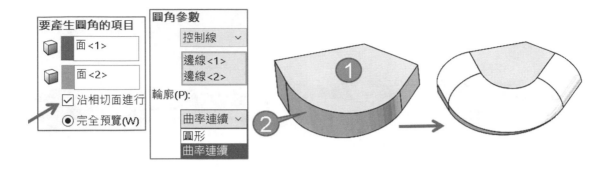

C 大圓角，輪廓：圓形

點選上方 1. 面 1、2. 面 2+3. 下方模型 3 邊線=控制線，讓圓角滿足到下方的邊線，否則固定半徑的形況下，圓角無法延伸。

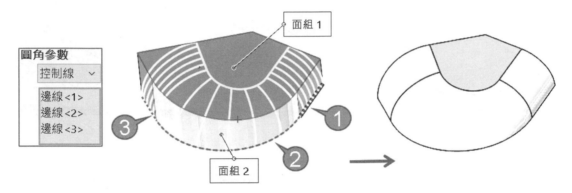

D 曲面外型，輪廓：曲率連續

點選上面 1、下面 2+下方 2 條控制線，讓圓角滿足到下方的邊線。輪廓=曲率連續否則無法完成。

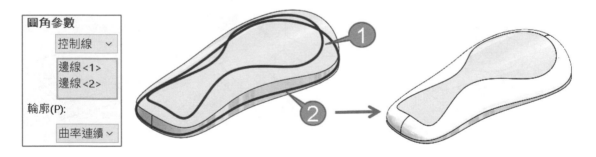

E 角落圓角，輪廓：圓形

點選上面 1、下面 2+下方 3 條控制線，輪廓=圓形，否則無法完成。

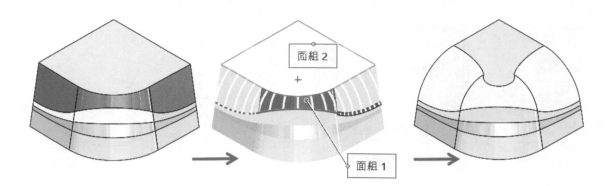

F 模型邊線

利用模型的弧邊線（箭頭所示）成為圓角的靈魂。

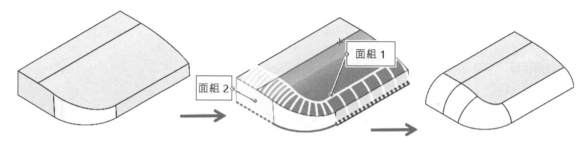

G 圓柱與平面，輪廓：曲率連續

本節更能體會輪廓與曲面連續的差異。點選圓柱面 1、下面 2+下方 2 條控制線（箭頭所示）。圓角大小最多只能呈現到圓柱某個位置，下圖中，當輪廓調整為曲率連續，圓角位置會貼住控制線，下圖右。

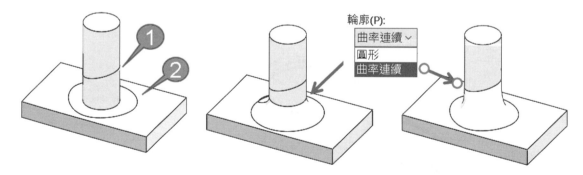

38-3 面圓角：選項

本節僅說明輔助點。

38-3-1 輔助點

當 2 面相同，系統無法決定哪個成形位置，指定模型頂點（輔助點）導角會在輔助點位置產生。

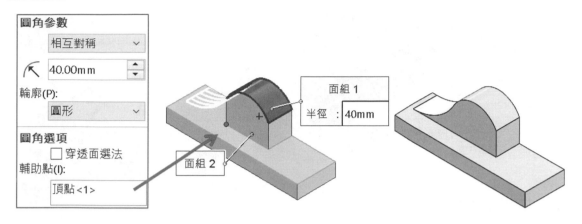

38-4 全週圓角

本節說明全週圓角，選擇 3 個相鄰面組（3 方向），不需定義半徑，完成沒有接縫面的圓角，例如：馬克杯、葉片、螺旋槳。

38-4-1 要產生圓角的項目

分別點選 3 個相鄰面，善用右鍵成形速度快。

A 保持顯示

不過一次要完成 3 個圓角，就會覺得有保持顯示真好，也會到許願階段，目前只能使用↵（重複上一個指令）來加速指令。

步驟 1 面組 1

點選第 1 面，右鍵↵套用。

步驟 2 中心面組 2

點選第 2 面，右鍵套用。

步驟 3 面組 2

點選第 3 面，右鍵完成。

步驟 4 自行完成另外 2 面

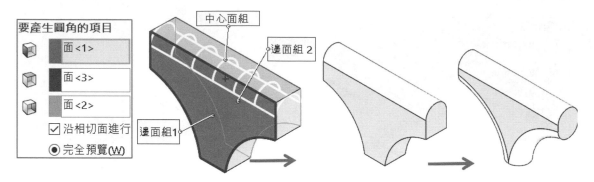

A 沿相切面進行

當模型有多個相切面，就不必每個面都選。

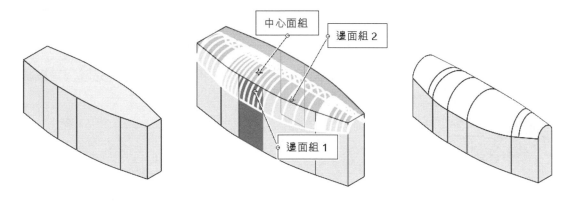

38-4-2 全週圓角與固定半徑或圓角差異

這是深度 20 的模型，全週圓角是光滑面，下圖左。使用圓角 R10，中間有 1 條模型邊線，這部分對加工或有外形需求來說就不適合，下圖中。除非就是故依要有這一條線，讓特徵可以順便使用，例如：剖溝，下圖右。

 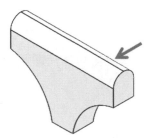 

38-4-3 練習：杯子

分別完成杯口和把手，共 3 處。

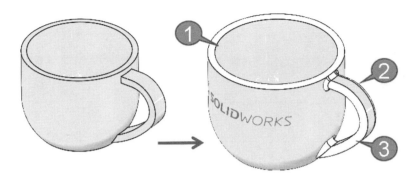

38-4-4 練習：十字軸

在十字軸上完成全週圓角和 2 端的幾何造型。

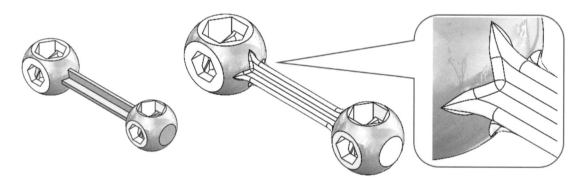

筆記頁

39

FilletXpert 圓角專家

2007 推出 SWIFT(SolidWorks Intelligent Feature Technology,智慧型特徵技術),FilletXpert 圓角專家為其中一項技術,它能輔助圓角快速操作,擁有可管理、組織與重新排序固定半徑的圓角,甚至可以協助完成無法導角的模型面。

39-0 指令位置與介面

說明 FilletXpert 視窗內容,附加在圓角指令上方標籤中:分別 1. 手動(預設)、2.Fillet Xpert,很多人沒注意到它的存在。

39-0-1 介面項目

進入 FilletXpert 可見 3 大標籤:1. 圓角指令位置在:1. 新增、2. 變更、3. 角落。

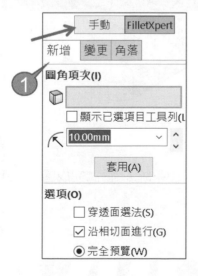

39-1 新增（Add）

點選要加入的圓角邊線，可以不斷增加不同半徑圓角，減少特徵數量，這點對同學來說是很驚豔的感受。**顯示已選項目工具列**、**選項**，先前說明過。

39-1-1 圓角半徑→套用

輸入要新增的半徑→套用（快速鍵 Alt+A）。

步驟 1 點選模型邊線

步驟 2 圓角半徑 R10

步驟 3 套用

步驟 4 重複步驟 1～步驟 3

自行完成 R12。

步驟 5 重複步驟 1～步驟 3

自行完成 R15。

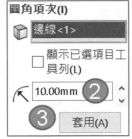
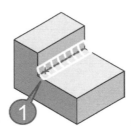
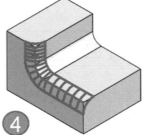
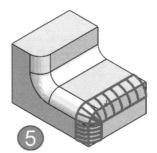

步驟 6 查看特徵管理員

可見自動產生 3 個圓角特徵：1. R10、2. R12、3. R15。

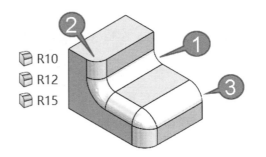

39-1-2 自動完成導角：導座

由於模型面和邊線無法導 R10 圓角，到 FilletXpert，由系統 AI 嘗試完成圓角，算是多一個協助的方案。

步驟 1 手動

點選 2 模型面，R10→↵，出現錯誤。

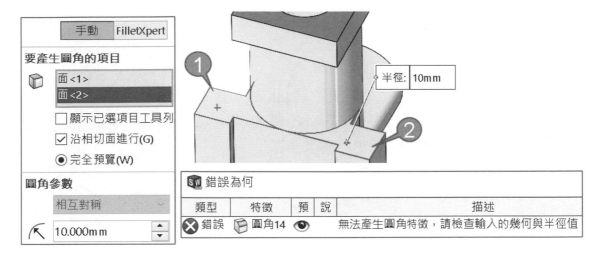

步驟 2 點選 FilletXpert

步驟 3 點選相同 2 面

步驟 4 套用

　　出現系統計算成功。

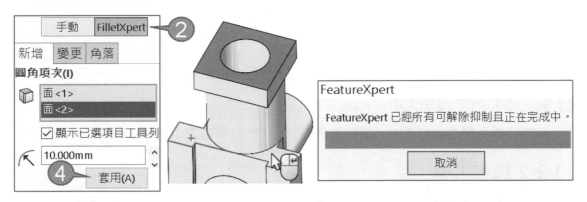

步驟 5 查看圓角

　　特徵管理員產生 2 個圓角：1. 第 1 圓角選擇相交邊線、2. 第 2 圓角選擇外邊線。

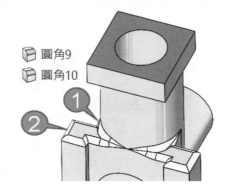

39-1-3 自動完成導角：固定座

　　這模型點選面無法完成 R5 圓角，利用 FilletXpert 來完成。

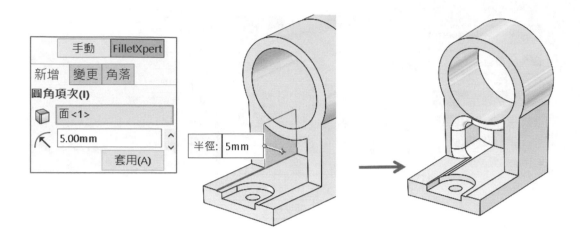

39-2 變更（Change）

在 FilletXpert 中，在模型面上選擇要變更的圓角，或在現有的圓角清單選擇要改變的圓角，系統會亮顯它們的位置。

39-2-1 變更的圓角

在模型上點選要變更的圓角面，例如：點選中間 R10 的 2 圓角面。

A 無法得知目前圓角大小

除非可以直覺看出或查詢所選的圓角大小，否則點選的圓角面無法得知圓角大小。

39-2-2 調整大小

輸入圓角大小 15→調整大小，立即可見圓角 R10→R15，下圖右（箭頭所示）。

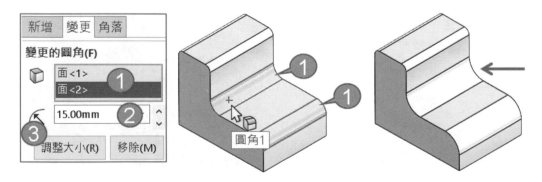

39-2-3 移除

承上節，選擇要移除的圓角→移除例如：移除剛製作的 R15 圓角面。

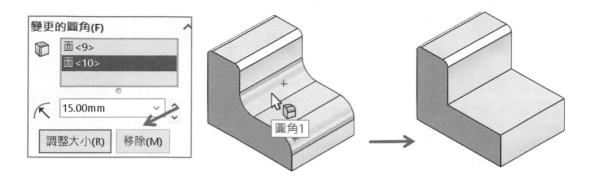

39-2-4 現有的圓角（查詢圓角）

可見模型有哪些圓角，點選清單的圓角模型也會亮顯，並進行上方的修改或移除，本節可以查詢模型有哪些圓角。

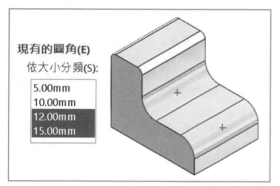

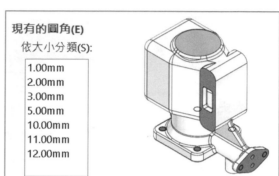

39-3 角落（Corner）

角落可以：1. 改變目前的圓角、2. 複製圓角角落➔成為另一獨立圓角特徵，一次只能改一個，常用在對圓角處理不滿意。角落=2 圓角面相交的第 3 面（2 箭頭所示）。

39-3-1 角落面

點選要改變的圓角面。

A 顯示其他選擇

在選擇其他視窗切換另一種角落，例如：目前為 4 邊面，變更為 3 角面。

B 查看結果

完成以後在特徵管理員會出現新的圓角特徵：變化角落。編輯該特徵回到角落視窗，游標在圓角面上會提示為圓化角落。

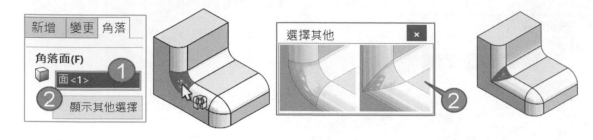

C 產生其他選擇

在其他選擇中，不同圓角外型會有不同的選擇項目，下圖右。

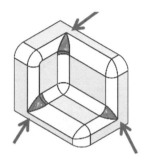
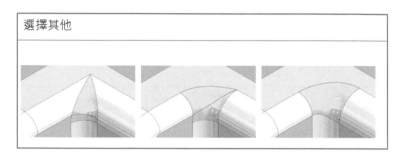

D 無法更改

圓角無法更會出現訊息，看不懂對吧。要第 2 特徵產生的圓角，不能為混合圓角。

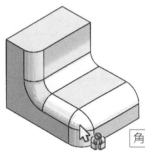

角落必須有於一頂點會合的混合凸起的三條固定半徑圓角邊線。

E 何謂第 2 特徵產生圓角

用 2 個圓角特徵產生的混合面，下圖左（箭頭所示）。

F 混合圓角

用 1 個特徵產生連續且擁有頂點圓角（箭頭所示）。

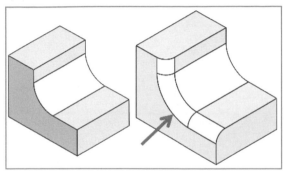 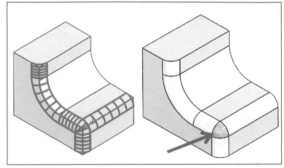

39-3-2 複製目標

將產生的圓化角落複製到另一個圓角面上,就不必重複製作圓化角落。

A 複製至

1. 點選角落面➔2. 點選複製目標的欄位➔3. 點選模型面➔4. 複製至➔5. 查看結果。

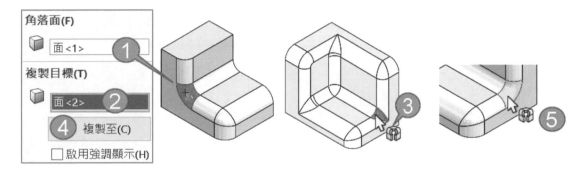

B 啟用強調顯示

亮顯可以套用的圓化角落,下圖左(箭頭所示)。

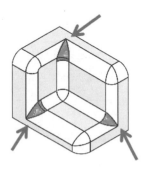

筆記頁

40

唇部 / 溝槽

　　唇部與溝槽（Groove）🥞，是配合指令，由專門特徵減少草圖建模時間，常用在塑膠上下件的固鎖特徵，由於步驟多坊間很少說明這類操作（除非專門的結構課程）。

A 設變的關聯性魔力

　　熟練指令通常背起來點選的欄位速度相當快，到時就能體會不會想用伸長特徵了。甚至體會到設變的關聯性魔力，這就是指令靈魂。

B 多本體，由下而上設計

　　扣接特徵屬於多本體的關聯設計，更足以證明它為進階課程。不過採取單一本體使用扣接特徵也是可行的，例如：只有上蓋製作溝槽。

C 不用學，用傳統特徵代替

　　常遇到人工繪製草圖➜產生特徵完成溝槽、卡榫、排氣口...等，不會扣接特徵也不會死。自行建構耗費建模時間，利用專門指令讓使用程度提升，學會以後會和對方不同境界。

D 初學者：唇部與溝槽分開製作

　　將唇部與溝槽分開製作，比較可靜下心面對，否則指令要輸入的欄位很多。

40-0 指令位置與共通性

　　本節介紹扣接特徵指令與視窗內容。

40-0-1 指令位置

有 2 個地方使用：1. 工具列、2. 插入
→扣接特徵，每個為獨立指令。

扣接屬於多本體，包含：1. 螺柱🔩、2.
卡榫🔩、3. 卡榫溝槽🔩、4. 排氣口🔩、5. 唇
部/溝槽🔩。

自 2016 擁有大圖示功能，但扣接特徵
圖示還是這麼小。

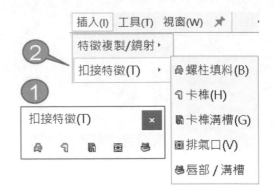

40-0-2 沒有保持顯示

對進階者就無法快速且大量（像種樹一樣）完成扣接特徵。

40-0-3 怕學不好，學習面對介面

一開始進入指令會怕做不好，有些術語很陌生，會教同學怎麼面對指令圖示，絕對不
會忘記，通常要練 2 遍才會。

40-0-4 剖面視角

應用扣接特徵多半為封閉模型，製作過程配合剖面視角會比較好選。

40-1 本體/零件選擇（綠色）

通常要練 2 遍才會，習慣先練習下蓋溝槽=除料比較容易了解介面，模型殼厚 5。進入
指令後：1. 溝槽、2. 唇口、3. 成形方向，下圖左。

A 指令名稱與順序

指令名稱唇部/溝槽，但實際使用會要你先製作溝槽，造成同學一開始就困惑了，所以
指令名稱應該為溝槽/唇部。

B 溝槽、唇口圖示要分離

唇口圖示應該要在欄位旁邊這樣才好對應，下圖中。

C 溝槽本體零組件

點選方形本體後，下方出現：溝槽選擇（包含參數輸入），由參數圖示更能驗證與溝
槽本體欄位旁圖示相同，這就是直覺式，認識這些剩下都沒什麼了，下圖右。

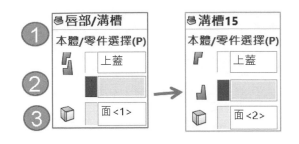
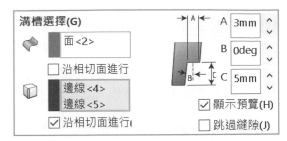

D 定義溝槽成形方向的欄位（重點）

有些欄位不會自動跳格，要人工點選啟用欄位，很多人在這開始亂掉。點選模型面，溝槽方向與所選面垂直，類似伸長填料的方向，下圖左。

40-1-1 溝槽選擇

選擇溝槽要成形的面和邊線，本節重點：溝槽/唇部邊線位置統一。

步驟 1 選擇產生溝槽的面

點選模型上面=**移除**所選面。

步驟 2 指定模型邊線定義溝槽位置

☑**沿相切面進行**，點選外邊線（基準，箭頭所示）=溝槽除料位置。

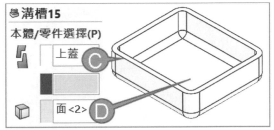
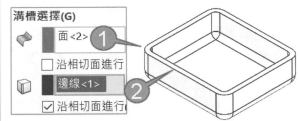

40-1-2 溝槽參數：ABC

對照圖形給尺寸，游標在欄位上提示欄位名稱，很容易以為塗彩=完成的特徵，輸入 A 溝槽寬度=3、B 溝槽拔模角=0、C 溝槽高度=5。完成後此模型高度 20，由此得知溝槽=除料。

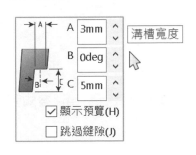
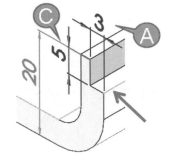
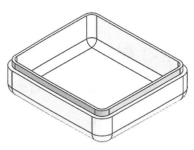

40-2 唇部（Lip）

完成溝槽配合件的唇部，觀念和溝槽相同不贅述。唇部=填料，唇部/溝槽是同一指令，唇部下方有專門的選項。本節為了簡單學習，點選另一個新的方盒進行唇部練習。

40-2-1 本體/零件選擇（紫色）

進入指令後已經不陌生。

步驟 1 點選唇部本體欄位（重點）

步驟 2 點選方形本體後

下方出現 1. 唇部選擇和 2. 唇部參數。

步驟 3 點選模型面

點選模型面定義唇部方向，下圖左。

40-2-2 唇部選擇

選擇唇部要成形的面，重點在**移除**所選面，操作上和溝槽相同，下圖右。

步驟 1 選擇產生唇部的面

點選模型上面=伸長所選面。

步驟 2 點選唇部成形邊線的欄位（重點）

欄位不會自動跳到這裡來，要人工點選。

步驟 3 指定模型邊線定義唇部位置

☑沿相切面進行，點選外邊線（基準，箭頭所示）=溝槽除料位置。

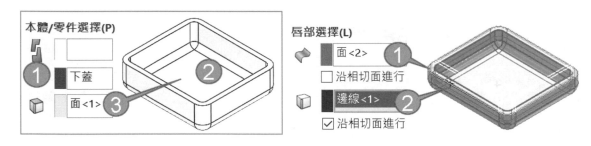

40-2-3 唇部參數：ABC

定義唇部高度 A=5、寬度 B=3、拔模角度 C=0 度。完成後此模型高度 25，由此得知唇部=除料。

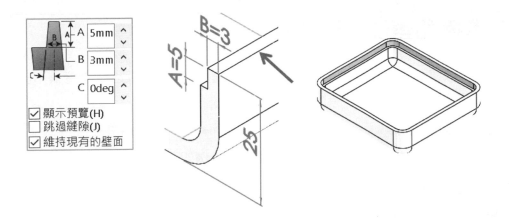

40-2-4 跳過縫隙

特徵產生過程是否允許唇部連接相鄰幾何，例如：肋在模型側壁位置，下圖左。

A ☑ 跳過縫隙

唇部與肋隔開，不用事後除料。

B ☐ 跳過縫隙

唇部 2 條邊線自動連接為連續特徵。

40-2-5 維持現有的牆壁面

唇部產生在有拔模的壁面上，是否將凸出來的唇部維持拔模，下圖右。

A ☑ 維持現有的牆壁面

唇部與拔模面連接。

B ☐ 維持現有的牆壁面

唇部獨立伸長，類似伸長填料的結果。

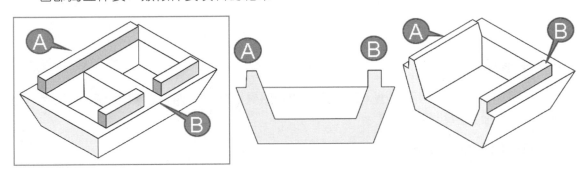

40-3 溝槽和唇部同時製作

　　利用🎨參數連結特性迅速完成**溝槽和唇部**，這是第一次使用配合的指令很不習慣。利用剖面視角🖾進行內部查看和點選會比較順利。

🅐 進階者：同時製作

　　先搞清楚指令邏輯，同時製作擁有更多的功能，例如：間隙和縫隙。

🅑 操作重點（核心）

　　溝槽和唇部成形的基準要同一位置，例如：上下蓋皆點選外邊線。

40-3-1 本體/零件選擇

　　分別選擇 1. 上溝槽、2. 下唇部本體與 3. 成形方向（共同的），這部分熟練都背得起來，製作過程系統會自動隱藏本體，讓你好選擇，下圖左。

40-3-2 溝槽選擇

　　1.點選溝槽位置面、2. 選擇溝槽位置**外邊線（基準）**，下圖右。

40-3-3 唇部選擇

　　自行完成 1. 產生唇部的面、2. 選擇唇部位置的**外邊線（基準）**，下圖右。

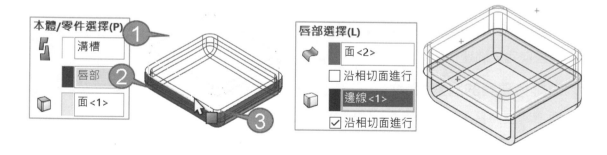

40-3-4 參數

　　可同時指定溝槽和唇部大小，這部分一開始感覺比較亂，游標在數值上可見說明，由於殼厚 5，本節參數和殼厚有關。

🅐 溝槽寬度（除料）=3

　　上方本體為溝槽尺寸，寬度不能大於殼厚，所以寬度=3。A 和 F 寬度搭配，進階者會直接先下配合尺寸，例如：殼厚 5，A=3，F=2。

B 溝槽和唇部之間的間距（左右）=1

定義溝槽和唇部兩平面組裝縫隙=1。B 要比 A 小，否則無法成形，B 可以=0。

C 拔模角=3

拔模角為連結數值，定義溝槽 C=唇部 G=3。

D 唇部及溝槽間的上縫隙=1

定義溝槽和唇部兩平面縫隙（外部上下）縫隙=1。

E 唇部高度（填料）=10

唇部高度 10，不能為 0。高度和 D 形成關聯，讓上蓋除料。

F 唇部寬度=2

唇部寬度 2，與 B 形成關聯。

G 拔模角

唇部拔模角與溝槽連結，無法設定。

H 唇部與溝槽之間的縫隙=2

定義溝槽和唇部兩平面縫隙（內部上下）縫隙=2。

40-3-5 連結相配的值

是否將溝槽和唇部拔模角度 G 相等，下圖左（箭頭所示）。

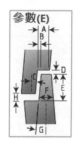
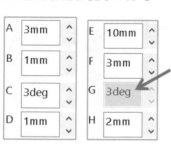
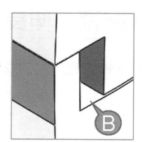
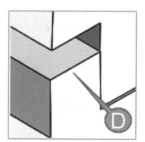

40-3-6 查看結果

完成後得到溝槽與唇部特徵，用剖面視角查看上下接合情形。可體會尺寸相同的重要性，若要有縫隙就知道要改哪裡。

A 特徵變化

於特徵管理員自動加入 Groove（溝槽）和 Lip（唇部）字樣。

B 同時作業

編輯其中一個特徵會得到同一畫面，刪除其一特徵，2 特徵同時被刪除。

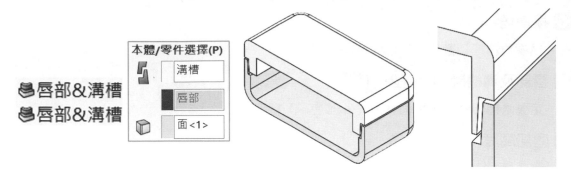

C 干涉檢查

完成後會用干涉檢查確認上下蓋有沒有設定錯誤。

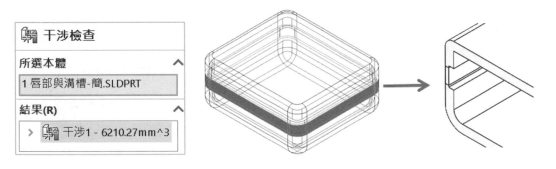

40-4 唇部與溝槽配套，伸長薄件法

溝槽與唇口也可以用伸長特徵⬚的薄件完成。

40-4-1 溝槽

利用伸長除料⬚完成溝槽。

步驟 1 點選模型面進入草圖→參考圖元

步驟 2 ⬚

1. 深度 10→2. 薄件特徵→3. 反轉方向→4. 厚度 3。

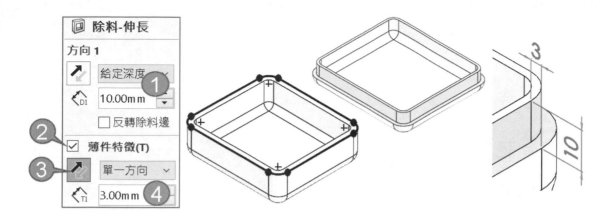

40-4-2 唇口

自行練習唇口。

筆記頁

41

螺柱

　　螺柱（BOSS）🏮，看起來很像火箭，給上下蓋螺絲自攻與固鎖的特徵，所以沒螺牙材質為塑膠，也用在埋銅螺柱。**螺柱**也是上下組裝配合的指令，不必建構草圖，直接輸入數字將螺柱成形，增加設計彈性和模型穩定。螺柱大小和厚度有關，很可惜沒有導角設定。

41-0 指令位置與共通性

　　進入指令會見到 4 種類別：1. 位置、2. 填料類型、3. 填料、4. 翅片，很多參數。有些術語很陌生，通常要練 2 遍才會，先練習螺柱在下蓋可降低學習壓力。

41-0-1 無合併結果

　　螺柱沒有合併結果，所以無法彈性控制參數。

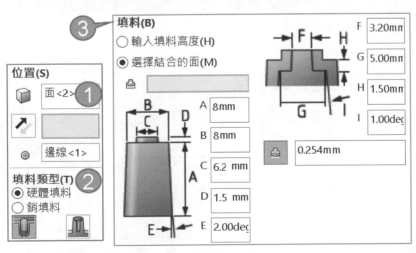

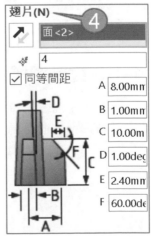

41-1 位置（先睹為快）

定義螺柱位置與成形方向，只有選擇面是絕對項目，其餘為非必要項目。初學先完成螺柱成型就結束指令→再來編輯特徵，免得步驟太多，不知哪個環節沒注意到無法成行，取消指令後又要重來。

41-1-1 選擇面 📦

點選 1. 平面或 2. 先前製作的草圖定位點皆可，這裡點選下面。位置不要太靠牆面，以免螺柱與牆面融合，見不到預覽。

41-1-2 選擇方向（選擇性使用）↗

控制螺柱成形方向，也可以指定面讓螺柱與所選面垂直。

41-1-3 選擇環形邊線（選擇性使用）◎

將螺柱與另一零件圓邊線定位，點選後可見到螺柱初步成形。

41-1-4 查看螺柱特徵結構

完成後於特徵管理員可見 3D 草圖點作為螺柱定位（螺柱孔位在點中間），且點與環型邊線可以事後編輯該草圖定義螺柱位置。

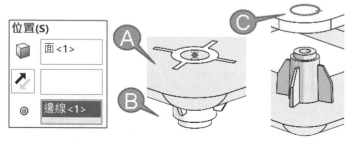
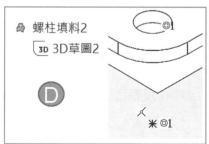

41-1-5 重新選擇：位置面和定位圓邊線

製作過程或編輯特徵變常發生要你重新選擇的訊息，大郎認為這是 BUG，訊息文字很多也不好識別，很容易讓同學感到困擾。

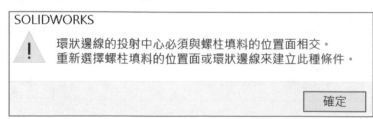

41-2 填料類型（硬體填料-頭）

選擇 2 種類型：**1. 硬體填料**或 **2. 銷填料**，並產生 4 種組合，練習過程先做 **2. 銷填料**比較容易上手。

A 無法事後變更

決定其中一種類型，無法事後改回，例如：1. 選擇硬體填料後→2. 編輯螺柱特徵無法改回**銷填料**。

41-2-1 硬體填料（又稱螺柱配合）

設定 1. 頭（上方）🔽或 2. 螺紋（下方）🔩，常用在螺絲固鎖，或螺紋類型埋銅螺柱。

41-2-2 銷填料（又稱銷配合）

設定 3. 銷⬆或 4. 鑽孔（不攻牙）🔩。

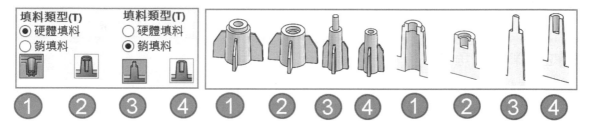

41-3 填料（硬體填料-頭）🔽

本節說明硬體填料-頭，以下方圖形參數相對給尺寸，游標在欄位上會提示欄位名稱。設定：1. **輸入填料高度**（預設）、2. **選擇結合的面，下圖左**。

41-3-1 輸入填料高度（預設）

定義硬體填料-頭，A～E 尺寸。

A 高度=12

定義大圓柱主體高度，通常低於物體之間的距離（箭頭所示），但刻意增加到 42，還是可以完成，下圖右。

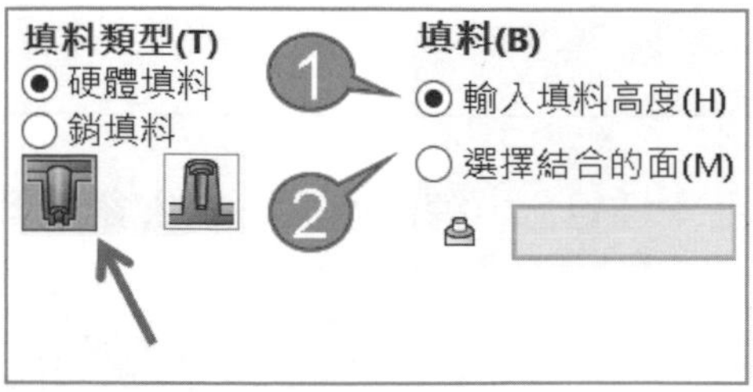

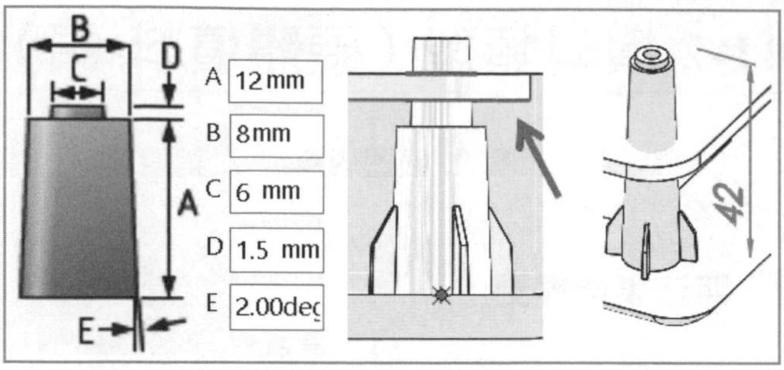

B 直徑=8

定義圓柱主體直徑，大約是厚度 1.8～2.5 倍。

C 步階直徑=6

承上節，定義圓柱上的小圓柱直徑，常用在配合用，例如：直徑小於板子上的孔徑，下圖左（箭頭所示）。屬於 B、C 直徑不受限制，換句話說，C 直徑也可以大於 B，下圖中。

D 步階高度=1.5

定義小圓柱高度，常用在配合用，例如：高度大板厚，下圖右（箭頭所示）。

E 主填料拔模角=2

定義 A～D 的拔模角，下圖右。

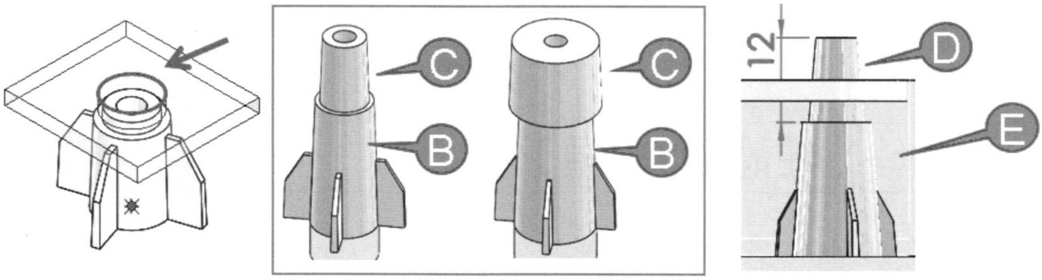

7/*200

41-3-2 螺柱大小（內孔）

定義硬體填料-頭，F～I 尺寸。

F 內孔直徑=3.2

常用在螺絲牙端固鎖或放銅螺柱，例如：M3 的自攻螺絲，F=2.5。F 孔徑 3.2<C 步階直徑 6，否則也會提醒你。

G 埋頭孔直徑=5

有頭螺絲放置的區域。

H 埋頭孔深=1.5

算是殼厚。

I 內孔拔模角=1

定義 G 內孔面的拔模角,下圖右(箭頭所示)。

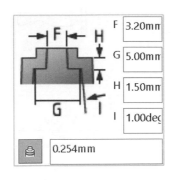
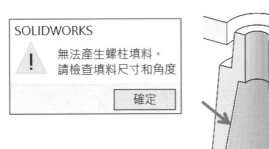

41-3-3 填料高度的餘隙值(選擇使用)

設定螺柱高度(A)間隙(包內尺寸),例如:螺柱高度(A)20,間隙 2.5,下圖左。無法設定 0,但可以關閉,下圖右。此項目應該在**選擇結合的面**下方會比較直覺好學。

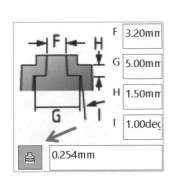
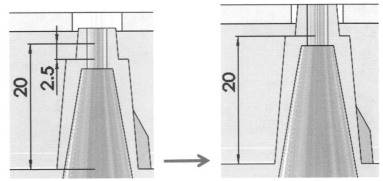

41-3-4 選擇結合的面(選擇性)

承上節,指定電路板下面定義**填料高度**(A)形成關聯性,A 就無法使用(箭頭所示),本節常和**填料高度的餘隙值**配合使用。

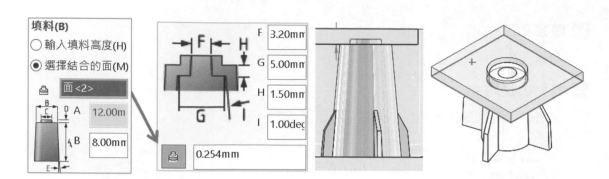

41-4 翅片（又稱鰭片）

圍繞在螺柱 4 周加強結構，定義數量和尺寸。

41-4-1 方位（選擇性使用）

指定 1. 邊線或 2. 面，定義翅片方向，翅片與所選平行。3. 面不能與螺柱相同，下圖右。

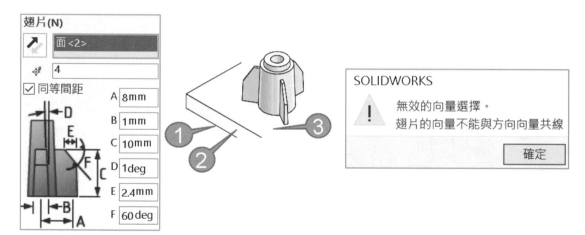

41-4-2 數量

定義翅片數量，該數量為同等間距，通常 3～4。

41-4-3 同等間距的

翅片數量 3 個以上為同等間距。

A □同等間距（適用 2）

當翅片數量 2，想讓翅片定義與牆同側，將點選上下方的面，分別指定 2 牆壁。

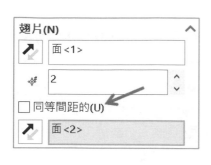
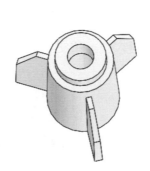
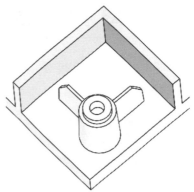

41-4-4 翅片大小

定義翅片 A～F 尺寸。

A 翅片長=8

圓柱中心往外延伸。

B 寬=1

翅片寬度（厚度）。

C 高=10

大約是 2/3 柱高，翅片高於圓柱高會出現訊息提醒，下圖右。

D 拔模角=1

拔模角和螺柱 E 拔模角相同。

E 導角長=3、F 導角=60 度

定義導角長度和角度。

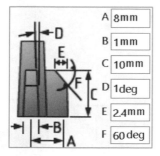
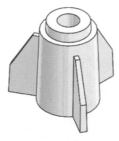

41-5 練習：硬體填料-螺紋

本節說明硬體填料-螺紋的填料大小，順便對應**硬體填料-頭**的配合，操作本節會配合剖面視角。

41-5-1 成形

步驟 1 點選指令，位置

選擇上蓋下面。

步驟 2 選擇環形邊線

選擇下方螺柱的圓邊線。

步驟 3 填料類型

選擇硬體填料-頭。

步驟 4 選擇結合的面

指定板螺柱面來關聯高度。

步驟 5 螺柱大小-主體

定義主體大小 A-C 尺寸：A 高度=12、B 直徑=8、C 拔模角=2。

步驟 6 螺柱大小-鑽孔

定義螺柱內部鑽孔尺寸：D 步階直徑=6.2、E 內孔直徑=3.2、F 步階高=1.5、G 內孔深=2、H 內孔拔模角=1。

步驟 7 填料高度餘隙

設定 0.5。

步驟 8 自行完成翅片

步驟 9 查看結果

完成後會見到下方有孔，也可用剖面查看。

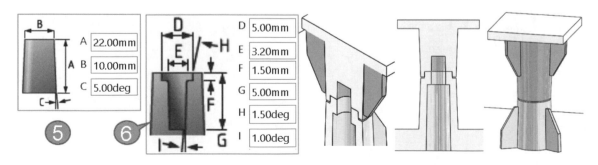

41-5-2 螺柱長螺柱

由於沒有多本體特性，所以無法在螺柱特徵上進行新的螺柱特徵。

41-6 銷填料-銷

進行銷填料控制，本節學習速度會很快。

41-6-1 銷填料：輸入填料高度、輸入直徑

進行 4 種項目：1. 輸入填料高度、2. 選擇結合的面、3. 輸入直徑、4. 選擇結合邊線。
1、2=輸入參數；3、4=關聯性。

A 高度=10、B 直徑=4、C 拔模角=2、D 銷直徑=2、E 銷高度=5、F 銷拔模角=1。

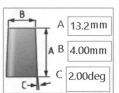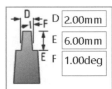

41-7 銷填料-孔

本節說明銷體填料-鑽孔的填料大小，順便對應銷填料-銷的配合。

41-7-1 填料：選擇結合的面

這時 AB 尺寸已經和下方銷模型關聯。

41-7-2 填料：選擇結合邊線

點選下方銷的面和內部邊線。

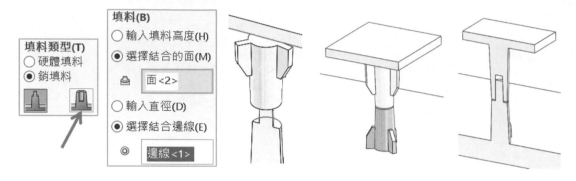

41-7-3 銷填料-孔大小

定義銷填料-孔 A～F 尺寸。A 填料高度=22、B 填料直徑=10、C 填料拔模角=5 度、D 孔/銷直徑=5、E 孔/銷直徑=5、F 孔/銷拔模角=1 度。其中 B=2D 比較理想。

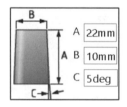
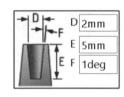

42

卡榫 / 卡溝

將模型由卡榫（俗稱公扣）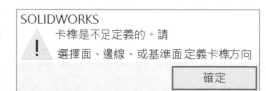和卡榫溝槽（簡稱卡溝、母扣）固定，不需螺絲形成上下蓋固鎖，屬於內部隱藏結構、死扣結構，不易拆卸。

這種結構可以在組合後緊密結合，可阻擋另一方向分離力道，常用在塑膠上下蓋或外殼...等。

42-1 卡榫選擇

定義卡榫位置和方向，過程中會看見預覽，至少要完成前 3 項的定義，否則無法完成並出現訊息，下圖左（箭頭所示）。

> **SOLIDWORKS**
> ⚠ 卡榫是不足定義的。請
> 選擇面、邊線、或基準面定義卡榫方向
>
> 確定

42-1-1 定義勾位置（紅色、上下）

點選面放置勾的下方基準，預設以游標點選位置，這部分最好學。

A 反轉方向

預設所選面垂直的 Z 軸正向，定義勾的擺放方向，例如：上或下。

42-1-2 定義勾垂直方向（粉紅，下巴）

選擇面或邊線定義勾成形方向，下圖右（箭頭所示），通常和位置面選擇相同。

A 反轉方向

可看出勾勾的位置變化。

42-1-3 定義溝方向（紫色，胸前方向）↰

選擇面或邊線定義掛勾成形方向，反轉方向看出效果，先完成看結果。

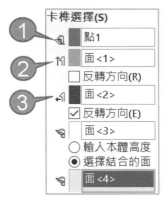

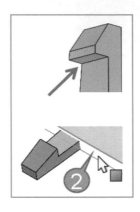
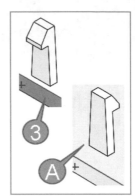

42-1-4 選擇要掛勾本體結合的面（綠色，胸前貼齊）☞

選擇電路板方框平面，這時卡榫柱面與所選面重合，下圖左（箭頭所示）。這裡的縮圖是錯的應該是↰，所以這部分很多人一開始會做錯。

42-1-5 輸入本體高度

修改下方 D 的尺寸。

42-1-6 選擇結合的面（青色）☞

選擇模型面定義掛勾下方尺寸與模型面關聯，這時下方的 D 尺寸唯讀，雖然可以改尺寸但不會作動，也希望 D 尺寸應該灰階。

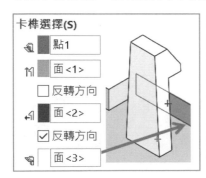
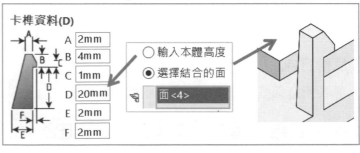

42-1-7 查看卡榫特徵結構

完成後於特徵管理員可見 3D 草圖點作為卡榫定位（卡榫位在點中間）。萬一卡溝不在想要的位置，自行將點定義，不過要先完成指令後→編輯草圖更改點位置。

🔽 卡榫4
　　[3D] (-) 3D草圖4

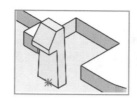 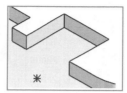

42-2 卡榫資料

以下方圖形參數相對給尺寸，游標在欄位上會提示欄位名稱，目前沒支援肋和導角。

42-2-1 卡榫主體

定義卡榫 A～H 尺寸。

A 勾頂深度=2

定義卡榫高度，讓卡榫彈力變形時變形的長度。

B 勾高度=4

屬於容易耗損的位置，通常是 A 的 1.5-2 倍。

C 勾唇高度=1

屬於導角段，協助卡榫和卡勾引入，通常是 A 的 0.5 倍。

D 本體高度=10

高度不含頭部。

E 勾基座深度 2

E 等於或大於＞A。

F 勾懸吊=2

A、F 可以相對成為導角大小，在結構來說是滑入角大約 45～60 度，角度越大越容易組裝，導角比較好量測，圓角容易滑入，不過目前不支援圓角，要事後進行圓角特徵。

G 總寬度=4

寬度約鈑厚的 2 倍。

H 拔模角=2

定義側邊的 A 型斜度。

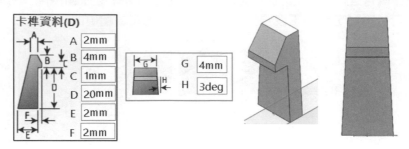

42-3 卡榫溝槽

與卡榫配合完成卡溝特徵，適用多本體的關聯設計，本節很快就完成了。

42-3-1 特徵與本體選擇

選擇卡榫特徵和溝槽特徵，指令圖示有錯。

步驟 1 點選卡榫特徵

步驟 2 點選上蓋本體

這時會遇到溝槽除料，以及上蓋本體透明，以利接下來的參數。

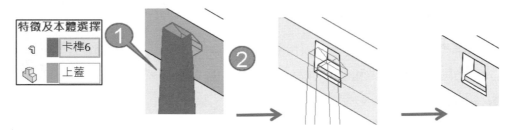

42-3-2 溝槽尺寸

系統會計算卡勾外型進行偏移，例如：A 從卡榫偏移高度=1、B 縫隙高度=0.9、C 溝槽餘隙=0.8、D 縫隙距離=0.7、E 從卡榫偏移寬度=0.6。

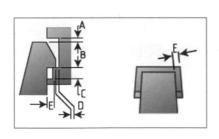
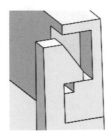
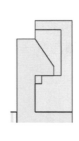
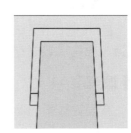

排氣口

　　排氣口（Vent）▦，由草圖 4 個同心圓，2 條直線完成特徵，減少特徵並算出流通區域，常用在風扇裝置。

A 前置作業

　　要顯示草圖才可點選排氣口條件。

B 指令位置與共通性

　　進入指令會見到 6 種類別：1. 邊界、2. 幾何屬性、3. 流通區域、4. 肋材、5. 圓材、6. 填入邊界。製作口訣：由外選到內。

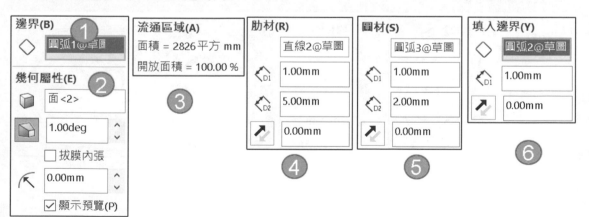

邊界(B) ①	流通區域(A) ③	肋材(R) ④	圓材(S) ⑤	填入邊界(Y) ⑥
◇ 圓弧1@草圖	面積 = 2826 平方 mm	直線2@草圖	圓弧3@草圖	◇ 圓弧2@草圖
幾何屬性(E) ②	開放面積 = 100.00 %	D1 1.00mm	D1 1.00mm	D1 1.00mm
面<2>		D2 5.00mm	D2 2.00mm	0.00mm
1.00deg		0.00mm	0.00mm	
□ 拔模內張				
0.00mm				
☑ 顯示預覽(P)				

43-1 邊界（Boundary）◇

點選最外圍的圓（箭頭所示），可見自動除料計算流通區域，本節算是先睹為快。

43-1-1 查看特徵

完成指令後，查看特徵與特徵管理員結構，下圖左。

43-2 幾何屬性（Geometry Property）

指定排氣口成形面、拔模角和肋材相交處圓角，習慣會☑顯示與覽，直接看特徵結果。

43-2-1 放置排氣口的面📦

系統會自動點選面，該面與草圖位置同一面。

43-2-2 拔模角📦

是否將排氣口加入拔模角。

43-2-3 圓角⟋

將肋材和圓材交線加入圓角，可省去加入圓角特徵作業時間，例如：R2。本項目要配合下方肋材才可以呈現，也希望本項目在肋材中。

A R0

要去圓角可輸入 0。

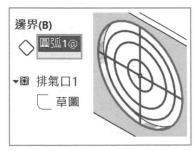

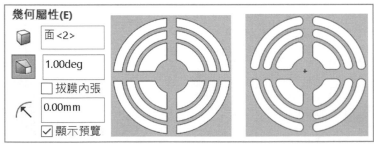

43-3 流通區域（Flow Area）

自動計算流體的流通面積和開放面積的剩餘百分比，可省去人工計算，分析的好幫手。

43-3-1 面積

上方草圖邊界的面積，此值保持固定，例如：圓直徑 60，半徑＊半徑 ＊PI＝30＊30＊3.14＝2826mm 平方。

43-3-2 開放區域（OpenArea）

開放區域為總區域的百分比，邊界內做為流動之用的開放區域，隨著肋材和圓材的加入，會減少計算值，例如：拔模、圓角、肋材、圓材及填入邊界會減少開放區域。

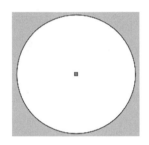
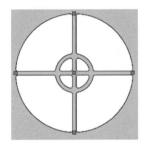

流通區域(A)
面積 = 2826平方 mm
開放面積 = 100.00 %

流通區域(A)
面積 = 2826平方 mm
開放面積 = 73.41 %

流通區域(A)
面積 = 2826平方 mm
開放面積 = 39.19 %

43-4 肋材（非必要）

點選草圖直線並指定尺寸，作為支撐圓形材。

43-4-1 肋材深度 ↩D1=1

通常和殼厚相同，甚至不會超過殼厚。

43-4-2 肋材寬度 ↩D2=5

以草圖為基準置於中間。

43-4-3 肋材偏移 ↙=1

以草圖為基準，將肋材偏移成形。肋材偏移無法計算流量，下圖右。

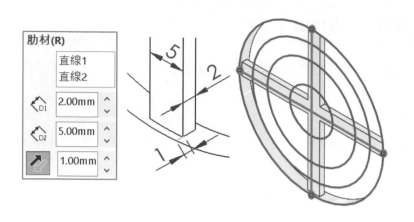

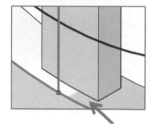

43-5 圓材（非必要）

點選草圖圓並指定深度、寬度並定義偏移成形，本節非必要選項。圓材必須靠肋材支撐，否則會騰空並出現訊息。

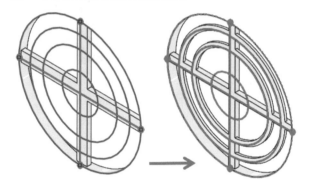

43-5-1 圓材深度=3

定義圓材的填料深度，不一定和肋材一樣深。

43-5-2 圓材寬度=1

以草圖為基準 2 尺寸往 2 側長。

43-5-3 圓材偏移=0

以草圖為基準，將圓材偏移成形，可以輸入 0。

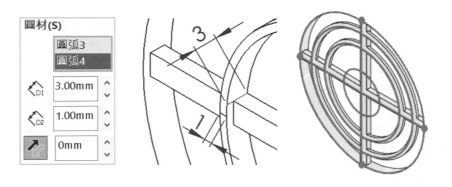

43-6 填入邊界（非必要）

點選草圖填滿區域並定義深度或偏移，本節非必要選項。邊界一定要有肋材或圓材支撐，否則會騰空。

43-6-1 填入區域◇

點選並輪廓填滿區域。

43-6-2 支撐區域的深度⌂=

定義填入區域的深度移。

43-6-3 支撐區域的偏移↗=

以草圖為基準，將填入偏移成形，可以輸入 0。

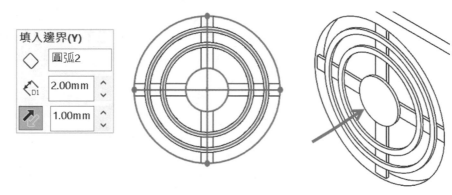

筆記頁

44

草圖圖塊與導出草圖

圖塊（Block）🅰️，在草圖中將多個圖元或文字集合成單一物件，可重複使用節省製圖時間，甚至可以用來機構設計並擁有關聯性，圖塊最大重點要在草圖環境進行。

圖塊會自動產生關聯性：名稱、類似導出草圖。

🅰 不用圖塊

時代變遷圖塊已經是過時產物，不太應用在零件和組合件中，與其製作和編輯圖塊，不如直接產生特徵，得到 3D 視覺。

🅱 完整說明在工程圖

由於圖塊在工程圖已完整說明，本章僅說明 1. 簡易做法、2. **牽引**、3. **皮帶/鍊條**，讓圖塊產生關聯性和機構運動與關聯性。

🅲 模組化

圖塊也是模組化的一種，圖塊擁有屬性，有屬性就有資料可以導出。

🅳 導出草圖

本章尾聲順帶說明導出草圖（Derived Sketch），它是草圖關聯性，由於指令不明顯，很少人知道它的存在，卻可以大大降低草圖製作時間。

44-0 圖塊位置

圖塊位置在零件中有多個地方可以使用，指令位置和零件或組合件、工程圖環境會有點不一樣。本節重點在零件環境下的圖塊，至於組合件和工程圖的圖塊，由專門書籍說明。

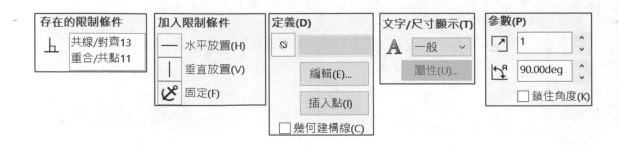

44-0-1 草圖的圖塊工具列

於草圖工具列右方取得圖塊工具，圖塊也有獨立的工具列。圖塊工具列中多了皮帶/鍊條🦾（適用零件、組合件）（箭頭所示）。

44-0-2 文意感應

在草圖環境中，1. 選擇圖元➔產生圖塊🅰，下圖右。

44-0-3 工具➔圖塊

很少人在這裡點。

44-1 產生圖塊（Make Block）🅰

圖塊包含：1. 草圖圖元、2. 註記... 等。

44-1-1 先睹為快

圖塊製作 2 大步驟：1. 繪製圖元➔2. 產生圖塊。

步驟 1 繪製 2 圓與尺寸標註

步驟 2 產生圖塊

1. 點選圖元➔2. 文意感應點選🅰➔3. ↵。圖元變灰色，目前為草圖環境，下圖左。

步驟 3 圖塊屬性

點選圖塊可見圖塊屬性，進行最常用的比例和角度，下圖右。

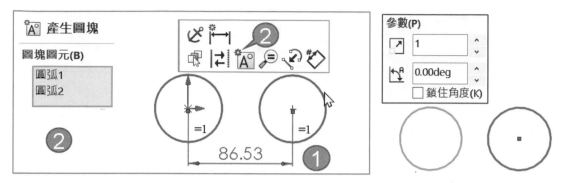

44-1-2 查看圖塊結構

於特徵管理員展開草圖，可見圖塊附加在草圖下方，可對圖塊命名。

A 不重覆名稱

圖塊命名過程遇到相同圖塊，名稱會自動關聯，第 2 圖塊名稱會自動-1，例如：活塞-1、活塞-2。

44-1-3 顯示草圖/圖塊

圖塊會隨著草圖同時顯示，換句話說隱藏草圖，圖塊也看不到。

44-1-4 移動圖塊

承上節，圖塊具群組性，點選圖塊直接拖曳，不必擔心圖元跑掉。

44-1-5 刪除圖塊

刪除圖塊和刪除圖元一樣容易。

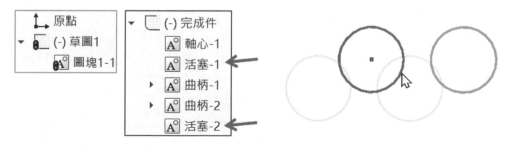

44-1-6 圖塊範例

拖曳圓帶動 2 邊活塞。

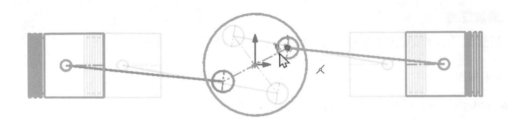

44-2 牽引（Traction）🐒

牽引為限制條件，又稱嚙合圖塊，將 2 圖塊之間加入類似齒輪結合，類似相切並擁有旋轉連動。牽引=限制條件，一次只能選 2 圖塊。

44-2-1 齒輪牽引

分別將 2 個齒輪完成牽引帶動，分別點選 2 節圓➜🐒，立即拖曳轉動。

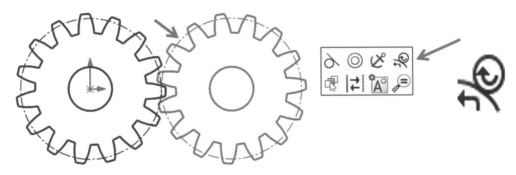

44-2-2 練習：三輪牽引

分別完成 2 組牽引🐒，本節有 3 圖塊所以要加入 2 個🐒。

步驟 1 分別對 3 個圓產生 3 個圖塊

步驟 2 將 2 大圓圖塊加入水平放置並標註尺寸

步驟 3 將圖塊分別加入🐒，拖曳確認運動情形

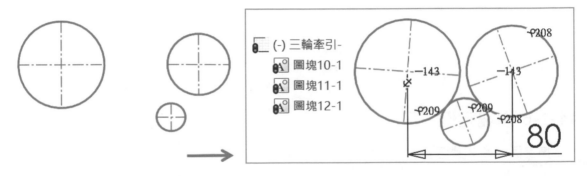

44-3 皮帶/鍊條（Belt/Chain）

在草圖透過圖塊連結完成簡易模擬饒性運動，可在圖塊之間建立尺寸，適用零件、組合件。完整說明在組合件中，因為它可以產生皮帶零件。

44-3-1 皮帶成員

由左到右分別點選 3 個圖塊，見到黃色線段，點選灰色箭頭反轉皮帶邊。

44-3-2 皮帶長度

顯示目前長度。☑驅動，輸入長度=650，會影響左邊圓距離。

44-3-3 使用皮帶厚度

指定皮帶厚度來符合實際需求，厚度方向與灰色箭頭相同。

44-3-4 嚙合皮帶

讓圓圖塊之間產生牽引，結束指令並退出草圖才可以拖曳圖塊，查看牽引情形。圖塊運動不一定要在草圖環境。

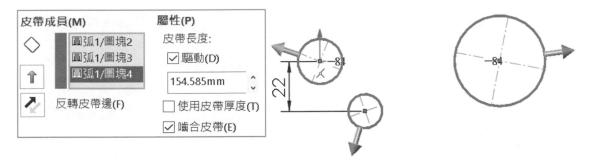

44-3-5 查看與編輯指令

拖曳輪子可見 3 輪子被牽引，於特徵管理員可到被記錄，快點 2下回到皮帶屬性，或草圖環境點選皮帶線條即可回到狀態，下圖左。

44-3-6 實務範例

利用圖塊結合+皮帶/鍊條帶動右邊的圖塊，下圖右。

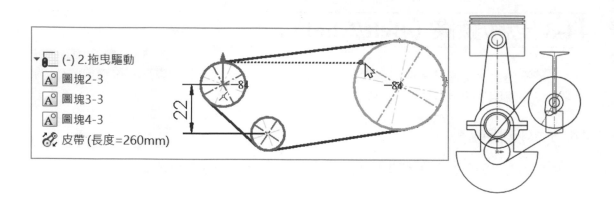

44-4 導出草圖與複製草圖

將草圖關聯性，只要改 A 草圖，B 草圖會跟著改，B 草圖有點類似圖塊。目前沒有指令，只能以複選方式完成，如果常用導出草圖，建議用快速鍵。

44-4-1 先睹為快

將上基準面的草圖 1 導出到右基準面。

步驟 1 於特徵管理員點選來源草圖 1

步驟 2 點選要導出的位置，例如：前基準面

步驟 3 插入→導出草圖

步驟 4 拖曳導出的草圖

目前草圖重疊狀態，拖曳草圖可見 2 個一樣的草圖。

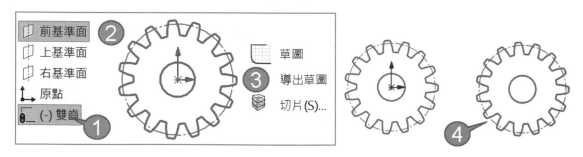

44-4-2 查看導出結構

於特徵管理員可見草圖 1 自動加入導出文字，該文字無法刪除，可以改草圖名稱。導出草圖沒有尺寸，無法增加圖元、尺寸標註，只能將草圖進行限制條件。

44-4-3 解除導出

將導出草圖解散為複製草圖，1. 點選導出草圖右鍵➔2. 解除導出。解除導出後，無法改回來，下圖左。

44-4-4 導出草圖與複製草圖

草圖可以用複製➔貼上完成，成為 2 個相同草圖，也可以獨立修改成為另一個草圖，但沒有關聯性，常用在類似的草圖來改，下圖右。

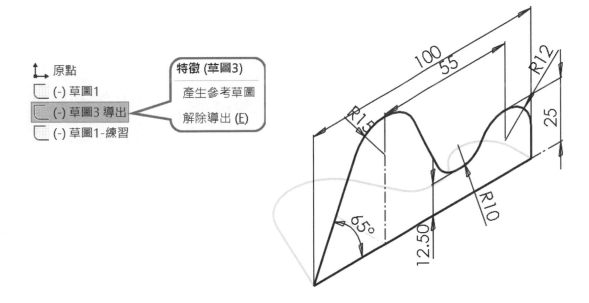

筆記頁

即時檢視與效能控制

將模型直覺變化與有效率查看模型，利用 Instant 3D（即時 3D）✎、Instant 2D⬚、放大鏡、回溯、凍結...等，這些是畫圖過程必要的檢視作業，很容易學看過就會。

A 效能優先還是功能優先

效能會聯想到速度，常問效能優先還是功能優先？一定是效能先，電腦跑不動就算功能再好也沒耐心使用。無論導入任何系統（特別是 PDM），使用過程最大的感受就是速度，任何事要等都無法走下去。

B 本章主題

本章說明多項主題：1. Instant 2D、2. Instant 3D、3. 放大鏡、4. 回溯控制、5. 凍結、6. 抑制/恢復抑制、7. 凍結、8. 顯示/隱藏/透明、9. 效能評估、10. 備註、11. 設計資料夾、12. 特徵屬性、13. 工作管理員。

刪除，同學覺得刪除是否是技術，普世觀感沒人會認為刪除是技術，但是常發現刪除很沒效率，甚至亂刪一通，不知道刪除有過程，沒面對刪除視窗。

效能控制很多元，電腦、網路、周邊配備、指令認識與指令熟練度...等，本章最讓同學明顯的感受就是：1. 回溯和 2. 凍結，又稱上回溯下凍結。

C 早期進階課程與失控

早期本章為進階課程主題至少要受訓 30 小時才會讓同學認識，原廠並沒有思考教學手段哪些適合初學者或進階者，預設開啟讓使用者知道有這些特點。

課程初期老師要同學關閉它們並簡單說明差異，同學會聽話關閉它們，只有少數厲害一點的同學想了解，以及完全不懂的同學不知道已經開啟或關閉（失控）。

D 中期

中期不再說明開啟和關閉差別，甚至不說明這些功能，讓同學在草圖和特徵建構過程直接使用，也沒人會去關心這是功能。

E 現今與中期的反差

現今軟體使用程度提升是顯學，同學使用程度與指令接受度比以往更高，絕大部分同學會切換這些功能並體會好處與差異。

45-1 Instant 2D（即時的 2D）

於草圖環境動態控制尺寸，2016 新功能，有 2 個控制項目：1. 拖曳箭頭、2. 更改數值。功能和相同，最大差別=草圖控制、=模型控制。

A 先 Instant 3D→後 Instant 2D

2008 推出後來 2016 年推出時我們才驚覺對呦，有怎麼沒想到應該要有。

45-1-0 指令位置（預設開啟）

在草圖工具列後方，若要製作模型組態，很多人會關閉它。

45-1-1 草圖尺寸控制：拖曳箭頭控制點

1. 點選尺寸→2. 拖曳藍色控制點快速拉伸尺寸。以往只能利用修改視窗增量方塊或拇指滾輪調整尺寸，雖然拇指滾輪可達到快速拉伸尺寸，但是要快點 2 下尺寸→拇指滾輪。

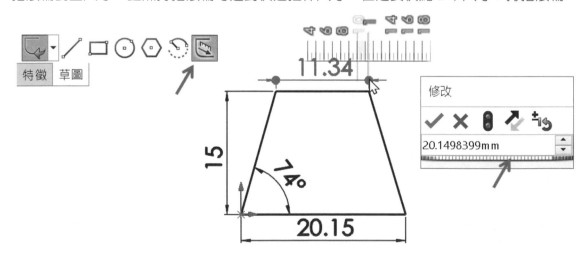

45-1-2 草圖尺寸控制：更改數值

1. 點選尺寸→2. 在數字小方塊修改尺寸→3. ↵，圖元會變化。這就是業界講的點 1 下改→點 1 下改，速度超快很多人為此著迷，這稱為 QuickEdit，下圖左。

A 主要值

早期沒有☒，我們會 1. 點選尺寸（游標要避開數字）→2. 主要值更改尺寸，達到接近☒效果，算是快速改尺寸的技巧，下圖右。

45-1-3 進階體驗 Instant 2D

☒也不是萬能也有人不喜歡這項目，站在推廣角度要如何兩全其美是可以的。

A 移動尺寸位置

對於複雜圖面尺寸太多，移動尺寸過程會不小心點選尺寸進入修改模式，必須 ESC 退出造成困擾。只要避開數值就能愜意移動尺寸。

B 進入修改視窗

於☒環境，游標在數字下方快點 2 下就能進入修改視窗。

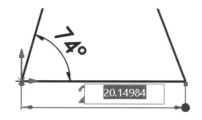
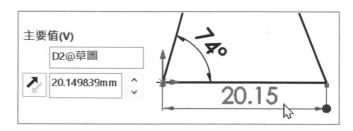

主要值(V)

D2@草圖

20.149839mm

20.14984

20.15

45-2 Instant 3D（即時的 3D）

於 2008 推出強調不須執行編輯草圖☒或編輯特徵☒，可以隨心所欲直接修改模型，直覺查看結果。很少書籍說明詳盡，以至於業界無法完整發揮特性，而回到傳統方式使用編輯指令和修改模型。

A Instant 3D 特點

於檢視環境下動態控制：1. 特徵內的草圖圖元和尺寸、2. 特徵尺寸、3. 產生特徵、4. 搬移或複製特徵、5. 改變特徵型態。

B 進階者使用？

回想 2008～2012 年期間，一開始上課會說☒是給進階者使用，要同學先關閉，回到傳統狀態畫面，因為初學者不容易掌控要靠手感。

C 直接使用

現今學生對軟體認知與資訊接受度很快，教學過程直接介紹並對照傳統用法，時代變遷教學手法翻轉下，教學效率和同學滿意度提升不少。

45-2-0 指令位置（預設開啟）

於特徵工具列最右邊→🖊️，啟用 Instant 3D 環境，點選模型面或在特徵管理員點選特徵，立即 1.顯示尺寸和 2.平面座標。

A 快速進入或退出草圖

於繪圖區域或特徵管理員快點 2 下草圖，進入編輯草圖。於繪圖區空白處點 2 下退出草圖。必須顯示草圖，才可以在繪圖區域 Instant 3D 進入草圖。

45-2-1 尺寸控制：拖曳箭頭控制點

拖曳尺寸控制點可以進行草圖和特徵尺寸的控制，利用 3D 尺規精確判斷修改模型大小，由此得知不須編輯草圖或編輯特徵。

45-2-2 關閉 Instant 3D

快點 2 下模型面或特特徵管理員的特徵，只能用來顯示尺寸。快點 2 下尺寸→修改尺寸後，不會立即重新計算。很多人不想要點選模型面就顯示尺寸（視覺干擾），沒想到可以關閉這功能，就硬著頭皮不去看模型上的尺寸，這樣很痛苦。

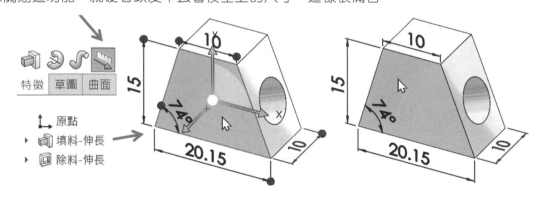

45-3 Instant 控制尺寸

點選模型面顯示該特徵尺寸，留意尺寸顏色和藍色控制點，尺寸是常見控制。

45-3-1 尺寸顏色定義

黑色=草圖尺寸，例如：10、15、20。藍色=特徵尺寸=10。

45-3-2 藍色控制點

尺寸箭頭顯示藍色控制點，拖曳該點沿箭頭方向迅速修改大小，下圖左。

45-3-3 單向、雙向控制點

尺寸有 2 箭頭，理論 2 個控制點，如果 2 箭頭只有 1 個控制點，本節說明差異。

A 草圖單向控制點

下方 18 尺寸只有 1 個控制點，因為草圖左邊與原點重合︿，下圖右（箭頭所示）。

B 特徵單向控制點

上方 10 為特徵尺寸皆為單向控制，以草圖為基準給定深度，只有進行該方向的控制點，如果為兩側對稱，也只有 1 個控制點。

C 雙向控制點

將左下角︿限制條件刪除，可得到所有尺寸雙向控制，這部分說明就有點細。

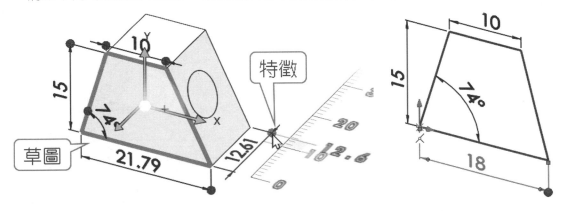

45-3-4 修改尺寸

1. 點選數字➜快速修改尺寸，說明和◻相同。

45-3-5 修改視窗

不必關閉◻快點 2 下尺寸（速度要快）出現修改視窗，說明和◻相同，下圖左（箭頭所示）。

45-3-6 反轉尺寸方向

逆向拖曳藍色控制點可反轉尺寸，例如：拖曳左邊 15 到原點下方，尺寸以負值呈現，下圖右。

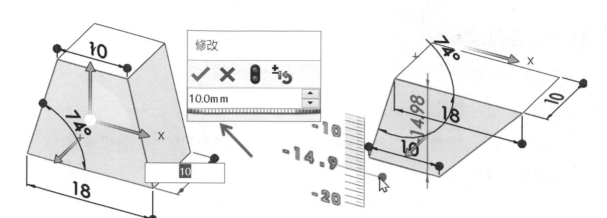

45-4 Instant 尺規

拖曳尺寸控制點的過程會見到 3D 尺規（俗稱彩帶），得到尺寸相對基準，以及整數與小數移動，可以用顯示直線距離與角度尺規。

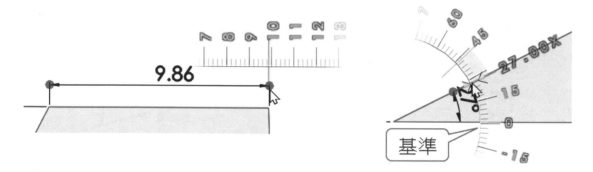

45-4-1 部分尺規

尺規僅顯示部分區間=絕對尺寸，例如：以 10 為基準目前拖曳到 14 位置，顯示 10 之前和之後尺寸。

45-4-2 格動與滑動

游標在尺規上有一格格感覺，移動速度較慢=精確移動=格動。游標不在尺規上，移動速度較快=滑動。

45-4-3 整數與小數

游標在格線上顯示整數，下圖左，離開格線顯示整數+小數，下圖右。

45-4-4 有尺寸的相對指示

拖曳尺寸 10 到 16 過程尺規顯示：1. 綠色棒=目前位置、2. 黃色棒=先前位置 3. 黃色彩帶=顯示移動長短，下圖右。

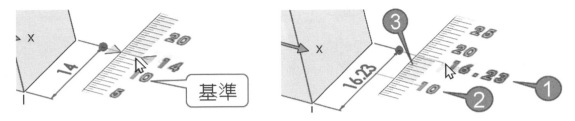

45-4-5 尺規刻度顯示大小

尺規採一樣大小顯示，只有刻度（精度）不同，拉近/拉遠控制精度差異。

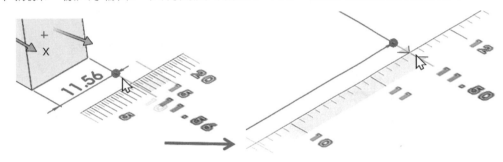

45-5 Instant 平移特徵

點選特徵面、邊線或特徵的草圖出現 XY 平面座標，都可利用平面空間圖示平移，本節點選圓孔面進行說明。

45-5-1 平面座標組成

座標包含：1. X、Y 軸向箭頭=拖曳箭頭以軸向移動，游標為 。2. 扇形平面=上下左右移動特徵。3. 原點=移動特徵到另一個模型面。

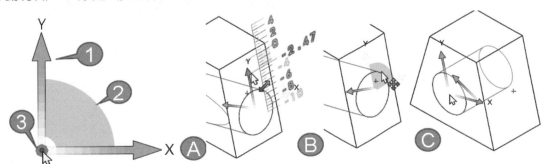

45-5-2 不能有位置尺寸或限制條件

要達到平移效果，草圖不能有位置尺寸或限制條件，否則出現外部參考移動確認視窗。例如：梯形草圖左下角與草圖原點重合，1. 點選梯形面→2. 拖曳箭頭，出現刪除視窗→3. 刪除。實務很少這樣做，很容易變更設計，這時✎將特徵進行有限度調整。

A 刪除

刪除外部限制條件，讓✎繼續。

B 保留

不作任何更動和取消按鈕意思相同。

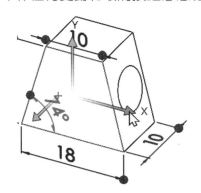

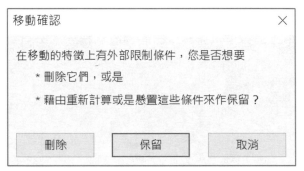

45-6 Instant 改變特徵

點選特徵面或邊線，拖曳箭頭改變特徵位置、大小甚至型態，要達到完整的功能，進行第 2 特徵的控制，這些細節取決特徵草圖有沒有標尺寸，以及對✎控制了解。

45-6-1 點選特徵面→Z 軸箭頭

點選特徵面會出現 Z 軸箭頭，拖曳箭頭改變特徵大小。

A 深度箭頭

1. 原本深度 5（基準）、2. 拖曳箭頭控制特徵深度相對移動 10、3. 這時伸長特徵會產生方向 2 會產生尺寸，下圖左。

B 大小箭頭

點選側面，拖曳箭頭控制方塊大小，拖曳過程由下方草圖變化得知特徵變化，下圖右。萬一草圖有標尺寸就無法控制大小，特徵沒反應。

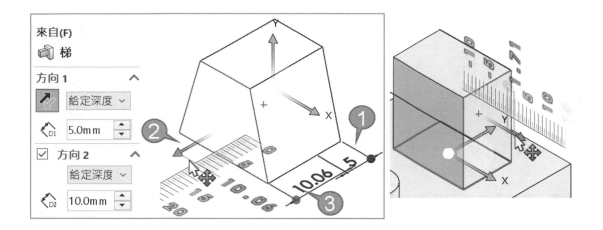

45-6-2 改變特徵形態

填料或除料特徵會依箭頭方向自動改變,例如:向上拖曳增加填料深度,向下拖曳除了減少深度外,以該草圖為基準,形成負向深度=除料深度,下圖左。

這部分傳統建模一定要刪除🗇後➔重新製作🗉。

45-6-3 特徵保持關聯性

會保持特徵關聯性,例如:圓柱旁有圓角,改為除料後,圓角特徵還會維持。

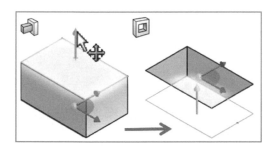
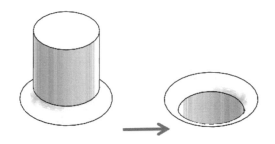

45-6-4 點選特徵邊線➔平面座標

點選特徵邊線由平面座標改變特徵大小、深度或位置。點選特徵邊線不會出現深度箭頭,僅出現平面座標。

以往習慣點面控制,這回由邊線控制,更能體會細節差異,本節草圖沒標尺寸。

A 拖曳箭頭改變特徵大小和深度

拖曳箭頭改變單方向與特徵深度。拖曳 X 軸改變特徵 X 方向大小,拖曳 Y 軸改變特徵深度,換句話說無法改變 Z 軸大小。

B 拖曳扇形萬向改變特徵大小

可以同時改變寬高深。

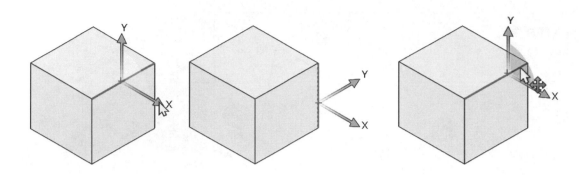

C 有尺寸特徵的平面座標

特徵完全定義，無法拖曳模型邊線，系統會出現：此方向是完全限制的，下圖左。也不能點選斜面→拖曳箭頭，下圖右。

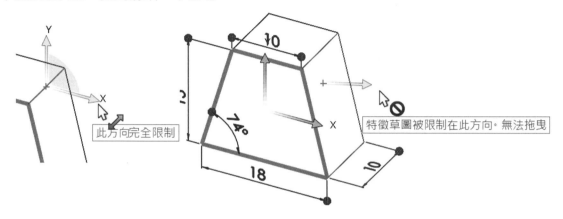

45-6-5 抓取至幾何

控制特徵深度和另一特徵面一樣高，就不用量尺寸。1.Alt 拖曳箭頭，系統出現提示線→2.游標移至另一特徵面，將方塊特徵與圓柱同高，下圖左。

45-6-6 複製/搬移特徵

Ctrl/Shift+拖曳座標原點→到另一模型面來複製/搬移特徵，下圖右。

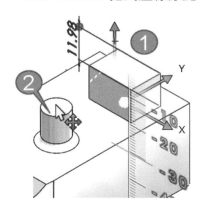
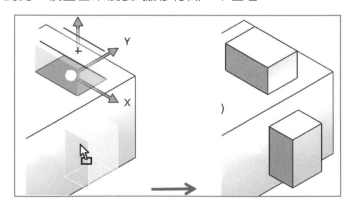

45-6-7 複製排列的特徵

被複製排列特徵會被同步改變。這觀念和 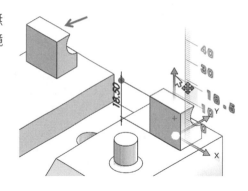 無關，這是系統觀念，例如：移動方形特徵，左邊鏡射特徵會跟著移動。

45-7 Instant 圓角特徵

圓角特徵與其他特徵不同，點選圓角面，可得到圓角尺寸、粉紅色邊線與粉紅色球點。

45-7-1 圓角邊線

1. 點選圓角面→2. 拖曳邊線直覺更改圓角大小，下圖左。

45-7-2 球點

拖曳球點更改圓角位置，或 Ctrl/Shift+拖曳原點，複製/搬移特徵複製圓角，下圖右。

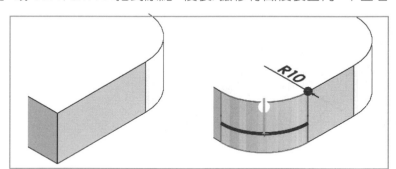

45-8 Instant 草圖控制

點選草圖進行有尺寸或沒尺寸草圖控制，看起來很細卻是 Instant 3D 盲點。

45-8-1 草圖產生特徵

1. 點選草圖→2. 拖曳 Z 軸箭頭，產生填料或除料特徵。

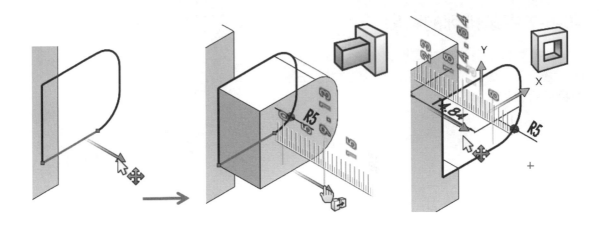

45-8-2 無尺寸草圖

不須編輯草圖，直接更改草圖輪廓，直接拖曳草圖邊線，來改變草圖大小，下圖左。

45-8-3 有尺寸草圖

承上節，無法拖曳草圖輪廓更改大小，也不會出現任何提示，下圖中。

45-8-4 置中特徵成形控制

點選草圖輪廓後→拖曳箭頭過程按 M，產生對稱伸長特徵，下圖右。

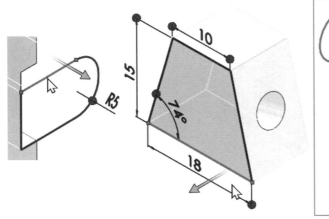
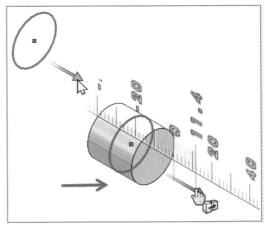

45-8-5 草圖邊框

不需編輯草圖，利用即時平面座標，拖曳箭頭調整草圖位置或大小。於特徵管理員點選草圖，拖曳草圖邊框上黃色球點，改變整體大小。

45-8-6 移動草圖

承上節，點選箭頭可以移動草圖位置，這點和移動複製特徵🖐的功能相同，下圖右。

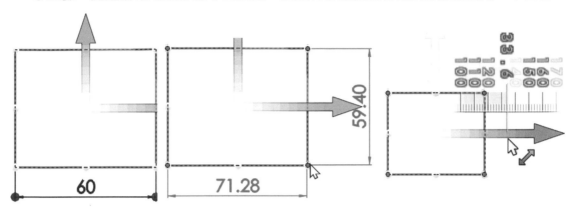

45-8-7 點選草圖位置的差異

草圖在特徵面上，點選草圖邊線的位置（箭頭所示）→拖曳箭頭會有不同結果。

🅰 點選的草圖線段在模型面上

1. 點選左邊的草圖線→2. 拖曳箭頭往材料邊🔲，非材料邊🔳。

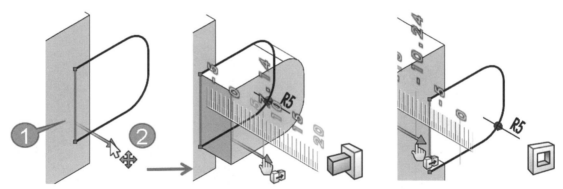

🅱 點選的草圖線段不在模型面

往材料邊或非材料邊，皆為🔳。

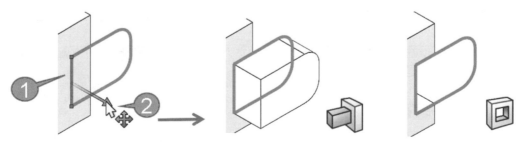

C 點選的草圖部分線段在模型面

該草圖邊線橫跨模型面和非模型面，這要看游標點選位置。本節更細緻看出所選位置出現綠色箭頭會有成形差異。

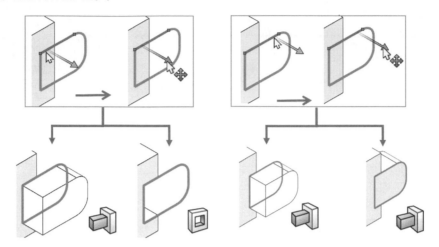

45-8-8 文意感應

1. 點選草圖→2. 拖曳箭頭以後→3. 文意感應加入拔模或更改凸、凹，將原本的填料快速更改為除料。

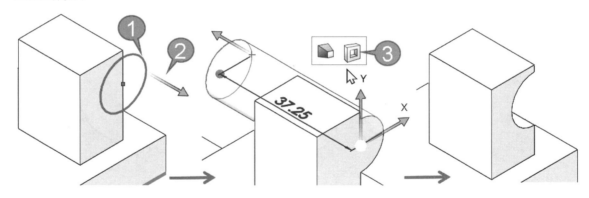

45-9 放大鏡（快速鍵 G）

於放大鏡中定點放大並檢驗模型，不會變更原來模型比例，類似細部放大圖，對於我們這種老花眼來說，是很棒的功能。

45-9-1 開啟/關閉放大鏡

游標於繪圖區域按 G，這是快速鍵，也可以繪圖區域上右鍵→🔍。再按一次 G、繪圖區域點一下或 ESC。

45-9-2 中鍵滾輪

於放大鏡中定義放大或縮小倍率。

45-9-3 移動放大鏡

游標推動放大鏡邊框，會跟著滑鼠移動位置。

45-9-4 選擇圖元

放大鏡啟用過程 Ctrl＋圖元選擇，否則放大鏡會被退出。

45-9-5 放大鏡內剖面

Alt+滾輪，可顯示與螢幕平行的剖面，下圖右。

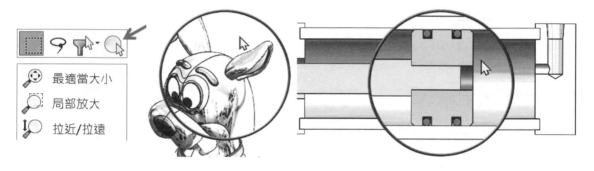

45-10 回溯控制棒（**RollBack**）

回溯控制棒（簡稱回溯或時光機器），往上或往下拖曳回溯棒，於繪圖區域動態查看特徵過程或比對特徵建構，本節輕鬆好學接受度很高。課堂中不用提醒，同學會自己控制它，進階者利用回溯進行效能控制。

A 回溯清單

游標在回溯下方灰色的特徵上右鍵，可見更多項目，它屬於進階操作，使用率不高，適合進階者。

▸ 🔲 8-1 中柱孔-D′
▸ 🔲 8-2 擋塊孔
▸ 🔩 8-2-1 M6
▸ 🔲 8-3 底部孔

| 向前移動 (C) |
| 移至前一狀態 (D) |
| 移至最後 (E) |
| 文件屬性... (G) |

45-10-1 回溯棒位置

在特徵管理員下方藍色桿子，向上拖曳到特徵上方，下方特徵以灰色顯示（被回溯），被回溯的特徵不會呈現，俗稱時光機器，因為特徵會記錄建構時間。

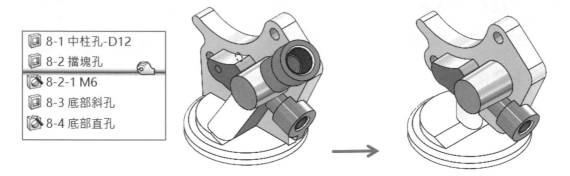

45-10-2 定點回溯

在特徵管理員點選特徵→文意感應→↰，可定點回溯，就不必由下往上一段段拖曳跨越特徵，下圖左。↰速度比較快，適合特徵很長的模型。

A 回溯快速鍵

常被問到還有沒有更快的方式，將回溯定義快速鍵，速度會更快，例如：Ctrl+R。

45-10-3 向前移動

向前移動，往下移動控制棒，下圖右。

45-10-4 移至前一狀態

回到上一個回溯位置，類似前一個視角。

45-10-5 移至最後

將回溯棒到特徵管理員最下方，也是回溯棒預設位置，俗稱關閉回溯。

45-10-6 回溯到內含的特徵

回溯到內含的草圖的特徵俗稱回溯到草圖，常用在重複使用相同草圖進行特徵，進行 2 個特徵比對，回溯過程會出現訊息。

步驟 1 展開特徵見到草圖

步驟 2 回溯到草圖 1 之上

這時會出現訊息，完成後會見到草圖在特徵上面。

步驟 3 回溯到草圖 1 之下

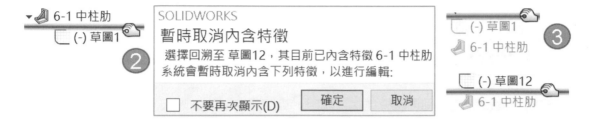

45-10-7 上下鍵控制回溯

按一下回溯棒→用上下鍵移動回溯棒，分可以降低滑鼠手部的操作，降低勞累。

45-10-8 回溯棒的顏色

預設為藍色，當編輯特徵或編輯草圖，回溯棒灰色，就不能控制回溯棒了，例如：目前為編輯草圖，無法控制回溯棒，下圖左。

45-10-9 重新計算驗證

由於被回溯的特徵為抑制狀態，模型計算會到回溯棒的地方終止。重新計算後明顯感受計算時間被縮短。

45-10-10 回溯到資料夾

如果特徵過多，用資料夾把特徵群組起來，讓回溯棒效率提升，下圖中。

45-10-11 記憶回溯棒

回溯位置可以隨著模型儲存，這點還不錯。不過在組合件除非外型有明顯差異，否則會判斷不出有模型是否為回溯狀態。

45-10-12 組態控制回溯

也可搭配模型組態用抑制控制多段回溯狀態，就不必憑印象控制特徵。

45-10-13 回溯比對模型

開 2 個 SW 比對模型，常用在 1 個 SW 開啟答案模型，另一個 SW 開啟練習的模型，比對體積差異。

45-11 Part Reviewer（零件重新檢視器）

專屬介面快速控制回溯狀態並加入說明，算回溯控制的進階版，目前僅支援零件。

45-11-1 啟用 Part Reviewer

1. 工具→2. SolidWorks 應用程式→3. Part Reviewer，啟用後會在工作窗格見到圖示標籤（箭頭所示）。

A 編輯特徵名稱及備註

將目前特徵加入備註。

B 隱藏特徵

會將模型整體隱藏。

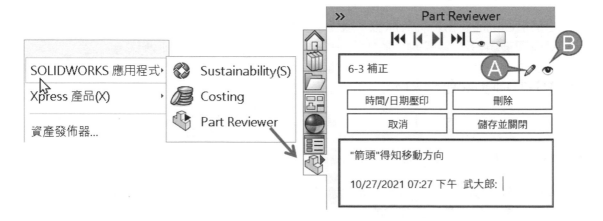

45-11-2 指令控制器

利用箭頭控制特徵回溯前進▶或後退◀，逐步查看模型的特徵。

A 顯示草圖細節␣

進入編輯草圖，查看草圖，下圖左。

B 僅顯示有附註的特徵␣

只會回溯有備註的特徵，下圖右。

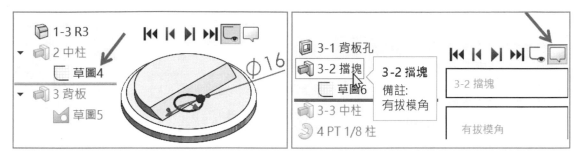

45-12 凍結（FreezeBar）

凍結=凍結特徵，重新計算過程排除被凍結的特徵，降低模型計算時間，被凍結的特徵還是會呈現。凍結有點類似抑制，但抑制會讓特徵跟著被抑制。

由於回溯是大家最常使用且容易學習，站在訓練角度也是先說明回溯再說明凍結，口訣：上凍結、下回溯，又稱效能夾心，下圖左。

45-12-1 啟用凍結棒

在特徵管理員上方黃色桿子，向下拖曳至特徵上方即可，凍結特徵以🔒圖示和灰色顯示，被凍結的特徵無法編輯草圖或編輯特徵，只能檢視控制防止意外變更模型，下圖右。

45-12-2 ☑啟用凍結棒

要有這功能必須在系統選項，一般→☑啟用凍結棒，有些版本預設關閉，這時要自行開啟它，下圖左。

45-12-3 取消凍結特徵

向上拖曳到底或游標在凍結上方右鍵→取消凍結特徵。

45-12-4 不支援凍結特徵

ToolBox 零件不支援凍結特徵。

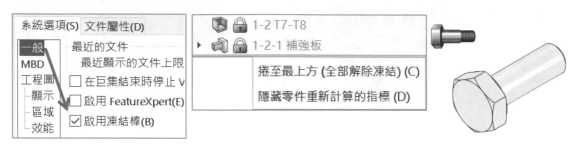

45-13 抑制與恢復抑制

抑制特徵，減少模型資料讓系統運算時忽略，增加運算速度，是最簡單的作法，效率很高。抑制結果和刪除很像，抑制會保留在特徵管理員，所以可以恢復抑制。

Ⓐ 特徵管理員

被抑制的特徵在特徵管理員以灰階顯示，如果特徵有子特徵也會跟著被移除。抑制特徵配合模型組態切換，靈活你的設計。

45-13-1 抑制↓/恢復抑制↑特徵

在特徵管理員或模型面→文意感應抑制↓，被抑制的特徵灰階顯示。也可以選擇大量特徵同時↓/↑，進階者可以設定快速鍵，但不適合用滑鼠手勢。

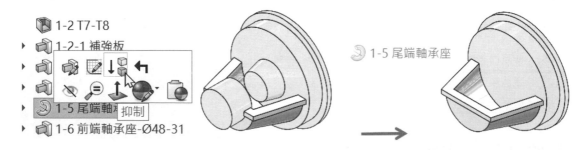

45-14 效能評估（Performance Evaliation）

量化零件整體計算時間，得知由特徵數量、本體數量、重新計算時間的長度分佈。修改模型讓運算效率提升，會發現有些檔案計算時間很可怕。

會配合回溯、凍結、抑制查看模型計算時間，藉此評估模型計算時間，只要產生新的草圖、新的特徵，編輯草圖/編輯特徵…等，都會進行模型計算。

45-14-0 指令位置

評估工具列→以獨立視窗呈現，內容包含：1. 重新計算時間、2. 所有特徵清單，視窗開啟過程可進行其他作業，隨時監控清單內容。

45-14-1 視窗內容

由上到下說明視窗內容。

A 列印、複製、重新整理

將清單列印出來，將內容複製到其他文件進行報告。將模型進行抑制、回溯、凍結…等，更新內容。

B 檔案名稱

適合報告中的截圖呈現檔名。

C 模型組成

計算總特徵、多本體數量、曲面數量。

D 全部重新計算秒數

查看特徵數量評估模型複雜度和計算的時間，例如：10 個特徵或 100 個特徵，感覺就不一樣，使用 Ctrl+Q 重新計算模型要多久時間。

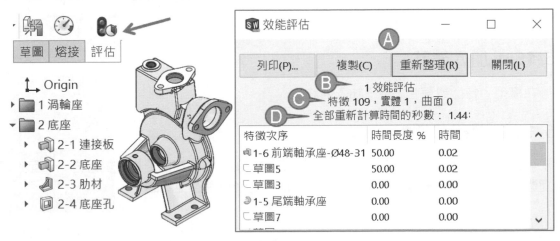

45-14-2 特徵次序

呈現模型所有特徵和草圖，點選項目於特徵管理員會亮顯，下圖左。

A 右鍵控制

點選特徵右鍵→進行該特徵的效能控制，例如：編輯特徵、抑制、回溯...等。

45-14-3 時間長度

由百分比得知特徵重新計算的比例，與時間判斷互補，可見該特徵是運算最長的時間，這時可以抑制該特徵→重新整理，查看計算秒數有沒有下降。

45-14-4 重新計算驗證

重新計算後明顯感受計算時間被縮短。

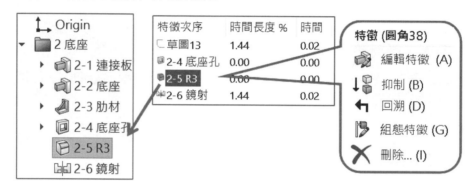

45-15 備註（Comment）

直接在模型、特徵、草圖以及工程圖加入註解，常用來追蹤被記錄的的內容，是工程師的好幫手。工程師不必手抄筆記，開會過程利用 NB 將會議記錄在模型上，下回開會可以由上到下依照流程回放開會內容與解決的事項。

45-15-1 加入備註

在模型、特徵或草圖右鍵→加入備註。

45-15-2 壓印日期

可以包含日期/時間壓印，以歷史記述，例如：加入客戶提醒要修改的地方。下回改正後提醒客戶何時說過要改正的記述，當被註記錄完後→儲存並關閉。

45-15-3 加入照片📷

可以將手邊已經有的照片檔案與文字並存。

45-15-4 插入螢幕截取照片📷

將繪圖區域的畫面加到備註中。

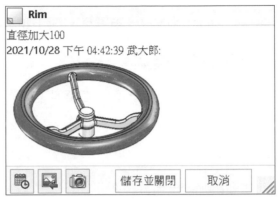

45-15-5 備註標籤

在特徵管理員看到上方可見備註資料夾,展開資料夾記錄了該文件所有的備註追蹤。由特徵或草圖圖示得知哪謝被加入備註。

A 查看備註

游標在備註上方,利用文意感應快速查看所有備註。

B 編輯備註

點選 2 下開啟備註,備註上方右鍵→編輯備註,可追蹤備註特徵。

45-16 設計資料夾（Design Binder）

將文件加入資料夾，內嵌或連結文件。這些文件隨著模型走，屬於專案管理。工程師要找和模型有關資料不必像以前翻閱大量紙本，只要用 Design Binder 進行資料連結。

45-16-1 加入附加檔案

在 Design Binder 資料夾→右鍵→加入附加檔案，一次只能加 1 個，不能加 SW 文件。

45-16-2 開啟附加檔案

附加檔案至 Design Binder 後，在資料夾清單看出有哪些文件，日後可以存取。在資料上方→右鍵→開啟或快點兩下。

45-16-3 連結

可同步更新附加檔案的資料。

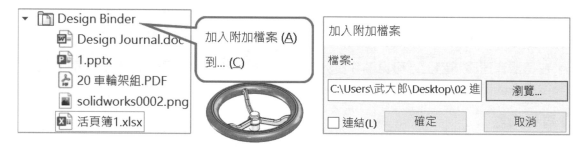

45-17 特徵屬性

在草圖或特徵上右鍵，顯示特徵的描述成為歷史記錄。特別是 1.建立者和 2.建立日期，是最常見資訊，本節是資安的好幫手，對老闆而言可保護公司機密。

45-17-1 建立者

來自 Windows 登入身分，例如：幾何-武大郎，無法更改。建議公司把使用者身分的登錄資訊強化，萬一檔案外流，由建立者可以得知模型流向。

例如：幾何公司繪製的圖面怎麼會流到鴻海公司，此制度可以間接約束檔案不要亂CO，就算不小心當作品，也會謹慎不要被外流。

45-17-2 建立日期與時間

無法更改,這樣可以確定何時開始製作,甚至有些極端的例子看到是 20 年前製作的模型,就要有心理準備,這模型問定度不好。

我們常要求工程師不要半夜畫圖,都會由這來判斷並再次提醒。

45-17-3 上次修改

可以得知所選的,最後一次更改時間。原則上第 1 特徵為一開始畫圖的時間,最後特徵為最後結束時間,兩相扣除就能得知建模時間。

有些公司會用此來判斷工程師建模時段,建模時間有嚴重的偏差,就會想了解這段期間做那些事。

45-17-4 修改特徵屬性

看了本篇會想到攻防戰,絕大部分會想了解怎麼破解,就是重新繪製。用 2 個 SW,把草圖 COPY 到另一個 SW 的新零件中,特徵屬性的資訊就會更新。

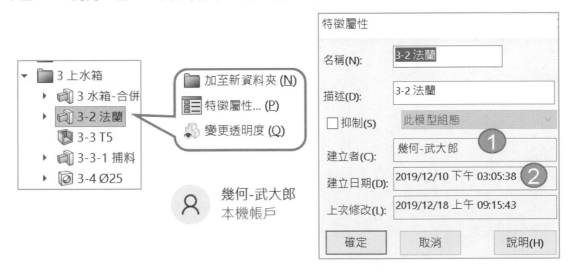

45-18 工作管理員

自 2021 年 CAD 市場重大變化,軟體功能越來越強大,需要更高硬體支撐,主要是作業系統由 Win7 到 Win10,軟體可以寫得很強大,只是硬體跟不上,所以軟體會配合硬體走。

隨著 Windows 10 推出,自 2020 年 1 月不再支援 Windows 7,SW2021 起就不支援 Windows 7 安裝。2019 版以後硬體要求提升,特別是顯示卡支援 CAD 運算。

45-18-1 第 2 次開啟 SW 會比較快

📖FastStart（又稱快速啟動）幫了大忙，第 2 次啟用 SW 時，預先載入啟用 SW 所需的資料庫（DLL）。

A 長駐記憶體 sldworks_fs.EXE

📖放置在啟動資料夾，Windows 開機時預先載入該程式並佔據記憶體，後來版本就沒有這項目。

🖥️ 工作管理員			—
檔案(F) 選項(O) 檢視(V)			
處理程序 效能 應用程式歷程記錄 開機 使用者 詳細資料 服務			
∧	27%	51%	67%
名稱	CPU	記憶體	GPU
˅ 🔲 SolidWorks (2)	0%	16.7 MB	0%
🔲 SOLIDWORKS CEF Sub Process	0%	0.9 MB	0%
🔲 SOLIDWORKS Premium 2022 S...	0%	15.8 MB	0%

剖面視角

剖面視角（Section View）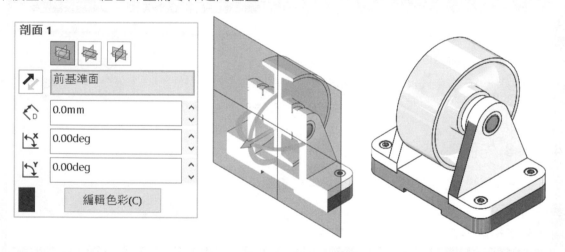，模型以指定基準面或模型面，常用在：1.快速切割顯示模型內部、2.組合件量測零件之間位置。

46-0 指令位置與介面

本節介紹剖面視窗指令與視窗內容。

46-0-1 指令位置

有 2 個地方開啟：1.檢視→2.顯示→3.剖面視角、2.快速檢視工具列。

46-0-2 介面項目

由上而下依序：1. 工程剖面視圖、2. 剖面方法、3. 剖面選項、4. 剖面 1～3、5. 依據本體剖面、6. 透明剖面本體、7. 預覽和儲存。

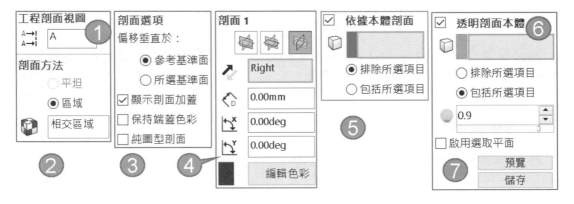

46-0-3 先睹為快

1 個步驟快速完成剖切，接下來是常見的剖切需求。

步驟 1 剖面 1

點選剖切平面，例如：前基準面。

步驟 2 拖曳基準面

調整剖切距離或角度。

步驟 3 ☑剖切面 2、☑剖面 3

增加第 2 和第 3 剖面。

46-0-4 剖面視角狀態

執行🗔指令後，於快顯特徵管理員看出指令為啟用狀態。

46-0-5 關閉剖面視角

2 種方式關閉🗔：1. 再按一次指令🗔、2. 右鍵➔剖面視角，建議滑鼠手勢點選🗔。

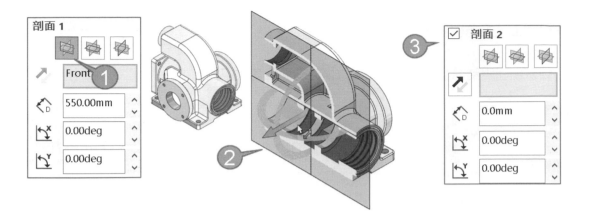

46-0-6 剖面視圖屬性（回到模型視角）

繪圖區域右鍵→剖面視圖屬性，回到剖面視角指令，建議設定快速鍵。也可以關閉圖→開啟圖回到剖面視圖屬性。

46-0-7 無法點選剖面

剖面視角的模型面不是真實幾何，所以不能點選該面進行任何作業，例如：點選被剖切的模型面→進入草圖是行不通的。

46-0-8 無法加入或編輯外觀

剖面視角的過程，無法加入外觀或編輯外觀。

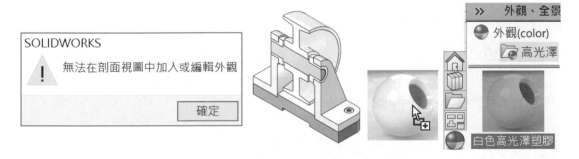

46-1 工程剖面視圖

輸入剖面視圖的標示名稱，於下方**儲存剖面視角**才可體會這功能。

46-1-1 預覽

剖面過程中，隱藏剖切平面查看剖面後的模型狀態，不須結束指令。這功能就像的**細部預覽** 一樣，於指令過程查看結果。

A 關閉預覽

於剖面 1 設定任何參數，或按一次預覽。

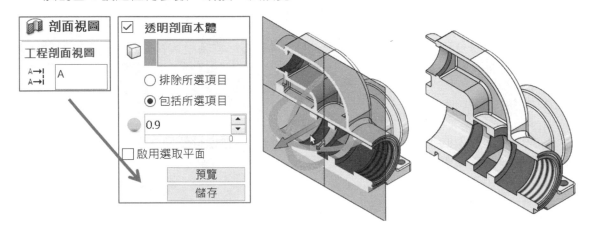

46-1-2 儲存

利用和方位視窗都可以記憶視角。1. 點選儲存→2. 出現另存新檔視窗，定義視角方位或剖面工程圖註記視角的視角名稱。

A 記憶上一個剖切屬性

下次執行會執行上一個剖切屬性，類似自動剖切，例如：1. 前基準面剖半後關閉→2. 下一次點選，會自動以前基準面剖半。

B 儲存 3 大基準面剖切

實務上 3 大基準面剖切使用率極高，製作 3 大基準面的剖切，到時以方位視窗切換剖切，就不必經過剖面視角指令→↵。

C 視角方位

於剖面 1 將基準面遠離模型，用騙的方式將剖面視角成為儲存在方位視窗中，常用在隔離不要見到的模型，適用組合件或多本體。

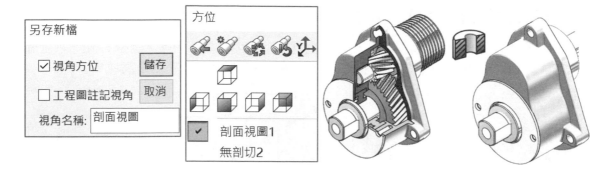

D 工程圖註記視角

　　將剖面視角儲存在工程圖的視圖調色盤，預設剖面視角 A-A 之標示名稱，與最上方工程剖面視圖相呼應。大郎建議別使用這功能，製作工程圖過程常有其他表現工程圖的想法。

　　因應 MBD（Model Base Design）來臨，相信這功能會被強化。

E 儲存和新增視角差異

　　儲存可記憶📘參數與方位，🔖只能記憶方位。

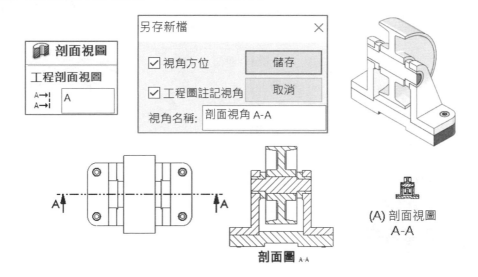

剖面圖 A-A

(A) 剖面視圖
A-A

46-2 剖面方法

　　選擇平坦或區域，進行剖切範圍設定。

46-2-1 平坦（Planar）（預設）

　　以下方剖面 1、剖面 2、剖面 3 剖切呈現，屬傳統剖切呈現。

46-2-2 區域（Zonal）

由剖面相交形成假想剖切數量，常用在對稱模型或內部細節很多，例如：剖面 1+剖面 2 形成 4 個剖切區域（2X2=4），被選擇的區域=剪除，例如：點選 1、2 區塊。

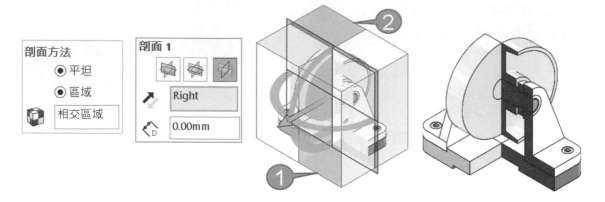

A 不能選擇所有剖切區域

剪除所有模型資訊，代表模型不存在出現錯誤訊息。就像不能用◎將模型完全貫穿，會出現最終模型是空的。

46-3 剖面選項

進行剖面顯示的設定，很多術語一開始不懂，初學者亂押得到要的效果就好。

46-3-1 偏移垂直於

以**參考基準面**或**所選基準面**（剖面 1）作為垂直參考，有角度的平面才看得出效果。例如：斜面為剖切參考，平移 30，角度 300，若點選的為平行面，這選項沒效果。

A 參考基準面

垂直指定的角度產生剖切面。

B 所選基準面

以所選的面產生剖切面。

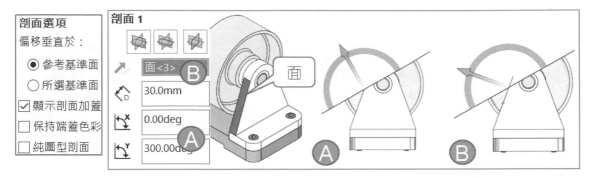

46-3-2 顯示剖面加蓋（Show section Cap，預設開啟）

移除剖切面，檢視模型內部。通常用在曲面剖切，若為實體比較看不出這效果。

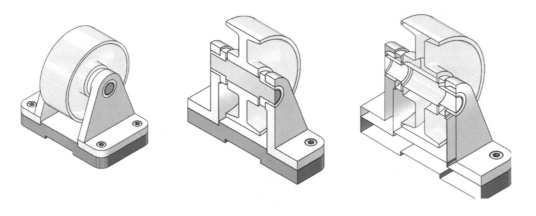

46-3-3 保持端蓋色彩（Keep Cap Color）

是否將剖切面色彩在模型中，這部分很少人知道差在哪裡，其實很常來回切換。

A ☑保持端蓋色彩

以剖面色彩塗滿，例如：剖面 1 端蓋色彩為藍色。常用在看出這是剖切面，不是模型端面，避免看錯。

B □保持端蓋色彩

以模型色彩為端蓋色彩，這樣比較看得出來零件之間的外型輪廓。

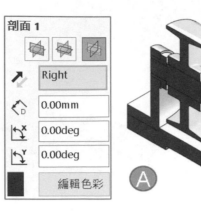
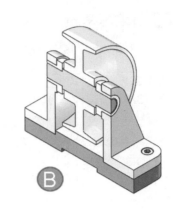

46-3-4 純圖形剖面（Graphics-only section）

剖面過程是否顯示模型邊線，適用組合件或多本體。本節要☐**保持端蓋色彩**，才看得出差異和效果。CHANGE PIC A

A ☑**純圖形剖面（預設）**

剖切面不顯示模型邊線，類似塗彩 。

B ☐**純圖形剖面**

切面不顯示模型邊線，類似帶邊線塗彩 ，這部分需求量比較高。

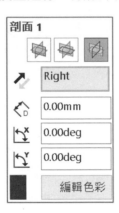
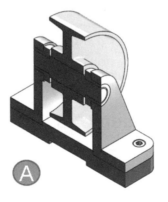
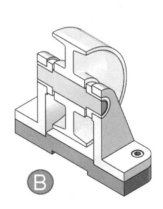

46-4 剖面 1：基準面

每個剖面都有前、上、右 3 大基準面做為剖切參考，是最簡便與常用的設定。剖切過程有超過模型的藍色參考面與 3D 空間球，分別切換 3 大基準面剖切感受一下。

要完成這類的體驗，模型在原點中間比較看得出來。剖面視圖最多 3 刀剖切：剖面 1、剖面 2、剖面 3。預設剖面 1 開啟，要手動☑剖面 2 或☑剖面 3 才可以使用。

46-4-1 剖切參考面

由 1. 前、2. 上、3. 右三大基準面做為預設的剖切參考，也可 4. 選擇模型面當作剖面參考，例如：模型斜面。可以先選面→🗊，速度比較快。

Ａ 支援度

目前不支援曲面或點，一定要為平面，eDrawings 可以點選曲面，甚至可以在模型面上快點 2 下更換不同的剖切參考面。

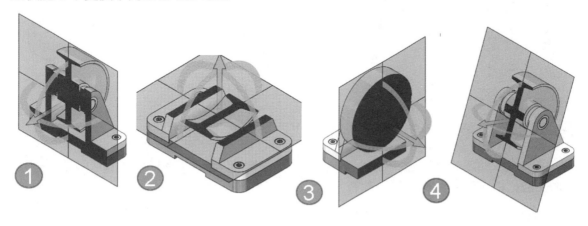

46-4-2 反轉方向 ⤢

反轉剖切方向，不必旋轉模型到另一側，有點像翻面，很多人沒想到可以這樣用。不適用剖面方法☑區域，因為已經已經指定剖切區域。

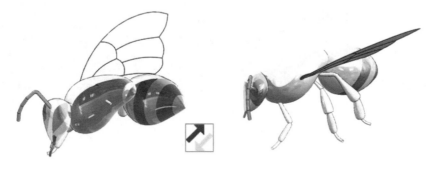

46-4-3 偏移距離

以指定面為基準設定平行距離，有基準面和空間球參考，距離可以負值。拖曳空間球箭頭=平移看出大概剖切位置，若要精確就輸入參數。

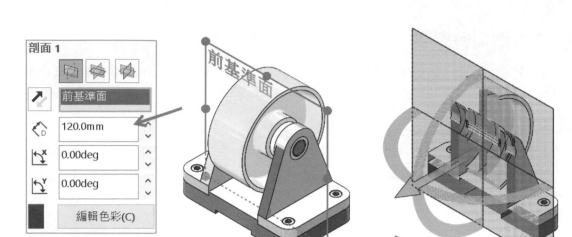

46-4-4 X 旋轉、Y 旋轉

繞 X 或 Y 軸旋轉剖切面，例如：以上基準面，Y 軸 60 度剖切。拖曳空間球的環＝角度，剖切大概位置，若要精確就輸入參數。

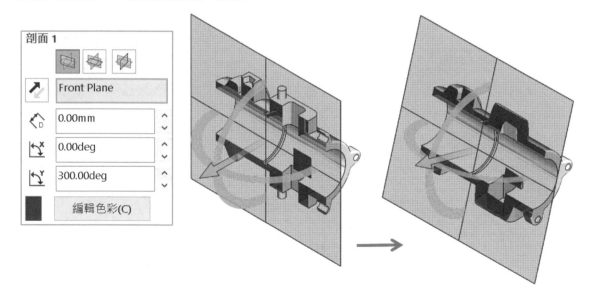

46-4-5 編輯色彩

變更剖切端面的顏色，預設剖面 1=藍、剖面 2=綠、剖面 3=紅。常用在與模型色彩差異，例如：模型為紅色就要改變色彩來避開。

46-4-6 剖面 2、剖面 3

可以增加剖切範圍進行 2 次或 3 次切割,由顏色可以看出模型的剖面為剖面幾,進而調整參數。

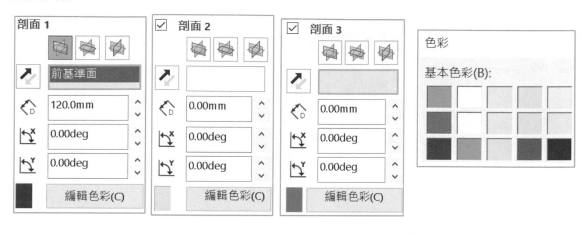

46-5 依據本體剖面

選擇模型是否被剖切,適用多本體或組合件,常用在排除市購件不要被剖切,例如:螺絲、螺帽、墊圈或軸承,讓模型顯示有層次。

設定:1. **排除所選項目**、2. **包括所選項目**,這 2 項目互補顯示,點選模型的過程容易被剖切面參考遮住,按下方預覽把參考面隱藏→點選模型。

46-5-1 排除所選項目

所選模型不會被剖切,例如:不剖切軸心、襯套、支架。

46-5-2 包括所選項目

所選模型不被剖切。

46-6 透明剖面本體

將所選模型或本體以透明呈現，常用在外殼透明。原則上剖面會把模型移除，本功能可以把原本移除的模型以透明顯示，本節需要區域剖切配合。

設定：1. **排除所選項目**、2. **包括所選項目**，這 2 項目互補顯示。

46-6-1 排除所選項目

用最短時間完成 1/4 剖切，點選外蓋透明顯示，剖切效果看起來很專業呦。

步驟 1 指定剖切面

剖面 1=前基準面、剖面 2=右基準面。

步驟 2 剖面方法

區域，點選右下角成為相交區域 1，可見剖切區域了。

步驟 3 依據本體剖面

點選中間軸心。

步驟 4 透明剖面零組件

點選外殼，可以見到外殼透明。

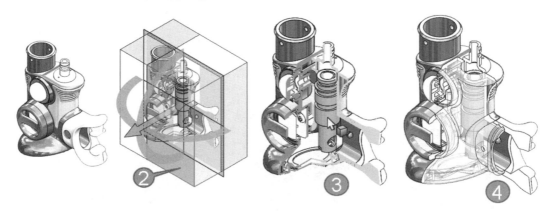

46-6-2 包括所選項目

所選模型不被透明，下圖左（箭頭所示）。

46-6-3 透明度

由於模型為透明顯示，可以調整下方的剖面透明度。

46-6-4 啟用選取平面

以新的基準面進行參考剖切，該基準面以橘色顯示，可以不受剖面參數控制，例如：剖面 1 的參數皆為 0 時，讓你隨心所欲調整剖切位置，下圖右。

剖切面顯示三度空間參考球心（白色），拖曳它移動或旋轉剖面，拖曳過程游標出現 。本節基準面位置並不具體，不曉得為何會產生這方向的剖切參考面。

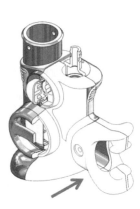
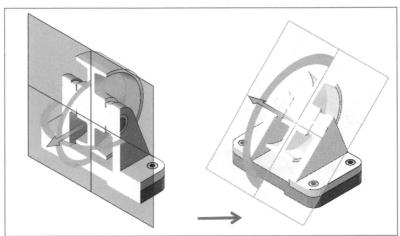

46-6-5 練習：齒輪箱剖切練習

利用區域與所選本體，完成齒輪箱部分剖切。由範例得知儲存視角除了可儲存剖切面，也可以儲存未剖切狀態。

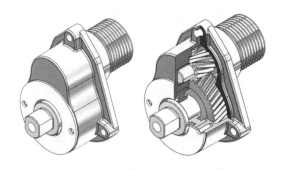

46-7 實境剖切平面（Live Section）

實境剖切平面可快速看出設計變更截面。指令操作上類似 ，選擇模型面或基準面作為切割面，呈現斷面輪廓並以剖面線強調顯示。

46-7-1 進入實境剖切平面

在基準面或模型面上右鍵（目前只能右鍵執行該指令）→實境剖切平面🗐，可見剖面狀態，該狀態下有 2 種顏色：1. 模型輪廓線以粗線及粉色顯示，2. 中間實心以剖面線顯示，與工程圖剖面視圖類似。

46-7-2 實境剖切平面資料夾

產生的**實境剖切平面**會放置在特徵管理員上方資料夾中，統一管理。

46-7-3 啟用或刪除實境剖切平面

點選**實境剖切平面**即可啟用或刪除實境剖切平面。若要停用🗐，在繪圖區域點一下，平面控制點和剖面線同時消失。

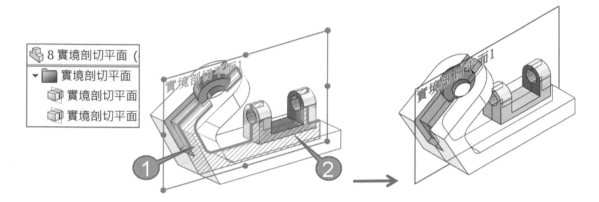

46-7-4 顯示三度空間參考

點選平面由文意感應點選顯示三度空間參考，進行剖切面的位置控制。

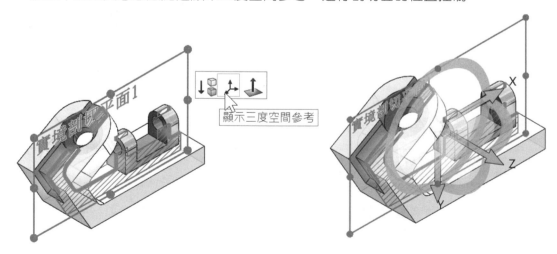

46-7-5 移動剖切平面

空間參考球進行移動或旋轉剖面後會有實境剖切平面在模型上，下圖左。想變更剖切面位置或角度時，必須透過 3 度空間參考。

46-7-6 更改剖面狀態

當游標接近粉紅色粗輪廓線時，拖曳線段快速變更模型外型及尺寸，可由尺規查看數值。拖曳過程有點像不足定義的草圖，其實模型有完全定義，下圖右。

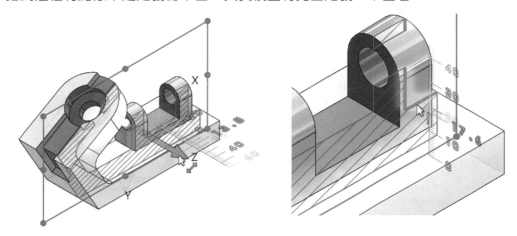

46-7-7 配合至零件

拖曳平面控制點變更剖切面大小到想看的局部範圍，例如：耳朵。想回復查看模型完整剖切，在剖切面右鍵→配合至零件，系統會自動縮放至零件適當大小。

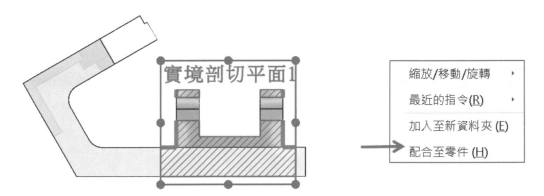

46-8 剖面建模法

內部特徵利用剖面直接在物體內部建模，這種感覺類似等角建模法，這種感覺就是靈魂。現在很流行用剖面畫法，將剖面視角價值提升，發揮令人意想不到的價值。

本節說明常用的 2 種指令用法：1. 🔲、2. 曲面除料🔲。

46-8-1 剖面視角

產生剖半的模型，也可以將視角記錄在方位視窗，快速查看物體內部。但有缺點，無法點選被剖面的邊線或面。

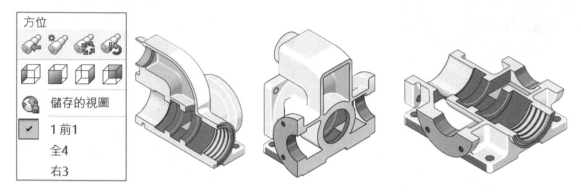

🄰 實務應用

剖面可以更方便由點選內部面或邊線進行特徵，例如：選線進行圓角，或點面進行長料或除料。

46-8-2 曲面除料建模法🔲

曲面除料🔲指令，剖切面為實際圖元，突破以上限制，可以邊建模邊向下或向上查看剖面的手法。由於經常使用 3 大基準面進行完全貫穿的除料作業，所以移動特徵過程不會影響父子關係，甚至可以自由在特徵管理員中行走。

47

Costing 成本分析

　　Costing（成本分析），在模型設計階段即時得到成本資料並即時修改模型，不必到生產流程後端 ERP 系統才能得到，適用專業版 Professional 或 Premium。

　　支援鈑金、機械加工、熔接（鋼構）、塑膠成型、鑄造、3D 列印、組合件的成本計算，所以可廣泛運用各產業，例如：鈑金廠、機械加工廠、設備廠...等。

　　由於項目相當繁多目前沒多餘時間把它詳細寫完，本章算概論，讓同學先睹為快認識它，這已經是工廠必要的作業，我想未來這一定會很火紅。

47-0 指令位置與介面

　　本節介紹指令與視窗內容。

47-0-1 指令位置

　　有 2 個地方開啟：1. 評估工具列→、2. 工具→SolidWorks 應用程式→。

47-0-2 介面項目

開啟模型後進入 ，在 1. 特徵管理員和 2. 工作窗格都有資料提供設定，大家最喜歡看右下方的即時成本（比較）。要關閉 ，點選右上角的取消，下圖右（箭頭所示）。

47-0-3 開始成本估計

模型第一次執行 ，以綠色底色顯示可以正常使用，按下**開始成本估計**按鈕，系統套用範本計算成本才會進行分析，避免設定過程不斷計算，下圖左。

47-0-4 每個零件的估計成本

顯示以 Costing 成本範本的預估成本，會隨著加工方式的調整，隨時更新成本。

A 比較

比較目前和前次的成本分析，目前成本比前次低，橫條以綠色顯示，反之橫條則以紅色顯示。點選右方鑰匙鎖圖示，以目前成本分析結果作為成本分析基準線。

B 分解

顯示影響總成本的**材料**、**生產製造**、**加成或折扣**因素。

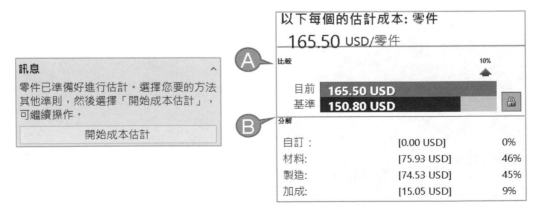

47-0-5 製造方法和選項

工作窗格中選擇模型的製造方法：1. 機械加工、2. 鑄造、3. 塑膠、4. 3D 列印，下圖左。可設定 Costing 選項●，下圖右。

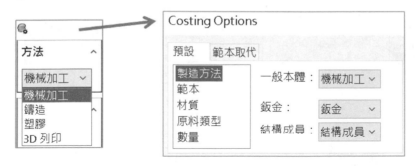

47-1 先睹為快：機械加工

以加工之前的素材（方塊、圓棒）開始，素材經銑削、鑽孔產生最終的形狀。Costing 協助加入 3 大成本：1. 銑削：平面、球形、導角。2. 鑽孔：深度或貫穿孔、攻牙。3. 自訂操作：噴漆、電鍍和熱處理。

47-1-1 範本單位（*.SLDCTM）

由清單選擇 Costing 介面的公制或英制單位範本，例如：machiningtemplate_default（metric）。

47-1-2 材料

定義材質和單位材料成本，下圖中。

A 類別

清單切換主要的材質類別，例如：鋼、鋁合金、塑膠。

B 名稱

清單切換材質名稱，例如：6061 合金。

C 材料成本（USD/公斤）

設定每公斤美元的成本，下方會顯示重量。預設顯示範本定義的材料重量成本，可以臨時修改，此修改不影響範本資料庫，可於右方藍色箭頭↩回復成範本資料。

D 重量

以所選材質自動計算出模型的重量。

47-1-3 原料本體

清單提供 4 種原料類型：1.塊體、2.板材、3.圓柱、4.自訂。

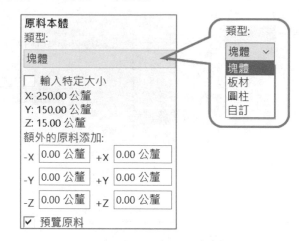

A 類型：塊體

以銑床或鑽孔加工完成，預設塊體大小為模型邊界方塊，可於 Costing 工作窗格設定 X、Y、Z 方向大小，並以透明藍色重疊於模型上。

A1 R 輸入特定大小

啟用 X、Y、Z 自訂值，預設值對應座標方向，上下、左右、前後平分成形。也可在下方位置欄位，單獨設定某軸的正負值。

A2 □輸入特定大小

進行**額外的原料添加**，以模型邊界方塊為基準，設定 3 大軸正負原料方向，下圖右。

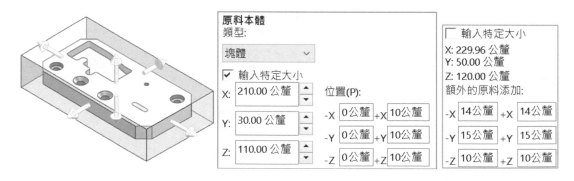

A3 預覽原料

是否於模型重疊顯示原料大小。

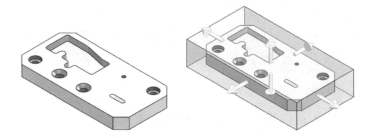

B 類型：板材

模型外部使用水刀或雷射切割，並以銑床、鑽孔完成其他幾何加工。預設 5 種厚度：6.5、0、312、20、25，若模型與清單厚度不符，以黃色警告提示。

B1 ☑輸入特定大小

啟用排除厚度的 2 軸向自訂值欄位，例如：板厚方向 Y 軸，僅能設定 X、Z 方向值。

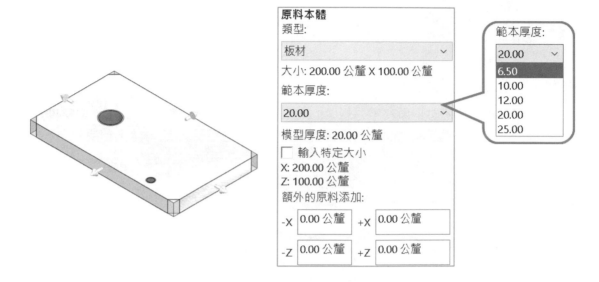

C 類型：圓柱

模型外部造型使用車床加工並搭配銑床，預設原料大小以模型最大外徑及長度。

C1 R 輸入特定大小

啟用直徑及長度的自訂欄，D=直徑、L=長度。

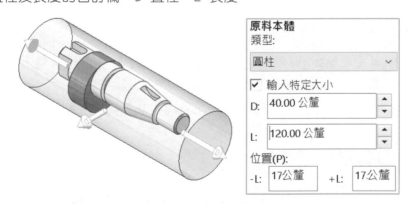

C2 額外原料添加

☐輸入特定大小，獨立設定原料直徑及長度正負方向值。

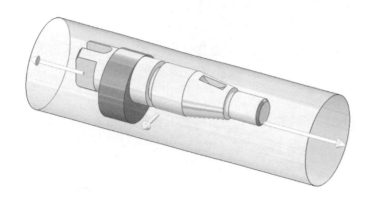

D 類型：自訂

當塊體、板材、圓柱的原料不是想要的，可選擇自訂，以模型組態或獨立素材模型做為原料模型。若素材有更新大小，點選**更新原料本體**，進行更新。

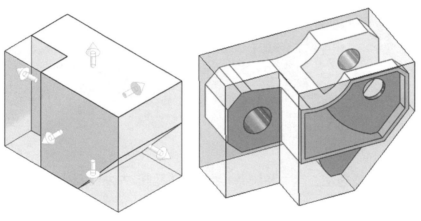

47-1-4 數量

定義零件總數量、批量大小，數量越多，單位成本越低。零件總數量：輸入需要加工製造的總數量、批量大小：機器啟用運轉時，單次製造的零件數量。

例如：總共要加工的零件數量為 50 個，加工過程一次做完，在零件總數量及批量大小輸入 50。

47-1-5 工廠費率

設定製造過程的機器及人工成本 USD/HR，它會反應下方的計算，產品製造成本=材料成本+人工成本+製造費用。

47-1-6 加成/折扣

定義費用的成本計算，以清單選擇：1. 總成本、2. 材料成本的百分比調整，例如：最近原物料上漲 30，就可以定義材料成本 330%。輸入負值會產生整體折扣，正值為加成。

47-1-7 Costing 屬性管理員

經過 Costing 設定的模型，於 Costing 管理員標籤提供細節設定及查看：1. 設置、2. 銑銷操作、3. 鑽孔操作、4. 自訂操作、5. 特徵庫、6. 無指定成本。

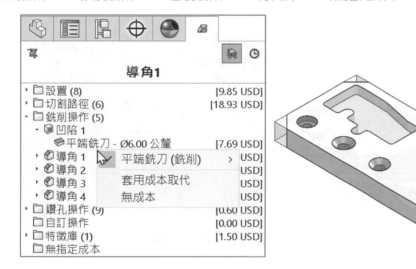

A 銑削操作

系統將特徵整理至該資料夾，以**材料移除率（MRR）**作為計算方法。展開特徵資料夾，顯示成型刀，游標在項目上顯示計算成本及計算式，下圖左。

A1 更換刀具規格

可以在加工法上右鍵→選擇刀具大小，下圖右。

A2 平端銑刀/面銑削

有狹槽或凹陷時，系統使用平端銑刀為銑削工具，並自動選擇符合圓角的刀具直徑。
當原料本體（素材）比模型大時，模型的 6 面外部面，系統使用面銑刀為銑削工具。

B 鑽孔操作

模型使用異型孔精靈時，系統將統一至鑽考操作資料夾，展開鑽孔特徵，可看出完成
攻牙孔有 2 道工序：1. 鑽孔、2 螺絲攻，於刀具右鍵可變更鑽頭類型及直徑。

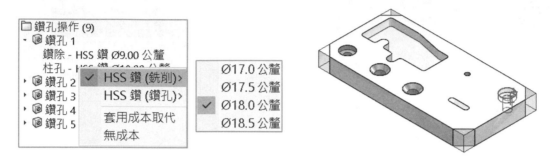

C 移動至

於特徵右鍵→移動至，可將特徵整理至其他的加工項目。

47-2 先睹為快：鑄造

於 Costing 工作窗格設定模具的週期時間、成本、廢料材質。

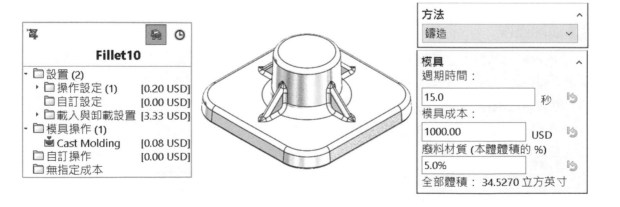

47-3 先睹為快：塑膠

使用射出成型完成，於 Costing 工作窗格設定：澆道系統、最大璧厚、模具成本...等。

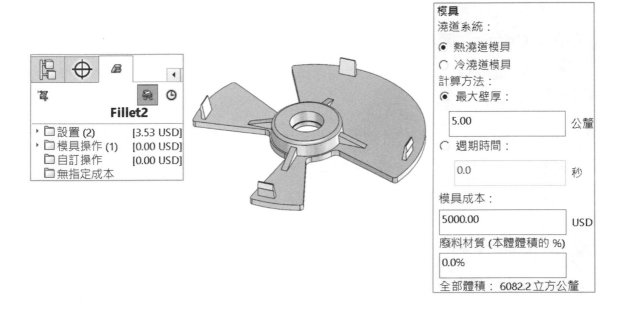

模具
澆道系統：
◉ 熱澆道模具
◯ 冷澆道模具
計算方法：
◉ 最大壁厚：

5.00 公釐

◯ 週期時間：

0.0 秒

模具成本：

5000.00 USD

廢料材質 (本體體積的 %)

0.0%

全部體積：6082.2 立方公釐

47-4 先睹為快：3D 列印

模擬模型進行 3D 列印作業的成本計算，於工作窗格設定：列印平台大小、線材成本、列印璧厚、填充百分比...等。

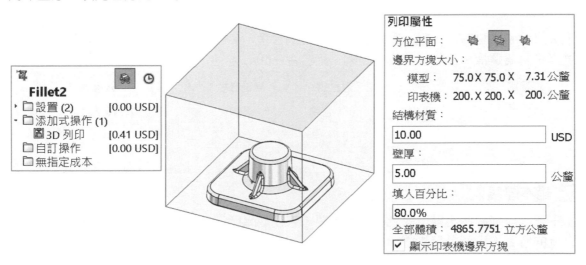

列印屬性
方位平面：
邊界方塊大小：
　模型：　75.0 X 75.0 X　7.31 公釐
　印表機：200. X 200. X　200. 公釐
結構材質：

10.00 USD

壁厚：

5.00 公釐

填入百分比：

80.0%

全部體積：4865.7751 立方公釐
☑ 顯示印表機邊界方塊

47-5 先睹為快：鈑金

鈑金支援：展開的切割路徑、彎折加工、沖壓特徵庫、熱處理或噴漆…等成本計算。要有鈑金項目，模型必須為鈑金型式。

47-5-1 Costing 範本

鈑金有獨立範本檔：sheetmetaltemplate_default（*.SLDCTS），由清單選擇公制或英制範本。

47-5-2 材料

設定 4 項目：1. 類別、2. 名稱、3. 範本厚度、4. 材料成本。

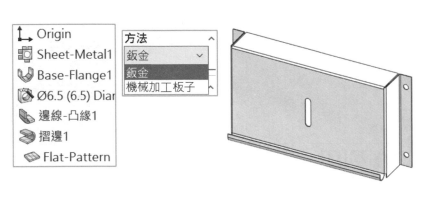

A 類別

預設 4 種材質：1. 鋼、2. 鋁合金、3. 紅銅合金、4. 鈦合金，系統依所選類別於名稱提供詳細材質選擇，例如：鋼→純碳鋼、鋁合金→6061 合金。

類別	鋼	鋁合金	紅銅合金	鈦合金
	純碳鋼	6061 合金	黃銅	商用純等級 2 紋路（SS）
名稱	AISI 304	3003 合金	紅銅	-
	鍍鋅鋼	-	-	-

B 範本厚度

系統自動切換至模型對應的厚度清單，若模型厚度沒被記錄於範本中，系統自動選擇接近的厚度，以黃色警告圖示提示厚度與模型有差異，下圖左。

47-5-3 板材大小：材料重量

有 2 種原料計算類型選擇：1. 材料重量、2. 圖頁大小。模擬機器 1 片板材可切割多少展開的模型並預估使用面積或是板材報廢比率。

A 計算成本的區域：邊界方塊、平板型式面積

以展開的矩形邊界計算，1. 最長的邊線方塊的邊線長度、2. **偏移**輸入矩形邊界向外的等距預留量、3. ☑**在圖面中預覽**顯示黑色的方框，於下方最終面積中，計算出邊界面積。

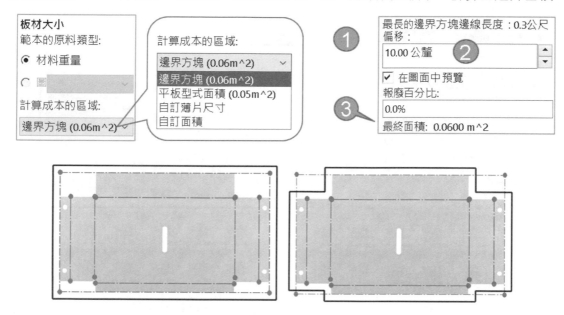

B 計算成本的區域：自訂薄片尺寸（自訂圖頁大小）

設定自訂材料大小，常用在工廠有預先決定材料大小，不支援**在圖面中預覽**，下圖左。

C 計算成本的區域：自訂面積

設定區域值。（適用於自訂面積。）設定材料面積。不支援**在圖面中預覽**，下圖右。

D 報廢百分比

顯示批量中的報廢材料百分比。

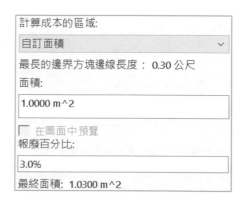

47-5-4 板材大小：圖頁大小

又稱為板材大小，提供 3 種板材選擇：1 公尺 x2 公尺、1.5 公尺 x2.5 公尺、1.5 公尺 x3 公尺，可以到鈑金加工範本（*.SLDCTS）設定其他大小並與**邊界方塊嵌套**配合使用。

A 邊界方塊偏移

設定平板型式的邊界方塊等距偏移距離，實務水刀或雷射機器在切割過程，避免噴頭開始切割時傷到其他零件，會設定此距離。

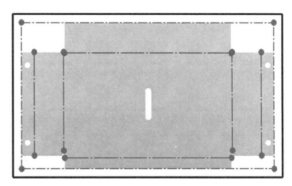

47-5-5 邊界方塊嵌套

定義邊界方塊的排版範圍，適用範本的原料類型：圖頁大小。

A 單一方向

設定展開的平板型式與板材的 2 種對齊方式：1. 長邊線水平、2. 長邊線垂直，以單一方向進行排版。

A1 長邊線水平

平板型式的**長邊**與圖頁（板材）的**長邊**對齊方向為**平行**。

A2 長邊線垂直

平板型式的**短邊**與圖頁（板材）的**長邊**對齊方向為**垂直**，下圖左。

B 最佳化

平板型式的排版不受限制於單一方向，系統以減少板材的耗費率為優先，下圖右。

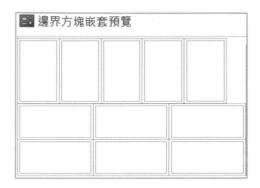

C 圖頁邊框偏移

設定平板型式與板材左下角的 X（向上）、Y（向右）邊界距離，進行**邊界方塊嵌套預覽**的過程，系統以紅色虛線顯示，下圖左。

D 顯示邊界方塊嵌套

點選預覽於**板材大小**及**邊界方塊嵌套**所設定的排版視窗，若按鈕為灰階無法點選，點選**按一下以更新**，即可使用。

E 報廢百分比

顯示圖頁中的報廢百分比。

F 每個圖頁的零件數量上限

依設定數量顯示每張板材能夠排版的數量上限，若零件數量無法於一張板材完成，會以括號顯示其他板材的排版數量。

G 批量大小的圖頁總數

顯示所設定的零件數量，必須要有幾張圖頁能完成排版作業。

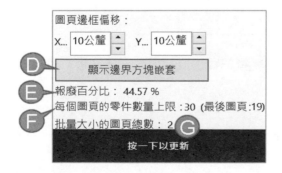
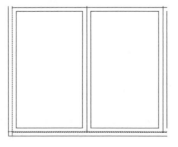

47-5-6 Costing 屬性管理員

提供其他細節設定及查看，預設 5 個資料夾：1. 設置、2. 切割路徑、3. 彎曲、4. 自訂操作、5. 無指定成本，下圖左。

A 設置

於資料夾右鍵選擇設置成本，是 Costing 範本內的作業項目，例如：油漆、電鍍…等，或選擇加入設置成本為使用者新增的項目，加入後自行重新命名，例如：噴砂，下圖中。

B 切割路徑

顯示 NC 切割設備（雷射、水刀或電漿切割機）的路徑，游標在切割路徑項目，顯示切割成本=長度*範本設定成本，也可右鍵選擇其他加工方式，例如：沖壓、鑽孔…等。

實務，繪製模型的鑽孔會使用**異型孔精靈**特徵，但在 Costing 被辨識為切割路徑，為得到正確成本，就必須修改此資料。

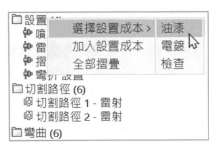

C 彎曲

顯示彎折的項目及成本，彎折分 2 個項目：1. 一般彎折、2. 折邊彎折。

修改成本於項目上右鍵→套用成本取代，即時修改完成後系統以星號提示，與範本的數值不同。

47-6 先睹為快：熔接

熔接支援：多本體（multibody）、結構成員、頂端加蓋、連接板…等成本計算。

47-6-1 Costing 範本

使用多本體的 multibodytemplate，由清單選擇公制或英制範本。

47-6-2 本體清單

還沒成本評估之前，可以在本體清單欄位中，點選**除料清單項次**→排除，不計算成本。

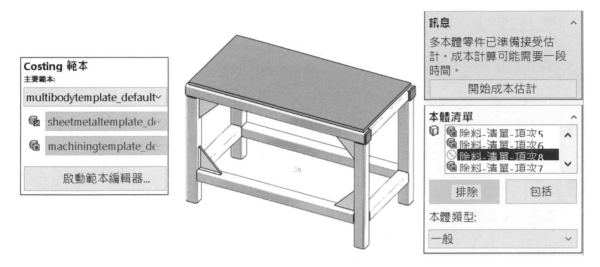

47-6-3 Costing 屬性管理員

經過 Costing 設定的模型，管理員標籤提供細節設定及查看：1. 設置、2. 結構本體、3. 一般本體、4. 熔接、5. 自訂操作、6. 無指定成本。

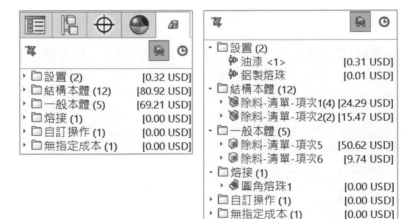

A 加入自訂操作

於管理員左上方，點選進入自訂操作視窗，依清單選擇表面處理方式，例如：油漆、電鍍，或加入新增：噴砂。

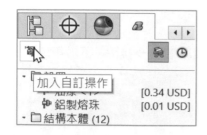

B 顯示成本/時間

於管理員右上方，以成本顯示🛠所有加工費用。點選🕐切換為加工所需時間。

C 設置

顯示表面處理方式或製造方式，例如：油漆、鋁製熔珠。

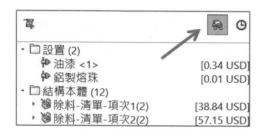
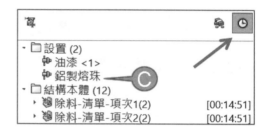

D 結構本體

游標在**除料-清單-項次**項目，顯示計算成本、熔接輪廓大小及長度，在項次上右鍵可以：1. 套用成本取代、2. 排除、3. 變更主體設定。

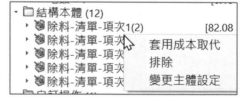

E 一般本體

顯示非結構成員的其他模型，例如：頂端加蓋、連接板…等。快點 2 下進入 Costing 工作窗格-原料本體設定，以藍色預覽顯示原始未切割板材。

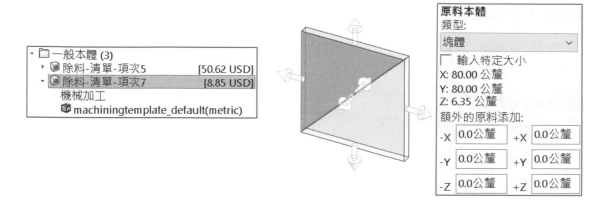

F 熔接

顯示模型中的熔接特徵，例如：圓角熔珠、熔珠。當 Costing 範本熔珠沒有設定熔接方法（焊接方法），系統以黃色警告圖示提醒，於項目右鍵→熔接方法，選擇焊接方式。

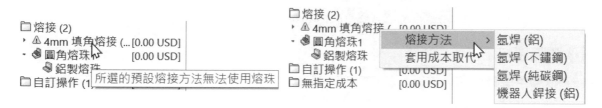

G 自訂操作

於資料夾右鍵→加入自訂操作，自行輸入新增作業項目，例如：噴砂，下圖左。

H 無指定成本

於以上所有資料夾內項目右鍵，無論選擇**無成本**或**排除**，會被統一搬移到**無指定成本**資料夾，下圖右。

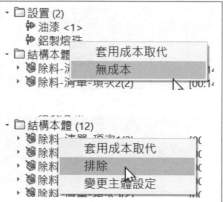

47-6-4 原料本體

在**除料-清單-項次**快點 2 下，於 Costing 工作窗格進行細節設定，與**結構成員**指令功能相同，包含：標準、輪廓、大小，只有下方多了 Costing 的方法設定。

A 模型長度

顯示結構成員的長度。

B 每長度的成本

使用範本設定的每 1mm 長度成本。

C 每個原料長度

點選清單選擇原料採購的原始長度，不經過任何裁切。原料比結構成員短，顯示黃色警告圖示，模型無法使用。

若原料比結構成員長，會自動計算可提供幾隻目前的結構成員使用，例如：結構成員 2 公尺，每個原料長度為 4 公尺，於每個原料最大本體顯示 2。

D 預覽原料

以藍色重疊於結構成員上，若熔接輪廓與大小清單不符合，就不會顯示，下圖右。

E 回到多本體環境

設定完結構成員後，於 Costing 屬性管理員的左上方，點選回到多本體環境，下圖右（箭頭所示）。

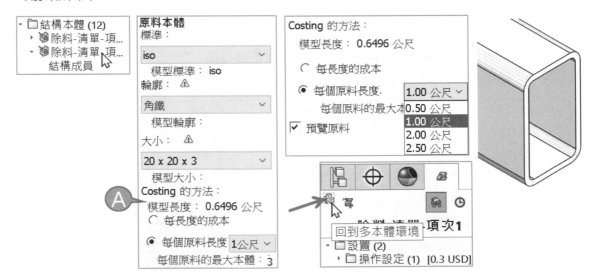

47-7 Costing Pack and Go 🗎

　　指令位置於 Costing 工作窗最下方，將 Costing 成本分析的範本檔（*.SLDCTM）及模型儲存為 ZIP 壓縮檔，若☑**包括 Costing 報告**，須點選瀏覽選擇報告所儲存的路徑。

以下每個的估計成本: 本體
6.07 USD/本體

Costing Pack and Go

檔案名稱：	5 熔接.zip
儲存至：	C:\Users\武第47章 Costing 成 ...
☐ 包括 Costing 報告：	...

儲存　　取消

47-8 產生報告 🗎

　　有 2 種報告類型：1. 簡單估計、2. 詳細報告。

報告選項　　　　　　　　　　　　　　　　　　　　　　×

報告發佈選項
　◉ 簡單估計
　○ 詳細報告

檔案類型：　　　產生 Word 文件 (*.docx) 格式的 Costing 報告

文件名稱：　　　5 熔接_Report 1

儲存至：　　　　C:\Users\武大郎\Desktop\02 進階零件與模組設計\第47章　...

報告範本：

　☑ 發佈時顯示報告

公司資訊 ⊞
估計資訊 ⊞
替代數量 ⊞

發佈　　　　取消　　　　說明

47-8-1 簡單估計

　　將成本分析資料儲存 Word 檔，於**文件名稱**及**儲存至**，修改檔案名稱及路徑，**報告範本**系統會自動選擇。報告資料為簡易內容：模型材料、每零件總成本、批量製造總成本。

	SOLIDWORKS Costing 報告		
模型名稱：	機械加工		
報告的日期與時間：	2021/11/26 上午 10:47:44		
材料：	純碳鋼		
每個零件的估計成本：	66.29 USD		
使用的 Costing 範本：	machiningtemplate_default(metric).sldctm		

估計	零件數量	單位價格	總價
	100	66.29 USD	6629.00 USD

47-8-2 詳細報告

報告資料為詳細內容，包含 Costing **工作窗格**及 Costing **屬性管理員**的設定資料，例如：原料重量、工廠費率、銑刀加工成本…等。

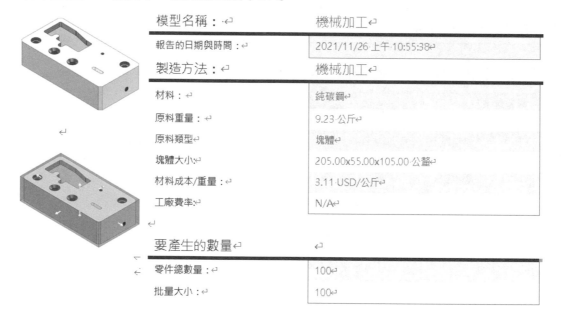

模型名稱：↵	機械加工↵
報告的日期與時間：↵	2021/11/26 上午 10:55:38↵
製造方法：↵	機械加工↵
材料：↵	純碳鋼↵
原料重量：↵	9.23 公斤↵
原料類型↵	塊體↵
塊體大小↵	205.00x55.00x105.00 公釐↵
材料成本/重量：↵	3.11 USD/公斤↵
工廠費率↵	N/A↵

要產生的數量↵	↵
零件總數量：↵	100↵
批量大小：↵	100↵

47-9 Costing 範本

由 Costing **範本編輯器**定義 Costing **範本**檔案位置和範本設定，本編輯器為獨立程式，不須執行 SolidWorks。

47-9-1 Costing 範本位置

C:\ProgramData\SOLIDWORKS\SOLIDWORKS 版本\lang\chinese\Costing templates。

A 選項位置

在系統選項→檔案位置→Costing 範本，指定範本位置。

47-9-2 Costing 範本編輯器

有 2 個地方啟用**範本編輯器**。

A SOLIDWORKS 工具

Windows 開始→SOLIDWORKS 工具 2022，選擇 Costing 範本編輯器。

B 啟動範本編輯器

於模型進行 Costing 分析過程→啟動範本編輯器。

47-9-3 新 Costing 範本

有 3 種範本：1. 多本體零件的主要範本（＊.SLDCTC）、2. 鈑金零件範本（＊.SLDCTS）、3. 機械加工、模鑄或 3D 列印的零件範本（＊.SLDCTM）。

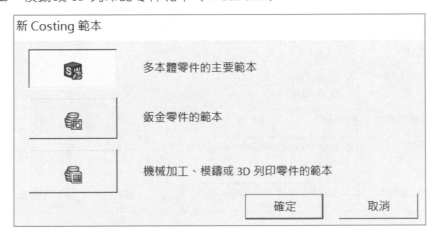

47-9-4 多本體零件的主要範本

範本有 5 個主要設定項目：1. 一般、2. 自訂、3. 熔珠、4. 圓角熔珠、5. 購買的零組件。

Costing 範本編輯器

主要

一般
自訂
熔珠
圓角熔珠
購買的零組件

範本類型: 一般加工

單位: 英制標準

貨幣代碼: USD　　　　　用於 Costing 工具中的貨幣符號 (USD、EUR、GBP 等)

貨幣名稱: 美金

貨幣分隔符號: ⦿ 句號 (1.00)
　　　　　　　○ 逗號 (1,00)

組合件操作成本: 60.0000　　　USD/hr

鈑金範本: [　　　　　　] ... 編輯

Machining 範本: [　　　　　　] ... 編輯

A 一般

　　設定成本貨幣的主要資料，例如：單位、代碼、名稱、分隔符號…等，預設英制標準，修改為公制標準必須指定鈑金及 Machining 範本（機械加工）範本。若與鈑金及機械加工範本的貨幣資料不符合時，系統顯示黃色警告符號提示，並提示貨幣不相容。

貨幣代碼: NT　　　　　用於 Costing 工具中的貨幣符號 (USD、EUR、GBP 等)

貨幣名稱: 美元

貨幣分隔符號: ⦿ 句號 (1.00)
　　　　　　　○ 逗號 (1,00)

組合件操作成本: 60.0000　　　NT/hr

鈑金範本: C:\ProgramData\SolidWorks\SOLII ... 視圖 ⚠ 貨幣不相容

Machining 範本: C:\ProgramData\SolidWorks\SOLII ... 視圖 ⚠ 貨幣不相容

B 自訂

　　自行加入工作名稱、類型的成本資料，例如：油漆、電鍍…等。

C 熔珠

分上下 2 部分設定，上方設定焊接的基本資料，例如：熔接方法、人工成本。下方設定熔珠類型、熔珠大小，例如：跳焊、填塞焊…等。

D 圓角熔珠

設定**圓角熔珠**特徵成本資料，例如：體積成本、機器成本、操作設定時間…等。

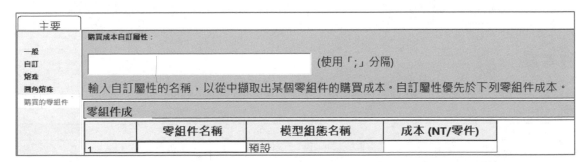

E 購買的零組件

設定自訂屬性的成本資料。

	購買成本自訂屬性：			
			(使用「;」分隔)	
	輸入自訂屬性的名稱，以從中擷取出某個零組件的購買成本。自訂屬性優先於下列零組件成本。			
	零組件成			
	零組件名稱	模型組態名稱	成本 (NT/零件)	
1		預設		

47-9-5 鈑金零件 Costing 範本

範本有 8 個項目：1. 一般、2. 材料、3. 厚度、4. 切割、5. 彎折、6. 特徵庫、7. 自訂、8. 規則，副檔名（＊.SLDCTS）。

A 材料

選擇材質庫內的類別及材質，作為鈑金成本計算的材料資料庫。

	類別	SOLIDWORKS 材質	自訂材料
1	鋁合金	6061 合金	6061 合金
2	DIN 鋼 (不銹鋼)	1.4401 (X5CrNiMo17-12-2)	SUS 316
3	選擇類別		

濾器：全部

B 厚度

以材料項目建立的材質，建立對應的原料厚度、類型，並設定原料尺寸。

	類別	自訂材料	厚度 (mm)	原料類型	X 尺寸 (公尺)	Y 尺寸 (公尺)	成本	單位
1	鋁合金	6061 合金	1.0000	每圖頁	1.0000	3.0000	100.00	NT/圖頁
2	鋁合金	6061 合金	2.0000	每圖頁	1.0000	3.0000	200.00	NT/圖頁

濾器 全部 ▼ 全部 ▼ 全部 ▼ 全部 ▼

C 操作：切割

分上下 2 部分設定，上方設定鈑金展開後的切割方式，例如：水刀、雷射…等，下方設定切割方式的成本資料，例如：切割厚度的成本、額外成本…等。

鈑金						
一般 材料 厚度		預設	切割方法	除料類型	設置成本 (NT/批量)	
	1	●	水刀	行程	20.0000	
	2	○	雷射	行程	50.0000	
	3		*按一下來加入*			
操作 切割	濾器：	全部 ▼	全部 ▼	全部 ▼	全部 ▼	
彎折		類別	自訂材料	厚度 (mm)	切割方法	成本 (NT/除料 單位 額外成本
特徵庫 自訂	1	鋁合金	6061 合金	1.0000	水刀 ▼	200 　　1
	2	DIN 鋼 (不銹鋼)	SUS 316	1.0000	雷射	400 　　1

D 操作：彎折

分 3 部分設定：1. 上方左設定一般折彎特徵成本、2. 上方又設定摺邊特徵成本、3. 下方則以折彎方式對應材質與厚度的成本資料。

鈑金										
一般 材料 厚度 操作		預設	彎折方法	設置成本 (NT/批量)	設置成本分配		預設	摺邊方法	設置成本 (NT/批量)	設置成本分配
	1	●	折彎	5.0000	每個彎折一個設定		●	摺邊	10.000	每個摺邊一個設定
	2		*按一下來加*					*按一下來加*		
切割 彎折	濾器：	全部 ▼	全部 ▼	全部 ▼	全部 ▼					
特徵庫 自訂		類別	自訂材料	厚度 (mm)	彎折方法	成本 (NT/彎曲)				
	1	鋁合金	6061 合金	1.0000	折彎	30.0000				
	2	鋁合金	6061 合金	1.0000	摺邊	50.0000				

E 操作：特徵庫

分上下 2 部分設定：1. 上方設定特徵庫名稱、2. 特徵庫對應的鈑厚成本。

鈑金					
一般 材料 厚度		特徵庫名稱	設置成本 (NT/批量)	設置成本分配	
	1	狹槽	20.0000	每個零件套用一次	
	2	*按一下來加入*			
操作 切割 彎折	濾器：	全部 ▼	全部 ▼	全部 ▼	全部 ▼
特徵庫		類別	自訂材料	厚度 (mm)	特徵庫名稱	成本 (NT/特徵)
自訂 規則	1	鋁合金	6061 合金	1.0000	狹槽	30.0000
	2	選擇類別				

F 規則

設定成本計算規則，為進階設定。

	類別	結構
1	若/則	選擇規則結構 ⌄

選擇規則結構
若原料邊界方塊的最長邊線符合特定大小，則加入成本
若原料邊界方塊的最長邊線符合特定大小，則加入成本作為計算成本的 %
若原料邊界方塊的最長邊線符合特定大小，則加入自訂操作
若原料邊界方塊的最長邊線符合特定大小，則在總成本/材料成本中加入自訂加成/折扣
若模型重量為特定大小，則在總成本/材料成本中加入加成/折扣
若模型重量符合特定大小，則使用這項彎折操作
若模型重量符合特定大小，則加入成本
若模型重量符合特定大小，則加入成本作為計算成本的 %
若模型重量符合特定大小，則加入自訂操作
若選擇了一種材料，則加入成本
若選擇了一種材料，則在總成本/材料成本中加上加成/折扣
若選擇了一種材料，則新增一個自訂操作
若選擇某個材料，則加入成本作為計算成本的 %

定義：

47-9-6 機械加工、模鑄或 3D 列印零件的範本

有 8 個主要設定項目：1. 一般、2. 機械加工、3. 塑膠、4. 鑄造、5. 3D 列印、6. 結構成員、7. 機器、8. 規則，副檔名（*.SLDCTM）。

A 材料：機械加工

設定機械加工的原料類型及成本，例如：塊體與圓柱成本。

機械加工：一般、材料、機械加工、塑膠、鑄造、3D 列印、結構成員

材

濾器：全部 ▼ 全部 ▼　　全部 ▼

	類別	SOLIDWORKS 材質	自訂材料	原料類型	厚度 (公釐)	成本 (NT/公斤)
1	鋁合金	6061 合金	6061 合金	塊體		500.0000
2	鋁合金	6061 合金	6061 合金	圓柱		300.0000
3	選擇類別					

B 材料：塑膠

設定熱澆道、冷澆道的模具成本、廢棄材料比率、最大壁厚，以及材料的成本。

機械加工：一般、材料、機械加工、塑膠、鑄造、3D 列印、結構成員、機器、操作、切割 (板材原料)、銑削、鑽削

種

	預設	模具樣式	模具成本 (NT)	廢棄材料 (本體體積的 %)	最大壁厚 (公釐)
1	●	Hot Runner	500.0000	5.0	2.0000
2	○	Cold Runner	300.0000	5.0	3.0000

材

全部 全部 ▼ 全部 ▼

	類別	SOLIDWORKS 材質	自訂材料	成本 (NT/公斤)
1	solidworks materials 鋁合金	6061 合金	6061 合金	100.0000
2	*選擇類別*			

C 材料：鑄造

設定鑄造的模具成本、廢棄材料、週期時間，以及材料成本。

機械加工

一般
材料
　機械加工
　塑膠
　鑄造
　3D 列印
　結構成員
　機器
操作
　切割 (板材原料)
　銑削

模	預設	模具樣式	模具成本 (NT)	廢棄材料 (本體體積的 %)	最大壁厚 (公釐)
1	⦿	Hot Runner	500.0000	5.0	2.0000
2	○	Cold Runner	300.0000	5.0	3.0000

材	全部 ▼	全部 ▼		
	類別	SOLIDWORKS 材質	自訂材料	成本 (NT/公斤)
1	solidworks materials:鋁合金	6061 合金	6061 合金	100.0000

D 材料：3D 列印

設定 3D 列印耗材的成本、填充比率、薄壁厚度，以及材質的成本及冷卻時間。

機械加工

一般
材料
　機械加工
　塑膠
　鑄造
　3D 列印
　結構成員
　機器
操作

列印層	結構材料成本 (NT/零件)	填充物百分比 (%)	薄壁厚度 (公釐)
1	50.0000	20.0000	1.0000

材	全部 ▼	全部 ▼			
	類別	SOLIDWORKS 材質	自訂材料	每層冷卻時間 (秒)	成本 (NT/公斤)
1	solidworks materials:塑膠	ABS	ABS	30.00	30.0000

E 材料：結構成員

設定鋼結構的原料類型、大小，以及原料成本。

機械加工

一般
材料
　機械加工
　塑膠
　鑄造
　3D 列印
　結構成員

材 濾器	全部 ▼	全部 ▼		全部 ▼	全部 ▼	全部 ▼	全部 ▼			
	類別	SOLIDWORKS 材質	自訂材料	標準	輪廓	大小	原料類型	原料長度 (公尺)	成本	單位
1	solidworks materials:鋼	純碳鋼	純碳鋼	iso	sb 槽樑	80 x 6	每原料長度	6.0000	2000.00	NT/原料
2	solidworks materials:鋼	純碳鋼	純碳鋼	iso	管路	33.7 x	每原料長度	3.0000	1500.00	NT/原料
3	選擇類別									

F 機器

設定機械加工、切除、終端切割、塑膠射出成型、模鑄、3D 列印設備成本及操作時間。

	機器	銑削	轉彎	鑽除	機器成本...	人工成本...	最大 RPM (修訂/分鐘)	載入/卸載時間 (分鐘)	操作設定時間 (分鐘)	設置成本分配
1	銑削	✓		✓	10.0000	20.0000	15000.0000	5.0000	60.0000	除於批量大小
2	鑽孔			✓	10.0000	20.0000	15000.0000	5.0000	60.0000	除於批量大小
3	綜合加			✓	20.0000	20.0000	18000.0000	5.0000	60.0000	除於批量大小
4	按一下									

切割

	預設	機器	機器成本 (...	人工成本 ...	載入/卸載時間 (分鐘)	操作設定時間 (分鐘)	設置成本分配
1	●	水刀	20.0000	25.0000	5.0000	60.0000	除於批量大小
2	○	雷燒	10.0000	25.0000	5.0000	60.0000	除於批量大小
3	○	雷制	20.0000	25.0000	5.0000	60.0000	除於批量大小
4		按一下來					

終端切割

	預設	機器	機器成本...	人工成本...	載入/卸載時間 (分...	操作設定時間 (分鐘)	設置成本分配
1	●	終端切割機	10.0000	10.0000	10.0000	10.0000	除於批量大小
2		按一下來加					

網體射出成型

	預設	機器	機器成本...	人工成本...	載入/卸載時間 (分鐘)	操作設定時間 (分鐘)	設置成本分配
1	●	塑膠機器	20.0000	20.0000	5.0000	30.0000	除於總數量
2		按一下來					

超鑄造成型

	預設	機器	機器成本...	人工成本...	載入/卸載時間 (分鐘)	操作設定時間 (分鐘)	設置成本分配
1	●	鑄造機器	20.0000	20.0000	5.0000	30.0000	除於總數量
2		按一下來					

3D 列印

	預設	機器	印表機 X...	印表機 Y (...	印表機 Z...	進給率...	圖層高度...	機器成本...	人工成本...	載入/卸載時間...	操作設定時...	設置成本分...
1	●	3D 列印	200.0000	200.0000	200.0000	45.0000	0.2600	1.5000	1.5000	5.0000	15.0000	除於總數量
2	○	桌面 3D	139.7000	139.7000	139.7000	15.0000	0.2000	2.0000	0.0000	5.0000	10.0000	除於總數量
3	○	中型 3D	284.4800	152.4000	152.4000	80.0000	0.3400	2.0000	0.0000	0.0000	10.0000	除於總數量
4		按一下來										

G 操作：切割

設定 NC 切割設備的切割厚度及時間。

濾器： Aluminium All ▼ 全部 ▼ 水刀 ▼ 全部 ▼

	類別	自訂材料	機器	厚度 (mm)	每個切割長度的時間 (秒/公釐)
1	Aluminium Alloys	6061 Alloy	水刀	6.5000	0.20
2	Aluminium Alloys	6061 Alloy	水刀	10.0000	0.33
3	Aluminium Alloys	6061 Alloy	水刀	12.0000	0.45
4	Aluminium Alloys	6061 Alloy	水刀	20.0000	0.72
5	Aluminium Alloys	6061 Alloy	水刀	25.0000	1.00
6	Aluminium Alloys		水刀		

H 操作：銑削

設定銑床作業過程，銑刀的材料移除率。

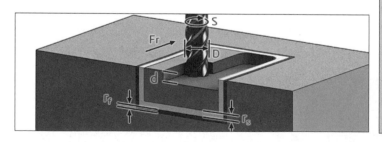

D: 工具直徑 (公釐)

Fr: 進給 (公釐/修訂)

S: 表面速度 (公尺/分鐘)

d: 切割深度 (公釐)

r: 原料裕度 (公釐)

　rs: 半精加工偏移

　rf: 精加工偏移

TER: 工具囓合比例

MRR: 材料移除率 (立方公尺

$MRR=(S/3.14)*(Fr/1000)*(d$

濾器： 全部 ▼ 全部 ▼ 全部 ▼ 全部 ▼ 全部 ▼

	類別	自訂材料	機器	工具類型	表面加工	D (公釐)	Fr (公釐/修訂)	S (公尺/分鐘)	d (公釐)	r (公釐)	TER (%)	註解
1	Steel	Plain Carbon Steel	銑削	平端銑刀	粗加工	5.0000	0.4000	65.0000	1.0000		100.00	
2	Steel	Plain Carbon Steel	銑削	平端銑刀	粗加工	5.5000	0.4000	70.0000	1.0000		100.00	
3	Steel	Plain Carbon Steel	銑削	平端銑刀	粗加工	6.0000	0.1000	70.0000	1.0000		100.00	
4	Steel	Plain Carbon Steel	銑削	平端銑刀	粗加工	6.5000	0.1000	70.0000	1.0000		100.00	

I 操作：鑽除

設定鑽孔作業過程，絞刀的材料移除率。

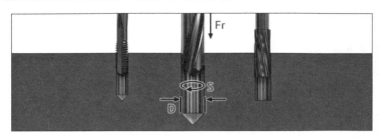

D: 工具直徑 (公釐)

Fr: 進給 (公釐/修訂)

S: 表面速度 (公尺/分鐘)

MRR: 材料移除率 (立方公

$MRR = S*(Fr/1000)*(d/10$

	類別	自訂材料	機器	工具類型	D (公釐)	Fr (公釐/修訂)	S (公尺/分鐘)	註解
1	Aluminium Alloys	6061 Alloy	銑削	鎢鋼絞刀	2.5000	0.1000	10.0000	
2	Aluminium Alloys	6061 Alloy	銑削	鎢鋼絞刀	3.0000	0.1000	10.0000	
3	Aluminium Alloys	6061 Alloy	銑削	鎢鋼絞刀	3.5000	0.1000	12.0000	

J 操作：轉彎

設定車床作業過程，車刀的材料移除率。

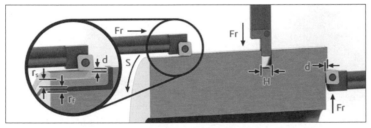

Fr: 進給 (公釐/修訂)

S: 表面速度 (公尺/分鐘)

H: 工具大小 (公釐)

d: 除料的半徑深度 (公釐

r: 原料裕度 (公釐)

　rs: 半精加工偏移

　rf: 精加工偏移

MRR: 材料移除率 (立方公

轉彎 : $MRR=(S*Fr/1000*$

溝槽 : $MRR=(S*Fr/1000*H$

	類別	自訂材料	機器	工具類型	表面加工	H (公釐)	Fr (公釐/修訂)	S (公尺/分鐘)	d (公釐)	r (公釐)	註解
1	Steel	Plain Carbon Steel	綜合加工機	OD 轉彎	粗加工	0.7500	0.1500	105.0000	0.5000	0.8000	
2	Aluminium ...	6061 Alloy	綜合加工機	OD 轉彎	半精加工	0.7500	0.3500	185.0000	2.0000	0.9000	
3	Copper Allo...	Copper	綜合加工機	OD 轉彎	粗加工	19.0500	0.5080	180.0000	2.0320	7.6200	
9	Steel	Plain Carbon Steel	綜合加工機	面	粗加工	0.7500	0.8000	150.0000	6.0000	0.0800	
10	Steel	Plain Carbon Steel	綜合加工機	面	半精加工	0.7500	0.3500	150.0000	6.0000	0.0800	
11	Steel	Plain Carbon Steel	綜合加工機	面	精加工	0.7500	0.3000	150.0000	6.0000	0.0800	

K 操作：終端切割

設定終端切割機對應材質的運轉速度。

	類別	SOLIDWORKS 材質	機器	每分鐘公尺 (MPM)
1	Aluminium Alloys	6061-T6 (SS)	終端切割機器	0.5500
2	Aluminium Alloys	6063-T5	終端切割機器	0.4600
3	Steel	AISI 304	終端切割機器	0.6700
4	Steel	Galvanized Steel	終端切割機器	0.7800
5	Steel	Plain Carbon Steel	終端切割機器	0.8400
6	選擇類別			

筆記頁

Sustainability 永續設計

Sustainability 永續設計◆為 SolidWorks 與世界環保組織（WGO）共同研發，進行產品的環境與成本影響評估並產生報告。

A 碳足跡與設計驗證同等重要

以生命週期（Life-cycle assessment，LCA）循環，一步步導引定義 1. 材質（採礦過程）→2. 生產製造→3. 運輸→4. 終端使用→5. 到廢棄處理回收（生命週期結束），讓工程師在設計初期了解碳足跡與設計驗證同等重要。

B 各國開始重視

Sustainability 自 2010 新增至今很少人聽說過，自從 2018 人們感受到地球明顯暖化，每年夏季和冬季都會上演森林大火、洪水、暴風雪...等極端氣候，使得世界主要經濟大國，不斷定義和氣候有關的議題，例如：碳稅、再生能源、環保...等。

高耗能產業必須重視製造過程能源流失，減少二氧化碳的產生，這和當初歐盟 2006 定義 RoHS，限制電子電氣產品不得含鉛、汞、鎘、六價鉻...等 10 項物質要出具檢驗報告。

C 消費者越來越重視

有了 Sustainability 絕對讓你感到很驚訝，可隨時調整 LCA 參數即時觀察碳足跡變化，讓公司保持領先地位。

消費者越來越重視並選擇對環境友善的產品，例如：食品的無毒有機、碳足跡、可不可以回收...等。

48-0 指令位置與介面

本節介紹 Sustainability 指令與視窗內容。

48-0-1 指令位置

1. 工具→2. SolidWorks 應用程式→3. Sustainability⊘，第一次進入會見到永續性歡迎視窗，這圖片很具代表性→4. 繼續。

48-0-2 指令類別

工作窗格開啟 Sustainability，由上到下 6 種類別：1. 材料、2. 生產製造、3. 使用、4. 運輸、5. 壽命終結、6. 環境影響、7. 材質的財務影響、8. 選項，右上角關閉指令。

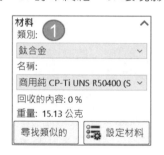

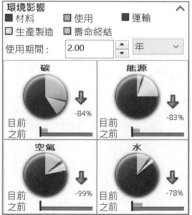

48-0-3 展開折疊

為了更方便查看詳細資料，可展開摺疊工作區段，設定過程可以隨時間監看最下方環境影響圖表指示，下圖右。

48-0-4 儲存設定

關閉◎儲存設定會隨著模型一同被儲存，作為環境影響的基準，下次進入◎進行設定就會產生目前的環境影響，並與之前的比較。

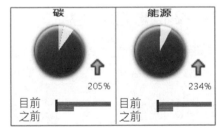

48-0-5 特徵矩陣

預設 SustainabilityXpress 簡易版，SolidWorks Premium 支援 Sustainability。

功能	SustainabilityXpress	Sustainability
集成到 SolidWorks 介面	☑	☑
零件的 LCA	☑	☑
查找類似材料	☑	☑
關鍵類別的影響因子儀表板	☑	☑
建立基線	☑	☑

可定制的報告	☑	☑
零件的詳細報告	☑	☑
基線比較報告	☑	☑
組合件 LCA		☑
SOLIDWORKS 配置		☑
使用階段能量		☑
指定運輸類型		☑
報告包括最佳/最差組件 BOM		☑
組合件可視化		☑

48-1 材料

將模型設定材質，材質由 SolidWorks 材質庫提供。

48-1-1 類別和名稱

由清單設定材質分類和材質名稱，如果模型已指定材質，這部分不用重新選擇。

48-1-2 回收的內容

顯示可被回收的比率，比率來自：原始與回收內容的混合比，以編輯回收內容值，例如：鋁合金→AA356。這部分看看就好，不是所有材質都可被設定。

48-1-3 重量

顯示模型的重量，這部分和物質特性的質量相同。

48-1-4 尋找類似的

開啟尋找類似的材料視窗，將目前材質與下方的類似材質進行比較，最下方的環境影響會出現變化。

48-1-5 設定材料

將 Sustainability 設定的材質套用在特徵管理員的材質等。

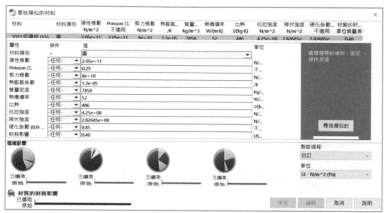

48-1-6 材質的財務影響

資料根據材質庫的 Financial Impact，定義材質每公斤/6.342 美元。

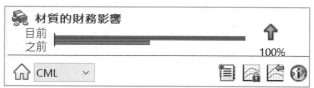

48-2 生產製造

選擇零件製造區域以及製造程序和製造過程會消耗的能源。

48-2-1 區域

由清單或按一下地圖選擇零件製造區域：北美、歐洲、亞州...等，常選亞州或比較接近台灣的日本。

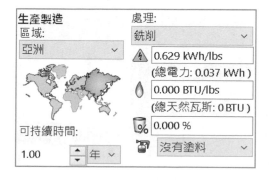

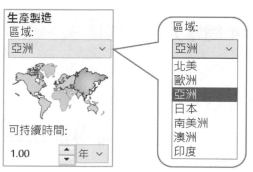

48-2-2 可持續時間

產品的持續製造時間，可設定年、月、天、小時，下圖右。理論上這會對環境應該要造成影響，但由環境影響監控圖表看到不會。

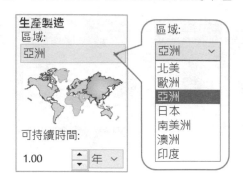

48-2-3 處理

由清單設定產品製造方式，例如：1.壓鑄、擠出、鍛造...等。壓鑄對環境影響很大，由下方圖表可以看出。

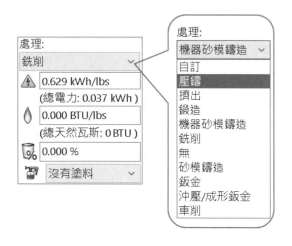
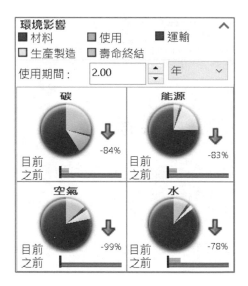

48-2-4 總電力消耗能量 ⚡

設定製造過程消耗的電力，例如：2.5 kWh/lbs，千瓦.時/磅，常稱度。

48-2-5 總天然瓦斯 💧

設定製造過程消耗的瓦斯，例如：1000 BTU/lbs，BTU=1lbm 水上升 1oF 所需熱量。

48-2-6 報廢率

設定製造過程會成為廢棄物的材料率,例如:90%。

48-2-7 塗料選項

由清單選擇產品有沒有塗裝,例如:水基塗料、溶劑基塗料、粉末塗料,下方出現零件表面積。

(曲面區域: 4637.33 mm^2)

48-3 使用、運輸與壽命終結

設定產品的使用地區,例如:印度,下圖左。設定從製造到使用地區距離和運輸方法:1. 火車、2. 卡車、3. 船運、4. 飛機,下圖中。

設定零件壽命終結之處置的百分比,例如:1. 回收、2. 焚化、3. 垃圾掩埋,這 3 項設定或互相影響,例如:回收會影響掩埋、焚化會影響掩埋,下圖右。

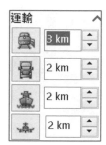

48-4 環境影響

儀表板依 4 個關鍵環境指標,隨時查看上方設定對環境的影響:1. 碳足跡、2. 消耗的總能源、3. 空氣、4. 水。

48-4-1 使用期間

設定產品壽命。

48-4-2 餅狀圖

餅狀圖顯示 5 個參數（1. 材料、2. 使用、3. 運輸、4. 生產製造、5. 壽命終結）在四個環境影響方面上的影響百分比，旁邊箭頭強調對環境影響上升或下降的百分比。

48-4-3 長條比較圖

各項餅狀圖下方會出現長條圖，進行之前與目前影響的效比較，蝦方為基準線，下方為之前參數、上方為目前影像參數，游標放在上方會目前和基準值。

A 下方黑色長條

黑色長條為基準線。

B 上方綠色長條

綠色表示目前參數比之前參數的環境影響低。

C 上方紅色長條

紅色表示目前參數比之前參數的環境影響低。

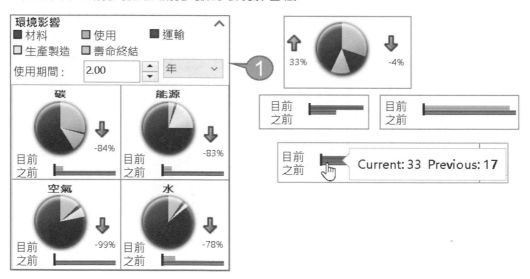

48-4-4 碳和能源

燃燒化石燃料產生的二氧化碳和其他氣體在大氣中積聚，這反過來增加地球平均溫度，也稱為全球變暖潛能值（GWP）。

A 碳足跡

以二氧化碳當量（CO2e）為單位，CO2 導致冰川消失、物種滅絕和更極端天氣等問題。

48-4-5 空氣（酸化）

燃燒燃料會產生二氧化硫、一氧化二氮和其他酸性空氣排放物。會導致雨水的酸度增加使湖泊和土壤酸化，植物和水生生物產生毒性，並且溶解混凝土等人造建築材料。

48-4-6 水（優養化）

當過多的營養物質被添加到水生態系統中時，就會發生富營養化。來自廢水和農業肥料的氮和磷會導致過多的藻類開花，水因氧氣耗盡而導致植物和動物死亡。

48-5 工具設定

進行下方的設定，常用基準線和輸出報告。

48-5-1 首頁⌂

回到環境影響儀表板的預設顯示。

48-5-2 計算方法 📋

用於環境影響結果的計算方法。

A CML

針對北美以外的生命週期評估(LCA)研究，是大家最常用設定。

B TRACI

以美國區域條件為基礎，可用來精確建立北美 LCA 研究的模型。

48-5-3 另存新檔

開啟 Sustainability 輸出視窗。

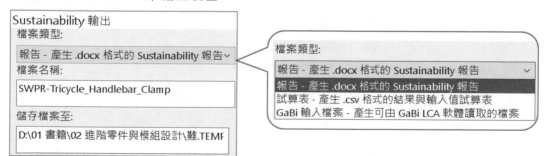

A 報告

產生 *.docx 的報告。

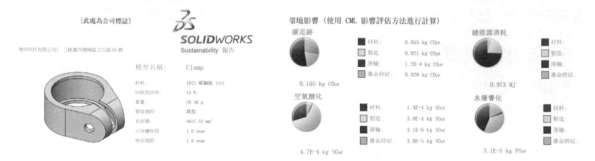

B 試算表

產生 *.csv 格式的結果與輸入試算表。

---------- Results for this part ----------

	Carbon Fo	Energy Co	Air Acidifi	Water Eutrophication (kg PO4)
Material	0.110492	1.44226	0.000282	2.74E-05
Manufactu	0.042549	0.423674	0.000599	2.31E-05
Use	0	0	0	0
End Of Lif	0.056966	0.07622	6.00E-05	1.13E-05
Transporta	0.000246	0.00321	8.19E-06	7.79E-07
Total	0.210252	1.94537	0.000949	6.27E-05

C GaBi 輸入檔案

產生可由 GaBi LCA 軟體讀取之 .xml 檔案。

48-5-4 設定基準線

將目前設定做為比較的基準。

48-5-5 輸入基準線

開啟另一個模型或相同模型不同檔名成為環境監控基準，用於目前模型中。

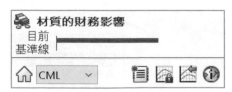

48-5-6 線上資訊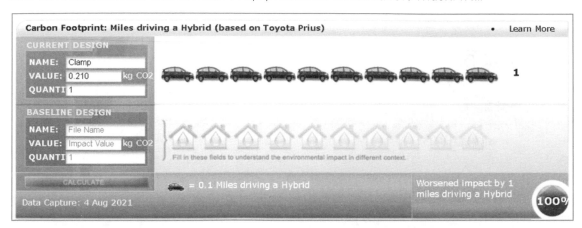

開啟 Sustainability 額外資訊的網站,包括可幫助瞭解設計影響的計算器,
www.solidworks.com/sustainability/products/calculator/index.htm

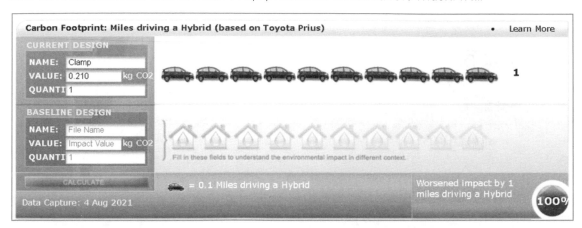

筆記頁

讀者回函

讀 者 回 函

GIVE US A PIECE OF YOUR MIND

感謝您購買本公司出版的書，您的意見對我們非常重要！由於您寶貴的建議，我們才得以不斷地推陳出新，繼續出版更實用、精緻的圖書。因此，請填妥下列資料(也可直接貼上名片)，寄回本公司(免貼郵票)，您將不定期收到最新的圖書資料！

購買書號： _____ **書名：** _____

姓　　名：_____

職　　業：□上班族　　□教師　　□學生　　□工程師　　□其它

學　　歷：□研究所　　□大學　　□專科　　□高中職　　□其它

年　　齡：□ 10~20　　□ 20~30　　□ 30~40　　□ 40~50　　□ 50~

單　　位：_____　部門科系：_____

職　　稱：_____　聯絡電話：_____

電子郵件：_____

通訊住址：□□□ _____

_____

您從何處購買此書：

□書局 _____ □電腦店 _____ □展覽 _____ □其他 _____

您覺得本書的品質：

內容方面：□很好　　□好　　□尚可　　□差

排版方面：□很好　　□好　　□尚可　　□差

印刷方面：□很好　　□好　　□尚可　　□差

紙張方面：□很好　　□好　　□尚可　　□差

您最喜歡本書的地方：_____

您最不喜歡本書的地方：_____

假如請您對本書評分，您會給(0~100分)：___ 分

您最希望我們出版那些電腦書籍：

請將您對本書的意見告訴我們：

_____

您有寫作的點子嗎？□無　　□有　　專長領域：_____

博碩文化網站　　http://www.drmaster.com.tw

歡迎您加入博碩文化的行列哦！

請沿虛線剪下寄回本公司

Give Us a Piece Of Your Mind

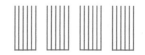

221

博碩文化股份有限公司　讀者服務部

新北市汐止區新台五路一段 112 號 10 樓 A 棟

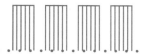

如何購買博碩書籍

全 省書局

請至全省各大書局、連鎖書店、電腦書專賣店直接選購。

（書店地圖可至博碩文化網站查詢，若遇書店架上缺書，可向書店申請代訂）

劃 撥訂單（優惠折扣 85 折，折扣後未滿 1,000 元請加運費 80 元）

請於劃撥單備註欄註明欲購之書名、數量、金額、運費，劃撥至

帳號：17484299　戶名：博碩文化股份有限公司，並將收據及訂購人聯絡方式

傳真至 （02）2696-2867 。

線 上訂購

請連線至「博碩文化網站 http://www.drmaster.com.tw」，於網站上查詢

優惠折扣訊息並訂購即可。

博碩文化

博碩文化